W0261723

Die Chemie der Lederfabrikation

von

John Arthur Wilson

Chef-Chemiker der Lederwerke A. F. Gallun & Sons Co., Milwaukee, Wisconsin
Präsident der American Leather Chemists' Association

Zweite Auflage

Bis zur Neuzeit ergänzte deutsche Bearbeitung

von

Dr. F. Stather   und   **Dr. M. Gierth**

Privatdoz., Direktor d. Deutschen Versuchs-   Assistent am Kaiser Wilhelm-Institut
anstalt für Lederindustrie, Freiberg i. Sa.   für Lederforschung, Dresden

In zwei Bänden

Erster Band

Mit 202 Textabbildungen

Wien

Verlag von Julius Springer

1930

ISBN 978-3-7091-5860-9   ISBN 978-3-7091-5910-1(eBook)
DOI 10.1007/978-3-7091-5910-1

Vorwort zur ersten amerikanischen Auflage.

Die Fortschritte der modernen Gerbereichemie übertreffen zur Zeit bei weitem die jedes vorhergehenden Zeitabschnitts. Die meisten älteren Untersuchungen übersahen das Dasein wichtiger veränderlicher Faktoren und sind jetzt durch neuere Forschungen, die unter Anwendung erheblich verfeinerter Arbeitsmethoden ausgeführt werden konnten, überholt worden. Um die Beziehungen der mannigfachen Einzeltatsachen dieses Gebietes aufdecken zu können, erwies es sich als notwendig, eine Anzahl von speziellen Untersuchungen durchzuführen, die hier zum erstenmal veröffentlicht werden. Soweit es möglich war, wurde auch der neueste Stand jener Forschungen, die in anderen Laboratorien in der Durchführung begriffen waren, berücksichtigt, so daß das Buch eine gewisse Vollständigkeit bis gegen Ende des Jahres 1922 aufweist.

Bei dem Umfang der Literatur über Lederfabrikation, die zahlreiche und verschiedenartige Ansichten entwickelt, würde eine unpersönliche, kritiklose Zusammenstellung aller Veröffentlichungen einWerk ergeben, das den Durchschnittsleser verwirren und von zweifelhaftem Wert sein würde. Um dem Hauptzweck dieser Reihe von Monographien gerecht zu werden, das vorhandene Wissen in leicht faßlicher Form auch für den darzustellen, dessen Betätigung in anderer Richtung liegt, sah sich der Verfasser veranlaßt, das Thema von seinem Standpunkt aus zu behandeln; er hat es daher unterlassen, Ansichten zu erörtern, die seiner Auffassung nach nicht dazu beitragen, die Gerbereichemie zu fördern. Der Verfasser ist sich durchaus darüber klar, daß es Autoren gibt, die seine Stellungnahme zu den Verdiensten anderer Anschauungen nicht teilen; er kann indessen nur sagen, daß er sich außerstande sieht, Anschauungen angemessen darzustellen, die ihm irrwegig erscheinen. Bei dem Umfange des Gebietes lassen sich jedoch recht viele Werke schreiben, da man dieses Problem von allen Seiten, die einer Darstellung wert sind, kritisch beleuchten kann; eine solche kritische Einstellung würde daher ihren besten Ausdruck in der Herausgabe weiterer ergänzender Bände finden.

Wegen ihrer fundamentalen Wichtigkeit für die Gerbereichemie nimmt die „Histologie der Haut“ und die „Physikalische Chemie der Proteine“ einen beträchtlichen Raum in diesem Buche ein. Genauere Angaben über analytische Methoden und praktische Einzelheiten sind nur dort angeführt worden, wo es notwendig erschien, den Stoff für die Chemiker, die mit der Gerbereipraxis noch nicht ganz vertraut sind, verständlicher darzustellen.

Viele der in diesem Buche entwickelten Ansichten sind in einer Zeit enger Zusammenarbeit mit Herrn Professor H. R. Procter an der Universität Leeds entstanden. Herr Professor Procter ist in der ganzen Welt als „Vater der Gerbereichemie" wohlbekannt, seine Werke über Lederfabrikation waren in den vergangenen 35 Jahren die führenden.

Bei der Herstellung der mikroskopischen Präparate und Mikrophotographien wurde mir wertvolle Unterstützung von Herrn Guido Daub zuteil, seiner mühevollen Arbeit verdanke ich in weitestem Maße den Erfolg dieses Teiles des Werks. Präparate und Proben menschlicher Haut wurden von Herrn Professor T. H. Bast von der Universität in Wisconsin zur Verfügung gestellt. Herr Arthur W. Thomas von der Columbia-Universität versorgte uns mit Häuten des Meerschweinchens und der Albinoratte. Leder aus Nilpferd-, Walroß- und Kamelhäuten erhielten wir von Herrn Professor Douglas McCandlish von der Universität zu Leeds. Fast alle übrigen Haut- und Lederproben lieferte uns die Firma A. F. Gallun & Sons Company, in deren Laboratorien die Arbeiten durchgeführt wurden. Die interessanten Photographien, die das Trocknen von Gelatinewürfeln veranschaulichen, wurden von Herrn Dr. S. E. Sheppard von der Eastman Kodak Company zur Verfügung gestellt.

Dankbare Anerkennung für ihre freundlichen Anregungen und Ratschläge bei vielen wichtigen Teilen des ganzen Buches schulde ich Frau Marion Hines Loeb an der Universität zu Chikago in bezug auf die allgemeine Histologie der Haut, Herrn Dr. Jaques Loeb vom Rockefeller-Institut in bezug auf die physikalische Chemie der Proteine, sowie Herrn Professor A. W. Thomas, Herrn Frank L. Seymour-Jones und Fräulein Margret W. Kelly an der Columbia-Universität hinsichtlich vieler wichtiger Punkte des behandelten umfangreichen Stoffs.

Zu tiefstem Dank verpflichtet bin ich dem verstorbenen Herrn Arthur H. Gallun; nur seinem regen Interesse für die Gerbereichemie ist es zu danken, daß ein großer Teil der in diesem Buche angeführten Untersuchungsergebnisse erzielt werden konnte.

Milwaukee (Wisconsin), März 1923.

John Arthur Wilson.

Vorwort zur zweiten amerikanischen Auflage.

Die erste englische Ausgabe dieses Buches erschien 1923, ihr folgte 1925 eine deutsche, 1926 eine französische und 1927 eine russische Ausgabe. In diesen verschiedenen Ausgaben wurde das Buch über die ganze Welt verbreitet. Aus aller Welt kamen Anregungen, den wissenschaftlichen Wert zu erhöhen und seine allgemeine Brauchbarkeit zu vergrößern. Diese Anregungen wurden sorgfältig überlegt und eine zweite Auflage vorbereitet. Der Verfasser lud alle interessierten Fachleute ein, ihm Mängel der ersten Auflage und Anregungen für die zweite mitzuteilen. Praktisch wurden alle Anregungen verwertet. Um all das neue Material aufnehmen zu können und dem Wunsche der Fachwelt nachzukommen, mußte der Umfang des Buches so erweitert werden, daß sich eine Teilung in zwei Bände nötig erwies, von denen jeder für sich umfangreicher als das ursprüngliche Werk wurde.

Bei der Bearbeitung des ersten Bandes wurde jedes Kapitel nach Fertigstellung besonders geeigneten Persönlichkeiten zur Durchsicht übersandt und nach deren Kritik erneut überarbeitet. So verdanke ich wertvolle Ratschläge Herrn Professor A. W. Thomas und Fräulein Dr. Margret W. Kelly von der Columbia-Universität und Herrn Professor George D. McLaughlin und den Drs. G. E. Rockwell, Fred O'Flaherty und John H. Highberger von der Universität Cincinnati. Drs. Charles Thom und Margret B. Church hatten die Freundlichkeit, das Kapitel über Mikroorganismen durchzusehen, Dr. Charles Hollander das Kapitel über Beizen. Charles B. Simmons stellte Proben chinesischer Schafshaut zur Verfügung. Herr Guido Daub unterstützte mich bei der Anfertigung einiger neuer Mikrophotographien. Zu ganz besonderem Dank verbunden ist der Verfasser seinem Chef-Assistenten, Dr. Henry B. Merrill für das sorgfältige Lesen und Überarbeiten des ganzen Manuskripts und seine Mitarbeit bei der Ausführung besonderer Experimente. Ebenso muß die Mitarbeit der Herren George O. Lines, Wolfgang L. Varo, J. W. Fleming, R. O. Guettler, J. G. Niedercorn, E. J. Diener und John Behnke dankbar erwähnt werden.

Der Industrial and Engineering Chemistry, dem Journal of the American Leather Chemists Association, der Shoe Trades Publishing Company und der A. F. Gallun & Sons Company sind wir für Überlassung zahlreicher Schnitte und Illustrationen zu Dank verpflichtet.

Milwaukee (Wisconsin), Oktober 1927.

John Arthur Wilson.

Vorwort zur zweiten deutschen Auflage. I. Band.

Die erste deutsche Auflage von John Arthur Wilsons „The chemistry of the leather manufacture" hat in der von Dr. Hermann Loewe bearbeiteten Übersetzung „Die moderne Chemie in ihrer Anwendung in der Lederfabrikation", die im November 1925 im Verlag von Paul Schulze in Leipzig erschien, sich zweifellos einen ersten Platz unter den Lehr- und Nachschlagewerken der Gerbereichemie errungen. Die unaufhaltsame Fortentwicklung der jungen Gerbereiwissenschaft in den letzten Jahren machte gar bald eine Neuauflage des amerikanischen Originalwerks notwendig, die vom Verfasser zu einer umfassenden Erweiterung und Teilung des Werks in zwei Bände benutzt wurde. Davon ist der erste Band vor Jahresfrist· erschienen. Die allseitige Anerkennung, die auch die erweiterte Fassung des Wilsonschen Werks in Deutschland gefunden hat, veranlaßte uns, auch die zweite Auflage dieses Standardwerks dem deutschen Gerbereichemiker, deutschen Bedürfnissen angepaßt, leichter zugänglich zu machen.

Die deutsche Bearbeitung ist gegenüber dem amerikanischen Originalwerk durch Verwerten der seit Erscheinen des Originals erzielten Forschungsergebnisse auf den Stand vom 1. Januar 1930 ergänzt. Gleichzeitig wurde auch hier und da die deutsche Literatur ihrer Bedeutung entsprechend etwas stärker herangezogen. So wurden insgesamt 57 Arbeiten, die im Originalwerk nicht berücksichtigt waren, in die deutsche Bearbeitung aufgenommen.

Viele Gebiete der Gerbereichemie sind noch zu umstritten, als daß heute schon eine absolut objektive Behandlung des gesamten Stoffs möglich wäre.

Die deutsche Bearbeitung sucht der subjektiven Einstellung des amerikanischen Verfassers weitgehendst gerecht zu werden. Aus diesem Grunde konnten manche wichtige Arbeiten anderer Wissenschafter, speziell in Kapiteln, die, wie z. B. „Die physikalische Chemie der Proteine", ganz auf der subjektiven Einstellung des Verfassers aufgebaut sind, nicht mitaufgenommen werden.

Speziell deutschen Bedürfnissen entspricht die Einfügung der Gerbstoffanalysenmethode des I. V. L. I. C. neben denen der A. L. C. A. und der international-offiziellen Gerbstoffanalysenmethode im Kapitel „Die Analyse gerbstoffhaltiger Materialien", die Einfügung einer deutschen Gerbstoffstatistik neben der amerikanischen im Kapitel „Vegetabilische Gerbmaterialien" sowie überhaupt die Anpassung aller rein amerikanischen Bezeichnungen, Maße und Gewichte, Bücherzitate, Methoden usw. an deutsche Verhältnisse.

Die Übersetzung der Kapitel 2, 4, 6, 7, 8, 9 und 13 sowie die gesamte Bearbeitung der deutschen Auflage des ersten Bandes und das Lesen der Korrekturen besorgte der Erstunterzeichnete (Stather), die restlichen Kapitel wurden von dem Zweitunterzeichneten (Gierth) übersetzt, der auch die Anfertigung des Registers übernahm. Soweit Teile der ersten Auflage unverändert in die zweite übernommen wurden, wurde bei der deutschen Neubearbeitung die Übersetzung von Dr. Loewe mit herangezogen.

So können wir die deutsche Bearbeitung des ersten Bandes der zweiten Auflage des Wilsonschen Werks mit einem Wort herzlichen Dankes an Herrn Professor Dr. M. Bergmann, Dresden, für seine Bemühungen um das Zustandekommen einer deutschen Bearbeitung und an den Verlag Julius Springer, Wien, für jedmögliches Entgegenkommen und die vorzügliche Ausstattung des Werks der Öffentlichkeit übergeben.

Dresden, Januar 1930.

Fritz Stather.

Martin Gierth.

Inhaltsverzeichnis.

1. Einführung.

Die Gerbereichemie ist eines der interessantesten, aber auch der schwierigsten Gebiete der angewandten Chemie; behandelt sie doch Reaktionen zwischen wenig definierten Körperklassen, die sich im allgemeinen im kolloidalen Zustand befinden und deren Strukturchemie immer noch spekulativer Natur ist. Die Rohhaut setzt sich aus den verschiedenartigsten Proteinen zusammen und ihre Zusammensetzung wechselt nicht nur bei verschiedenen Tieren, sondern auch innerhalb einer einzelnen Haut. Die Verwandlung von Haut in Leder besteht aus zweierlei Vorgängen, der Entfernung gewisser Proteine aus der Haut durch Alkalien, Enzyme oder Bakterien und der Behandlung der so vorbereiteten Haut mit gerbenden Stoffen, Fetten, Seifen, Beizen, Farbstoffen, Appreturen, Harzen und anderen kompliziert aufgebauten Stoffen. Während dieser Vorgänge muß die Struktur der Haut sorgfältig erhalten oder gar verbessert werden. Es bedarf einer hochentwickelten Technik, um dem fertigen Leder ganz bestimmte, wenn auch nur schwer zu definierende Eigenschaften zu geben. Oft ist es geradezu unmöglich, manche dieser Eigenschaften richtig zu definieren. Bedenkt man, welche außerordentlichen Anstrengungen die organische Chemie auf die Erforschung der zum Gerben notwendigen Materialien verwendet hat und wie unsicher noch unsere Kenntnisse über diese einzelnen Körperklassen sind, so wird die Kompliziertheit der gerbereitechnischen Probleme noch deutlicher.

Die Kunst, Leder herzustellen, ist alt, sehr viel älter als die wissenschaftliche Chemie. Lederproben der alten Ägypter legen Zeugnis ab von der hohen Entwicklungsstufe dieser Kunst vor mehr als 3000 Jahren. Der Ursprung der Lederbereitung geht wahrscheinlich bis auf jene Zeiten zurück, in denen der Mensch anfing, Tiere zu töten, um sie als Nahrung zu verwenden. Es ist anzunehmen, daß die Häute, da sie unschmackhaft sind, zunächst keine Verwendung fanden. Lange Zeit kann aber der Wert der Haut als Bekleidungs- und Schutzmittel jedoch nicht verborgen geblieben sein. Getrocknete Häute sind hart und spröde, werden aber durch das Biegen beim Tragen weicher und geschmeidiger. Wahrscheinlich lernte man gar bald, die Geschmeidigkeit der Haut durch mechanisches Bearbeiten zu erhöhen, besonders wenn beim Enthäuten Fett zurückgeblieben war. Konnten in regnerischen Zeiten die Felle nicht schnell genug getrocknet werden, so trat Fäulnis ein, die Zerstörung der Epidermiszellen bewirkte ein Ausfallen der Haare. Dadurch lernte der Mensch den in gewissen Fällen vorteilhaften Gebrauch enthaarter Felle kennen. Das Gerben und Färben mit Blättern, Rinden und Hölzern ist wahrscheinlich auch eine zufällige Entdeckung des prähistorischen Zeitalters. In der Tat weisen manche in der Gerberei noch heutzutage üblichen Operationen auf einen weit zurückliegenden Ursprung hin.

Die Erforschung der Entwicklung der Kunst des Gerbens wird erschwert durch Geheimniskrämerei und den Mangel an genauen Angaben, besonders hinsichtlich Einzelheiten der Herstellung feinerer Ledersorten. Der Fortschritt beruht aber nicht nur, wie oft angenommen wird, auf reiner Empirie. Der moderne Gerber verdankt seine großen Erfolge der Entwicklung der Gerbereiwissenschaft. Sie unterscheidet sich von der von Generation zu Generation überlieferten Gerbkunst dadurch, daß sie sich auf den Gesetzen der Naturwissenschaften aufbaut und alle Vorgänge, die früher gefühlsmäßig ausgeführt wurden, auf naturwissenschaftlicher Grundlage untersucht und jene zahllosen Einzeltatsachen, die durch die Beobachtungen und die Überlieferung vieler Generationen angesammelt worden sind, sichtet und auf wissenschaftlichem Wege ordnet.

Die moderne Gerbereichemie ist hervorgegangen aus der Vereinigung zweier großer Wissensgebiete, der Chemie und der Gerbkunst, die sich in Jahrhunderten mit nur geringer Hilfe seitens der Chemie entwickelt und zu einer Unzahl Tatsachen geführt hat, die in enger Beziehung zur Chemie stehen und doch in der chemischen Literatur nicht zu finden sind. Die Ausbildung in der Gerbereichemie ist schwierig und zeitraubend. Der Chemiker, der sich diesem schwierigen Gebiet widmen will, muß zuerst so vollkommen als irgend möglich in den Grundlagen der reinen Chemie ausgebildet sein. Nach Verlassen der Hochschule sollte er, ohne Anspruch darauf zu erheben, vom Gerben etwas zu verstehen, in eine Lederfabrik eintreten, nur vom Wunsche beseelt, sich die Gerbkunst zu eigen zu machen, wenn es auch Jahre Studium und Arbeit erfordert. Um erfolgreicher Gerbereichemiker zu sein, muß man beides sein: Chemiker und Gerber.

Mancher Chemiker ist bei seinem Eintritt in die Lederindustrie schwer enttäuscht worden, weil er die großen Schwierigkeiten der Anwendung der Chemie auf die Lederherstellung unterschätzte, weil er ungenügende Erfahrung mit falscher Ansicht der Überlegenheit über den Gerber, der sein Lebenswerk dieser Industrie widmete, verband, weil er vergaß, daß das Können des Praktikers im allgemeinen zunächst für den Betrieb mehr bedeutet als die reine Chemie eines erst angehenden Gerbereichemikers.

Die Lederindustrie stellt an den Gerbereichemiker eine Menge Fragen, die alle nicht klar umrissen sind. Um eine derartige allgemeine Frage beantworten zu können, muß man sie in eine Reihe spezieller Fragen zerlegen, und jede einzelne dieser Spezialfragen für sich in Form eines Experiments an die Natur richten. Der Chemiker hat nun die Aufgabe, solche Experimente auszudenken und durchzuführen und die erhaltenen Resultate auszuwerten. Er muß aber auch in der Lage sein, die Frage, auf die er eine Antwort will, richtig zu erkennen und zu zergliedern. Hierbei braucht der Chemiker die praktische Erfahrung des Gerbers. Ohne diese Erfahrung kann er die speziellen Probleme, von deren Lösung der Fortschritt der Lederindustrie abhängt, nicht klar umreißen.

Um wirkliche Fortschritte zu machen, muß der angehende Gerbereichemiker unter allen Umständen zunächst den Mechanismus jedes einzelnen Schrittes eines Verfahrens sorgfältig studieren. Gleichzeitig sollte er periodisch Analysen des Leders in den verschiedenen Herstellungsstadien und auch der zum Gerben benutzten Lösungen ausführen. Diese sollten von Zeit zu Zeit nach einem bestimmt festgelegten Arbeitsplan mit Zeitangaben tabellarisch niedergeschrieben werden. Sind solche Analysen lange genug planmäßig durchgeführt worden, so läßt sich meist leicht feststellen, wie sich eine Änderung der Arbeitsmethode auf die Beschaffenheit des fertigen Leders auswirkt. Eine solche Arbeitsweise hat sich für die Betriebskontrolle als außerordentlich wertvoll erwiesen. Der angehende Gerbereichemiker kommt so allmählich in die Lage, zufriedenstellende Erklärungen für den Mechanismus der üblichen Prozesse zu entwickeln. Diese sind von unermeßlichem Wert und regen zu praktischen Versuchen an, die wiederum zur Ausmerzung unnötiger Operationen und zur Weiterentwicklung und Verbesserung anderer führen.

Eine der größten Enttäuschungen, die den jungen Gerbereichemiker bei seiner Forschungsarbeit in der Gerberei erwarten, besteht darin, daß fast jede Änderung irgendeines Prozesses die Qualität des fertigen Leders verschlechtert. In der ersten Zeit sollte er darum den Gerber, der das Verfahren kennt, als maßgebend anerkennen. Die Erklärung für die Verschlechterung der Lederqualität liegt in der Tatsache, daß alle die zahlreichen Einzelprozesse der Lederherstellung so miteinander verbunden sind, daß jede Änderung einer Operation einen entsprechenden Ausgleich bei anderen Operationen erfordert, soll nicht die Qualität des Leders darunter leiden. Die Gerber, die die Lederherstellungsverfahren ausgearbeitet haben, haben die einzelnen Operationen gegeneinander abgestimmt, bis ein befriedigendes Leder erhalten wurde und dann streng an den so ausgearbeiteten Vorschriften festgehalten. Wurde ein Verfahren an irgendeiner Stelle abgeändert, so konnte nicht mit einem besseren Leder gerechnet werden. Tatsächlich haben heute die Chemiker bei manchen Operationen festgestellt, daß diese bloß dazu dienten, die schädliche Wirkung anderer aufzuheben. Wollte man nun nur eine davon auslassen, so würde der ganze Gerbprozeß dadurch gestört. Mit der Aufklärung des Zwecks und des Mechanismus der Einzeloperation konnten dann solche unnötigen Operationen vollständig ausgeschaltet werden.

Die Aufgaben des Gerbereichemikers sind so groß, daß er jeden Beistand, den er vom Chemiker der reinen wissenschaftlichen Chemie erlangen kann, ausnutzen muß. In Europa hat man vor vielen Jahren bereits Bindeglieder zwischen reiner Wissenschaft und Lederindustrie geschaffen, so z. B. in Deutschland die Deutsche Versuchsanstalt für Lederindustrie in Freiberg, Sachsen, in Österreich die Versuchsanstalt für Lederindustrie in Wien, in England die British Leather Manufacture Research Association. Dazu kamen später in Deutschland rein gerbereiwissenschaftliche Forschungsstätten. Dem Institut für Gerbereichemie der Technischen Hochschule in Darmstadt unter Leitung von Prof. Dr. E. Stiasny verdanken wir grundlegende Arbeiten über die Chromgerbung, die Kolloidchemie der Proteine, über die Histologie der tierischen Haut und anderes mehr. Im Kaiser-Wilhelm-Institut für Lederforschung in Dresden haben Prof. Dr. M. Bergmann und Mitarbeiter wertvolle Beiträge zur Chemie der tierischen Haut und den verschiedensten gerbereichemischen Problemen geliefert. Eine Reihe von Gelehrten widmet sich in allen Ländern an den Hochschulen speziellen gerbereichemischen Problemen. Während Amerika erst nur langsam in dieser Richtung nachfolgte, nimmt es heute in der Forschung eine hervorragende Stellung ein. A. H. Gallun errichtete 1917 eine Stiftung zur Erforschung der Grundzüge der Gerbereichemie unter der Leitung von Prof. A. W. Thomas von der Columbia-Universität mit der Bestimmung, daß die Forschungsergebnisse zum Nutzen der gesamten Lederindustrie veröffentlicht werden sollten. Im ersten Jahrzehnt des Bestehens veröffentlichten Dr. Thomas und seine Mitarbeiter mehr als 50 Arbeiten, die von unschätzbarem Wert für die Industrie sind. Der Tanners Council errichtete 1920 ein Lederforschungsinstitut an der Universität zu Cincinnati unter Leitung von Prof. G. D. McLaughlin, der mit seinen Mitarbeitern bereits manches wertvolle Ergebnis über die Histologie der Haut, über Konservierung, Weichen, Äschern und Bakteriologie beigesteuert hat. Die Beiträge all dieser Institute werden in den folgenden Kapiteln berücksichtigt werden.

Während der letzten 5 Jahre hat die Zahl der wissenschaftlichen gerbereichemischen Abhandlungen stark zugenommen, sind doch manche Gerbereibetriebslaboratorien ebenso für wissenschaftliche Forschungsarbeiten ausgerüstet wie viele Universitätsinstitute. Während der gleichen Zeit ist auch die aufstrebende Gerbereichemie ihrer Bedeutung entsprechend immer mehr gewürdigt worden und hat in Europa und Amerika viel zum Fortschritt der Lederindustrie beigetragen.

Hoffentlich tragen nun die folgenden Zeilen dazu bei, dem Chemiker das Eindringen in die Probleme der Gerbereichemie auf allen ihren Gebieten zu erleichtern und den Nutzen groß angelegter Forschung vor Augen zu führen. Andererseits möge hierdurch auch der Lederindustrie selbst noch überzeugender vor Augen geführt werden, wie fruchtbar sich die Anwendung der reinen Chemie für die Lederfabrikation erweist.

2. Die Histologie der Haut.

Ausgangsmaterial der Lederfabrikation ist die tierische Haut. Für das Verständnis der außerordentlich komplizierten Vorgänge bei der Lederbereitung sind einige Kenntnisse ihrer verwickelten Struktur und chemischen Zusammensetzung unbedingt erforderlich. Häufig bildete die ungenügende Kenntnis der feineren Struktur der verschiedenen Hautarten den Hinderungsgrund, in der Erforschung des Gerbvorgangs weiterzukommen, und die immer vorwärtsstrebenden Gerbereiforscher waren gezwungen, selbst histologisch zu arbeiten und eigene Untersuchungen über die Mikrostruktur der Haut anzustellen. Beträchtliche Fortschritte waren bereits in der Erforschung der Histologie menschlicher Haut zu verzeichnen. Diese Arbeiten erwiesen sich als wertvolle Hilfe beim Studium der Histologie der Haut niederer Tiere. Alle Hautarten besitzen zwar eine gemeinsame Strukturbasis, die einzelnen Hauttypen zeigen jedoch in Struktureinzelheiten große Unterschiede, die für die Lederherstellung von so grundsätzlicher Bedeutung sind, daß Rückschlüsse von der Histologie einer oder zweier menschlicher Hautarten auf die verschiedenen tierischen Hautarten oft zu Fehlschlüssen führen mußten. Um die Histologie in der Lederfabrikation mit Erfolg anwenden zu können, waren getrennte histologische Untersuchungen über jeden einzelnen verwendeten Hauttyp notwendig.

Von den früheren Arbeiten zur Histologie der in der Lederfabrikation benutzten Häute sind die Arbeiten des verstorbenen Alfred Seymour-Jones(10)* am bemerkenswertesten. Sie gaben erst die Anregung zu derartigen histologischen Arbeiten in der Gerberei. Weniger bekannt sind die Arbeiten von Henry Boulanger (1, 2), der 1908 einige sehr schöne Mikrophotographien von Haut und Leder veröffentlichte. Unter den wichtigeren Arbeiten, die seit Erscheinen der ersten Auflage dieses Werkes publiziert wurden, sind die von Küntzel (6), Turley (11), McLaughlin und O'Flaherty (8) und Kaye (5) zu nennen und sollten von jedem Gerbereichemiker studiert werden. Systematische Untersuchungen, die sich mit der Struktur der Häute der verschiedenen Tiere und ihrer Veränderungen während der Umwandlung in Leder beschäftigen, wurden während der letzten zehn Jahre auch fortlaufend in den Laboratorien des Verfassers durchgeführt. So wurden die meisten der in diesem Kapitel angeführten Tatsachen vom Verfasser durch eigene Beobachtungen entweder ermittelt oder doch bestätigt. Die Einzelheiten der benutzten histologischen Technik werden im zweiten Bande beschrieben werden, wo auch die unter den einzelnen Abbildungen angegebenen Daten ihre nähere Erläuterung finden werden.

a) Allgemeine Histologie der Haut.

Eine der wichtigsten Funktionen der Haut ist die, die Körpertemperatur konstant zu halten. Die Haut ist dazu mit einem wunderbar feinen Mechanismus ausgerüstet, der den Austritt von Wärme aus dem Körper genau kontrolliert und ihn durch Verdunsten von Wasser beschleunigen oder wenn nötig, beim Fallen der äußeren Temperatur, durch Versehen der Haut mit Fett verlangsamen kann. Die Haut ist auch Sinnesorgan, mit sensitiven Nerven ausgerüstet, um Berührung, Schmerz, Hitze und Kälte empfinden zu können. Als Organ der Sekretion und Exkretion ist sie mit Drüsen, Kanälen, Muskeln und Blut-

---

* Die bei Eigennamen in Klammern stehenden Zahlen beziehen sich auf die Numerierung der am Schluß eines jeden Abschnittes stehenden Literaturzusammenstellung.

gefäßen versehen. Sie ist die Schutzbedeckung des Körpers gegen jede Bakterieninfektion und wirkt als Puffer gegen Schlag und Stoß. Im starken Sonnenlicht kann sie Farbfilter erzeugen, die das darunter

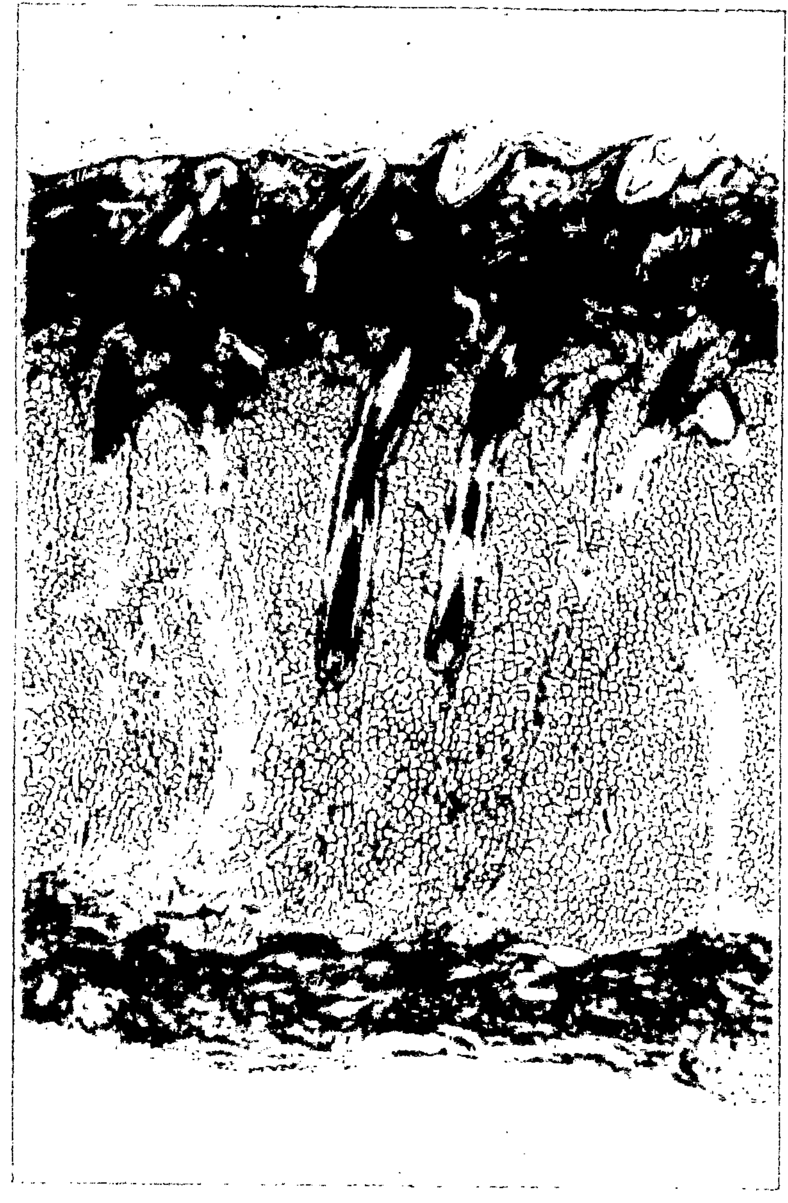

Abb. 1. Vertikalschnitt durch menschliche Haut.
Stelle der Entnahme: Kopf.   Dicke des Schnitts: 20 μ.   Färbung: Delafields Hämatoxylin, Eosin.
Okular: Keins.   Objektiv: 48 mm.   Wratten-Filter: H-Blaugrün.   Lineare Vergrößerung: 20-fach.

gelegene Zellgewebe vor der schädlichen Einwirkung der ultravioletten Strahlen des Sonnenlichts schützen.

Abb. 2. Vertikalschnitt durch menschliche Haut.
Stelle der Entnahme: Tieferer Teil des Rückens.   Dicke des Schnitts: 20 μ.   Färbung: Van Heurks Blauholz, Daubs Bismarckbraun.   Okular: Keins.   Objektiv: 32 mm.   Wratten-Filter: H-Blaugrün.   Lineare Vergrößerung: 32-fach.

Den mannigfachen Funktionen der Haut entspricht eine ausgesprochen vielgestaltige und höchst verwickelte Struktur und chemische Zusammensetzung. Beide wechseln mit der Art des Tieres, mit seinem Alter und seinen Gewohnheiten, ja sogar mit der örtlichen Lage am

Abb. 3. Vertikalschnitt durch menschliche Haut.
Stelle der Entnahme: Finger.   Dicke des Schnitts: 20 μ.   Färbung: Van Heurks Blauholz, Daubs Bismarckbraun.   Okular: Keins.   Objektiv: 16 mm.   Wratten-Filter: H-Blaugrün.   Lineare Vergrößerung: 47-fach.

einzelnen Individuum. Die Abb. 1, 2, 3 und 4 geben alle senkrechte Schnitte durch menschliche Haut wieder, die verschiedenen Körperstellen, nämlich dem Kopf, Rücken, Finger und der Ferse entnommen sind. Eine genauere Betrachtung der Bilder zeigt, wie wertlos es wäre, die allgemeine Struktur der Haut aus der Untersuchung einer einzelnen

Stelle kennenlernen zu wollen. Im Schnitt durch die Kopfhaut machen z. B. die Fettzellen den größten Teil des ganzen Schnittes aus; im Schnitt

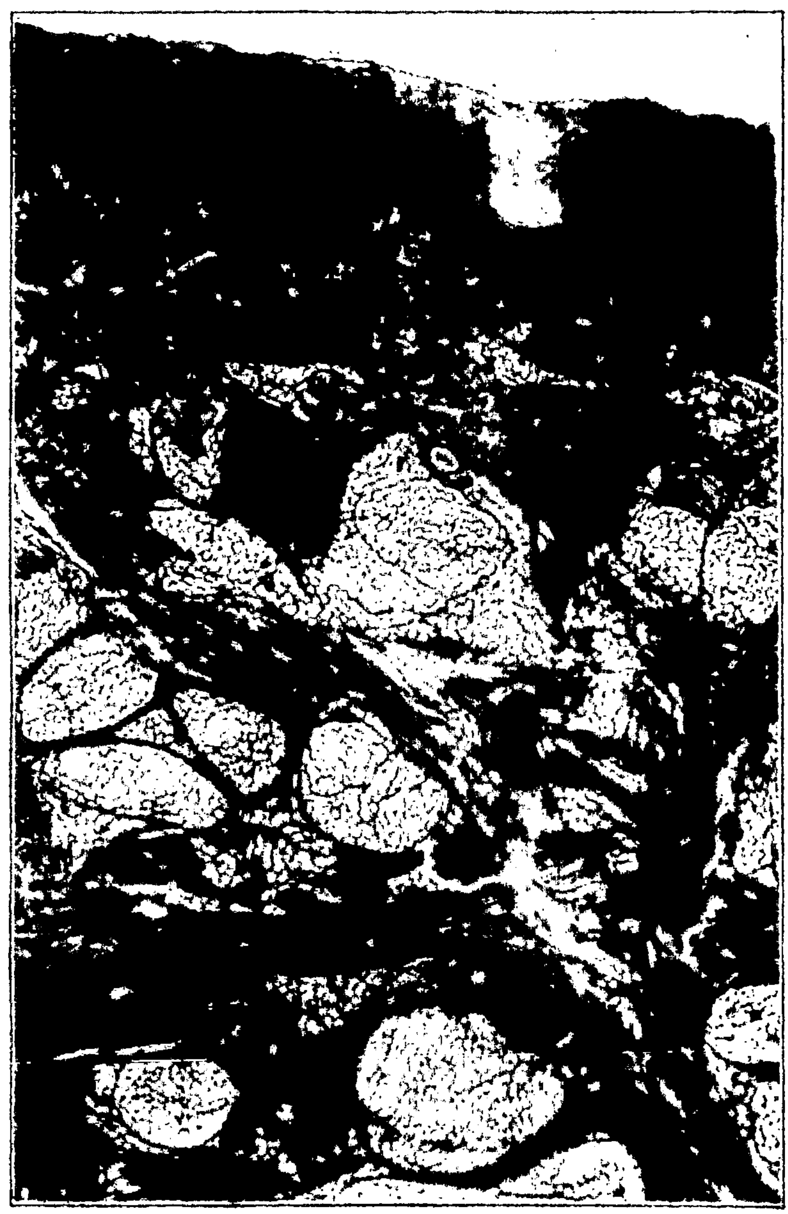

Abb. 4. Vertikalschnitt durch menschliche Haut.
Stelle der Entnahme: Ferse.   Dicke des Schnitts: 30 μ.   Färbung: Delafields Hämatoxylin, Eosin.   Okular: Keins.   Objektiv: 48 mm.   Wratten-Filter: H-Blaugrün.   Lineare Vergrößerung 20-fach.

durch die Rückenhaut sind relativ nur wenig Fettzellen zu sehen und keine Haare, dagegen sehr viel mehr Bindegewebsfasern. Es sind in der Tat zwischen den vier Hautarten sehr viele Unterschiede vorhanden.

Es soll nun zunächst die allgemeine Histologie, die für eine große Zahl von Hautarten gemeinsam Geltung hat, beschrieben werden und anschließend dann eine Beschreibung der Histologie der verschiedenen speziellen Hautarten folgen.

Zellen. Die Gewebe, aus denen sich die Haut zusammensetzt, bestehen entweder aus Zellen oder sind Produkte solcher Zellen. Die Zellen sind als einheitliche Bausteine der lebenden Materie zu betrachten. Sie sind die Stätte, an der die vom Körper benötigten Stoffe dargestellt werden, durch ihre Tätigkeit lebt, wächst und gestaltet der Körper. Jede Zelle besteht aus einem in Protoplasma eingehüllten Kern. Das Protoplasma ist eingeschlossen von dünnen Zellwänden, die als semipermeable Membran wirken. Man kann diese allgemeine Zellstruktur sehr schön an den Zellen der Fettdrüsen auf Abb. 16 erkennen. In der oberen linken Ecke sind zwei solcher Drüsen zu sehen. Die Zellwände erscheinen als feines Netzwerk, die gefärbten Zellkerne als dunkle Punkte.

Da die Zelltätigkeit die Grundlage jeglichen Lebens ist, wurde sie zum Gegenstand ausgedehnter Untersuchungen. Ihr molekularer Mechanismus ist jedoch so kompliziert, daß alle Versuche, ihn zur Zufriedenheit aller Forscher zu erklären, fehlschlugen. Stoffe aus den Lymph- und Blutbahnen diffundieren durch die Zellwände in die Zellen und werden dort entweder in neue, dem Körper zuträgliche und notwendige Stoffe umgewandelt, oder aber in Stoffe, die ausgeschieden oder zerstört werden sollen.

Die Vermehrung der Zellen geht so vor sich, daß zuerst Nährstoffe durch die Zellwände in die Zellen hineindiffundieren; es folgt dann eine Periode des Wachstums der Zelle. Im Protoplasma ist außer dem Zellkern ein kleiner, als „Centrosom" bezeichneter Körper vorhanden, der sich während des Wachstums der Zelle in zwei Teile teilt, die gegenseitig voneinander wegstreben. Der Zellkern enthält ein Zellprotein, als „Chromatin" bezeichnet, das sich in eine Anzahl Segmente, die sogenannten „Chromosomen", teilt. Nach McLaughlin und O'Flaherty (8) ist die Anzahl der Chromosomen charakteristisch für die Tiergattung, von der die Zelle stammt. Die Chromosomen teilen sich schließlich in der Längsrichtung, und die Hälfte jeder Einheit oder jedes Chromosoms wandert entgegengesetzt zu einem Centrosom. Auf diese Weise erhält jede neugebildete Tochterzelle die gleiche Anzahl von Centrosomen und Chromosomen, wie sie in der Mutterzelle vorhanden waren. Die Längshälften bilden dann die Chromosomen der Tochterzellen und werden allmählich zum reifen Gebilde, während die Zellwände sich dazwischen zusammenziehen und zwei vollständig getrennte Zellen bilden.

Gewebe. Sieben verschiedene Gewebearten konnten in der Haut festgestellt werden: Epithelgewebe, Bindegewebe, Muskelgewebe, Nervengewebe, Drüsen- und Fettgewebe und Blutgefäße. Diese Gewebearten bestehen entweder aus Aggregaten zahlreicher Einzelzellen oder aus Stoffen, die durch Zelltätigkeit entstanden sind. Das Epithelgewebe besteht aus Schichten von Zellen, die die freien Oberflächen des tierischen Körpers bedecken. Das Bindegewebe ist von den anderen den Körper aufbauenden Gewebsarten dadurch unterschieden, daß seine Zellen in einem extracellularen Material, das als Produkt der Zelltätigkeit anzusprechen ist, eingebettet sind. Die verschiedenen Arten von Bindegewebe sind voneinander unterschieden durch die Art des extracellularen Gewebes, das sie erzeugen, wie z. B. Knochen, Knorpelsubstanz usw. Das Muskelgewebe hat eine gut ausgeprägte Fähigkeit, sich ohne sichtbare Volumveränderung zusammenzuziehen, wobei die Längenabnahme durch eine Dickenzunahme ausgeglichen wird. Die Zellen der gestreiften oder willkürlichen Muskeln sind im Verhältnis zu ihrer Dicke lang und mit Querstreifen versehen, während die Zellen der glatten oder unwillkürlichen Muskeln spindelförmige Gestalt ohne Querstreifen zeigen. Das Nervengewebe der Haut stellt protoplasmahaltige Verlängerungen der im Zentralnervensystem oder in den mit diesem System eng verbundenen Ganglien liegenden Zellen dar. Drüsengewebe findet sich in den Talg- und Schweißdrüsen und Fettgewebe entweder zwischen den Fasern des Bindegewebes der eigentlichen Haut oder in den Fettschichten, die die unterste Grenze der Haut bilden.

Die Haut ist scharf in zwei Schichten getrennt, die von unterschiedlichem Ursprung und abweichender Struktur sind: eine relativ sehr dünne Schicht von Epithelgewebe, die Epidermis, und eine sehr viel dickere Schicht von Bindegewebe oder anderem Gewebe, die Lederhaut oder das Corium. Die Rohhaut des Handels zeigt noch eine dritte Schicht, das Unterhautbindegewebe, das der Gerber gewöhnlich als Fleisch bezeichnet. Es besteht aus Fett und Bindegewebe. In Übereinstimmung mit der in der Lederindustrie üblichen Bezeichnungsweise wird hier die Bezeichnung Fleisch nur in diesem Sinne gebraucht, obwohl der anatomische Begriff Fleisch Muskelgewebe bedeutet. Am lebenden Körper verbindet diese Schicht die Haut nur sehr lose mit den darunter liegenden Teilen des Körpers. Die Lederhaut liegt zwischen Epidermis und dem Unterhautbindegewebe.

Bei der Vorbereitung der Haut zum Gerben muß das Fleisch und das ganze Epidermissystem geschickt und mit großer Sorgfalt entfernt werden, ausgenommen in einigen Fällen, wie etwa beim Pelzgerben. Das zurückbleibende Lederhautgewebe allein wird in Leder verwandelt. Im folgenden soll das Epidermissystem, das Fleisch, und das Lederhautgewebe nacheinander näher beschrieben werden.

Das Epidermissystem. Die Epidermis hat sich aus einer Zellschicht des Ektoderms, der äußersten Schicht des Embryos, entwickelt, während das Corium aus dem Mesoderm, dem mittleren Teil des Embryos, hervorgegangen ist. Diese beiden Schichten entwickeln sich während des Lebens unabhängig voneinander und unterscheiden sich wesentlich in ihren physikalischen und chemischen Eigenschaften. In Abb. 2 ist die Epidermis als dunkles Band am obersten Rande der Haut zu sehen. Sie macht ungefähr nur 1% der Gesamtdicke der Haut aus. In bezug auf ihr Wachstum kann man die Epidermis, wenngleich sie ein wichtiger Bestandteil des Körpers ist, als Parasiten betrachten. Sie besitzt keine eigenen Blutgefäße, sondern bezieht ihre Nährstoffe aus dem Blut und der Lymphe der Blutgefäße der Lederhaut, auf der sie aufliegt. Sie wächst nur durch Teilung ihrer eigenen Zellen.

Der Teil der Epidermis, der unmittelbar auf dem Corium aufliegt, besteht aus einer Schicht leicht längs gestreckter, lebender Epithelzellen. Beim Wachsen vergrößert jede Zelle ihre Höhe, teilt sich dann und bildet so zwei neue Zellen, von denen die eine über der anderen liegt. Dieser Teilungsprozeß geht ununterbrochen fort. Dadurch werden die älteren Zellen immer mehr hinausgedrückt, es fehlt ihnen an genügenden Nährstoffen zu weiterer Vermehrung und sie werden durch Entwässerung und andere Veränderungen allmählich flacher. Das Protoplasma trocknet ein und die Zellen sterben ab. In der äußeren Schicht sind die Zellen trocken und schuppig und werden allmählich zerstört. Diese Schuppen treten oft auf der Kopfhaut als Kopfgrind auf.

Dort, wo die Epidermis sehr dick ist, wie zum Beispiel an der Ferse, erscheint sie infolge der allmählichen Veränderung, der die Zellen bei der Wanderung nach außen unterliegen, in mehrere Schichten geteilt. In Abb. 5 ist der Teil der Epidermis in der linken oberen Ecke von Abb. 4 in stärkerer Vergrößerung wiedergegeben. Die verschiedenen Schichten sind jetzt deutlich zu erkennen.

Die mit E bezeichnete Schicht ist der oberste Teil des Coriums. Zahlreiche Ausstülpungen ihrer Oberfläche, sogenannte Papillen, erstrecken sich in die Epidermis hinein und erteilen der Grenze zwischen Epidermis und Corium eine eigentümlich gezackte Gestalt. Dieser Papillen wegen nennt man diesen Teil des Coriums „Pars papillaris". Die Papillen treten allerdings nicht bei allen Hautarten auf.

D ist die Malpighische Schicht der Epidermis, auch „Stratum germinativum" genannt, weil ihre Zellen ununterbrochen neue Zellen bilden. Diese Schicht ist aus mehreren Reihen lebender Epithelzellen aufgebaut, deren Kerne auf der Abbildung als dunkle Punkte erscheinen. Feine fadenähnliche Fortsätze ziehen sich von Zelle zu Zelle und bilden so eine Art von Zusammenhang unter ihnen. Zwischen diesen Verbindungsfäden, die wie kleine Wälle aussehen, spielen sich im Protoplasma Vorgänge ab; man nimmt an, daß sich die Nährflüssigkeiten zwischen den Zellen hinaufbewegen, während in gleicher Weise Abfallstoffe aus den oberen Schichten nach unten bewegt werden. Aus diesen Nährflüssigkeiten entnehmen die Zellen die zu ihrer Vermehrung notwendige Nahrung. Die Malpighische Schicht der Epidermis enthält keine Blutgefäße, dagegen greifen feine Nervenfäden in das Corium über und bilden ein feines Netzwerk zwischen den Zellen. Sie enden entweder in knolligen Schwellungen oder zerfallen allmählich in Nervenkörnchen.

In dem Maße, in dem neue Zellen gebildet werden, werden die alten Zellen nach außen abgestoßen, weil keine genügende Nahrung vorhanden ist und das Protoplasma der Zellen allmählich austrocknet. Beim Färben hat es den Anschein, als enthielten diese Zellen grobe Körnchen; sie bilden die Schicht C, die nach ihrem Aussehen „Stratum

granulosum" genannt wird. Die Zellen enthalten ein Pigment, das
wenigstens zum Teil für die Färbung der Haut verantwortlich zu machen

Abb. 5. Vertikalschnitt durch die menschliche Epidermis.
A Stratum corneum, *B* Stratum lucidum, *C* Stratum granulosum, *D* Stratum germinativum,
E Pars papillaris.   Stelle der Entnahme: Ferse.   Dicke des Schnitts: 30 μ.   Färbung: Delafields
Hämatoxylin, Eosin.   Okular: Keins.   Objektiv: 8 mm.   Wratten-Filter: A-Rot.   Lineare Ver-
größerung: 100-fach.

ist. Man nimmt an, daß es sich bei diesem Pigment, als „Melanin"
bekannt, um ein Derivat des Hämatins handelt, das Eisen und Schwefel
enthält. Es ist sehr stark angehäuft in der Haut des Negers, dagegen

fehlt es fast vollständig in der Haut des Weißen. Das Pigment dient augenscheinlich als Schutz gegenüber starkem Sonnenlicht sowohl für die Haut selbst wie auch für die darunterliegenden Gewebsschichten. Man muß also diese Pigmentschicht als eine Art Farbfilter betrachten. Vereinigen sich solche pigmentartige Zellen zu ganzen Flecken, so werden sie als sogenannte Sommersprossen sichtbar. Die Pigmente der Negerhaut findet man auch in den tiefsten Zellen des Stratum germinativum, in den Bindegewebszellen des oberen Teils des Coriums und in den Wanderzellen der Lymphe, die man in den Lymphbahnen oder zwischen den Zellen der Epidermis und dem Bindegewebe findet. Die Pigmentkörnchen finden sich immer nur in Zellen.

Werden die Zellen noch weiter nach außen gestoßen, so schrumpfen die Zellgranula zusammen und bilden sogenanntes „Eleidin", eine Substanz, die sich nicht anfärben läßt und die Epidermis in dieser Schicht durchsichtig erscheinen läßt. Diese in der Abbildung als *B* bezeichnete Schicht führt daher den Namen „Stratum lucidum".

Bei der Wanderung der Zellen nach außen verändern sie sich weiter, sie werden trockener und flacher und bilden die breite Schicht *A*, das „Stratum corneum". In dieser Schicht neigen die Zellen dazu, sich loszulösen und abzuschuppen. Das Stratum corneum wird dauernd abgenutzt und durch neue, von unten nachgeschobene Zellen ergänzt; es ist ein sehr schlechter Wärmeleiter und das gewöhnlich auf seiner Oberfläche vorhandene wachsartige Material macht es auch wasserabstoßend. In der Mikrophotographie sieht man, wie ein spiraliger Gang sich durch diese Schicht emporwindet. Diese Spirale ist der Ausgangskanal einer Schweißdrüse, die im Corium sitzt. Die Austrittsstellen eines solchen Kanals an der Oberfläche der Hornschicht bezeichnet man als „Pore".

Alle die oben angeführten Schichten der Epidermis können nur festgestellt werden, wenn die Epidermis sehr dick ist. Bei Schnitten durch Haut, wie sie für die Lederbereitung benützt wird, kann man gewöhnlich nur wenige Zellschichten in der Epidermis, meist das Stratum germinativum und das Stratum corneum unterscheiden.

Das voneinander unabhängige Wachstum von Epidermis und Corium bedingt eine Reihe wichtiger Eigenschaften der Haut. Im Epidermissystem verursacht die Neubildung von Epithelzellen nicht nur die Bildung der Epidermis, sondern auch von Haaren, Fettdrüsen und Schweißdrüsen. Diese Zellstrukturen setzen sich aus Proteinen von der Klasse der sogenannten Keratine zusammen. Die Keratine sind vom Kollagen und Elastin des Coriums verschieden. Geht ein Teil der Epidermis durch Zufall verloren, so kann er nur durch die umgebenden Epithelzellen nachgebildet werden, indem sich diese Epithelzellen durch Neubildung über die beschädigte Stelle ausbreiten. Die Notwendigkeit, das Epidermissystem vor der Gerbung vollständig und ohne Beschädigung des Coriums zu entfernen, macht den Unterschied in der chemischen Zusammensetzung beider Systeme für den Gerber besonders wichtig.

In die gleiche Klasse wie die Haare gehören auch die Nägel, Klauen, Hufe, Schuppen und Federn. Sie alle sind spezifische Wachstumserzeugnisse der Epidermis. Dem unbewaffneten Auge erscheint es, als durchbohre das Haar die Haut, aber das ist nicht tatsächlich so. Eine Betrachtung der Abb. 2 zeigt, daß die Epidermis tief in das Corium eindringt und dort Taschen oder Bälge bildet, in denen das Haar wächst. Die Bälge haben einen komplizierten Aufbau, da sie nach der Haarseite zu aus Epidermisschichten, nach der andern Seite aus Schichten des Coriums aufgebaut sind. Der Boden des Haarbalgs wird durch die sogenannte Haarpapille durchbrochen, die aus dem Corium eindringt und mit Nerven und Blutgefäßen versehen ist.

Sehr gut ist eine solche Haarpapille auf Abb. 6 im Haarbalg eines Schweines zu sehen. Das untere Ende der Haarzwiebel gleicht einer Kneifzange, deren Backen nach unten leicht geöffnet sind. Eine ähnliche Struktur kann man bei den Haarbälgen der Kopfhaut auf Abb. 1 beobachten. Die Papille dringt in Form einer Kerzenflamme durch die Öffnung der Backen der Haarzwiebel nach oben in den weiten offenen Raum. Sie enthält feine Nerven und Blutgefäße, die der Nahrungszufuhr dienen. Längs des Lymphraumes, der die Haarpapille umgibt, liegen zahlreiche Epithelzellen, die die zum Wachstum nötigen Stoffe dem Blut und der Lymphe entziehen. In dem Maße, in dem neue Zellen entstehen, werden die älteren durch den Balg nach außen abgestoßen und bilden das Haar. Die Wachstumsgeschwindigkeit der Haare wird durch die Geschwindigkeit der Neubildung der die Papille umgebenden Zellen bestimmt.

Die neugebildeten Zellen des Haares sind wie die Zellen der Malpighischen Schicht der Epidermis sehr weich. Je weiter sie nach außen gedrückt werden, desto länger und härter werden sie. In ihrer Entwicklung zum Haar nehmen sie die Gestalt des Haarbalgs an; ist der Haarbalg gewunden, so wird das Haar lockig. Beim Neger haben die Haarbälge oft eine Drehung von nahezu 90°, daher die starke Kräuselung des Negerhaars.

Der Verfasser hat beim Studium von Hautschnitten festgestellt, daß dort, wo das Haar stark gelockt ist, die Schweißdrüsen oder die Talgdrüsen oder auch beide stark entwickelt waren. Anscheinend biegen die sich stark entwickelnden Drüsen den Haarbalg und jede Biegung bedingt krauses Haar, da ja die Form des Haares mit der Gestalt des Balges auf das Engste zusammenhängt. Die Entwicklung der Drüsen ist abhängig von klimatischen Verhältnissen und ist zweifellos auch erblich.

Den Teil des Haares, der über die Oberfläche der Haut hinausragt, nennt man Haarschaft, den tieferen Teil Haarwurzel. Die Haarwurzel erweitert sich in ihrem untersten Ende zur Haarzwiebel und wird dort von der Haarpapille durchbrochen. Der Haarschaft besteht aus einem zentralen Mark oder einem Kern von runden Zellen, die Eleidinkörnchen enthalten. Sie sind umgeben von einer stärkeren Schicht langfaseriger, pigmenthaltiger Zellen, die wiederum von einer äußeren Schicht von Zellen eingeschlossen sind, die in Form übereinanderliegender Schuppen erhärten. Diese Schuppen, die Pelz und Wolle ihre Verfilzbarkeit verleihen, öffnen sich nach außen so, daß sie dem

Ausstoßen des Haars Widerstand entgegensetzen. Diese Schuppen sind nur bei guter Beleuchtung und genügend großer Vergrößerung zu unterscheiden. Auf Abb. 7 sind die Schuppen an einem sehr dünnen Woll-

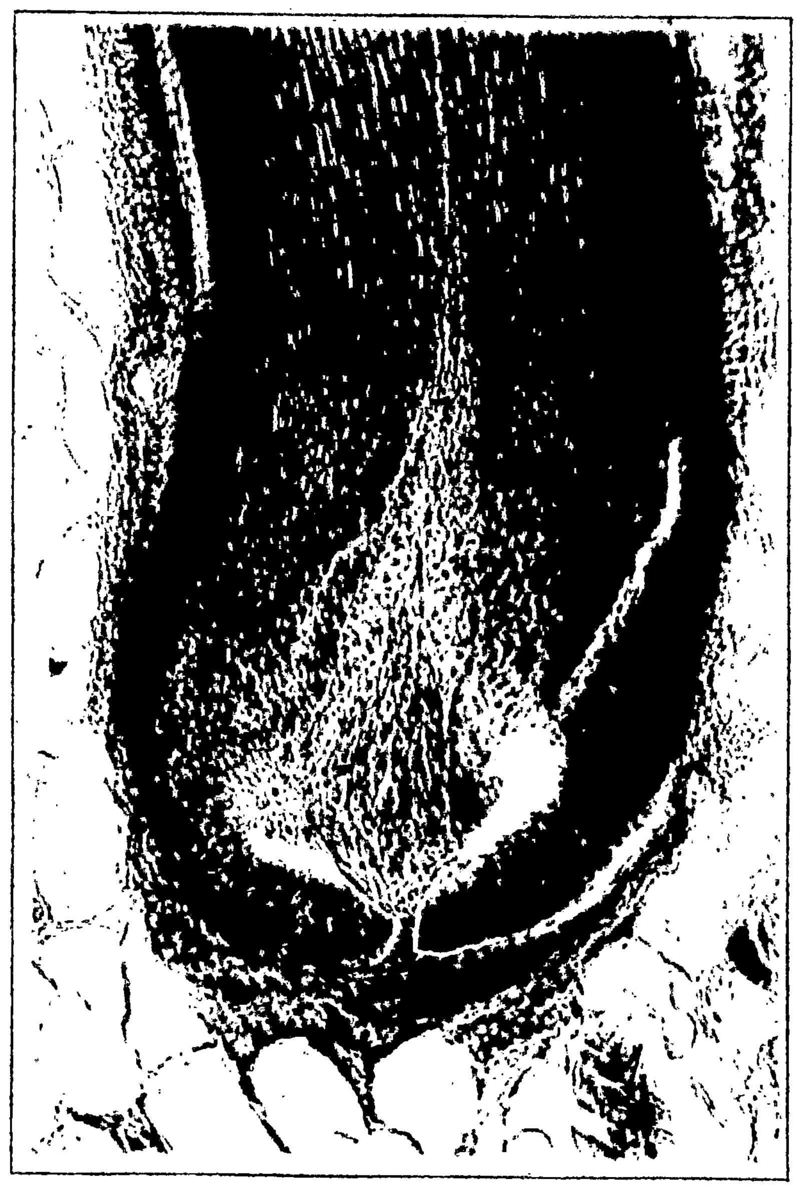

Abb. 6. Vertikalschnitt durch die Haarzwiebel eines Schweinshaares.
Stelle der Entnahme: Schild.   Dicke des Schnitts: 20 μ.   Färbung: Van Heurcks Blauholz, Pikro-Indigo-karmin.   Okular: 5×.   Objektiv: 8 mm.   Wratten-Filter: F-Rot.   Lineare Vergrößerung: 225-fach

härchen zu sehen. Man sieht sowohl die Schuppen der einen Seite wie auch die Schatten dieser von der anderen Seite, da das Wollhaar im

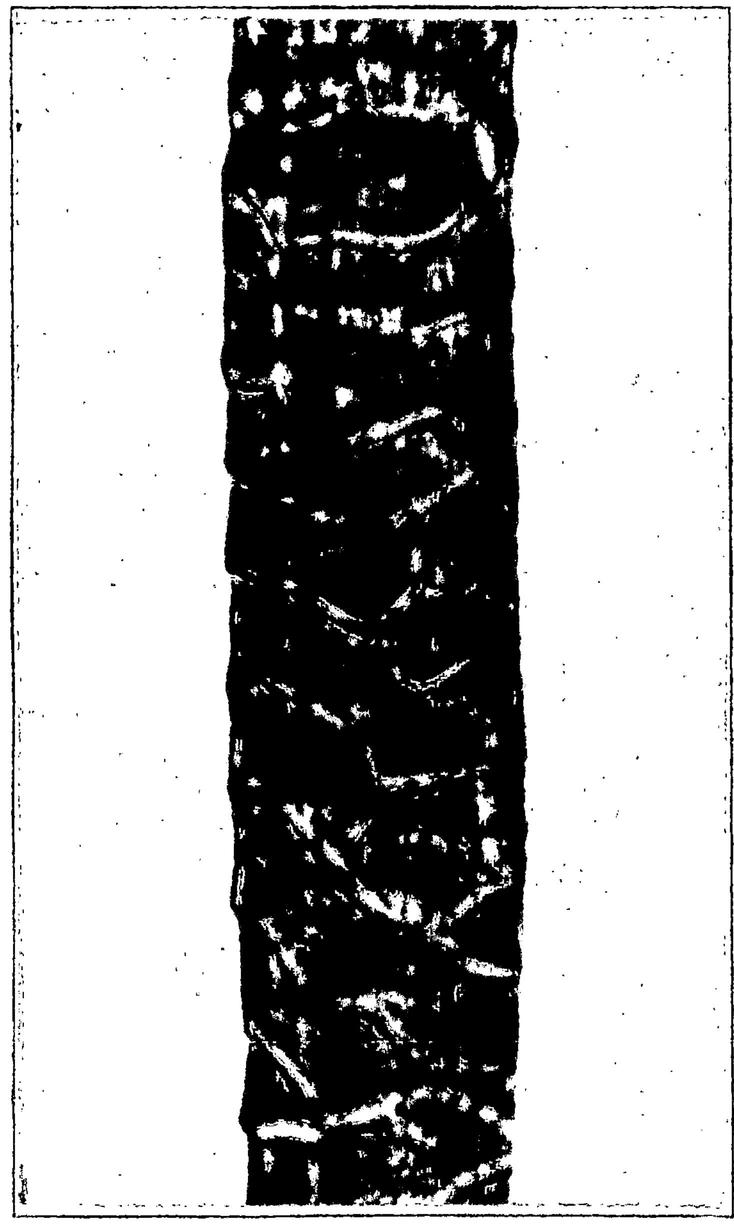

Abb. 7. Teil eines Wollhaares.

Färbung: Keine.   Okular: 7,5×.   Objektiv: 4 mm.   Wratten-Filter: H-Blaugrün.   Lineare Vergrößerung: 1260-fach.

durchfallenden Licht photographiert wurde. Die gleiche Struktur kann
bei den meisten Haaren festgestellt werden, doch ist sie nicht immer so
ausgeprägt. ·

Wird ein Haar abgeworfen, so vermehren sich die die Haarpapille
umgebenden Epithelzellen und bilden bald ein anderes Haar als Ersatz
für das abgeworfene. Kahlheit rührt von dem Mangel an Blutgefäßen
in der Haarpapille her, die die notwendigen Nährstoffe heranschaffen,
oder hat in einer andersartigen Zerstörung der Epithelzellen ihre Ursache.
Jeder ernsthafte Versuch, an einer kahlen Stelle Haarwachstum zu erzeugen, muß daher darauf hinauslaufen, den Haarbälgen lebende Epithelzellen zuzuführen — es kommen etwa vierhundert Epithelzellen auf den
qcm — und für dauernde Nahrungszufuhr für diese Zellen zu sorgen.

Im hohen Alter ist für die Haarzellen kein Pigment mehr verfügbar
und die neuen Haare, die kein Pigment enthalten, erscheinen grau.
Haare, die Pigment enthalten, dagegen können durch winzige Luft-
bläschen zwischen den Zellen im reflektierten Licht weiß erscheinen.

Jeder Haarbalg ist mit Fettdrüsen versehen, die Ausführungsgänge
nach dem oberen Teile des Balgs besitzen. Auf Abb. 2 ist eine Gruppe
solcher Drüsen zu sehen. Sie sind von Epithelzellen umgeben, die aus
dem Blut diejenigen Stoffe aufnehmen, die sie zur Erzeugung der abgeschiedenen Fette benötigen. Sind die Zellen mit Fett gefüllt, so verschwindet das Protoplasma, die Zellen zerfallen und entleeren das Fett
in den Ausführungskanal. Zum Ersatz werden fortlaufend neue Zellen
gebildet. Der Talg wird in den Haarbalg gedrückt, wo er das Haar
umkleidet und umschmiert, und schließlich weiter an die Oberfläche
der Haut, die er geschmeidig macht und gegen Kälte schützt. Bei
Berührung mit der Luft verdickt sich der Talg zur Konsistenz des
Ohrenwachses, mit dem er verwandt ist. Werden die Ausführungsgänge
der Talgdrüsen mit Schmutz verstopft, so werden sie durch den ent-
stehenden Druck erweitert und erzeugen dunkle Erhebungen. Man findet
bisweilen auch Talgdrüsen in Teilen der Haut, die keine Haare enthalten.

An jedem Haarbalg, und zwar gerade unterhalb der Talgdrüsen,
ist ein Bündelchen glatter Muskeln, die sogenannten „Erector-pili-‟
Muskeln befestigt. Sie erstrecken sich quer aufwärts durch das Corium
bis an die Oberfläche der Haut. In Abb. 2 bildet der Muskel mit dem
Haarbalg ein *V*, in dessen Winkel die Talgdrüse sitzt. Die diesen Muskeln
zugehörigen Nerven nennt man „pilomotorische‟ Nerven. Die Muskeln
ziehen sich unter dem Einfluß seelischer Erregungen wie Furcht,
Überraschung, Zorn und anderer unangenehmer Zustände oder unter
dem Einfluß von Kälte oder erregender Berührung zusammen. Als
Wirkung dieses Zusammenziehens tritt die sogenannte Gänsehaut und
das „Haare zu Berge stehen‟, wie man es besonders bei erschreckten
Katzen beobachten kann, auf.

Der eigentliche Zweck der Erector-pili-Muskeln ist offenbar der,
den Körper durch ihre Fähigkeit, die Absonderung des Talges zu
beeinflussen, vor plötzlichen Temperaturschwankungen zu schützen. Sie
wirken also wie die Thermoregulatoren in einem guten Thermostaten.
Ihr Zusammenziehen übt einen Druck auf die Drüsen aus und veranlaßt

die Zellen zu zerfallen und ihren Talg an die Haarbälge abzugeben. Das Fett wird dann im Haarbalg bis zur Oberfläche der Haut emporgedrückt, wo es die Tätigkeit der Schweißdrüsen unterbindet und die Wasserverdunstung von der Oberfläche der Haut verhindert.

Die Schweißdrüsen sind kolbenförmige Säcke, von denen spiralförmige Gänge an die Hautoberfläche führen. In der Abb. 4 kann man sehen, wie mehrere solcher Gänge sich durch die Epidermis winden und an der Oberfläche als Poren enden. Die Säckchen der Schweißdrüsen sind von Epithelzellen umgeben, die mit der Malpighischen Schicht in Zusammenhang stehen. Sie scheiden Fett, Wasser, Salze, Harnstoff und andere Abfallstoffe des Blutes aus und drücken sie durch die Gänge nach außen. Wo keine Talgdrüsen vorhanden sind, sondern diese Drüsen auch eine ölige Flüssigkeit ab, die die Oberfläche der Haut geschmeidig erhält. Diese Drüsen dienen dem doppelten Zweck, einmal Abfallstoffe beiseite zu schaffen und außerdem die Körpertemperatur durch den Grad der Wasserverdunstung zu regulieren.

Das ganze Epidermissystem, einschließlich Epidermis, Haaren, Talg und Schweißdrüsen, muß vor der Gerbung von der Haut entfernt werden, und zwar so, daß das Corium keinerlei Beschädigung erleidet, die man am fertigen Leder erkennen würde.

Das Unterhautbindegewebe. Die Haut ist mit den darunter gelegenen Teilen des Körpers durch sehr locker und unregelmäßig angeordnete Bindegewebsfasern lose verbunden. In Begleitung dieses Bindegewebes befindet sich gewöhnlich eine beträchtliche Menge Fettgewebe, so genannt, weil es der Sitz von Fettablagerungen ist, wie sie besonders zahlreich in der Gegend des Unterleibes auftreten; sie dienen dazu, den Körper vor Kälte zu schützen. Diese Gewebe bilden zusammen in der Hauptsache das, was der Gerber Fleisch nennt, der Rest besteht aus gelbem Bindegewebe, Blutgefäßen und Nerven.

Der lockere Zusammenhang dieser areolaren Gewebe gestattet der Haut große Beweglichkeit und macht so durch Zufall das Enthäuten einfacher als es sonst sein würde. Obgleich das Unterhautbindegewebe kein eigentlicher Bestandteil der Haut ist, ist es für den Gerber von Wichtigkeit, da den in den Gerbereien eingelieferten Häuten immer viel Fleisch anhaftet und dieses vor dem Gerben entfernt werden muß. Wird es an den Häuten belassen, so hindert es den Gerbprozeß.

Abb. 8 zeigt einen Vertikalschnitt durch das Fleisch, das dem Schild einer Kalbshaut anhaftet. Das obere Viertel der Abbildung zeigt einen Teil des Coriums. Er ist nach unten hin durch Strähnen elastischer Fasern begrenzt; diese erscheinen als Masse kompakter dunkler Fäden und besitzen gewöhnlich eine schwach gelbe Farbe. Die Fettzellen des adiposen Gewebes sind in Schichten angeordnet und werden durch Fasern aus weißem Bindegewebe zusammengehalten. Das Unterhautbindegewebe ist zuweilen auch mit quergestreiftem Muskelgewebe ausgestattet; dieses ermöglicht ein unwillkürliches Zusammenziehen der Haut. Derartiges Muskelgewebe ist zum Beispiel auf der unteren Seite der in Abb. 32 dargestellten Ziegenhaut zu sehen.

Die Entfernung des Fleisches als Vorbereitung zum Gerben nennt man in der Gerberei Entfleischen. Eine Haut ist zweckmäßig entfleischt, wenn alle unterhalb des Coriums liegenden Gewebe entfernt sind, ohne daß das Corium selbst beschädigt wurde.

Abb. 8. Vertikalschnitt durch das Unterhautbindegewebe einer Kalbshaut.
Stelle der Entnahme: Schild.   Dicke des Schnitts: 20 μ.   Färbung: Van Heurcks Blauholz, Daubs Bismarckbraun.   Okular: Keins.   Objektiv: 16 mm.   Wratten-Filter: H-Blaugrün.   Lineare Vergrößerung: 70-fach.

Die Lederhaut. Nur das Corium oder die Lederhaut wird zur Lederherstellung verwandt. Der wichtige lederbildende Bestandteil des Coriums
ist das Kollagen, die Proteinsubstanz der weißen Fasern des Bindegewebes. Gute Leder können nur aus solchen Häuten hergestellt werden,
in denen diese Fasern gut entwickelt und reichlich vorhanden sind.
Die in den Abb. 1, 2, 3 und 4 gezeigten unterschiedlichen Strukturen
sind typisch für die in den Häuten niederer Tiere auffindbaren Extreme.
Eine Haut, die hauptsächlich aus Fettzellen besteht, ist für die Lederfabrikation von geringem Wert. Eine solche, in der große Gruppen von
Fettzellen zwischen die Kollagenfasern eingelagert sind, muß ein
schwammiges Leder ergeben, es entstehen durch Zerstörung der Fettzellen bei den Vorarbeiten zum Gerben viele unausgefüllte Zwischenräume.
Die Neigung zu diesem oder jenem Extrem hängt ganz von der Lage
der Hautstelle auf dem Körper des Tieres und von dessen Lebensbedin-
gungen, Gewohnheiten und Futter ab. Vom Standpunkt der allgemeinen
Struktur der Haut betrachtet muß man den größeren Teil der Haut
als aus Fettzellen und Bindegewebsfasern aufgebaut betrachten, wobei
jede der beiden Komponenten reichlicher oder auch spärlicher vorhanden sein kann.

Im Gegensatz zum Epithelgewebe besteht das Bindegewebe nicht
in der Hauptsache aus Zellen; es ist vielmehr das Produkt der Tätigkeit
von Wanderzellen, die bedeutend kleiner sind als das extracellulare
Material, das sie erzeugen. Abb. 9 zeigt die Beziehung dieser Zellen
zu den Kollagenfasern an einer Kalbshaut. Die Zellen sind in der Abbildung tiefer gefärbt und erscheinen als schwarze Flecken von ca.
1 mm Durchmesser. Die Zellen besitzen also in Wirklichkeit nur etwa
$^1/_{170}$ dieses Durchmessers. Nach eigenen Untersuchungen des Verfassers
nimmt die Häufigkeit dieser Zellen mit zunehmendem Alter des Tieres ab.

Bei Betrachtung von Querschnitten der Fasern, die senkrecht zur
Schnittebene verlaufen, kann man die Anordnung der Fäserchen oder
Fibrillen in Bündelchen sehr deutlich beobachten. Seymour-Jones (10)
nahm an, daß die Fasern in sehr dünnen Scheiden von „Faser-Sarco
lemma" steckten. Später wies Turley (11) mittels Bielschowskys Silber-
färbung das Vorhandensein solcher Faserscheiden nach und nannte sie
areolare Faserscheiden. Die weißen Fasern der Faserbündel wurden
beim Färben braun, während die Scheiden ungefärbt blieben und als
lichtbrechende Kapseln erschienen, die in geringer Entfernung die
Fasern umgaben. Die im 9. Kapitel beschriebenen Untersuchungen
von Wilson und Gallum (12) scheinen anzuzeigen, daß die Oberfläche
der Kollagenfasern sehr viel widerstandsfähiger gegen tryptische Zersetzung ist als das Material direkt unter der Oberfläche.

In Berührung mit sauren oder alkalischen Lösungen schwellen die
Kollagenfasern an, indem sie etwas von der wässerigen Lösung absorbieren. Wenn frische Fasern so geschwollen sind, zeigen sie in bestimmten
Abständen Einschnürungen, die anscheinend auf ganz dünne umfassende
Fäden zurückzuführen sind. Kaye und Lloyd (4) beschrieben kürzlich
dieses Phänomen und veröffentlichten einige schöne Mikrophotographien geschwollener Fasern. Von diesen Fäden glaubt man, daß

sie aus dem Protein Reticulin bestehen, das nochmals im folgenden Kapitel Erwähnung finden wird.

Abb. 9. Vertikalschnitt durch die Retikularschicht einer Kalbshaut.
Stelle der Entnahme: Schild.   Dicke des Schnitts: 20 μ.   Färbung: Van Heurcks Blauholz, Daubs Bismarckbraun.   Okular: 5×.   Objektiv: 16 mm.   Wratten-Filter: B-Grün.   Lineare Vergrößerung: 170-fach.

Die gelben Fasern des Bindegewebes, die sich aus dem Protein Elastin aufbauen, finden sich nur in geringerem Umfang als die weißen Kollagenfasern; sie besitzen auch nur geringeren Durchmesser. Gewöhnlich findet sich, wie aus Abb. 8 ersichtlich, eine dickere Schicht elastischer Fasern am unteren Rande des Coriums, wo dieses an das Unterhautbindegewebe angrenzt, eine zweite am oberen Rande der Haut in der Gegend der Erector-pili-Muskeln. Der große Mittelteil der Haut enthält relativ wenig elastische Fasern; solche finden sich dort gewöhnlich nur rings um die Blutgefäße und Nerven, die das Corium durchqueren.

Der Hauptstamm der das Corium versorgenden Blutgefäße und Nerven läuft parallel zur Oberfläche, und zwar direkt oberhalb der unteren Elastinschicht. Von diesem Stamm zweigen sich Äste nach oben ab und verteilen sich überall im Corium. Ebenso ist ein Netzwerk von Lymphbahnen über die ganze Haut verteilt.

Querschnitte durch Arterien und Venen lassen drei verschiedene Schichten erkennen: eine äußere Schicht von Kollagen- und Elastinfasern, eine mittlere von glattem Muskelgewebe und Elastinfasern und eine innere Membran aus flachen Zellen. Bei den Arterien sind alle drei Schichten deutlich ausgebildet, bei den Venen dagegen ist die innere Schicht sehr viel dünner als die äußeren Schichten. Die Wände der Venen sind dünner als die der Arterien; daher fallen die Venen, wenn sie leer sind, zusammen, während die Arterien ihre Gestalt beibehalten. Die Venen sind außerdem mit halbmondförmigen Klappen ausgerüstet, die ein Zurückfließen des Blutes verhindern. Abb. 8 zeigt im oberen Teil einen Querschnitt durch eine Arterie. Es ist der große kreisrunde Körper links der Mittellinie. Rechts von der Arterie ist eine infolge ihrer dünnen Wände zusammengefallene Vene zu sehen. Die runde Zeichnung direkt unter der Arterie stellt einen Querschnitt durch ein Nervenbündel dar. Es sind noch drei weitere Querschnitte durch längliche Nervenbündel auf der Abbildung sichtbar, zwei direkt unter der Vene und einer an der äußersten linken Seite der Arterie. Eine ähnlich gelagerte Arterie ist in dem Schnitt durch die Kalbshaut auf Abb. 29 zu sehen.

Jene Körperteile, in denen der Tastsinn stark ausgeprägt ist, wie Finger und Fußsohle, besitzen zahlreiche Ausstülpungen der Oberfläche des Coriums in die Epidermis hinein, sogenannte Papillen. Sie sind deutlich sichtbar in den Abb. 3, 4 und 5 in den Schnitten durch Finger und Ferse. Man nimmt an, es gäbe zwei Arten solcher Papillen, eine, die Blutgefäße enthält, die den aktiven Epithelzellen in ihrer Nachbarschaft Nahrung zuführen, und andere, die außer den Blutgefäßen auch Nerven enthält, die gegen Berührung, Schmerz, Hitze und Kälte empfindlich sind. Die Papillen sind gewöhnlich in ganz bestimmten Mustern angeordnet, die sich während des ganzen Lebens nicht ändern. Die Zeichnung des Fingerabdrucks wird durch die Papillen bestimmt. Die Epidermis ist über den Papillen dünner als an anderen Stellen. Die Papillen selbst haben den Zweck, die Nervenendigungen den Stellen der Oberfläche näher zu bringen, wo sie besonders nötig sind und wo die Epidermis besonders dick ist. In einigen Teilen des

Körpers fehlen die Papillen vollständig oder sind doch nur so wenig entwickelt, daß sie nicht ohne weiteres erkannt werden können.

Den Teil des Coriums, der unmittelbar mit der Epidermis in Berührsteht, nennt Seymour-Jones (10) Narbenschicht, weil er den Narben des fertigen Leders bildet. Obwohl seine Abgrenzung auf der Seite, die mit der Epidermis in Berührung steht, sehr scharf ist, geht er auf der anderen Seite ohne deutliche Änderung der Eigenschaften allmählich in das Corium über. Die Fasern des Bindegewebes werden um so feiner, je näher sie der Narbenoberfläche liegen. In dieser selbst sind sie ausnehmend dünn und laufen im allgemeinen parallel zur Oberfläche. Man kann dies sehr deutlich in dem Schnitt durch gegerbte Kalbshaut in Abb. 19 sehen. Die Fasern der Narbenschicht scheinen, gleichgültig ob sie mit dem Bindegewebe der Lederhaut zusammenhängen oder nicht, einige unterschiedliche Eigenschaften zu besitzen. Gibt man nämlich Blößen in kochendes Wasser, so bleiben die Fasern der Narbenoberfläche noch lange, nachdem die tieferliegenden Kollagenfasern schon in Gelatine verwandelt worden sind, als dünnes, nur wenig verändertes Blättchen zurück. Die äußere Schicht erscheint dann ziemlich scharf begrenzt, während die innere Seite, die mit Kollagenfaserresten versehen ist, gallertig und heterogen erscheint; dies deutet auf einen allmählichen Übergang der Eigenschaften der Fasern des Coriums in die der Narbenschicht hin.

Da die Narbenschicht das Aussehen des fertigen Leders bestimmt, ist es von großer Wichtigkeit, diese beim Entfernen der Epidermis nicht zu beschädigen. Es ist deshalb für den Gerber sehr günstig, daß die Fasern des Narbens sehr viel widerstandsfähiger gegen Alkalien sind als die darüberliegende Epidermis und auch widerstandsfähiger gegenüber der Wirkung von tryptischen Fermenten als die darunterliegenden elastischen Fasern. Die Narbenschicht wird dagegen unter gewissen Umständen leicht von proteolytischen Bakterien angegriffen; es entsteht in solchen Fällen ein sogenannter „stippiger" Narben. Eine derartige Schädigung ist auf Abb. 73 im 6. Kapitel dargestellt.

Es besteht eine gewisse Wahrscheinlichkeit, daß die Narbenmembran durch eine ganz dünne Schicht, die sogenannte „hyaline Schicht", vom Stratum germinativum der Epidermis getrennt ist, obwohl die Existenz einer solchen Schicht von Küntzel (6) in Abrede gestellt wird. Seymour-Jones (10) berichtet in seinen Arbeiten von einer solchen Schicht. Turley (11) stellte beim Färben von Schnitten von Rindshaut, die nach einem achttägigen reinen Kalkäscher enthaart worden war, mit Thionin und Toluidinblau an der äußersten Hautoberfläche ein dünnes Band von blaugefärbtem Material, ca. 5 Mikra dick, fest. Später bei der Untersuchung der Einzelheiten der nach Bielschowsky gefärbten Kollagenfasern konstatierte er eine lichtbrechende Membran, die die Fasern umgibt und eine ebensolche, die längs der Haarbälge entlang läuft. Das Material erschien sehr wohl definiert und nicht durch irgendwelche optische Effekte vorgetäuscht. Färbeversuche ließen annehmen, daß seine chemische Zusammensetzung von der der Fasern der Narbenschicht verschieden ist. Auch von der Zusammensetzung

der Zellen des Stratum germinativum scheint die Zusammensetzung
des Materials verschieden zu sein, da es zurückblieb, als diese Zellen

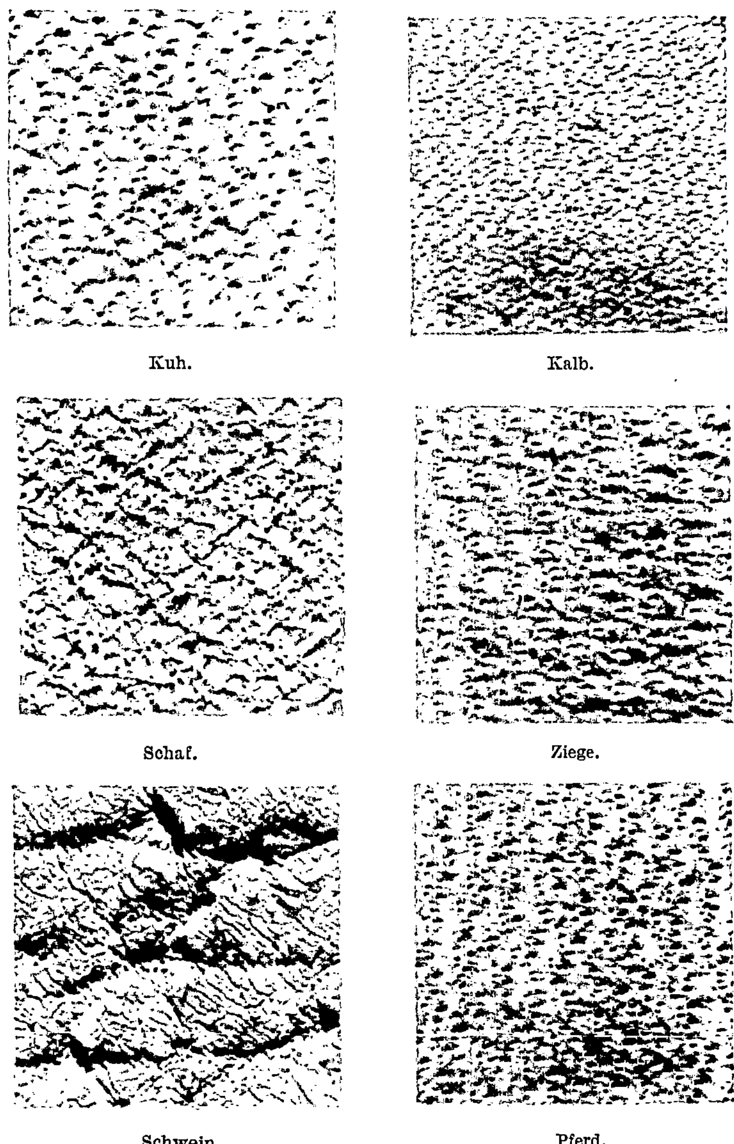

<table>
<tr><td align="center">Kuh.</td><td align="center">Kalb.</td></tr>
<tr><td align="center">Schaf.</td><td align="center">Ziege.</td></tr>
<tr><td align="center">Schwein.</td><td align="center">Pferd.</td></tr>
</table>

Abb. 10. Narbenoberflächen gegerbter Häute.
Okular: Keins.   Objektiv: 48 mm.   Wratten-Filter: K2-Gelb.   Lineare Vergrößerung: 7-fach.

durch das Kalkwasser entfernt wurden. Seymour - Jones (10) vermutete
im Gegensatz dazu, daß die Erscheinung der sogenannten hyalinen

Schicht durch die Wirkung des Kalks auf die unteren Schichten der
Epidermis verursacht sein könnte. Eine solche Schicht erscheint nicht

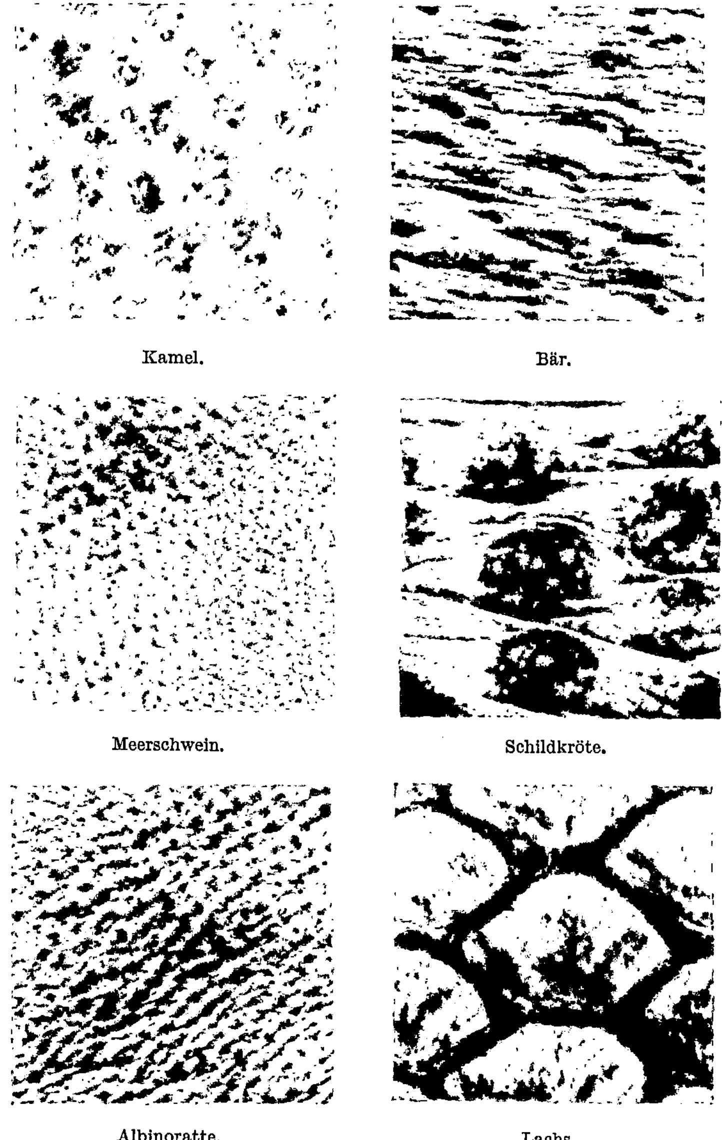

Abb. 11. Narbenoberflächen gegerbter Häute.

Okular: Keins.   Objektiv: 48 mm.   Wratten-Filter: K2-Gelb.   Lineare Vergrößerung: 7-fach

in gefärbten Schnitten frischer Haut, könnte aber indessen durch andere
Bestandteile verdeckt sein. Turley glaubt, daß die hyaline Schicht

mit der von den Histologen im allgemeinen als Basal-Membran bezeichneten Schicht identisch sei.

Die Zeichnung des Narbens, wie sie nach dem Enthaaren und Gerben zutage tritt, ist für jede Tierart charakteristisch, während die Feinheit der Musterung Schlüsse über das Alter des Tieres zuläßt. Die Musterung des Narbens wird bestimmt durch die Anordnung der Haarbälge, der Poren und, soweit welche vorhanden sind, der Papillen. Abb. 10 und 11 geben das Narbenbild einer Anzahl gegerbter Häute verschiedener Tiere wieder. Sie sind alle gleich stark vergrößert und daher direkt vergleichbar. Man kann sehen, daß Kalb und Kuh das gleiche Narbenbild besitzen, das der Kuh aber rauher ist. Die Narbenstruktur bietet somit die Möglichkeit, die Tierart zu bestimmen, aus deren Haut das Leder verfertigt wurde.

Wir wenden uns jetzt von der Betrachtung der allgemeinen Histologie der Häute zur Betrachtung der speziellen Histologie der einzelnen in der Lederfabrikation benutzten Hautarten.

b) Die Kuhhaut.

Im allgemeinen wählt der Gerber als Ausgangsmaterial für schweres, kräftiges, haltbares Leder Kuh- oder Rindshäute. Abb. 12 gibt den Schnitt durch den dicksten Teil des Schildes einer Kuhhaut wieder. Das Hautstück war sofort nach dem Tode des Tieres in Erlickischer Flüssigkeit fixiert worden. Diese Hautart eignet sich zur Herstellung von Sohlleder oder schwerem Riemen- oder Geschirrleder. Über 80 % der Gesamtdicke der Haut besteht aus starken, sich kreuzenden Bündeln von Kollagenfasern, den Hauptlederbildnern der Haut, und man findet zwischen den Fasern nur sehr wenig Fettzellen, die das Leder schwammig machen könnten.

Die Epidermis erscheint als ein dünnes, dunkles Band am oberen Rande des Schnittes und macht etwa ½ % der Gesamtdicke der Haut aus. Alles übrige ist Lederhaut, das Unterhautbindegewebe wurde bei diesem Hautstück bereits beim Enthäuten des Tieres entfernt. Die Epidermis dringt an einigen Stellen in die Lederhaut ein und bildet die Haarbälge, in denen die Haare wachsen.

Die Gegenwart von Muskeln, Drüsen und Haarbälgen gibt dem oberen Fünftel der Lederhaut das Aussehen einer besonderen Schicht gegenüber dem tiefer gelegenen Teil des Coriums. In der Tat ist es in der Lederfabrikation vorteilhaft, die Lederhaut als aus zwei Schichten bestehend anzusehen. Als Trennungslinie kann man den untersten Rand der Schweiß- und Fettdrüsen annehmen. Die daruntergelegene Schicht der Lederhaut nennt man wegen der netzartigen Anordnung der Faserbündel gewöhnlich „Retikularschicht". Dieser Name trifft für die meisten der in der Lederfabrikation benutzten Häute zu, wenn er auch für Häute, deren Corium hauptsächlich aus Fettzellen aufgebaut ist, nicht passend ist. Die hauptsächlichste Funktion der oberen Schicht scheint die einer Wärmeregulierung für den Körper zu sein und der Verfasser schlägt daher vor, diese obere Schicht als Ausdruck ihrer Struktur und Hauptaufgabe als „Thermostatschicht" zu bezeichnen. In der Fachliteratur wird diese Schicht öfters auch als „Papillarschicht" bezeichnet. — In Abb. 12 nimmt die Thermostatschicht das oberste Fünftel und

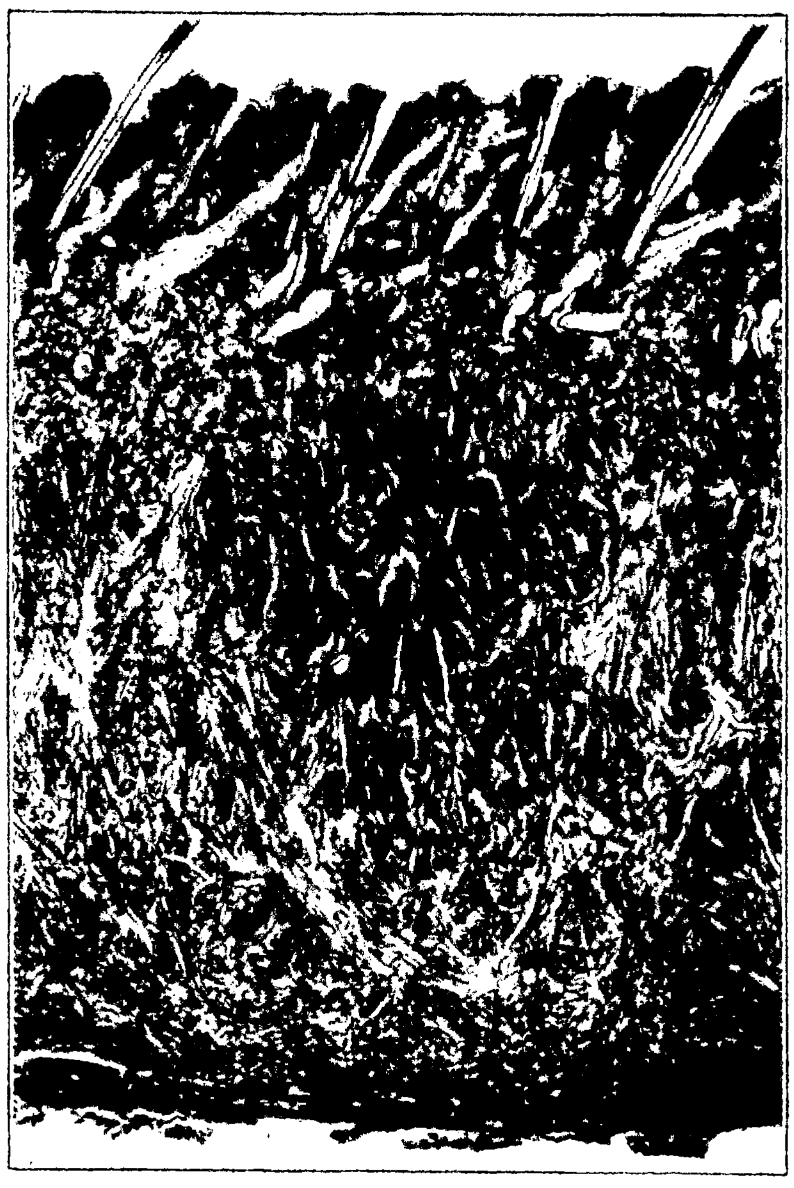

Abb. 12. Vertikalschnitt durch eine Kuhhaut.
Stelle der Entnahme: Schild.   Dicke des Schnitts: 20 μ.   Färbung: Van Heurcks Blauholz, Daubs Bismarckbraun.   Okular: Keins.   Objektiv: 48 mm.   Wratten-Filter: H-Blaugrün.   Lineare Vergrößerung: 16-fach.

die Retikularschicht die restlichen vier Fünftel des Schnittes ein. Der Vorteil einer getrennten Betrachtung dieser Schichten der Lederhaut erhellt aus der Tatsache, daß die Struktur der Retikularschicht die physikalischen Eigenschaften des Leders, wie Reißfestigkeit, Festigkeit, Dehnbarkeit und dergleichen bestimmt, während die Thermostatschicht mehr für das Aussehen des Leders verantwortlich ist. Bei der Herstellung feinerer Leder muß man der Thermostatschicht besondere Aufmerksamkeit widmen. Es ist von besonderer Wichtigkeit, daß diese Schicht in dicken wie dünnen Häuten nahezu gleich stark ist. In den dünneren Häuten und sogar in den dünneren Stellen der gleichen Haut nimmt diese Schicht dann einen größeren Teil der Gesamtdicke der Haut ein.

Der Schnitt in Abb. 12 ist nur 16-fach vergrößert. Um die Struktur der Thermostatschicht auch in den Einzelheiten sichtbar zu machen, wurde der Teil in der linken oberen Ecke auf das 75-fache vergrößert. Diese Vergrößerung zeigt Abb. 13. Die Malpighische Schicht der Epidermis und die Hornschicht können jetzt deutlich unterschieden werden, die letztere wird dort, wo sie den Haarbälgen entlang läuft, ausnehmend dünn. Das Stratum granulosum und Stratum lucidum scheinen in der Epidermis nicht anwesend zu sein. An der Basis des Haarbalgs greift der Musculus erector pili an und verläuft nach rechts oben. Direkt über diesem Muskel liegt eine Gruppe von Talgdrüsen, die sich in den Haarbalg ergießen. Der Raum links in der unteren Ecke wird von einer Schweißdrüse ausgefüllt, deren Ausführungskanal die Schnittebene verlassen hat und rechts des Haares gerade am Eingang des Haarbalgs wieder als Pore in Erscheinung tritt. Die feinen dunkeln Fasern, die parallel zur Oberfläche laufen und über die ganze Thermostatschicht verteilt sind, sind die elastischen Fasern oder die gelben Fasern des Bindegewebes. In der Thermostatschicht sind die Bindegewebsfasern sehr viel dünner als in der Retikularschicht und scheinen in Einzelfasern aufgelöst. Die Narbenoberfläche erscheint als aus Teilen dünner Fäserchen zusammengesetzt ohne scharfe Abgrenzung gegenüber dem Rest der Lederhaut. In dem Schnitt sind keine Papillen sichtbar; in der Tat sind auch in keinem anderen Teile der Kuhhaut außer den Beinen Papillen zu finden.

Um noch ein klareres Bild von der wichtigen Thermostatschicht zu erhalten, stellte der Verfasser Serienschnitte parallel zur Oberfläche der Haut her. In Paraffin eingebettete Hautstücke wurden im Mikrotom zu Schnitten von 20 μ Dicke der Reihe nach fortlaufend von der Hornschicht bis zu einem Punkt der Retikularschicht aufgearbeitet. Die vier horizontalen Schnitte, die in den Abb. 14 bis 17 dargestellt sind, stammen von einem Hautstück aus dem Hinterschenkel und enthalten auch die Papillen, die sich an anderen Stellen nicht finden. Abb. 14 zeigt einen Horizontalschnitt durch die Epidermis. In der Mitte ist die Öffnung eines Haarbalges. Die ovale Masse unterhalb der Mitte ist der Querschnitt eines Haares. Die faserigen Linien, die eine ovalgeformte Masse um die Haare herum bilden, sind ein Teil der Hornschicht der Epidermis, die in den Haarbalg hineintaucht. Die dunkeln Punkte, die man im übrigen Teil der Abbildung sieht, sind Kerne der Zellen der

Malpighischen Schicht der Epidermis. Die unregelmäßig geformten, heller gefärbten Flecke sind Querschnitte von Papillen des Coriums,

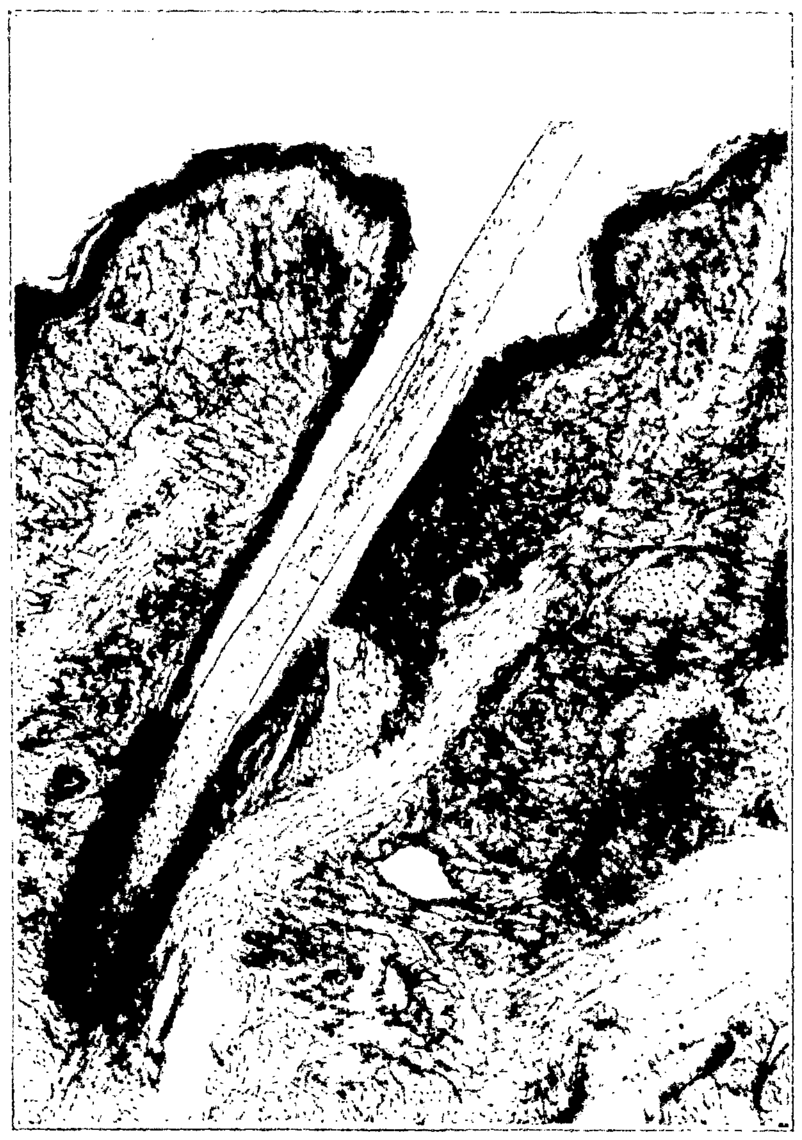

Abb. 13. Vertikalschnitt durch die Thermostatschicht einer Kuhhaut.
Stelle der Entnahme: Schild.   Dicke des Schnitts: 20 μ.   Färbung: Van Heurcks Blauholz, Daubs Bismarckbraun.   Okular: 5×.   Objektiv: 16 mm.   Wratten-Filter: H-Blaugrün.   Lineare Vergrößerung: 75-fach.

die in die Epidermis hineinragen und hauptsächlich aus Nerven und Blutgefäßen bestehen.

Abb. 15 stellt einen Schnitt dar durch die Gewebe 0,3 mm unterhalb der obersten Hornschicht. Er liegt in der Ebene, wo die Ausführungsgänge der Talgdrüsen in die Haarbälge münden. In der Mitte der Abbildung sieht man das gleiche Haar wie in Abb. 14 und rechts und links des Haares zwei solcher in den Haarbalg mündender Gänge. Die

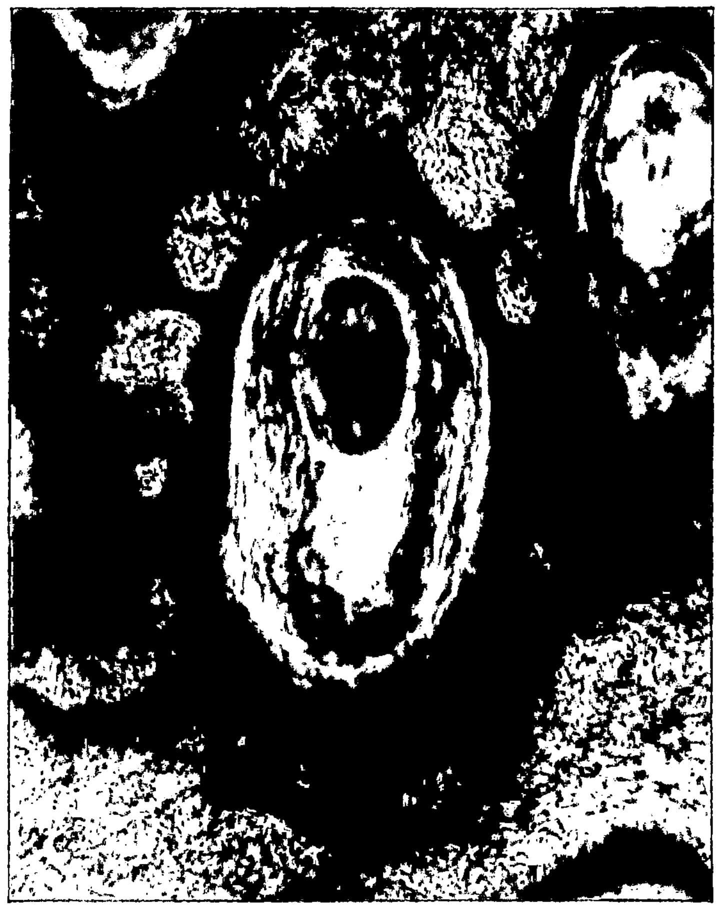

Abb. 14. Horizontalschnitt durch die Epidermis einer Kuhhaut.
Stelle der Entnahme: Schenkel.   Dicke des Schnitts: 20 μ.   Färbung: Van Heurcks Blauholz, Daubs Bismarckbraun.   Okular: 5×.   Objektiv: 8 mm.   Wratten-Filter: H-Blaugrün.   Lineare Vergrößerung: 175-fach.

Kanäle und der Balg sind von Epithelzellen umgeben; sie gehen in die Malpighische Schicht der Epidermis, deren Anhängsel sie sind, über. Die dunkeln Fäden sind elastische Fasern. Die Kollagenfasern dieser Gegend, die heller gefärbt sind, treten kaum hervor.

Der Schnitt in Abb. 16 stellt die Ebene 0,24 mm unter der der Abb. 15 dar. Auch hier erscheint wie auf Abb. 14 und 15 in der Mitte der Querschnitt des Haares. Die Haarbälge sind hier von einem dickeren Wall von Epithelgewebe umgeben. Oberhalb des Balges sieht man rechts und links die zwei Gruppen von Talgdrüsen, deren Ausführungskanäle man auf Abb. 15 in den Haarbalg münden sah. Die Drüsen ähneln Traubenbündeln. Jeder Flecken stellt einen Zellkern dar und die

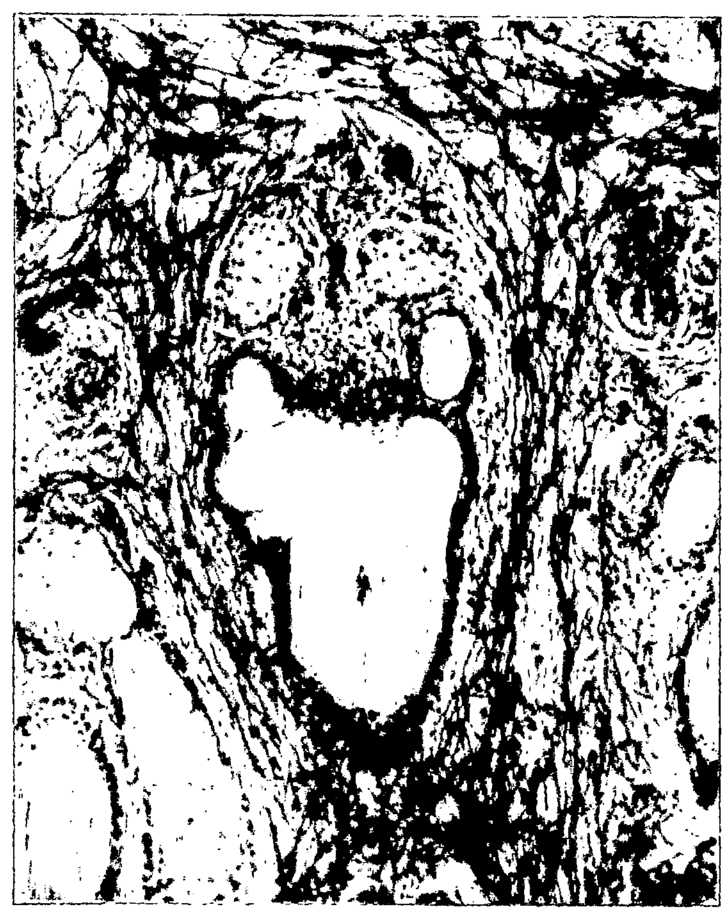

Abb. 15. Horizontalschnitt durch eine Kuhhaut. (0,30 mm unter der Hautoberfläche.)
Stelle der Entnahme: Schenkel.   Dicke des Schnitts: 20 µ.   Färbung: Van Heurcks Blauholz,
Daubs Bismarckbraun.   Okular: 5×.   Objektiv: 8 mm.   Wratten-Filter: H-Blaugrün.   Lineare
Vergrößerung: 175-fach.

feinen Linien, die sie umgeben, sind die Zellwände. In der Mitte der oberen Bildhälfte sieht man ein Stück des Musculus erector pili. Er erstreckt sich schräg aus der Schnittebene heraus vom Haarbalg weg. Die Zusammenziehung dieses Muskels übt einen Druck auf die Drüsenzellen und ihren fettigen Inhalt aus, er wird in die Ausführungsgänge und weiter durch die auf Abb. 15 sichtbaren Öffnungen in den Haarbalg gedrückt. Zwischen den Drüsengruppen und den Haarbälgen findet man oft eine Menge Muskelgewebe von der gleichen Art wie er den Erector pili-Muskel aufbaut. Augenscheinlich erstreckt sich der Musculus erector pili auch bis in diese Gegend und kann eine Art von quetschendem Druck auf die Drüsen ausüben.

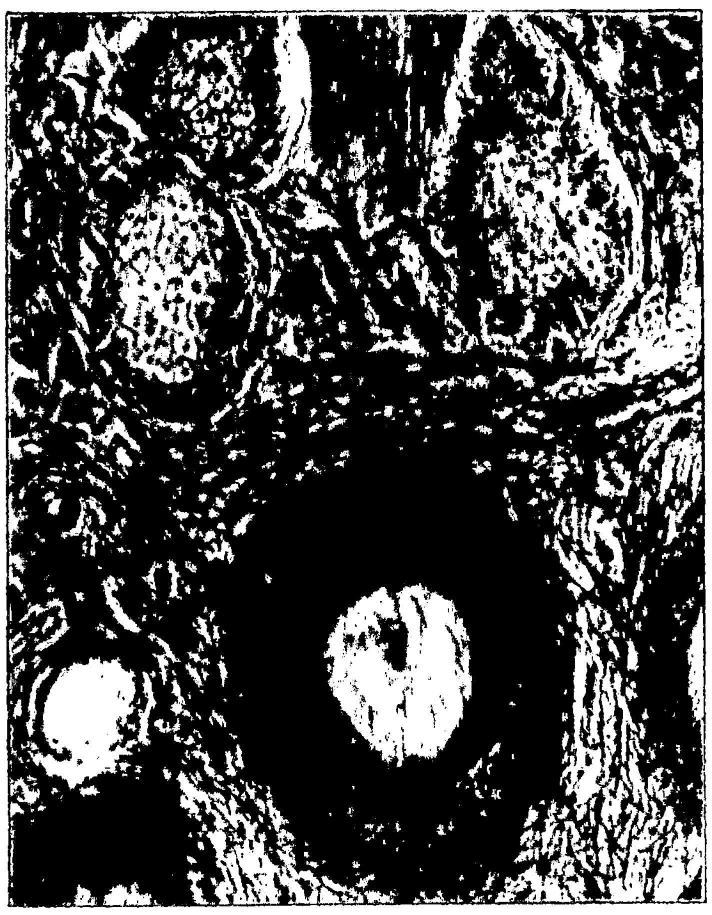

Abb. 16. Horizontalschnitt durch eine Kuhhaut. (0,54 mm unter der Hautoberfläche.) Stelle der Entnahme: Schenkel. Dicke des Schnitts: 20 μ. Färbung: Van Heurcks Blauholz, Daubs Bismarckbraun. Okular: 5×. Objektiv: 8 mm. Wratten-Filter: H-Blaugrün. Lineare Vergrößerung: 175-fach.

Abb. 18 ist eine Photographie des gleichen Schnittes, und zwar bei geringerer Vergrößerung, um die allgemeine Anordnung der Haarbälge und Drüsen sichtbar zu machen. Sehr beachtenswert ist die Neigung der Haare, sich zu dreien oder vieren anzuordnen. Manche der Haarbälge erstrecken sich nicht so tief wie andere, ihre Talgdrüsen liegen höher. Das erklärt, warum bei einigen Haarbälgen keine Drüsen zu sehen sind. Die kurzen, dicken Linien hier und dort sind Arterien und Venen, die in die Schnittebene hinein- oder aus ihr herauswandern.

Abb. 17 zeigt die Schnittebene 0,3 mm unter der von Abb. 16, also die Ebene in einer Entfernung von 0,84 mm unter der Oberfläche der Hornschicht. Wie in den Abb. 14, 15 und 16 erscheint in der Mitte des Bildes das Haar, aber diesmal ist es direkt durch die Haarzwiebel geschnitten. Zur Rechten und Linken und oberhalb der Haarzwiebel

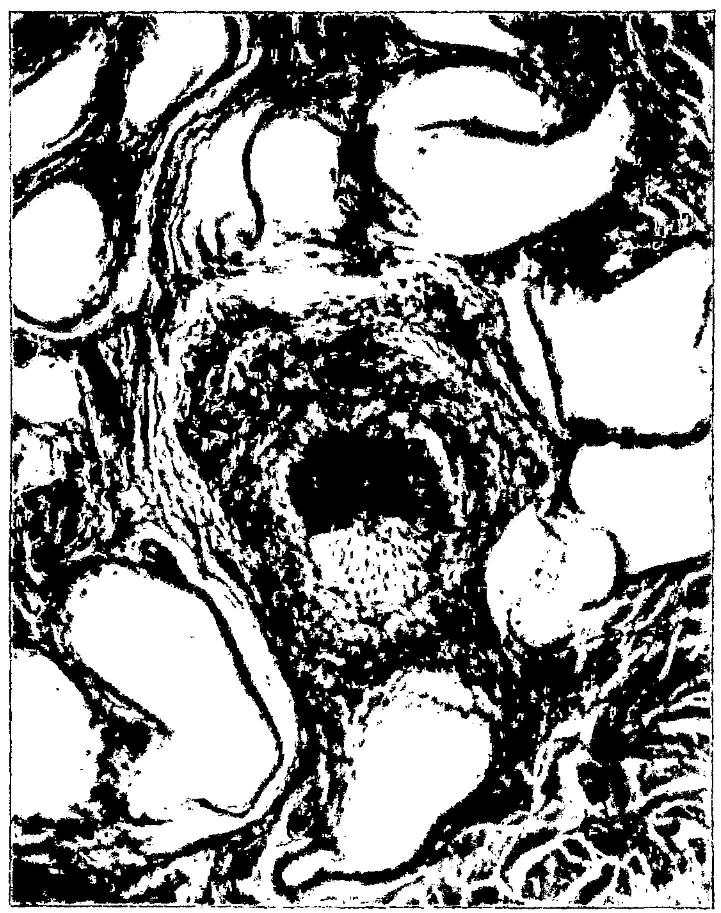

Abb. 17. Horizontalschnitt durch eine Kuhhaut. (0,84 mm unter der Hautoberfläche.) Stelle der Entnahme: Schenkel.   Dicke des Schnitts: 20 μ.   Färbung: Van Heurcks Blauholz, Daubs Bismarckbraun.   Okular: 5×.   Objektiv: 8 mm.   Wratten-Filter: H-Blaugrün.   Lineare Vergrößerung: 175-fach.

liegen Schweißdrüsen. Sie erscheinen als große, weite Säcke, Teile der sie umgebenden Epithelzellen erzeugen ein leopardenfellartiges Muster. In dieser Ebene sind die elastischen Fasern weniger zahlreich vertreten als in den Ebenen darüber und die Kollagenfasern sind stärker und mehr in Bündeln angeordnet. 0,12 mm tiefer findet man die·letzten Epithelzellen an den Schweißdrüsen, die unterste Schicht der Thermostatschicht ist also erreicht.

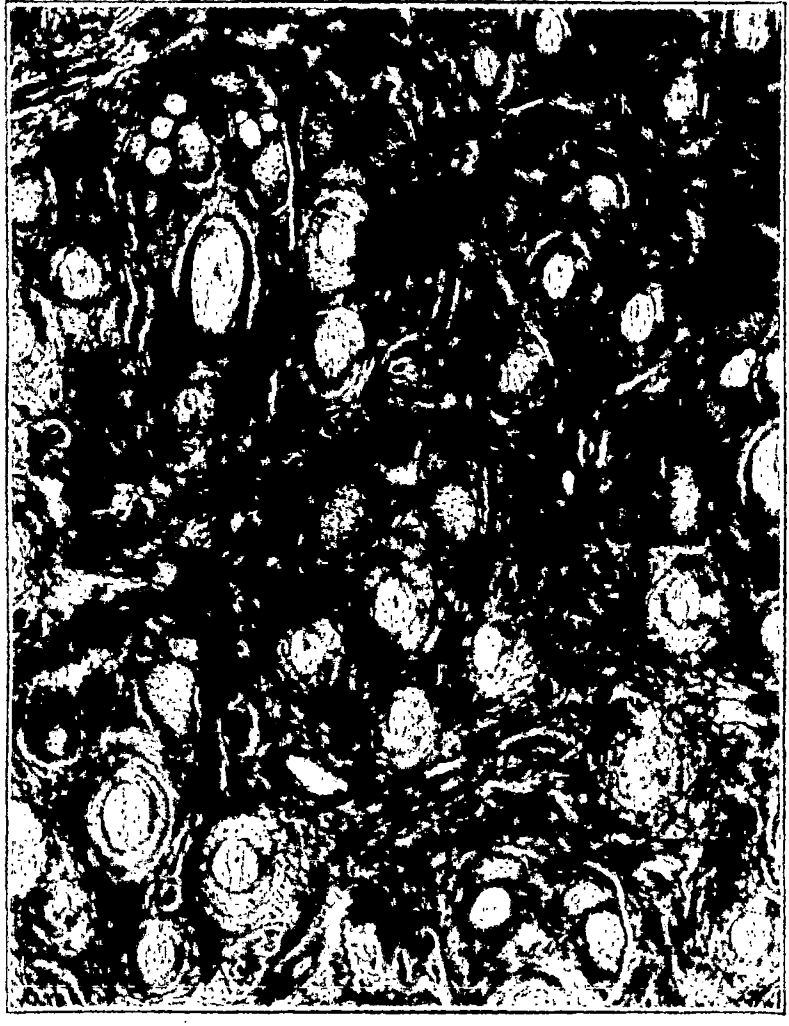

Abb. 18. Horizontalschnitt durch eine Kuhhaut. (0,54 mm unter der Hautoberfläche.) Stelle der Entnahme: Schenkel. Dicke des Schnitts: 20 μ. Färbung: Van Heurcks Blauholz, Daubs Bismarckbraun. Okular: Keins. Objektiv: 16 mm. Wratten-Filter: H-Blaugrün. Lineare Vergrößerung: 48-fach.

Die Retikularschicht besteht fast ausschließlich aus Kollagenfasern, Elastinfasern sind nur in der alleruntersten Region vorhanden bzw. rings um die Blutgefäße und Nerven, die die andern Teile der Retikularschicht durchlaufen.

3*

c) Die Kalbshaut.

Eine Kalbshaut ist, wie nicht anders zu erwarten, wie eine kleine
Kuhhaut aufgebaut. Abb. 29 zeigt einen Vertikalschnitt durch die
Haut einer jungen, gesunden Färse. Das Hautstück war unmittelbar
nach dem Schlachten des Tieres und dem Enthäuten in Erlickischer
Flüssigkeit fixiert worden. Im allgemeinen ist die Haut einer Färse
von größerer Festigkeit und erscheint feiner als die Haut eines Stier-
kalbs; sie wird daher zur Lederherstellung bevorzugt. Beim Vergleich
der Abb. 12 und 29 muß berücksichtigt werden, daß der Schnitt durch
die Kalbshaut etwa doppelt so stark vergrößert ist als der durch die
Kuhhaut. Überhaupt muß bei Vergleich irgendwelcher Photographien
dieses Buches miteinander die jeweilige Vergrößerung in Betracht gezogen werden, will man nicht zu irrtümlichen Schlüssen kommen.

Bemerkenswert ist die relativ größere Dicke der Thermostatschicht
bei der Kalbshaut. Diese Tatsache ist besonders wichtig, da diese Schicht
bei der Herstellung von Kalbleder
im Gegensatz zu der von Leder aus
Kuhhaut eine ausschlaggebende Rolle
spielt. Kalbfelle werden gewöhnlich
für Bekleidungsleder verwendet oder
überhaupt für Leder, bei denen die
Feinheit und das Aussehen des Leders
hoch bewertet wird, während Leder
aus Kuhhaut als Sohlleder, Riemenleder und Geschirrleder Verwendung
findet.

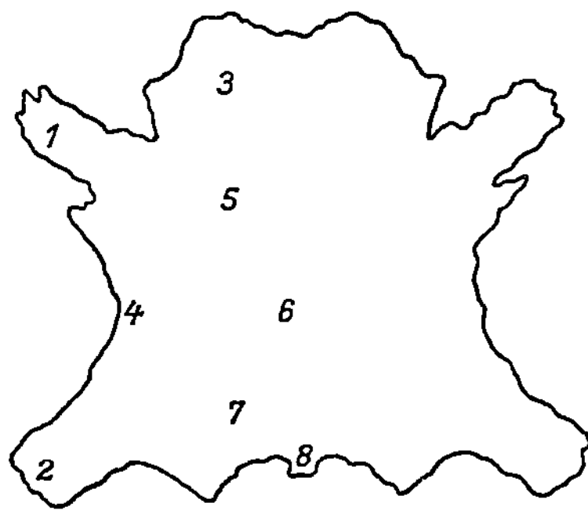

Abb. 19. Skizze einer Kalbshaut mit Angabe
der Entnahmestellen der in den Abb. 21 bis 28
wiedergegebenen Hautschnitte.

Beim Vergleich der Abb. 12 und 29
ist noch zu beachten, daß beide
Schnitte von genau entsprechenden
Stellen der zwei Tiere stammen. Die
große Bedeutung dieser Tatsache erkennt man klar bei Betrachtung
der Abb. 21 bis 28. Es ist eine wohlbekannte Erscheinung, daß eine
gegerbte Haut nicht über die ganze Oberfläche hin eine einheitliche
Struktur aufweist. Der Schild ist gewöhnlich sehr viel dicker und besitzt
größere Festigkeit als jeder andere Teil der Haut. Die Klauen sind fest,
aber dünn, die Flämen wiederum dick, aber schwammig. Um nun die
Verschiedenheit in der Struktur innerhalb einer Haut zu zeigen, wurden
8 Hautstückchen den in Abb. 19 bezeichneten Stellen einer Kalbshaut
entnommen. Abb. 21 bis 28 geben Vertikalschnitte durch diese acht
Hautstücke wieder. Beim Vergleich der Schnitte ist festzustellen, daß die
Thermostatschicht durch die ganze Haut einheitliche Dicke besitzt, daß
Stärke und Gewebsbildung der Retikularschicht dagegen stark variieren.

Die Retikularschicht ist am Schild nahezu dreimal so mächtig wie
an der Hinterklaue. In den Schultern ist die Retikularschicht ebenfalls
dünner als im Schild und die Fasern sind etwa feiner. In den Flämen
laufen die Kollagenfasern der Oberfläche parallel und setzen einer
vertikalen Beanspruchung nur wenig Widerstand entgegen. Im Schild

dagegen laufen die Fasern beinahe vertikal, teilweise auch in verschiedenen Richtungen und geben dem Leder eine große Widerstandsfähigkeit gegen Beanspruchung durch Zug. Die Narbenoberfläche erscheint im Schild weniger gezackt als an irgendeiner anderen Stelle. Man ersieht in der Tat, daß die meisten Differenzen der verschiedenen

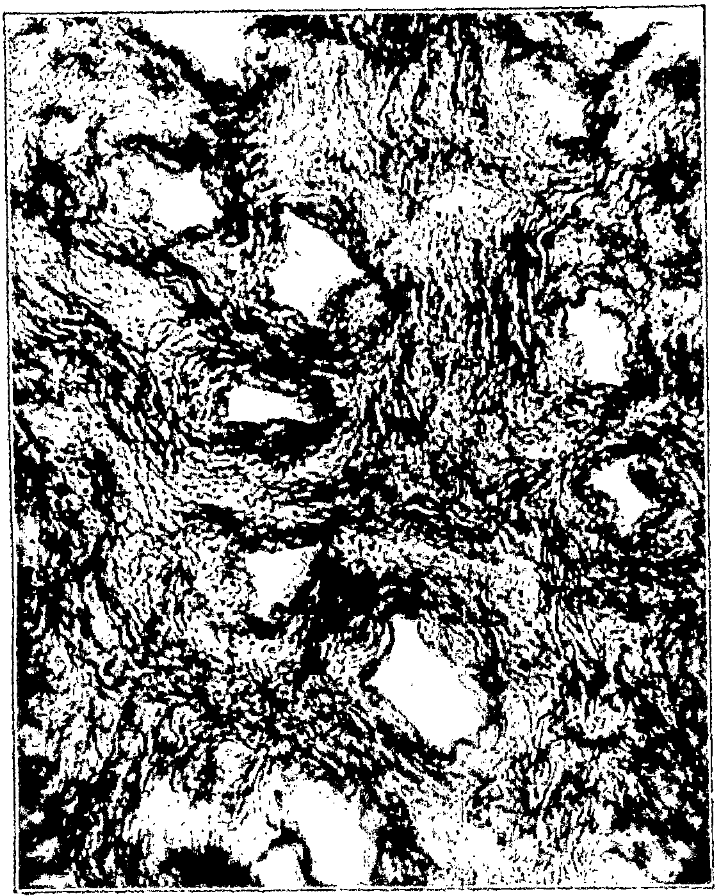

Abb. 20. Horizontalschnitt durch die Narben eines Kalbsleders.
Stelle der Entnahme: Schild.   Dicke des Schnitts: 15 μ.   Färbung: Indigokarmin. Gerbung: vegetabilisch.   Okular: 5×.   Objektiv: 8 mm.   Wratten-Filter: F-Rot.   Lineare Vergrößerung: 200-fach.

Teile eines fertigen Leders auf ursprüngliche Verschiedenheiten der lebenden Haut zurückzuführen sind.

Beim Studium der Abb. 29 können praktisch alle oben bei der Kuhhaut gegebenen Erläuterungen verwertet werden. Das untere Fünftel des Schnitts zeigt das Unterhautbindegewebe. Es besteht aus Schichten von Fettzellen, die durch Fasern weißen Bindegewebes zu-

sammengehalten werden. Das dicke Band, welches das Corium nach
unten abschließt, ist dicht mit elastischen Fasern durchwebt. Zwischen

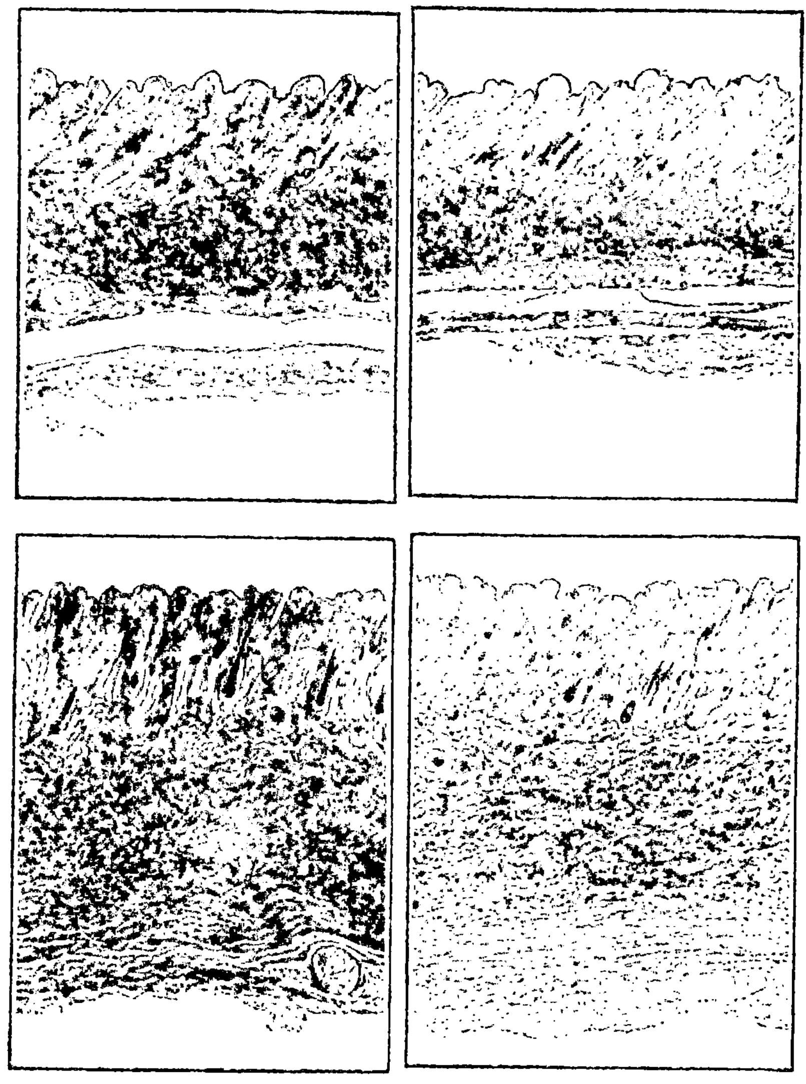

Abb. 21. Vorderklaue.   Abb. 22. Hinterklaue.   Abb. 23. Hals.   Abb. 24. Bauch.
Vertikalschnitte durch Kalbshaut.

Stelle der Entnahme: wie angegeben.   Dicke der Schnitte: 15 μ.   Färbung: Van Heurcks Blauholz, Pikro-indigo-karmin.   Okular: Keins.   Objektiv: 32 mm.   Wratten-Filter: F-Rot.
Lineare Vergrößerung: 15-fach.

dieser Schicht und der Thermostatschicht sind wie in der Kuhhaut
nur wenig elastische Fasern vorhanden. Nahe der Mitte des untersten

Endes der Lederhaut liegt eine Arterie und etwas weiter nach rechts davon Nervengewebe. Die Struktur der Fasern der Retikularschicht

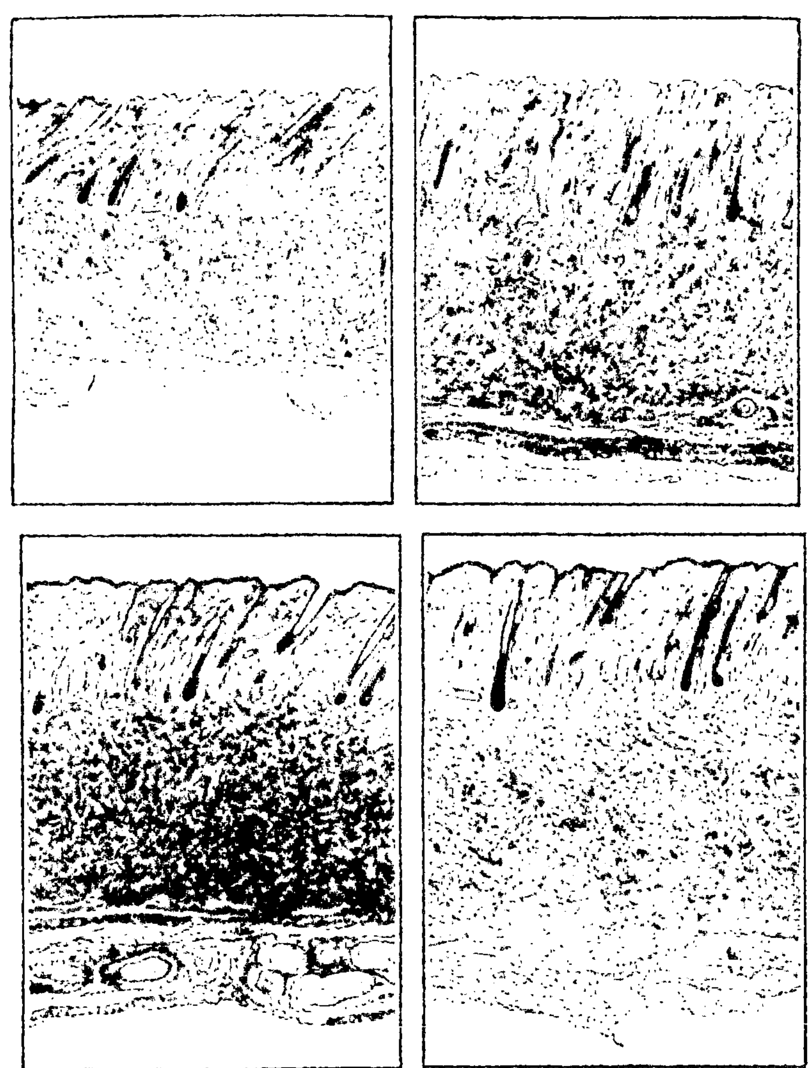

Abb. 25. Schulter.   Abb. 26. Rückgrat.   Abb. 27. Schild.   Abb. 28. Schwanz.
Vertikalschnitte durch Kalbshaut.

Stelle der Entnahme: wie angegeben.   Dicke der Schnitte: 15 μ.   Färbung: Van Heurcks Blauholz, Pikro-indigo-karmin.   Okular: Keins.   Objektiv: 32 mm.   Wratten-Filter: F-Rot.   Lineare Vergrößerung: 15-fach.

ist in Abb. 9 stärker vergrößert und kann dort gut in ihren Einzelheiten studiert werden.

d) Die Schafshaut.

Die Abb. 30 und 31 geben Vertikalschnitte durch die gesunde Haut
eines amerikanischen bzw. eines chinesischen Schafes wieder. Ein Ver-

Abb. 29. Vertikalschnitt durch eine Kalbshaut.

Stelle der Entnahme: Schild.   Dicke des Schnitts: 20 μ.   Färbung: Van Heurcks Blauholz, Daubs
Bismarckbraun.   Okular: 5×.   Objektiv: 32 mm.   Wratten-Filter: H-Blaugrün.   Lineare
Vergrößerung: 30-fach.

gleich der Abb. 30 und 29 zeigt deutlich, daß Schafshaut nicht an Stelle von Kalbshaut verwandt werden kann, wo es auf Festigkeit und Fülle des Leders ankommt. Die kollagen- oder lederbildenden Fasern der Schafshaut sind ausnehmend dünn, wenig untereinander verflochten und laufen meist parallel zur Hautoberfläche. Das Gewebe ist daher

Abb. 30. Vertikalschnitt durch eine amerikanische Schafshaut.
Stelle der Entnahme: Schild. Dicke des Schnitts: 20 μ. Färbung: Van Heurcks Blauholz, Daubs Bismarckbraun. Okular: Keins. Objektiv: 16 mm. Wratten-Filter: H-Blaugrün. Lineare Vergrößerung: 50-fach.

recht locker. In der Thermostatschicht liegen sehr viele Schweißdrüsen und Fettzellen, die Hohlräume im fertigen Leder entstehen lassen und es sehr schwammig machen.

Es ist zu beachten, daß die Haarbälge gewunden sind; darauf ist die Kräuselung der Wolle zurückzuführen. Die Haare werden in den Haarbälgen geformt und nehmen die Gestalt dieser an. Das Haar des

Kalbes ist glatt, weil die Haarbälge gerade sind. In China verwendet man allgemein Ziegenböcke zum Decken der Schafe und erhält so eine Kreuzung, aber die Bastarde besitzen alle gerades Haar. Der Verfasser erhielt von Mr. Charles von einer Reise nach China ein solches glatthaariges Schaffell, wie es für die großen chinesischen Herden typisch

Abb. 31. Vertikalschnitt durch eine chinesische Schafshaut.
Stelle der Entnahme: Schild.   Dicke des Schnitts: 20 μ.   Färbung: Van Heurcks Blauholz, Daubs Bismarckbraun.   Okular: Keins.   Objektiv: 32 mm.   Wratten-Filter: H-Blaugrün.   Lineare Vergrößerung: 25-fach.

ist. Abb. 31 zeigt einen Schnitt durch diese Haut. Wie zu erwarten, sind die Haarbälge ziemlich gerade. Beim amerikanischen Schaf dagegen konnte nicht ein Haarbalg aufgefunden werden, der vollständig in einer Ebene lag. Dieser Umstand macht das Studium der Thermostatschicht der Schafshaut sehr viel schwieriger als das der Kalbshaut. Die Thermostatschichten beider sind sich aber weitgehendst ähnlich, nur ist die

Struktur bei der Schafshaut durch die Krümmung der Haarbälge unübersichtlicher. Bei Vergleich der Abb. 30 und 31 ist zu berücksichtigen, daß sie verschieden starke Vergrößerungen darstellen.

Das Verhältnis der Kollagenfasern zu den Fettzellen variiert in der Schafshaut beträchtlich je nach der Nahrung des Tieres. Oft findet man eine fast zusammenhängende Schicht von Fettzellen, die die beiden Schichten des Coriums voneinander trennt. In solchen Fällen ist es ratsamer, die Haut vor dem Gerben in ihre zwei Schichten zu spalten und jede für sich zu gerben als beide miteinander. Gewöhnlich werden die Häute nach dem Äschern in zwei Teile gespalten und die Thermostatschicht, der sogenannte Narbenspalt mit Hilfe von Sumachextrakt oder anderen Gerbmaterialien zu Buchbinder-, Schweiß- oder anderen Ledern verarbeitet, während die Retikularschicht, der Fleischspalt, mit Tran in Sämischleder verwandelt wird. Hierzu eignet sie sich besonders gut.

Von der amerikanischen Schafshaut, die in Abb. 30 dargestellt ist, wurden auch Schnitte in den verschiedenen Stadien der Gerbung hergestellt. Sie sind im 2. Bande abgebildet, sollten aber zusammen mit der Rohhaut betrachtet werden.

e) Die Ziegenhaut.

In vieler Beziehung liegt die Hautstruktur einer Ziege zwischen der eines Kalbs und der eines Schafs. Die Fasern sind voller und fester als die einer Schafshaut, sind aber trotzdem den einer Kalbshaut nicht gleichwertig. Die Drüsen und Fettzellen, die für die Schwammigkeit des Schafleders verantwortlich sind, sind in der Ziegenhaut nicht so zahlreich vertreten, immerhin ist dies auch hier in weitem Maße von der Ernährung des Tieres abhängig. Ziegen- und Schafshäute wechseln im Handel in bezug auf Qualität und Substanz außerordentlich, eine Tatsache, die das Studium ihres inneren Aufbaus auf breitester Basis rechtfertigen würde. Kalbshäute variieren in ihrer Struktur auch nicht annähernd so stark.

Wie das Kalb hat auch die Ziege gerade Haarbälge und entsprechend gerade Haare. Die Oberfläche einer Ziegenhaut ist bedeutend rauher als die einer Kalbshaut. Die Narbenmusterung einer Kalbshaut ist daher, wie ein Blick auf Abb. 10 zeigt, sehr viel feiner, sogar feiner als die eines Zickelfells. Indessen ist Rauheit des Narbens manchmal erwünscht und man macht die Oberfläche von Ziegenhäuten sogar durch mechanische Bearbeitung noch rauher.

Abb. 32 zeigt einen senkrechten Schnitt durch eine Ziegenhaut. Die Probe entstammt einer frischen Durchschnittshaustierhaut, wie sie im allgemeinen in der Gerberei eingeliefert wird. Die Epidermis bildet ein sehr dünnes Band an der Oberfläche des Schnitts. Sie taucht in die Lederhaut ein und bildet dort fast gerade Bälge, in denen die Haare wachsen. Die dünne Linie, die vom unteren Ende des Haarbalgs nach rechts oben verläuft, ist der Musculus erector pili. Direkt über diesem Muskel kann man den Ausführungsgang der Talgdrüsen in den Haarbalg sehen. Die Tatsache, daß die Kollagenfasern fast parallel zur Hautoberfläche verlaufen, gibt der Haut in ihren festesten Teilen eine Weichheit und Schmiegsamkeit, wie man sie bei der Kalbshaut nur in den Flämen findet.

Abb. 32. Vertikalschnitt durch eine Ziegenhaut.
Stelle der Entnahme: Schild.   Dicke des Schnitts: 25 μ.   Färbung: Van Heurcks Blauholz, Pikro-indigo-karmin.   Okular: Keins.   Objektiv: 16 mm.   Wratten-Filter: H-Blaugrün.   Lineare Vergrößerung: 50-fach.

Den unteren Rand der Lederhaut bildet eine Schicht quergestreiften Muskelgewebes, die dem Tier ermöglicht, mit der Haut zu zucken.

Man findet Muskeln dieser Art bei den verschiedensten Arten der für die Lederfabrikation benutzten Häute.

Ein typischer Schnitt durch lackiertes Ziegenleder ist im 2. Bande abgebildet. Es ist interessant, seine allgemeine Struktur mit der von Schaf- oder Kalbsleder zu vergleichen.

f) Die Roßhaut.

Die Besonderheit der Roßhaut ist in der Struktur ihrer Retikularschicht begründet. In der Gegend des Schilds sind die Kollagenfasern

Abb. 33. Vertikalschnitt durch eine Roßhaut.

Stelle der Entnahme: Schild.   Dicke des Schnitts: 20 μ.   Färbung: Van Heurcks Blauholz, Daubs Bismarckbraun.   Okular: Keins.   Objektiv: 32 mm.   Wratten-Filter: H-Blaugrün.   Lineare Vergrößerung: 20-fach.

der Retikularschicht so dicht, daß das Roßspiegelleder eine natürliche Wasser- und Luftdichtigkeit besitzt. Abb. 33 zeigt einen Schnitt durch dem Schild entnommene Roßhaut. In der Mitte der Abbildung sieht man die dichte Masse der parallel laufenden Fasern, die sehr viel dunkler als die übrigen Fasern erscheinen. Man nennt diese Schicht manchmal auch „glasige" Schicht. Man bezeichnet jenen Teil der Haut, der die glasige Schicht enthält, als Spiegel und verwendet ihn zur Herstellung des unter dem Namen Corduanleder auf dem Markt befindlichen Leders. Der übrige Teil der Haut enthält die glasige Schicht nicht. Die Fasern der Retikularschicht sind in diesen Teilen nur lose miteinander verflochten und ergeben ein schwammiges Leder, dessen Verwendbarkeit recht beschränkt ist.

Die Thermostatschicht der Roßhaut ähnelt der der Kuhhaut. Die allgemeine Anordnung der Haarbälge, der Erector pili-Muskeln und der Talgdrüsen ist aus Abb. 33 ersichtlich, doch treten die Einzelheiten im Schnitt nicht so deutlich hervor wie bei der Kuhhaut, da die Hautprobe nicht unmittelbar nach dem Tode des Tieres fixiert worden war wie die der Kuhhaut. Dagegen stellt der Schnitt eine Roßhaut in dem üblichen Zustande dar, in dem Roßhäute in die Gerberei eingeliefert werden.

Die Abbildungen im 2. Bande des Werkes ermöglichen einen Vergleich zwischen dem aus dem Spiegel hergestellten Leder und Leder, das aus dem unmittelbar an den Spiegel angrenzenden Teil der Haut hergestellt wurde. Beim Spalten des Leders auf möglichst gleiche Dicke schneidet das Messer der Bandmesserspaltmaschine durch den unteren Teil der glasigen Schicht, so daß der Unterschied zwischen den beiden Hautproben in den unteren Teilen am deutlichsten zutage tritt.

g) Die Schweinshaut.

Der relativ geringe Wert der Schweinshaut für die Lederfabrikation wird bei genauerer Betrachtung der Abb. 34 verständlich. Die Retikularschicht setzt sich hauptsächlich aus Fettzellen zusammen, die ja für die Lederbereitung wertlos sind. Wir haben hier den speziellen Fall, wo der Begriff Retikularschicht eigentlich unangebracht ist. Die Fettzellen dehnen sich sogar bis zur Thermostatschicht aus. Beachtenswert ist die nahe Beziehung zu der in Abb. 1 gezeigten menschlichen Kopfhaut.

Die Epidermis wie auch die oberste Schicht der Lederhaut erscheinen rauh und unregelmäßig. Wie bei anderen Häuten taucht die Epidermis in die Lederhaut ein und bildet Haarbälge, in denen die Haare oder besser die Borsten wachsen. Die Haarzwiebeln sind in die Fettmassen eingebettet, die die Retikularschicht bilden. Diese Fettzellen dringen in Form konusartiger Körper in der Umgebung jeden Haares in die Thermostatschicht ein. Die Struktur einer Schweinshaarzwiebel ist aus Abb. 6 ersichtlich.

Der zu dem Haarbalg in Abb. 34 gehörende Musculus erector pili liegt nicht in der Schnittebene. Einen Teil eines solchen Muskels sieht man auf Abb. 160 im 10. Kapitel, auf der auch infolge der stärkeren Vergrößerung die Elastinfasern der Thermostatschicht deutlich zu sehen sind. Das Schwein hat relativ weniger elastische Fasern als das Kalb, die Kuh oder das Schaf.

Die Rauheit der Oberfläche der Lederhaut wird noch weiter hervorgehoben durch die Anwesenheit von Papillen, die in den Häuten der meisten untersuchten niederen Tiere nur selten vorhanden zu sein

Abb. 34. Vertikalschnitt durch eine Schweinshaut.
Stelle der Entnahme: Schild.　Dicke des Schnitts: 20 μ.　Färbung: Van Heurcks Blauholz, Daubs Bismarckbraun.　Okular: Keins.　Objektiv: 32 mm.　Wratten-Filter: H-Blaugrün.　Lineare Vergrößerung: 20-fach.

scheinen. In der Kuhhaut wurden Papillen nur in der Gegend der Klauen festgestellt, während bei Kalb-, Schaf- und Ziegenhäuten überhaupt keine Papillen festgestellt werden konnten. Es wäre interessant, festzustellen, ob die Anwesenheit von Papillen die Schweinshaut gegen Berührung und Schmerz empfindlicher macht. Die ausnehmend starke Rauheit des Narbens gegerbter Schweinshaut ist auf Abb. 10 zu sehen.

Nach dem Enthaaren und der Vorbereitung für das Gerben bleibt
nur ein Teil der Thermostatschicht der Haut übrig. Die Haarbälge
bilden dann einfache Taschen, die von der Narbenmembran umgeben
sind und deren untere Teile auf der Aasseite der Haut hervortreten.
Wenn die gegerbte Haut auf der Unterseite zum Glattmachen gefalzt
wird, wird der Boden dieser Taschen weggeschnitten und es entstehen
dort, wo ursprünglich die Borsten saßen, Löcher. Dieser Umstand
vermindert den Wert des Schweinsleders noch weiter. Im 2. Bande
wird ein Schnitt durch Schweinsleder gezeigt werden.

h) Die Hundehaut.

Abb. 35 zeigt einen Schnitt durch den Schild einer Hundehaut.
Das dazu verwandte Tier war ein Bastard und seine Haut stellt wahrscheinlich nur einen der zahlreichen Hundehauttypen dar. Die Haut
ist interessant durch ihre Ähnlichkeit mit der Schweinshaut. Die Retikularschicht besteht fast vollständig aus Fettzellen. Solche liegen auch
um die Haarbälge nahe der Oberfläche. Interessant ist auch die Un-
regelmäßigkeit der Oberfläche der Haut. Die Hundehaut hat einen sehr
geringen Wert für die Lederfabrikation.

Man ist sich noch nicht ganz klar darüber, wovon es abhängt,
ob eine solche Haut sich aus Fettzellen oder aus lederbildenden Fasern
aufbaut, obwohl es sicher ist, daß die Lebensweise dabei eine Rolle
spielt. Manche Häute besitzen Retikularschichten, die in gleicher
Weise sich aus Kollagenfasern und Fettzellen aufbauen. Das aus solchen
Häuten hergestellte Leder ist sehr schwammig.

i) Die Meerschweinchenhaut.

Als Beispiel sehr kleiner Häute ist in Abb. 36 ein Schnitt durch eine
Meerschweinchenhaut dargestellt. Man kann solche Häute in ein durchaus brauchbares Leder verwandeln, doch beschränkt ihr kleines Ausmaß
die Verwendungsmöglichkeit. Beachtenswert ist, daß die Thermostatschicht der Meerschweinchenhaut praktisch die gleiche Dicke aufweist
wie die der sehr viel größeren Kalbshaut. Wie aus der Beschreibung
der verschiedenen Teile der Kalbshaut hervorgeht, läßt die Natur
ein Hautstück immer auf Kosten der Retikularschicht dünner entstehen, niemals auf Kosten der Thermostatschicht. Es ist möglich,
daß diese wichtige Schicht bei jeder Tierart eine gewisse Minimaldicke
besitzen muß, um ihre Funktionen erfüllen zu können.

Die Hornschicht der Epidermis erscheint direkt über der dunkeln
Linie der Malpighischen Schicht an der Oberseite der Lederhaut wie
aus einigen Strähnen feiner Fäden zusammengesetzt. Die Kollagenfasern der Retikularschicht sind so dünn, daß sie auch bei 70-facher
Vergrößerung nur als dünne Fäden erscheinen. Das dunkle Band, das
den unteren Teil des Bildes durchläuft, ist ein Komplex quergestreiften
Muskelgewebes.

k) Die Fischhäute.

Fischhäute unterscheiden sich in ihrer genaueren Struktur recht sehr von den Häuten der Säugetiere. Trotzdem ergeben Fischhäute ein Leder, das sich mit einigen üblichen Ledersorten des Handels gut

Abb. 35. Vertikalschnitt durch eine Hundehaut.
Stelle der Entnahme: Schild.   Dicke des Schnitts: 20 μ.   Färbung: Van Heurcks Blauholz, Daubs Bismarckbraun.   Okular: Keins.   Objektiv: 32 mm.   Wratten-Filter: H-Blaugrün.   Lineare Vergrößerung: 25-fach.

vergleichen läßt. Fischleder ist sehr zähe und daher für mancherlei Zwecke geeignet, wo eine große Festigkeit vom Leder verlangt wird. Leder aus Störhaut findet als Binderiemenleder für schwere Riemen Verwendung, und man hat beobachtet, daß die Binderiemen den eigentlichen Riemen überlebten. Man berichtet, daß die Bewohner von Neu-England in vergangenen Zeiten Schuh- und Handschuhleder aus

Kabeljauhäuten bereitet haben. Andere Fischhäute werden bisweilen zur Herstellung von Phantasieledern verwandt.

Abb. 36. Vertikalschnitt durch die Haut eines Meerschweinchens.

Die Abb. 37, 38 und 39 zeigen Mikrophotographien von Schnitten durch die Haut des Heilbutts, des Kabeljaus und des Lachses. Die

Häute sind von einer dünnen Epidermis bedeckt, die hier und dort
in die Lederhaut eindringt und Haarbälge bildet, in denen die Schuppen

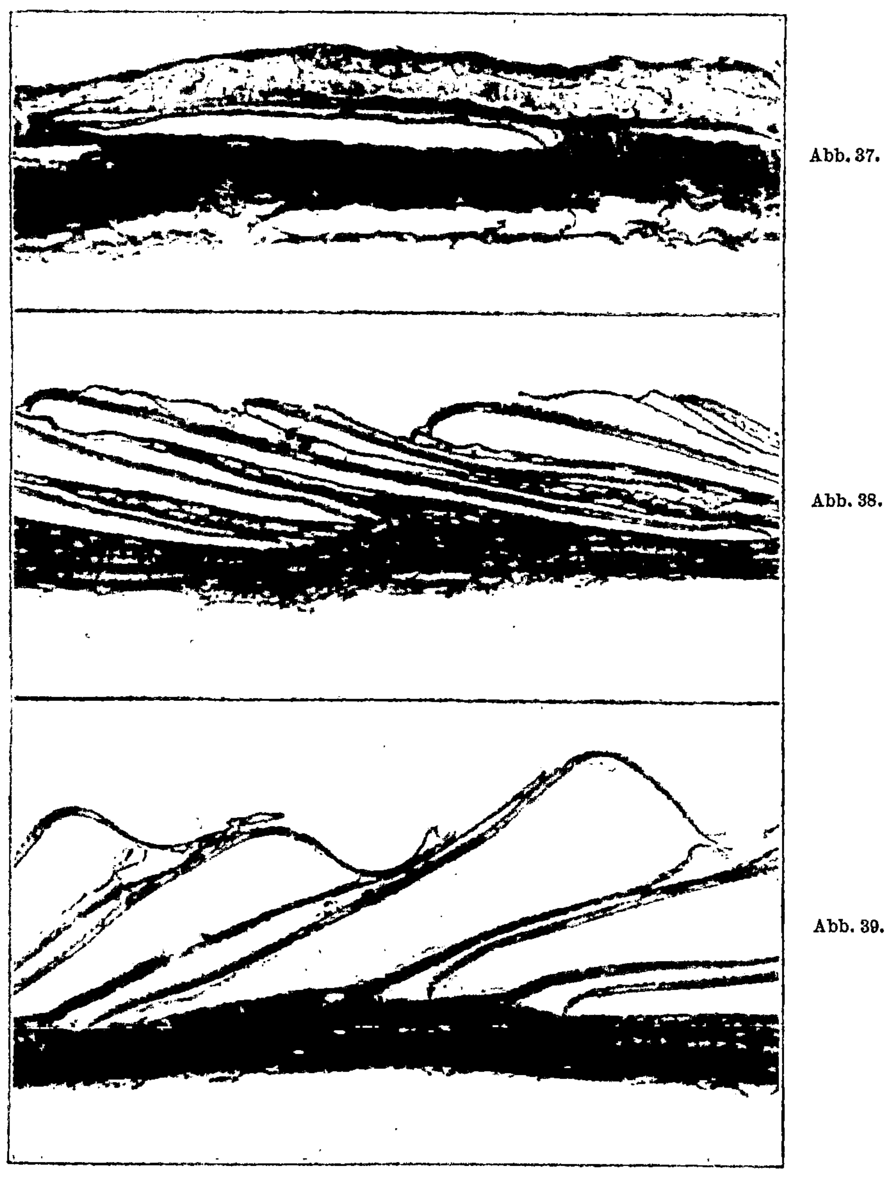

Abb. 37.

Abb. 38.

Abb. 39.

Abb. 37. Vertikalschnitt durch eine Heilbutthaut, Abb. 38. durch eine Kabeljauhaut,
Abb. 39. durch eine Lachshaut.   Lineare Vergrößerung der drei Abb.: 17-fach.

wachsen. Die Schuppen der Fische entsprechen den Haaren der warm-
blütigen Tiere; sie sind durch ihre gezähmten Ränder charakterisiert.

Um die Struktur des Coriums deutlicher zu zeigen, ist ein Teil der rechten Hälfte von Abb. 39 in Abb. 40 sehr viel stärker vergrößert.

Abb. 40. Vertikalschnitt durch eine Lachshaut. Lineare Vergrößerung: 185-fach.

Der obere Teil des Bildes wird vom unteren Ende einer Schuppe eingenommen. In der Fischhaut konnte bisher ein thermoregulierender Mechanismus, wie er den Häuten der Warmblüter eigen ist, nicht festgestellt werden; wahrscheinlich besitzen die Fische als Kaltblüter auch keinen solchen Mechanismus. An Stelle der sich kreuzenden Bündel von Kollagenfasern laufen in der Fischhaut Bänder von Kollagen parallel zur Oberfläche und bilden den Hauptteil der Haut. Diese Kollagenbänder sind nicht verflochten, doch findet man auch hier und da Kollagenbänder, die vertikal verlaufen. Auf diese Weise wird die Festigkeit erhöht und eine Zerreißung in vertikaler Richtung, die bei nur paralleler Anordnung der Fasern und Bänder leicht möglich wäre, verhindert.

Im 2. Bande findet sich die Abbildung eines Schnittes durch eine gegerbte Lachshaut, bei der das ganze Epidermissystem entfernt ist. Dieses Leder wurde, um die Struktur klarer hervortreten zu lassen, absichtlich in nicht zugerichtetem Zustand für das Präparat verwandt. Beim Zurichten solcher Leder wird entweder der obere lose Teil eben gewalzt oder mit einer Appretur überzogen oder durch Falzen entfernt. Der untere Teil wird im letzteren Falle mit einem geeigneten Finish zugerichtet und dann gepreßt oder plattiert.

Abb. 41. Schnitt durch einen Regenwurm.
Stelle: Mitte.   Dicke des Schnitts: 20 *u*.   Färbung: Van Heurcks Blauholz, Daubs
Bismarckbraun.   Okular: Keins.   Objektiv: 48 mm.   Wratten-Filter: H-Blaugrün.   Lineare Vergrößerung: 16-fach.

1) Andere Häute.

Abb. 41, die einen Schnitt durch einen Regenwurm mit seiner extrem dünnen Haut zeigt, ist hier mehr als ein Kuriosum angefügt. Das äußerste, in der Abbildung schwarz erscheinende Band, ist die Epidermis. Bei stärkerer Vergrößerung erscheint sie in der Nähe des Coriums als wabenartiges Netzwerk von länglichen Zellen, an der äußeren Oberfläche als aus vertrockneten Schuppen zusammengesetzt. Die Lederhaut setzt sich aus dünnen Fasern zusammen, die im allgemeinen parallel zur Oberfläche verlaufen. In dem Schnitt erscheint ein einzelnes Haar; es ist eines von denen, deren sich das Tier zur Fortbewegung bedient.

Andere interessante Strukturen findet man in Schnitten durch gegerbte Häute von Haifisch, Alligator, Schildkröte, Seehund, Rochen, Walroß, Flußpferd, Kamel, Persianerlamm, Känguruh, die im 2. Bande wiedergegeben sind.

Literaturzusammenstellung.

1. Boulanger, H.: Micrographic study of leather. Bull. Soc. d'Encouragement pour l'Industrie Nationale, Febr. 1908.
2. Boulanger, H.: Microscopic examination of leather. Revue d'Artillerie. **74** (1909).
3. Gage, S. H.: The microscop. Twelfth edition 1917. Comstock Publishing Co. Ithaca, N. Y.
4. Kaye, M. u. D. J. Lloyd: A histological and physico-chemical investigation of the swelling of a fibrous tissue. Proc. roy. Soc. **96**, 293 (1924).
5. Kaye, M.: The histological structure of skin and its relation to the quality of the finished leather. J. Soc. Leather Trades Chem. **13**, 73 (1929).
6. Küntzel, A.: Die Histologie der tierischen Haut. Dresden u. Leipzig: Theodor Steinkopff 1925.
7. Lee, A. B.: The microtomists vade-mecum. Eight edition. Philadelphia: P. Blakistons Son a. Co. 1921.
8. McLaughlin, G. D. u. O. F. Flaherty: Micro-tannology. J. Amer. Leather Chem. Assoc. **21**, 338 (1926).
9. Mallory, F. B. u. J. H. Wright: Pathological technique. Eight edition. Philadelphia: W. B. Saunders Co. 1924.
10. Seymour-Jones, A.: Physiology of the skin. J. Soc. Leather Trades Chem. 1917—21.
11. Turley, H. G.: Chemico- histological study of leather manufacture. J. Amer. Leather Chem. Assoc. **21**, 117 (1926).
12. Wilson, J. A. u. A. F. Gallun: Pancreatin as an unhairing agent. Ind. Eng. Chem. **15**, 267 (1923).

3. Die Chemie der Haut.

Weitaus der größte Teil der festen Bestandteile der tierischen Haut besteht aus Proteinen. Die Proteine bilden eine der wichtigsten und schwierigsten Gruppen organischer Verbindungen. Sie sind charakterisiert durch die große Zahl der ihnen eigenen physikalischen und chemischen Erscheinungen und durch die außerordentlichen Schwierigkeiten, die sich bei ihrer quantitativen Trennung ergeben. Sämtliche Proteine enthalten Kohlenstoff, Wasserstoff, Sauerstoff und Stickstoff, einige auch Schwefel und Phosphor, haben amphoteren Charakter und vermögen daher sowohl Säuren als auch Basen zu binden; diejenigen die in Wasser sich nicht lösen, quellen durch Wasseraufnahme. Sie werden von kochenden Säuren und Alkalien oder von geeigneten Enzymen mehr oder weniger leicht hydrolytisch gespalten. Bei fortschreitender Hydrolyse entstehen nacheinander Körper mit immer einfacherer chemischer Struktur, zunächst Albumosen, dann Peptone, hierauf Polypeptide und schließlich einfache Aminosäuren. Unter den verschiedenen Spaltungsprodukten findet man vielfach auch Amine und Ammoniak. Bisher wurden aus den bei der Hydrolyse verschiedener Proteine auftretenden Spaltprodukten folgende Aminosäuren isoliert und identifiziert:

1. Glykokoll oder Glycin, Aminoessigsäure, $NH_2 \cdot CH_2 \cdot COOH$.
2. Alanin, α-Aminopropionsäure, $CH_3 \cdot CH(NH_2) \cdot COOH$.
3. Valin, α-Aminoisovaleriansäure, $(CH_3)_2 : CH \cdot CH(NH_2) \cdot COOH$.
4. Leucin, α-Aminoisocapronsäure, $(CH_3)_2 : CH \cdot CH_2 \cdot CH(NH_2) \cdot COOH$.
5. Isoleucin, α-Amino-β-methyl-β-äthylpropionsäure,

$$CH_3 \cdot \genfrac{}{}{0pt}{}{CH_3}{CH_2} {>} CH - CH(NH_2) \cdot COOH.$$

6. Phenylalanin, β-Phenyl-α-aminopropionsäure, $C_6H_5 \cdot CH_2 \cdot CH(NH_2) \cdot COOH$.
7. Tyrosin, α-Amino-β-para-oxyphenyl-propionsäure,

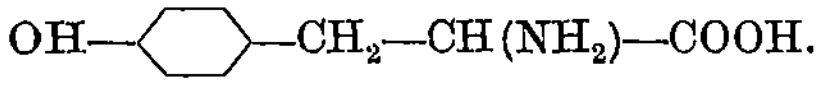

$$OH-\langle\ \rangle-CH_2-CH(NH_2)-COOH.$$

8. Serin, α-Amino-β-oxypropionsäure, $CH_2OH-CH(NH_2) \cdot COOH$.
9. Cystin, Di-(β-thio-α-aminopropionsäure),

$$\begin{aligned} &S-CH_2 \cdot CH(NH_2) \cdot COOH \\ &\;| \\ &S-CH_2 \cdot CH(NH_2) \cdot COOH. \end{aligned}$$

10. Asparaginsäure, Aminobernsteinsäure, $COOH \cdot CH_2 \cdot CH(NH_2) \cdot COOH$.
11. Glutaminsäure, α-Aminoglutarsäure, $COOH \cdot CH_2 \cdot CH_2 \cdot CH(NH_2) \cdot COOH$.
12. Arginin, α-Amino-δ-guanëido-valeriansäure,

$$\begin{aligned} &NH_2-C-NH-CH_2-CH_2-CH_2-CH-COOH. \\ &\quad\;\; \| \qquad\qquad\qquad\qquad\qquad\; | \\ &\quad\; NH \qquad\qquad\qquad\qquad\qquad NH_2 \end{aligned}$$

13. Lysin, α-, ε-Diamino-capronsäure, $CH_2(NH_2) \cdot CH_2 \cdot CH_2 \cdot CH_2 \cdot CH(NH_2) \cdot COOH$.
14. Oxylysin, α-, ε-Diamino-β-oxy-capronsäure,

$$CH_2(NH_2) \cdot CH_2 \cdot CH_2 \cdot CH(OH) \cdot CH(NH_2) \cdot COOH.$$

15. β-Oxyglutaminsäure, α-Amino-β-oxyglutarsäure,

$$COOH \cdot CH_2 \cdot CH(OH) \cdot CH(NH_2) \cdot COOH.$$

16. Ornithin, α-, δ-Diamino-valeriansäure, $CH_2(NH_2) \cdot CH_2 \cdot CH_2 \cdot CH(NH_2) \cdot COOH$.
17. Histidin, α-Amino-β-imidazol-propionsäure,

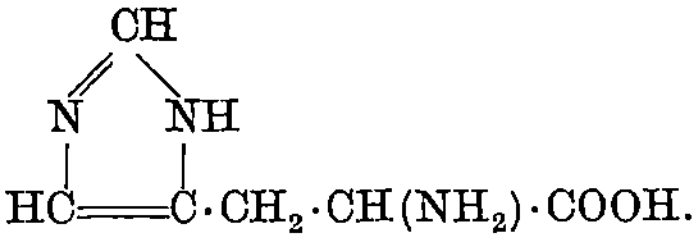

$$\begin{aligned} &\qquad\quad CH \\ &\qquad \nearrow\quad \searrow \\ &\quad\; N \qquad NH \\ &\quad\; |\qquad\quad | \\ &HC=\!\!=\!\!C \cdot CH_2 \cdot CH(NH_2) \cdot COOH. \end{aligned}$$

18. Prolin, α-Pyrrolidin-carbonsäure,

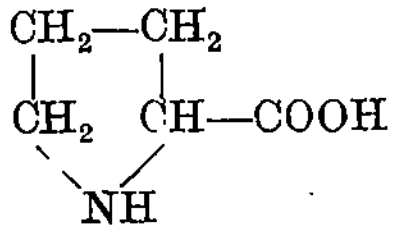

$$\begin{aligned} &CH_2-CH_2 \\ &\;|\qquad\quad | \\ &CH_2\quad CH-COOH \\ &\quad \searrow\quad \swarrow \\ &\qquad NH \end{aligned}$$

19. Oxyprolin, β-Oxypyrrolidin α-carbonsäure.

$$HO\cdot HC\!\!-\!\!CH_2$$
$$H_2C\quad CH\!\!-\!\!COOH.$$
$$NH$$

20. Tryptophan, α-Amino-β-indol-propionsäure,

$$CH$$
$$HC\quad C\!\!-\!\!C\!\!-\!\!CH_2\!\!-\!\!CH(NH_2)\!\!-\!\!COOH.$$
$$HC\quad C\quad CH$$
$$CH\quad NH$$

Die Ansicht, daß die Proteine Kondensationsprodukte der Aminosäuren sind, beruht auf den klassischen Arbeiten von E. Fischer (39) über die Synthese proteinartiger Substanzen; er fand, daß sich Aminosäureester durch Erhitzen unter Abspaltung von 2 Molekülen Wasser in Anhydride überführen lassen, z. B.:

$$2\,NH_2\cdot CH_2\cdot COOC_2H_5 = 2\,C_2H_5OH + NH{<}^{CO\,-\,CH_2}_{CH_2\,-\,CO}{>}NH.$$

Glykolester   Glycinanhydrid
                                                        (Diketopiperazin)
                                                        (Dioxopiperazin)

Läßt man auf solche Aminosäureanhydride Alkali einwirken, so nehmen sie ein Mol Wasser auf und ergeben das Dipeptid, z. B. Glycinanhydrid Glycyl-glycin:

$$HN{<}^{CO\,-\,CH_2}_{CH_2\,-\,CO}{>}NH + H_2O = NH_2\cdot CH_2\cdot CO\cdot NH\cdot CH_2\cdot COOH.$$

Glycinanhydrid   Glycyl-glycin

Wenn ein Dipeptid in Acetylchlorid gelöst mit Phosphorpentachlorid behandelt wird, so tritt an Stelle der Carboxylgruppe die Gruppe — COCl. Das entstandene Säurechlorid kann wieder an andere Aminosäuren gekettet werden:

$$NH_2\cdot CH_2\cdot CO\!\!-\!\!NH\cdot CH_2\cdot COCl + NH_2\cdot CH_2\cdot COOC_2H_5$$
$$= NH_2\cdot CH_2\cdot CO\!\!-\!\!NH\cdot CH_2\cdot CO\!\!-\!\!NH\cdot CH_2\cdot COOC_2H_5 + HCl.$$

Durch Behandeln dieses Esters mit Alkali gelangt man zum Tripeptid des Glykokolls. Die Anreihung eines weiteren Aminosäurerestes ergibt das Tetrapeptid usw.

Von den Polypeptiden ähneln die Tetrapeptide bis zu den Oktapeptiden recht gut den natürlichen Peptonen. Im allgemeinen sind sie in Wasser löslich, in Alkohol unlöslich. Diejenigen, die nicht ohne weiteres in Wasser löslich sind, gehen bei Zugabe von Säure oder Alkali in Lösung. Von Phosphorwolframsäure werden sie aus der Lösung gefällt. Sie zeigen die Biuretreaktion, die Empfindlichkeit dafür nimmt mit Länge der Kette zu. Sie schmelzen meistens unter Zersetzung bei einer Temperatur von über 200°. Ihr Geschmack ist schwach bitter oder fade. Durch Pankreatin oder kochende Salzsäure werden sie hydrolysiert.

E. Fischer (39) gelang es, ein Polypeptid von sehr hohem Molekulargewicht, das Oktadekapeptid

$$NH_2 \cdot CH(C_4H_9) \cdot CO \cdot [NHCH_2CO]_3 \cdot NH \cdot CH(C_4H_9) \cdot CO \cdot [NHCH_2CO]_3$$
$$\cdot NH \cdot CH(C_4H_9) \cdot CO \cdot [NHCH_2CO]_3 \cdot NH \cdot CH_2 \cdot COOH$$

zu synthetisieren, das 15 Glycyl- und 3 Leucylreste enthält und das
Molekulargewicht „1213" besitzt. Es zeigte die Biuretreaktion der
Proteine und wurde von Tannin gefällt. Man würde dieses Oktadekapeptid, wenn man es in der Natur aufgefunden hätte, ohne weiteres als
ein Protein angesprochen haben. Später bauten E. Abderhalden und
A. Fodor (1) nach den gleichen Methoden ein Peptid mit 19 Aminosäure-
resten auf, das einen Leucylrest mehr enthielt als das Oktadekapeptid
Fischers und das Molekulargewicht „1326" hatte. Um welch komplizierte Gebilde es sich bei diesen Stoffen bereits handelt, ist daraus
zu ersehen, daß nach Fischers Berechnungen die Zahl der Isomeren
für das Polypeptid Abderhaldens, ganz abgesehen von der Möglichkeit einer Tautomerie der Peptidbindung, 3876 beträgt. Sind mehr als
zwei verschiedene Aminosäuren miteinander verbunden, so vermehrt
sich die Zahl der möglichen Isomeren sehr rasch. Stellt man sich ein
Protein vor, das 30 Säurereste von 18 verschiedenen Aminosäuren
enthält, und zwar so, daß ein Aminosäurerest zweimal, ein anderer
dreimal, ein weiterer viermal, noch einer fünfmal und die übrigen
13 nur je einmal im großen Molekül vertreten sind, so beträgt die Zahl
der möglichen Isomeren 10^{27}. Auch hier wurde von einer Tautomerie
der Peptidgruppe abgesehen und der Berechnung der einfachste Fall
zugrunde gelegt, daß jede der Aminosäuren nur eine einzige Amino-
gruppe und eine einzige Carboxylgruppe enthält. Holleman (43) wies
auf die Möglichkeit hin, daß jedes lebende Einzelwesen sein individuelles
Eiweiß besitze, und daß die unendliche Mannigfaltigkeit der Formen,
welche die organische Natur aufweist, zum Teil in der Isomerie der
Eiweißmoleküle begründet sein könne.

Die große Ähnlichkeit der komplizierteren Polypeptide mit den in der
Natur vorkommenden Proteinen und mit der Mehrzahl ihrer Abbauprodukte, den Proteosen und Peptonen, die Tatsache ferner, daß alle Proteine
bei vollständiger Hydrolyse Aminosäuren ergeben, hat zu der Hypothese
geführt, diese Proteine strukturell als polypeptidartig aufgebaute Körper aufzufassen, obschon auch diese Theorie, daß die Proteine als gerad-
kettige Polypeptide aufzufassen seien, erheblich modifiziert worden ist.

A. Kossel (48) hat bereits bezweifelt, daß die verschiedenen Gruppen des Proteinmoleküls durch Hauptvalenzkräfte zusammengehalten
werden, und sogar E. Fischer (39) selbst hat darauf hingewiesen, daß
wahrscheinlich auch Piperazinringe vorkommen. Troensegaard (70)
faßte Proteine als Pyrrolderivate auf. Ein interessanter Überblick über
die neueren Anschauungen über die Struktur der Proteine wurde von
Klarmann (47) veröffentlicht und sollte wegen der vielen vorgeschlagenen Theorien gelesen werden.

Vielleicht kommt von den neueren Theorien über die Struktur
die der Wirklichkeit am nächsten, die annimmt, daß die Proteine Dioxo-

piperazinkerne enthalten. Diese Ansicht wird von einer Reihe führender
Forscher vertreten, insbesondere von Abderhalden und seinen Mitarbeitern (1—26). Sie konnten von einfachen Aminosäuren eine Anzahl
Dioxopiperazine herstellen. Diese gleichen Dioxopiperazine lassen sich
bei geeigneten Hydrolysenbedingungen aus den Proteinen als Spalt-
produkte erhalten. Sie existieren in zwei desmotropen Formen, der
Keto- und der Enolform, die sich leicht durch Zugabe geeigneter Chemikalien ineinander überführen lassen nach folgender Formel:

$$
\begin{array}{ccc}
\underset{\text{Ketoform}}{
\begin{array}{c}
\text{NH} \\
\diagup \quad \diagdown \\
\text{O=C} \quad\ \text{CH·R} \\
\mid \qquad \mid \\
\text{R·CH} \quad\ \text{C=O} \\
\diagdown \quad \diagup \\
\text{NH}
\end{array}}
& \rightleftarrows &
\underset{\text{Enolform}}{
\begin{array}{c}
\text{NH} \\
\diagup \quad \diagdown \\
\text{HO·C} \quad\ \text{C·R} \\
\parallel \qquad \parallel \\
\text{R·C} \quad\ \text{C·OH} \\
\diagdown \quad \diagup \\
\text{NH}
\end{array}}
\end{array}
$$

In der Formel stellt R eine Aminosäure- oder Polypeptidgruppe dar.
Diese Tautomerie scheint für die Eigenschaften mancher Proteine
eine sehr wichtige Rolle zu spielen.

Waldschmidt-Leitz und Schaeffer(71) zeigten, daß die einfachen Dioxopiperazine unter physiologischen Bedingungen durch
proteolytische Enzyme oder durch die Säure- oder Alkalikonzentration
des Verdauungssystems nicht gespalten werden, wohl aber die natürlichen Proteine. Dies spricht gegen die Dioxopiperazintheorie der
Proteinstruktur und stützt die ältere Ansicht, daß die Aminosäuren
durch Hauptvalenzen zusammengehalten werden. Aber Bergmann
und Miekeley(29) konnten zeigen, daß gewisse isomere Formen der
Dioxopiperazine zu proteinähnlichen Substanzen aufgebaut werden
können, die sich leicht zu Aminosäuren spalten lassen ohne über schwer
zu hydrolysierende Dioxopiperazine zu führen.

Stiasny(64) hat für den Proteinaufbau folgende Theorie aufgestellt:
Die einzelnen Aminosäuren sind durch Hauptvalenzkräfte zu komplexen
Polypeptiden oder Peptonen aneinander gekettet; diese Peptone werden
dann durch Nebenvalenzkräfte zu viel größeren Agregaten zusammengefaßt. So ließe sich erklären, daß das Protein leicht zum Pepton abgebaut wird, während der Abbau vom Pepton zu den Aminosäuren
schwieriger ist. So baut z. B. Pepsin gewisse Proteine nur bis zum Pepton
ab, Trypsin und Erepsin dagegen spalten Peptone, weil sie die
—CO—NH-Bindung angreifen. Stiasnys Theorie spielt bei manchen
Theorien über den Mechanismus gewisser Gerbprozesse eine bedeutende
Rolle.

Herzog und Gonell(41) prüften Kollagen röntgenometrisch und
folgerten, daß es weit einfacher aufgebaut sei als früher angenommen
worden war. Es soll aus einer Substanz von einem Molekulargewicht
von etwa 700 zusammengesetzt sein. Dieser Wert liegt nahe bei dem
Wert 750, den der Verfasser als Verbindungsgewicht des Kollagens
auffaßt und der im zweiten Band besprochen wird. Herzogs Substanz
von der Molekulargröße 700 mag etwa Stiasnys Pepton entsprechen,
das seinerseits erst zum vollständigen Proteinmolekül führt. Herzog

nimmt an, daß der komplizierte Aufbau des Kollagens, wie er aus der chemischen Analyse hervorgeht, hauptsächlich durch Unreinheiten vorgetäuscht wird.

Man weiß nur so viel vom wahren Molekulargewicht der Proteine, daß es sehr groß sein muß. Es scheint durchaus möglich, daß in manchen kolloiden Systemen die Polypeptid- bzw. Dioxopiperazingruppen zusammenhängende Netzwerke durch die ganze Masse bilden, ohne individuelle Moleküle im alten Sinne darzustellen, genau so wie wir wissen, daß im Kochsalzkristall keine Natriumchloridmoleküle, sondern nur Natrium- und Chloratome vorhanden sind.

Die allgemein angenommene Einteilung der Proteine beruht auf den Unterschieden in der Löslichkeit, der Spaltungszeit und der Fällbarkeit unter definierten Bedingungen. Da aber diese Eigenschaften durch geringe Mengen fremder Stoffe vollkommen verändert werden und die Trennung und Reinigung der Proteine sehr schwierig ist, befriedigt dieses System der Klassifizierung nicht gänzlich. Andererseits ist sie augenblicklich die einzig vorhandene. Die gewöhnlichen für Proteine gebrauchten Namen wie Keratin, Albumin usw. bezeichnen keine chemischen Individuen, sondern Gruppen naheverwandter Proteine, deren quantitative Trennung sehr schwierig ist.

Die wichtigsten Hauptproteine sind: Mucine, Albumine, Globuline, Melanine, Keratine, Elastine und die unbenannten Proteine der Narbenschicht, ferner die Kollagene. Die zuerst genannten sind von geringerer, die letzteren von größerer Bedeutung für den Gerber. Die ersten fünf Klassen spielen außer in der Pelzgerberei nur insofern eine gewisse Rolle, als sie von der Haut entfernt werden müssen, ohne daß die anderen Proteine dabei beschädigt werden dürfen. Die Albumine sind die einzigen in reinem Wasser löslichen Hauptproteine. Die Globuline sind in schwachen Salzlösungen, die Melanine in schwachen Alkalilösungen löslich. Die noch bleibenden Körperklassen gehören zu den Albuminoiden. Diese sind bei Zimmertemperatur in schwachen Säure-, Alkali- und Salzlösungen unlöslich, von heißen konzentrierten Säure- und Alkalilösungen werden sie jedoch hydrolysiert und in Lösung gebracht. Die Keratine werden von starken Alkalien gelöst, ohne daß die drei anderen Körperklassen ernsthaft dabei angegriffen werden. Während die Kollagene und die Proteine der Narbenschicht von Trypsin kaum angegriffen werden, verdaut dieses Enzym das Elastin vollkommen. Das Kollagen löst sich in kochendem Wasser zu Gelatine auf und nur ein Teil des Elastins und die Narbenschicht bleiben zurück. Die Haut enthält auch eine Reihe Nichtproteine, und zwar im Blut, in der Lymphe, den Drüsensekreten, die Salze, Zucker, Fette, Cholesterin und Seifen enthalten.

Bogue (31) hat eine gute Übersicht der Literatur über die chemische Zusammensetzung der Haut veröffentlicht, obwohl auch diese nicht alles enthält, was der Gerbereichemiker wissen sollte. Viele Bestimmungen der chemischen Bestandteile der Haut sind in der Methode noch zu roh und verbesserungsbedürftig. Von den wenigen Bestimmungen, die auf dem Gebiete gerbereichemisch vorgenommen wurden, verdienen die von Rosenthal (60) und von McLaughlin und Theis (51) eine besondere Erwähnung und werden später bei der Beschreibung der Bestandteile der Haut besprochen werden.

Rosenthal bereitete seine Analysenproben vor, indem er die frische Haut im Vakuum bei 55° bis 60° C trocknete, in kleine Stückchen zerschnitt und in einem Fleischwolf zu einem groben Pulver zerkleinerte. McLaughlin und Teis trockneten ihre Hauptproben nicht, sondern schnitten das Haar ab und entfernten die Epidermis und die Fettschicht, gleichsam als ob sie nur das Corium analysieren wollten, das 80% von der Gesamtdicke der Haut ausmacht. Man muß diese Tatsache in Betracht ziehen, wenn man die Resultate dieser Forscher mit denen Rosenthals vergleichen will.

a) Albumine und Globuline.

Albumine und Globuline finden sich im Blut und der Lymphe der Haut sowie den Flüssigkeiten der Muskeln und Nerven. Charakteristisch für sie ist, daß sie durch Hitze aus der Lösung koaguliert werden. Die Albumine sind in reinem Wasser, in verdünnten Säure-, Alkali- oder Salzlösungen löslich, fallen aber in konzentrierten Mineralsäurelösungen oder aus schwach sauren Lösungen beim Sättigen mit Salz aus. Die Prozentzahlen der verschiedenen Aminosäuren, die bei der Hydrolyse des Albumins und des Globulins von Pferdeserum erhalten wurden, sind in Tabelle 1 angeführt.

Die Globuline sind im allgemeinen im reinen neutralen Wasser unlöslich, jedoch löslich in schwachen Neutralsalzlösungen, aus denen sie durch hinreichende Verringerung oder Erhöhung der Salzkonzentration wieder zur Abscheidung gebracht werden können. Globulinlösungen sind also nur bei mäßiger Salzkonzentration stabil. In schwachen Säure- oder Alkalilösungen sind die Globuline ebenfalls löslich. Wie die Albumine koagulieren sie beim Kochen. Gewöhnlich rechnet man das Fibrinogen, einen wichtigen Bestandteil des Blutes, ebenfalls zu den Globulinen, es unterscheidet sich jedoch durch seine große Empfindlichkeit gegen Neutralsalzlösungen und Hitzekoagulation von dem Serumglobulin. An der Luft hat es die Tendenz, unter Bildung von unlöslichem Fibrin zu gerinnen; beschleunigt wird dieser Vorgang durch Bewegen und Temperaturerhöhung, aufgehalten durch Abkühlen und durch Zusatz von Säuren, Alkalien und konzentrierten Salzlösungen. Für den Gerinnungseffekt macht man ein Enzym, das Thrombin, verantwortlich; man nimmt an, daß dieses für gewöhnlich nicht im Blut vorhanden ist, sondern von den Leukocyten und Blutkörperchen bei Gegenwart von Calciumsalzen gebildet wird.

Die Elementarzusammensetzung fand Abderhalden wie folgt: Kohlenstoff 53,08%, Wasserstoff 6,96%, Stickstoff 15,93%, Schwefel 1,9% und Sauerstoff 22,99%. Für Serumglobulin gibt er folgende Zusammensetzung an: Kohlenstoff 52,71%, Wasserstoff 7,01%, Stickstoff 15,85%, Schwefel 1,11%, Sauerstoff und die anderen Elemente 23,32%. Analysen dieser Art müssen mit Vorbehalt aufgenommen werden. Es existieren viele Arten Albumine und Globuline verschiedener

Elementarzusammensetzung; bei Beurteilung eines Präparats muß immer auch der Reinheitsgrad in Betracht gezogen werden. Indessen sind sogar angenäherte Stickstoffwerte wertvoll, da der Stickstoffgehalt eine rohe Schätzung der Proteinmenge erlaubt, die in einer Mischung vorliegt.

Tabelle 1.

Aminosäure	Prozentgehalt der Aminosäuren aus					
	Keratin aus		Pferde-serum-albumin (24)	Pferde-serum-globulin (26)	Elastin (26)	Kollagen oder Gelatine (35) (62)
	Roß-haaren(23)	Schaf-wolle (25)				
Glykokoll	4,7	0,6	0,0	3,3	25,8	25,5
Alanin	1,5	4,4	2,7	2,2	6,6	8,7
Valin	0,9	2,8	—	—	1,0	1,0
Leucin	7,1	11,5	20,5	18,7	21,1	7,1
Isoleucin	—	—	—	—	—	0,0
Serin	0,6	0,1	0,6	—	—	0,4
Asparaginsäure. .	0,3	2,3	3,1	2,5	—	3,5
Glutaminsäure . .	3,7	12,9	7,7	8,5	0,8	5,8
Cystin	8,0	7,3	4,2	0,7	—	0,3
Phenylalanin. . .	0,0	—	3,1	3,8	3,9	1,4
Tyrosin	3,2	2,9	2,1	2,5	0,3	0.0
Prolin.	3,4	4,4	1,0	—	1,7	9,5
Oxyprolin	—	—	—	—	—	14,1
Oxyglutaminsäure	—	—	—	—	—	0,0
Tryptophan . . .	—	—	—	—	—	0,0
Histidin.	0,6	—	3,4	2,8	—	0,9
Arginin	4,5	—	4,9	4,0	0,3	8,2
Lysin	1,1	—	13,2	2,2	—	5,9

Rosenthal (60) extrahierte die Albumine und Globuline aus der Haut durch dreimalige Extraktion mit einer 10%igen Kochsalzlösung unter Toluolzusatz bei 37° C. Die Extrakte wurden unter langsamer Zugabe einiger Tropfen verdünnter Essigsäure gekocht und die koagulierten Albumine und Globuline mit warmem Wasser, Alkohol und Äther gewaschen und gewogen. Aus Hundehaut gewann er, auf das Trockengewicht berechnet, 11,0% vom Schulterteil, 12,0% vom Bauch und 9,6% vom Kern. Die entsprechenden Werte für Kalbshaut sind: 5,16%, 4,30% und 4,14%. McLaughlin und Theis(51) extrahierten Lederhaut mit 5%iger Salzlösung. Rechnet man ihre Ergebnisse unter Annahme eines durchschnittlichen Wassergehalts von 63% auf das Trockengewicht um, so erhält man für Kalbshaut 5,1%, für Kuhhaut 1,0% und für Ochsenhaut 1,9%. Beim Vergleich dieser Resultate mit denen Rosenthals scheint es, daß praktisch alle koagulierbaren Proteine sich im Corium befinden und ihre Menge mit dem Alter der Tiere abnimmt.

b) Mucine.

Die Mucine sind zusammengesetzte Proteine und gehören zu den sogenannten Glucoproteinen; sie enthalten im Molekül Protein- und Kohlenhydratgruppen. In reinem Wasser unlöslich, lösen sie sich jedoch in schwachen Alkalilösungen zu schleimigen Massen, aus denen sie durch Säuren ausgefällt werden können. Muzine kommen in den Absonderungen der Speicheldrüsen und neben anderen Proteinen in verwandten Geweben vor.

Zwischen Mucinen und Mucoiden lassen sich scharfe Grenzen ziehen. Hammarsten (40) unterscheidet sie folgendermaßen:

„Die echten Mucine sind durch die Tatsache charakterisiert, daß ihre natürlichen Lösungen oder solche, die unter Verwendung geringer Mengen von Alkali oder Säure hergestellt werden, schleimig fadenziehend sind und durch einen Überschuß von Essigsäure unlöslich oder sehr schwer löslich gemacht werden können. Die Mucoide zeigen diese physikalischen Eigenschaften nicht, sie weisen andere Löslichkeits- und Fälligkeitsverhältnisse auf.“

Rosenthal (60) entfernte zunächst aus dem Hautmaterial die koagulierbaren Proteine und extrahierte dann mehrfach mit halbgesättigtem Kalkwasser. Die erhaltenen Auszüge wurden vereinigt mit Phenolphthalein als Indicator neutralisiert und mit 0,2%iger Salzsäure angesäuert. Nach Waschen mit 0,2%iger Salzsäure, Wasser, Alkohol und Äther wurde der Niederschlag getrocknet und zur Wägung gebracht. Nach dieser Methode gewann Rosenthal an Mucoiden: aus Hundehaut von der Schulter 1,28%, vom Bauch 1,32% und vom Kern 2,01%; aus Kalbshaut entsprechend 2,29%, 1,24% und 4,81%. McLaughlin und Theis extrahierten bei ihren Versuchen auch mit halbgesättigtem Kalkwasser, fällten dann aber die Mucoide mit Essigsäure. Sie geben für Kalbshaut 0,6%, Kuhhaut 0,4% und Ochsenhaut 0,4% an. Alle Zahlen sind auf das Trockengewicht berechnet.

Die obigen Werte für Mucine und Mucoide werden in Frage gestellt durch die Tatsache, daß Alkalien auf das Keratin der Epithelzellen einwirken und Keratose bilden, die, wie Wilson und Merrill (75) zeigten, in neutralen oder schwach alkalischen Lösungen löslich ist, durch Ansäuern bis zu ihrem isoelektrischen Punkt bei $p_H = 4{,}1$ praktisch quantitativ gefällt wird. Thompson und Atkin (69) hatten vorher schon festgestellt, daß Haar und Wolle von Kalklösungen teilweise gelöst wird, und daß ein Teil der gelösten Substanz durch schwaches Ansäuern gefällt wird. Es ist außerdem bezeichnend, daß McLaughlin und Theis mit Häuten, von denen die Epidermis entfernt war, niedrigere Werte erhielten als Rosenthal. Selbst die von McLaughlin und Theis benutzten Hautproben dürften noch beträchtliche Mengen an Epithelzellen enthalten haben. Dies ist praktisch von Wichtigkeit, wie im Kapitel 10 über Beizen gezeigt werden wird.

Cutter und Gies (34) geben für ein Mucoid aus Sehnen folgende Elementarzusammensetzung an: Kohlenstoff 47,47%, Wasserstoff 6,68%, Stickstoff 12,58%, Schwefel 2,20% und Sauerstoff 31,07%.

c) Melanine.

Die Melanine sind Proteine von intensiver Farbe, die zwischen rotbraun und schwarz schwankt. Sie bilden die Pigmente der Haare und Epithelzellen, sind in Wasser und verdünnten Säuren unlöslich, lösen sich aber mehr oder minder leicht in verdünnten Alkalien. Man extrahiert sie durch Kochen mit verdünnten Alkalien und fällt sie durch Zugabe von Säure. Sie enthalten wechselnde Mengen an Eisen und Schwefel.

Abel und Davis (27) extrahierten die Melanine aus Negerhaut und fanden: Kohlenstoff 51,83%, Wasserstoff 3,86%, Stickstoff 14,1%, Schwefel 3,60% und Sauerstoff und andere Elemente 26,70%.

Die Entwicklung der Pigmentstoffe wird dadurch beschleunigt, daß man die Haut starkem Sonnenlicht aussetzt. Starke Lichteinwirkung hat zur Folge, daß viel Blut in die Haut strömt und Pigmente gebildet werden, die als Filter wirken und das darunter liegende Gewebe vor der zerstörenden Wirkung der ultravioletten Strahlen schützen. Die Entwicklung der Pigmente zeigt sich in dem deutlich sichtbaren Dunklerwerden der Hautfarbe. Der Blutfarbstoff, das Hämoglobin, gehört zu der Klasse der Proteide, und zwar zu den Chromoproteiden, und enthält wie die Melanine Eisen und Schwefel.

Daß das Blut Substanzen enthält, die tief gefärbte Stoffe zu bilden vermögen, ist dem Gerber wohlbekannt. Häute, von denen das Blut nicht abgewaschen wurde, pflegen beim Gerben Flecken zu geben, die später schwer zu entfernen sind, wenn nicht besondere Vorsichtsmaßregeln getroffen werden. Sie werden später in Kapitel 7 im Zusammenhang mit der Konservierung von Häuten, die nicht sofort gegerbt werden sollen, besprochen.

d) Keratine.

Der Hauptbestandteil des Epidermissystems, das Epidermis, Haare und die Epithelzellen der Drüsen umfaßt, ist das Keratin. Die übliche Methode zur Isolierung ist folgende: Man kocht die sorgfältig herauspräparierte Schicht, die die Keratine enthält, mit Wasser und unterwirft den Rückstand der Behandlung mit einer sauren Pepsinlösung und darauf mit einer alkalischen Trypsinlösung. Darauf wäscht man sorgfältig mit Wasser, Alkohol und Äther.

Die Keratine unterscheiden sich chemisch von anderen Proteinen durch den verhältnismäßig hohen Cystinanteil, der bei der Hydrolyse erhalten wird. In Tabelle 1 sind die Ausbeuten an den verschiedenen Aminosäuren, die bei der Hydrolyse von Keratin aus Roßhaar und aus Schafwolle erhalten wurden, in Prozenten angegeben. Bemerkenswert sind die Unterschiede, die diese beiden Keratine verschiedenen Ursprungs zeigen. Es ist anzunehmen, daß die untersuchten Proben wahrscheinlich aus einem Gemisch verschiedenster Keratine, die mehr oder weniger durch andere Proteine verunreinigt waren, bestanden.

Wird Keratin auf die oben angegebene Weise gewonnen, so ist es im allgemeinen gegen schwache Säuren und Alkalien, Pepsin, Trypsin und kochendes Wasser resistent, wird dagegen von starken Alkalien und von Wasser bei 150° unter Druck gelöst. Man könnte bei dieser Isolierungsmethode einwenden, daß das Keratin verändert wird. Anderseits könnte behauptet werden, daß die Proteine neu gebildeter

Epithelzellen anfangs noch keine Keratine sind, sondern erst später dazu umgeformt werden. Indessen erfolgt der Wechsel in den Eigenschaften so allmählich mit dem Alter, daß es fast unmöglich ist, scharfe Grenzen zu ziehen. Dies Beispiel illustriert sehr gut die Schwierigkeiten, die sich bei der Einteilung der Proteine nach bestimmten Eigenschaften ergeben. Die Zellen der Malpighischen Schicht der Epidermis werden von Ammoniak und Trypsin leicht angegriffen, sie werden jedoch gegen Agenzien um so widerstandsfähiger, je weiter sie gegen die Hornschicht vordringen. Im Stratum granulosum der Epidermis ist das Protoplasma der Epithelzellen eingetrocknet und erscheint als körnige Masse innerhalb der Zellen. Nach Walker (72) bestehen diese Körnchen aus zwei Stoffen, dem „Keratohyalin" und dem „Eleidin", von denen er annimmt, daß sie Übergangsstufen des Protoplasmas in jene wachs- und fettartigen Substanzen bilden, die sich in den Zellen der Hornschicht der Epidermis finden.

Rosenthal befreite für seine Untersuchungen das Hautmaterial zuerst von den koagulierbaren Proteinen und Mucoiden und ließ dann Trypsin und schließlich Pepsin darauf einwirken; den unlöslichen Rückstand nannte er Keratin. Aus Hundehaut isolierte er so auf das Trockengewicht berechnet vom Hals 5,28%, vom Bauch 5,53% und vom Kern 6,41% Keratin; die entsprechenden Werte für Kalbshaut sind 36,15%, 25,73% und 19,91%.

Für die Keratine des menschlichen Haars gibt van Laar (31) für die Elementarzusammensetzung folgende Werte an: Kohlenstoff 50,55%, Wasserstoff 6,36%, Stickstoff 17,14%, Schwefel 5,00% und Sauerstoff 20,95%. Für Wolle fand Schorer(31): Kohlenstoff 50,65%, Wasserstoff 7,03%, Stickstoff 17,71%, Schwefel 4,61% und Sauerstoff 20,00%.

Der Gerber hat an den Eigenschaftsunterschieden von Keratin und Kollagen wegen des Enthaarungsprozesses großes Interesse. Das Cystin wird an seiner Disulfidbrücke, $-S-S-$, so leicht durch Alkali und durch Sulfide angegriffen, daß man das Keratin dadurch hydrolysieren kann. Merrill(53) zeigte, daß Keratin in Berührung mit Alkalilösungen bei Temperaturen unter 25° viel leichter hydrolysiert wird als Kollagen, während Kollagen in sauren Lösungen um so leichter hydrolysiert wird. Er (54) zeigte weiter, daß die Sulfide mit Keratin reagieren und Verbindungen bilden, die durch alkalische Lösungen viel leichter angegriffen werden als unverändertes Keratin. Auf Kollagen wirken die Sulfide jedoch nun sehr viel schwächer ein. In Kapitel 9 wird diese Arbeit ausführlicher besprochen.

e) Elastine.

Die gelben elastischen Fasern, die die äußere Schicht des Coriums durchziehen und die Blutbahnen und Nerven umhüllen, bestehen aus Proteinen, die man unter dem Namen Elastine zusammenfaßt. Die Sehnen und Bänder des Tierkörpers liefern hauptsächlich das Material zum Studium des Elastins, besonders das Ligamentum nuchae, das Band an der Rückseite des Ochsenkopfes. F. L. Seymour-Jones (61) fand, daß ein Stück Ligamentum nuchae vom 1-qcm-Querschnitt bei Belastung einen Zuwachs an Länge von 150% erfahren konnte, bevor es zerriß; der Zug konnte nicht gemessen werden, da er zu klein war. Er stellte ferner fest, daß das Band nur langsam vom Kalkwasser angegriffen wurde, möglicherweise wurde der Angriff noch durch Bakterien veranlaßt.

Man kann Elastin auf folgende Weise aus den Sehnen isolieren: Zunächst behandelt man die Sehnen mit schwachen Kochsalzlösungen und nach Auswaschen mit kochendem Wasser weiter mit einer 1%igen Ätzkalilösung, hierauf wieder mit Wasser und schließlich mit Essigsäure. Der Rückstand wird dann 24 Stunden mit kalter 5%iger Chlorwasserstoffsäure behandelt und mit Wasser gründlich gewaschen, nochmals mit Wasser gekocht, mit Alkohol und Äther gewaschen und getrocknet. Man erhält so einen gelblich-weißen Körper, der weder von kochendem Wasser noch von Alkalien und Säuren in der Kälte angegriffen wird. In konzentrierten Mineralsäuren löst er sich hingegen in der Hitze leicht. Die bei der Hydrolyse erhaltenen Anteile an Aminosäuren sind in Tabelle 1 angegeben.

Für Elastin aus Ligamentum nuchae geben Chittenden und Hart (33) folgende Zusammensetzung an: Kohlenstoff 54,24%, Wasserstoff 7,27%, Stickstoff 16,70% und Sauerstoff 21,79%.

Man darf nicht ohne weiteres annehmen, daß das Elastin der Haut mit dem anderer Körperteile in allen Eigenschaften genau übereinstimmt. Um sich jedoch überhaupt eine Vorstellung von den Hautelastinen machen zu können, schien es wünschenswert, Elastine von anderen Körperteilen, aus denen sie leichter als aus der Haut isoliert werden können, zu untersuchen. In der Tat fand man, daß das Elastin der Haut dem Elastin aus Ligamentum nuchae den Eigenschaften nach sehr ähnlich ist. So ist es auch gegen kochendes Wasser und gegen kalte Alkali- und Säurelösungen beständig. Bei der Leimfabrikation bleibt der größte Teil des Elastins in dem Schmutz zurück, der beim Kochen der Haut in Wasser entsteht.

Die Elastinfasern der Haut werden nur sehr langsam von verdünnten Säure- und Alkalilösungen angegriffen, hingegen werden sie von neutralen Trypsinlösungen leicht gelöst. Genaueres über die Einwirkung von Trypsin auf Elastin findet sich in Kapitel 10. Wilson und Daub (74) fanden, daß gesättigtes Kalkwasser bei 20° die Elastinfasern der Kalbshaut schätzungsweise erst nach 3 Wochen anzugreifen beginnt und in etwa 5 Wochen vollständig zerstört. In einer nicht veröffentlichten Arbeit, die im Laboratorium des Verfassers ausgeführt wurde, untersuchten Merrill und Daub wie sich Sulfide gegen die Elastinfaser der Kalbshaut verhalten. Sie legten Streifen von Kalbshaut in gesättigtes Kalkwasser von 20°, dem unterschiedliche Mengen von Calciumsulfhydrat zugesetzt waren. Den Grad der Zerstörung des Elastins stellten sie dadurch fest, daß sie von Zeit zu Zeit Schnitte anfertigten, die sie unter dem Mikroskope untersuchten. Betrug der Gehalt an $Ca(SH)_2$ 0,01 oder 0,09 Mol pro Liter, so war das Lösungsverhältnis genau das gleiche wie beim Parallelversuch mit reinem Kalkwasser ohne

Zusatz. Hieraus wurde geschlossen, daß das Sulfid auf das Elastin nicht einwirkt.

Rosenthals Methode, den Elastingehalt in Hautproben zu bestimmen, bestand darin, daß er sie nach Extraktion der koagulierbaren Proteine und Mucoide einer Behandlung mit alkalischer Trypsinlösung unter Toluol bei 37⁰ unterwarf. Nach 24 Stunden wurde die Lösung dekantiert und das Material von neuem mit frischem Pankreatin versetzt, das 96 Stunden einwirken konnte. In den vereinigten Filtraten wurde der Stickstoffgehalt bestimmt und mit dem für Elastin gültigen Faktor 6 multipliziert unter Berücksichtigung des aus dem Enzym stammenden Stickstoffs.

Für Hundehaut ermittelte er so einen Elastingehalt: Hals 2,41%, Bauch 5,49% und Kern 2,05%, für Kalbshaut entsprechend 16,74%, 19,43% und 12,31%, alle Zahlen auf das Trockengewicht berechnet. McLaughlin und Theis benutzten für ihre Untersuchungen speziell das Corium der Häute und geben für Kalbshaut 0,05%, für Kuhhaut 0,27% und für Ochsenhaut 0,92% an, wieder auf das Trockengewicht berechnet.

Die sehr hohen Werte Rosenthals mögen davon herrühren, daß in seinem Untersuchungsmaterial wahrscheinlich noch Keratinstoffe eingeschlossen waren. Die Wirkung von Trypsin auf Keratose wird noch in Kapitel 10 besprochen. Die Häute, die McLaughlin und Theis zu ihren Bestimmungen benutzten, waren vorher von Epidermis und Haaren befreit worden. Eine Betrachtung der Mikrophotographien in Kapitel 10 gibt ein sehr rohes, aber unmittelbares Bild von dem Anteil der Elastinfasern an dem übrigen Gewebe.

f) Reticulin.

Lloyd(50) berichtet, daß M. Kaye ein Gewebe aus der Haut isoliert hat, das bereits als Reticulin beschrieben ist. Wurde Haut mit Säure geschwellt, so zeigten die Mikrophotographien der Hautschnitte, daß sich außer den geschwellten Kollagenfasern noch ungeschwellte Bänder von Reticulin vorfinden [Kaye und Lloyd (44)], Kaye (45). Nach Lloyd bildet das Reticulin ein außerordentlich feines faseriges Netzwerk, das das Zellgewebe, das Bindegewebe und die Haut durchdringt und augenscheinlich eine Art Fachwerk im tierischen Körper bildet. Reticulinfasern sind nur selten in Bündeln zusammengelagert, umfassen dagegen häufig die Kollagenfaserbündel. Reticulin ist ausgezeichnet durch den großen Widerstand, den es chemischen Agenzien bietet. Von kochendem Wasser, von schwachen kochenden Säuren oder Alkalien wird es nicht verändert, zum mindesten nicht in seiner Struktur; weiter widersteht es viele Stunden lang der Einwirkung kalter konzentrierter Säure- und Alkalilösungen. In frischem Zustand wird es durch pankreatisches Trypsin nicht angegriffen, wohl aber schnell durch Pepsin. Die Menge des Reticulins in der Haut ist nur sehr gering.

g) Die Proteine der Narbenschicht.

Die Proteine der Narbenschicht sind gegen die üblichen chemischen Agenzien außerordentlich widerstandsfähig. So werden die dünnen Fasern der Narbenoberfläche nicht einmal von Alkalikonzentrationen zerstört, die ausreichen, um Epidermis, Haare und sogar die Kollagenfasern aufzulösen; ferner besitzen sie im Gegensatz zu den letzteren eine ausgesprochene Widerstandsfähigkeit gegen kochendes Wasser. Während das Kollagen verleimt und in Lösung geht, bleiben die Fasern der Narbenschicht ungelöst zurück, wobei sie allerdings gewisse Veränderungen in ihrem Aufbau erleiden. Auch Trypsinlösungen, die imstande sind, die darunter liegenden Elastinfasern aufzulösen, greifen offenbar den Narben nicht an. In Lösungen mit einem p_H-Wert zwischen 6,5 und 8,0 werden sie leicht von Fäulnisbakterien angegriffen und löslich gemacht; diese Erscheinung läßt sich jedoch durch Zugabe einer genügenden Menge Säure, Alkali oder Salz vermeiden. Näheres darüber findet sich in Kapitel 7.

Obgleich diese Fasern dem Gewicht nach nur einen sehr kleinen Teil der Haut bilden, sind sie wegen der charakteristischen Struktur, die sie dem Narben des fertigen Leders erteilen, von größter Wichtigkeit. Aus Abb. 19 im 2. Kapitel kann man ihren Aufbau erkennen. Beim Gerben und Färben nehmen sie, wie man bei Schnitten beobachten kann, eine andere Farbe an als die Kollagenfasern. Jede Beschädigung der Narbenschicht setzt den Verkaufswert des Leders wesentlich herab.

h) Kollagen.

Das Kollagen ist der vorherrschende Eiweißbestandteil der Haut und für den Gerber als eigentlicher „Lederbildner" von größter Wichtigkeit. Es ist der Hauptbestandteil der weißen Fasern des Bindegewebes des Coriums.

Für Untersuchungen bereitet man das Kollagen aus frischer Haut, indem man alle anderen Bestandteile entfernt. Das Unterhautbindegewebe wird sorgfältig weggeschnitten und die Haut gründlich gewaschen. Darauf wird die Haut, um die löslichen Proteine zu entfernen, mehrmals in einer geschlossenen Flasche auf der Schüttelmaschine mit 10%iger Kochsalzlösung extrahiert. In der gleichen Flasche wird sie dann mit einer gesättigten Calciumhydroxydlösung, die einen Überschuß an Calciumhydroxyd und 0,1% Schwefelnatrium enthält, unter gelegentlichem Umschütteln mehrere Tage bis zur Haarlässigkeit behandelt.

Man entfernt hierauf durch Schaben mit einem Messerrücken die Haare und das Epidermissystem. Danach schneidet man die ganze Narbenschicht am besten in der Spaltmaschine weg. Weiterhin wird die Haut, um den Hauptanteil des Kalkes zu entfernen, mit Wasser gewaschen, und dann 5 Stunden lang bei einer Temperatur von 40° C mit einer Lösung behandelt, die im Liter 1 g Pankreatin U. S. P., 2,8 g primäres Natriumphosphat und 18 ccm einer normalen Natriumhydroxydlösung enthält. Auf diese Weise löst man alle elastischen Fasern und Keratinabbauprodukte heraus. Die Haut wird in kleine Stücke zerschnitten, in ein Gefäß mit Rührvorrichtung gebracht und mit Wasser übergossen. Hierzu fügt man so viel verdünnte Salzsäure wie nötig ist, um die Lösung gerade schwach sauer gegen Methylorange zu halten. Ist kein Säurezusatz mehr nötig, so bringt man die Hautstückchen über Nacht in fließendes Wasser. Am nächsten Morgen behandelt man sie mit Alkohol, um sie zu entwässern, und weiter mit Xylol. Man bringt die Hautstückchen an die Luft, damit das Xylol verdampfen kann und mahlt sie dann in einer Mühle zu einem feinfasrigen Pulver. Kollagen, das auf diese Weise hergestellt wurde, bezeichnet man als Hautpulver.

McLaughlin hat vorgeschlagen, das Enthaaren nicht erst gesondert vorzunehmen, sondern sofort die gesamte Epidermis mit der Spaltmaschine abzuspalten.

Kollagen geht beim Erhitzen mit Wasser auf 70° langsam als Gelatine in Lösung. Die Beziehungen zwischen Gelatine und seiner Muttersubstanz, dem Kollagen, sind noch nicht mit Sicherheit erkannt. Hofmeister (42) nimmt an, daß Kollagen ein Gelatineanhydrid ist, daß der Übergang der beiden Formen ineinander umkehrbar und daß man daher aus Gelatine wieder Kollagen erhält, wenn man sie auf 130° erhitzt. Nun ändert jedoch das Erhitzen die Eigenschaften der Gelatine insofern, als diese nach dem Trocknen schwerer quillt und schwerer in Lösung geht. Alexander(28) kommentiert Hofmeisters Ansicht wie folgt:

„Es ist sehr zweifelhaft, ob Kollagen unter diesen Bedingungen regeneriert werden kann; mehr Wahrscheinlichkeit hat die Annahme, daß beim Entfernen des Wassers eine Aggregierung der die Gelatine bildenden Teilchen eintritt, so daß ein irreversibles, unlösliches Gel entsteht.“

C. R. Smith (63) fand, daß bei 100° getrocknete Gelatine, die auf 128° erhitzt wurde, 1,25% Wasser verlor. Sie quoll dann nur sehr langsam und löste sich in Wasser von 35° bis 40° C unter fast vollständiger Wiederherstellung der Gelatinierungsfähigkeit. Er leitet daraus ab, daß bei 128° getrocknete Gelatine in Kollagen übergeführt werden kann und daß Kollagen selbst als eine schwer dispergierbare Form der Gelatine aufzufassen ist. Emmett und Gies(36) nehmen wiederum an, daß die Überführung von Kollagen in Gelatine als eine intramolekulare Umlagerung anzusehen ist.

Plimmer (57) schreibt:

„Jene Proteine, die der Trypsineinwirkung widerstehen, es sei denn, daß vorher Pepsin auf sie eingewirkt hat, stimmen strukturell darin überein, daß sie einen Anhydridring aufweisen.“

Gelatine wird leicht von Pepsin oder Trypsin hydrolysiert, während man gewöhnlich annimmt, daß Kollagen wohl durch Pepsin, nicht aber durch Trypsin hydrolysiert wird. Diese Tatsache führte den Verfasser(73) zu der Annahme, daß Plimmers Feststellung die Hofmeistersche Ansicht über die Anhydridstruktur des Kollagens bestätigt. Nun haben jedoch Thomas und Seymour-Jones(67) später gezeigt, daß Kollagen von Trypsin unter geeigneten Bedingungen angegriffen wird. Die irrige Ansicht, daß Kollagen nur dann von Trypsin angegriffen wird, wenn es mit Säuren oder Alkalien vorher gequellt wird, ist durch qualitative Beobachtungen von Kühne (49), Ewald und Kühne (38) und Ewald (37) entstanden. In Kapitel 9 und 10 wird die Einwirkung von Trypsin auf Kollagen ausführlicher besprochen werden.

Für Kollagen gibt Hofmeister (42) folgende Elementarzusammensetzung an: Kohlenstoff 50,75%, Wasserstoff 6,47%, Stickstoff 17,86% und Sauerstoff 24,92%. Für Gelatine aus Flechsen fanden Richards und Gies(59): Kohlenstoff 50,49%, Wasserstoff 6,71%, Stickstoff 17,90%, Schwefel 0,57% und Sauerstoff 24,33%. Für gereinigtes Hautpulver fand Kelly (46) Stickstoffwerte von 17,88% bis 18,06%, für gereinigtes Corium von frischer Ochsenhaut von 17,76% bis 17,91%.

Kollagen wird bei genügend langer Einwirkungsdauer bereits in der Kälte durch konzentrierte Säure- und Alkalilösungen hydrolysiert. Beim Erhitzen geht die Hydrolyse schnell vor sich. Beim Studium der Hydrolyse von Gelatine durch Säuren, Alkalien, Pepsin und Trypsin fand Northrop(56), daß der Verlauf der Hydrolyse in den ersten Stadien bei Alkali, Trypsin und Pepsin ein ähnlicher ist, während die Hydrolyse mit Säuren ganz anders verläuft. Er verglich die relativen Hydrolysengeschwindigkeiten bei verschiedenen Peptidbindungen und stellte folgende interessante Tatsachen fest: Diejenigen Bindungen, die von Pepsin hydrolysiert werden, werden auch von Trypsin hydrolysiert. Trypsin hingegen kann noch dort einwirken, wo Pepsin versagt. Von den Bindungen, die von beiden Enzymen angegriffen werden, werden diejenigen, die von Pepsin schnell hydrolysiert werden, von Trypsin nur langsam angegriffen. Bindungen, die von Pepsin und Trypsin schnell aufgespalten werden, sind gegen Säurehydrolyse sehr widerstandsfähig, gegen die Hydrolyse mit Alkali dagegen sehr empfindlich.

Im zweiten Kapitel wurde berichtet, daß die Epidermis die Aufgabe hat, Farbfilter zu bilden, um das darunterliegende Gewebe vor der Wirkung der ultravioletten Strahlen zu schützen. Die besondere Wirkung, die diese Strahlen auf Kollagen haben, wurde von Thomas und Foster (68) untersucht. Sie setzten trockenes Hautpulver für einen Zeitraum von einigen Wochen den Strahlen einer Quecksilber-Quarzlampe von etwa 1000 Kerzenstärken aus. Da ja die Strahlen nur eine dünne Schicht Hautpulver durchdringen können, wurde das Pulver oft durchgerührt, um alle Teilchen den Strahlen auszusetzen. Das durch das ultraviolette Licht gebildete Ozon wurde fortgesetzt abgesaugt. Das Hautpulver nahm eine klare kanariengelbe Farbe an. Die gleiche Erscheinung zeigte eine Probe, die unter Stickstoff in einem geschlossenen, mit Stickstoff gefüllten Quarzgefäß bestrahlt worden war.

Bei der Analyse des bestrahlten Hautpulvers wurden, auf das absolute Trockengewicht berechnet, 17,96 ± 0,05% Stickstoff gefunden; dies ist ein etwas höherer Wert als der für gewöhnliches Hautpulver (17,82%). Als das bestrahlte Hautpulver in Wasser gebracht wurde, zeigte sich, daß sich das Hautpulver durch die Bestrahlung auch chemisch stark verändert hatte. Das Wasser färbte sich gelb und enthielt Spuren durch Tannin fällbarer Stoffe. Beim Schütteln von 2 g trockenem, bestrahltem Hautpulver während 6 Stunden mit 200 ccm Wasser gingen 27,8% des bestrahlten Hautpulvers in Lösung.

Auch die Fähigkeit des Hautpulvers, sich mit Hemlockgerbstoff zu verbinden, war durch den Einfluß der ultravioletten Bestrahlung sehr stark herabgesetzt worden. Beim Zusammenbringen mit Chinon nahm das bestrahlte Hautpulver praktisch die gleiche Menge auf wie unbehandeltes Hautpulver. Zwischen diesen beiden Gerbarten besteht also ein grundsätzlicher Unterschied. Man hat bis heute noch keine zufriedenstellende Erklärung für den Reaktionsmechanismus des ultravioletten Lichts auf Kollagen.

Bemerkenswert ist, daß auch Wolle bei Bestrahlung mit ultraviolettem Licht, wie Meunier und Rey (55) zeigten, beeinflußt wird, und zwar werden die Schwefelgruppen reaktionsfähiger. Nach der Bestrahlung reagiert Wolle gegen Methylrot sauer, mit Chinon reagiert sie schneller und weniger schnell mit Alloxan.

Nachdem Rosenthal (60) aus seinen Hautstücken die koagulierbaren Proteine, die Mucoide und das Elastin entfernt hatte, setzte er sie in einer 0,2%igen salzsauren Lösung unter Toluol bei 37° für 24 Stunden einer Verdauung durch Pepsin aus, filtrierte die Lösung ab, setzte frische Pepsinlösung für weitere 96 Stunden zu und filtrierte wieder. Der Stickstoffwert der vereinigten Filtrate wurde durch Multiplikation mit 5,58 auf Kollagen berechnet. Auf das Trockengewicht berechnet fand er für Hundehaut an Kollagen: Hals 32,74%, Bauch 21,13% und Kern 19,59%; für Kalbshaut: Hals 39,66%, Bauch 51,46% und Kern 58,83%. McLaughlin und Theis (51) erhielten bei ihren Proben, die sie vorher von Epidermis und Haar befreit hatten, für: Ochsenhaut 85,1%, Kuhhaut 87,2% und Kalbshaut 84,0%, wieder auf das Trockengewicht berechnet.

Die Chemie des Kollagens und der Gelatine nimmt in der Chemie der Lederbereitung einen so großen Raum ein, daß eine ausführliche Behandlung den entsprechenden Kapiteln überlassen werden muß.

i) Fettbestandteile.

Außer in den neueren Arbeiten von McLaughlin und Theis (52) und von Theis (65, 66) sind die Fettbestandteile der zur Lederherstellung verwendeten tierischen Haut sehr wenig untersucht worden. Der Name Lipoide wird zuweilen nicht nur für die wirklichen Fette, sondern auch für andere Bestandteile des tierischen Körpers gebraucht, die in organischen Lösungsmitteln löslich sind wie z. B. Wachse und Fettsäuren, die mit Proteinen verbunden sind. In der Haut kommen die Lipoproteine in den Zellen der Talgdrüsen vor, in den fetthaltigen Geweben, den Fettzellen des Coriums und außerdem im Blut und der Lymphe.

Außer den wahren Fetten sind die Lecithine und Cholesterine die wichtigsten fetthaltigen Stoffe der Haut. Die Lecithine sind Fette, bei denen ein Fettsäurerest durch eine Verbindung aus Phosphorsäure und Cholin (Oxäthyl-trimethyl-ammoniumhydroxyd), ersetzt ist.

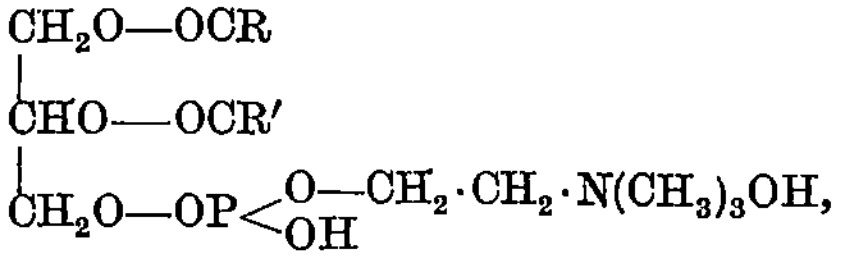

$$CH_2O\!-\!OCR$$
$$CHO\!-\!OCR'$$
$$CH_2O\!-\!OP\!\!<^{O\,-\,CH_2\cdot CH_2\cdot N(CH_3)_3OH,}_{OH}$$

wobei R und R' Fettsäurereste sind. Cholesterine sind sekundäre Alkohole, die zur Gruppe der Terpene gehören. Windaus (58) hat die folgende Formel aufgestellt:

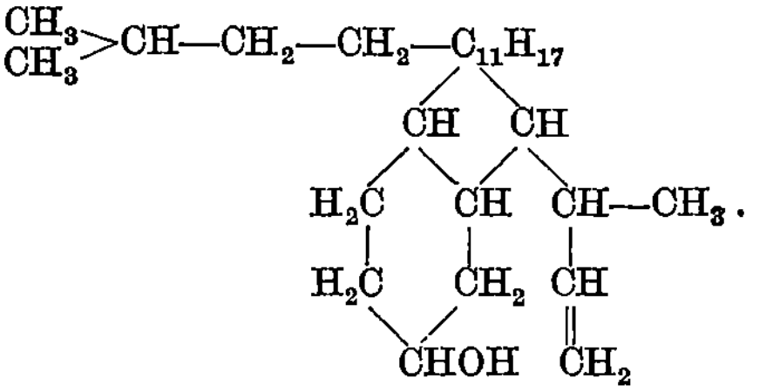

$$\begin{array}{c}
{}^{CH_3}_{CH_3}\!\!>\!CH\!-\!CH_2\!-\!CH_2\!-\!C_{11}H_{17}\\
CH\quad CH\\
H_2C\quad CH\quad CH\!-\!CH_3\,.\\
H_2C\quad CH_2\quad CH\\
CHOH\quad CH_2
\end{array}$$

Für die Gruppe $C_{11}H_{17}$ ist die Struktur noch nicht bekannt.

Lecithin bildet in Wasser leicht Emulsionen, ohne daß ein anderer Stoff zugegen sein braucht. Cholesterin hingegen gibt in Wasser erst dann beständige Emulsionen, wenn Lecithin als Schutzkolloid zugegeben wird. Beide Verbindungen sind in Alkohol und Äther löslich und sehen wachsartig aus. Der Schmelzpunkt von reinem Cholesterin liegt bei 149°.

McLaughlin und Theis(51) extrahierten Haut, von der Haare und Epidermis entfernt waren, mit Aceton, absolutem Alkohol und schließlich mit Äther und erhielten folgende Werte an Gesamtfettsubstanz: Ochsenhaut 0,76%, Kuhhaut 0,13% und Kalbshaut 0,45%. Diese Werte sind auf das Frischgewicht der Haut berechnet und müssen etwa mit 3 multipliziert werden, um sie auf das Trockengewicht umzurechnen. Sie konnten weiter zeigen, daß die Fettbestandteile in den Außenschichten der Haut angehäuft, in den mittleren Schichten dagegen nur spärlich vertreten sind. Nach der oben angegebenen Extraktion extrahierten McLaughlin und Theis die Ochsenhaut weiter mit Aceton und Alkohol aus, wobei sie den Lösungsmitteln unterschiedliche Mengen von Essigsäure zusetzten. Mit steigendem Säurezusatz wurden größere Mengen Fettsubstanzen extrahiert. Enthielten die Extraktionsmittel 10% Essigsäure, so wurde mehr als 3mal soviel Fett aus dem Corium der Ochsenhaut extrahiert als bei Extraktion ohne Säurezusatz. Offenbar sind von den Fettsubstanzen viele so fest mit dem Protein verbunden, daß sie durch die üblichen Lösungsmittel nicht extrahiert werden, sofern die Proteine nicht vorher hydrolysiert werden. Eine solche Hydrolyse kann auch durch bakterielle Einwirkung erfolgen und ist von einer Erhöhung der Säurezahl der extrahierten Fette begleitet. Läßt man Häute nach dem Schlachten längere Zeit liegen, so steigt der Prozentsatz an oxydierten Fettsäuren. Diese Erscheinung wird durch Konservieren der Häute mit Natriumchlorid verzögert.

McLaughlin und Theis(51) untersuchten das Fett vom Corium der Ochsen-, Kuh- und Ziegenhaut und fanden die in Tabelle 2 wiedergegebenen Werte.

Tabelle 2.

	Fette, extrahiert aus dem Corium von			Rinds-talg
	Ochsen-haut	Kalbs-haut	Ziegen-haut	
Jodzahl	44—48	15,9	25,5	38—46
Verseifungszahl	193,2	199,2	177,0	193—200
Brechungsindex bei 25° C . .	1,46	1,49	1,46	1,45
Unverseifbares	3,55 %	12,68	—	—
Stickstoffgehalt	0,68 %	—	—	—
Phosphorgehalt	0,25 %	—	—	—
Gesamte Fettsäuren	77—83 %	—	—	—
Feste Fettsäuren	25—29 %	—	—	—
(% der Gesamtfettsäuren)				
Flüssige Fettsäuren	75—71	—	—	—
(% der Gesamtfettsäuren)				
Jodzahl der gesamten Säuren .	47—55	—	—	41,3
Jodzahl der flüssigen Säuren .	80	—	—	92,4
Brechungsindex d. fest. Säuren	1,44	—	—	—
Brechungsindex der flüssigen Säuren	1,46	—	—	—

Beim Weichen und Äschern der Haut wird, wie Theis(66) in einer neueren Arbeit festgestellt hat, der chemische Charakter des Hautfetts verändert. So nehmen z. B. mit zunehmender Weichdauer die Verseifungszahlen des aus der geweichten Haut extrahierten Fetts ab, ebenso die Jodzahl, beim nachfolgenden Äschern dagegen werden Verseifungszahl und Jodzahl stark erhöht. Nach der Ansicht von Theis handelt es sich bei dem extrahierten Hautfett nicht um ein einfaches Neutralfett, sondern um ein Lipoid, das sich aus 2% Phosphatiden, 24% festem und 74% flüssigem Neutralfett aufbaut. Der Gehalt an ungesättigten Fettsäuren ist im tierischen Hautfett im Gegensatz zu anderen Lipoiden nur gering.

k) Mineralbestandteile.

Außer den Fettsubstanzen, dem Blut und der Lymphe enthält die Haut noch eine Anzahl anderer Nichteiweißstoffe; Zucker und Salze, insbesondere Phosphate, Karbonate, Sulfate und Chloride des Natriums, Kaliums, Magnesiums und Calciums. Eisen und Schwefel finden sich im Hämoglobin des Blutes. In Tabelle 3 sind die Analysenwerte der Mineralbestandteile einer Reihe frischer Häute zusammengestellt, die von McLaughlin und Theis(51) angegeben wurden. Die Häute waren von Epidermis und Haaren befreit. Die angegebenen Zahlen sind auf das Frischgewicht berechnet und müßten noch mit 3 multipliziert werden, um angenähert den Wert für das Trockengewicht zu erhalten. Eine Ausnahme bildet die in der Sonne getrocknete Ziegenhaut; hierfür sind die angegebenen Zahlen anscheinend die Werte für das Trockengewicht.

Tabelle 3.

	Mineralbestandteile des Coriums von (in Prozenten vom Coriumfrischgewicht)					
	Ochse	Kuh	Kalb	Stier	Jung-kuh	Ziege[1]
Aschegehalt	0,4530	0,3630	0,4950	0,4920	—	2,85
SiO_2	—	0,0037	0,0048	—	—	—
$Fe_2O_3 + Al_2O_3$	0,0107	0,0190	0,0134	0,0124	0,0194	0,5650
CaO	0,0101	0,0038	0,0095	0,0124	0,0038	0,0190
MgO	0,0032	0,0036	0,0073	0,0039	0,0034	0,0253
NaCl	0,4450	0,3530	0,4430	0,4825	0,4410	—
Cl	0,2730	0,2130	0,2690	0,2930	0,2670	—
SO_3	0,0702	0,0614	0,0952	0,0689	0,0685	1,0480
P_2O_5	0,0318	0,0262	0,0829	0,0334	0,0181	0,0956
Verhältnis: MgO:CaO . .	1:3,20	1:0,14	1:0,11	1:0,37	1:0,18	—
Verhältnis P_2O_5:CaO . .	1:0,32	1:0,14	1:0,11	1:0,37	1:0,18	—

Brown (32) bestimmte den Gehalt der Haut des Menschen, Hunds
und Kaninchens an Calcium, Magnesium, Natrium und Kalium; die
Werte sind in Tabelle 4 zusammengestellt. Nachdem das Haar und das
anhängende Fleisch so gut wie möglich entfernt war, wurden die
Häute getrocknet und verascht und auf die vier genannten Elemente
untersucht. Nach Brown nimmt der Calciumgehalt mit dem Alter des
Tieres zu.

Tabelle 4. Mineralbestandteile der von Haar und Fleisch befreiten
Haut (auf das Trockengewicht berechnet).

Anzahl der analy-sierten Häute	Tier		Milligramme auf 100 g trockene Haut			
			Ca	Mg	Na	K
10	Mensch	Höchstwert	59	38	408	339
		Mindestwert	34	20	298	168
		Mittelwert	46	30	360	239
10	Hund	Höchstwert	58	37	250	395
		Mindestwert	31	21	155	158
		Mittelwert	43	27	201	238
18	Kaninchen	Höchstwert	86	52	243	188
		Mindestwert	51	17	116	102
		Mittelwert	74	35	181	148

Die relativen Anteilmengen der verschiedenen in der Haut vorhandenen Stoffe gehen weit auseinander und hängen ganz von der Art,
dem Geschlecht, dem Alter, der Nahrung und dem Allgemeinbefinden
des Tieres ab, beim einzelnen Tier sind sie noch je nach dem Körperteil
verschieden. Die eben angegebenen Zahlen dürfen daher nicht zu streng
genommen werden.

---

[1] In der Sonne getrocknete Haut, Vorgeschichte unbekannt.

Literaturzusammenstellung.

1. Abderhalden, E. u. A. Fodor: Synthese von hochmolekularen Polypeptiden aus Glykokoll und l-Leucin. Ber. **49**, 561 (1916).

2. Abderhalden, E. u. W. Stix: Weiterer Beitrag zur Frage der Konstitution der Proteine: Untersuchungen über den Aufbau des Seidenfibroins. Z. physiol. Chem. **129**, 143 (1923).

3. Abderhalden, E.: Weitere Studien über den stufenweisen Abbau von Eiweiß-stoffen. Z. physiol. Chem. **131**, 284 (1923).

4. Abderhalden, E. u. W. Stix: Weitere Studien über die Struktur des Ei-weißmoleküls. Z. physiol. Chem. **132**, 238 (1924).

5. Abderhalden, E. u. E. Komm: Weitere Studien über die Struktur des Eiweißmoleküls. Z. physiol. Chem. **134**, 113 (1924).

6. Abderhalden, E. u. E. Komm: Fortgesetzte Studien über die Struktur des Eiweißmoleküls. Z. physiol. Chem. **136**, 134 (1924).

7. Abderhalden, E. u. E. Klarmann: Fortgesetzte Versuche über die Dar-stellung von Verbindungen von Diketopiperazinen mit Aminosäuren bzw. Polypeptiden. Z. physiol. Chem. **139**, 64 (1924).

8. Abderhalden, E. u. E. Schwab: Weitere Studien über die Struktur des Eiweißmoleküls. Z. physiol. Chem. **139**, 68 (1924).

9. Abderhalden, E. u. E. Schwab: Über die Anhydridstruktur des Seiden-fibroins. Z. physiol. Chem. **139**, 169 (1924).

10. Aberhalden, E. u. E. Komm: Über die Entstehung von Diketopiperazinen aus Polypeptiden unter verschiedenen Bedingungen. Z. physiol. Chem. **139**, 147 (1924).

11. Abderhalden, E. u. E. Komm: Über die Anhydridstruktur der Proteine. Z. physiol. Chem. **149**, 181 (1924).

12. Abderhalden, E., E. Klarmann u. E. Komm: Weitere Studien über die Struktur des Eiweißmoleküls. Z. physiol. Chem. **140**, 92 (1924).

13. Abderhalden, E. u. E. Komm: Über die Anhydridstruktur der Proteine. Z. physiol. Chem. **130**, 99 (1924).

14. Abderhalden, E. u. E. Schwab: Weitere Studien über die Struktur der Proteine: Über die Reduktion von Dipeptiden und Methoden zur Isolierung von Reduktionsprodukten aus Proteinen. Z. physiol. Chem. **143**, 290 (1925).

15. Abderhalden, E. u. H. Sickel: Über die Isolierung einer Aminosäure der Indolreihe von der Zusammensetzung $C_{11}H_{14}O_3N_2$ aus Casein. Z. physiol. Chem. **144**, 80 (1925).

16. Abderhalden, E. u. E. Komm: Weitere Studien über die Struktur der Proteine. Z. physiol. Chem. **145**, 308 (1925).

17. Abderhalden, E. u. E. Schwab: Weitere Studien über die Struktur der Proteine. Anhydridbildung aus Di- und Tripeptiden, Reduktion von Gela-tine. Z. physiol. Chem. **148**, 254 (1925).

18. Abderhalden, E. u. R. Haas: Weitere Studien zum Problem der Struktur der Proteine. Studien über die physikalischen und chemischen Eigenschaften der 2,5-Dioxopiperazine. Vergleichende Studien über die Aufspaltung von 2,5-Dioxo-piperazinen bei bestimmten p_H unter Schonung der Dipeptid-bindung und Studien über das Verhalten von Proteinen und Peptonen unter den gleichen Bedingungen. Fumarsäure unter den Spaltprodukten der Gela-tine. Z. physiol. Chem. **151**, 114 (1926).

19. Abderhalden, E. u. H. Quast: Weitere Studien zum Problem der Proteine. Vergleichende Oxydationsversuche. Z. physiol. Chem. **151**, 145 (1926).

20. Abderhalden, E. u. H. Sickel: Die Struktur der aus Casein durch fermen-tativen Abbau erhaltenen Verbindung $C_{14}H_{18}N_2O_4$. Z. physiol. Chem. **153**, 16 (1926).

21. Abderhalden, E. u. E. Schwab: Weitere Studien über desmotrope Formen von 2,5-Dioxo-piperazinen und Polypeptiden. Z. physiol. Chem. **153**, 83 (1926).

22. Abderhalden, E.: Weitere Ergebnisse beim Studium der Struktur der Pro-teine. Naturwiss. **13**, 999 (1925).

23. Abderhalden, E. u. H. Wells: Die Monoaminosäuren des Keratins aus Pferdehaaren. Z. physiol. Chem. **46**, 31 (1905).
24. Abderhalden, E.: Hydrolyse des kristallisierten Oxyhämoglobins aus Pferdeblut. Z. physiol. Chem. **37**, 484 (1903). — Hydrolyse des kristallisierten Serumalbumins aus Pferdeblut. Z. physiol. Chem. **37**, 495 (1903). — Nachtrag zur Hydrolyse des Edestins. Z. physiol. Chem. **40**, 249 (1903).
25. Abderhalden, E. u. A. Voitinovici: Hydrolyse des Keratins aus Horn und aus Wolle. Z. physiol. Chem. **52**, 348 (1907).
26. Abderhalden, E.: Lehrbuch der physiol. Chemie. (1909)
27. Abel u. Davis: J. of exper. Med. **1**, 361 (1896).
28. Alexander, J.: Allen's Commercial Organic Analysis **8**, 586 (1913).
29. Bergmann, M. u. A. Miekeley: Umlagerungen peptidähnlicher Stoffe. Derivate des d,l-Serin, über neuartige Anhydride des Glycylserins. Z. physiol. Chem. **140**, 128 (1924).
30. Bergmann, M., A. Miekeley u. E. Kann: Umlagerungen peptidähnlicher Stoffe. Verwandlung des Serins in Brenztraubensäure und in Alanin. Z. physiol. Chem. **146**, 247 (1925).
31. Bogue, R. H.: Chemistry and technology of gelatin and glue. McGraw-Hill Book Co. New York 1922.
32. Brown, H.: The mineral content of human, dog and rabbit skin. J. of biol. Chem. **68**, 729 (1926).
33. Chittenden u. Hart: Z. Biol. **25** (1889).
34. Cutter u. Gies: Amer. J. Physiol. **6**, 155 (1901).
35. Dakin, H. D.: Amino acids of gelatin. J. of biol. Chem. **44**, 499 (1920).
36. Emmett, A. D. u. W. J. Gies: J. of biol. Chem. **3**, 33 (1907).
37. Ewald, A.: Z. Biol. **26**, 1 (1890).
38. Ewald, A. u. W. Kühne: Verhandl. Naturhist. Med. Ver. Heidelberg **1**, 451 (1887).
39. Fischer, E.: Synthese von Polypeptiden. Untersuchungen über Aminosäuren, Polypeptide und Proteine. Ber. **38**, 607 (1905); **39**, 607 (1906); **40**, 1754 (1907).
40. Hammarsten, O. u. S. G. Hedin: Lehrbuch der Physiologischen Chemie, 9. Aufl. München: J. F. Bergmann 1922.
41. Herzog, R. O. u. H. W. Gonell: Über Kollagen. Collegium **1926**, 189.
42. Hofmeister, F.: Z. physiol. Chem. **2**, 299 (1878).
43. Holleman, A. F.: Lehrbuch der organischen Chemie, 17. Aufl. Berlin u. Leipzig: W. de Gruyter 1924.
44. Kaye, M. u. D. J. Lloyd: A histological and physicochemical investigation of the swelling of a fibrous tissue. Proc. roy. Soc. B. **96**, 293 (1924).
45. Kaye, M.: The histological structure of skin and its relation to the quality of the finished leather. J. Soc. Leather Traders Chem. **13**, 73 (1929).
46. Kelly, M. W.: The nitrogen content of hide substance. J. Amer. Leather Chem. Assoc. **21**, 573 (1926).
47. Klarmann, E.: Recent advances in the determination of the structure of proteins. Chem. Reviews **4**, 51 (1927).
48. Kossel, A.: Ber. **34**, 3214 (1901).
49. Kühne, E.: Verhandl. Naturhist. Med. Ver. Heidelberg **1**, 198 (1887).
50. Lloyd, D. J.: Chemistry of the proteins. Philadelphia: P. Blakiston's Son & Co. 1926.
51. McLaughlin, G. D. u. E. R. Theis: Notes on animal skin composition. J. Amer. Leather Chem. Assoc. **19**, 428 (1924).
52. McLaughlin, G. D. u. E. R. Theis: Notes on animal skin fats. J. Amer. Leather Chem. Assoc. **21**, 551 (1926).
53. Merrill, H. B.: The hydrolysis of skin and hair. Ind. Eng. Chem. **16**, 1144 (1924).
54. Merrill, H. B.: Effect of sulfides on the alkaline hydrolysis of skin and hair. Ind. Eng. Chem. **17**, 36 (1925).
55. Meunier, L. u. G. Rey: Die Wirkung ultravioletter Strahlen auf Wolle. Le Cuir Technique **16**, 128 (1927).

56. Northrop, J. H.: Comparative hydrolysis of gelatin by pepsin, trypsin, acid, and alkali. J. gen. Physiol. **4,** 57 (1921).
57. Plimmer-Matula: Die Chemische Konstitution der Eiweißkörper. Dresden u. Leipzig: Steinkopf 1914.
58. Plimmer, R. H. A.: Practical organic and biochemistry. Second edition. London: Longmans, Green & Co. 1918.
59. Richards u. W. J. Gies: Amer. J. Physiol. 8 (1903).
60. Rosenthal, G. J.: Biochemical studies of skin. J. Amer. Leather Assoc. **11,** 463 (1916).
61. Seymour-Jones, F. L.: Chemical constituents of skins. Ind. Eng. Chem. **14,** 130 (1922).
62. Sherman, H. C.: Chemistry of food and nutrition, 3. Edit. New York: McMillan & Co.
63. Smith, C. R.: Mutarotation of gelatin and its significance in gelation. J. Amer. Chem. Soc. **41,** 135 (1919).
64. Stiasny, E.: Über einige Probleme der gerbereichemischen Forschung. Collegium **1920,** 255.
65. Theis, E. R.: Industrial Biochemistry. J. Amer. Leather Chem. Assoc. **21,** 622 (1926).
66. Theis, R. E.: Some further characteristics of animal skin fat. J. Amer. Leather Chem. Assoc. **23,** 4 (1928).
67. Thomas, A. W. u. F. L. Seymour-Jones: Hydrolysis of kollagen by trypsin. J. Amer. Chem. Soc. **45,** 1515 (1923).
68. Thomas, A. W. u. S. B. Foster: The action of ultraviolett light on hide protein. J. Amer. Leather Chem. Assoc. **20,** 490 (1925).
69. Thompson, F. C. u. W. R. Atkin: Note on the analysis of lime liquors. J. Soc. Leather Trades' Chem. **4,** 15 (1920).
70. Troensegaard, N.: Z. physiol. Chem. **122,** 87 (1920); **127,** 137 (1923); Z. angew. Chem. **38,** 623 (1925).
71. Waldschmidt-Leitz, E. u. A. Schäffer: Über die Bedeutung der Diketopiperazine für den Aufbau der Proteine. (Erste Mitteilung zur Spezifität tierischer Proteasen.) Ber. **58,** 1356 (1925).
72. Walker, N.: Dermatology. Seventh edition. New York: Wm. Wood & Co. 1922.
73. Wilson, J. A.: Theories of Leather chemistry. J. Amer. Leather Chem. Assoc. **12,** 108 (1917).
74. Wilson, J. A. u. G. Daub: Effect of long contact of calfskin with saturated limewater. Ind. Eng. Chem. **16,** 602 (1924).
75. Wilson, J. A. u. H. B. Merrill: Another important rôle played by enzymes in bating. Ind. Eng. Chem. **18,** 185 (1926).

4. Die Messung der Acidität und Alkalität.

Um Leder einheitlicher Qualität herstellen zu können, ist eine scharfe Kontrolle der Acidität oder Alkalität der Gerbbrühen unbedingt notwendig. Relativ geringe Änderungen in der Acidität der Gerbbrühen bedingen oft große Verschiedenheiten der Eigenschaften des fertigen Leders. Durch immerwährendes Abändern der Herstellungsmethoden bis zum Erhalt eines nahezu einheitlichen Produkts und strenges Festhalten an der so ausfindig gemachten Produktionsweise hatten die Gerber schon recht lange auch die Wasserstoffionenkonzentration praktisch unter Kontrolle gestellt, ohne allerdings irgendwie etwas Genaueres über die physikalisch-chemischen Gesetze der einzelnen Operationen zu wissen. Entging einmal die Acidität einer Brühe der Kontrolle des Meisters und stieg oder fiel auf einen abnormalen Wert, so war die Sache verzweifelt, bis man wieder aus ähnlichen Erfahrungen gelernt hatte, das wertvolle Hautmaterial vor weiterem Schaden zu bewahren.

Die Entdeckung der Wasserstoffelektrode ermöglichte die Messung der Wasserstoffionenkonzentration, also der aktuellen Acidität oder Alkalität in Gerbbrühen und brachte damit einen wichtigen Fortschritt in der Wissenschaft der Lederstellung. Seit Erscheinen der ersten Auflage dieses Buches hat die Anwendung der Wasserstoffelektrode in der Gerberei immer größere Verbreitung gefunden und es besteht zweifellos ein Bedürfnis nach einer ausführlicheren Beschreibung aller zur Messung der Wasserstoffionenkonzentration von Gerbbrühen geeigneten Methoden. Diesem Bedürfnis soll in diesem Kapitel entsprochen werden. Wer sich über die Grundlagen von Konzentrationsketten und die für den allgemeinen Gebrauch üblichen Typen von Elektroden genauer unterrichten will, wird auf die ausgezeichneten Werke von Clark(5) und Michaelis(20) verwiesen, die ganz dieser Materie gewidmet sind.

Taucht man ein Metall in eine Lösung eines ihrer Salze, so entsteht eine Potentialdifferenz zwischen dem Metall und der Lösung, und zwar ist diese Potentialdifferenz auf Unterschiede in dem Streben des Metalls, in Form von Ionen in Lösung zu gehen, und dem Bestreben der in der Lösung vorhandenen Ionen, sich auf dem Metall niederzuschlagen, begründet. Größe und Ladungsart dieser Potentialdifferenz ist abhängig von der Natur des Metalls und der Konzentration der Ionen des Metalls in der Lösung. In dem bekannten Daniellschen Element taucht eine Kupferelektrode in eine Lösung von Kupfersulfat und eine Zinkelektrode in eine Lösung von Zinksulfat. Die Zinkatome besitzen nun ein großes Bestreben, als Zinkionen in Lösung zu gehen. Dabei geben sie ihre Valenzelektronen an die Zinkelektrode ab und laden diese negativ. Die Kupferionen dagegen streben danach, sich aus der Lösung abzuscheiden, lassen die negativ geladenen Sulfationen in der Lösung zurück und laden die Kupferelektrode positiv. Stellt man nun unter Verwendung einer porösen Platte, um ein Mischen der beiden Flüssigkeiten zu verhindern, einen Kontakt zwischen den beiden Lösungen her, so erhält man ein galvanisches Element mit der Zinkelektrode als negativem Pol und der Kupferelektrode als positivem Pol. Die Spannung des Elements ist gleich der Potentialdifferenz der beiden Elektroden. Ist die Spannung des Elements und das Potential der einen der Elektroden bekannt, so kann aus der Differenz dieser beiden Bekannten das Potential der andern Elektrode errechnet werden.

Konstruiert man ein Element so, daß das Potential der einen Elektrode einen bestimmten bekannten Wert besitzt, so ändert sich die Spannung des Elements mit dem Potential der anderen Elektrode. Ist weiter bei der zweiten Elektrode die Konzentration der in der Lösung vorhandenen aktiven Ionen der einzige variable Faktor, so ist die Spannung des Elements ein Maß für diese Ionenkonzentration. Dieses Prinzip benutzt man nun zur Messung der verschiedensten Arten von Ionenkonzentrationen und so auch zur Bestimmung der Wasserstoffionenkonzentration.

Bei der Messung der Wasserstoffionenkonzentration benutzt man als unveränderliche Bezugselektrode die sogenannte Kalomelelektrode, Quecksilber in einer gesättigten Lösung von Quecksilberchlorid und Kaliumchlorid. Die veränderliche Elektrode besteht aus einem mit Platinschwarz überzogenen Platindraht, der an der Oberfläche mit gasförmigem Wasserstoff gesättigt ist. Dieser gasförmige Wasserstoff wirkt der Lösung gegenüber wie eine Elektrode aus Wasserstoff, das Platin selbst spielt dabei keinerlei Rolle. Mit zunehmender Wasserstoffionenkonzentration der Lösung nimmt das Bestreben dieser Wasserstoffionen, aus der Lösung auf die Wasserstoffelektrode zu gehen, entsprechend zu und in gleicher Weise vergrößert sich das positive Potential dieser. Ist die Wasserstoffionenkonzentration in dem Element das einzige Variable, so kann sie durch Messung der Spannung des Elements bestimmt werden.

Wegen der theoretischen Grundlagen der Konzentrationsketten und der Ableitung der Gleichungen über das Verhältnis der Ionenkonzentration an der variablen Elektrode zur Spannung des gesamten Elements muß auf die oben zitierte Literatur verwiesen werden. Die unten gegebenen Arbeitsvorschriften werden aber jeden, der einige Laboratoriumserfahrung besitzt, in den Stand setzen, Messungen der Wasserstoffionenkonzentration in Gerbbrühen vorzunehmen.

a) Wasserstoff-Elektrodengefäße für Gerbbrühen.

Abb. 42 zeigt Elektrodengefäßformen, wie sie von Wilson und Kern (33) für den speziellen Gebrauch bei Gerbbrühen aus anderen Formen abgeleitet wurden. Solche Elektroden wurden im Laboratorium des Verfassers während fünf Jahren täglich für die verschiedensten Gerbbrühen verwandt und gaben auch in der Hand des wissenschaftlich nicht Vorgebildeten immer befriedigende Resultate.

Der äußere Teil des Wasserstoff-Elektrodengefäßes A besteht aus einem Glasrohr mit seitlichem Ansatz, der untere Teil des Rohres besitzt Öffnungen für den durchzuleitenden Wasserstoff. Der gereinigte Wasserstoff wird durch den seitlichen Ansatz B eingeleitet. Die Elektrode selbst besteht aus einem 1 bis 2 m langen Stück dünnem Platin draht, das in ein dünnes Glasrohr einge-

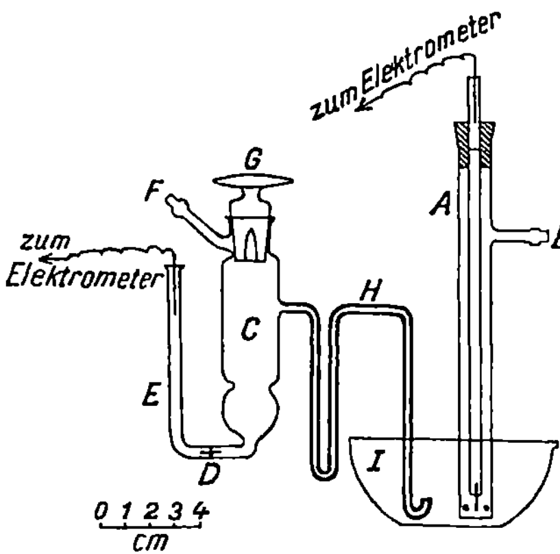

Abb. 42. Wasserstoff-Elektrodengefäß
für Gerbbrühen.

schmolzen ist, welches durch einen durchbohrten Korkstopfen gesteckt oben mit dem äußeren Elektrodengefäß verbunden ist. Das Elektrodenrohr wird mit Quecksilber gefüllt und durch Eintauchen eines Drahtes durch das obere offene Ende mit dem Potentiometer verbunden.

Die Vorzüge dieser Art Wasserstoff-Elektrodengefäß sind augenscheinlich. Die Elektroden sind so schmal, daß sie in großer Zahl nebeneinander aufgestellt werden können und können bei Vergiftung rasch durch neue ersetzt werden. Vergiftung tritt bei manchen Arten von Gerbbrühen häufig ein. Die Verwendung einer Drahtelektrode mit kleiner Oberfläche hat den Vorteil, daß man das System rascher in das Gleichgewicht bringen kann, was besonders beim Titrieren und in Gerbbrühen, die die Elektrode leicht vergiften, erwünscht ist. Man hält eine Anzahl solcher Eletroden benutzungsfertig unter Wasser auf und einige jeweils, über die man Wasserstoff leitet, um sie bei Brühen, die die Elektroden leicht vergiften, sofort zur Verfügung zu haben. Die Elektroden können vor der Neuplatinierung leicht durch kurzes Eintauchen in heißes Königswasser gereinigt werden.

C stellt die Kalomelelektrode dar. Bei D ist das Gefäß abgeschlossen und durch einen eingeschmolzenen Platindraht ein Kontakt zwischen den beiden getrennten Teilen hergestellt. Der seitliche Arm E wird mit Quecksilber gefüllt und durch Eintauchen eines Drahtes mit dem Potentiometer verbunden. Der Boden des Elektrodengefäßes wird mit metallischem Quecksilber bedeckt, über das eine Schicht einer Quecksilber-Quecksilberchloridpaste kommt, während der übrige Teil des Gefäßes mit einer gesättigten Lösung von Kaliumchlorid und Quecksilberchlorid gefüllt wird. Man läßt diese Lösung aus einem größeren Reservegefäß durch den seitlichen Arm F einfließen und regelt den Zufluß durch den eingeschliffenen Stopfen G. Ist das Gefäß mit der Lösung gefüllt, so fließt der Überschuß durch die seitlich angebrachte Capillare H ab. Die Lösung, deren Wasserstoffionenkonzentration bestimmt werden soll, gibt man in die Schale I.

Die U-förmige Biegung des seitlichen Capillarrohres verhindert eine Verunreinigung der Kalomelelektrode durch die Gerbbrühen, die im allgemeinen ein geringeres spezifisches Gewicht besitzen als die Lösung in der Zelle. Der Stopfen G ermöglicht es, nach jeder Bestimmung die Capillare durchzuspülen. Eine solche Kalomelelektrode kann täglich während mehrerer Monate ohne jegliche Reinigung benutzt werden.

b) Die Platinierung der Elektroden.

Vor dem Gebrauch muß der freiliegende Teil des Platindrahts der Elektrode mit einer dünnen Schicht von Platinschwarz überzogen werden. Man taucht zwei Elektroden in eine Lösung von 3 g Platinchlorid in 100 ccm ½ normaler Salzsäure, so daß die Lösung die Elektroden ganz bedeckt. Die Elektroden werden nun durch das Quecksilber in den Elektrodenröhren mit den Polen eines 4-Volt-Akkumulators verbunden. Die als Kathode fungierende Elektrode wird allmählich mit einem Niederschlag von Platinschwarz überzogen, dessen Dicke zunimmt, bis der Strom unterbrochen wird. Die geeignetste Stärke des Platinschwarzüberzuges läßt sich nach einiger Erfahrung leicht erkennen. Ist der Überzug zu dünn, so wird die Elektrode beim Gebrauch zu leicht vergiftet; ist sie zu dick, so wird sie schwammig und das

Gleichgewicht stellt sich nur langsam ein. Unter den angegebenen Bedingungen benötigt man etwa fünf Minuten, um einen Überzug von geeigneter Dicke zu erhalten. Allerdings wechselt diese Zeit etwas mit der Stromstärke und auch mit der Beschaffenheit der Platinoberfläche. Selbstverständlich muß die Platinchloridlösung, da sie ja beim Platinieren allmählich verbraucht wird, von Zeit zu Zeit verstärkt oder ersetzt werden. Man kann Elektroden auch noch in Lösungen, deren Konzentration auf ein Drittel vermindert ist, platinieren, allerdings benötigt dann das Platinieren längere Zeit. Manchmal befördert der Zusatz von wenigen Tropfen verdünnter Salzsäure zur Platinierungsflüssigkeit die Bildung eines guten Platinschwarzüberzugs. Da absolut reine Platinchloridlösungen leicht blanke Platinüberzüge liefern, geben manche Chemiker zu 100 ccm der Platinierungsflüssigkeit etwa 20 mg Bleiacetat. Der Verfasser fand dies jedoch bei Verwendung des üblichen reinen kristallisierten Platinchlorids unnötig.

Nach der Platinierung stellt man die Elektrode in eine verdünnte Schwefelsäurelösung, macht sie zur Kathode und leitet einige Minuten einen Strom durch die Lösung. Darauf setzt man sie in das Elektrodengefäß ein, taucht sie in destilliertes Wasser und leitet einige Minuten Wasserstoffgas darüber. Nach dieser Behandlung wird sie unter destilliertem Wasser zum Gebrauch aufbewahrt. Auf keinen Fall darf sie trocken werden. In der Gerberei ist es praktisch, immer gleich zwölf Elektroden auf einmal herzurichten und unter destilliertem Wasser zum Gebrauch aufzubewahren.

Wurde eine Elektrode bei der Benützung vergiftet, so reinigt man sie durch Eintauchen in heißes Königswasser. Erscheint das Metall wieder blank, so spült man mit destilliertem Wasser ab und platiniert von neuem.

c) Die Herrichtung der Kalomelelektrode.

Das Kalomelelektrodengefäß muß zunächst durch Ausspülen mit heißer Chromschwefelsäure und anschließend mit destilliertem Wasser sorgfältig gereinigt werden. Man gibt dann in das Gefäß C etwa 15 g ganz reines Quecksilber, so, daß Kontakt mit dem Platindraht vorhanden ist. Weiter mischt man etwa 5 g Quecksilber und 5 g ganz reines Quecksilberchlorid durch kräftiges Schütteln und legt die Paste auf das Quecksilber im Gefäß C. Ein Vorratsgefäß von 2 Liter Fassungsvermögen wird mit einer gesättigten Kaliumchloridlösung und einem Überschuß an festem Kaliumchlorid gefüllt, mit dem seitlichen Ansatz F des Gefäßes C verbunden und Elektrodengefäß C samt seitlichen Ansatz F mit der gesättigten Kaliumchloridlösung gefüllt.

d) Die Ausführung der Bestimmung.

Man baut die Apparatur, wie in Abb. 42 gezeigt, auf. Die zu untersuchende Lösung kommt in die Schale I. Wird das Wasserstoffgas aus einer Bombe genommen, so muß es gereinigt werden. Man erreicht dies, indem man es durch eine Reihe von Waschflaschen schickt, von denen die erste eine gesättigte Lösung von Mercurichlorid, die zweite eine konzentrierte alkalische Kaliumpermanganatlösung und die dritte eine alkalische Pyrogallollösung enthält. Ist der Wasserstoff aus der Bombe rein, so sind die Waschflaschen mit Mercurichlorid und Permanganat unnötig. Man leitet den Wasserstoff aus den Waschflaschen durch einen Turm mit Watte und weiter durch die Elektrode, daß er über die platinierte Elektrode perlt.

Man verbindet nun die Elektroden mit einem Potentiometer mit Normal-Weston-Element, Trokkenbatterie und Galvanometer und bestimmt die Spannung des Systems. Steigt die Spannung noch während einiger Zeit an, so hat sich das Gleichgewicht noch nicht eingestellt; fällt sie oder schwankt sie hin und her, so ist das ein Zeichen

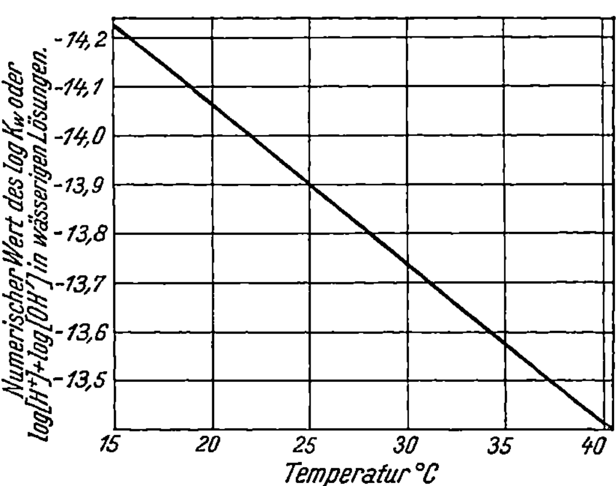

Abb. 43. Das Verhältnis von [H⁺] zu [OH'] variiert in wässeriger Lösung mit der Temperatur. Die angegebenen Werte geben den Dissoziationsgrad des Wassers bei verschiedenen Temperaturen.

dafür, daß die Elektrode vergiftet ist. Bleibt die abgelesene Spannung zwei oder drei Minuten konstant, so benutzt man die Ablesung und errechnet die Wasserstoffionenkonzentration nach der Formel:

$$- \log [\mathrm{H^+}] = \frac{V - 0{,}2450}{0{,}0001983 \cdot T},$$

wobei V die abgelesene Spannung und T die absolute Temperatur (273⁰ + der Temp. ⁰ C) bedeutet. Die Klammern bedeuten Konzentration der Wasserstoffionen in Molen pro Liter. Bei Temperaturen, die von 25⁰ C abweichen, muß der Wert 0,2450 für jeden Grad C über 25⁰ C um 0,0002 erhöht, für jeden Grad C unter 25⁰ um 0,0002 vermindert werden. Fales und Mudge (6) haben nämlich festgestellt, daß der Temperaturkoeffizient für eine gesättigte Kaliumchlorid-Kalomelelektrode zwischen 5⁰ und 60⁰ C pro Grad 0,0002 Volt beträgt.

Eine Batterie solcher Elektroden bei der Benützung in der Gerberei ist im zweiten Bande abgebildet. Die Wasserstoffbombe befindet sich unter dem Tisch, die Waschflaschen und das Vorratsgefäß für die Kaliumchloridlösung sind auf den Regalen untergebracht.

Als Beispiel für die Berechnung soll die Berechnung der Wasserstoffionenkonzentration einer Pickelflüssigkeit wiedergegeben werden. Die Temperatur betrug 25⁰ C, d. h. 298⁰ der absoluten Temperaturskala. Der Wert 0,0001983 · T beträgt also 0,0591. Die abgelesene Spannung betrug 0,3337 Volt; davon 0,2450 abgezogen, erhalten wir 0,0887. Dieser Wert wird durch 0,0591 dividiert und man erhält als — log [H⁺] den Wert 1,50. Der Numerus des Logarithmus — 1,50 ist 0,0316.

Diese Zahl bezeichnet also die Mole Wasserstoffionen im Liter oder die Normalität an Wasserstoffionen. Als weiteres Beispiel soll die Berechnung der Wasserstoffionenkonzentration einer Äscherbrühe angeführt werden. Die bei 21° C abgelesene Spannung betrug 0,9738 Volt. Da die Temperatur 4 Grade unter 25° C lag, müssen wir 0,0008 von 0,2450 subtrahieren, erhalten so den Wert 0,2442, der weiter von 0,9738 subtrahiert wird. 0,7296 durch 0,0583 dividiert, ergibt 12,51, den Wert für $- \log [H^+]$. Da wir es mit einer alkalischen Lösung zu tun haben, ist es praktischer, mit Werten für die Hydroxylionenkonzentration zu operieren. In wässerigen Lösungen bei 21° C besteht nun zwischen Wasserstoff- und Hydroxylionenkonzentration die Beziehung, daß $- \log [OH'] = 14,03 + \log [H^+]$ ist. Demgemäß ist $- \log [OH']$ gleich $14,03 - 12,51 = 1,52$. Der Numerus zu $- \log 1,52$ ist 0,0302. Es waren also 0,0302 Mole Hydroxylionen im Liter der Äscherbrühe vorhanden.

Die Berechnung der Hydroxylionenkonzentration einer wässerigen Lösung aus der bekannten Wasserstoffionenkonzentration beruht darauf, daß das Produkt aus $[H^+] \times [OH']$ in jeder wässerigen Lösung bei konstanter Temperatur konstant ist. Man bringt das gewöhnlich durch folgende Formel zum Ausdruck:

$$[H^+] \times [OH'] = K_W ,$$

wobei K_W bei den üblichen Temperaturen gewöhnlich als 10^{-14} oder $\log K_W = - 14$ genommen wird. In Wirklichkeit variiert $\log K_W$ mit der Temperatur, wie in Abb. 43 angegeben. Die Kurve kann bei der Errechnung der Hydroxylionenkonzentration von alkalischen Lösungen aus der Wasserstoffionenkonzentration mit Vorteil verwandt werden. Im wahren Neutralpunkt ist $\log [H^+] = \log [OH'] \cdot \log [H^+] + \log [OH'] = \log K_W$ demgemäß ist im Neutralpunkt, wie auch aus Abb. 43 ersichtlich, $\log [H^+] = \log K_W/2$.

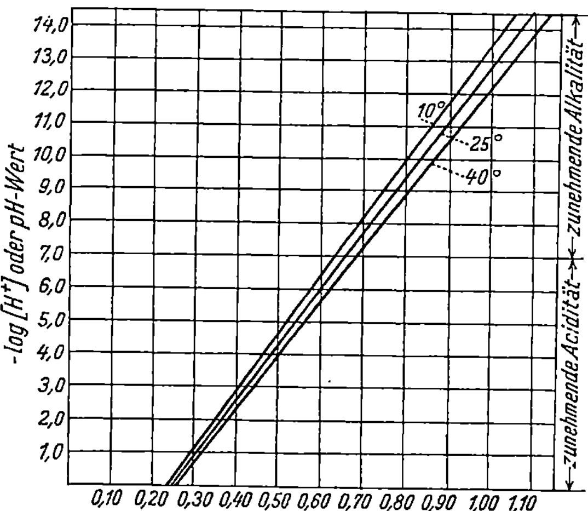

Abb. 44. Potentialdifferenz zwischen Wasserstoffelektrode in Berührung mit Lösungen verschiedener p_H-Werte und der Kalomelelektrode bei 10°, 25° und 40° C.

ionenkonzentration von alkalischen Lösungen aus der Wasserstoffionenkonzentration mit Vorteil verwandt werden. Im wahren Neutralpunkt ist $\log [H^+] = \log [OH'] \cdot \log [H^+] + \log [OH'] = \log K_W$ demgemäß ist im Neutralpunkt, wie auch aus Abb. 43 ersichtlich, $\log [H^+] = \log K_W/2$.

e) Der p_H-Wert.

Statt den Ausdruck $- \log [H^+]$ zur wirklichen Wasserstoff- oder Hydroxylionenkonzentration aufzulösen, zieht man es wegen des weiten in der Gerberei in Betracht kommenden Wasserstoffionenkonzentrationsbereichs vor, diesen Ausdruck direkt zu benutzen und bezeichnet ihn als p_H. Der p_H ist also gleich $- \log [H^+]$.

Der Ausdruck p_H wird heute in der ganzen Industrie, auch von nicht chemisch Vorgebildeten angewandt. Der Mann der Praxis benutzt den Ausdruck p_H als Grad der Acidität oder Alkalität wie er Temperaturen in Thermometergraden angibt, ohne sich über die wissenschaftlichen Grundlagen des Thermometers Gedanken zu machen. Er hat z. B. gelernt, daß eine bestimmte Brühe die besten Resultate bei p_H 5,5 gibt. Meldet ihm der Analytiker, daß der p_H-Wert dieser Brühe 6,5 beträgt, so weiß er, daß er Säure zufügen muß, um den p_H-Wert der Brühe auf 5,5 zu erniedrigen. Er versteht ohne Schwierigkeit, daß eine Lösung von p_H 7 neutral reagiert, daß höhere p_H-Werte zunehmende Alkalität, niedrigere zunehmende Acidität anzeigen.

Für den Gerbereichemiker hat die Annahme der p_H-Skala den Vorteil, den Gebrauch negativer Werte auszuschalten und die ganze Methode auch für denjenigen, der nicht gewohnt ist, mit Logarithmen, negativen Werten und Dissoziationstheorie umzugehen, bequemer zu machen.

Es ist überraschend, wie rasch auch ungeschulte Leute p_H-Messungen auszuführen lernen. Das Aufstellen der Apparatur und das Ablesen der Spannung sind einfache mechanische Operationen. Ist für eine bestimmte Temperatur der p_H-Wert einer unbekannten Brühe eine geradlinige Funktion der gemessenen Spannung, so kann man sich eine Reihe von Kurven anfertigen, und zwar für jeden in Betracht kommenden Temperaturintervall eine, aus denen die p_H-Werte direkt als Funktionen der Spannung abgelesen werden können. Abb. 44 zeigt solche Kurven für einen weiten Temperaturbereich. Für spezielle Arbeiten muß man entsprechend genauere Kurven anfertigen, die nur die in Betracht kommenden Temperaturen umfassen. Solche Kurven ersparen sehr viel Zeit, auch dem erfahrenen Chemiker.

f) Die Gesamtacidität.

Mit der Wasserstoffelektrode bestimmt man in der Gerberei die aktuelle Acidität oder Alkalität einer Brühe in p_H-Werten. Es ist aber auch von großer Bedeutung, die Gesamtmenge und die Natur der in der Brühe vorhandenen Säuren oder Alkalien zu kennen und genau festzustellen, wieviel eines bestimmten Reagenzes man zu der Brühe zufügen muß, um den p_H-Wert um einen ganz bestimmten Betrag zu verändern. Dies macht man so, daß man die Brühe mit einer eingestellten Lösung des Reagenzes titriert und fortlaufend die p_H-Änderung mißt. Die so erhaltenen Titrationskurven erzählen uns oft recht interessante Geschichten über die betreffende Brühe. Zwei Brühen können genau denselben p_H-Wert haben, sagen wir 2,5, also genau die gleiche aktuelle Acidität besitzen, aber die erste kann nur einen Bruchteil von dem Alkali benötigen, um auf p_H 7,0 gebracht zu werden als die zweite. Dies würde anzeigen, daß die erste Brühe eine kleine Menge einer verhältnismäßig starken Säure enthält, die zweite dagegen größere Mengen Substanzen von schwachsaurer Natur, die beim Zufügen des Alkalis als Puffer wirken. Solche spielen beim Gerbprozeß oft eine hervorragende Rolle.

g) Die Chinhydronelektrode.

Bei der elektrometrischen Bestimmung des p_H-Wertes in saurer Lösung kann man die Wasserstoffelektrode auch durch eine Elektrode ersetzen, bei welcher Benzochinhydron an Stelle von Wasserstoff benutzt wird. Bestimmte Stoffe, wie z. B. Oxydationsmittel, reagieren mit der Wasserstoffelektrode, man sagt, sie vergiften sie, und machen so eine Bestimmung der Wasserstoffionenkonzentration unmöglich. Für eine ganze Anzahl solcher Lösungen ermöglicht die Chinhydronelektrode befriedigende p_H-Messungen. Hugonin(11) hat als erster auf die Möglichkeit, diese Elektrode für Gerbbrühen zu verwenden, hingewiesen. Parker(25) beschrieb eine Chinhydronelektrode, mit der er die Wasserstoffionenkonzentration eines angesäuerten Abwasserschlamms einwandfrei bestimmen konnte, während Wasserstoffelektroden von dem Schlamm vergiftet wurden.

Zur Bestimmung der Wasserstoffionenkonzentration mit der Chinhydronelektrode löst man einige Krystalle Chinhydron in der zu untersuchenden Lösung, taucht eine Platinelektrode ein und verbindet wie bei der Wasserstoffelektrode mit der Kalomelelektrode. Die Spannung des Systems ist ein direktes Maß für das Oxydationsreduktionspotential an der Platinoberfläche. Die Platinelektrode soll aus blankem Platin oder noch besser aus vergoldetem Platin bestehen.

Das Prinzip der Methode basiert auf Beobachtungen von Haber und Russ(9) und von Granger und Nelson(8), die zeigen konnten, daß Chinhydron in wässeriger Lösung weitgehend in die Komponenten Chinon und Hydrochinon gespalten ist. Diese beiden Komponenten befinden sich miteinander im Gleichgewicht gemäß folgender elektrochemischer Formel:

$$C_6H_4(OH)_2 \rightleftarrows C_6H_4O_2 + 2\,H^+ + 2\ \text{Elektronen.} \tag{1}$$

Da die Reaktion streng reversibel ist, kann Peters Form der van't Hoffschen Gleichung angewandt werden und wir haben:

$$\pi_m = \pi_0 + \frac{0{,}000198 \cdot T}{2} \log \frac{C_6H_4O_2}{C_6H_4(OH)_2} + 0{,}000198 \cdot T \cdot \log [H^+]. \tag{2}$$

In dieser Gleichung bedeutet π_m das gemessene Elektrodenpotential und π_0 das normale Potential des Systems, nämlich $+\,0{,}6990$ Volt. Das Elektrodenpotential ist also eine lineare Funktion des Logarithmus der Wasserstoffionenkonzentration oder des p_H-Werts, wenigstens solange keine Nebenreaktionen auftreten.

Biilmann(2 bis 4) erkannte als erster die Anwendbarkeit der Methode zur Bestimmung der Wasserstoffionenkonzentration. Da Benzochinhydron in wässeriger Lösung äquimolare Konzentrationen, Chinon und Hydrochinon liefert, verschwindet unter diesen Bedingungen der Ausdruck, der sich auf das Konzentrationsverhältnis bezieht, und wir haben:

$$-\log [H^+] = p_H = \frac{\pi_0 - \pi_m}{0{,}000198 \cdot T}. \tag{3}$$

Die Gleichung stimmt mit Ausnahme des Wertes π_0 mit der früher für die Wasserstoffelektrode gegebenen überein.

LaMer und Parsons (17) fanden, daß der Wert π_0 bei Benützung einer Kaliumchlorid-Kalomelelektrode als Bezugselektrode bei 25° C $+$ 0,6990 Volt beträgt. Den gleichen Wert fand Biilmann. Demgemäß kann der p_H-Wert von Lösungen von 25° C nach folgender Gleichung errechnet werden:

$$p_H = \frac{\pi_0 - V - 0{,}245}{0{,}059} = \frac{0{,}454 - V}{0{,}059}, \tag{4}$$

wobei $V = \pi_0$ oder die zwischen der Chinhydronelektrode und der Kaliumchlorid-Kalomelelektrode, die um 0,245 Volt stärker positiv als die Wasserstoffelektrode ist, gemessene Potentialdifferenz bedeutet.

Die Anwendbarkeit dieser Formel ist abhängig von der Anwesenheit genau gleicher Konzentrationen an Chinon und Chinhydron; denn diese Voraussetzung ist die Basis für die Eliminierung des Logarithmus des Verhältnisses der Konzentrationen in Gleichung (2). Die vereinfachte Formel hat keine Gültigkeit, wenn Substanzen zugegen sind, die entweder Hydrochinon zu oxydieren oder Chinon zu reduzieren vermögen. So stören z. B. Ferri-, Permanganat- und Bichromationen wie auch andere Ionen mit ähnlicher oxydierender Wirkung. Unter den störenden Reduktionsmitteln sind Jod-, Titan- und Chromoionen hervorzuheben. Da Hydrochinonlösungen bei p_H-Werten höher als 8 leicht durch den Sauerstoff der Luft oxydiert werden, kann die Chinhydronelektrode nur in neutraler oder saurer Lösung benützt werden. Hohe Salzkonzentrationen wirken ebenfalls störend.

Da noch nicht alle störenden Substanzen bekannt sind, kann die Brauchbarkeit der Chinhydronelektrode zur Bestimmung der Wasserstoffionenkonzentration jeweils im einzelnen Falle nur durch einen Versuch festgestellt werden. Werte, die mit der Chinhydronelektrode in Gerbbrühen erhalten wurden, dürfen erst dann als richtig betrachtet werden, wenn sie mit den mit der Wasserstoffelektrode erhaltenen übereinstimmen. Es können in der einen Gerberei mit Gerbbrühen bestimmter Art Schwierigkeiten auftreten, während solche in einer anderen Gerberei bei dem gleichen Material, das aber anderen Ursprung und andere Vorbehandlung aufweist, ausbleiben. Die Gegenwart irgendeines Paares organischer Verbindungen, das sich gegenseitig oxydiert und reduziert, würde eine Elektrode von besonderer Art, mit einem eigenen charakteristischen Potential, das aber von dem des Chinhydrons verschieden ist, erzeugen.

h) Indicatoren.

Manche wasserlösliche Farbstoffe erleiden bei Änderung des p_H-Werts der Lösung einen Farbumschlag und ermöglichen so, die Farbe der Lösung als Maß für die Wasserstoffionenkonzentration zu benutzen. Solche Indicatoren wendet man in der Gerberei bei der Bestimmung des p_H von Beizlösungen und von Wasser mit sehr geringer Leitfähigkeit an. Phenolsulfophthalein, oder Phenolrot ist gelb bei p_H-Werten unter 6,8 und rot bei p_H-Werten höher als 8,4. Stellt man sich eine Reihe

Lösungen mit einem p_H innerhalb des Bereiches 6,8 bis 8,4, und zwar jede um p_H 0,1 von der anderen verschieden, her und fügt zu jeder im Reagenzglas eine bestimmte Menge Phenolrotlösung, so erhält man eine Reihe Farben, von Gelb über Orange zu Rot. Diese werden als Standard benutzt. Fügt man nun zu einer Beizlösung die gleiche Menge Phenolrotlösung und erhält eine orangerote Farbe entsprechend der Standardlösung von p_H 7,9, so ist der p_H-Wert der Beizlösung 7,9.

Clark und Lubs (5) haben für den p_H-Bereich von 1,2 bis 9,8 eine Reihe von Idicatoren vorgeschlagen: Thymolblau für p_H 1,2 bis 2,8, Bromphenolblau für p_H 3,0 bis 4,6, Methylrot für p_H 4,4 bis 6,0, Bromkresolpurpur für p_H 5,2 bis 6,8, Bromthymolblau für p_H 6,0 bis 7,6, Phenolrot für p_H 6,8 bis 8,4, Kresolrot für p_H 7,2 bis 8,8, Thymolblau für p_H 8,0 bis 9,6 und Kresolphthalein für p_H 8,2 bis 9,8.

Wegen Einzelheiten der Methodik der Herstellung der verschiedenen Standardlösungen und der Ausführung der Messung unter verschiedenen Bedingungen muß der Leser auf das Buch von Clark (5) oder von Michaelis (20) verwiesen werden. In der Gerberei leistet die Indicatormethode für rohe Messungen an einigen bestimmten Brühenarten, wie z. B. Beizbrühen oder Waschwasser, vorzügliche Dienste. Atkin und Thompson (1) beschrieben die Anwendung der Indicatormethode bei der Bestimmung der Wasserstoffionenkonzentration von Gerbbrühen. Wo immer aber im praktischen Betrieb Indicatoren benutzt werden, sollten sie zunächst durch Messungen mit der Wasserstoffelektrode standarisiert werden. Für die meisten Messungen des p_H-Werts ist die Wasserstoffelektrode notwendig.

i) p_H-Werte der in der Gerberei üblichen Säuren und Basen.

Da es an übersichtlichen Tabellen, die die Ionisationswerte der allgemein üblichen Säuren und Basen bei verschiedener Konzentration angaben, fehlte, errechnete und sammelte Thomas (28) aus der Literatur eine Anzahl solcher Tabellen. Es wurde ein Konzentrationsbereich zwischen 0,001 und 2 molar berücksichtigt. Da sich diese Tabellen für den Gerbereichemiker als sehr praktisch erwiesen haben, wurden sie in dieses Kapitel aufgenommen.

Bei der Zusammenstellung schlug Thomas zwei Wege ein. Für schwache Säuren wurde die Wasserstoffionenkonzentration aus den Dissoziationskonstanten, die mit Hilfe von Leitfähigkeitsmessungen ermittelt worden waren, berechnet. Nach dem Ostwaldschen Verdünnungsgesetz ist

$$K = \frac{a^2}{V(1-a)},$$

wobei K die Dissoziationskonstante, V das Volumen, in dem 1 Mol gelöst ist, und a den Dissoziationsgrad bedeutet. Durch Auflösung der Gleichung nach a erhält man:

$$a = 1/2\left(-KV + \sqrt{K^2V^2 + 4KV}\right).$$

Da jedoch K^2V^2 im Vergleich zu KV vernachlässigt werden darf, kann man diesen Faktor bei der Berechnung fallen lassen und folgenden

Ausdruck benutzen:

$$\text{Ionisation in Prozenten} = 100 \sqrt{KV} - 50\,KV\,.$$

Für starke Säuren wurden die Werte für 100 a bei den verschiedenen Konzentrationen der Literatur entnommen. Die dazwischen liegenden wurden durch graphische Interpolation ermittelt. Bei Basen wurde entsprechend verfahren.

Die Werte in den Tabellen können besonders bei starken Säuren und Basen Abweichungen bis zu 5% aufweisen. Augenblicklich jedoch sind die angegebenen Werte die einzig verfügbaren. Sie leiten sich, wie angeführt, aus Leitfähigkeitsmessungen, nicht aus Potentialbestimmungen mit der Wasserstoffelektrode ab.

k) Säuren.

Ameisensäure. Von 2,0 bis 0,1 molar wurden die Werte aus der Ostwaldschen Konstanten $K = 21,4 \times 10^{-5}$ bei 25⁰ C errechnet. Von 0,1 bis 0,001 molar wurden sie aus experimentell gefundenen Werten von Ostwald (24) errechnet.

Borsäure. Die Werte wurden aus $K = 6,6 \times 10^{-10}$ bei 25⁰ C von Lunden (19) errechnet. Da die Säure außerordentlich schwach ist und eine 0,8 molare Lösung bereits gesättigt ist, wurden in der Tabelle nur die Konzentrationen 0,8; 0,1; 0,01 und 0,001 molar angegeben.

Buttersäure. Das Konzentrationsgebiet 2 bis 0,1 molar wurde aus der Ostwaldschen (24) Konstanten $K = 1,49 \times 10^{-5}$ bei 25⁰ C errechnet. Das Konzentrationsgebiet zwischen 0,1 und 0,001 molar wurde aus Ostwaldschen Experimentaldaten errechnet.

Essigsäure. Sämtliche Werte wurden aus Experimentaldaten von Kendall (13) berechnet.

Gallussäure. Im Konzentrationsgebiet 1 — 0,03 molar wurden die Werte mit Hilfe der Ostwaldschen (24) Konstanten $K = 4,0 \times 10^{-5}$, im Gebiete 0,03 bis 0,001 molar aus Experimentaldaten Ostwalds berechnet.

Kohlensäure. Kohlensäure ist eine sehr schwache Säure. Ihre Konzentration in einer Lösung hängt von dem Partialdruck des Kohlendioxyds der Atmosphäre an der Oberfläche der Flüssigkeit ab. Aus diesem Grunde wurde keine besondere Tabelle angelegt, sondern es werden nur zwei von Kendall (14) übernommene wichtige Konzentrationen angeführt. Bei 25⁰ C beträgt die Löslichkeit des Kohlendioxyds in Wasser bei einem Druck von 1 Atmosphäre Kohlendioxyd 0,0337 Mole im Liter. Die Kohlensäure ist in der Lösung zu 33% in Ionen gespalten und die Wasserstoffionenkonzentration beträgt daher 0,00011 Mole im Liter. Dies entspricht einem p_{H}-Wert von 3,96. Unter gewöhnlichen Bedingungen beträgt der Partialdruck der Kohlensäure der Luft 0,000353 Atmosphären, bei diesem Druck ist das Kohlendioxyd zu 0,0000119 Molen im Liter löslich. Dies entspricht einer Wasserstoffionenkonzentration von 0,000002 Molen im Liter oder einem p_{H}-Wert von 5,70.

Milchsäure. Die Werte für Konzentrationen zwischen 2 und 0,1 molar wurden aus Daten von Kendall, Booge und Andrews (15), die für Konzentrationen zwischen 0,1 und 0,001 molar aus Experimentalwerten von Ostwald (24) berechnet.

Oxalsäure. Die einzigen zur Verfügung stehenden Zahlen waren die von Ostwald(24); eine Berechnung nach dem Verdünnungsgesetz ist wegen der Stärke der Säure unmöglich.

Phosphorsäure. Die Werte für die Konzentrationen 2 bis 0,1 molar wurden aus Daten von Kendall, Booge und Andews (15) für Konzentrationen von 0,1 bis 0,001 molar aus Angaben von Noyes und Eastman(22) errechnet.

Salpetersäure. Die Werte zwischen 2 und 1 molar stammen von Jones(12); die zwischen 0,5 und 0,001 molar wurden aus Angaben von Kohlrausch(21) errechnet.

Salicylsäure. Die Werte wurden aus Experimentaldaten von Kendall (13) errechnet. 0,0167 molar ist die Löslichkeitsgrenze.

Salzsäure. Die Angaben zwischen 2 und 0,5 molar stammen von Jones (12), die zwischen 0,5 und 0,001 molar wurden aus Kohlrauschs (21) Experimentaldaten errechnet.

Schwefelsäure. Die Angaben von 2 bis 1 molar stammen von Jones (12), die zwischen 0,5 und 0,001 molar wurden aus Experimentaldaten von Kohlrausch (21) errechnet.

Weinsäure. Die Konzentration 2 bis 0,04 molar wurde aus Daten von Kendall, Booge und Andrews(15), die zwischen 0,04 und 0,001 aus experimentellen Werten von Ostwald (24) errechnet.

Zitronensäure. Für 2 bis 0,4 molare Lösungen sind Werte von Kendall, Booge und Andrews (15) wiedergegeben. Für 0,4 bis 0,1 molare Lösungen wurden die Werte extrapoliert. Für Konzentrationen zwischen 0,01 und 0,001 molar wurden sie aus Angaben von Walden (31) errechnet.

l) Basen.

Ammoniumhydroxyd. Die Tabelle wurde nach dem Verdünnungsgesetz aus der Konstanten $K = 1,8 \times 10^{-5}$ bei 25° C von Noyes, Kato und Sosman (23) errechnet.

Bariumhydroxyd. Die einzigen vorhandenen Angaben von Noyes und Eastman(22) umfassen das Gebiet von 0,001 bis 0,05 molar. Aus diesen Angaben wurde die Tabelle berechnet.

Calciumhydroxyd. Für diese Base sind keine Experimentaldaten aufzufinden, bei ihrer großen Ähnlichkeit mit Bariumhydroxyd begeht man indessen keinen großen Fehler, wenn man die Werte für Calcium- und Bariumhydroxyd gleichsetzt.

Kaliumhydroxyd. Der Wert für 2 molar stammt von Jones(12), die Werte von 1 bis 0,4 molar und von 0,03 bis 0,001 molar wurden den Angaben von Kohlrausch(21) entnommen, die Werte zwischen 0,4 und 0,03 molar wurden extrapoliert.

Natriumhydroxyd. Der Wert für die 2 molare Lösung stammt von Jones (12), die anderen Angaben von Kohlrausch (21).

m) Stärke der Säuren und Basen.

Ordnet man die Säuren nach steigender Stärke oder Wasserstoffionenaktivität, so erhält man folgende Reihe:

Borsäure,	Zitronensäure,
Kohlensäure,	Weinsäure,
Buttersäure,	Salicylsäure,
Essigsäure,	Phosphorsäure,
Gallussäure,	Oxalsäure,
Milchsäure,	Schwefelsäure,
Ameisensäure,	Salpeter- und Chlorwasserstoffsäure.

Borsäure ist die schwächste, Salpeter- und Chlorwasserstoffsäure sind die stärksten Säuren.

Die Reihenfolge der Basen mit abnehmender Hydroxylionenaktivität ist folgende:

Kaliumhydroxyd,	Barium- und Calciumhydroxyd,
Natriumhydroxyd,	Ammoniumhydroxyd.

n) Die Temperatur.

Alle Werte in den Tabellen 5 bis 13 sind für eine Temperatur von 25⁰ C berechnet. Da der Temperaturkoeffizient nur sehr klein ist, kann man ihn für den praktischen Gebrauch vernachlässigen, so daß die Tabellen für die in der Gerberei üblichen Temperaturen Geltung haben.

Um die Brauchbarkeit der Tabellen zu erhöhen, wurden den verschiedenen Wasserstoffionenkonzentrationen der Thomassschen Tabelle auch die entsprechenden p_H-Werte beigefügt.

Tabelle 5.

Mole Säure im Liter	Salzsäure			Salpetersäure		
	% Ionisation	Mole H^+ im Liter	p_H-Wert	% Ionisation	Mole H^+ im Liter	p_H-Wert
0,001	100,0	0,0010	3,00	100,0	0,0010	3,00
0,002	100,0	0,0020	2,70	99,5	0,0020	2,70
0,003	100,0	0,0030	2,52	99,5	0,0030	2,52
0,004	100,0	0,0040	2,40	99,4	0,0040	2,40
0,005	100,0	0,0050	2,30	99,4	0,0050	2,30
0,006	100,0	0,0060	2,22	99,4	0,0060	2,22
0,007	100,0	0,0070	2,15	99,3	0,0070	2,15
0,008	100,0	0,0080	2,10	99,3	0,0079	2,10
0,009	99,9	0,0090	2,05	99,3	0,0089	2,05
0,01	99,8	0,010	2,00	99,3	0,010	2,00
0,02	98,8	0,020	1,70	99,3	0.020	1,70
0,03	98,0	0,029	1,54	99,2	0,030	1,52
0,04	97,6	0,039	1,41	98,7	0,039	1,41
0,05	96,8	0,048	1,32	98,3	0,049	1,31
0,06	96,4	0,058	1,24	97,6	0,059	1,23
0,07	95,8	0,067	1,17	97,3	0,068	1,17
0,08	95,6	0,076	1,12	96,8	0,077	1,11
0,09	95,2	0,086	1,07	96,3	0,087	1,06

 Die Messung der Acidität und Alkalität.

Tabelle 5 (Fortsetzung).

Mole Säure im Liter	Salzsäure			Salpetersäure		
	% Ionisation	Mole H⁺ im Liter	p_H-Wert	% Ionisation	Mole H⁺ im Liter	p_H-Wert
0,1	94,8	0,095	1,02	96,0	0,096	1,02
0,2	92,0	0,184	0,74	92,9	0,186	0,73
0,3	90,1	0,270	0,57	90,7	0,272	0,57
0,4	88,7	0,355	0,45	89,4	0,358	0,45
0,5	87,5	0,438	0,36	87,9	0,439	0,36
0,6	86,5	0,519	0,28	—	—	—
0,7	84,7	0,593	0,23	—	—	—
0,8	83,3	0,666	0,18	—	—	—
0,9	81,5	0,734	0,13	—	—	—
1,0	79,6	0,796	0,10	84,8	0,848	0,07
2,0	69,3	1,386	—0,14	73,9	1,478	—0,17

Tabelle 6.

Mole Säure im Liter	Schwefelsäure[1]			Phosphorsäure[2]		
	% Ionisation	Mole H⁺ im Liter	p_H-Wert	% Ionisation	Mole H⁺ im Liter	p_H-Wert
0,001	97,7	0,0020	2,70	89,0	0,0009	3,05
0,002	94,7	0,0038	2,42	83,0	0,0017	2,77
0,003	90,5	0,0054	2,27	77,5	0,0023	2,64
0,004	88,0	0,0070	2,15	73,5	0,0029	2,54
0,005	85,9	0,0086	2,07	70,0	0,0035	2,46
0,006	84,2	0,0101	2,00	67,5	0,0041	2,39
0,007	82,7	0,0116	1,94	65,0	0,0046	2,34
0,008	81,8	0,0131	1,88	63,0	0,0050	2,30
0,009	80,5	0,0145	1,84	60,5	0,0054	2,27
0,01	79,6	0,016	1,80	59,0	0,006	2,23
0,02	73,1	0,029	1,54	47,5	0,010	2,00
0,03	69,4	0,042	1,38	42,0	0,013	1,89
0,04	66,8	0,053	1,28	38,0	0,015	1,82
0,05	64,8	0,065	1,19	35,0	0,018	1,74
0,06	63,5	0,076	1,12	33,0	0,020	1,70
0,07	62,4	0,087	1,06	31,0	0,022	1,66
0,08	61,7	0,099	1,00	30,0	0,024	1,62
0,09	61,1	0,110	0,96	28,5	0,026	1,58
0,1	60,7	0,121	0,92	27,5	0,028	1,55
0,2	57,6	0,230	0,64	22,8	0,046	1,34
0,3	56,0	0,336	0,47	20,7	0,062	1,21
0,4	54,7	0,438	0,36	19,8	0,079	1,10
0,5	53,6	0,536	0,27	19,0	0,095	1,02
0,6	52,9	0,635	0,20	18,8	0,113	0,95
0,7	52,0	0,728	0,14	18,0	0,126	0,90
0,8	51,4	0,822	0,09	17,9	0,143	0,84
0,9	50,9	0,916	0,04	17,7	0,159	0,80
1,0	50,7	1,014	—0,01	17,5	0,175	0,76
2,0	39,9	1,596	—0,20	16,1	0,322	0,49

[1] 100% Ionisation bedeutet vollständige Spaltung in H⁺, H⁺ und SO_4''.
[2] 100% Ionisation bedeutet vollständige Spaltung in H⁺ und H_2PO_4'.

Tabelle 7.

Mole Säure im Liter	Ameisensäure			Essigsäure		
	% Ionisation	Mole H^+ im Liter	p_H-Wert	% Ionisation	Mole H^+ im Liter	p_H-Wert
0,001	35,8	0,00036	3,44	12,8	0,00013	3,89
0,002	27,1	0,00054	3,27	9,2	0,00018	3,74
0,003	22,0	0,00066	3,18	7,5	0,00023	3,64
0,004	20,1	0,00080	3,10	6,6	0,00026	3,58
0,005	18,0	0,00090	3,05	5,9	0,00030	3,52
0,006	16,6	0,00100	3,00	5,4	0,00032	3,49
0,007	15,5	0,00109	2,96	5,0	0,00035	3,46
0,008	14,8	0,00118	2,93	4,7	0,00038	3,42
0,009	14,0	0,00126	2,90	4,4	0,00040	3,40
0,01	13,4	0,0013	2,87	4,2	0,00042	3,38
0,02	9,7	0,0019	2,72	3,0	0,00060	3,22
0,03	8,1	0,0024	2,62	2,4	0,00072	3,14
0,04	7,1	0,0028	2,55	2,1	0,00084	3,08
0,05	6,4	0,0032	2,49	1,9	0,00095	3,02
0,06	5,8	0,0035	2,46	1,7	0,00102	2,99
0,07	5,4	0,0038	2,42	1,55	0,00109	2,96
0,08	5,0	0,0040	2,40	1,5	0,00120	2,92
0,09	4,7	0,0042	2,38	1,4	0,00126	2,90
0,1	4,5	0,0045	2,35	1,3	0,00130	2,89
0,2	3,2	0,0064	2,19	0,9	0,00180	2,74
0,3	2,6	0,0078	2,11	0,7	0,00210	2,68
0,4	2,3	0,0092	2,04	0,6	0,00240	2,62
0,5	2,1	0,0105	1,98	0,57	0,00285	2,55
0,6	1,9	0,0114	1,94	0,50	0,00300	2,52
0,7	1,8	0,0126	1,90	0,45	0,00315	2,50
0,8	1,7	0,0136	1,87	0,42	0,00336	2,47
0,9	1,6	0,0144	1,84	0,40	0,00360	2,44
1,0	1,5	0,0150	1,82	0,37	0,00370	2,43
2,0	1,03	0,0206	1,69	0,30	0,00600	2,22

Tabelle 8.

Mole Säure im Liter	Gallussäure			Milchsäure		
	% Ionisation	Mole H^+ im Liter	p_H-Wert	% Ionisation	Mole H^+ im Liter	p_H-Wert
0,001	18,7	0,00019	3,72	30,9	0,00031	3,51
0,002	13,4	0,00027	3,57	23,0	0,00046	3,34
0,003	10,7	0,00032	3,49	18,7	0,00056	3,25
0,004	9,3	0,00037	3,43	16,7	0,00067	3,18
0,005	8,4	0,00042	3,38	15,1	0,00076	3,12
0,006	7,6	0,00046	3,34	13,9	0,00083	3,08
0,007	7,0	0,00049	3,31	12,9	0,00090	3,05
0,008	6,7	0,00054	3,27	12,2	0,00098	3,01
0,009	6,2	0,00056	3,25	11,5	0,00104	2,98
0,01	5,9	0,00059	3,23	11,0	0,00110	2,96
0,02	4,1	0,00082	3,09	8,0	0,00160	2,80
0,03	3,3	0,00099	3,00	6,6	0,00198	2,70
0,04	3,0	0,00120	2,92	5,8	0,00232	2,63
0,05	2,70	0,00135	2,87	5,2	0,00260	2,58
0,06	2,50	0,00150	2,82	4,8	0,00288	2,54

Tabelle 8 (Fortsetzung).

Mole Säure im Liter	Gallussäure			Milchsäure		
	% Ionisation	Mole H^+ im Liter	p_H-Wert	% Ionisation	Mole H^+ im Liter	p_H-Wert
0,07	2,30	0,00161	2,79	4,3	0,00301	2,52
0,08	2,20	0,00176	2,75	4,1	0,00328	2,48
0,09	2,05	0,00185	2,73	3,8	0,00342	2,47
0,1	1,98	0,0020	2,70	3,7	0,00370	2,43
0,2	1,40	0,0028	2,55	2,7	0,0054	2,27
0,3	1,15	0,0035	2,46	2,2	0,0066	2,18
0,4	1,00	0,0040	2,40	1,8	0,0072	2,14
0,5	0,89	0,0045	2,35	1,6	0,0080	2,10
0,6	0,80	0,0048	2,23	1,5	0,0090	2,05
0,7	0,74	0,0052	2,28	1,4	0,0098	2,01
0,8 ·	0,70	0,0056	2,25	1,3	0,0104	1,98
0,9	0,68	0,0061	2,21	1,2	-0,0108	1,97
1,0	0,63	0,0063	2,20	1,1	0,0110	1,96
2,0	—	—	—	0,8	0,0160	1,80

Tabelle 9.

Mole Säure im Liter	Buttersäure			Borsäure[1]		
	% Ionisation	Mole H^+ im Liter	p_H-Wert	% Ionisation	Mole H^+ im Liter	p_H-Wert
0,001	11,4	0,00011	3,96	0,080	0,0000008	6,10
0,002	8,3	0,00017	3,77	—	—	—
0,003	6,8	0,00020	3,70	—	—	—
0,004	6,0	0,00024	3,62	—	—	—
0,005	5,4	0,00027	3,57	—	—	—
0,006	4,9	0,00029	3,54	—	—	—
0,007	4,55	0,00032	3,49	—	—	—
0,008	4,3	0,00034	3,47	—	—	—
0,009	3,95	0,00036	3,44	—	—	—
0,01	3,8	0,00038	3,42	0,026	0,0000026	5,58
0,02	2,7	0,00054	3,27	—	—	—
0,03	2,2	0,00066	3,18	—	—	—
0,04	1,95	0,00078	3,11	—	—	—
0,05	1,7	0,00085	3,07	—	—	—
0,06	1,6	0,00096	3,02	—	—	—
0,07	1,4	0,00098	3,01	—	—	—
0,08	1,35	0,00108	2,97	—	—	—
0,09	1,25	0,00113	2,95	—	—	—
0,1	1,2	0,00120	2,92	0,008	0,0000080	5,10
0,2	0,86	0,00172	2,76	—	—	—
0,3	0,70	0,00210	2,68	—	—	—
0,4	0,60	0,00240	2,62	—	—	—
0,5	0,54	0,00270	2,57	—	—	—
0,6	0,49	0,00294	2,53	—	—	—
0,7	0,43	0,00301	2,52	—	—	—
0,8	0,41	0,00328	2,48	0,003	0,0000240	4,62
0,9	0,40	0,00360	2,44	—	—	—
1,0	0,39	0,00390	2,40	—	—	—
2,0	0,27	0,00540	2,27	—	—	—

[1] 100% Ionisation bedeutet vollständige Spaltung in H^+ und H_2BO_3'.

Tabelle 10.

Mole Säure im Liter	Weinsäure[1]			Citronensäure[2]		
	% Ioni-sation	Mole H^+ im Liter	p_H-Wert	% Ioni-sation	Mole H^+ im Liter	p_H-Wert
0,001	65,3	0,0007	3,15	60,2	0,0006	3,22
0,002	51,0	0,0010	3,00	47,4	0,0009	3,05
0,003	43,0	0,0013	2,89	39,8	0,0012	2,92
0,004	39,0	0,0016	2,80	36,0	0,0014	2,85
0,005	35,5	0,0018	2,74	33,1	0,0017	2,77
0,006	33,0	0,0020	2,70	30,8	0,0018	2,74
0,007	31,0	0,0022	2,66	28,9	0,0020	2,70
0,008	30,0	0,0024	2,62	27,6	0,0022	2,66
0,009	28,0	0,0025	2,60	25,9	0,0023	2,64
0,01	27,0	0,0027	2,57	26,0	0,0025	2,60
0,02	19,5	0,0039	2,41	18,3	0,0037	2,43
0,03	16,5	0,0050	2,30	15,5	0,0047	2,33
0,04	14,5	0,0058	2,24	13,8	0,0055	2,26
0,05	13,1	0,0066	2,18	12,5	0,0063	2,20
0,06	12,2	0,0073	2,14	11,5	0,0069	2,16
0,07	11,4	0,0080	2,10	10,7	0,0075	1,12
0,08	10,9	0,0087	2,06	10,1	0,0081	2,09
0,09	10,2	0,0092	2,04	9,5	0,0086	2,07
0,1	9,9	0,010	2,00	9,1	0,009	2,04
0,2	7,1	0,014	1,85	6,1	0,012	1,92
0,3	5,7	0,017	1,77	4,7	0,014	1,85
0,4	4,9	0,020	1,70	4,0	0,016	1,80
0,5	4,2	0,021	1,68	3,5	0,018	1,74
0,6	3,7	0,022	1,66	3,1	0,019	1,72
0,7	3,5	0,025	1,60	3,0	0,021	1,68
0,8	3,2	0,026	1,58	2,9	0,023	1,64
0,9	3,0	0,027	1,57	2,8	0,025	1,60
1,0	2,9	0,029	1,54	2,7	0,027	1,57
2,0	2,1	0,042	1,38	1,8	0,036	1,44

[1] 100% Ionisation bedeutet vollständige Spaltung in H^+ und $HC_4H_4O_6{}'$.
[2] 100% Ionisation bedeutet vollständige Spaltung in H^+ und $H_2C_6H_5O_7{}'$.

Tabelle 11.

Mole Säure im Liter	Oxalsäure[1]			Salicylsäure		
	% Ioni-sation	Mole H^+ im Liter	p_H-Wert	% Ioni-sation	Mole H^+ im Liter	p_H-Wert
0,001	—	—	—	62,0	0,0006	3,22
0,002	—	—	—	51,0	0,0010	3,00
0,003	—	—	—	44,5	0,0013	2,89
0,004	95,0	0,0038	2,42	40,0	0,0016	2,80
0,005	93,0	0,0047	2,33	37,0	0,0019	2,72
0,006	91,5	0,0055	2,26	34,5	0,0021	2,68
0,007	90,0	0,0063	2,20	32,0	0,0022	2,66
0,008	89,0	0,0071	2,15	30,5	0,0024	2,62
0,009	88,0	0,0079	2,10	29,0	0,0026	2,58
0,010	87,0	0,0087	2,06	27,7	0,0028	2,55
0,0167	—	—	—	24,0	0,0040	2,40
0,020	79,0	0,0158	1,80	—	—	—
0,030	73,5	0,0221	1,66	—	—	—

[1] 100% Ionisation bedeutet vollständige Spaltung in H^+ und $HC_2O_4{}'$.

Tabelle 12.

Mole Base im Liter	Kaliumhydroxyd			Natriumhydroxyd		
	% Ionisation	Mole OH' im Liter	p_H-Wert	% Ionisation	Mole OH' im Liter	p_H-Wert
0,001	100,0	0,001	11,00	100,0	0,001	11,00
0,002	100,0	0,002	11,30	100,0	0,002	11,30
0,003	100,0	0,003	11,48	100,0	0,003	11,48
0,004	100,0	0,004	11,60	100,0	0,004	11,60
0,005	100,0	0,005	11,70	100,0	0,005	11,70
0,006	100,0	0,006	11,78	100,0	0,006	11,78
0,007	100,0	0,007	11,85	100,0	0,007	11,85
0,008	100,0	0,008	11,90	99,9	0,008	11,90
0,009	99,9	0,009	11,95	99,7	0,009	11,95
0,01	99,9	0,010	12,00	99,5	0,010	12,00
0,02	99,3	0,020	12,30	97,9	0,020	12,30
0,03	98,7	0,030	12,48	96,8	0,029	12,46
0,04	97,9	0,039	12,59	96,0	0,038	12,58
0,05	97,3	0,049	12,69	95,3	0,048	12,68
0,06	96,7	0,058	12,76	94,7	0,057	12,76
0,07	96,2	0,067	12,83	94,1	0,066	12,82
0,08	95,8	0,077	12,89	93,7	0,075	12,88
0,09	95,3	0,086	12,93	93,2	0,084	12,92
0,1	95,0	0,095	12,98	92,9	0,093	12,97
0,2	92,2	0,184	13,26	89,8	0,180	13,26
0,3	90,1	0,270	13,43	87,0	0,261	13,42
0,4	88,8	0,355	13,55	85,3	0,341	13,53
0,5	87,6	0,438	13,64	83,5	0,418	13,62
0,6	86,3	0,518	13,71	81,9	0,491	13,69
0,7	85,0	0,595	13,77	80,4	0,563	13,75
0,8	84,3	0,674	13,83	79,2	0,634	13,80
0,9	82,8	0,745	13,87	77,7	0,699	13,84
1,0	81,9	0,819	13,91	76,6	0,766	13,88
2,0	66,3	1,326	14,12	57,0	1,140	14,06

Tabelle 13.

Mole Base im Liter	Ammoniumhydroxyd			Bariumhydroxyd[1]		
	% Ionisation	Mole OH' im Liter	p_H-Wert	% Ionisation	Mole OH' im Liter	p_H-Wert
0,001	12,52	0,00013	10,11	96,0	0,0010	11,00
0,002	8,99	0,00018	10,26	95,0	0,0019	11,28
0,003	7,44	0,00022	10,34	94,0	0,0028	11,45
0,004	6,48	0,00026	10,42	93,0	0,0037	11,57
0,005	5,82	0,00029	10,46	92,0	0,0046	11,66
0,006	5,33	0,00032	10,51	91,3	0,0055	11,74
0,007	4,93	0,00035	10,54	91,0	0,006	11,78
0,008	4,62	0,00037	10,57	90,5	0,007	11,85
0,009	4,37	0,00039	10,59	90,0	0,008	11,90
0,01	4,15	0,00042	10,62	88,4	0,009	11,95
0,02	2,96	0,00059	10,77	86,0	0,017	12,23

[1] 100% Ionisation bedeutet vollständige Spaltung in $BaOH^+$ und OH^+.

Anmerkung: Werden Werte für Calciumhydroxyd benötigt, so können die Werte für Bariumhydroxyd verwandt werden.

Tabelle 13 (Fortsetzung).

Mole Base im Liter	Ammoniumhydroxyd			Bariumhydroxyd		
	% Ioni-sation	Mole OH' im Liter	p_H-Wert	% Ioni-sation	Mole OH' im Liter	p_H-Wert
0,03	2,42	0,00073	10,86	82,8	0,025	12,40
0,04	2,12	0,00085	10,93	81,0	0,032	12,51
0,05	1,88	0,00094	10,97	80,0	0,040	12,60
0,06	1,72	0,00103	11,01	—	—	—
0,07	1,59	0,00111	11,05	—	—	—
0,08	1,49	0,00119	11,08	—	—	—
0,09	1,40	0,00126	11,10	—	—	—
0,1	1,33	0,00133	11,12	—	—	—
0,2	0,94	0,00188	11,27	—	—	—
0,3	0,77	0,00231	11,36	—	—	—
0,4	0,67	0,00268	11,43	—	—	—
0,5	0,60	0,00300	11,48	—	—	—
0,6	0,55	0,00330	11,52	—	—	—
0,7	0,50	0,00350	11,54	—	—	—
0,8	0,47	0,00376	11,58	—	—	—
0,9	0,45	0,00405	11,61	—	—	—
1,0	0,42	0,00420	11,62	—	—	—
2,0	0,30	0,00600	11,78	—	—	—

o) Der Einfluß eines Salzzusatzes.

Die in den Tabellen angegebenen Werte gelten für reine Säuren-oder Basenlösungen. Messungen mit der Wasserstoffelektrode zeigen, daß die Zugabe von Natriumchlorid oder anderen neutralen Chloriden die Wasserstoffionenkonzentration von Säuren erhöht (7, 10, 26, 29), ebenso auch die Hydroxylionenkonzentration von Basen (10). Neutrale Sulfate dagegen verringern die Wasserstoffionenkonzentration von Säuren.

Thomas und Baldwin (30) konnten den entgegengesetzten Einfluß von Chlor- und Sulfationen auf Lösungen von Schwefelsäure und Salzsäure zeigen. Die Ergebnisse ihrer Untersuchungen für n/10 Säuren sind in Abb. 45 und 46 wiedergegeben. In jedem Falle wurde eine Säurelösung mit einer Salzlösung vermischt und so auf 100 ccm verdünnt, daß die Säurekonzentration 0,1 normal war, während die Salzkonzentration variiert wurde. Die Wasserstoffionenkonzentration der Lösungen wurde nach zweitägigem Stehen mit der Wasserstoffelektrode gemessen.

Ordnet man die Chloride nach ihrer Fähigkeit, die Wasserstoffionenkonzentration zu erhöhen, so erhält man folgende Reihe:

$$KCl = NH_4Cl < NaCl < LiCl < BaCl_2 < MgCl_2.$$

Dieselbe Reihenfolge gilt für die Hydratationsfähigkeit dieser Salze, wobei unter Hydratation die Zahl der sich mit den Kationen bei unendlicher Verdünnung verbindenden Wassermoleküle zu verstehen ist. Poma (26) fand, daß die Wasserstoffionenkonzentration von Salzsäurelösungen durch Chloride in folgender Reihenfolge erhöht wird:

$$RbCl < KCl < LiCl < CaCl_2 < MgCl_2.$$

Beim Ausbau der Arbeit von Thomas und Baldwin zeigte Wilson (32), daß ihre Resultate folgende Eigentümlichkeit besitzen: wertet

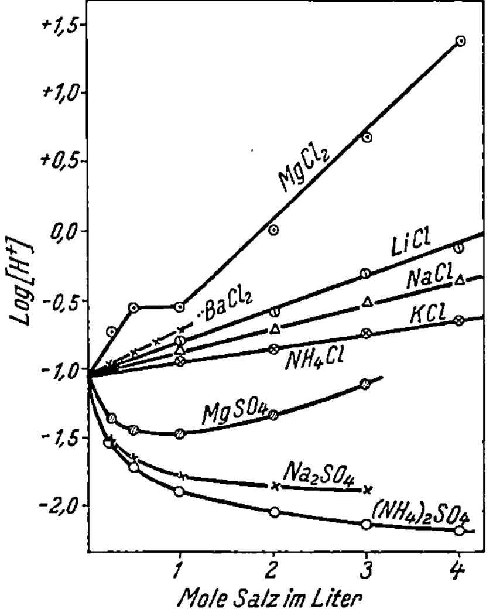

Abb. 45. Einfluß der Konzentration verschiedener Salze auf die Wasserstoffionenkonzentration einer n/10 HCl-Lösung.

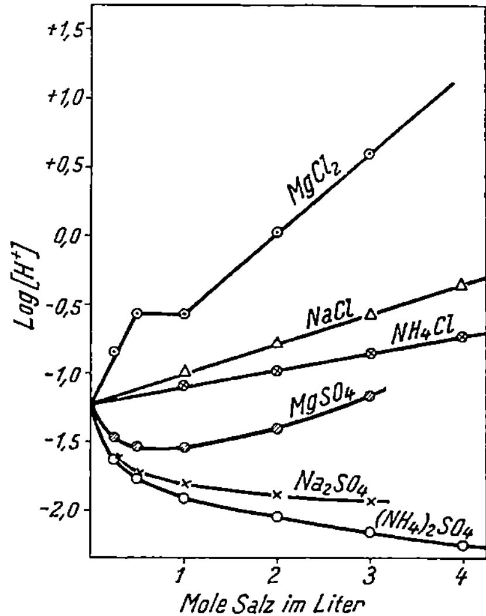

Abb. 46. Einfluß der Konzentration verschiedener Salze auf die Wasserstoffionenkonzentration einer n/10 H₂SO₄-Lösung.

man den Logarithmus der Wasserstoffionenkonzentration gegen die Konzentration des zugefügten Salzes aus, so erhält man bei Alkalichloriden gerade Linien von der allgemeinen Formel:

$$\log [\text{H}^+] = \log a + b\,m,$$

wobei b eine Konstante, a die Wasserstoffionenkonzentration der Lösung bei Abwesenheit von Salz und $[\text{H}^+]$ die Wasserstoffionenkonzentration bei Gegenwart von m Molen Salz im Liter ist.

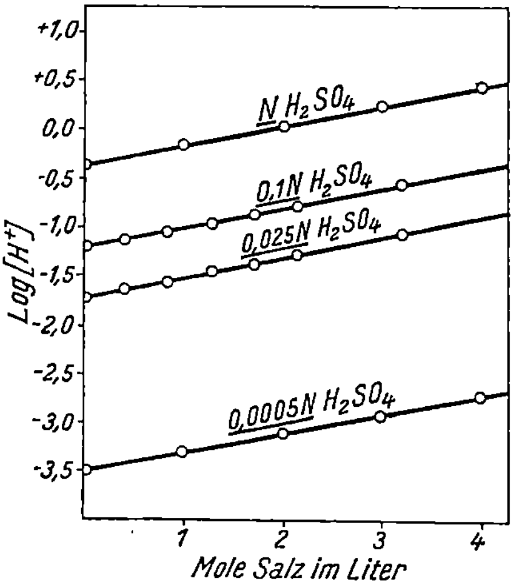

Es zeigte sich, daß diese Beziehung von der Stärke der Säure unabhängig ist, der Wert b ist allein von der Art des zugefügten Salzes abhängig. Abb. 47 zeigt den Einfluß des Zusatzes von Kochsalz zu verschiedenen Schwefelsäurekonzentrationen. Die Kurven sind nicht nur gerade Linien, sondern haben auch alle den gleichen Neigungswinkel. Der Durchschnittswert von b betrug 0,205. — Der Zusatz von 4 Molen Kochsalz pro Liter erhöht die Wasserstoffionenkonzentration einer 0,1 nor-

Abb. 47. Einfluß der Konzentration an Natriumchlorid auf die Wasserstoffionenkonzentration verschieden starker H₂SO₄-Lösungen.

malen Salzsäurelösung auf 0,44 Mol im Liter. Dies läßt sich nur durch die Annahme erklären, daß drei Viertel des vorhandenen Wassers nicht mehr als Lösungsmittel fungieren. Nach der Hydratationstheorie nimmt man an, daß die Wassermoleküle sich mit dem Salz verbinden.

Wenn die Erhöhung der Wasserstoffionenkonzentration auf der Entfernung von Wasser durch Kochsalz beruht, so muß es möglich sein, aus der Messung der Wasserstoffionenkonzentration den Hydratationsgrad eines Salzes bei irgendeiner Konzentration zu bestimmen. Man kommt dann zu folgender Ableitung: nach der oben angeführten Gleichung ist $\log([\text{H}^+]/a) = bm$. Nun ist $[\text{H}^+]a$ der Faktor, der die Änderung der Säurekonzentration bestimmt, wenn man m Mole Salz zum Liter zufügt. Es sei nun w die Gesamtzahl der freien oder mit Salz gebundenen Wassermoleküle, in einem Liter einer Lösung mit m Molen Salz. Die Mole freien Wassers sind dann $wa/[\text{H}^+]$ und die an ein Mol Salz gebundenen $(w/m \times (1 - a/[\text{H}^+])$. Bezeichnet man den letzten Ausdruck mit h, so ist

$$h = w\,(1 - 10^{-bm})/m.$$

Aus dieser Gleichung kann man die Hydratationswerte für jede Salzkonzentration errechnen. Bei unendlicher Verdünnung des Salzes vereinfacht sich der Ausdruck folgendermaßen:

$$\underset{m\,=\,0}{\text{Lim}} (1 - 10^{-bm})/m = 2{,}30\,b.$$

Nun ist bei unendlicher Verdünnung $w = 55{,}5$ und daher $h = 128\,b$. Die errechnete Zahl von Wassermolekülen, die sich mit einem Molekül Kochsalz bei unendlicher Verdünnung verbindet, würde also $128 \times 0{,}205$ oder 26,2 sein. Dieser Wert stimmt sehr gut mit dem Werte 26,5 überein, den Smith (27) mit Hilfe einer ganz anderen Meßmethode gefunden hat. Die Berechnungen des Hydratationsgrades von Kaliumchlorid, Ammoniumchlorid und Lithiumchlorid aus der Gleichung $h = 128\,b$ stimmen mit den entsprechenden Messungen von Smith überein.

Man hat also die Möglichkeit, die p_H-Änderung bei Zugabe eines neutralen Chorids zu einer Säurelösung zu berechnen. Nehmen wir an, I bedeute den p_H-Wert der Säurelösung ohne Salz, der den früher angegebenen Tabellen entnommen werden kann, F den p_H-Wert der Säurelösung nach Zugabe von m Molen Salz zum Liter und H die Zahl der Wassermoleküle, die sich bei unendlicher Verdünnung mit einem Molekül Salz verbinden, dann ist:

$$F = I - 0{,}0078\,H\,m.$$

Diese Gleichung stützt sich nicht nur auf die Gültigkeit der Theorie. Die Messungen von Thomas und Baldwin zeigen, daß sie beim Zusatz von Chloriden zu Schwefelsäure und Salzsäurelösungen benutzt werden kann, wenn man für H folgende Werte einsetzt:

Kaliumchlorid 15,	Lithiumchlord 35,
Ammoniumchlorid 15,	Bariumchlorid 50.
Natriumchlorid 26,	

Der Einfluß eines Zusatzes von Sulfaten auf die Wasserstoffionenkonzentration kann nicht auf die Hydratation zurückgeführt werden, da ein solcher Sulfatzusatz die Wasserstoffionenkonzentration von Säurelösungen erniedrigt. Er beruht wahrscheinlich auf der Bildung von Additionsverbindungen, die durch Hydratationsvorgänge noch kompliziert wird. Bezüglich der Wasserstoffionenkonzentration von Schwefel- und Salzsäure bei Gegenwart von Neutralsalzen sei auf die Arbeiten von Thomas und Baldwin verwiesen.

Über die Dissoziationsgrade einer Anzahl von Salzen findet man Angaben auf Seite 35 des kürzlich erschienenen Buches von Kraus (16).

p) Aktivität oder Konzentration.

Die Wirkung des Natriumchlorids, die Wasserstoffionenkonzentration gewisser Säurelösungen stärker zu erhöhen als der Gesamtkonzentration an Säure entspricht, läßt die Frage gerechtfertigt erscheinen, was verstehen wir unter Konzentration. Die Gesamtkonzentration an Säure wird in Molen pro Liter angegeben. Offenbar gibt bei Gegenwart von viel Kochsalz die elektrometrische Bestimmung nicht die Wasserstoffionenkonzentration in bezug auf das Gesamtvolumen der Lösung an, sondern in bezug auf das ungebundene Wasser bzw. den freien Raum zwischen den Molekülen. Lewis (18) hat deshalb an Stelle des Ausdrucks Konzentration den Ausdruck „Aktivität" vorgeschlagen, der einfacher und genauer umfaßt, was mit der elektrometrischen Methode bestimmt wird. In sogenannten idealen Lösungen ist die Aktivität einer wahren Lösung ihrer Konzentration direkt proportional, in konzentrierteren Lösungen dagegen wird die Beziehung durch Faktoren beeinflußt, die bisher noch nicht restlos aufgeklärt werden konnten, und der Ausdruck Aktivität entspricht auch hier mehr den Tatsachen als die Bezeichnung Konzentration.

Manche Chemiker ziehen es indessen vor, mit dem Begriff Konzentration an Stelle des abstrakten Begriffs Aktivität zu operieren. In der Annahme, daß dies allgemein beim Benutzer dieses Werkes der Fall ist, hat der Verfasser einen anderen Vorschlag als Ersatz für den Ausdruck Konzentration. Wenn wir schreiben $[H^+] = 1{,}5$, wollen wir nicht annehmen, daß ein Liter der Lösung 1,5 Mole Wasserstoff enthält, sondern daß die Lösung genau so wirkt, als ob sie 1,5 Mole Wasserstoff im Liter einer idealen Lösung enthielte. Beides ist nämlich grundsätzlich verschieden.

Die Anwendung des p_H-Begriffs hat den Vorzug, eine Unterscheidung zwischen Aktivität und Konzentration unnötig zu machen. Der p_H einer Lösung ist ein Maß ihrer Aktivität und die Aktivität ein Maß für das Verhalten einer Lösung in der Praxis.

q) p_H-Bereiche in der Gerberei.

Die Haut passiert in der Gerberei Lösungen von recht weit auseinanderliegenden p_H-Werten. Von der Äscherlösung mit einem p_H von 12,5 kommt sie in die Beizlösung mit einem p_H von 7,5, weiter in einen Pickel von p_H 1,5, dann in die Chrombrühe mit einem p_H-Wert zwischen 3 und 4 und schließlich in einen Fettlicker von p_H 9. Oder bei der vegetabilischen Gerbung kommt die Haut aus der Beizlösung in eine Gerbbrühe, deren p_H je nach der Gerbmethode zwischen 2,5 und 5,5 liegt. Trotzdem die Haut im Verlauf des ganzen Prozesses großen Schwankungen der p_H-Werte ausgesetzt ist, ist sie doch auch gegenüber kleinen Schwankungen des p_H innerhalb der einzelnen Prozesse empfindlich, es sei denn, daß irgendeine Änderung an einem Prozeß durch eine entsprechende bei einem anderen Prozeß ausgeglichen wird.

Literaturzusammenstellung.

1. Atkin, W. R. u. F. C. Thompson: The determination and control of acidity in tan liquors. J. Soc. Leather Trades Chem. 4, 143 (1920).
2. Biilmann, E.: The hydrogenation of quinone. Ann. Chim. 15, 109 (1921).
3. Biilmann, E.: The quinhydron electrode and its applications. Bull. Soc. de Chim. 41, 213 (1927).
4. Biilmann, E. u. H. Lund: The Quinhydronelectrode. Ann. Chim. 16, 321 (1921).
5. Clark, W. M.: The determination of hydrogen ions. second edition. Baltimore: Williams & Wilkins Co.
6. Fales, H. A. u. W. A. Mudge: The saturated potassium chlorid calomel cell. J. amer. Chem. Soc. 42, 2434 (1920).
7. Fales, H. A. u. J. M. Nelson: The effect of sodium chlorid upon the action of invertase. J. amer. chem. Soc. 37, 2769 (1915).
8. Granger, F. S. u. J. M. Nelson: Oxidation and reduction of hydroquinone and quinone from the standpoint of electromotive force measurements. J. amer. chem. Soc. 43, 1401 (1921).
9. Haber, F. u. Russ: Z. physik. Chem. 47, 294 (1904).
10. Harned, H. S.: The hydrogen- and hydroxyl-ion activities of solutions of hydrochloric acid, sodium and pottassium hydroxides in the presence of neutral salts. J. amer. chem. Soc. 37, 2460 (1915).
11. Hugonin, G.: The use of quinhydron electrodes for the measurement of the hydrogen-ion concentrations of tan liquors. Cuir Techn. 13, 385 (1924).
12. Jones, H. C.: Hydrates in aqueous solution. Carnegie Inst. Publ. Nr. 60, 93 (1907).
13. Kendall, J.: The properties of liquids as functions of the critical constants. Medd. K. Vetenskapsakad. Nobelinst. 2, 1 (1913).
14. Kendall, J.: The specific conductivity of pure water in equilibrium with atmospheric carbon dioxid. J. amer. chem. Soc. 38, 1480 (1916).
15. Kendall, J., J. E. Booge u. J. C. Andrews: Addition compound formation in aqueous solutions. The stability of hydrates and the determination of hydration in solution. J. amer. chem. Soc. 39, 2303 (1917).
16. Kraus, C. A.: The properties of electrically conducting systems. A. C. S. monograph. Chemical Catalog Co. New York 1922.
17. La Mer, V. K. u. T. R. Parsons: The application of the quinhydron electrode to electrometric acid-base titrations in the presence of air and the factors limiting its use iu alkaline solution. J. of biol. Chem. 47, 613 (1923).
18. Lewis, G. N. u. M. Randall: Thermodynamics and the free energy of chemical substances. New York: McGraw-Hill Book Co. 1923.
19. Lunden, H.: Hydrolysis of salts of weak acids and weak bases and its variation with temperature. J. Chim. physique 5, 574 (1907).
20. Michaelis, L.: Die Wasserstoffionenkonzentration. 2. Auflage. Berlin: Julius Springer 1922.
21. Morgan, J. L. R.: The elements of physical chemistry. New York: John Wiley & Sons 1908.

22. Noyes, A. A. u. G. W. Eastman: The electrical conductivity of aqueous
solutions. Carnegie Inst. Publ. Nr. 63, 268 (1907).
23. Noyes, A. A., Y. Kato u. R. B. Sosmann: Hydrolysis of ammonium acetate
and the ionization of water at high temperatures. J. amer. chem. Soc.
32, 159 (1910).
24. Ostwald, W.: Z. physik. Chem. 3, 170, 241 (1889).
25. Parker, H. C.: Progress of electrometric control methods in industry. Ind.
Eng. Chem. 19, 660 (1927).
26. Poma, G.: Z. physik. Chem. 88, 671 (1914).
27. Smith, G. McP.: A method for the calculation of the hydration of the ions
at infinite dilution. J. amer. chem. Soc. 37, 722 (1915).
28. Thomas, A. W.: Tabulation of hydrogen and hydroxyl-ion concentrations
of some acids and bases. J. Amer. Leather Chem. Assoc. 15, 133 (1920).
29. Thomas, A. W. u. M. E. Baldwin: The action of neutral salts upon chrome
liquors. J. Amer. Leather Chem. Assoc. 13, 248 (1918).
30. Thomas, A. W. u. M. E. Baldwin: Contrasting effects of chlorides and
sulfates on the hydrogen-ion concentrations of acid solutions. J. amer. chem.
Soc. 41, 1981 (1919).
31. Walden, P.: Z. physik. Chem. 10, 568 (1892).
32. Wilson, J. A.: Hydration as an explanation of the neutral salts effect. J.
amer. chem. Soc. 42, 715 (1920).
33. Wilson, J. A. u. E. J. Kern: Hydrogen electrode vessels for use with tannery
liquors. Ind. Eng. Chem. 17, 74 (1925).

5. Die physikalische Chemie der Proteine.

Eine der Hauptstützen der Gerbereichemie ist die physikalische
Chemie der Proteine. Noch bis vor kurzem war unser Wissen über die
chemischen Reaktionen der Proteine so lückenhaft, daß man es kaum
wagen konnte, die Vorgänge quantitativ zu behandeln. Viele wichtige
Reaktionen schienen bei den Proteinen nicht nach den wohlbegründeten
Gesetzen der physikalischen Chemie zu verlaufen, bis die Chemiker
feststellen mußten, daß sie den Reaktionsprozeß noch nicht voll erfaßt
hatten. Die anscheinend vorliegenden Abweichungen von den Gesetzen
rührten allein daher, daß im System noch Variable zugegen waren,
die man nicht erkannt und berücksichtigt hatte.

Einen großen Fortschritt in der quantitativen Entwicklung der
physikalischen Chemie der Proteine bedeutete die Donnansche Theorie
der Membrangleichgewichte (9, 10, 25). Procter (55) wandte sie auf
die Quellung von Gelatine an und Procter und Wilson (56) konnten
daraus eine quantitative Theorie der Quellung von Proteingallerten
entwickeln. In ausgedehnten Versuchsreihen hat Loeb (38) diese
Untersuchungen weiter ausgebaut und dabei den osmotischen Druck,
die Viskosität, die Stabilität und die Potentialdifferenzen in Proteinsystemen mit zur Auswertung herangezogen. Er konnte schließlich eine
allgemeine Theorie des kolloidalen Zustandes überhaupt entwickeln.
Sein wertvolles Buch ist als Nachschlagewerk für den Gerbereichemiker
von größter Wichtigkeit.

Auf Grund ihrer besonderen Wichtigkeit soll die Donnansche
Theorie in diesem Kapitel ausführlich abgehandelt werden. Vermag
sie auch nicht alle wichtigen Reaktionen der Proteine zu erklären, so
verhilft sie doch zum Verständnis gewisser Phänomene, die die Proteine

zeigen. Die Theorie hat ermöglicht, die Quellung von Proteingallerten, die Änderungen in der Viskosität von Gelatinelösungen, den osmotischen Druck, der in gewissen Proteinsystemen entsteht, die Potentialdifferenzen zwischen den verschiedenen Phasen eines Proteinsystems und die Stabilität gewisser Lösungen quantitativ zu erklären. Bei dem Aufsehen, das die Entwicklung dieser so wichtigen Theorie hervorrief, wurden auch falsche Vorstellungen über ihren Geltungsbereich verbreitet, und die Chemiker begannen auf Proteinreaktionen hinzuweisen, die nicht mit dieser Theorie erklärt werden konnten. Sie zeigten, daß bei vielen Reaktionen verschiedene Ionen gleicher Wertigkeit einen ganz verschiedenen Einfluß auf die Proteine hatten, während nach der Donnanschen Theorie Ionen gleicher Wertigkeit nicht durch verschiedene Wirkung in Erscheinung treten sollten. Die Theorie versucht aber nicht zu erklären, warum das Brom-Ion beim Lösen von Kollagen so viel wirksamer ist als das Chlor-Ion, ebensowenig wie sie irgendwelche anderen, nicht klar definierten Reaktionen zu erklären versucht.

a) Das Donnansche Membrangleichgewicht.

Diese Theorie behandelt das Gleichgewicht, das entsteht, wenn zwei Lösungen durch eine Membran getrennt werden, wobei die eine Lösung ein Ion enthält, das nicht durch die Membran hindurchdiffundieren kann in Gegensatz zu allen anderen im System vorliegenden Ionen. Als typisches Beispiel wählte Donnan die wässerige Lösung eines Salzes NaR, wie Kongorot, die in Kontakt mit einer Membran stand, welche für das Anion R' und das undissoziierte Salz undurchlässig, hingegen für Na^+ und andere Ionen durchlässig war.

<table>
<tr><td>$[Na^+] = a$
$[R'] = a$
Lösung I</td><td>$[Na^+] = a$
$[Cl'] = a$
Lösung II</td></tr>
</table>

Anfangszustand

<table>
<tr><td>$[Na^+] = a$
$[R'] = a$
$[Na^+] = a - b$
$[Cl'] = a - b$
Lösung I</td><td>$[Na^+] = b$
$[Cl'] = b$
Lösung II</td></tr>
</table>

Gleichgewichtszustand

Abb. 48. Darstellung eines einfachen Beispiels für das Donnansche Membrangleichgewicht.

In Abb. 48 ist ein sehr einfaches Beispiel angeführt, für welches die Ionenverhältnisse sofort nach Ansetzen des Versuchs und für den Gleichgewichtszustand wiedergegeben sind. Beim frisch angesetzten Versuch trennt die Membran zwei Lösungen von gleichem und konstantem Volumen; Lösung I enthält a Mole des vollkommen in seine Ionen zerfallenen NaR und Lösung II a Mole des ebenfalls vollkommen ionisierten NaCl. Die Membran läßt Na^+ und Cl' diffundieren, nicht aber R'. Da die Membran für R' undurchlässig ist, wird anfänglich jede Diffusion von Lösung *I* nach Lösung *II* verhindert, weil ja die Diffusion von Natriumionen unmittelbar kräftige elektrostatische Kräfte zur Folge haben würde, die jede weitere Diffusion verhinderten. Ein solcher Hinderungsgrund besteht aber bei der Diffusion der Natrium- und Chlorionen aus Lösung *I* nach Lösung *II* nicht.

Ist das Gleichgewicht schließlich erreicht, so ist die Konzentration der Natrium- und der Chlorionen in Lösung *II* geringer geworden, da ja ein Teil davon durch die Membran in die Lösung *I* diffundiert ist. Diese geringere Konzentration sei mit b bezeichnet. Hätte man der Lösung *I* kein NaR zugesetzt, so würde solange Natriumchlorid von Lösung *I* nach Lösung *II* diffundieren, bis die Konzentration zu beiden Seiten der Membran gleich geworden, d. h. $a - b = b = a/2$ wäre. Die Gegenwart des NaR macht aber die gleichmäßige Verteilung des Chlornatriums durch das gesamte System unmöglich und hat die als „Donnansches Membrangleichgewicht" bezeichnete Erscheinung zur Folge. Im Gleichgewichtszustand ist die Gesamtkonzentration an Natriumionen in der Lösung *I* $a + a - b$ oder $2a - b$. Die Konzentration der Chlorionen hingegen beträgt nur $a - b$. Anderseits haben die Natrium- und die Chlorionen in der Lösung *II* die gleiche Konzentration.

D o n n a n zeigte, wie die Beziehungen zwischen der Natriumchloridkonzentration in Lösung *I* und der in Lösung *II* im Gleichgewichtszustand durch ein System verhältnismäßig einfacher thermodynamischer Schlüsse zu berechnen sind. Hervorgehoben muß werden, daß die Berechnung unabhängig ist von den relativen Volumen der beiden Lösungen und von der anfänglichen Konzentration von NaR in der einen Lösung und dem Natriumchlorid in der anderen. Hat sich das Gleichgewicht eingestellt, so wird die freie Energie bei einer unendlich kleinen reversiblen Verschiebung bei konstanter Temperatur und bei konstantem Volumen gleichbleiben; mit anderen Worten: es wird keine Arbeit geleistet. Wir wollen hier jenen Vorgang betrachten, der sich beim Transport von dn Molen Na+ und Cl' von Lösung *II* nach Lösung *I* abspielt. Die geleistete Arbeit, die den Wert 0 annehmen muß, wird durch folgende Ausdrücke wiedergegeben:

$$dn \cdot RT \cdot \log_e \frac{[\text{Na}^+]_{II}}{[\text{Na}^+]_I} + dn \cdot RT \cdot \log_e \frac{[\text{Cl}']_{II}}{[\text{Cl}']_I} = 0 \,.$$

$$[\text{Na}^+]_{II} \times [\text{Cl}']_{II} = [\text{Na}^+]_I \times [\text{Cl}']_I \,.$$

(Die Werte in den eckigen Klammern bedeuten Mole pro Liter.)

Gleichgewicht ist nur dann vorhanden, wenn das Produkt der Ionenkonzentrationen von Na+ und Cl' auf beiden Seiten den gleichen Wert hat.

In dem in Abb. 48 gewählten einfachen Fall ergeben sich die Ionenprodukte:

$$(2a - b) \times (a - b) = b^2$$

ausgerechnet: $2a = 3b \,.$

Beim Gleichgewicht wird ein Drittel des Natriumchlorids nach Lösung *I* gewandert sein, die restlichen zwei Drittel sind in Lösung *II* verblieben, da jede weitere Diffusion durch die Gegenwart von NaR verhindert wird. Im Gleichgewichtszustand werden demnach die Ionenkonzentrationen folgende sein: in Lösung I gesamtes $[Na^+] = 4\,a/3$, $[R'] = a$ und $[Cl'] = a/3$; in Lösung II $[Na^+] = [Cl'] = 2\,a/3$.

Die thermodynamisch abgeleitete Gleichung gilt ganz allgemein und für alle Gleichgewichtszustände dieser Art. Sie ist von so fundamentaler Wichtigkeit für die quantitative Entwicklung der Gerbereichemie, daß jeder Zweifel an ihrer Gültigkeit von vornherein zunichte gemacht werden muß. Zur Ableitung dieser Gleichung braucht man aber gar nicht die Thermodynamik, da es verhältnismäßig leicht ist, sie sich auf einfachere Weise klar zu machen. Die Membran kann von wandernden Ionen nur paarweise, und zwar immer nur von zwei entgegengesetzt geladenen Ionen passiert werden, weil andernfalls starke elektrostatische Kräfte auftreten und jede weitere Diffusion verhindern würden. Trifft also ein einzelnes Natrium- oder ein einzelnes Chlorion auf die Membranwandung auf, so kann es nicht durch diese hindurchtreten. Da jedoch die Membran für beide durchlässig ist, so wird ein Ionenpaar mit entgegengesetzter Ladung, das gleichzeitig auf die Membranwandung auftrifft, ungehindert durch die Membran in die andere Lösung treten können. Die Menge der Ionen, die von der einen Lösung nach der anderen und umgekehrt wandern, hängt daher von der Häufigkeit ab, mit der sie zufällig paarweise gegen die Membranwandung stoßen; diese Häufigkeit wird durch das Produkt ihrer Konzentration gemessen. Im Gleichgewichtszustand ist die Geschwindigkeit, mit der die Na$^+$- und die Cl'-Ionen von Lösung II nach Lösung I wandern, gerade ebenso groß wie die Wanderungsgeschwindigkeit in der umgekehrten Richtung. Hieraus folgt, daß das Produkt der Ionenkonzentrationen in beiden Lösungen gleich sein muß.

Interessant ist die Komplikation, die durch Einführung eines weiteren Salzes, wie KBr, in das System entsteht. Stellt man die gleichen Überlegungen wie oben an, so wird man ohne weiteres einsehen, daß ein Gleichgewicht nur dann herrschen kann, wenn das Produkt $[K^+] \times [Br']$ in beiden Lösungen gleich ist. Das gleiche gilt auch für das Produkt $[K^+] \times [Cl']$ und $[Na^+] \times [Br']$. Wenn irgendeine Anzahl von Salzen, die in je zwei einwertige Ionen zerfallen, im System vorliegen, so ist das Produkt der Konzentration jedes möglichen Paares diffusibler, entgegengesetzt geladener Ionen tatsächlich in beiden Lösungen gleich.

Bei Einführung mehrwertiger Ionen in das System wird die Produktengleichung nur wenig komplizierter. Trifft ein mehrwertiges Ion auf die Membran, so kann es nur dann in die andere Lösung diffundieren, wenn zu gleicher Zeit eine äquivalente Zahl Ionen mit entgegengesetzter Ladung auf die Membran stößt. Die Diffusionsgeschwindigkeit irgendeines dissoziierten Salzes von einer Lösung in eine andere wird offenbar durch das Produkt aller Ionen bestimmt, die nötig sind, das undissoziierte Salz zu bilden. Für den Gleichgewichtszustand wird auch hier das Produkt für beide Lösungen denselben Wert haben. Enthält beispielsweise das System die Ionen Na$^+$ und SO$_4''$, so wird das Produkt

$[Na^+] \times [Na^+] \times [SO_4'']$ oder $[Na^+]^2 \times [SO_4'']$ in beiden Lösungen im Gleichgewichtszustand denselben Wert haben.

Da die Membran für das Anion R' undurchlässig ist, kommt eine ungleichartige Verteilung der Ionen in beiden Lösungen zustande. In Lösung II eines einfachen Systems, das nur die Salze NaR und NaCl enthält, möge sein:

$$x = [Na^+] = [Cl'];$$

in Lösung I sei

$$y = [Cl']$$

und

$$z = [R'].$$

Dann ist

$$[Na^+] = x + y.$$

Die Produktengleichung hat dann folgende Form:

$$x^2 = y(y + z).$$

Die linke Seite dieser Gleichung besteht aus einem Produkt gleicher Faktoren, die rechte Seite enthält ungleiche Faktoren. Einer einfachen mathematischen Überlegung zufolge ergibt sich, daß die Summe der ungleichen Faktoren größer sein muß als die Summe der gleichen. Man kann also folgende Ungleichung aufstellen:

$$2y + z > 2x.$$

Aus dieser Ungleichung folgt, daß die Konzentration diffusibler Ionen im Gleichgewichtszustand in Lösung I größer sein muß als in Lösung II. Zahlreiche experimentelle Befunde haben diese Tatsache bestätigt. Nennen wir den Überschuß an diffusiblen Ionen in Lösung I über die von Lösung II e, so ist:

$$2y + z = 2x + e.$$

Die verschiedene Verteilung der Ionen im Gleichgewichtszustand verursacht nicht nur eine Verschiedenheit des osmotischen Drucks, sondern auch eine Potentialdifferenz an der Membran. Donnan konnte für diese Potentialdifferenz aus folgenden thermodynamischen Überlegungen eine Gleichung ableiten.

In dem eben beschriebenen System möge π_I das positive Potential von Lösung I, π_{II} das von Lösung II bedeuten. Betrachten wir jetzt eine Verschiebung einer unendlich kleinen positiven Elektrizitätsmenge $F\,dn$ von Lösung II nach Lösung I. Bei dieser Abweichung des Systems vom Gleichgewichtszustand läßt sich die geleistete Arbeit folgendermaßen ausdrücken: Die Änderung der elektrischen Energiemenge beträgt $F\,dn\,(\pi_I - \pi_{II})$. Gleichzeitig müssen jedoch $p\,dn$ Mole Na$^+$ von Lösung II nach I und $q\,dn$ Mole Cl$'$ in entgegengesetzter Richtung wandern. Dabei bedeutet p und q die Zahl der gewanderten Ionen, deren Summe 1 sein muß. Das Maximum an osmotischer Arbeit, das bei dieser Ionenwanderung geleistet wird, kann durch folgenden Ausdruck wiedergegeben werden:

$$p\,dn\,R\,T \cdot \log_e \frac{[Na^+]_{II}}{[Na^+]_{I}} + q\,dn\,R\,T \cdot \log_e \frac{[Cl']_{I}}{[Cl']_{II}}.$$

Da aber das System im Gleichgewicht sein soll, muß die elektrische Arbeit gleich der osmotischen sein, also:

$$F\,dn\,(\pi_I - \pi_{II}) = p\,dn\,RT \cdot \log_e \frac{[\mathrm{Na^+}]_{II}}{[\mathrm{Na^+}]_I} + q\,dn\,RT \cdot \log_e \frac{[\mathrm{Cl'}]_I}{[\mathrm{Cl'}]_{II}} .$$

Nun ist aber:

$$\frac{[\mathrm{Na^+}]_{II}}{[\mathrm{Na^+}]_I} = \frac{[\mathrm{Cl'}]_I}{[\mathrm{Cl'}]_{II}} = \frac{x}{y} \qquad \text{und} \qquad p + q = 1;$$

weiter sei

$$\pi_I - \pi_{II} = E,$$

so ist

$$E = \frac{RT}{F} \log_e \frac{y}{x} \,\text{Volt}.$$

Die eben entwickelte Gleichung ist für die Theorie vieler Vorgänge in der Lederbereitung von grundlegendster Bedeutung.

Es läßt sich nun zeigen, daß diese Gleichung auch dann gültig ist, wenn Ionen anderer Wertigkeit dem System zugefügt werden. Nehmen wir den allgemeinsten Fall an, daß ein Salz mit dem Ion M^{a+} von der Wertigkeit a hinzukommt. Zufolge der obigen Ableitung beträgt die durch die ungleichartige Verteilung der Ionen des hinzugefügten Salzes in Lösung I und II hervorgerufene Potentialdifferenz

$$E = \frac{RT}{n\,F} \log_e \frac{[M^{a+}]_{II}}{[M^{a+}]_I} .$$

Hierbei ist $n = a$, gleich der Wertigkeit von M^{a+}. Aus der Produktengleichung folgt ferner

$$[M^{a+}]_I \times [\mathrm{Cl'}]^a_I = [M^{a+}]_{II} \times [\mathrm{Cl'}]^a_{II}$$

und

$$[\mathrm{Na^+}]^a_I \times [\mathrm{Cl'}]^a_I = [\mathrm{Na^+}]^a_{II} \times [\mathrm{Cl'}]^b_{II} .$$

Folglich ist

$$\frac{[M^{a+}]_{II}}{[M^{a+}]_I} = \frac{[\mathrm{Na^+}]^a_{II}}{[\mathrm{Na^+}]^a_I} = \frac{y^a}{x^a}$$

und

$$E = \frac{RT}{a\,F} \log_e \frac{y^a}{x^a} = \frac{RT}{F} \log_e \frac{y}{x} .$$

Im Gleichgewichtszustande bewirkt also die ungleichmäßige Verteilung der hinzugefügten Salze zwischen den beiden Lösungen genau die gleiche Potentialdifferenz wie die ungleiche Verteilung von Natriumchlorid. Obgleich die Zugabe irgendeines Salzes eine Änderung der gemessenen Potentialdifferenz zur Folge haben muß, da das Gleichgewicht dabei gestört wird, werden die gelösten Salze nach Erreichung des neuen Gleichgewichts ungeachtet ihrer Wertigkeit wieder die gleiche Potentialdifferenz hervorrufen. Man kann also die Potentialdifferenz aus der Beobachtung der Verteilung einer einzigen Ionenart zwischen den beiden Lösungen berechnen.

Die Kompliziertheit von Systemen obiger Art beruht auf der Tatsache, daß die Membran die Diffusion einer Ionenart von einer Phase in die andere verhindert. Ein ähnlicher Zustand entsteht überall dort, wo auch ohne Membran eine Ionenart in einem System daran gehindert wird, von einer Phase in die andere zu diffundieren. Offenbar gilt dies auch für jeden basischen Gerbvorgang. Die verschiedensten Gerbbrühen werden mit der Haut ins Gleichgewicht gebracht; hier wird nun die Diffusion von Protein-Ionen zwar nicht durch eine Membran, aber durch eigene Kohäsionskraft verhindert. Eine eingehende Erklärung dieser Vorgänge wird gelegentlich der Besprechung der Quellung von Proteinen erfolgen.

b) Die Quellung von Proteingelen.

Wird ein Streifen trockener Gelatine in Wasser gebracht, so quillt er durch Wasseraufnahme und vergrößert sein Volumen auf das Fünf- bis Zehnfache, je nach der Versuchstemperatur und der Herkunft der Gelatine. Mit zunehmender Säure- oder Alkalikonzentration nimmt auch die Quellung bis zu einem Maximum zu, um dann wieder abzunehmen. Die Eigenschaft, in wässerigen Lösungen zu quellen, scheint allen Proteinen gemeinsam zu sein, vorausgesetzt, daß man die Bedingungen so wählt, daß keine direkte Lösung eintreten kann. Säure- und Alkali- quellung werden im allgemeinen durch Zusatz von Neutralsalzen wie durch hinreichende Vergrößerung der Säure- oder Alkalikonzentration zurückgedrängt.

Auf der Suche nach einer rationellen Erklärung des Gerbungs- mechanismus wurde Procter immer von neuem darauf gebracht, zunächst eine Erklärung für die Quellung zu finden. Ihm gebührt der Ruhm, als erster die innige Verkettung der Theorie der Gerbung mit der Quellung erkannt zu haben. Er begann 1897 seine Untersuchun- gen (54) über die Quellung von Gelatine in Säure- und Salzlösungen; ihren Höhepunkt erreichten diese Arbeiten in der Procter-Wilsonschen Theorie der Quellung.

Procters allgemeine Methode war folgende: Streifen dünner ge- reinigter Knochengelatine wurden in Stücke von 1 g Trockengewicht zerschnitten. Jedes Stück wurde in eine Flasche mit eingeschliffenem Stopfen gebracht, die 100 ccm Salzsäure von bestimmter Konzentration enthielt. Nach 48 Stunden, die sich zur Einstellung des Gleichgewichts praktisch als ausreichend erwiesen hatten, wurde die Flüssigkeit ab- gegossen und mit n/1 Alkali titriert. Die Gelatineplatten würden schnell gewogen und aus der Gewichtszunahme das Volumen der absorbierten Lösung berechnet. Die gequollenen Gelatineplatten wurden wieder zurück in die Flaschen gebracht und mit soviel trockenem Kochsalz bedeckt, wie zur Sättigung der absorbierten Lösung nötig war. Die Gelatine zog sich infolgedessen wieder zusammen und gab die absor- bierte Lösung ab. Nach 24 Stunden hatte sich das neue Gleichgewicht eingestellt und die durch das Salz extrahierte Flüssigkeit wurde ab- gegossen und titriert, um die absorbiert gewesene Säuremenge zu be- stimmen. Ein kleiner Betrag der Lösung, etwa 1 ccm, wurde von dem Salz nicht mehr aus der Gelatine herausgezogen. Man nahm nun mit einer gewissen Annäherung an, daß der zurückgehaltene Teil die gleiche Konzentration freier Säure hätte wie der extrahierte Teil; diese Annahme ist allerdings nicht absolut richtig. Die Volumenvergrößerung infolge der Sättigung mit Kochsalz wurde entsprechend in Rechnung gesetzt. Man nahm weiterhin an, daß die noch bleibende Säure als Chlorid an die Gelatinebase gebunden war.

Löste man durch die Salzbehandlung entwässerte Gelatine in warmem Wasser auf und titrierte sie mit Alkali, so resultierte eine weitere Reihe Versuchsergebnisse. Durch Titration mit Methylorange erhielt man die freie Säure, mit Phenolphthalein den Gesamtsäuregehalt einschließlich der an die Gelatinebase gebundenen Säure des Gels. Die gebundene Säure ergab sich als Differenz der beiden Titrationswerte.

Aus Tabelle 14 und den Abb. 49 und 50 kann man die experimentell ermittelten Werte für das von der Gelatine absorbierte Volumen entnehmen, ferner die freie Säuremenge der äußeren Lösung, die freie Säuremenge in der Gallerte und die Säuremenge, die als Gelatinechlorid gebunden wurde. Diese Angaben sind der Abhandlung von Procter (55) über das Gleichgewicht von verdünnter Salzsäure und Gelatine entnommen worden. Beim Auswerten der Ergebnisse wurde die Konzentration des Gelatinechlorids als Differenz der freien und der gebundenen Säure in der Gallerte errechnet. Die berechneten Werte, die neben den experimentellen stehen, werden später im Zusammenhang mit der Theorie der Quellung besprochen werden.

c) Das Gleichgewicht zwischen Proteinen und Säure.

Procter erkannte, daß sich die Gelatine mit Chlorwasserstoffsäure zu einem hochdissoziiertem Chlorid verbindet, und ferner, daß das entstehende Gleichgewicht ein spezieller Fall des Donnanschen Gleichgewichts ist. Anstatt die Entwicklung der Theorie über die Schwellung von den ersten Procterschen Arbeiten bis zum heutigen Standpunkt zu beschreiben, ist es im Interesse der Einfachheit zweckmäßig, die Theorie so zu schildern, wie sie von Wilson und Wilson (73) deduktiv entwickelt worden ist. Sie unternahmen es, experimentell nachzuweisen, daß sich das Gleichgewicht gemäß den klassischen Gesetzen der physikalischen Chemie einstellt, unter der Annahme, daß Gelatine, oder irgendein anderes Protein mit Salzsäure ein leichtionisierbares Chlorid bildet. Die erfolgreiche Durchführung dieser Experimente mußte einen gut fundierten Beweis für die Richtigkeit der Theorie bilden.

Nehmen wir, um die Überlegung allgemein zu gestalten, an, daß das hypothetische Protein G in Wasser unlöslich, für Wasser und alle darin gelösten Salze durchlässig und elastisch sei und unter allen in Betracht kommenden Bedingungen dem Hookeschen Gesetz folge, und daß es sich chemisch mit den H-Ionen, nicht aber mit dem Anion der Säure HA verbinde, so daß folgende Gleichung gelte

$$[G] \times [H^+] = K[GH^+],\qquad(1)$$

d. h. mit anderen Worten, daß der Komplex GHA vollkommen in GH$^+$- und A$'$-Ionen gespalten sei.

Man denke sich ein Millimol G in eine wässerige Lösung der Säure HA gebracht. Die Lösung wird G durchdringen und G sich mit den

H+-Ionen der Säure fest verbinden und letztere damit der Lösung entziehen. Infolgedessen wird die Lösung innerhalb der Proteinsubstanz eine größere Konzentration an A′-Ionen als an H+-Ionen aufweisen. In dem Teil der Lösung, der nicht unmittelbar mit dem Proteingel in Berührung ist, müssen die Konzentrationen der A′- und der H+-Ionen notwendigerweise gleich sein. Die Lösung wird demnach in zwei Phasen zerlegt, eine innerhalb und eine außerhalb des Gels. Es wird sich schließlich ein Gleichgewicht zwischen den Ionen der beiden Phasen herausbilden.

Beim Gleichgewicht wird in der äußeren Phase sein

$$x = [\mathrm{H^+}] = [\mathrm{A'}].$$

In der Gelphase möge sein

$$y = [\mathrm{H^+}]$$

und

$$z = [\mathrm{GH^+}].$$

Hieraus folgt:

$$[\mathrm{A'}] = y + z.$$

Es sei daran erinnert, daß die eckigen Klammern Mole im Liter bedeuten.

Aus den gleichen Überlegungen wie bei den vorhin diskutierten Donnanschen Gleichgewicht folgt, daß das Produkt $[\mathrm{H^+}] \times [\mathrm{A'}]$ in beiden Phasen gleich sein muß, so daß folgende Beziehung entsteht:

$$x^2 = y\,(y + z). \tag{2}$$

Wie oben gezeigt wurde, folgt aus Gleichung (2):

$$2\,y + z > 2\,x$$

$$2\,y + z = 2\,x + e. \tag{3}$$

Hierbei bedeutet e wiederum den Überschuß diffusibler Ionen der Gelphase über die der umgebenden Phase. Kennt man zwei Variable, so kann man mit Hilfe der Gleichungen (2) und (3) die anderen daraus errechnen und erhält folgendes Gleichungssystem:

$$x = y + \sqrt{e\,y} = \sqrt{y^2 + y\,z} = (z^2 - e^2)/4\,e \tag{4}$$

$$y = (-z + \sqrt{z^2 + 4\,x^2})/2 = (2\,x + e - \sqrt{4\,e\,x + e^2})/2 = (z - e)^2/4\,e \tag{5}$$

$$z = (x^2 - y^2)/y = \sqrt{4\,e\,x + e^2} = e + 2\,\sqrt{e\,y} \tag{6}$$

$$e = (x - y)^2/y = z + 2\,y - 2\,\sqrt{y^2 + y\,z} = -\,2\,x + \sqrt{4\,x^2 + z^2}. \tag{7}$$

Da nun $[\mathrm{A'}]$ im Gel größer ist als in der umgebenden Lösung, werden die negativ geladenen Ionen des Kolloidkomplexes die Neigung haben, in die umgebende Lösung zu diffundieren. Dies ist jedoch nur möglich, wenn die daran hängenden Proteinkationen mitgeschleppt werden. Letztere werden jedoch durch Kohäsionskräfte, die das elastische Gel dem Zug nach außen entgegensetzt und dessen Maß e ist, aufgehoben. Wendet man jetzt das Hookesche Gesetz an, so ist

$$e = C\,V. \tag{8}$$

C bedeutet eine Konstante, die dem Elastizitätskoeffizienten des Gels entspricht, V ist die Volumenzunahme eines Millimols des Proteins in ccm.

Da wir ein Millimol G genommen haben, ist:

$$[\mathrm{G}] + [\mathrm{GH^+}] = 1/(V + a)$$
$$[\mathrm{G}] = 1/(V + a) - z \,. \tag{9}$$

Hierbei bedeutet a das Anfangsvolumen von 1 Millimol des Proteins.

Aus Gleichung (1) und (9) folgt:

$$z = y/(V + a)\,(K + y)\,. \tag{10}$$

Aus Gleichung (6) und (8) folgt:

$$z = C V + 2\sqrt{C V y} \tag{11}$$

Endlich folgt aus Gleichung (10) und (11)

$$(V + a)\,(K + y)\,(C V + 2\sqrt{C V y}) - y = 0 \,. \tag{12}$$

In dieser Gleichung sind nur noch die Variablen V und y.

Wenn die Moleküle oder Atome des Proteins nicht für alle in Betracht kommenden Ionen durchlässig sind, so sollte a nicht das anfängliche Gesamtvolumen des Proteingels darstellen, sondern nur den freien Zwischenraum in dem ursprünglichen trockenen Proteingel, durch den die Ionen hindurchtreten können. Für unser hypothetisches Protein wollen wir nun den Grenzfall annehmen, daß $a = 0$ ist. Benutzen wir als Protein Gelatine, so verursacht diese Annahme Fehler, die kleiner sind als die durch das Experiment veranlaßten, besonders in Anbetracht des Umstandes, daß V innerhalb des wichtigsten, praktisch in Betracht kommenden Quellungsbereiches sehr groß ist. Gleichung (12) nimmt dann folgende einfachere Gestalt an:

$$V\,(K + y)\,(C V + 2\sqrt{C V y} - y = 0 \,.$$

Kennt man die Konstanten K und C, so ist man in der Lage, das Gleichgewicht als nur von einer Variablen abhängig zu betrachten. Procter und Wilson (56) bestimmten den Wert $K = 0{,}00015$ für die von ihnen benutzte Gelatine. Sie fügten zu einer verdünnten Gelatinelösung nach und nach kleine Mengen n/1 Salzsäure und stellten jedesmal die Wasserstoffionenkonzentrationen fest. Der Wert $[\mathrm{GH^+}]$ aus Gleichung (1), d. i. die vom Protein gebundene Säuremenge, konnte als Differenz der H-Ionenkonzentrationen erhalten werden, die entsteht, wenn man das betreffende Säurequantum einmal in reines Wasser, ein zweitesmal in das entsprechende Volumen der Gelatinelösung brachte. Der Wert für K läßt sich dann leicht errechnen; man braucht nur ein Wertepaar von $[\mathrm{GH^+}]$ und $[\mathrm{H^+}]$ in Gleichung (1) einsetzen und nach K auflösen.

C ließ sich aus Gleichung (8) durch experimentelle Bestimmung von V und e feststellen. Es ist von der Temperatur und der Vorgeschichte der Gelatine abhängig und betrug bei der von Procter verwendeten Gelatine 0,0003 bei einer Versuchstemperatur von 18°.

Um die errechneten Werte für V mit der experimentell gefundenen Volumenzunahme für 1 g Gelatine vergleichen zu können, muß man das Äquivalentgewicht der Gelatine kennen. Ursprünglich betrachtete Procter die Gelatine als zweiwertige Base vom Molekulargewicht 839; spätere Arbeiten von Procter und Wilson führten dahin, Gelatine als einwertige Base mit einem Äquivalentgewicht von 768 aufzufassen. Diese Versuche wurden in Lösungen ausgeführt, die nicht sauer genug waren, um zu einer Zersetzung zu führen. 768 g Gelatine verbinden sich mit höchstens einem Mol Salzsäure. Die entstehende Verbindung hat den Charakter einer Verbindung von Salzsäure mit einer schwachen einwertigen Base. Für das Molekulargewicht der Gelatine hat man bisher noch keine überzeugenden Zahlen

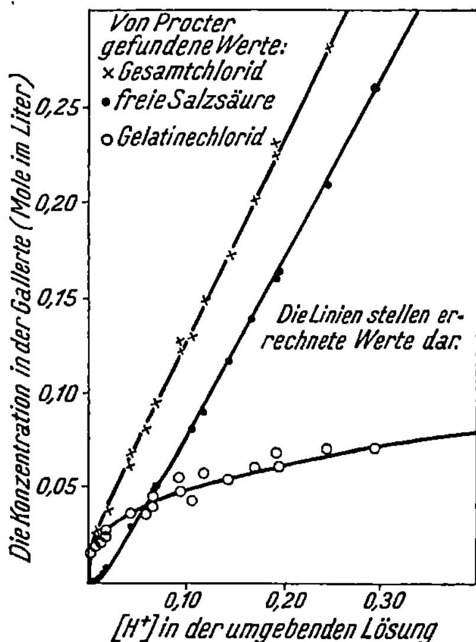

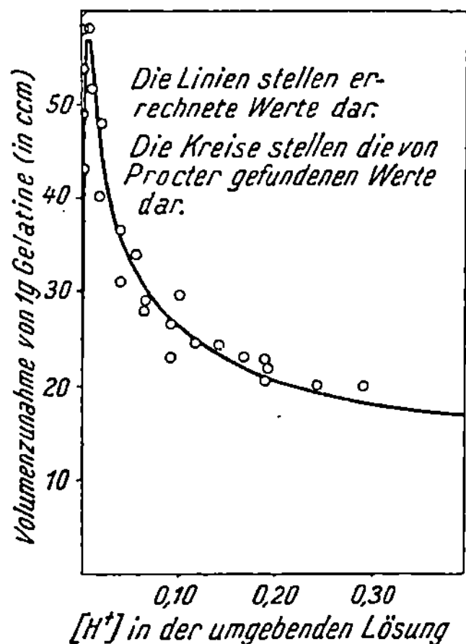

Abb. 49. Beobachtete und errechnete Werte für die Verteilung von Salzsäure im System Gelatine-Salzsäure-Wasser.

Abb. 50. Beobachtete und errechnete Werte für die Quellung von Gelatine in Abhängigkeit von der Salzsäurekonzentration.

auffinden können. Andererseits kann man sich fragen, ob eine solche Untersuchung überhaupt Zweck hat. Wir fassen eine Gelatinetafel als ein Netzwerk von Aminosäureketten auf, ohne daß sich Einzelmoleküle entdecken lassen, es sei denn, man faßt die ganze Gelatinetafel als Riesenmolekül auf.

Aus Gleichung (13) und aus den oben erwähnten Konstanten errechneten J. A. Wilson und W. H. Wilson für jene Versuchsreihen, die Procter durchgeführt hatte, alle Variablen, die für das Gleichgewicht Gelatine und Salzsäure ausschlaggebend sind. In Tabelle 14 sind die wichtigen Variablen zusammen mit Procters Befunden angeführt. Weiter sind Procters Befunde in den Abb. 49 und 50 graphisch wiedergegeben.

Die Übereinstimmung zwischen den beobachteten und errechneten Werten liegt vollständig innerhalb der durch die Versuchsfehler bedingten Grenzen. Procter und Wilson sehen hierin einen Beweis für die Richtigkeit ihrer Theorie. Weitere Übereinstimmung zwischen

Tabelle 14. Im Gleichgewicht.

An-fangs-[HCl]	[HCl] in der Lösung	V be-rechnet	Von 1 g Gelatine absorbierte Lösung in ccm		[HCl] in der Gallerte		[Gesamtchlorid] in der Gallerte	
			be-rechnet	ge-funden	be-rechnet	ge-funden	be-rechnet	ge-funden
0,006	0,0011	33,3	43,4	44,1	0,0001	0,0005	0,012	0,014
0,008	0,0018	37,5	48,8	48,7	0,0002	0,0004	0,014	0,015
0,010	0,0025	41,7	54,3	59,9	0,0004	0,0004	0,016	0,015
0,010	0,0028	42,7	55,6	58,4	0,0004	0,0004	0,017	0,015
0,010	0,0032	43,2	56,2	53,7	0,0005	0,0005	0,019	0,017
0,015	0,0073	40,8	53,1	57,9	0,002	0,002	0,024	0,020
0,015	0,0077	40,2	52,3	52,2	0,002	0,002	0,025	0,022
0,015	0,0120	37,5	48,8	51,9	0,005	0,006	0,031	0,027
0,020	0,0122	37,3	48,6	51,7	0,005	0,006	0,031	0,027
0,025	0,0170	34,5	44,9	40,4	0,008	0,009	0,036	0,037
0,025	0,0172	34,3	44,7	48,1	0,008	0,009	0,036	0,031
0,050	0,0406	26,7	34,8	36,4	0,026	0,030	0,063	0,061
0,050	0,0420	26,4	34,4	31,1	0,027	0,030	0,065	0,068
—	0,0576	24,0	31,2	34,0	0,041	0,043	0,082	0,079
0,075	0,0666	23,0	29,9	27,9	0,049	0,050	0,092	0.095
0,075	0,0680	22,8	29,7	29,1	0,050	0,053	0,094	0,092
0,100	0,0930	20,7	27,0	23,1	0,072	0,072	0,121	0,126
0,100	0,0944	20,5	26,7	26,4	0,073	0,072	0,122	0,121
—	0,1052	19,8	25,8	29,8	0,083	0,085	0,134	0,128
0,125	0,1180	18,9	24,6	24,4	0,095	0,090	0,148	0,148
0,150	0,1434	17,9	23,3	24,0	0,118	0,118	0,174	0,173
0,150	0,1435	17,9	23,3	24,2	0,118	0,118	0,174	0,172
0,175	0,1685	17,1	22,3	23,5	0,141	0,138	0,200	0,200
0,200	0,1925	16,3	21,2	20,6	0,164	0,161	0,225	0,229
0,200	0,1940	16,2	21,1	22,7	0,166	0,165	0,227	0,225
0,200	0,1945	16,2	21,1	22,1	0,167	0,164	0,228	0,226
0,250	0,2450	15,1	19,7	20,2	0,213	0,210	0,279	0,281
0,300	0,2950	14,0	18,2	20,0	0,261	0,260	0,332	0,332

Theorie und Praxis findet man in den ausgedehnten Untersuchungen von Loeb, von denen einige noch später beschrieben werden sollen. Es muß betont werden, daß bisher noch keine andere Theorie der Quellung das Stadium qualitativer Spekulation überschritten hat.

In Ergänzung der Arbeit von Procter und Wilson führte Hitchcock (19) eine Reihe sehr interessanter elektrometrischer Titrationen von Gelatinelösungen mit normaler Salzsäure aus. Er gab die Säure nach und nach zu und stellte dabei immer den p_H-Wert fest wie es Procter und Wilson bei der Bestimmung der Konstanten K getan hatten. Hitchcocks Wert für K ist 0,00024 für gereinigte Gelatine; er ist von der gleichen Größenordnung wie der Wert 0,00015 von .Procter und Wilson.

Hitchcock versuchte seine Ergebnisse auch zur Berechnung des Äquivalentgewichts von Gelatine zu benutzen. Er nahm an, daß die aus der Lösung verschwindende Säure sich mit der Gelatine verbindet und berechnete danach das Äquivalentgewicht der Gelatine zu 1120, ein Wert, der merklich höher liegt als der Wert 768 von Procter und

Wilson. Hitchcock ging indessen bei seinen Berechnungen davon aus, daß die von der Gelatine absorbierte Lösung die gleiche Konzentration in bezug auf freie Säure habe wie die die Gelatine umgebende Säure, deren p_H er elektrometrisch mit der Wasserstoffelektrode maß. Hingegen ist die von den Gelatineteilchen absorbierte Lösung in Wirklichkeit schwächer sauer als die umgebende Lösung. Die Menge der gebundenen Säure ist demnach höher als Hitchcock berechnete und der Wert für das Äquivalentgewicht der Gelatine muß entsprechend geringer sein als 1120. Die Methode von Procter und Wilson war zwar roher, doch war diese Fehlerquelle dabei vermieden. Sie titrierten sowohl die Säure in der umgebenden Lösung als auch in der Lösung, die sie mit Salz aus dem Gel selbst zurückgewonnen hatten. Die so gefundenen Mengen subtrahierten sie von der Gesamtmenge der dem System zugesetzten Säure und stellten so die Säuremenge fest, die sich mit der Gelatine verbunden hatte. Mit wachsender Säuremenge steigt auch die von der Gelatine gebundene Säure, bis der Grenzwert von ein Mol Säure pro 768 g Gelatine erreicht ist. Der Verfasser glaubt, daß der Wert 768 dem wirklichen Äquivalentgewicht der Gelatine näher kommt als der höhere Wert von Hitchcock.

Der gleichen Kritik, die hier gegen Hitchcocks Bestimmung des Äquivalentgewichts erhoben wurde, unterliegen auch die Methoden von Procter und Wilson und von Hitchcock zur Bestimmung des Wertes für K. Bei diesem Wert genügt aber schließlich schon die richtige Größenordnung.

Hitchcock (21) führte seine Arbeit weiter, indem er Versuche mit desamidierter Gelatine anstellte. Er gewann die desamidierte Gelatine ohne Erhitzen; sein Präparat enthielt auf ein Gramm 0,00040 Äquivalente Stickstoff weniger als die ursprüngliche Gelatine. Er maß dann das Säurebindungsvermögen der desamidierten Gelatine auf die gleiche Weise, wie zuvor für die unbehandelte Gelatine. Das maximale Bindungsvermögen der Gelatine für Salzsäure bestimmte er mit 0,00089 Grammäquivalenten auf das Gramm Gelatine, für die desamidierte Gelatine nur mit 0,00044 Grammäquivalenten. Die Differenz zwischen diesen beiden Höchstwerten für das Bindungsvermögen, 0,00045, entspricht praktisch dem Stickstoffverlust bei der Desamidierung. Sollte mit dieser Bestimmungsmethode für das Säurebindungsvermögen irgendein Fehler verbunden sein, so würde dieser Fehler durch die Subtraktion teilweise eliminiert, da er ja bei beiden Bestimmungen auftreten würde und die Differenz ist vom Verfahren verhältnismäßig unabhängig. Augenscheinlich verliert das Protein für jedes bei der Desamidierung abgegebene Stickstoffatom die Fähigkeit, ein Wasserstoffatom zu binden. Dies bestätigt streng die Theorie, daß die Bindung der Proteine mit Säure eine chemische Bindung ist. Das der desamidierten Gelatine noch verbliebene Bindungsvermögen für Salzsäure ist mutmaßlich den NH-Gruppen zuzuschreiben, die durch salpetrige Säure nicht angegriffen werden.

Loebel (40) verfolgte diese Arbeit weiter und zeigte, daß die Hydroxylgruppen, die bei der Desamidierung an Stelle der Aminogruppen getreten sind, sauren Charakter haben. Eine solche desamidierte Gelatine hat zu Alkalien eine größere Affinität als die ursprüngliche Gelatine, und zwar wächst das Bindungsvermögen zu Alkali proportional der Abnahme des Stickstoffgehalts.

Gortner (15) stellte eine Reihe Versuche über das Bindungsvermögen einer großen Zahl Proteine für Säuren und Alkalien an und benutzte dazu eine ähnliche Methode wie Hitchcock. In verhältnismäßig verdünnten Lösungen, d. h. Lösungen mit p_H-Werten zwischen 2,5 und 10,5 liegt wahrscheinlich eine chemische Verbindung zwischen Säure bzw. Alkali und dem Protein vor, die abhängig ist von der chemischen Zusammensetzung des Proteins. Bei höheren Konzentrationen an Säure oder Alkali scheinen alle Proteine äquivalente Mengen aus der Lösung aufzunehmen. Der Logarithmus der aufgenommenen Säure- oder Alkalimenge aufgetragen gegen den Logarithmus der ursprünglichen Säure- oder Alkalikonzentration oder gegen den endlichen p_H-Wert scheint eine gerade Linie zu bilden. Es ist indessen sehr schwierig, in konzentrierten Lösungen zuverlässige Werte zu bekommen, da ja die Proteine in derartigen Lösungen bereits hydrolysiert werden.

Zweifellos ist die einfache Verbindung der Proteine mit Säure oder Alkali nicht die einzige Reaktion in diesen sehr konzentrierten Lösungen. Die oben gegebenen einfachen quantitativen Beziehungen stellen nur

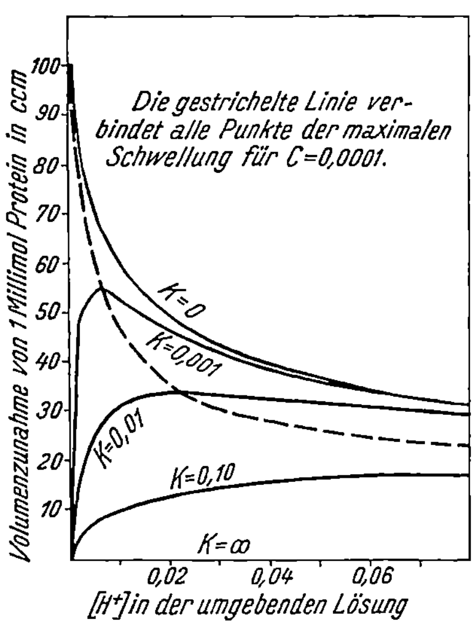

Abb. 51. Quellungskurven von Proteinen gleichen Elastizitätsmoduls, aber verschiedenen Werten für die Hydrolysenkonstanten.

die Hauptfaktoren für verdünnte Säurelösungen dar. Die Wirkung sowohl konzentrierter Salzlösungen wie auch konzentrierter Säure- und Alkalilösungen auf Proteine ist noch nicht klargelegt, obschon sie für die Gerbereichemie, wie später gezeigt wird, sehr wichtig ist. Aus Kapitel 7 wird hervorgehen, daß gewisse Neutralsalze in konzentrierter Lösung mit Kollagen mehr nach der speziellen Natur der vorliegenden Ionen als nach der Wertigkeit der Ionen zu reagieren scheinen.

Proteine, die sich in kaltem Wasser nicht lösen, verhalten sich in bezug auf die Quellung ähnlich wie Gelatine. Sie haben natürlich andere Werte für die Konstanten K und C und für das Äquivalentgewicht. Es ist interessant auf Grund der Theorie zu diskutieren, wie sich eine Änderung der Konstanten bei Ablauf des Quellungsvorgangs äußern würde. Aus der Gleichung $V = e/C$ folgt, daß eine Zunahme von C eine Abnahme der Quellung bedingen würde. Der Einfluß einer Änderung von K, der Hydrolysenkonstanten des Proteins, bei konstantem C ist aus Abb. 51 ersichtlich.

Für $K = 0$ liegt die maximale Quellung bei $x = 0$ und hat den Wert $1/\sqrt{C}$. Mit zunehmendem K nimmt der Wert für die maximale Quellung ab und liegt bei steigenden Werten von x. Bei $K = \infty$ hat der Punkt der maximalen Quellung den Wert 0 und liegt bei $x = \infty$.

d) Der Einfluß mehrbasischer Säuren.

Nach der Theorie sollten alle einbasischen Säuren bei gleicher Wasserstoffionenkonzentration und sonst gleichen Bedingungen Gelatine in den gleichen Quellungszustand versetzen. Dabei wird vorausgesetzt, daß die gebildeten Gelatinesalze praktisch vollkommen in Ionen gespalten sind, und die Säure nicht hydrolysierend auf die Gelatine einwirkt. Früher glaubte man, daß die verschiedenen einbasischen Säuren eine ganz verschieden starke Schwellung bei Gelatine hervorrufen und sie sollten dabei dem Gesetz der Hofmeisterschen Ionenreihen folgen. Loeb und Kunitz (39) konnten jedoch nachweisen, daß bei den älteren Arbeiten die Wasserstoffionenkonzentration außer acht gelassen war. Die verschieden starke Wirkung äquivalenter Säurelösungen ist lediglich durch die Unterschiede in ihren p_H-Werten bedingt. Bei dem gleichen Wert x rufen alle einbasischen Säuren praktisch die gleiche Quellung hervor, ebenso auch mehrbasische Säuren wie Phosphorsäure und Oxalsäure bei Konzentrationen, bei denen sie als einbasische Säuren reagieren. Loeb wollte nicht, wie viele spätere Autoren angenommen zu haben scheinen, behaupten, daß die Hofmeistersche Reihe bei Proteinreaktionen keine Rolle spielt; er bewies nur, daß die Hofmeistersche Reihe zur Erklärung solcher Erscheinungen, die vollkommen durch die Regeln des Donnanschen Gleichgewichts bestimmt sind, nicht in Frage kommt. Loeb wurde hierin oft mißverstanden und man kritisierte dabei Behauptungen, die er nie aufgestellt hat.

Der Quellungsgrad der Proteine in mehrbasischen Säuren läßt sich nicht so einfach berechnen wie für einbasische Säurelösungen. Nehmen wir an, daß das Protein G sich mit den H-Ionen und nicht mit den Anionen der mehrbasischen Säure H_aA verbindet. Möge die Konzentration der mehrwertigen Anionen der umgebenden Lösung beim Gleichgewicht x, die der Anionen des Gelatinesalzes z und die Konzentration der Anionen innerhalb der Gallerte $y + z$ sein, so folgt:

$$x^{a+1} = y^a (y + z).$$

Bei Untersuchung der Gleichung finden wir:

$$(a + 1) x < (a + 1) y + z$$

oder

$$(a + 1) x + e = (a + 1) y + z.$$

Die Gesamtkonzentration der diffusiblen Ionen innerhalb der Gallerte ist größer als in der umgebenden Lösung, und zwar um einen gewissen Betrag e, der der Quellung direkt proportional ist. Es ist leicht einzusehen, wenn x vom Wert 0 an über alle Maßen wächst, e und damit der

Quellungsgrad bis zu einem Maximum ansteigen wird, um dann abzunehmen und sich dem Werte 0 immer mehr zu nähern. Dies liegt daran, daß z nicht über den Wert der Gesamtkonzentration der Gelatine wachsen kann. Bei $x = 0$ sind auch die Werte y und e gleich 0. Nähert sich $x = \infty$, so nimmt die Gleichung folgende Form an:

$$x^{a+1} = y^{a+1}$$

und es wird:
$$(a + 1)\, x + e = (a + 1)\, y\,.$$

Hieraus folgt, daß $x = y$ und $e = 0$ sein muß.

Jene mehrbasischen Säuren, die sich mit Gelatine verbinden, werden eine geringere Quellung hervorrufen als die einbasischen Säuren, weil, wie Loeb zeigen konnte, sich weniger Anionen mit dem Äquivalentgewicht des Proteins verbinden. Bei äquivalenten Mengen Gelatinesulfat und Gelatinechlorid finden sich beispielsweise nur halb so viel SO_4- als Cl-Ionen. Bei sehr kleinen Werten für x sollte man daher erwarten, daß bei gleicher H-Ionenkonzentration Schwefelsäure nur die Hälfte der Quellung von Salzsäure hervorruft; dies ist in der Tat der Fall.

e) Die Herabsetzung der Quellung durch Neutralsalze.

Die Theorie liefert auch eine quantitative Berechnung für die hemmende Wirkung von Neutralsalzen bei der Säurequellung von Proteinen. In dem oben beschriebenen System denke man sich zur Lösung der Säure HA, in die das Protein G gebracht wurde, das Neutralsalz MN hinzugefügt, von dem sowohl das Kation als auch das Anion einwertig sein soll und dessen Ionen sich nicht mit der Gelatine verbinden. Im Gleichgewicht möge die Konzentration von M$^+$ in der äußeren Lösung u und in der Gallerte v sein. Aus der allgemeinen Produktengleichung folgt, daß das Produkt

$$([H^+] + [M^+]) \times ([A'] + [N'])$$

in beiden Phasen gleich sein muß, oder daß

$$(x + u)^2 = (y + v)\,(x + v + z)$$

sein muß, woraus folgt:

$$e = 2\,(y + v) + z + 2\,(x + u)\,.$$

Aus beiden Gleichungen ergibt sich:

$$e = -\,1\,(x + u) + \sqrt{4\,(x + u)^2 + z^2}\,.$$

Wenn nun der Wert von $x + u$ bei konstantem z zunimmt, muß der Wert von e und damit die Quellung abnehmen. Der Zusatz von MN vergößert nur u und drückt die Quellung herab, da z nur insofern vergrößert wird, als eine Verkleinerung des Gallertevolumens eintritt.

Wichtig ist die Feststellung, daß die Hemmung der Quellung durch Salze nicht von einem Rückgang der Ionisation des Proteinsalzes abhängt. Die Wirkung des Salzes äußert sich darin, daß der Wert e, das Maß für die Quellung, verkleinert wird. In einigen Fällen ist eine

Zurückdrängung der Dissoziation bis zu einem gewissen Grad möglich; diese Tatsache würde die quellungshindernde Wirkung nur noch unterstützen. Für Gelatinechlorid ergaben Messungen mit der Kalomelelektrode, daß die Quellung erheblich zurückgeht, bevor sich eine Zurückdrängung der Ionisation des Gelatinechlorids bemerkbar macht.

f) Das Gleichgewicht zwischen Proteinen und Alkali.

Proteine sind amphotere Substanzen und reagieren als solche sowohl mit schwachen Säuren wie auch mit schwachen Basen. In dieser Hinsicht haben sie die Eigenschaften der Aminosäuren, aus denen sie ja aufgebaut sind, beibehalten. Wässerige Aminoessigsäure kann sowohl positive als auch negative, als auch beide Ladungen zugleich tragen, je nachdem sie als Säure oder Base oder nach beiden Richtungen zugleich reagiert.

$$H^+ + 'OOC \cdot CH_2 \cdot NH_2 \cdot HOH = HOOC \cdot CH_2 \cdot NH_2 \cdot HOH$$
$$= HOOC \cdot CH_2 \cdot NH_2 \cdot H^+ + OH'.$$

Die Dissoziationskonstante eines Proteins kann, wenn das Protein als Säure reagiert, folgendermaßen formuliert werden:

$$[H^+] \times [G'] = K_a [GH].$$

Nun ist aber

$$[H^+] \times [OH'] = K_w \qquad oder \qquad [H^+] = K_w/[OH'];$$

hieraus folgt:

$$[GH] \times [OH'] = k [G'], \qquad wobei \quad k = K_w/K_a.$$

Die letztere Gleichung entspricht ihrem Wesen nach der im Anfang dieses Kapitels angeführten Gleichung (1), nur ist $[H^+]$ durch $[OH']$ ersetzt. Augenscheinlich müssen daher Proteine in Lösungen von steigender Alkalikonzentration sich ähnlich verhalten wie in Säurelösungen, wenigstens solange sie außer der Salzbildung keiner weiteren chemischen Veränderung unterliegen. In der Tat quillt Gelatine in einer Alkalilösung und weist bei einer Konzentration von 0,004 Mol Hydroxylionen im Liter ein Maximum auf; darüber nimmt die Quellung wieder ab. In saurer Lösung liegt die maximale Quellung bei einer Konzentration von 0,004 Mol Wasserstoffionen im Liter.

Der Einfluß der Wertigkeit in alkalischen Lösungen ist dem in sauren Lösungen ähnlich. Loeb fand, daß die zweiwertigen Basen Calciumhydroxyd und Bariumhydroxyd maximale Quellungen hervorrufen, die nur halb so groß sind wie die einwertigen Basen. Bei konstantem p_H-Wert ist der Grad der Quellung mehr durch die Wertigkeit der Ionen, die eine dem Protein entgegengesetzte Ladung zeigen, bestimmt, als durch die spezifische Natur der Ionen.

In alkalischer Lösung ist das Protein negativ geladen, in saurer dagegen positiv. Läßt man die H-Ionenkonzentration einer ursprünglich alkalischen Lösung, in der das Protein zunächst negativ geladen ist, immer mehr wachsen, so muß schließlich ein Zustand eintreten, bei dem das Protein elektrisch neutral wird. Dann trägt das Protein die gleiche Zahl positiver und negativer Ladungen. Die Wasserstoffkonzentration in diesem Zustande nennt man nach Hardy (16) den isoelektrischen Punkt des Proteins. Der isoelektrische Punkt für Gelatine wurde von Michaelis und Grineff (47) bei dem p_H-Wert 4,7 aufgefunden und von Loeb und anderen Forschern bei Wiederholung des Versuchs bestätigt.

Nach der Theorie über die Verbindung von Säuren mit Gelatine sollte die Entfernung von basischen Aminogruppen aus dem Gelatinemolekül den Wert für den isoelektrischen Punkt erniedrigen. Tatsächlich konnte Hitchcock (21) feststellen, daß der isoelektrische Punkt der Gelatine durch Desamidierung vom p_H-Wert 4,7 auf 4,0 fiel.

Thomas und Kelly (67) bestimmten den isoelektrischen Punkt von Kollagen oder vielmehr Hautpulver mit Hilfe von sauren und basischen Farbstoffen. Bestimmte Mengen Hautpulver wurden zunächst mit Lösungen verschiedener p_H-Werte durchtränkt, dann mit Lösungen von basischem Fuchsin oder Martiusgelb behandelt. Schließlich wurde das Hautpulver mit Lösungen von gleichen p_H-Werten wie zu Beginn des Versuchs gewaschen. Fuchsin färbte das Hautpulver nur bei p_H-Werten tief, die größer als 5 waren, Martiusgelb bei Werten unter 5. Der isoelektrische Punkt von Kollagen liegt demnach bei dem p_H-Wert 5.

Porter (52) konnte beobachten, daß Hautpulver bei dem p_H-Wert 4,8 ein Minimum der Quellung aufweist. Damit war gleichzeitig ge-

Tabelle 15. Isoelektrischer Punkt verschiedener Proteine.

Protein	p_H-Wert	Literaturzitat
Kollagen	5,0	52, 67
	5,1, 7,6	71
Desamidiertes Kollagen	4,0, 8,3	64
Gelatine	4,7	28, 47
	4,7, 7,7	18, 72
Desamidierte Gelatine	4,0	21
	4,0, 7,3	40
Wolle	3,5	44
Seidenfibroin	4,2	44
Serumalbumin	4,7	46
Serumglobulin	5,4	58
Eier-Albumin (Hühnerei)	4,8	63
Denaturiertes Serum-Albumin	5,4	46
Oxyhämoglobin	6,7	50
Kohlenmonoxyd-Hämoglobin	6,8	45
Reduziertes Hämoglobin	6,8	45
Stroma-Globulin von roten Blutkörperchen	5,0	46, 50
Rote Blutkörperchen	4,6	7
Proteine aus Hefe (Globuline)	4,6	12
Gliadin	9,2	58
Edestin	5,6	48
Tuberin (Kartoffel)	4,0	6
Rüben-Proteine	4,0	6
Tomaten-Proteine	5,0	6
Nucleinsäuren	2,0	46

funden, daß auch der isoelektrische Punkt bei diesem p_H liegen muß. Porter zeigte noch, daß das Maximum der Quellung von Hautpulver in saurer Lösung bei p_H 2,4, in alkalischer Lösung bei p_H 12,3 liegt.

Thomas und Kelly stellten aus der Literatur eine Reihe von isoelektrischen Punkten für verschiedene Proteine zusammen, die in Tabelle 15 wiedergegeben sind.

g) Zwei Formen von Kollagen und Gelatine.

Quantitative Versuche über Alkaliquellung sind deshalb schwierig, weil Gelatine die Neigung hat, in Lösung zu gehen. Diese Neigung ist bei Gelatine, die in Säure gequollen ist, bei weitem nicht so ausgeprägt. Aus neueren experimentellen Untersuchungen geht hervor, daß die Gelatine und einige andere Proteine ihren Aufbau in alkalischen Lösungen ändern. Lloyd (26) konnte an einer in alkalischem Medium gelösten Gelatine eine bezeichnende Veränderung nachweisen. Ein Vergleich von in Alkali gelöster Gelatine mit in Säure gelöster Gelatine wurde folgendermaßen angestellt:

2 g Gelatine wurden in eine Flasche mit 200 ccm n/10 Salzsäure gebracht. Nach sechstägigem Stehen bei 20° C war die Gelatine vollständig aufgelöst. Hierauf wurden 20 ccm n/1 Natronlauge hinzugefügt, worauf die Lösung gegen Lackmus neutral reagierte. Beim Zufügen von 220 ccm gesättigter Ammoniumsulfatlösung entstand ein weißer flockiger Niederschlag, der abfiltriert wurde. Das Filtrat wies keine Eiweißreaktionen mehr auf. Der Niederschlag, der in kaltem Wasser unlöslich war, wurde mehrere Male gewaschen, dann in 2 ccm kochendem Wasser gelöst. Beim Abkühlen bildete sich eine Gallerte. Zur Kontrolle wurden 2 g Gelatine in 220 ccm Wasser, die 1,12 g Natriumchlorid enthielten, in ebensolcher Weise behandelt.

Zum Vergleich wurden 2 g Gelatine in eine Flasche mit 200 ccm n/10 Natriumhydroxyd gebracht. Als nach zweitägigem Stehen bei 20° die Gelatine vollständig gelöst war, wurden 20 ccm n/1 Chlorwasserstoffsäure hinzugefügt, worauf die Lösung sich gegen Lackmus neutral erwies. Auch hier veranlaßte die Zugabe von 220 ccm gesättigter Ammoniumsulfatlösung einen weißen flockigen Niederschlag, der abfiltriert wurde. Wie beim anderen Versuch erwies sich das Filtrat auch hier proteinfrei. Diesmal jedoch löste sich der Niederschlag vollkommen und schnell in einem kleinen Volumen kalten Wassers. Selbst bei Reduzierung des Volumens auf 2 ccm wurde keine Gallerte erhalten.

Lloyd nahm an, daß die Gelatine in alkalischer Lösung aus einer Ketoform in eine Enolform übergeht. Die Gelatine, die sich aus saurer Lösung wiedergewinnen ließ und gelatinierungsfähig war, wurde als Ketoform, die aus alkalischer Lösung wiedergewonnene, die jede Gelatinierungsfähigkeit verloren hatte, als Enolform angesprochen. Die Annahme Lloyds, daß die Enolisierung in alkalischer Lösung irreversibel sei, ist durch ihre Versuche nicht bewiesen. Im Laboratorium des Verfassers sind folgende ergänzende Versuche durchgeführt worden: Kern fügte zu Gelatine, die in einer heißen Natriumhydroxydlösung gelöst war, so lange Chlorwasserstoffsäure, bis der p_H-Wert 4,7 betrug. Er benutzte zur Messung der [H'] die Wasserstoffelektrode. Beim Abkühlen bildete sich eine feste Gallerte, womit bewiesen war, daß der Vorgang reversibel ist. Die Untersuchungen von Lloyd zeigen nur, daß durch Zugabe der vorher benutzten Alkalimenge äquivalenten Salzsäuremenge, also durch Neutralisation, die Reversion noch nicht erfolgt.

Bei Untersuchung der Schwellung von Kalbshaut als Funktion der H-Ionenkonzentration fanden Wilson und Gallun (71) zwei Minima, eines bei p_H 5,1, das andere bei p_H 7,6. Diese Arbeit wird im 10. Kapitel beschrieben werden. Bei weiterer Untersuchung dieser Tatsache fanden Wilson und Kern (72), daß bei der Quellung von Gelatine in Pufferlösungen ebenfalls zwei Minima auftreten, und zwar bei den p_H-Werten 4,7 und 7,7. In folgendem wird ihre Arbeitsweise wiedergegeben.

Es wurde eine Reihe von Pufferlösungen mit verschiedenen p_H-Werten hergestellt. Die Lösungen bestanden aus n/10 Phosphorsäure mit wechselnden Mengen Natronlauge, je nach dem erwünschten p_H-Wert. Letzterer wurde mit der Wasserstoffelektrode bei 20° C bestimmt. Der untersuchte p_H-Bereich umfaßte die Werte zwischen 3 und 12. Je 200 ccm der Pufferlösungen wurden in Stopfenflaschen im Thermostaten auf 7° C gebracht. In diese Lösungen brachte man dann je einen schmalen Streifen einer hochwertigen Gelatine, dessen Gewicht vorher bestimmt worden war. Dabei war darauf gesehen worden, daß alle Streifen möglichst gleich ausfielen. Die Streifen blieben 4 Tage lang bei einer Temperatur von 7° C in den Lösungen, wurden dann herausgenommen, vorsichtig abgetupft und gewogen. Tabelle 16 gibt einer Übersicht über die Gewichtszunahme der Gelatine pro Gramm Trockengewicht und die p_H-Werte für die Pufferlösungen vor Beginn und nach Abschluß des Versuchs. Abb. 52 veranschaulicht den Schwellungsgrad als Funktion des p_H-Werts.

Tabelle 16. Die Quellung von Gelatine in Phosphatpufferlösungen
in 4 Tagen bei 7° C.

p_H-Werte der Pufferlösung bei 20° C		Gewichtszunahme von 1 g trockener Gelatine in g	p_H-Werte der Pufferlösung bei 20° C		Gewichtszunahme von 1 g trockener Gelatine in g
Anfangswert	Endwert		Anfangswert	Endwert	
2,90	2,92	13,20	6,96	6,94	8,31
3,50	3,50	9,49	7,08	7,10	8,25
3,96	4,01	7,72	7,41	7,37	8,03
4,14	4,17	6,91	7,68	7,62	7,62
4,47	4,59	6,68	7,97	7,89	8,39
4,78	4,86	6,20	8,42	8,36	8,59
5,08	5,12	7,02	8,56	8,48	8,60
5,29	5,38	7,13	9,03	8,96	8,78
5,57	5,61	7,22	9,57	9,51	8,91
5,78	5,80	7,56	10,00	9,96	8,98
6,04	6,08	7,80	10,47	10,41	9,24
6,29	6,29	7,83	11,06	10,98	9,55
6,48	6,49	8,02	11,52	11,48	9,95
6,69	6,70	8,29	12,00	11,95	10,73

Wilson und Kern nahmen an, daß es sich um zwei Formen der Gelatine handelt, die durch zwei Quellungsminima in den entsprechenden isoelektrischen Punkten gekennzeichnet sind, wie sie auch Lloyd gefunden hatte. Es lassen sich zahlreiche Beispiele aus der Literatur anführen, die für diese Ansicht sprechen.

Abb. 52. Die beiden Schwellungsminima von Gelatine.

Wegen der offensichtlichen Wichtigkeit dieser Beobachtung und der geringen bestätigenden Tatsachen wurde die Frage laut, ob die Beobachtung nicht durch irgendwelche Unreinheit des benutzten Gelatinepräparats oder der Pufferlösung hervorgerufen sei. Darum wiederholten Wilson und Kern (72) ihre Versuche mit einem von Dr. Sheppard zur Verfügung gestellten aschefreien isoelektrischen Gelatinepräparat, das nach der Methode Sheppard, Sweet und Benedict (61) gewonnen war. Sie benutzten eine noch stärker verdünnte Pufferlösung und unterzogen ihre früheren Beobachtungen einer genauen Nachprüfung.

Es wurde festgestellt, daß durch das Phosphat der Pufferlösung ein variabler Faktor in das System eingeführt wird, der das Versuchsergebnis veranlaßt haben könnte. Versuche, das Experiment unter Ausschaltung von Pufferlösungen durchzuführen, erbrachten keine befriedigenden Ergebnisse, da es zu schwierig war, das System bei p_H-Werten um 8 in das Gleichgewicht zu bringen. Indessen kam die Bestätigung der Beobachtung

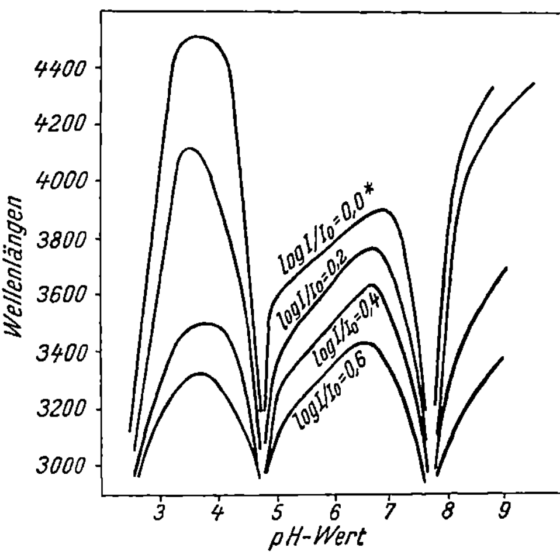

Abb. 53. Wellenlängen für bestimmte Bruchteile des Lichts, das von Gelatinelösungen absorbiert wird, als Funktion des p_H-Werts.

* I_0 = Intensität des einfallenden Lichts; I = Intensität des Lichts nach Verlassen der Gelatinelösung.

von Wilson und Kern ohne die Benutzung von Pufferlösungen auf einem ganz unerwarteten Wege. Higley und Mathews (18) maßen unter Benutzung einer spektrophotometrischen Methode die Lichtabsorption von Gelatinelösungen in ihrer Abhängigkeit vom p_H-Wert. Zu ihren Bestimmungen gebrauchten sie einprozentige Lösungen eines hochwertigen Gelatinepräparats, denen vorher zur Erlangung der erwünschten p_H-Werte die entsprechenden Mengen Chlorwasserstoffsäure bzw. Natriumhydroxyd zugesetzt worden waren. Die p_H-Messungen wurden mit der Wasserstoffelektrode ausgeführt. Die Wellenlängen bestimmter Bruchteile des absorbierten Lichts sind in Abb. 53 aufgetragen. Die Bruchteile sind 0,6, 0,4, 0,2 und 0,0 (= durchsichtig). Der scharfe Abfall der Banden gegen das Ultraviolett bei $p_\mathrm{H} = 4{,}7$ und $p_\mathrm{H} = 7{,}7$ entspricht genau dem Abfall bei den gleichen p_H-Werten in der Schwellungskurve (Abb. 52) von Wilson und Kern.

Bei Untersuchung der Mutarotation von Gelatine fand Smith (62) zwei Formen von verschiedenem Drehungsvermögen. Die eine Form, die bei Temperaturen über 35° stabil ist, weist eine spezifische Drehung von $[\alpha]_\mathrm{D} = -141°$ auf und wird von ihm als Solform bezeichnet; die andere Form, die Gelform, ist unterhalb 15° stabil und ist durch eine spezifische Drehung von $[\alpha]_\mathrm{D} = -313°$ gekennzeichnet. Bei den dazwischen liegenden Temperaturen befinden sich diese beiden Formen in einem Gleichgewichtszustand. Im Gegensatz zu der Solform weist die Gelform die Fähigkeit zu gelatinieren auf. Smith konnte errechnen, daß von der Gelform in 100 ccm 0,6 — 1,0 g vorhanden sein müssen, damit Gelatinierung eintreten kann.

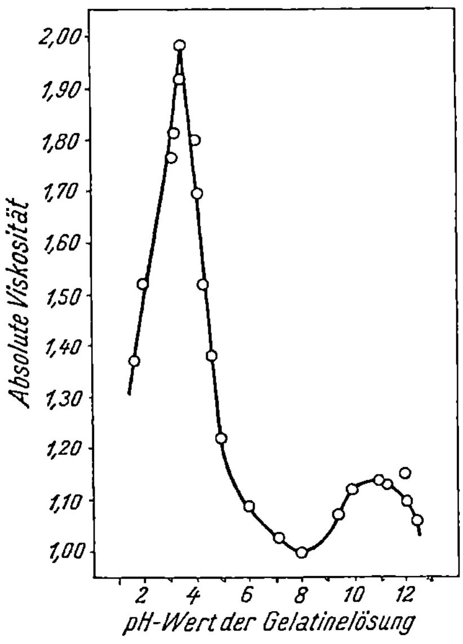

Abb. 54. Die Viskosität einer 1%igen Gelatinelösung bei 40° C als Funktion des p_H-Werts (Davis und Oakes).

Steigt die Temperatur über 15°, so sind infolge Abnahme der Gelform steigende Mengen Gelatine notwendig, um eine Gelatinierung zu bewirken. Bei Temperaturen über 35° verschwindet die Gelform vollkommen. Unter allen Proteinsubstanzen ist die Gelatine die einzige, die Mutarotation aufweist. Diese Eigenschaft geht der Gelatine jedoch verloren, und zwar gleichzeitig mit der Fähigkeit zu gelatinieren, wenn sie in Lösung längere Zeit über 70° erhitzt wird.

Davis und Oakes (8) untersuchten die Viskosität von Gelatinelösungen bei 40° in ihrer Abhängigkeit von den p_H-Werten der Lösung. Die Ergebnisse der Untersuchungen sind in Abb. 54 wiedergegeben. Sie fanden ein Minimum bei einem p_H-Wert von etwa 8; das andere Minimum bei 4,7 konnten sie jedoch nicht auffinden. Wäre nun die Theorie von Wilson und Kern gültig, so ließe sich die Beobachtung von Davis und Oakes leicht erklären, sie hätten mit ihrem Minimum den isoelektrischen Punkt der Solform der Gelatine ermittelt.

Hingegen fand Hitchcock (22) beim Messen der Viskosität von Gelatinelösungen bei 40° nur bei $p_H = 4,7$ ein Minimum. Seine Ergebnisse sind in Abb. 55 veranschaulicht. Er nahm an, daß die Kurve von Davis und Oakes deshalb von seiner abweiche, weil diese Forscher bei der Zubereitung ihrer Lösungen die Gelatine auf 75° erhitzten. Es ist möglich, daß diese Vorbehandlung die Gelatine aus der Gelform in die Solform übergeführt hat. Die Kurven von Hitchcock sagen nichts über das sogenannte zweite Minimum aus, da Hitchcock Lösungen im p_H-Bereich 7 bis 8 nicht untersuchte.

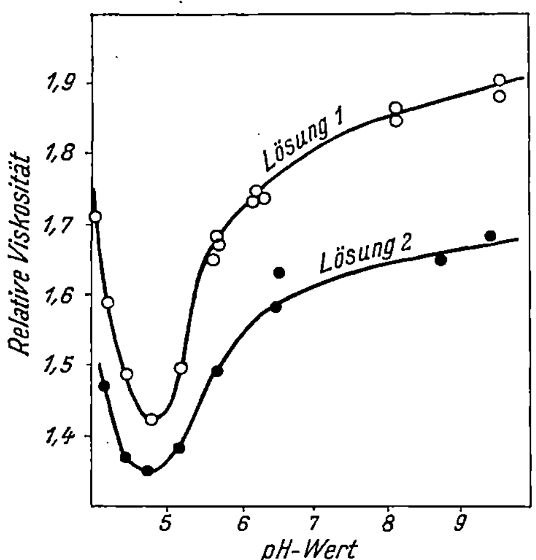

Abb. 55. Die Viskosität 1%iger Gelatinelösungen bei 40° C als Funktion des p_H-Werts (Hitchcock).

Ein anderer Fall, in dem das Minimum beim p_H-Wert 4,7 augenscheinlich verschwand, wurde von Wilson und Daub (70) beim Arbeiten über das Beizen von Kalbshäuten bei 40° und bei verschiedenen p_H-Werten aufgefunden. Sie stellten nur im Bereich von $p_H = 8$ ein Quellungsminimum fest, das aber auch in der wachsenden Aktivität des Trypsins bei diesem p_H begründet sein könnte.

Wilson und Gallun (71) beobachteten bei gebeizten Kalbshäuten bei niedrigen Temperaturen, sowohl bei $p_H = 5$ als auch bei $p_H = 8$ Quellungsminima. Die Arbeit von Sheppard, Sweet und Benedict (62) bringt weiteres Material für die Existenz kritischer p_H-Werte bei 5 wie auch bei 8. Sie stellten für die Steifheit von Gelatinegallerte in ihrer Abhängigkeit vom p_H-Wert eine Kurve auf, die bei $p_H = 5$ eine Spitze und zwischen den p_H-Werten 7 und 9 ein Maximum zeigt.

Offenbar bewirkt eine Erhöhung der Temperatur und des p_H-Werts den Übergang der Gelatine von der Gelform in die sogenannte Solform. Da die Untersuchungen von Wilson und Kern bei 7° C vorgenommen wurden, und bei dieser Temperatur in saurer Lösung nur die Gelform vorliegt, beobachteten sie wirklich bei $p_H = 4,7$ einen Punkt geringster Quellung, den isoelektrischen Punkt der Gelform. Das Auftreten eines zweiten Minimums der Quellung bei $p_H = 7,7$ scheint anzuzeigen, daß die Gelatine zwischen den p_H-Werten 4,7 und 7,7 aus der Gelform in die Solform übergeht und daß das zweite Minimum den isoelektrischen Punkt der Solform darstellt. Nur wenn die Temperatur nicht höher als 7° lag, konnte man verhindern, daß die Gelatine bei höheren H-Konzentrationen in Lösung ging.

Gegen die Bezeichnung Gel- und Solform haben sich Widersprüche erhoben. Man kann sie jedoch, wie jede andere Bezeichnung benutzen, bis man über die Umwandlung mehr weiß. Lloyds Annahme, daß diese Vorgänge mit einer Keto-Enol-Tautomerie zu erklären seien, ist rein spekulativer Art, obschon sie mit der Theorie der Dioxopiperazinstruktur der Proteine, wie sie im 3. Kapitel beschrieben wurde, durchaus nicht unvereinbar ist.

Thomas und seine Mitarbeiter lieferten weiteres Beweismaterial zur Unterstützung der Theorie, daß Gelatine und Kollagen eine wichtige Veränderung ihrer Molekularstruktur erleiden, wenn der p_H-Wert der umgebenden Lösung größer wird als 4,7. Dies wird im Zusammenhang mit den Gerbtheorien im 2. Band abgehandelt werden.

h) Potentialdifferenz zwischen Proteingallerten und wässerigen Lösungen.

Aus der Diskussion der Donnanschen Theorie der Membrangleichgewichte folgt ohne weiteres, daß die ungleichartige Verteilung von Ionen zwischen einem Gel und der umgebenden Lösung eine Potentialdifferenz zwischen beiden Phasen verursachen muß. Diese wird durch den Ausdruck (RT/F) log n (x/y) dargestellt, wobei x die Konzentration der H-Ionen der umgebenden Lösung, y die Konzentration der Lösung innerhalb des Gels ist. Dieser Wert bleibt unabhängig von der Zahl und Wertigkeit der anderen Ionen des Systems. Bestimmt man die p_H-Werte des Gels und der umgebenden Lösung, so läßt sich die Potentialdifferenz errechnen. Ersetzen wir in der Gleichung die natürlichen Logarithmen durch die gewöhnlichen, und setzen wir ferner für die Konstanten RT/F die numerischen Werte für 20° C ein, so erhalten wir:

$$P = 58 \log (x/y) = 58 (\log x - \log y) \text{ Millivolt.}$$

Nun ist in dem Gel $-\log y = p_H$ und in der umgebenden Lösung $+ \log x = \div p_H$. Daher ist bei 20° C:

$$P = 58 (p_H) \text{ des Gels} - p_H \text{ der Lösung) Millivolt.}$$

Loeb (38) gibt eine gewisse Methode zur Messung dieser Potentialdifferenz mit Hilfe von 2 Kalomelelektroden und eines ComptonElektrometers an. Die Apparatur ist in Abb. 56 wiedergegeben. Man mißt die Potentialdifferenz folgender Kette:

Kalomel- elektrode	gesättigte KCl-Lösung	umgebende Lösung	festes Gel	gesättigte KCl-Lösung	Kalomel- elektrode

Infolge des symmetrischen Aufbaus wird nur die Potentialdifferenz zwischen dem Gel und der umgebenden Lösung, und zwar im Gleichgewichtszustande, gemessen.

Die Ausführung eines typischen Versuches gestaltete sich folgendermaßen: Je ein Gramm gereinigter, sehr fein zerkleinerter Gelatine wurde in eine Serie von Chlorwasserstoffsäure- und Natriumhydroxydlösungen gebracht, und zwar wurden immer 350 ccm bei 20° C genommen. Nach 4 Stunden wurde das Volumen der Gelatine gemessen, die umgebende Lösung abgegossen und die Gelatine zur vollständigen Lösung gebracht, so daß die p_H-Werte des Gels wie auch der umgebenden Lösung mit der Wasserstoffelektrode bestimmt werden konnten. Die Gelatine wurde dann in ein Gefäß, wie es in Abb. 56 abgebildet ist, eingefüllt,

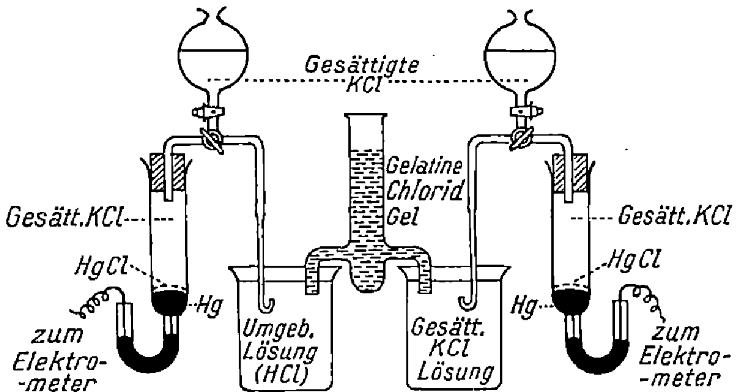

Abb. 56. Messung der Potentialdifferenz zwischen einem Gel und der mit ihm im osmotischen Gleichgewicht befindlichen Außenflüssigkeit nach Loeb.

zum Erstarren gebracht und die Potentialdifferenz zwischen Gel und der ursprünglich umgebenden Lösung mit dem Elektrometer gemessen. In Tabelle 17 sind für eine Versuchsreihe die durch Messung der Potentialdifferenz gefundenen Werte neben den entsprechenden, aus den p_H-Bestimmungen errechneten Werten zum Vergleich angeführt. Die Werte stimmen wenigstens im Vorzeichen und in der Größenordnung überein, was bei der Art der Untersuchung und bei den großen Verdünnungen als gute Übereinstimmung zu bezeichnen ist. Wir werden später zeigen, daß die Methode zu besseren Übereinstimmungen führt, wenn man die Fehlerquelle ausschaltet, die in der Überführung der Gelatine aus dem Gel in das Sol und später wieder in die Gelform liegt. Dies ist der Fall, wenn man die Potentialdifferenzen bei einem Gleichgewicht zwischen Gelatinelösungen und proteinfreien Lösungen mißt,

Tabelle 17. Suspensionen gepulverter Gelatine.

Anfangs-konzentration	Volumen der Gelatine (mm)	Nach 4 Stunden bei 20° C				
		p_H-Wert der		$(a) \div (b)$	Potentialdifferenz (Millivolt)	
		ab-sorbierten Lösung (a)	um-gebenden Lösung (b)		berechnet	gefunden
0,0010 n HCl . .	28	4,44	3,35	+ 1,09	+ 63,0	+ 56,0
0,0005 n HCl . .	20	4,56	3,55	+ 1,01	+ 58,6	+ 55,5
0,0002 n HCl . .	18	4,79	3,92	+ 0,87	+ 51,0	+ 36,5
0,0001 n HCl . .	16	4,85	4,24	+,0,61	+ 36,0	+ 15,0
Wasser.	17	4,89	4,97	− 0,08	− 4,5	− 17,5
0,0001 n NaOH.	18	4,98	5,96	− 0,98	− 57,0	− 59,0
0,0002 n NaOH.	28	5,06	6,24	− 1,18	− 68,0	− 61,0
0,0005 n NaOH.	37	5,50	6,46	− 0,96	− 56,0	− 70,0
0,0010 n NaOH.	40	6,74	7,30	− 0,56	− 33,0	− 66,0
0,0020 n NaOH.	47	9,54	10,56	− 1,02	− 59,0	− 46,0
0,0040 n NaOH.	48	10,15	11,08	− 0,93	− 48,0	− 36,0

die durch eine semipermeable Wand getrennt sind, insbesondere bei
größerer Leitfähigkeit der Lösung.

Gemäß der Theorie sollte im Gleichgewichtszustand die Konzentration der freien Säure in einem säuregeschwellten Gel kleiner als in der
umgebenden Lösung und dementsprechend in einem alkaligeschwellten
Gel die Konzentration des freien Alkalis im Gel kleiner als in der umgebenden Lösung sein. Die Angaben der Tabelle 17 bestätigen dies.
In der Tat ist für p_H-Werte unter 4,7 in der umgebenden Lösung die
Wasserstoffionenkonzentration in der umgebenden Lösung größer als
im Gel; liegen die p_H-Werte der umgebenden Lösung über 4,7, so ist
die Wasserstoffionenkonzentration in der Lösung geringer als in
dem Gel.

i) Rhythmische Quellung in Proteingelen.

Sheppard und Elliott (59) untersuchten die Ursachen für netzartige Verwerfungen auf photographischen Negativen, die in Beziehung
zu ähnlichen Erschei-
nungen stehen, wie sie
bei der vegetabilischen
Gerbung von Häuten
auftreten. Während
des Waschens oder
Fixierens wird die
nasse Gelatineschicht
manchmal mehr oder
minder deutlich ge-
wellt oder gerunzelt,
so daß sich ein netz-
artiges Muster bildet,
welches das Negativ
oder einen Teil davon
überzieht. Sie konnten
feststellen, daß diese
Verwerfungen durch
die gleichzeitige Wir-
kung einer quellenden
und einer gerbenden
Substanz entstehen.

In Abb. 57 ist ein
Negativ wiedergege-
ben, bei dem ein sol-
cher Runzeleffekt ein-
trat. Im Laborato-
rium des Verfassers
wurde die Platte von

Abb. 57. Auf einem photographischen Negativ erzeugte
netzartige Verwerfung.

G. Daub belichtet, entwickelt, mit Natriumthiosulfat fixiert, gewaschen und dann mit einer Lösung, die 5 g Mimosengerbstoff und
0,2 Mol Essigsäure im Liter enthielt, gespült. Die Temperatur wurde

bei 28° C gehalten. Nach mehreren Minuten begann sich die Gelatineoberfläche an einzelnen Stellen zu verwerfen. Dieser Vorgang breitete sich über die ganze Oberfläche aus und erzeugte Reihen gequollener Gelatinerücken, die mit Tälern erhärteter, zusammengezogener Gelatine abwechselten. Die Silberteilchen folgten diesem Vorgang und wanderten von den erhärteten Teilen in die gequollenen Rücken, so daß das im Abdruck wiedergegebene mosaikartige Gepräge entstand. Oft war die Höckerbildung vor der Wanderung der Silberteilchen gut zu beobachten. Sheppard und Elliott bringen diesen Effekt in Zusammenhang mit den Liesegangschen Ringen.

Die Säure hat das Bestreben, eine Quellung der Gelatine hervorzurufen, während der Gerbstoff eine erhärtende und zusammenziehende Wirkung ausübt. Während nun die Säure schnell diffundiert, bewegt sich der Gerbstoff sehr langsam, da sein Molekül weit größer ist und er außerdem die Neigung hat, sich mit der Gelatine zu verbinden. Er erzeugt so eine Schicht, die weniger durchlässig ist, und deren Quellbarkeit gegenüber der der ursprünglichen Gelatine herabgesetzt ist. Dieser Vorgang wird durch Annäherung der Temperatur an den Schmelzpunkt der Gelatinegallerte immer mehr beschleunigt. Wird der Vorgang durch Temperaturerhöhung unter Vermeidung einer Auflösung der Gelatine verlängert, so bildet sich eine zweite, viel rauhere Serie von Höckern, die das erste feinere Muster überdecken. Bei den gröberen Mustern liegen die Spitzen der Erhebungen ein bis mehrere Millimeter voneinander entfernt.

Eine ähnliche Verwerfung der Hautoberfläche ist für den Gerber eine sehr unangenehme Erscheinung. Das einmal entstandene Muster ist kaum mehr zu entfernen und setzt den Verkaufswert des Leders erheblich herab. Es bildet sich meistens ein Muster von gröberer Struktur und den Kunstgriff, diese Erscheinung zu einer künstlichen Reliefbildung zu verwerten, wie dies bei Negativen wegen der Feinheit der Verwerfung und wegen der Verteilung der Silberteilchen wohl möglich ist, kann man hier nicht anwenden. Die Ursache einer Verwerfung der Hautoberfläche liegt in der unüberlegten Anwendung von Säure während des Gerbvorganges. Ferner kann sie eintreten, wenn sich plötzlich in Gruben, die für frische Brühen nicht benutzt werden, säurebildende Fermente in großer Zahl entwickeln. Als Gegenmaßnahme verhindert man die Quellung durch Zusatz von Neutralsalzen oder durch Neutralisation der Säure.

k) Die Struktur von Gelatinelösungen und Gelen.

Im Verlauf seiner Untersuchungen über die Erscheinungen an Gelatinegelen gelangte Procter (53) zu folgender Auffassung über ihren inneren Aufbau. Er faßt sie als ein Netzwerk aneinanderhängender Moleküle auf, wobei genügend große Zwischenräume vorhanden sind, um den Durchgang von Wasser, einfachen Molekülen und Ionen zu gestatten. Jene langen Ketten von Aminosäuren, aus denen man sich die Eiweißmoleküle aufgebaut denkt, sind durch die Verknüpfung der sauren und basischen Enden besonders zu der Bildung eines solchen Netzwerkes geeignet. Eine heiße Gelatinelösung kann man als wahre Lösung von Molekülen oder wenigstens von niedrig polymerisierten Gruppen auffassen. Kühlt sich die Lösung nun ab, so ordnen sich die Moleküle derart, daß durch die Vereinigung der aktivsten Säuregruppen mit den aktivsten basischen Gruppen im System ein Minimum an freier Energie entsteht. Es bildet sich im System ein kontinuierliches Netzwerk. Hiernach ist ein Gelatineblock ein großes Riesenmolekül, eine Vorstellung, die nach den modernen Theorien über die Krystallstruktur nicht als ungewöhnlich bezeichnet werden kann.

Bringt man ein Gelatinegel in eine Lösung von Salzsäure, so füllt die Salzsäure beim Durchdringen zunächst die Zwischenräume des molekularen Netzwerks aus, wie ja die Procter-Wilsonsche Theorie annimmt. Sodann bildet sich ein ionisiertes Gelatinechlorid; die Chlorionen bleiben in der Lösung, welche die Zwischenräume erfüllt, die entsprechenden Gelatinekationen hingegen formen einen Teil des Netzwerks und sind nicht in dem gleichen Sinne wie die Anionen in Lösung. Bei ihrem Bestreben, in die äußere Lösung zu diffundieren, üben die Anionen einen Zug auf die Kationen, die einen Teil des Netzwerkes ausmachen, aus und verursachen dadurch eine dem Zug proportionale Volumenvergrößerung bis zur Elastizitätsgrenze. In der Tat sind Gelatinegele elastisch und folgen dem Hookeschen Gesetz. Der physikalisch-chemische Beweis für die Richtigkeit dieser Auffassung liegt in der Übereinstimmung der gefundenen und der gemäß der Theorie errechneten Werte der in Tabelle 14 wiedergegebenen Versuche. Kürzlich konnten Sheppard und Sweet (60) zeigen, daß Gelatinegele bei Festigkeitsversuchen dem Hookeschen Gesetz bis fast zum Zerreißungspunkt folgen.

Der Elastizitätsmodul für eine bestimmte Gelatinegallerte wird offenbar durch ihre innere Struktur bestimmt. Die Natur dieser Struktur hängt wahrscheinlich von der Konzentration der Gelatinelösung bei Beginn der Gelbildung ab. Eine verdünnte Lösung sollte mit voluminöseren Zwischenräumen im Netzgitter gelatinieren als eine konzentriertere Lösung. Trocknet man zwei Gele, die genau den gleichen Gelatinegehalt, aber ein unterschiedliches Volumen besitzen, später auf das gleiche Volumen ein, so mögen beide wohl gleich aussehen, in ihrer inneren Struktur werden sie jedoch verschieden sein. Bringt man dann beide in Wasser, so wird das aus der verdünnteren Lösung abgeschiedene Gel stärker aufquellen. Diese Beobachtungen verdanken wir Procter. Er stellte Lösungen her mit 5%, 10% und 20% Gelatinegehalt, die er gelatinieren ließ. Dann trocknete er die Gele, bestimmte das Gewicht und stellte sie 7 Tage lang in Wasser. Das aus der schwächsten Lösung abgeschiedene Gel absorbierte das 14,6-fache seines Gewichts Wasser, das Gel aus der 10%igen Lösung das 7,7-fache und das Gel mit dem geringsten Gelvolumen nur das 5,8-fache.

Wie Sheppard und Elliott gezeigt haben, verliert eine Gelatinelösung, die in einer besonderen Form zum Erstarren gebracht wird, beim Trocknen vollständig die Gestalt der Form. Im Kapitel „Weichen und Entfleischen" wird der Vorgang des Trocknens und Wiederaufquellens von Gelatine näher beschrieben und durch die Abb. 107 bis 110 veranschaulicht werden. Weicht man das ausgetrocknete Gel in Wasser ein, so beginnt es zu quellen und nähert sich wieder der ursprünglichen Form. Eine dünne Gelatineschicht auf einer Glasplatte schrumpft in bezug auf die Dicke viel stärker zusammen als in einer der beiden anderen Dimensionen. Wässert man dann diese trockene Gelatineplatte, so vergrößert sie ihr Volumen hauptsächlich in bezug auf die Dicke. Sie versucht die Gestalt wieder anzunehmen, die sie im Augenblicke der Gelbildung inne hatte.

Aus den Untersuchungen von Loeb über die Viscosität von Gelatinelösungen, die noch später besprochen werden sollen, geht hervor, daß die erste Stufe zur Gelatinierung die Kombination mehrerer Einzelmoleküle zu einem größeren Aggregat ist, etwa nach der Art eines Krystallisationsvorgangs. Bogue (2) schildert diesen Vorgang als Bildung kettenartiger Fäden, die durch Aneinanderknüpfung je zweier Molekülenden entstehen. Der Vergleich der Bildung von fadenartigen Gebilden von Seifen mit dem Gelatinierungsvorgang führten McBain (42) zur Auffassung, daß diese Vorgänge in beiden Fällen ähnliche sind. Er erklärt die Elastizität der Gele aus einer äußerst feinen, fadenartigen Struktur. Diese feinen $^1/_{1000}$ bis 1 mm langen Fäden werden von unzähligen, der Länge nach aneinandergereihten Molekülen gebildet, die durch Restvalenzen zusammengehalten werden.

Erwägt man die verschiedene Natur und die große Zahl der Aminosäuren, die, wie aus Tabelle 1 im 3. Kapitel ersichtlich, am Aufbau der Proteine beteiligt sind, so erscheint es sehr unwahrscheinlich, daß bei der Polymerisation von Gelatine nur eine Richtung bevorzugt werden sollte. Es ist eher anzunehmen, daß diese in allen möglichen Richtungen vor sich geht, und daß sich überall Verbindungsketten bilden, die die Ketten anderer Richtung stützen. Die beim Abkühlen mit der Zeit zunehmende Viskosität von Gelatinelösungen ist also auf zunehmende Teilchengröße zurückzuführen und die Bildung eines starren Gels beruht auf dem endgültigen Zusammenschluß größerer Aggregate. Es entsteht schließlich im ganzen System ein kontinuierliches Netzwerk.

Für die Proctersche Ansicht über die Struktur von Gallerten und für die Ansicht von Loeb über die Struktur von Gelatinelösungen besteht eine sehr große Wahrscheinlichkeit. Ihrer Ansicht nach enthalten diese Gebilde, wenn sie einige Zeit bei Temperaturen unter 35° C stehen gelassen werden, Gelteilchen, die aus Aggregaten von Gelatinemolekülen bestehen. Thompson (68) führt in einer Literaturübersicht eine Reihe von Tatsachen an, die für diese Auffassung sprechen.

Graham hat vor langem gezeigt, daß die Geschwindigkeit, mit der Krystalloide durch Gelatinegele diffundieren, nicht erheblich kleiner ist als die Diffusionsgeschwindigkeit in reinem Wasser. Die geringe Herabsetzung der Geschwindigkeit steht in keinem Verhältnis zu dem sichtlich großen physikalischen Unterschied von Wasser und Gallerte. Obgleich die Viscosität von Gelatinegelen so groß ist, daß sie mit den üblichen Methoden nicht untersucht werden kann, bewegen sich die Einzelmoleküle wie in einem Medium von der Viscosität des Wassers. Die Netzwerktheorie erklärt dies durch die Annahme, daß die diffundierenden Substanzen sich sicherlich im Wasser oder in wässerigen Lösungen bewegen, die die Zwischenräume des Netzwerkes ausfüllen. Eine gewisse kleine Herabsetzung der Geschwindigkeit läßt sich dadurch erklären, daß ein Teil des Volumens durch Gelatinemoleküle erfüllt ist. Das gleiche gilt auch für Gelatinelösungen; hier ist es der diffundierenden Substanz möglich, sich durch die in der Lösung suspendierten Gelteilchen ebenso schnell zu bewegen, wie durch die sie umgebende Flüssigkeit.

Thompson zeigte an Hand einer Arbeit von Dumanski (11), daß die Leitfähigkeit von Kaliumchloridlösungen in Gelatinegelen nicht geringer ist als in reinem Wasser, wenn man eine Korrektur für jenes Volumen einführt, welches das Gelatinenetzwerk selbst beansprucht. Hätte hingegen die Viscosität einen Einfluß, so müßte die Leitfähigkeit auf einen ganz geringen Bruchteil ihres Wertes für Wasser herabgedrückt werden.

Der Dampfdruck ist selbst bei einem 20%igen Gelatinegel praktisch ebenso groß wie der des Wassers, eine Tatsache, die auch auf die Anwesenheit von Wasser innerhalb des Netzwerkgefüges hinweist.

Übt man in einer Richtung einen Zug auf ein Gelatinegel aus, so tritt Doppelbrechung ein, eine Erscheinung, die immer auf eine geregelte Struktur und Anisotropie schließen läßt. Selbst bei verdünnten Lösungen tritt bei Kompression oder zwischen zwei entgegengesetzt rotierenden Zylindern Doppelbrechung ein. Mit zunehmendem Druck nimmt der Effekt bis zu einem Punkte zu, der der Elastizitätsgrenze entspricht. Dieser Beweis einer gewissen Struktur unterstützt die Ansichten von Loeb und Bogue.

Ein weiterer Beweis für die Netzwerktheorie von Gelatinelösungen liegt in der Tatsache, daß die Viscosität von Gelatinelösungen durch einfache Bewegung der Lösungen vermindert wird. Loebs Arbeiten über die Viscosität von Gelatinelösungen und Bogues Messungen über Plastizität, die später besprochen werden, sind weitere Stützen der Theorie.

l) Die Beziehungen zwischen dem osmotischen Druck und der Viscosität von Gelatinelösungen einerseits und der Quellung von Gelatinegelen andererseits.

In umfassenden Versuchsreihen konnte Loeb zeigen, daß die Veränderung des osmotischen Druckes und der Viscosität von Gelatinelösungen mit wechselnden p_H-Werten oder Salzkonzentrationen parallel mit den entsprechenden Werten für die Quellung von Gelatinegelen geht, eine Tatsache, die sich auf Grund der Proteinsalzhypothese, die oben entwickelt wurde, voraussehen ließ. Die Kurven der Abb. 58 bis 63 lassen diesen Parallelismus deutlich erkennen.

Bei Ausführung der beiden Versuchsreihen (30) zur Bestimmung der Kurven von Abb. 58 wurde 1 g gepulverte Gelatine 1 Stunde lang bei 20° C in 100 ccm einer Säurelösung bestimmter Konzentration belassen.

Nach dem Absetzen wurde das Volumen der Gelatine in einem graduierten Zylinder gemessen und der p_H-Wert des Gels nach dem Schmelzen bestimmt. Das Volumen wurde als Funktion des p_H-Werts des Gels und nicht etwa des der äußeren Lösung, die immer, wie in der Theorie der Quellung erörtert wurde, niedriger ist, aufgetragen.

Die Kurven in Abb. 59 wurden folgendermaßen ermittelt (29): 0,8%ige Gelatinelösungen, die verschiedene Säuremengen enthielten, wurden schnell auf eine Temperatur von 45⁰ gebracht und dabei eine Minute belassen, dann schnell auf 24⁰ abgekühlt und die Viscosität bei dieser Temperatur bestimmt. Die Viscosität wurde als Funktion des p_H-Wertes der Lösung aufgetragen.

Bei den Versuchen (33) für Abb. 60 wurden Collodiumsäckchen in der Form von Erlenmeyerkölbchen von 50 ccm Inhalt mit 1%iger Gelatinelösung gefüllt, die verschiedene Mengen Salzsäure enthielt. Als Manometervorrichtung wurde ein gewöhnliches Glasrohr verwendet, das in einen durchbohrten Gummistopfen eingeführt worden war, und mit solchen Gummistopfen wurden die Säckchen verschlossen. Die Säckchen wurden schließlich in ein Becherglas gehangen, das die gleiche schwache Säurelösung enthielt, wie sie zur Bereitung der Gelatinelösung benutzt worden war. Nach Einstellung des osmotischen Gleichgewichts wurde das Niveau der

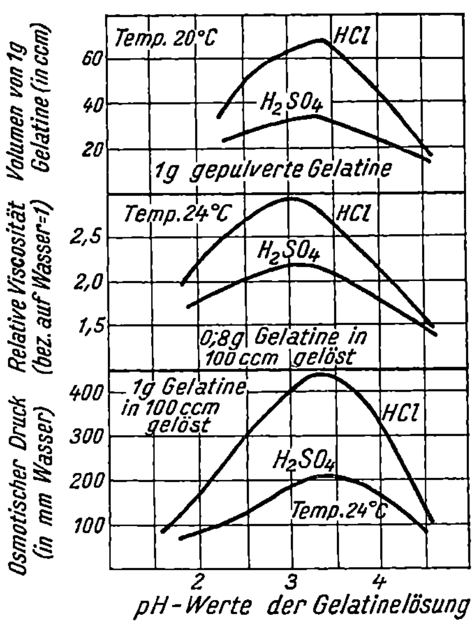

Abb. 58 bis 60.

Abb. 58. Das Volumen gepulverter Gelatine, Abb. 59. Die Viscosität von Gelatinelösungen, Abb. 60. Der osmotische Druck einer Gelatinelösung als Funktion des p_H-Wertes.

Lösung im Manometerrohr abgelesen und als Funktion der p_H-Werte der Lösung abgetragen. Die Messungen wurden alle bei 24⁰ C ausgeführt.

Die Erklärung für die Übereinstimmung der Kurven für Quellung, Viscosität und osmotischen Druck als Funktion des p_H-Wertes liegt darin, daß die Änderung in allen Fällen auf die gleiche Ursache, nämlich die Entstehung eines Donnanschen Membrangleichgewichtes zurückzuführen ist. Bei der Viscositätsmessung enthalten die Lösungen Aggregate von Gelatinemolekülen, die entsprechend der Änderung der p_H-Werte quellen. Da nun die Viscosität mit zunehmendem Volumen des von der Gelatine besetzten Raumes wächst, so können wir erwarten, daß die Viscosität mit dem Quellungsgrad der Gelatineteilchen ab- und zunimmt.

Bei Untersuchungen über den osmotischen Druck ist die Äußerung des Donnanschen Membrangleichgewichts wohl ähnlich, aber bedeutend verwickelter als bei der Quellung von Gelen.

Bei Versuchen über Quellung und osmotischen Druck kann man feststellen, daß das Maximum dieser Erscheinungen für Schwefelsäure halb so hoch liegt wie für Salzsäure. Auch diese Tatsache erklärt die Theorie, da ja das zweiwertige Sulfation keinen größeren Diffusionsdruck als das einwertige Chlorion hat, aber in bezug auf die Äquivalentkonzentration bei Gelatinesalzbildung nur halb so groß ist.

Die Abb. 61, 62 und 63 geben Kurven wieder, die den hemmenden Einfluß von Neutralsalzen erkennen lassen. Mit zunehmender Konzentration des Neutralsalzes nimmt das Volumen gepulverter Gelatine (34), die Viscosität von Suspensionen gepulverter Gelatine (34) und der osmotische Druck von Gelatinelösungen (32) ab. Wieder besteht ein Parallelismus, wie er von der Theorie gefordert wird.

m) Osmotischer Druck und Membranpotentiale.

Eine Besprechung der Vorgänge, die sich beim Zustandekommen des osmotischen Druckes von Gelatinelösungen abspielen, ist sehr geeignet, die für die Gerbereichemie wichtigen Vorgänge bei der Quellung besser verständlich zu machen. Die Collodiumsäckchen, die Loeb bei seinen Versuchen benutzte, ließen Wasser, einfache Säuren, Basen und Salze hindurchdiffundieren, gelöste Proteine hingegen nicht. Nehmen wir an, daß

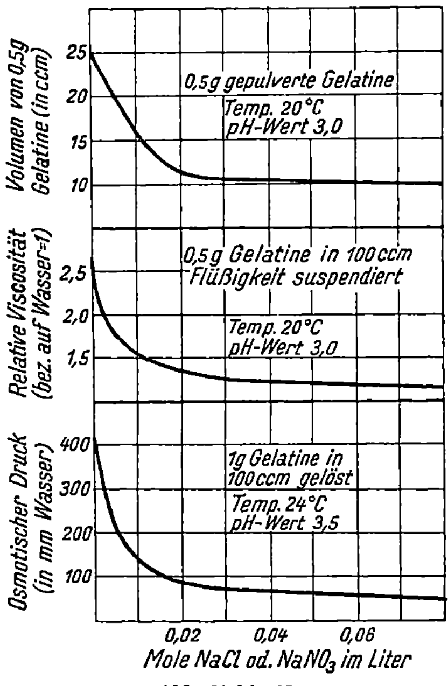

Abb. 61 bis 63.

Abb. 61. Das Volumen gepulverter Gelatine, Abb. 62. Die Viscosität von Gelatinesuspensionen, Abb. 63. Der osmotische Druck von Gelatinelösungen als Funktion des Salzzusatzes.

das Collodiumsäckchen mit Gelatinechlorid und Salzsäure gefüllt ist und in reines Wasser gebracht wird. Die Salzsäure wird dann so lange in die äußere Lösung diffundieren, bis sich ein Gleichgewicht zwischen der äußeren Lösung und der Gelatinelösung im Innern des Säckchens gebildet hat. Die äußere Lösung enthält nur Salzsäure, die innere Salzsäure und Gelatinechlorid. Beim Gleichgewicht möge in der äußeren Lösung sein

$$x = [\text{H}^+] = [\text{Cl}']$$

und in der inneren

$$y = [\text{H}^+]$$

$$z = [\text{Gelatine-Ion}],$$

so daß

$$[\text{Cl}'] = y + z.$$

Im Gleichgewicht ist nun, wie früher in diesem Kapitel entwickelt wurde,

$$x^2 = y\,(y + z)$$

und daher
$$2\,y + z > 2\,x\,.$$

Die größere Konzentration diffusibler Ionen befindet sich innerhalb der Lösung, ist $2\,y + z$ und muß ein Anwachsen des osmotischen Druckes bewirken, der dem Ausdruck e in folgender Gleichung proportional ist:

$$e = 2\,y + z - 2\,x\,.$$

Dies würde bedeuten, daß die Gelatine selbst keinen osmotischen Druck ausübt, indessen trifft dies nicht absolut genau zu. Man muß zu e noch einen gewissen Betrag addieren, der dem osmotischen Druck der Gelatine entspricht. Loeb (36) konnte nun nachweisen, daß die etwa notwendigen Korrekturen geringer sein würden als die durch experimentelle Fehler bewirkten Abweichungen.

Wenn man die Größen x, y und z bestimmen kann, läßt sich der osmotische Druck berechnen. Bei 24⁰ C ist der osmotische Druck an dem Druck einer Wassersäule gemessen gleich $2,5\,e \times 10^5$ mm. Loeb fand für Caseinchlorid, soweit sich die Untersuchung durchführen ließ, daß der beobachtete osmotische Druck sich dem Werte 250000 e näherte.

Wegen der ungleichartigen Verteilung der Ionen in der Innen- und Außenflüssigkeit muß zwischen beiden eine Potentialdifferenz entstehen, die sich bei 20⁰ C für Gele nach folgender Formel berechnen läßt:

$$PD = 58\ (p_H \text{ der inneren Lösung} - p_H \text{ der äußeren Lösung}) \text{ Millivolt}.$$

Bei Bestimmung der Potentialdifferenz zwischen innerer und äußerer Lösung benutzte Loeb eine ähnliche Apparatur, wie sie in Abb. 56 abgebildet ist. Das Collodiumsäckchen mit der inneren Lösung wurde in ein Becherglas gehangen, das die äußere Lösung enthielt. Das Manometerrohr wurde durch einen Trichter ersetzt und die Capillare der rechten Kalomelelektrode in diesen Trichter hineingetaucht, um den Kontakt mit der Lösung herzustellen. Die Potentialdifferenz der Kette wurde mit Hilfe eines Compton-Elektrometers gemessen.

Tab. 18 gibt einen weiteren Beweis für die Richtigkeit der Theorie. Sie zeigt den erniedrigenden Einfluß von Neutralsalzen auf den osmotischen Druck und die Potentialdifferenz des Systems einer sauren Gelatinelösung, die von einer gelatinefreien Lösung durch eine Collodiummembran getrennt ist (31). Die Kurven des osmotischen Druckes sind aus Abb. 63 zu ersehen. Nach Einstellung des Gleichgewichts wurden, wie oben beschrieben, die p_H-Werte der inneren und der äußeren Lösung bestimmt. Die Potentialdifferenz konnte dann aus diesen Messungen mit Hilfe des Faktors 58,8 für 24⁰ C berechnet werden. Die Übereinstimmung von berechneten und gefundenen Werten ist so weitgehend, wie man überhaupt erwarten kann.

Mit zunehmender Salzkonzentration nähern sich die p_H-Werte der inneren und äußeren Lösung immer mehr. Gemäß der Theorie wird die Verteilung eines Ions zwischen den beiden Lösungen gleichmäßig durch Neutralsalzzusatz beeinflußt. Die Logarithmen der Konzentrationen von äußerer und innerer Lösung nähern sich einander immer mehr und bewirken eine Verringerung der Differenz der Gesamtkonzentration

Tabelle 18. Gelatinelösungen bei 24°C.

Mole NaNO₃ im Liter	Osmotischer Druck (mm)	p_H-Werte der inneren Lösung (a)	p_H-Werte der äußeren Lösung (b)	(a) bis (b)	Potentialdifferenz (Millivolt) errechnet	Potentialdifferenz (Millivolt) gefunden
ohne NaNO₃ . .	435	3,58	3,05	0,53	31,2	31
0,000244	405	3,56	3,08	0,48	28,3	28
0,000488	371	3,51	3,10	0,41	24,0	24
0,000975	335	3,46	3,11	0,35	20,7	22
0,00195	280	3,41	3,14	0,27	16,0	16
0,0039	215	3,36	3,17	0,19	11,2	12
0,0078	134	3,32	3,20	0,12	7,0	7
0,0156	85	3,29	3,22	0,07	4,1	4
0,0312	63	3,25	3,24	0,01	0,6	0

diffusibler Ionen in beiden Lösungen. Die Verringerung der Quellung, des osmotischen Druckes und der Viscosität beruht also nicht etwa auf einer Zurückdrängung der Ionisation des Proteinsalzes, sondern auf dem eben entwickelten Vorgang.

n) Die Änderung der Viscosität von Gelatinelösungen mit der Zeit.

Beim Abkühlen heißer Gelatinelösungen nimmt die Viscosität mit der Zeit zu, bis schließlich ein festes Gel gebildet wird. Loeb erklärt diesen Vorgang aus der Bildung von Aggregaten von Gelatinemole-

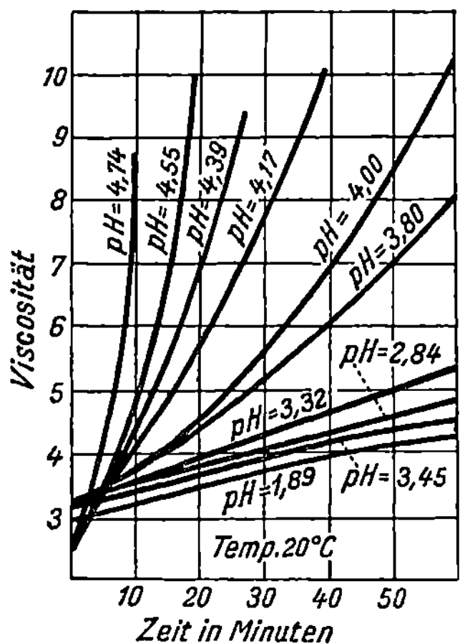

Abb. 64. Zunahme der Viscosität 2%iger Gelatinesulfatlösungen verschiedenen p_H-Werts mit der Zeit.

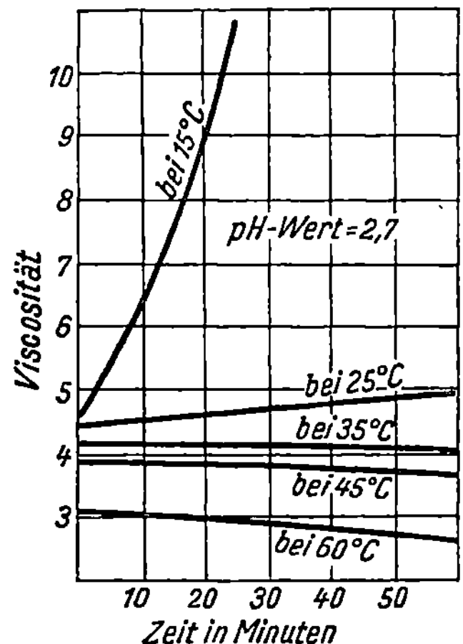

Abb. 65. Änderung der Viscosität 2%iger Gelatinechloridlösungen mit der Zeit bei verschiedenen Temperaturen.

külen und nimmt an, daß die Viscosität dem Anwachsen der Aggregate, und zwar ihrer mittleren Größe, parallel läuft. Die Kurven in den Abb. 64 und 65 zeigen die Abhängigkeit der Viscosität von der Zeit bei verschiedenen p_H-Werten der Lösungen und bei verschiedenen Temperaturen (35).

Der Einfluß der p_H-Werte wurde folgendermaßen bestimmt: 2%ige Gelatinelösungen, die unterschiedliche Mengen Schwefelsäure enthielten, wurden schnell auf 45⁰ erhitzt, dann schnell auf 20⁰ abgekühlt und die Viscosität bei dieser Temperatur in Abständen von 5 oder 10 Minuten gemessen. Die Zunahme der Säurekonzentration bewirkt eine Verzögerung der Aggregatbildung; am schnellsten nimmt die Viscosität in isoelektrischen Lösungen zu.

Der Einfluß der Temperatur wurde so bestimmt, daß man 2%ige Gelatinechloridlösungen, die einen p_H-Wert von 2,7 zeigten, schnell auf 45⁰ erhitzte und darauf schnell auf die Temperatur brachte, bei der die Viscositätsmessungen vorgenommen wurden. Die Temperatur wurde dann konstant gehalten und alle 5 oder 10 Minuten eine Messung ausgeführt. Der bemerkenswerteste Umstand ist, daß unterhalb von 35⁰ die Viscositäten mit der Zeit zunehmen, wohingegen sie bei höheren Temperaturen mit der Zeit abnehmen.

Bogue (3) hat die Viscosität von Gelatinelösungen mit Hilfe eines Macmichaelschen Torsionsviscosimeters gemessen. Bei einigen Temperaturen stellte er Messungen bei verschiedenen Umdrehungsgeschwindigkeiten des Gefäßes an. Einige seiner Messungsergebnisse sind in Abb. 66 wiedergegeben. Die ausgezogenen Linien bedeuten beobachtete Werte; die unterbrochenen bedeuten Extrapolationen bis zum Nullpunkt. Man kann ersehen, daß die Kurven für Temperaturen über

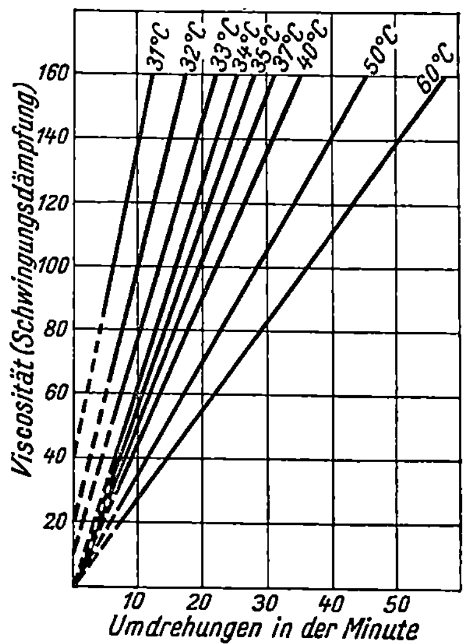

Abb. 66. Viscositäts-Elastizitätskurven einer 20%igen Gelatinelösung.

34⁰ alle durch den Nullpunkt gehen, was so gedeutet werden muß, daß es sich um einen viscosen Fluß handelt. Bei niedrigeren Temperaturen entsprechen unendlich kleinen Umdrehungsgeschwindigkeiten endliche Dämpfungswerte; hier handelt es sich um einen plastischen Fluß. In der Tat besitzen Gelatinelösungen bei niedrigen Temperaturen eine meßbare Festigkeit. Diese Erscheinungen sind eine Stütze für die Ansicht von Smith, der annimmt, daß Gelatinelösungen über 35⁰ in einer Modifikation vorliegen, die keine Gelatinierfähigkeit mehr besitzt. Mit abnehmender Temperatur geht ein Teil der Gelatine von der Sol- in die Gelform über, welch letztere durch die Gelatinierungsfähigkeit charakterisiert ist. Mit abnehmender Temperatur nimmt nun das Verhältnis von Gel- zur Solform zu. Bei 15⁰ und darunter liegenden Temperaturen existiert nur die Gelform. Die Struktur der Molekülaggregate der Gelform ist derart, daß sie den Lösungen die von Bogue beobachtete Plastizität erteilt.

Wenn sich eine saure Gelatinelösung von 20⁰, die in ein Collodium-

säckchen gefüllt ist, ins Gleichgewicht mit einer wässerigen Säurelösung setzt, so entstehen in Wirklichkeit drei Phasen. Die Lösung
innerhalb der Säckchen hat einen p_H-Wert, der über dem der äußeren
Lösung liegt, der jedoch kleiner ist als der jenes Lösungsanteils, der von
den in der Gelatinelösung suspendierten Aggregaten von Gelatinemolekülen absorbiert wird. Loeb (31) konnte zeigen, daß mit zunehmendem Verhältnis von aggregierten Teilen zu den gelösten Teilen die Änderung der p_H-Werte einen zunehmenden Einfluß auf die Viscosität
und einen abnehmenden auf den osmotischen Druck ausübt, wie es die
Theorie voraussagt.

o) Quellung in reinem Wasser.

Die oben gegebene Theorie der Quellung für Proteine in sauren und
alkalischen Medien ist angegriffen worden, weil sie die Quellung von
Kautschuk in Toluol und ähnliche Quellungstypen nicht erklären kann.
Die Theorie befaßt sich aber nicht mit der Quellung reiner quellbarer
Stoffe in reinen Lösungsmitteln, sondern nur mit der Wirkung von
Elektrolyten auf das Quellen von Proteingallerten. Beim isoelektrischen
Punkt quellen Gelatinegele mit Wasser nur in einem relativ geringen
Ausmaße, und diese Quellung ist wahrscheinlich das Ergebnis der Anziehungskraft der Gelatinemoleküle für Wassermoleküle. Eine Anziehungskraft der Kautschukmoleküle für Toluolmoleküle ist anscheinend
der Grund, daß Kautschuk in Toluol quellt. Es ist wichtig, daß man
diese Quellungsart streng von dem besonderen Falle unterscheidet, bei
dem die Quellung durch die Bildung ionenbildender Proteinsalze hervorgerufen wird.

p) Kolloidale Dispersionen.

Wenn ein Stoff in einem anderen dispergiert wird, so nimmt gewöhnlich sowohl der dispergierte Stoff als auch das Dispersionsmittel
elektrische Ladungen an, und zwar entgegengesetzten Vorzeichens.
Diese Erscheinung wird mit einer Verschiebung von Elektronen von den
äußeren Sphären der Atome nach dem umgebenden Mittel erklärt. Befinden sich die kolloidalen Dispersionen in Wasser oder in anderen
ionogenen Dispersionsmitteln, so ruft diese Verschiebung von Elektronen zwischen dem dispergierten Stoff und dem Dispersionsmittel im
wesentlichen eine Ionisationswirkung hervor. Die Atomgruppen in dem
Wasser, die dabei Elektronen aufnehmen oder abgeben, werden regel-
recht zu gelösten Ionen, die durch die entsprechenden elektrischen Ladungen auf den Partikelchen der dispergierten Substanz im Gleichgewicht gehalten werden. So kann ein Partikelchen seine elektrische
Ladung erlangen, wenn es selbst Ionen bildet, oder wenn es eine Substanz adsorbiert, die Ionen bilden kann, oder wenn es Ionen aus der
Lösung adsorbiert.

In der Regel nimmt die Stabilität der Sole mit der Größe der elektrischen Ladung der Partikelchen zu. Zwei Gründe sind für diese Tatsache angegeben worden. Nämlich je größer die elektrische Ladung ist,

um so größer ist auch die abstoßende Kraft zwischen den gleichgeladenen Teilchen und hierdurch wird ihre Koagulation verhindert. Weiter wird eine stärkere Ladung eine größere Anziehungskraft auf das Wasser ausüben und dadurch wird sich die Substanz noch feiner im Wasser dispergieren.

Bei der Untersuchung von Eisenhydroxyd-Solen gelangten Thomas und Frieden (65) zu dem Schluß, daß die Bildung einer Lösung zwischen Eisenoxyd und Wasser erst der stabilisierenden Wirkung des adsorbierten Ferrichlorids zuzuschreiben ist; denn sonst ist ja Eisenoxyd in Wasser unlöslich. Sie stellten fest, daß, ungeachtet der Konzentration des Sols, ein Mol Ferrichlorid nötig ist, um etwa 21 Mole Ferrichlorid in einer stabilen Dispersion zu erhalten. Würde die Stabilität der Abstoßungskraft gleichgeladener Teilchen zu verdanken sein, so müßte das Verhältnis von Ferrichlorid zu Ferrioxyd, das zur Aufrechterhaltung der Stabilität des Sols notwendig ist, mit wachsender Konzentration der Teilchen größer werden; denn die wechselseitigen Anziehungskräfte ändern sich umgekehrt als irgendwelche Kraft des mittleren Abstandes zwischen den Teilchen. Die Stabilität des Ferrioxydsols ist darum mehr den lösenden Kräften des adsorbierten Ferrichlorids zuzuschreiben als den abstoßenden Kräften gleicher Ladungen.

Gemäß dieser Theorie eines Lösungszwischenglieds sollte jede Flüssigkeit, in der Ferrichlorid löslich ist, gleichzeitig ein geeignetes Dispersionsmittel für Eisenoxydsole abgeben. Thomas und Frieden fanden, daß ein Verdünnen des Hydrosols mit unbegrenzten Mengen Alkohol keinen Einfluß auf das Sol erkennen ließ, selbst die Zugabe von Äther zu diesem alkoholischen Sol führte zu keiner Ausflockung, solange nicht übermäßig viel zugegeben wurde.

Ein Teilchen dieses Sols kann als eine komplexe Micelle angesehen werden, die aus Aggregaten von ionisiertem $(Fe_2O_3)_{21} \cdot FeCl_3 \cdot (H_2O)_x$ besteht. Die Chlor-Ionen gehen im Wasser in wahre Lösung und lassen ein sonst unlösliches Kation zurück. Die Chlor-Ionen haben sowohl für das Wasser als auch für das komplexe Kation sehr starke Anziehungskräfte. Die Wirkung ist die gleiche, als ob die Micelle für Wasser diese starke Anziehungskraft erlangt hätte. Dementsprechend hat die Micelle das Bestreben, in Lösung zu gehen.

Diese Ansicht wurde von Thomas und Johnson (66) weiter entwickelt, um die wechselseitige Ausfällung gewisser Hydrosole zu erklären. Die Ausflockung eines Hydrosols durch ein anderes wird gewöhnlich als eine elektrische Erscheinung angesehen, bei der die positiv geladenen Partikel des einen Hydrosols durch die negativ geladenen Partikel des anderen neutralisiert werden. Diese Hypothese wurde hinfällig, als Freundlich und Nathansohn (14) entdeckten, daß Arsentrisulfid-Hydrosol und das Schwefel-Hydrosol von Oden einander ausflocken, obgleich beide negativ geladen sind. Lottermoser (41) schlug vor, die wechselseitige Ausflockung von Kolloiden auf chemischem Wege zu erklären; er begründete diesen Vorschlag mit einigen Experimenten. Für Silberjodid-Hydrosol, das mit Silbernitrat bzw. Silberion peptisiert war und Silberjodid-Sol, das mit Kaliumjodid bzw. Jodion peptisiert war, fand er die wechselseitige Ausflockung bei jenen Mischungen am schärfsten und vollständigsten, bei denen das peptisierende Silbernitrat und Kaliumjodid in äquivalenten oder doch wenigstens nahezu äquivalenten Mengen vorlag.

Thomas und Johnson (66) untersuchten die gegenseitige Ausfällung bei einer Reihe von Hydrosolen und beobachteten, daß der Grad der Ausflockung weit mehr von den angewandten peptisierenden Agentien als von den elektrischen Ladungen abhängt. Bei der maximalen Ausflockung liegen die peptisierenden Mittel in äquivalenter Menge vor, z. B. bei einem Ferrioxyd-Hydrosol, das mit Ferrichlorid peptisiert wurde und einem Kieselsäure-Sol, das mit Natriumsilikat peptisiert wurde, vorausgesetzt, daß das Verhältnis von peptisierendem Agens zum dispergierten Stoff in ein gewisses Gebiet fällt, außerhalb dessen die Ausflockung regellos verläuft. Liegen im Solsystem Eisenoxyd-Kieselsäure die peptisierenden Agentien in äquivalenten Mengen vor, so ergeben sich für die maximale Ausflockung beim Verdünnen nur geringfügige Unterschiede in den Ausflockungsverhältnissen. Hingegen nähern sich jene, die eine Abweichung in der Äquivalenz zeigen, beim Verdünnen einer chemischen Äquivalenz. Die wechselseitige Ausflockung von Ferrioxyd- und Kieselsäuresolen ist der Aufhebung der Peptisation zuzuschreiben, da die peptisierenden Agentien miteinander in Reaktion treten.

q) Die Natur des Grenzflächenpotentials.

Noch bis vor kurzem war man allgemein der Ansicht, daß die elektrisch geladenen Partikel durch die sogenannte Helmholtzsche „elektrische Doppelschicht" umgeben seien. Eine positiv geladene Partikel z. B. sollte auf ihrer Oberfläche eine Schicht positiv geladener Elektrizität tragen, die von einer äquivalenten Menge negativer Elektrizität, die eine dünne Schicht in der unmittelbar angrenzenden Flüssigkeit bildet, umgeben sein sollte. Dieses einfache Bild ist seit den klassischen Arbeiten von Quinke (57), Helmholtz (17) und Lamb (24) Gegenstand einer Unzahl von Auseinandersetzungen geworden. In neuerer Zeit ist die Ansicht geäußert worden, daß das Flüssigkeitshäutchen mit den ausgleichenden Ladungen, die von Ionen getragen werden, außerdem noch freie Ionen aus der Lösung enthält, die nicht irgendwelche Ladungen auf den Partikelchen ausgleichen. Auf diese Weise wurde die Theorie von Helmholtz modifiziert.

Der Verfasser wies 1916 bei Betrachtungen über elektrisch geladene Partikel (69) darauf hin, daß zwischen dem Häutchen der Lösung, das ein Partikelchen benetzt, und dem Hauptteil der Lösung ein Donnansches Membrangleichgewicht existieren müsse. Betrachten wir beispielsweise ein Goldsol. Wie von Beans und Eastlack (1) gezeigt wurde, hat die Gegenwart von Chlor-, Brom-, Jod- und Hydroxylionen in Konzentrationen von 0,00005 bis 0,005 normal bei in Wasser dispergierten Goldsolen einen merklichen stabilisierenden Einfluß; die Goldpartikel sind negativ geladen. Anscheinend werden diese Ionen an der Oberfläche der Goldatome adsorbiert oder bilden möglicherweise mit dem Golde Additionsverbindungen. Fluorid-, Nitrat-, Sulfat- und Chlorationen vermindern die Stabilität von Goldsolen, was bezeichnend ist in Hinblick auf die Tatsache, daß diese Ionen mit Gold keine stabilen Verbindungen bilden.

In Abb. 67 mögen A und B zwei Goldteilchen sein, die durch Kaliumchlorid in Lösung gehalten werden. Bei der Vereinigung mit Goldteilchen geben die Chlorionen ihre negative Ladung an diese ab, die Kaliumionen bleiben allein in der Lösung zurück. Ihre Bewegungsfreiheit ist jetzt jedoch beschränkt, sie sind auf jene dünne Flüssigkeitsschicht angewiesen, die die Goldteilchen umhüllt, da sie die negative Ladung dieser Teilchen ausgleichen müssen.

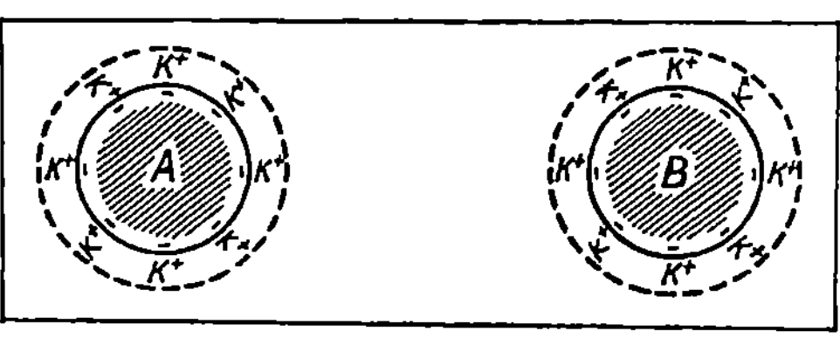

Abb. 67. Teilchen eines stabilen Goldsols mit den die Teilchen einhüllenden Flüssigkeitshäutchen.

Das Volumen der die Goldteilchen umhüllenden Schicht läßt sich aus der Oberfläche der Goldteilchen und der mittleren Entfernung berechnen, um die die Kaliumionen sich von der Oberfläche entfernen können.

Nehmen wir nun an, daß in der Lösung ein Betrag an Chlorkalium vorhanden ist, der zu gering ist, um Koagulation hervorzurufen. Die umhüllende Schicht der Goldteilchen enthält dann Kaliumionen, die der Ladung des Goldpartikelchen das elektrostatische Gleichgewicht halten, und ionisiertes Kaliumchlorid. Die äußere Lösung enthält natürlich die gleiche Anzahl an Kalium- und Chlorionen. In dieser Lösung möge sein

$$x = [\text{K}^+] = [\text{Cl}'] \,.$$

In der umhüllenden dünnen Schicht möge sein

$$y = [\text{Cl}']$$

und

$$z = [\text{K}^+] \,,$$

letzteres durch die Ladung der Goldteilchen ausgeglichen, wobei $x + z$ die Gesamtkonzentration der Kaliumionen bedeutet.

Wie bei der Entwicklung der Donnanschen Theorie gezeigt wurde, muß das Produkt $[\text{K}^+] \times [\text{Cl}']$ in beiden Phasen, d. h. in der umhüllenden dünnen Schicht und in der umgebenden Lösung im Gleichgewichtszustande gleich sein, so daß folgende Beziehung besteht:

$$x^2 = y \, (y + z) \,.$$

Die umhüllende dünne Schicht wird demnach eine größere Gesamt-Ionenkonzentration haben als die äußere Lösung; der Überschuß E hat den Betrag $2\,y + z - 2\,x$. Die ungleichartige Verteilung der Ionen muß nun eine Potentialdifferenz zwischen der dünnen, umhüllenden Schicht und der umgebenden Lösung hervorrufen. Diese hat den Wert

$$E = \frac{RT}{F} \log_e \frac{x}{y} = \frac{RT}{F} \log_e \frac{2\,x}{-z + \sqrt{4\,x^2 + z^2}} \,.$$

Lassen wir jetzt x über alle Maßen wachsen, während z konstant bleibt, so muß E abnehmen und schließlich als Grenzwert den Wert 0 annehmen, da ja:

$$\lim_{x\,=\,\infty} E = \frac{RT}{F} \log_e \frac{2\,x}{\sqrt{4\,x^2}} = 0\,.$$

Man ersieht ohne weiteres, daß die Potentialdifferenz ein Maximum haben muß, wenn kein freies Kaliumchlorid vorhanden ist, um dann mit zunehmender Konzentration dieses Salzes bis zum Werte 0 herabzusinken.

Es ist wichtig, hier zu beachten, daß z ein Maß für den absoluten Wert der elektrischen Ladung auf den Partikeln ist und daß es konstant bleibt, während die Potentialdifferenz mit entsprechenden Änderungen von x steigt oder fällt.

Die in Abb. 67 dargestellten Teilchen können nicht koagulieren, da für jedes einzelne eine genügend hohe Potentialdifferenz gleicher Art zwischen der umgebenden Lösung und jedem einhüllenden Häutchen besteht. Wird genügend Kaliumchlorid hinzugefügt, um die Potentialdifferenz unter einen gewissen kritischen Wert zu erniedrigen, so stoßen die Partikel aufeinander und die umhüllenden Schichten zweier oder mehrerer

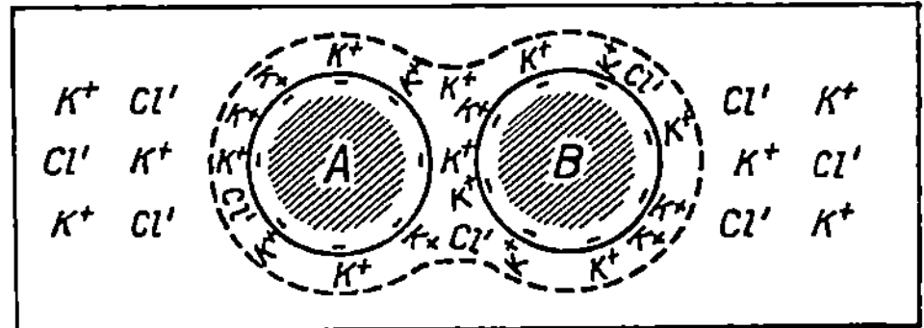

Abb. 68. Koagulation eines Goldsols durch Zusatz von Kaliumchlorid. Die Herabsetzung der Potentialdifferenz zwischen den umhüllenden Flüssigkeitshäutchen und der umgebenden Lösung leitet den Prozeß ein.

Einzelteilchen gehen, wie aus Abb. 68 ersichtlich, ineinander über. Jetzt kommen die absoluten Ladungen der Teilchen zur Geltung und sind offenbar für die Eigenschaften des Niederschlags verantwortlich zu machen.

Wahrscheinlich wird die Stabilität von Solen hydrophober Kolloide durch die Potentialdifferenz E und nicht durch den absoluten Wert der Ladung bestimmt, da das Oberflächenhäutchen die Partikel vollständig einschließt und sie mit seinen spezifischen Eigenschaften ausstattet. Loeb (37) hat gezeigt, daß hydrophobe Kolloide auszuflocken beginnen, wenn der Wert für die Potentialdifferenz unter etwa 14 Millivolt fällt. Je größer die Potentialdifferenz ist, um so größer wird auch die Anziehungskraft der Partikel für Wasser sein und damit die Tendenz, dispergiert zu bleiben. Bei Dispersionen von Substanzen wie Gelatine und ähnlichen hydrophilen Kolloiden, die ja eine große Anziehungskraft für Wasser haben, kann die Potentialdifferenz bis zu einem außerordentlich niedrigen Wert, für einige Stoffe bis zum Nullwert fallen, ohne daß Ausflockung eintritt.

Wenn ein Block Gelatinegel sich mit einer verdünnten Salzsäurelösung im Gleichgewicht befindet, so zeigt die von dem Gel absorbierte Säurelösung einerseits Beziehungen zu dem unlöslichen Gelatinenetzwerk und andererseits zu der überstehenden Säurelösung, analog der Beziehung, die zwischen dem Flüssigkeitshäutchen, das eine geladene Partikel einhüllt und der Oberfläche der Partikel einerseits und der Hauptmenge der Lösung andererseits besteht. In Gelatinesystemen ist es leicht, aus einfachen Analysen und den Grundsätzen des Donnanschen Gleichgewichts zu berechnen, wie groß die Potentialdifferenz zwischen der Gelphase und der umgebenden Lösung ist. Loebs Arbeit, die bereits in diesem Kapitel besprochen wurde, zeigt eine bemerkenswerte Übereinstimmung zwischen errechneten und beobachteten Werten. Da aber kein Weg bekannt ist, das dünne Flüssigkeitshäutchen, das die kolloidale Partikel umhüllt, zu isolieren und zu analysieren, kann die gleiche Versuchsanordnung für die Theorie Wilsons über kolloidale Dispersionen nicht angewendet werden.

Indessen ist es Loeb (37) gelungen, einen indirekten Versuch ausfindig zu machen. Unter der Voraussetzung, daß die Ansicht Wilsons richtig ist, gelangte Loeb zu dem Schluß, daß die abschwächende Wirkung der Salze auf die Potentialdifferenz an der Oberfläche der kolloidalen Partikel nur von der Valenz der Ionen des betreffenden Salzes und nicht von ihrer chemischen Natur abhängt. Zur Prüfung dieser Anschauung wurde die abschwächende Wirkung von Salzen mit einwertigen und zweiwertigen Kationen auf die kataphoretische Potentialdifferenz von Kolloidium-, Mastix- und Graphitpartikeln miteinander verglichen. Diese Valenzregel besteht in der Tat; mit wachsender Salzkonzentration fällt die Potentialdifferenz von ihrem Anfangswert von etwa 55 Millivolt stetig, für gleiche Konzentrationen ist sie praktisch dieselbe, ganz gleich, ob mit Natrium-, Kalium-, Lithium- oder Rubidiumchlorid bei dem p_H-Wert 5,8 gearbeitet wurde. Mit Salzen zweiwertiger Kationen war der Abfall viel größer, aber auch hier war bei gleichen Konzentrationen die Potentialdifferenz für Strontium-, Magnesium-, Calcium-, Kobalt-, Barium- und Manganchlorid immer gleich. Hierdurch wurde der Theorie eine indirekte experimentelle Unterlage geliefert.

Auch Oakley (51) hat darauf hingewiesen, daß eine rationelle Erklärung für das Verhalten einer Reihe kolloidaler Dispersionen auf Zugabe von Säuren, Basen und Salzen in der Anwendung der Grundsätze des Donnanschen Membrangleichgewichts und der Ionisationstheorie an den Grenzflächen der kolloidalen Partikel als den Ursprung der elektrischen Ladung besteht.

r) Theorie des Aussalzens.

Die oben gegebene Theorie über die Stabilität kolloidaler Dispersionen läßt sich auf das sogenannte Aussalzen von Lösungen oder Dispersionen kolloidaler Stoffe anwenden. Sie liefert eine notwendige Ergänzung zur Theorie der Seifenlösungen von McBain (43), bei denen man eine Micelle auch besser als ein Aggregat einwertiger Ionen als einen Komplex mehrwertiger Ionen ansehen sollte. Auch bei Seifen scheint die Zurückdrängung der Ionisation für das Aussalzen nicht nötig zu sein. Loebs Arbeiten in Verbindung mit den Forschungen in dem Laboratorium des Verfassers lassen erkennen, daß die Erniedrigung der

Potentialdifferenz in einem Proteinsystem nicht, wie vielfach angenommen wird, auf einer Zurückdrängung der Ionisation der Proteinsalze, sondern vielmehr auf dem Mechanismus des Donnaschen Gleichgewichts beruht. In Gelatinelösungen, in denen die Potentialdifferenz bis auf einen ganze geringen Betrag erniedrigt wird, läßt sich mit Hilfe einer Kalomelelektrode keine Zurückdrängung der Ionisation des Gelatinechlorids feststellen. Überdies ist es gar nicht notwendig, eine solche Zurückdrängung zu fordern, um die beobachteten Ergebnisse quantitativ zu erklären.

s) Die Adsorption.

Seitdem Gibbs gezeigt hat, daß die Konzentration eines gelösten Stoffes an der Oberfläche einer Lösung größer sein muß als im Innern, da die gelöste Substanz die Oberflächenspannung der Lösung herabsetzt, war man geneigt, diese Tatsache als Erklärung für die Verminderung der Konzentration des Gelösten in den verschiedensten Lösungsmitteln bei Berührung mit Substanzen großer Oberfläche heranzuziehen. Der Irrtum dieser Auffassung liegt darin begründet, daß die Untersuchung von Gibbs sich nur auf die Erniedrigung der Oberflächenspannung durch wirklich gelöste Substanzen bezieht. Da es in vielen Fällen nicht möglich ist, die wahre Konzentration des Gelösten in jener Schicht zu bestimmen, die in unmittelbarem Zusammenhange mit der Oberfläche des Materials, das die Konzentrationsänderung in der Lösung verursacht, steht, sind alle Schlüsse über die Ursachen einer solchen Konzentrationsabnahme unsicher. Bei der Gelatine ist es nun möglich, die Konzentration der absorbierten Lösung zu messen. Diese Untersuchungen sind geeignet, einiges Licht auf die als Adsorption bekannten Phänomene zu werfen.

Unter Adsorption im weitesten Sinne versteht man die Entfernung von gelösten Stoffen durch Stoffe, die mit der Lösung in Kontakt stehen. Freundlich (13) schlug eine empirische Formel vor, die angenähert innerhalb gewisser Grenzen mit einigen beobachteten Untersuchungsergebnissen in Einklang zu bringen ist, wenn man die beiden in der Formel vorkommenden Konstanten richtig wählt. Es besteht die Gleichung

$$w = a\,x^b,$$

hierbei bedeutet w das der Lösung durch eine Einheit des adsorbierenden Materials entzogene Gelöste, x aber dessen Endkonzentration; a und b sind Konstanten, die so gewählt wurden, daß die Gleichung paßt. Nach Freundlich variiert b zwischen 0,1 und 0,5, a weit mehr.

Die Natur der Gleichung ist derartig, daß sie eine weite Skala von Werten umfaßt, insbesondere, da man die beiden Konstanten wählen kann. Sie erklärt jedoch nichts. Aus Tab. 14 können wir ersehen, daß die Gesamtmenge der Chloride beim Gleichgewicht innerhalb des Gelatinegels durch den Ausdruck $V(y+z)$ dargestellt wird. Man kann diese Werte als Funktion der H-Ionenkonzentration mit Hilfe von Freundlichs Gleichung formulieren. Setzt man $V(y+z) = 7,33 \cdot 0,42$, so kann man eine Kurve für die von der Gelatine aufgenommene, gebundene und ungebundene HCl-Menge zeichnen, die ziemlich genau mit den berechneten und den beobachteten Werten von Tab. 14 übereinstimmt. Die Übereinstimmung ist allerdings nicht so genau wie die zwischen den beobachteten und berechneten Werten selbst. Benutzt man $\log V(y + z)$ und $\log x$ als Variable, so erhält man eine Gerade. Die beobachteten Ergebnisse führen nie zu einer Geraden, sondern streuen ebenso wie die in Tab. 14 errechneten Ergebnisse.

Auch die Kurven der Konzentration des Gelatinechlorids in Abb. 49 lassen sich durch Freundlichs Formeln darstellen, wenn man $z = 0{,}10 \cdot 0{,}3$ setzt. Diese Formel gestattet es, mit Leichtigkeit irgendeine Reaktion innerhalb gewisser Grenzen ungefähr zu formulieren. Dies liegt darin begründet, daß sehr viele Funktionen durch Kurven von parabolischer Gestalt dargestellt werden.

Die Adsorption von Ionenbildnern durch Proteingele beruht auf chemischer Bindung, die dadurch kompliziert ist, daß das System mehrphasisch ist. Bei der Adsorption von Chlorionen an der Oberfläche der Goldpartikel tritt die Natur der betreffenden Kräfte nicht gut hervor, aber wie in allen anderen schwer erklärbaren Fällen einer Adsorption ist es auch in diesem Falle angebracht, die Analogie des Protein-Elektrolyt-Gleichgewichtes in die Betrachtung einzubeziehen. Im Falle einer Adsorption durch Dispersionen hydrophober Kolloide in Wasser müssen wir die Bildung zweier Phasen annehmen analog der bei Gelatinelösungen. Es bildet sich eine dünne umhüllende Schicht um jedes einzelne Teilchen, die der absorbierten Lösung bei dem Gelatinegel entspricht.

Der Leser, der sich eingehender mit diesen Fragen befassen möchte, wird auf die Abhandlungen von Cohn (5) und Hitchcock (23) und die Bücher von Loeb (38) und Bogue (4) verwiesen.

Literaturzusammenstellung.

1. Beans, H. T. u. H. E. Eastlack: The electrical synthesis of colloids. J. amer. chem. Soc. 37, 2667 (1915).
2. Bogue, R. H.: Properties and constitution of glues and gelatines. Chem. Met. Eng. 23, 61 (1920).
3. Bogue, R. H.: The sol-gel equilibrium in protein systems. J. amer. chem. Soc. 44, 1313 (1922).
4. Bogue, R. H.: The chemistry and technology of gelatin and glue, New York: McGraw-Hill Book Co. 1922.
5. Cohn, E. J.: The physical chemistry of the proteins. Physiologic. Rev. 5, 349 (1925).
6. Cohn, E. J., J. Gross u. O. C. Johnson: The isoelectric points of the proteins in certain vegetable juices. J. gen. Phyiol. 2, 145 (1919).
7. Coulter, C. B.: The isoelectric point of redblood cells and its relation to agglutination. J. gen. Physiol. 3, 309 (1921).
8. Davis, C. E. u. E. T. Oakes: Further studies of the physical characteristics of gelatin solutions. J. amer. chem. Soc. 44, 464 (1922).
9. Donnan, F. G.: Theorie der Membrangleichgewichte und Membranpotentiale bei Vorhandensein von nicht dialysierenden Elektrolyten. Z. Elektrochem. 17, 572 (1911).
10. Donnan, F. G.: The theory of membrane equilibria. Chem. Reviews 1, 73 (1924).

11. **Dumanski, A.**: Über die Leitfähigkeit der Elektrolyte in wässerigen Lösungen von Gelatine. Z. physik. Chem. **60**, 553 (1907).
12. **Fodor, A.**: Studien über den Kolloidalzustand der Proteine im Hefeauszug. Kolloid-Z. **27**, 58 (1920).
13. **Freundlich, H.**: Kapillarchemie, 2. Aufl. Leipzig: Akad. Verlagsgesellschaft 1926.
14. **Freundlich, H. u. A. Nathansohn**: Chemische Reaktionen in Solgemischen. Kolloid-Z. **29**, 16 (1921).
15. **Gortner, R. A. u. W. A. Hoffmann**: Physico-chemical studies of proteins. Colloid Symposium Monograph **2**, 209 (1925).
16. **Hardy, W. B.**: Proc. roy. Soc. **66**, 110 (1900).
17. **Helmholtz, H.**: Ann. Physik **7**, 337 (1879).
18. **Higley, H. P. u. J. H. Mathews**: The absorption spectrum of gelatin as a function of the hydrogen-ion concentration. J. amer. chem. Soc. **46**, 852 (1924).
19. **Hitchcock, D. I.**: The combination of gelatin with hydrochloric acid. J. gen. Physiol. **4**, 733 (1922).
20. **Hitchcock, D. I.**: The ionization of protein chlorids. J. gen. Physiol. **5**, 383 (1923).
21. **Hitchcock, D. I.**: The combination of deaminized gelatin with hydrochloric acid. J. gen. Physiol. **6**, 95 (1923).
22. **Hitchcock, D. I.**: The isoelectric point of gelatin at 40° C. J. gen. Physiol. **6**, 457 (1924).
23. **Hitchcock, D. I.**: Some consequences of the theory of membrane equilibria. J. gen. Physiol. **9**, 97 (1925).
24. **Lamb, H.**: Philosophic. Mag. **25**, 52 (1888).
25. **Lewis, W. C. McC.**: A system of physical chemistry, 2nd edition, volume II. London: Longmans, Green & Co. 1919.
26. **Lloyd, D. J.**: On the swelling of gelatin in hydrochloric acid and caustic soda. Biochemic. J. **14**, 147 (1920).
27. **Loeb, J.**: Amphoteric colloids. I. Chemical influence of the hydrogen-ion concentration. J. gen. Physiol. **1**, 39 (1918).
28. **Loeb, J.**: The reversal of the sign of the charge of membranes by hydrogen ions. J. gen. Physiol. **2**, 577 (1920).
29. **Loeb, J.**: Ion series and the physical properties of proteins. I. J. gen. Physiol. **3**, 85 (1920).
30. **Loeb, J.**: Ion series and the physical properties of proteins. II. J. gen. Physiol. **3**, 247 (1920).
31. **Loeb, J.**: Colloidal behavior of proteins. J. gen. Physiol. **3**, 557 (1921).
32. **Loeb, J.**: Donnan equilibrium and the physical properties of proteins. I. Membrane potentials. J. gen. Physiol. **3**, 667 (1921).
33. **Loeb, J.**: Donnan equilibrium and the physical properties of proteins. II. Osmotic pressure. J. gen. Physiol. **3**, 691 (1921).
34. **Loeb, J.**: Donnan equilibrium and the physical properties of proteins. III. Viscosity. J. gen. Physiol. **3**, 827 (1921).
35. **Loeb, J.**: The reciprocal relation between the osmotic pressure and the viscosity of gelatin solutions. J. gen. Physiol. **4**, 97 (1921).
36. **Loeb, J.**: The interpretation of the influence of acid on the osmotic pressure of protein solutions. J. amer. chem. Soc. **44**, 1930 (1922).
37. **Loeb, J.**: Hydrophylic and hydrophobic colloids and the influence of electrolytes on membrane potentials and cataphoretic potentials. J. gen. Physiol. **6**, 307 (1924).
38. **Loeb, J.**: Die Eiweißkörper und die Theorie der kolloidalen Erscheinungen. Berlin: Julius Springer 1924.
39. **Loeb, J. u. M. Kunitz**: Valency rule and alleged Hofmeister series in the colloidal behavior of proteins. J. gen. Physiol. **5**, 665 (1923).
40. **Loebel, Z. C.**: The behavior of deaminized gelatin. Diss. Columbia University 1926.
41. **Lottermoser, A.**: Beiträge zur Theorie der Koagulation der Hydrosole. Kolloid-Z. **6**, 78 (1910).

42. McBain, J. W.: Colloid chemistry on soap. Brit. Assoc. Advancement Sci. Third Report on Colloid Chemistry 2 (1920).
43. McBain, J. W. u. C. S. Salmon: Colloidal electrolytes. Soap solutions and their constitution. J. amer. chem. Soc. 42, 426 (1920).
44. Meunier, L. u. G. Rey: Détermination du point isoélectrique de la laine et de la floréïne de soie. Cuir techn. 16, 129 (1927).
45. Michaelis, L. u. Z. Bien: Der isoelektrische Punkt des Kohlenoxydhämoglobins und des reduzierten Hämoglobins. Biochem. Z. 67, 198 (1914).
46. Michaelis, L. u. H. Davidsohn: Biochem. Z. 33, 456 (1911); 39 496 (1912); 41, 102 (1912).
47. Michaelis, L. u. W. Grineff: Der isoelektrische Punkt der Gelatine. Biochem. Z. 41, 373 (1912).
48. Michaelis, L. u. A. Mendelssohn: Biochem. Z. 65, 1 (1914).
49. Michaelis, L. u. H. Pechstein: Biochem. Z. 47, 260 (1914).
50. Michaelis, L. u. D. Takahashi: Biochem. Z. 29, 439 (1910).
51. Oakley, H. B.: Origin of the charge on colloidal particles. J. physic. Chem. 30, 902 (1926).
52. Porter, E. C.: Swelling of hide powder. J. Int. Soc. Leather Trades Chem. 5, 259 (1921); 6, 83 (1922).
53. Procter, H. R.: The structure of organic jellies. Proc. Seventh Intern. Congress of Applied Chemistry. London 1909.
54. Procter, H. R.: Über die Einwirkung verdünnter Säuren und Salzlösungen auf Gelatine. Kolloidchem. Beih. 2, 243 (1911).
55. Procter, H. R.: Equilibrium of dilute hydrochloric acid and gelatin. J. chem. Soc. 105, 313 (1914).
56. Procter, H. R. u. J. A. Wilson: The acid-gelatin equilibrium. J. chem. Soc. 109, 307 (1916).
57. Quincke: Ann. Physik 113, 513 (1861).
58. Rona, P. u. L. Michaelis: Biochem. Z. 28, 193 (1910).
59. Sheppard, S. E. u. F. A. Elliott: The reticulation of gelatine. Ind. Eng. Chem. 10, 727 (1918).
60. Sheppard, S. E. u. S. S. Sweet: The elastic properties of gelatin jellies J. amer. chem. Soc. 43, 539 (1921).
61. Sheppard, S. E., S. S. Sweet u. A. J. Benedict: Elasticity of purified gelatin jellies as a function of hydrogen-ion concentration. J. amer. chem. Soz. 44, 1857 (1922).
62. Smith, C. R.: Mutarotation of gelatin and its significance in gelatin. J. amer. chem. Soc. 41, 135 (1919).
63. Sörensen, S. P. L.: Compt.-rendus trav. lab. Carlsberg 12 (1915—1917).
64. Thomas, A. W. u. S. B. Foster: The behavior of deaminized collagen. J. amer. chem. Soc. 48, 489 (1926).
65. Thomas, A. W. u. A. Frieden: Ferric salt as the „solution link" in the stability of ferric oxide hydrasol. J. amer. chem. Soc. 45, 2522 (1923).
66. Thomas, A. W. u. L. Johnson: The mechanism of the mutual precipitation of hydrosols. Colloid Symposium Monograph 1, 187 (1923).
67. Thomas, A. W. u. M. W. Kelly: The isoelectric point of collagen. J. amer. chem. Soc. 44, 195 (1922).
68. Thompson, F. C.: Structure of gelatin solutions. J. Int. Soc. Leather Trades Chem. 3, 209 (1919).
69. Wilson, J. A.: Theory of colloids. J. amer. chem. Soc. 38, 1982 (1916).
70. Wilson, J. A. u. G. Daub: A critical study of bating. Ind. Eng. Chem. 13, 1137 (1921).
71. Wilson, J. A. u. A. F. Gallun jun.: The points of minimum plumping of calf skin. Ind. Eng. Chem. 15, 71 (1923).
72. Wilson, J. A. u. E. J. Kern: The two forms of gelatin and their isoelectric points. J. amer. chem. Soc. 44, 2633 (1922); 45. 3139 (1923).
73. Wilson, J. A. u. W. H. Wilson: Colloidal phenomena and the adsorption formula. J. amer. chem. Soc. 40, 886 (1918).

6. Mikroorganismen und Enzyme.

Mikroorganismen sind in jeder Gerberei sehr stark vertreten. Man hat sie die unsichtbaren Freunde und Feinde des Gerbers genannt. Die Häute gegen eine durch ihre Tätigkeit verursachte Schädigung zu schützen ist eine der schwierigsten Aufgaben des Gerbers. In der Erforschung dieser interessanten pflanzlichen Lebewesen und ihres Verhaltens in der Gerberei ist erst ein unbefriedigender Anfang gemacht. Wir hoffen aber, durch intensives Studium eines Tages in die Lage zu kommen, ihre Aktivität genau so scharf kontrollieren zu können, wie die irgendwelchen chemischen Prozesses.

Pflanzliche Organismen teilt man in vier große Untergruppen ein, die „Spermatophyten" oder Samenpflanzen, die „Bryophyten" oder Moospflanzen, die „Pteridophyten" oder Farne und die „Thallophyten". Zu letzteren gehören auch die in der Gerberei üblichen Mikroorganismen, die Bakterien, Hefen und Schimmelpilze.

Die Thallophyten sind niedere Pflanzenwesen, die nicht in Wurzel, Stengel und Blüte untergeteilt sind. Diejenigen von ihnen, die Chlorophyll enthalten, nennt man „Schizophyten" oder blau-grüne Algen; die einzelligen Pflanzen, die sich nur durch Zellteilung vermehren und kein Chlorophyll enthalten, werden unter dem Namen „Schizomyceten" oder Bakterien zusammengefaßt. Die ein- und mehrzelligen Pflanzen, die sich anders als durch einfache Zellteilung vermehren und kein Chlorophyll enthalten, heißen „Fungi"; zu ihnen gehören die Hefen und Schimmelpilze.

a) Bakterien.

Ein Bakterium ist ein pflanzliches Gebilde, das aus einer einzigen Zelle besteht, die kein Chlorophyll enthält und sich nur durch Teilung vermehrt. Bakterienzellen besitzen im allgemeinen drei Formen, nämlich die von Kugeln, geraden Stäbchen oder von gewundenen Stäbchen. Eine kugelförmige Zelle heißt „coccus", ein gerades Stäbchen „bacillus" und ein gewundenes Stäbchen „spirillum". Bakterien sind so klein, daß als übliches Maßsystem gewöhnlich nur das Mikron (μ), ein tausendstel Millimeter in Frage kommt. Die Dimensionen der üblichen Bakterien variieren von 0,5 bis 10 Mikron. Ein Bakterium durchschnittlicher Größe hat etwa ein Volumen von einem Kubikmikron, so daß eine Trillion Bakterien notwendig wären, den Raum eines Kubikzentimeters auszufüllen. In der Gerberei sind die Bakterien in manchen Beizlösungen am stärksten vertreten; die größte Zahl an Bakterien, die je in den Laboratorien des Verfassers in Beizlösungen festgestellt werden konnte, betrug etwas mehr als eine Billion pro Kubikzentimeter. Diese erschreckende Zahl nimmt nur ca. 0,1% des Volumens der Beizlösung ein und wiegt nicht mehr als etwa ein Milligramm.

Bakterien vermehren sich durch einen Zellteilungsprozeß. Die Zelle wächst, bis sich ihr Umfang nahezu verdoppelt hat, dann teilt sie sich in zwei Einzelzellen. Einzelne Bakterien bilden im Laufe ihres Wachstums Sporen. Die Sporen sind gewöhnlich sehr viel widerstandsfähiger

gegen Zerstörung als die normalen Zellen und man hat die Theorie aufgestellt, daß die Sporenbildung keine Vermehrungsart, sondern vielmehr eine Schutzform gegenüber ungünstiger Umgebung darstelle.

Bei der Vermehrung der Bakterien lösen sich die neugebildeten
Zellen nicht immer voneinander, sondern bleiben aneinander hängen
und bilden so charakteristische Gruppen, die mit zu ihrer Identifi-

Abb. 69. Lange Ketten eines stäbchenförmigen Bacillus aus einem Weichwasser.
Färbung: Loefflers Methylenblau. Wratten-Filter: E 2-Orange. Lineare Vergrößerung: 1600-fach.
Okular: 7,5×. Objektiv: 1,9 mm Öl.

zierung benutzt werden können. Abb. 69 zeigt solche Gruppen in Form
von langen Stäbchenketten, und zwar handelt es sich dabei um einen
Bacillus, der in einem gebrauchten Weichwasser gefunden wurde. Die
Zellen werden einfach verlängert und dann untergeteilt, bleiben aber
aneinander hängen und bilden so lange Ketten. Wenn kugelförmige
Zellen sich in dieser Art teilen und lange Ketten bilden, nennt man sie
„Streptokokken". Bilden sie unregelmäßige traubenförmige An-

häufungen, so spricht man von „Staphylokokken"; neigen sie zur Bildung von Paaren, so werden sie „Diplokokken" genannt. Spirillen treten nur selten in Gruppen auf.

Manche Bakterien besitzen als „Geißeln" bekannte Fortbewegungsorgane. Diese bestehen aus außerordentlich dünnen Protoplasmafäden und dienen dazu, die Bakterien durch eine korkzieherartige Bewegung

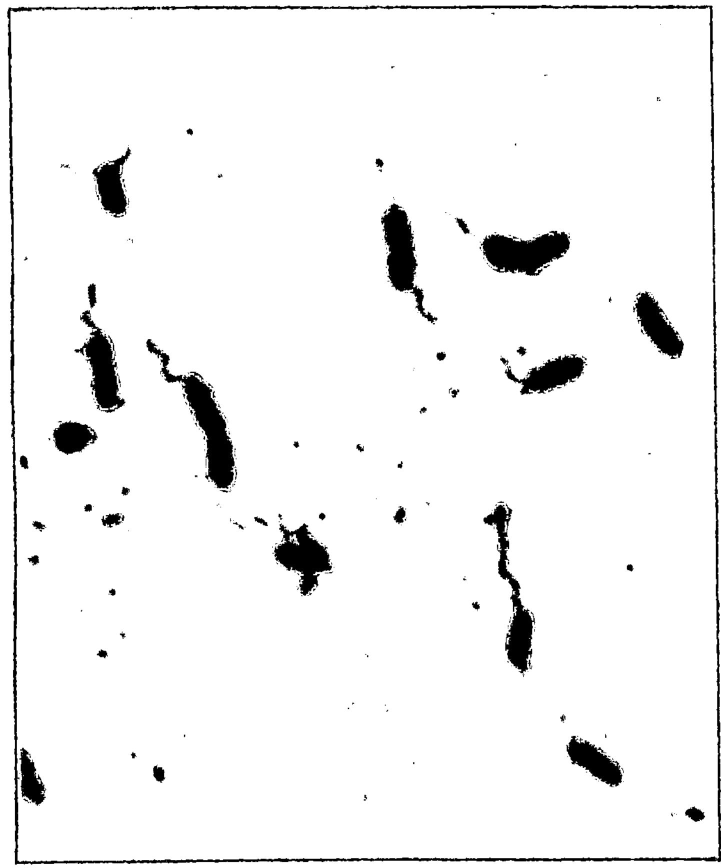

Abb. 70. Stäbchenförmige Bacillen mit Geißeln aus einem Weichwasser.
Färbung: Williams Methode.   Wratten-Filter: E2-Orange.   Okular: 25×.   Objektiv: 1,9 mm Öl.
Lineare Vergrößerung: 2700fach.

fortzubewegen. Abb. 70 zeigt so begeißelte Bacillen. Für einige Bakterien ist die Art, Zahl und Anordnung der Geißeln charakteristisch und dient zu ihrer Identifizierung.

Buchanan (3) stellte eine interessante Berechnung über den Umfang des Bakterienwachstums unter idealen Bedingungen auf. Wohl die meisten der stärker aktiven Bakterien können innerhalb dreißig Minuten zu ihrer vollen Größe auswachsen und durch Teilung zwei Individuen

bilden. Nimmt man an, daß dieser Teilungsprozeß zwei Tage fort-
dauert, so wird die Zahl der aus einer einzigen Zelle hervorgegangenen
Bakterien nach zwei Tagen 2^{96} betragen und ihr Gesamtgewicht mehr als
eine Trillion Tonnen. Indessen können solche Bakterienmassen praktisch
nicht entstehen, weil es an geeigneten Nährstoffen fehlt und außerdem
von den Bakterien selbst Substanzen abgeschieden werden, die sie in
ihrem eigenen Wachstum hindern.

Die Bakterienaktivität besteht in einer Diffusion gelöster Nährstoffe durch die Zellwände der Bakterien, Reaktionen innerhalb der

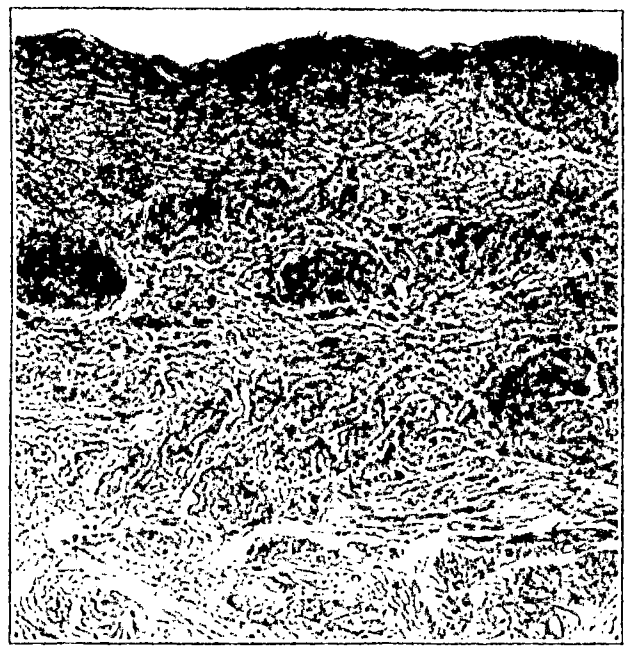

Abb. 71. Senkrechter Schnitt durch Kalbleder. (Intakte Stelle des Narbens.)
Stelle der Entnahme: Schild.   Dicke des Schnitts: 20 μ.   Färbung: Keine.   Gerbung: Chrom.
Okular: 5×.   Objektiv: 8 mm.   Wratten-Filter: K 3-Gelb.   Lineare Vergrößerung: 250-fach.

Zellen, e Wachstum und Teilung der Bakterien und in der Bildung von
Substanzen, die aus der Bakterienzelle in die Lösung diffundieren, in
der die Bakterien suspendiert sind. Oft sind diese abgeschiedenen Stoffe
von sehr großer Bedeutung. Das Kollagen der Haut kann, da es unlöslich
ist, nicht in die Bakterienzelle diffundieren, aber die Zelle kann ein
proteolytisches Enzym abscheiden, das Kollagen zu hydrolysieren und
lösliche Produkte daraus zu bilden vermag. Diese diffundieren dann durch
die Zellwand in die Zelle und helfen dort noch mehr des gleichen Enzyms
zu bilden, das wiederum nach außen diffundiert und weiteres Kollagen
abbaut. Bakterienzellen verschiedener Art können eine große Menge ver-
schiedenartigster enzymatisch wirksamer Substanzen ausscheiden.

b) Bakterielle Schädigung der Häute.

Die Häute müssen vom Moment des Schlachtens an bis zur völligen
Ausgerbung gegen Bakterienwirkung geschützt werden. Frisch geschlach-
tete Häute nehmen rasch Bakterien aus der Umgebung auf. Diese finden
in den in der Haut vorhandenen löslichen Proteinen einen vorzüglichen
Nährboden, vermehren sich rasch und scheiden Enzyme ab, die die
Kollagenfasern der Haut zu zerstören vermögen. Die Methoden, wie man
die Häute gegen solche schädliche Einflüsse schützt, bis sie in die
Gerberei eingeliefert werden, werden im Kapitel 7 besprochen.

Abb. 72. Senkrechter Schnitt durch Kalbleder. (Angegriffene Stelle des Narbens.)
Stelle der Entnahme: Schild.　Dicke des Schnitts: 20 μ.　Färbung: Keine.　Gerbung: Chrom.
Okular: 5×.　Objektiv: 8 mm.　Wratten-Filter: K 3-Gelb.　Lineare Vergrößerung: 250-fach.

Trotz der gewöhnlich getroffenen Schutzmaßnahmen, leiden viele
Häute durch Bakterien Schaden. Obwohl der Schaden meist bereits
eintritt, bevor die Häute gegerbt werden, wird er doch häufig erst nach
dem Gerben sichtbar. Im allgemeinen treten Schädigungen vor allem
an nicht sorgfältig konservierten Häuten auf, an Häuten, die in zu
warmen Räumen gelagert wurden und an Häuten, die zu lange in warmen
oder schmutzigem Wasser gelegen hatten. Die einzelnen Umstände, die
die Art des Schadens bestimmen, sind noch nicht gut untersucht. Es hat
den Anschein, als ob jeder dieser Bedingungen eine spezielle Art der
Schädigung der Haut entspräche. So scheint z. B. in einigen Fällen nur
die Narbenschicht in Mitleidenschaft gezogen zu werden, in andern nur

die Gegenden, die die Blutadern umschließen und wieder in andern nur die Schicht, die die Thermostat- und Retikularschicht der Haut trennt. Beispiele hierfür wurden von Wilson und Daub (23) und von Stather und Liebscher (16) angegeben.

Abb. 71 und 72 zeigen senkrechte Schnitte durch chromgegerbtes Kalbleder, auf dem nach dem Gerben und Zurichten sommersprossenartige Flecken auftraten. Die Oberfläche des Leders war von Bakterienkolonien angegriffen, die überall über sie hin verteilt waren. Abb. 71 zeigt einen Schnitt durch eine nicht angegriffene Stelle zwischen den

Abb. 73. Senkrechter Schnitt durch Kalbleder. (Beschädigter Haarbalg.)
Stelle der Entnahme: Schild.   Dicke des Schnitts: 30 μ.   Färbung: Keine.   Gerbung: Chrom.
Okular: 5×.   Objektiv: 16 mm.   Wratten-Filter: K 3-Gelb.   Lineare Vergrößerung: 120-fach.

Flecken, Abb. 72 einen solchen durch die Flecken selbst. Obwohl nur die dünnen Fasern der allerobersten Schicht, und zwar nur in einer Tiefe von weniger als 0,01 mm angegriffen waren, traten die Flecken nach dem Zurichten und Glanzstoßen sehr stark hervor, sie waren durch ihren dunkleren Glanz von den übrigen Stellen verschieden. Der Schaden war vor der Gerbung bereits eingetreten, aber erst nach den Zurichtungsoperationen sichtbar.

Abb. 73 zeigt eine ähnliche Schadensart, der Schaden ist hier jedoch ausschließlich auf die Haarlöcher beschränkt. Die dünnen Fasern den Haarlöchern entlang sind voneinander getrennt und teilweise zerstört. Bei den letzten Zurichtungsarbeiten füllen sich dann die so gebildeten

Hohlräume mit Schmutz und übergroßen Mengen an Finishen und dadurch erscheint dann das Leder nach der Zurichtung gefleckt. Dadurch wird sein Marktwert stark verringert.

Ein sehr lästiger Fehler bei manchen Arten leichter Leder ist das Sichtbarwerden des Blutadernsystems der Haut auf dem Narben. Er tritt nach dem Trocknen und Zurichten des Leders in Erscheinung. Küntzel (8) hat kürzlich zwei unterschiedliche Arten dieses Lederfehlers beschrieben. Abb. 74 zeigt einen Schnitt durch ein chromgegerbtes Kalbleder, bei dem die Blutadern auf dem Narben hervortraten,

Abb. 74. Senkrechter Schnitt durch Kalbleder. (Senkrecht zu einer losen Vene geschnitten.)
Stelle der Entnahme: Bauch.   Dicke des Schnitts: 40 μ.   Färbung: Keine.   Gerbung: Chrom.
Okular: Keins.   Objektiv: 16 mm.   Wratten-Filter: K 3-Gelb.   Lineare Vergrößerung: 50-fach.

und zwar senkrecht zur Ader geschnitten. Man kann deutlich sehen, daß die Fasern rings um die Adern weggefressen sind. Beim Glanzstoßen des Leders erhalten die Stellen, an denen die Adernrinnen verlaufen, geringeren Druck als der übrige Teil des Leders. Da aber je nach dem angewandten Druck sich die Farbe verdunkelt, entsteht auf den Narben entsprechend dem Blutadernsystem der Haut eine heller gefärbte Musterung. Der Fehler tritt häufig an ungenügend konservierten Häuten auf, die einem gewissen Fäulnisprozeß ausgesetzt waren. Es ist indessen bemerkenswert, daß das Blutadernsystem sehr stark angegriffen sein kann, ohne daß am Narben irgendeine Beschädigung zu konstatieren ist. Dies läßt die Vermutung aufkommen, daß das in den Häuten verbliebene Blut die Infektion veranlaßt. Abb. 75 zeigt einen Schnitt durch ein anderes Stück Chromkalbleder, in dem die Blutader parallel zur Schnittebene verläuft. Hier ist der Schaden durch Glanzstoßen noch besonders hervorgehoben. Der finanzielle Schaden durch Hervortreten der Blutadern ist besonders groß bei leichten Oberledern, ist aber auch bei den schwersten Ledern nicht unbeträchtlich.

Abb. 76 zeigt an einem Schnitt durch vegetabilisch gegerbtes Kalbleder die Ursache eines losen Narbens. Die Bakterien haben im ungegerbten Zustand der Haut die Gegend der Fettdrüsen angegriffen und die meisten

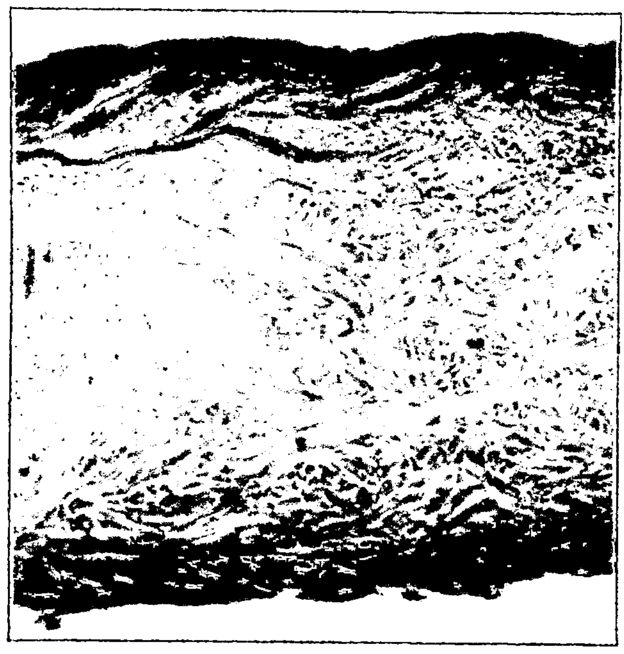

Abb. 75. Vertikalschnitt durch Kalbleder. (Parallel zu einer losen Vene geschnitten.)
Stelle der Entnahme: Schild.   Dicke des Schnitts: 40 μ.   Färbung: Keine.   Gerbung: Chrom.
Okular: Keins.   Objektiv: 16 mm.   Wratten-Filter: K 3-Gelb.   Lineare Vergrößerung: 50-fach.

der Fasern, die die Thermostat- und Retikularschicht miteinander verbinden, zerstört. Die Fasern des Narbens dagegen sind nicht angegriffen.

Der Gerber kennt eine ganze Anzahl verschiedener Methoden, um die Tätigkeit von Bakterien zu unterbinden. Häute, die lange vor der Gerbung lagern sollen, werden manchmal getrocknet; bei Abwesenheit von Feuchtigkeit können sich Bakterien nicht entwickeln. Werden die Häute gesalzen, so verwendet man hohe Salzkonzentrationen, die praktisch eine Bakterienaktivität verhindern. Das Weichen der Häute führt man bei niederen Temperaturen durch; solche sind für ein rasches Bakterienwachstum ungünstig. Manchmal verwendet man zur Abtötung oder Wachstumshemmung von Bakterien auch antiseptische

Mittel. Die Kontrolle des p_H-Wertes der Lösungen, die mit Materialien, die leicht der Fäulnis unterliegen, in Berührung kommen, verspricht für die Unterbindung einer Schädigung solcher Substanzen durch Bakterien von der allergrößten Bedeutung zu werden.

c) Der Einfluß des p_H-Wertes.

Merrill und Fleming studierten im Laboratorium des Verfassers den Einfluß des p_H-Wertes auf eine Bakterienschädigung der Rohhaut.

Abb. 76. Senkrechter Schnitt durch losnarbiges Kalbleder.
Stelle der Entnahme: Rückgrat. Dicke des Schnitts: 30 μ. Färbung: Keine. Gerbung: vegetabilisch. Okular: Keins. Objektiv: 16 mm. Wratten-Filter: H-Blaugrün. Lineare Vergrößerung: 50-fach.

Zum Erhalt von Lösungen mit genau eingestelltem p_H titrierten sie eine dreißigstel-molare Phosphorsäurelösung mit Natriumhydroxyd und bestimmten den p_H-Wert mit der Wasserstoffelektrode. Das Phosphat diente dazu, Schwankungen der p_H-Werte nach Einbringen der Hautstücke in die Lösung zu verhindern. Die Hautstücke wurden teils nach dem Weichen, teils nach dem Beizen der Haut entnommen und im Thermostaten bei 25° C mit den Pufferlösungen von genau eingestelltem p_H behandelt. Von Zeit zu Zeit wurden Proben der Hautstücke untersucht. Im Falle der geweichten Häute wurde eine Bakterienwirkung am Grad der Haarlässigkeit der Hautproben festgestellt, bei den gebeizten Häuten am „Stippigwerden" des Narbens.

Bei p_H-Werten unter 3,0 trat Hydrolyse der Hautstücke unter dem Einfluß der Säure ein. Bei p_H-Werten zwischen 3,0 und 4,5 bewirkte die Säure eine Haarlockerung, dagegen traten auf dem Narben keine „stippigen" Stellen auf, es konnte keine Bakterienwirkung festgestellt werden. Zwischen p_H 4,5 und 6,5 war weder Haarlockerung noch Stippig-werden des Narbens zu konstatieren. Bei p_H-Werten zwischen 6,5 und 8,0 waren die Hautstücke haarlässig und auch der Narben stippig, und zwar lag das Maximum beider Erscheinungen bei etwa p_H 7,5. Bei p_H-Werten über 8,0 trat kein stippiger Narben mehr auf. Die am Grade der Haarlässigkeit festgestellte Wirkung auf die Haarbälge nimmt bei Steigerung des p_H-Wertes von 7,5 bis 10,5 allmählich ab, über p_H 10,5 dagegen wieder zu, doch ist diese letztere Zunahme mehr der Wirkung des Alkalis als der von Bakterien zuzuschreiben.

Aus den Experimenten geht hervor, daß die größte Gefahr für eine bakterielle Schädigung der Haut vorhanden ist, wenn sie mit Lösungen mit einem p_H-Wert zwischen 6,5 und 8,0 behandelt wird. Diese Tatsache wird auch durch die Untersuchungen von Stather und Liebscher (17) über die beim Rotwerden von Salzhäuten wirksamen Bakterien bestätigt.

d) Die Bakterienzählung.

Interessante Aufschlüsse über das Bakterienwachstum in den in der Gerberei üblichen Wässern und Brühen erhält man durch Auszählen der Bakterienkeime. Wegen der genauen Arbeitsmethoden muß auf die bakteriologischen Lehrbücher (6) verwiesen werden; hier soll nur das Prinzip der Methode erörtert werden.

Man füllt eine Probe der zu untersuchenden Flüssigkeit in ein vorher sterilisiertes Gefäß ab und macht von der Probe baldmöglichst verschiedene Verdünnungen mit sterilisiertem Wasser. Besteht kein Anhaltspunkt, wie groß die Zahl der Bakterienkeime in der zu untersuchenden Flüssigkeit ungefähr ist, so verdünnt man auf das Doppelte, 10-, 100-, 1000-, 10000-, 100000-, 1000000-, 10000000- und 100000000-fache. Sobald eine Verdünnung hergestellt ist, wird die Probe kräftig geschüttelt und in geeigneter Weise ein Teil für die nächste Verdünnung herausgenommen. Gleichzeitig wird eine Plattenkultur davon angelegt. Das geschieht in der Weise, daß man 1 ccm der Probe oder der Verdünnung mit 10 ccm eines verflüssigten Nährbodens bei 40⁰ C in einer Petri-Schale mischt und dann den Nährboden so rasch als möglich erstarren läßt. Wird ein gelatinehaltiges Kulturmedium benutzt, so werden die Platten im Brutschrank bei 20⁰ C aufbewahrt, bei Verwendung eines Agarnährbodens bei 37⁰ C. Natürlich dürfen beim Animpfen keine anderen Mikroorganismen in die Platten hineingebracht werden, als in der ursprünglichen, zu untersuchenden Flüssigkeitsprobe vorhanden waren. Gelatineplatten läßt man 48 Stunden auswachsen, Agarplatten nur 24 Stunden. Die Brutschränke müssen dunkel, gut durchlüftet und praktisch mit Feuchtigkeit gesättigt sein.

Nach den angegebenen Zeiten werden die auf jeder Platte sichtbaren Kolonien ausgezählt. Dies kann entweder makroskopisch geschehen, wobei man zur Auszählung am besten Platten mit 30 bis 300 Kolonien benutzt oder auch mikroskopisch nach Gesichtsfeldern evtl. unter Benutzung einer Okularzählscheibe. Man nimmt dabei an, daß jede Kolonie aus einem einzigen Organismus der ursprünglichen Flüssigkeit entstanden ist.

Nehmen wir an, es handelt sich um die Auszählung der Bakterienkeime in einem zum Weichen gesalzener Kalbfelle benutzten Weichwasser. Auf den Agarplatten sind bei 37⁰ C bei allen Verdünnungen weniger als 1000-fach zu viel Kolonien zum Auszählen ausgewachsen. Auf der mit der 10000-fachen Verdünnung angeimpften Platte sind es 102 Kolonien, auf der von der 100000-fachen Verdünnung 11 Kolonien und auf der Platte von der 1000000-fachen Verdünnung nur 2 Kolonien. Die Platte mit den 102 Kolonien wird zur Ausrechnung benutzt. Die Anzahl der ausgewachsenen Kolonien 102, multipliziert mit dem Verdünnungsfaktor 10000 ergibt 1020000 Mikroorganismen für 1 ccm der ursprünglichen Flüssigkeitsprobe. Die Auszählung der Gelatineplatte bei 20⁰ C ergibt 12500000. Nur 8% der Organismen, die bei 20⁰ auf Gelatine auswachsen, vermögen also auch bei 37⁰ C auf Agar auszuwachsen. Die Tatsache wäre damit zu erklären, daß die Temperatur solcher Weichwässer 15⁰ C praktisch nie überschreitet und daß die Organismen, die im Weichwasser bei 15⁰ das größte Wachstum aufweisen, unfähig sind, in gleicher Weise auch bei 37⁰ C sich zu entwickeln. Längeres Aufbewahren der Platten im Brutschrank ist ohne Einfluß auf das Zählergebnis. Der Durchschnitt der innerhalb eines Jahres vorgenommenen Auszählungen betrug ungefähr 1000000 Keime bei 37⁰ C und 12000000 Keime bei 20⁰ C.

Ein Weichwasser, dem vor dem Einweichen der Häute auf eine Million Teile 44 Teile Chlor zugefügt worden waren, zeigte nach dem Weichen folgende Bakterienmengen: bei 20⁰ C 28600 und bei 37⁰ C 33000. Das Chlor hatte also stärker gegen die bei niedriger Temperatur wachsenden Mikroorganismen gewirkt.

Die Differenzen bei der Auszählung ein und desselben Musters bei verschiedenen Temperaturen oder unter Verwendung verschiedener Kulturmedien sind oft so groß, daß man sich fragen muß, was eigentlich die Bakterienzählung für einen Wert hat. Es nimmt niemand an, daß z. B. ein Muster, das bei der Auszählung den Wert 1000 ergab, nur 1000 Bakterienzellen im Kubikzentimeter enthält. Die Zahl soll nur ausdrücken, daß zum mindesten 1000 Keime vorhanden sind, es können aber auch sehr viel mehr sein. Die Bakterienzählungen ergeben gut brauchbare Vergleichswerte, wenn sie unter möglichst gleichen Bedingungen durchgeführt werden. Der Chemiker, der eine offizielle Methode zur Untersuchung eines technischen Prozesses heranzieht, muß sich über die Grenzen dieser Methode im klaren sein, sonst kommt er in Schwierigkeiten. Dies geht deutlich hervor aus der Arbeit von Wilson und Vollmar (25) über den Einfluß des Salzes auf die in Weichwässern vorhandenen Bakterienmengen.

e) Die Wirkung von Salzen.

Beim Auszählen der Bakterienkeime im Weichwasser gesalzener Kalbfelle wurden sehr viel höhere Zahlen erhalten, wenn das zum Verdünnen nötige destillierte Wasser oder Leitfähigkeitswasser durch steriles Leitungswasser ersetzt wurde. Zuerst schrieb man diese Tatsache dem Umstand zu, daß auf diese Weise für die Bakterien eine Umgebung gebildet werde, die der, in der sie sich ursprünglich entwickelten, weitgehendst ähnlich sei, später aber konnte festgestellt werden, daß die höheren Resultate auf den Salzgehalt des Verdünnungswassers zurückzuführen seien.

Es wurde gefunden, daß Salz eine Zunahme oder Abnahme der Bakterienmengen bewirken kann, und zwar je nach der Art und Konzentration des im Nährboden vorhandenen Salzes und je nachdem, ob es direkt dem Nährboden zugefügt oder wie in dem oben angeführten Beispiel durch die Verdünnung eingeschleppt wird. Da man Bakterienzählungen beim Studium der Wirksamkeit verschiedener Sterilisationsmittel in Wasser verschiedener Salzkonzentration häufig anwendet, ist es von großer Wichtigkeit zu wissen, wie weit diese Bakterienzählungen durch das Salz beeinflußt werden. Der Verfasser führte deshalb eine Untersuchung über den Einfluß einer Zugabe verschiedener Salze zum Nährboden auf die im Weichwasser gesalzener Kalbfelle gefundenen Bakterienmengen aus. Einige wenige typische Resultate sollen im folgenden beschrieben werden.

Alle Bakterienzählungen wurden nach der offiziellen Vorschrift der American Public Health Association durchgeführt, soweit dies nicht besonders angegeben. Die Weichwässer, deren Bakterienzahlen in dieser Arbeit angegeben werden, enthielten durchschnittlich etwa 0,03 Mole Natriumchlorid im Liter. Dieser Salzgehalt wurde jedoch vor dem Animpfen durch Verdünnen mit destilliertem Wasser (um die Zahl der Kolonien in den gewünschten Grenzen zu halten) so stark verringert, daß er vollständig vernachlässigt werden konnte. Von jedem Versuch wurden aus dem vor dem Animpfen auf das zehn- und hundertfache verdünnten Weichwasser doppelte Plattenserien angelegt.

Als Grundlage des Nährbodens wurde ein Spezial-Nähr-Agar verwandt. Für alle Versuche wurde die gleiche Probe angewendet, ohne zu versuchen, die gebundenen und ungebundenen anorganischen Bestandteile zu differenzieren. Die zuvor in Wasser gelösten Salze wurden vor Einstellen des endgültigen Volumens und Sterilisieren direkt dem Nährboden zugesetzt. Da die Wasserstoffionenkonzentration von besonderer Wichtigkeit ist, wurde sie bei jeder Probe sowohl vor wie nach dem Auswachsen der Bakterien gemessen. Sie lag in keinem Falle außerhalb des Bereiches 6,9 und 7,1. Es wurde eine Reihe von Reinkulturen, die aus verschiedenen Weichwässern erhalten worden waren, mikroskopisch verfolgt, die Unterschiedlichkeit im Verhalten der einzelnen Kulturen war aber so groß, daß auf Einzelheiten hier nicht eingegangen werden kann.

Den Einfluß eines steigenden Gehalts des Nährbodens an Natriumchlorid zeigt Abb. 77. Alle Bakterienzahlen gelten für das gleiche Weichwassermuster, das einzig Variable war die Konzentration des Salzes im Nährboden. Unter Anwendung der offiziellen Methode wurden ohne Salzzusatz 610000 Bakterienkeime im Kubikzentimeter ermittelt, mit steigendem Salzgehalt des Nährbodens stieg diese Zahl zu einem Maximum von 11100000 Keimen bei 0,05 Mol zugesetzten Salzes im Liter und fiel dann ständig, um über molarer Stärke praktisch gleich Null zu werden. Die Zugabe von 0,05 Molen Natriumchlorid im Liter zum Nährboden bewirkte also, daß achtzehnmal so viel Kolonien auswuchsen als auf dem salzfreien Nährboden. Daß dies nicht nur einem beschleunigten Wachstum zuzuschreiben war, bewies die Tatsache, daß sich nach einer Inkubationszeit von einer Woche statt 48 Stunden die Zahl der ausgewachsenen Kolonien nicht änderte. Um Fehler durch die Art des Animpfens möglichst auszuschalten, wurde mit einem aliquoten

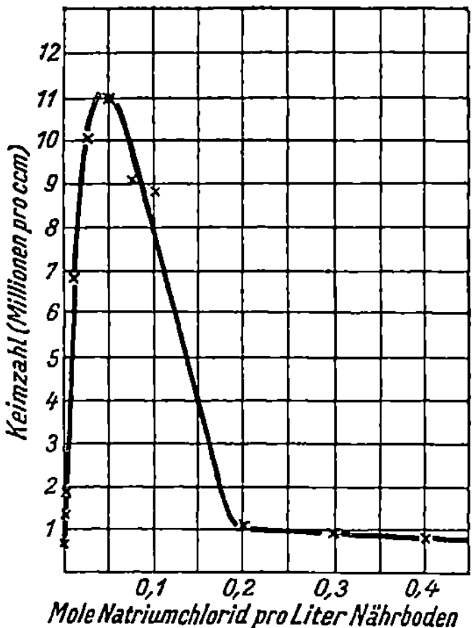

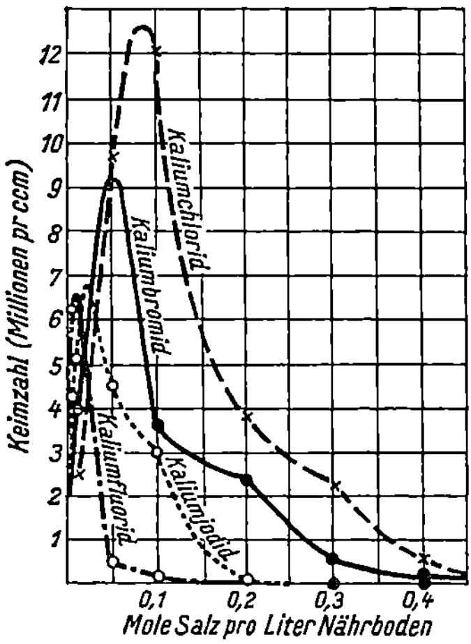

Abb. 77. Der Einfluß verschiedener Konzentrationen von Natriumchlorid auf die Keimzahlen des Weichwassers gesalzener Kalbfelle.

Abb. 78. Der Einfluß verschiedener Konzentrationen von Kaliumhalogeniden auf die Keimzahlen des Weichwassers gesalzener Kalbfelle.

Teil der verdünnten Weichwasserprobe abwechselnd salzfreie und salzhaltige Nährböden angeimpft. Als Wirkung wiederholten Pipettierens aus ein und derselben Probe war ein Ansteigen der Zahl der Bakterienkeime auf salzfreiem Nährboden von 610000 auf 960000 festzustellen. Diese Differenz hat aber im Hinblick auf die Zunahme auf 11100000 bei einem Salzgehalt von 0,05 Molen Kochsalz im Liter gar nichts zu sagen. Zahlreiche Wiederholungen der Auszählungen zeigten, daß die Wirkung des Salzes ganz allgemein auftritt.

Die Kurven in Abb. 78 gestatten einen Vergleich der Wirkung der Halogenverbindungen des Kaliums auf die in einem andern Weichwasser vorhandenen Bakterienmengen. Bei Konzentrationen von 0,01 Mol pro Liter oder weniger vermehren sämtliche Salze die Zahl der Bakterienkeime, und zwar in folgender Reihenfolge: KF > KJ > KBr < KCl. Alle Kurven zeigen ein Maximum und bei höheren Salzkonzentrationen dann einen Abfall, wobei die Wirksamkeit der einzelnen Salze

wiederum der gleichen Reihe wie bei der Zunahme bei niedrigen Salzkonzentrationen folgt. Der steilste Kurvenanstieg fällt mit dem niedrigsten Kurvenmaximum und der niedrigsten Salzkonzentration zusammen.

Eine dritte Probe Weichwasser wurde zur Ermittlung des Einflusses
von Natriumsulfat und Calciumchlorid auf die Bakterienmengen benutzt. Das Ergebnis der Untersuchung ist in Abb. 79 veranschaulicht. Der Verlauf der Kurven ist im allgemeinen der gleiche, beide zeigen rechts des Maximal-
punktes eigentümliche Knicke.

Man könnte zunächst annehmen, die Wirkung des Salzes bestünde darin, mehr
oder weniger günstige Bedingungen für das Wachstum gewisser Bakterienarten
zu schaffen. Das erscheint jedoch wenig wahrscheinlich, wenn man folgende Tatsachen berücksichtigt und einheitlich betrachtet:

1. Werden die Versuche für kurze Strecken der Kurven wiederholt mit
geringer allmählicher Steigerung des Salzgehaltes, so wurden praktisch stetige
Kurven erhalten, jede geringe Erhöhung des Salzgehaltes hatte eine entsprechende
Zu- oder Abnahme der Bakterienmenge zur Folge.

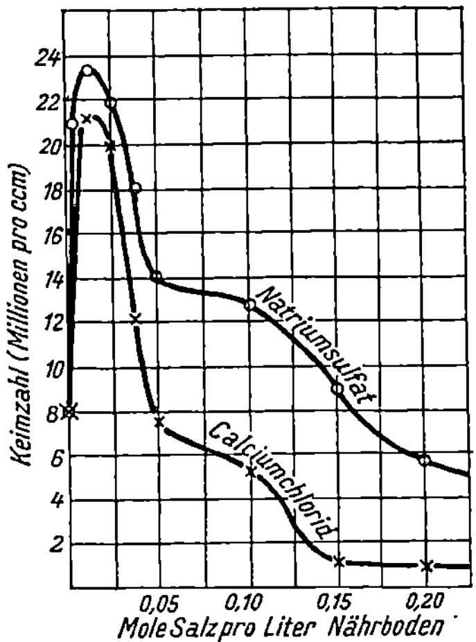

Abb. 79. Der Einfluß verschiedener Kon-
zentrationen von Natriumsulfat und
Calciumchlorid auf die Keimzahlen des
Weichwassers gesalzener Kalbfelle.

2. Eine Verlängerung der Inkubationszeit bewirkte keine Änderung
der Zahl der Bakterienkolonien auf einer bestimmten Platte.

3. Kräftiges Schütteln der verdünnten Probe unmittelbar vor dem
Überimpfen auf den Nährboden verursachte eine starke Zunahme der
Bakterienmenge. So gab z. B. eine 15 Sekunden geschüttelte Probe
eine Keimzahl von 280 000 Keimen pro Kubikzentimeter; bei 1 Minute
Schütteln ergab die gleiche Probe 670 000 Keime, bei 2 Minuten Schütteln 1 220 000, bei 3 Minuten Schütteln 1 790 000 und bei 5 Minuten
Schütteln 2 430 000. Die Anzahl der aufgefundenen Keime war also
durch einfaches 5 Minuten langes kräftiges Schütteln vor dem Animpfen
auf mehr als das achtfache erhöht worden.

Eine einleuchtendere Erklärung für die Wirkung des Salzes scheint
dem Verfasser die folgende: Alle vorhandenen Bakterienkeime kommen
während der Inkubation zur Entwicklung, wenigstens in den stärker verdünnten Salzlösungen. Die bei der Bakterienzählung aufgefundenen
Differenzen sind auf die durchschnittliche Zahl von Bakterien, die die
einzelnen Kolonien in der Petrischale bilden, zurückzuführen. Die Bakterien sind in der ursprünglichen Probe in Gruppen oder Haufen vieler
Einzelindividuen vorhanden. Die Wirkung geringer Salzmengen würde
sich also derart erklären, daß diese Salzmengen den Aufteilungsgrad
dieser Bakterienhaufen vergrößern und so eine größere Zahl von Kolonien
in der Petrischale entsteht. Dabei braucht die Gesamtzahl der Einzel-

bakterien durch das Salz keineswegs geändert worden zu sein. Größere Salzmengen würden demgemäß eine Zusammenballung der Einzelbakterien befördern und entsprechend zu niederen Keimzahlen führen. Heftiges Schütteln zerlegt die Haufen, wenigstens für einige Zeit, in kleinere Gruppen und bewirkt so eine Zunahme der Zahl der gefundenen Bakterienkeime.

Dieses Verhalten von Bakteriensuspensionen hat mancherlei Ähnlichkeit mit dem Verhalten kolloider Dispersionen einfacher Materialien bei Gegenwart von Elektrolyten, z. B. metallischen Goldes. Loeb (11) studierte den Einfluß der Konzentration verschiedener Arten von Elektrolyten auf die elektrische Potentialdifferenz an der Oberfläche der Partikel verschiedener Arten kolloider Dispersionen. Der Einfluß verschiedener Konzentrationen von Natriumchlorid auf eine kolloidale Golddispersion äußerte sich z. B. darin, daß die negative Potentialdifferenz bei einer Konzentration von ca. 0,005 Mol. Natriumchlorid im Liter auf ein Maximum anstieg und bei weiterer Erhöhung der Konzentration wieder abnahm. Northrop und De Kruif (14) konnten zeigen, daß die elektrische Potentialdifferenz an der Oberfläche von Bakterien durch Änderung der Konzentration der Elektrolyte ähnlich wie bei kolloidalen Dispersionen merklich beeinflußt wird. Loeb fand, daß, wenn der absolute Wert der Potentialdifferenz an der Oberfläche der Partikeln von Gold, Graphit oder ähnlicher Materialien, in kolloidaler Dispersion unter 15 Millivolt fiel, Ausflockung eintrat, und Northrop und De Kruif konnten eine ähnliche kritische Potentialdifferenz, und zwar auch bei etwa 15 Millivolt, für die Agglutination gewisser Bakterienarten feststellen. Eine weitere Bestätigung, daß sich Bakterien gegenüber Elektrolyten ganz ähnlich verhalten wie wirkliche kolloidale Dispersionen, gibt die Arbeit von Winslow, Falk und Caulfield (26) über die Elektrophorese von Bakterien.

Offenbar sind in beiden Fällen, in Bakteriensuspensionen und kolloidalen Dispersionen, entgegengesetzte Kräfte am Werke, die die durchschnittliche Gestalt der Partikel zu beeinflussen suchen, gleichgültig, ob dies nun Gruppen von Bakterien oder Aggregate einfacher Moleküle sind. Kohäsionskräfte suchen die Partikel zu vergrößern, während ähnliche elektrische Kräfte und die Anziehungskraft der Moleküle der Partikel zum Wasser die durchschnittliche Größe der Partikel zu verringern suchen. Da gezeigt werden konnte, daß die Potentialdifferenz an der Oberfläche von Bakterien durch die Art und Konzentration des Salzes bei Konstantbleiben aller übrigen Bedingungen verändert wird, sollte man erwarten, daß die in einer Gruppe vorhandenen Bakterien und demgemäß auch die Keimzahl eine Funktion der Art und der Konzentration des in der Suspension vorhandenen Salzes ist. Und dies ist, wie gezeigt werden konnte, auch tatsächlich der Fall. Alle die in den Kurven angegebenen Keimzahlen scheinen also unter dem wirklichen Wert zu liegen und es erscheint fraglich, ob nach der offiziellen Methode der Bakterienzählung überhaupt die volle Zahl der in einer Brühenprobe vorhandenen Bakterienindividuen gefunden werden kann. Wie wichtig es ist, den p_H-Wert des Kulturmediums bei vergleichenden Bakterienzählungen konstant zu halten, wurde ausführlich besprochen. Die eben besprochene Arbeit zeigt, daß auch die Konstanthaltung der übrigen Bedingungen sehr wesentlich ist.

f) Die Untersuchung der Reinkulturen.

Bei der Durchführung von Bakterienzählungen werden nur die relativ großen, ins Auge fallenden Kolonien gesehen. Um die einzelnen Organismen sichtbar zu machen, ist eine besondere Technik notwendig. Eine gewöhnliche, zum Auszählen benutzte Platte kann sehr viele verschiedene Arten von Mikroorganismen enthalten. Alle in einer Gerbereibrühe vorkommenden Mikroorganismen zu identifizieren, ist eine langwierige und schwierige Aufgabe. Man taucht das Ende eines dünnen Platindrahts leicht in die Oberfläche einer Kolonie in der Petrischale und streicht dann in einem Tropfen Wasser auf einem reinen Objektträger aus, um die Bakterien auf der Oberfläche des Trägers zu verteilen. Der Ausstrich wird an der Luft trocknen lassen und dann der Objektträger mit der Scheitelseite nach oben zwei- oder dreimal rasch durch eine Flamme gezogen, um den Ausstrich zu fixieren. Man taucht darauf den Objektträger in eine Lösung eines geeigneten Farbstoffs, wäscht ihn gründlich in fließendem Wasser, trocknet ab, bettet in Canadabalsam ein und untersucht direkt mit einer Ölimmersionslinse. Das Immersionsöl kann von dem Deckglas mit Xylol entfernt und der Objektträger als Dauerpräparat aufbewahrt werden.

Zum Identifizieren der verschiedenen Bakterienarten sind verschiedene Färbemethoden in Gebrauch. Die Methode der Färbung mit Löfflers Methylenblau, das z. B. zum Färben der in Abb. 69 dargestellten Bakterien benutzt wurde und die Methode von Williams, nach der die in Abb. 70 dargestellten Geißeln gefärbt wurden, sind in dem Buch von Mallory und Wright (12) näher beschrieben. Bezüglich der Einzelheiten der bakteriologischen Technik muß auf die Lehrbücher der Bakteriologie verwiesen werden.

Nach dem Färben und Einbetten können die Bakterien in einem guten, mit Ölimmersion ausgestatteten Mikroskop betrachtet werden. Die Abb. 69 und 70 zeigen die Art der zu erwartenden Zeichnung.

g) Die Hefen.

Hefen sind wie die Bakterien Organismen, die aus einer einzelnen Zelle bestehen. Die Hefenzellen sind gewöhnlich größer als die der Bakterien und vermehren sich durch Sprossung. Die echten Hefen nennt man „Saccharomyces". Ihre Zellen besitzen sphärische oder elliptische Gestalt und haben einen Durchmesser von 2 bis zu 12 μ. Sie können alle unter geeigneten Bedingungen Sporen bilden; die Sporenform wechselt mit der Art der Hefe. Die Hefen, die zu den sogenannten „Schizosaccharomyces" gehören, vermehren sich nicht durch Sprossung, sondern durch Spaltung.

Eine der bekanntesten und auch technisch nutzbar gemachten Eigenschaften der Hefen ist die, Zucker in Alkohol und Kohlensäure zu zerlegen. Dieser Prozeß ist als Gärung allgemein bekannt. Die Hefen selbst wirken nur auf Monosaccharide ein bzw. auf solche Zucker, die die gleiche Anzahl Kohlenstoffatome besitzen wie Hexosen. Dagegen können die Hefen auch Enzyme erzeugen, die Polysaccharide leicht in Monosaccharide zerlegen. Einige Hefen erzeugen so Maltase, ein Enzym, das Maltose in zwei Moleküle Dextrose spaltet. Andere wieder erzeugen Invertin, das Rohrzucker in Dextrose und Lävulose zerlegt und wieder andere Lactase, die Milchzucker in Dextrose und Galaktose spaltet.

Die Hefearten werden voneinander unterschieden durch ihre Fähigkeit, bestimmte Zuckerarten zu vergären, durch den Einfluß des Luftsauerstoffs auf ihr Wachstum, durch die Sporenbildung und durch den Grad der Gärung, den sie unter bestimmten Bedingungen zu bewirken vermögen.

In den Gerbbrühen vergären die Hefen die in den Gerbextrakten vorhandenen Zucker. Der allmählich gebildete Alkohol wird zu Säure oxydiert und diese unterstützt den Gerbprozeß. Diese Oxydation scheint auf die Tätigkeit gewisser säurebildender Bakterien zurückzuführen sein.

h) Die Schimmelarten.

Nahrungsmittel, Kleidungsstücke, Leder und die meisten organischen Stoffe unseres täglichen Lebens überziehen sich, wenn sie mehrere Tage in feuchter Luft liegen, mit Schimmel. Die Leichtigkeit, mit welcher Schimmelsporen herumgeblasen werden, läßt solche überall in der Atmosphäre auftreten. Gerbbrühen, die während zwei oder drei Tagen nicht umgerührt wurden, sind gewöhnlich mit einem weichen, samtartigen Teppich von Schimmel der verschiedensten Farben bedeckt. Leder, das man in feuchter Atmosphäre liegen läßt, wird in wenigen Tagen von Schimmel bedeckt. Schimmel ist für den Gerber eine Quelle beträchtlicher Beunruhigung, denn er ruft auf dem Leder Flecken hervor, die durch keine bisher bekannte Operation ohne Schädigung des Leders selbst entfernt werden können. Da also Vorsichtsmaßnahmen notwendig sind, um das Leder gegen eine Schimmelschädigung zu schützen, ist es höchst wünschenswert, daß die Lederhändler etwas über die Lebensart und die Gewohnheiten des Schimmels erfahren und auch darüber, wie man Schimmelflecken auf Leder verhindern kann.

Die Gefahr einer Schädigung durch Bakterien ist vor dem Gerben am größten. Immerhin können Bakterien, wie Bergmann und Stather (1) gezeigt haben, auch auf fertig ausgegerbtem Leder noch Flecken hervorrufen. Schimmelflecken dagegen erscheinen auf Schuhen und Leder in einer anderen Weise als Bakterienschäden, und zwar einige Zeit nach dem Feuchtwerden. Solche Schimmelflecken sind nicht ungewöhnlich und treten ebenso verschieden in Größe, Gestalt und Verteilung auf wie Sommersprossen im menschlichen Gesicht. Wenn Leder feucht geworden war und durch Sporen aus der Luft oder dem benutzten Wasser verunreinigt wurde, werden sich vermutlich einige Zeit nach dem Naßwerden oder zu irgendeinem späteren Zeitpunkt Flecken bilden. Nach dem ersten Naßwerden beginnt der Schimmel zu wachsen, aber er kann sich erst zu sichtbaren Flecken entwickeln, wenn das Leder wieder trocken geworden ist. Bei jedem weiteren Feuchtwerden ist Gelegenheit zu weiterem Wachstum gegeben, bis die Flecken zum Vorschein kommen.

Wilson und Daub (24) untersuchten eingehend die auf Leder durch Schimmel hervorgerufenen Flecken. Abb. 80 zeigt einen Schnitt durch Kalbleder mitten durch einen der tausend dunklen, sommersproßartigen Flecken, welche das Leder bedeckten. Das Leder selbst ist nicht angegriffen, dennoch ist der Flecken auf die Gegenwart eines schwarzen

Abb. 80. Vertikalschnitt durch Kalbleder. (Von Schimmelpilzen herrührende schwarze Flecken.) Stelle der Entnahme: Schild.   Dicke des Schnitts: 30 μ.   Färbung: Keine.   Gerbung: vegetabilisch.   Okular: 5×.   Objektiv: 16 mm.   Wratten-Filter: K3-Gelb.   Lineare Vergrößerung: 90fach.

Schimmelpilzes zurückzuführen. Abb. 81 zeigt einen Teil desselben Fleckens bei stärkerer Vergrößerung. Die Einzelzellen sind deutlich zu sehen. Die Flecken widerstanden bei der Untersuchung jeder Art von chemischer Einwirkung, die das Leder nicht angriff. In einer Versuchsprobe dagegen verschwanden die Flecken, als das Leder unter für das Schimmelwachstum günstigen Bedingungen einen Monat liegen blieb. Es war dann vollständig mit einer dicken Schimmelschicht bedeckt, aber nach dem Abbürsten waren die Flecken verschwunden. Diese Art der Fleckenentfernung ist zwar interessant, kommt aber für die Praxis nicht in Frage.

Schimmelpilze besitzen einen komplizierteren Aufbau als die Bakterien oder Hefen, sie sind mehrzellig und vermehren sich nach einer verwickelteren Art. Die Schimmelpilze bestehen aus zwei verschiedenen

Arten von Zellen, assimilierenden und reproduzierenden Zellen. Während des Wachstums bilden sie von der Oberfläche aus eine spinnengewebsartige Masse verzweigter Fäden von winzigen fruchttragenden Stielen, die den Teil der Pflanze tragen, aus dem sich die Sporen entwickeln. Man nennt die Gesamtheit dieser Fäden „Mycel", einen einzelnen Faden eine „Hyphe". Die Spezies Schimmel wird allgemein durch die Natur ihrer Sporenbildung oder fruchttragenden Hyphen bestimmt. Bei den meisten Schimmelpilzen ist das Mycel septiert; die Hyphen werden durch Querwände, die sogenannten Septen, untergeteilt.

Abb. 81. Vertikalschnitt durch Kalbleder. (Schwarzer Schimmel innerhalb der Fasern.)
Stelle der Entnahme: Schild.   Dicke des Schnitts: 30 μ.   Färbung: Keine.   Gerbung: vegetabilisch.
Okular: 5×.   Objektiv: 8 mm.   Wratten-Filter: K3-Gelb.   Lineare Vergrößerung: 250-fach.

Buchanan (3) unterscheidet unter den gewöhnlichen Schimmelpilzen fünf Hauptfamilien: 1. „Mucoraceen". Ihre Sporen sind häufig in einer Kapsel, einem sogenannten „Sporangium" eingeschlossen; die Mycele sind oft nicht septiert. 2. „Mucedinaceen". Ihre Sporen, die sogenannten „Conidien", werden nie in einem Sporangium getragen; das Mycel ist septiert; die fruchttragenden Hyphen oder „Conidiophoren" sind nicht zu wohl ausgebildeten Bündeln vereinigt, ihre Hyphen nicht dunkel oder rauchfarben. 3. „Dematiaceen". Sie ähneln der Familie 2, aber ihre Hyphen oder Conidien oder beide sehen dunkel aus. 4. „Stilbaceen". Ihre Conidiophoren sind zu Stielen und Bündeln vereinigt. 5. „Tuberculariaceen". Die Conidienträger sind deutlich zu einer zusammenhängenden Schicht vereinigt.

Da nur eine kurze Beschreibung der Schimmelpilze und ihres Verhaltens auf Leder gegeben werden kann, scheint es am besten, Wilson und Daub (24) bei ihrer Untersuchung des aus fleckigem Leder erhaltenen Aspergillus niger zu folgen.

Aspergillus niger gehört zur Familie der Mucedinaceen und unterscheidet sich von den übrigen Angehörigen dieser Familien durch folgende charakteristische Eigenschaften: seine Conidien sind einzellig und werden in Ketten getragen, die Conidiophoren sind scharf vom Mycel unterschieden und an der Spitze blasenartig erweitert. Die Conidienträger sind unverzweigt und gewöhnlich relativ lang. An der keulenförmigen Spitze befinden sich zahlreiche kurze Tragzellen, sogenannte

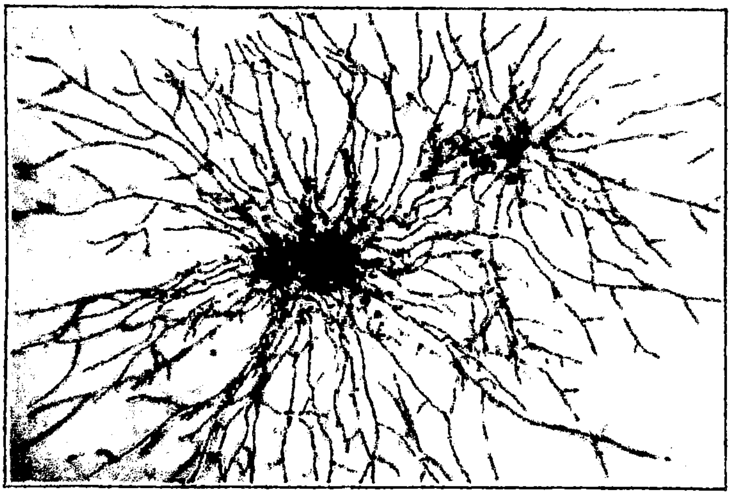

Abb. 82. Aspergillus niger aus fleckigem Leder.
Nährboden: Kartoffelstärke-Agar. Temperatur: 37° C. Wachstumszeit: 16 Stunden. Färbung: Keine. Okular: 12,5×. Objektiv: 32 mm. Wratten-Filter: K 3-Gelb. Lineare Vergrößerung: 37-fach.

Sterigmen. Diese sitzen gewöhnlich dicht nebeneinander und verleihen dem Conidienträger das Aussehen einer mit Spitzen versehenen Kriegskeule. Die Sterigmen sind relativ kurz, praktisch immer verzweigt. Von ihnen schnüren sich die kettenförmigen Sporen ab.

i) Die Herrichtung der Kulturen zur Untersuchung.

Wilson und Daub erhielten ihre Untersuchungskulturen aus Leder mit schwarzen Flecken. Die Oberfläche jeden Lederstreifens wurde zuerst rasch durch eine Flamme gezogen. Weiter wurde dann der Lederstreifen in einer mit einem Kork verschlossenen Flasche über Wasser aufgehängt. Durch den Korkverschluß wurde eine andauernde Verunreinigung durch die Außenluft ausgeschaltet. Im Laufe einer Woche waren alle Lederstreifen mit einem schwarzen Schimmelüberzug

bedeckt, der aus dem Innern des Leders ausgewachsen war. Unzählige
dünne Fäden ragten aus dem Leder hervor und jeder dieser Fäden trug
eine Kugel schwarzer Sporen.

Mit Hilfe einer Platinöse wurden einige dieser Sporen in Röhrchen
mit Kartoffelstärke-Agar übertragen und bei 37⁰ zum Auswachsen gebracht. Von Zeit zu Zeit wurden durch Überimpfen von Sporen der
älteren Kulturen in neue Röhrchen neue Kulturen angelegt. Die Reinheit der einzelnen Kulturen wurde durch Aussäen in Platten und
Vergleichen der einzelnen Kolonien festgestellt.

Zum Studium unter dem Mikroskop wurden Objektträgerkulturen
aus je 5 Tropfen Agarnährboden angelegt. Einige wenige Sporen

Abb. 83. Aspergillus niger aus fleckigem Leder. (Gleiche Kultur wie Abb. 82, längere Wachstumszeit.)
Nährboden: Kartoffelstärke-Agar. Temperatur: 37⁰ C. Wachstumszeit: 40 Stunden. Färbung:
Keine. Okular: 12,5×. Objektiv: 32 mm. Wratten-Filter: K 3-Gelb. Lineare Vergrößerung:
37-fach.

wurden nun aus einem Kulturröhrchen in 10 ccm Fleischwasser übertragen, gut durchgeschüttelt und mit einer Platinnadel eine geringe
Menge dieser Aufschlemmung in die Mitte der Objektträgerkammer
übertragen. Die Kammer wurde mit Hilfe eines Deckgläschens von
der Luft abgeschlossen. Zur Verhinderung einer Verunreinigung der
untersuchten Kulturen wurden alle gebräuchlichen Vorsichtsmaßnahmen angewandt. Um eine dauernde Unterlage zu haben, wurden
die Kulturen im hohlgeschliffenen Objektträger während ihres Wachstums in gewissen Intervallen photographiert.

Bezüglich Einzelheiten in der Untersuchung von Schimmelpilzen
wird der Leser auf das kürzlich erschienene Buch von Thom und
Church (19) verwiesen.

· Abb. 82 zeigt eine solche Objektglaskultur des Schimmelpilzes
nach 16 stündigem Auswachsen bei 37⁰, Abb. 83 die gleiche Kultur

nach 40 Stunden. Abb. 84 zeigt die Abb. 82 in stärkerer Vergrößerung; die Septen im Mycel sind deutlich zu sehen.

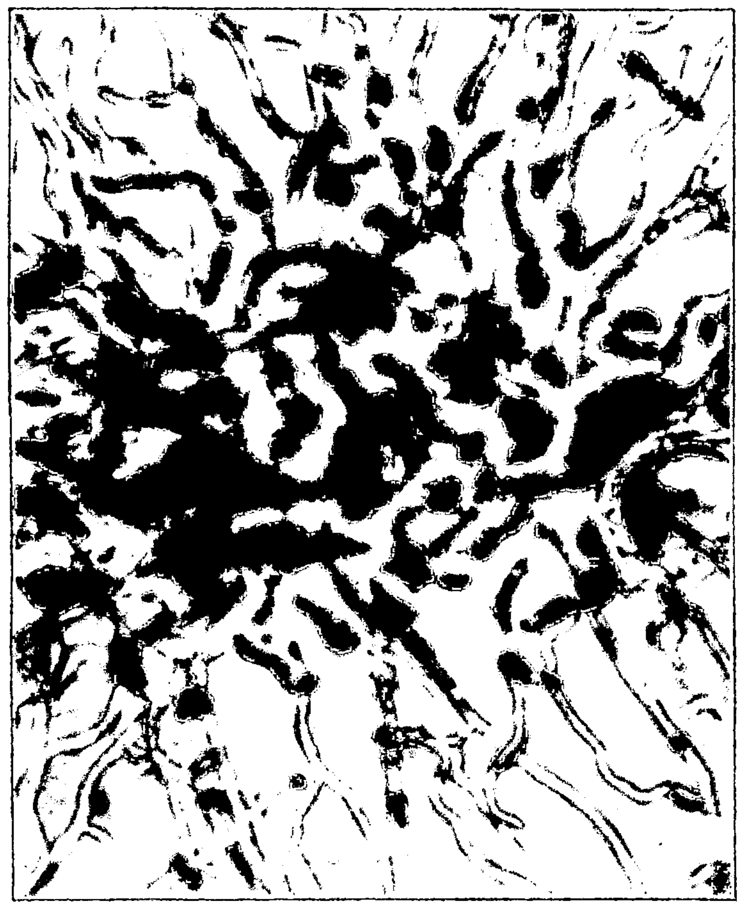

Abb. 84. Aspergillus niger aus fleckigem Leder. (Gleiche Kultur wie Abb. 82, stärkere Vergrößerung.) Nährboden: Kartoffelstärke-Agar. Temperatur: 37° C. Wachstumszeit: 16 Stunden. Färbung: Keine. Okular: 12,5×. Objektiv: 16 mm. Wratten-Filter: K3-Gelb. Lineare Vergrößerung: 250-fach.

k) Die Natur des Wachstums.

Die Entwicklung der Sporen wird in Abb. 82 und 83 veranschaulicht. Von dem in Abb. 82 dargestellten verzweigten Mycel haben sich nach oben fruchttragende Hyphen entwickelt, und werden durch Bildung kugeliger Sporenmassen (Abb. 83) befruchtet. Jede solche Sporenmasse hat einen Durchmesser von etwa 0,15 mm und jede einzelne Spore einen solchen von etwa 0,004 mm.

Die Abb. 85 bis 89 einschließlich zeigen das Wachstum einzelner Conidien und Sporen des Schimmelpilzes. Hierfür wurden Objektglaskulturen beimpft und unter dem Mikroskop überwacht. Da die Kulturen ständig unter dem Mikroskop beobachtet werden mußten, konnte die zum Auswachsen dieses Schimmelpilzes optimale Temperatur von

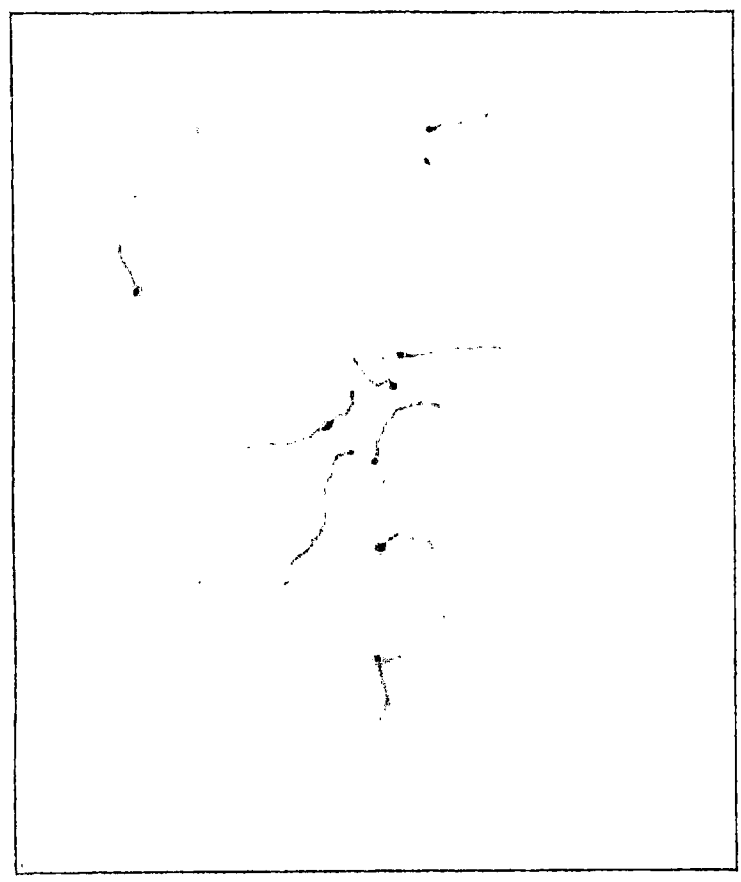

Abb. 85. Aspergillus niger aus geflecktem Leder.
Nährboden: Kartoffelstärke-Agar. Temperatur: 25° C. Wachstumszeit: 24 Stunden. Färbung: Keine. Okular: 12,5×. Objektiv: 32 mm. Wratten-Filter: K3-Gelb. Lineare Vergrößerung: 50-fach.

33 bis 37° nicht angewandt werden. Da die Temperatur durchschnittlich nur 25° betrug, wuchsen die Kulturen nicht annähernd so schnell wie die in den Abb. 82 bis 84 gezeigten.

Abb. 85 zeigt neun Sporen 24 Stunden nach dem Überimpfen. Sie haben bereits kleine Fäden ausgesandt und beginnen ihr Mycel zu bilden. Die weitere Entwicklung während der nächsten fünf Tage ist in den Abb. 86 bis 89 dargestellt. Man kann jetzt auf die Platte der Camera projizieren und das Wachstum überwachen. Am Ende von 48 Stunden hat sich das Bild, wie in Abb. 89 gezeigt, verändert. Auf dem Narben eines Leders würde ein schwarzer Flecken von etwa 2 mm Durchmesser entstanden sein.

Läßt man den Schimmel sich frei auf einer Platte ausbreiten, so ordnen sich die Frucht- oder Conidienträger von selbst in gleichmäßigen, konzentrischen Ringen an. Eine Kartoffelstärke-Agarplatte wurde, wie

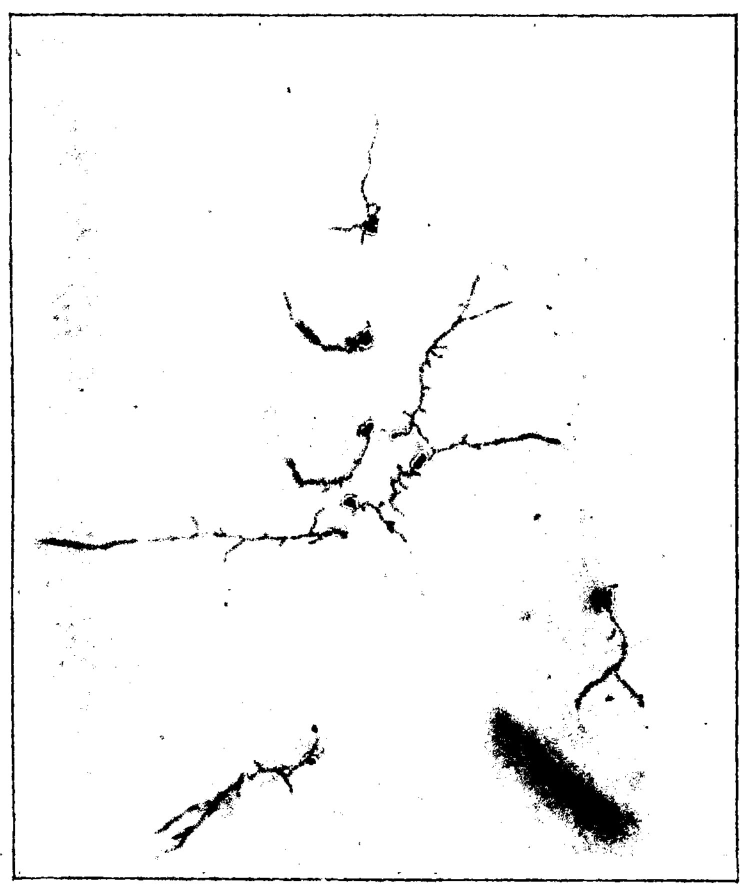

Abb. 86. Aspergillus niger aus fleckigem Leder. (Gleiche Kultur wie Abb. 85, längere Wachstumszeit.) Nährboden: Kartoffelstärke-Agar. Temperatur: 25° C. Wachstumszeit: 26 Stunden. Färbung: Keine. Okular: 12,5×. Objektiv: 32 mm. Wratten-Filter: K 3-Gelb. Lineare Vergrößerung: 50-fach.

die Objektglaskultur, die die in Abb. 85 gezeigten Sporen enthielt in der Mitte angeimpft. Die Petrischale wurde sechs Tage bei 37° im Brutschrank aufbewahrt; nach dieser Zeit war die Kolonie zu einem Durchmesser von ca. 5 cm ausgewachsen. Abb. 90 zeigt die Zeichnung der Kolonie bei schwacher Vergrößerung und in Abb. 91 ist ein Teil der Kolonie bei stärkerer Vergrößerung dargestellt. Das Mycel ist nicht zu sehen, weil die Einstellung des Mikroskops auf die Sporenköpfe erfolgte.

l) Industrielle Bedeutung.

Aspergillus niger ist technisch wichtig für die Vergärung von Zuckern zu Gallus- und Citronensäure. Unter anaeroben Bedingungen werden

Abb. 87. Aspergillus niger aus fleckigem Leder. (Gleiche Kultur wie Abb. 85, längere Wachstumszeit.) Nährboden: Kartoffelstärke-Agar. Temperatur: 25° C. Wachstumszeit: 28 Stunden. Färbung: Keine. Okular: 12,5×. Objektiv: 32 mm. Wratten-Filter: K 3-Gelb. Lineare Vergrößerung: 50-fach.

die Zucker in Alkohol verwandelt. Unter günstigen Bedingungen sondert er eine Reihe verschiedenartiger Enzyme ab. Nach den Angaben von Thom und Church (18) sind dies die folgenden: Lipase, Amylase, Inulase, Raffinase, Gentianase, Zymase, Melizitase, Invertin, Maltase, Trehalase, Cellobiase, Emulsin, Urease, Protease, Nuclease, das Labferment und das Enzym Tannase, das für die Verluste an Gerbstoff in den Gerbbrühen verantwortlich zu machen ist. Diese beträchtliche Liste an Enzymen dürfte zur Genüge zeigen, daß es wenig angebracht ist, Aspergillus niger in der Gerberei frei aufkommen zu lassen.

Thom und Church untersuchten eine gärende Gerbbrühe und stellten fest, daß von den Schimmelpilzen Aspergillus niger vorherrscht,

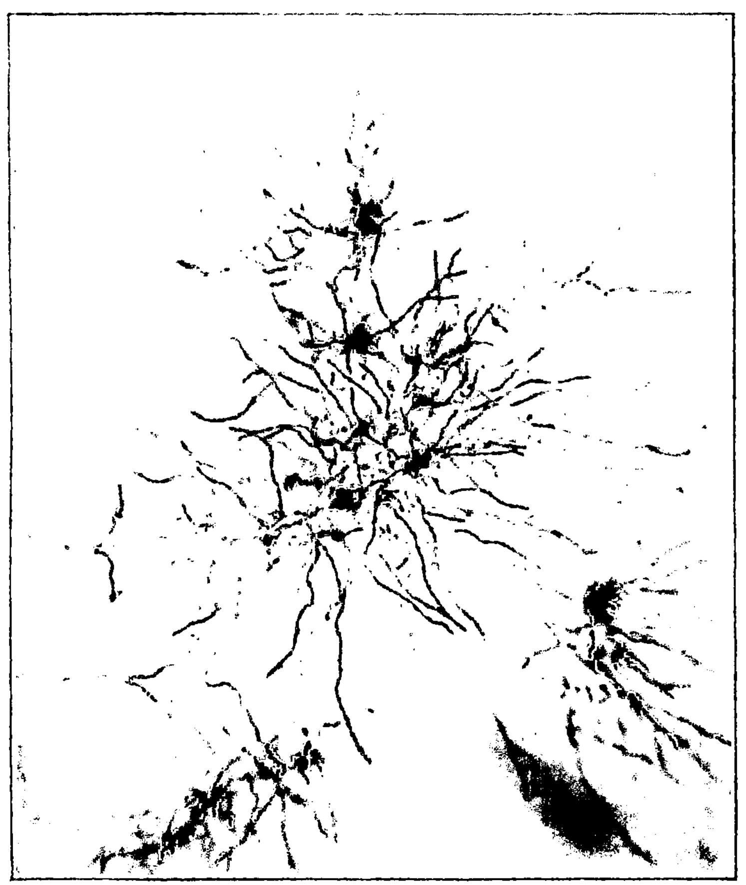

Abb. 88. Aspergillus niger aus fleckigem Leder. (Gleiche Kultur wie Abb. 85, längere Wachstumszeit.) Nährboden: Kartoffelstärke-Agar. Temperatur: 25° C. Wachstumszeit: 32,5 Stunden. Färbung: Keine. Okular: 12,5×. Objektiv: 32 mm. Wratten-Filter: K 3-Gelb. Lineare Vergrößerung: 50-fach.

daneben geringe Beimengungen einer Art von Penicillium (Citromyces) und von Hefe auftreten. Van Tieghems Identifizierung und Beschreibung von Aspergillus niger stammt aus einer Untersuchung über gärende Gerbbrühen und bildet den Anfang unserer Kenntnis über die biochemische Wichtigkeit der Aspergillusarten. Knudson (7) fand bei Zugabe von Tannin zu Czapeks Lösung mit 10% Zucker eine fortschreitende Zunahme an Tannase, wenn als vergärendes Mittel Aspergillus niger zugesetzt wurde. Die stärkste Tannaseerzeugung trat ein, wenn 2% Gerbsäure allen Zucker ersetzt hatten.

Aspergillus niger gedeiht in saurer Lösung und wächst besonders gut auf Chromleder. Der Verfasser konnte beobachten, wie dieser

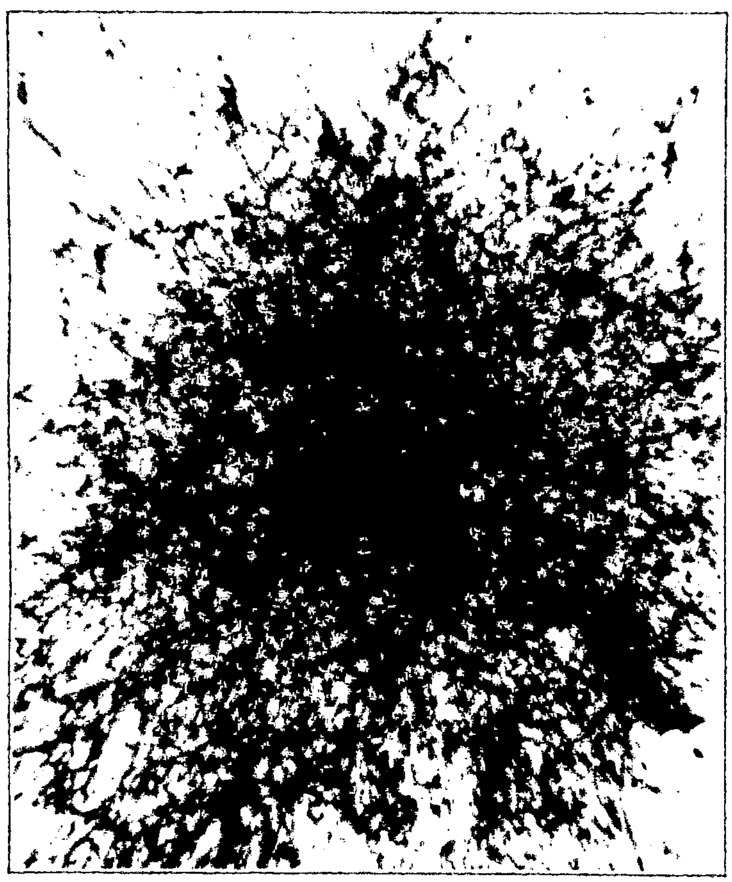

Abb. 89. Aspergillus niger aus fleckigem Leder. (Gleiche Kultur wie Abb. 85, längere Wachstumszeit.) Nährboden: Kartoffelstärke-Agar. Temperatur: 25° C. Wachstumszeit: 48 Stunden. Färbung: Keine. Okular: 12,5×. Objektiv: 32 mm. Wratten-Filter: K3-Gelb. Lineare Vergrößerung: 50-fach.

Schimmelpilz auf ungefärbtem und ungefettetem Chromleder entwickelte, als dies in eine Schwefelsäurelösung von beliebiger Stärke bis zu 1,5 n eingelegt wurde. Er wuchs dagegen nicht in 2 n oder stärkerer Säurelösung. Sein Wachstum wurde durch Einlegen in eine 0,1 n Natriumhydroxydlösung rasch unterbunden, ein alkalisches Medium ist also für seine Entwicklung nicht günstig.

m) Die Verhinderung von Schimmelflecken.

Da der Schimmel offenbar nicht auf trockenem Leder wächst ist
das beste Mittel, das Leder vor Flecken zu schützen, ein Naßwerden
oder Naßbleiben des Leders zu verhindern. Kann ein Naßwerden des
Leders nicht vermieden werden, so muß es so rasch wie möglich wieder

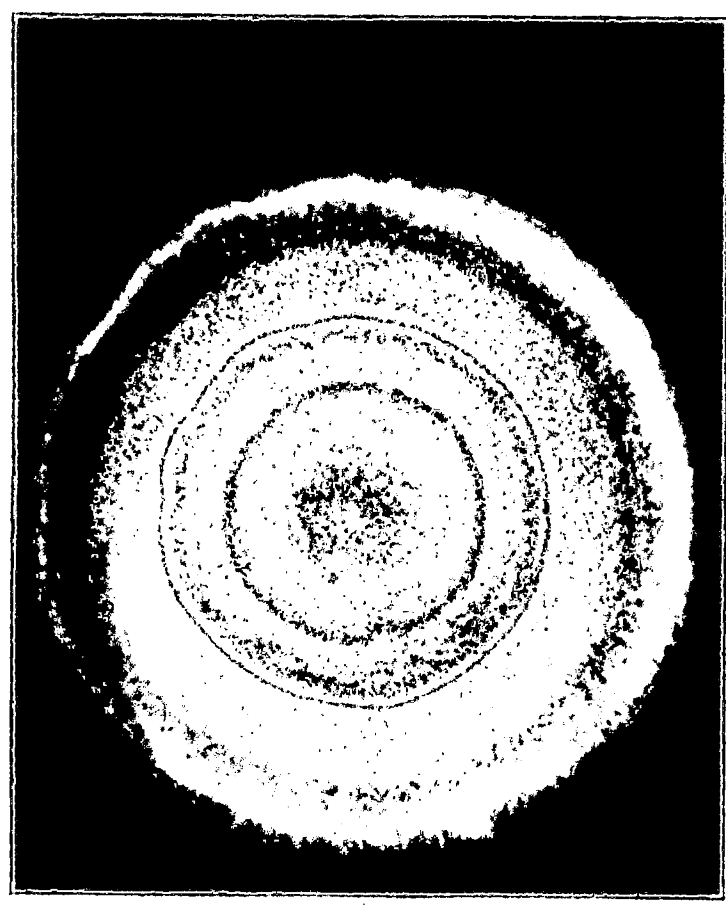

Abb. 90. Aspergillus niger aus fleckigem Leder.
Nährboden: Kartoffelstärke-Agar. Temperatur: 37° C. Wachstumszeit: 6 Tage. Färbung: Keine.
Okular: Keins. Objektiv: Graflex Linse. Wratten-Filter: Keins. Lineare Vergrößerung: 1,8-fach.

getrocknet werden. Viele der Flecken und Sprenkel, die während des
längeren Lagerns des Leders auftreten, sind auf Schimmel zurückzuführen. Schimmel ist überall in der Luft vorhanden und kann das
Leder in dem Moment, wenn es naß wird, infizieren. Aus diesem Grunde
ist Trockenhalten des Leders das beste Vorbeugungsmittel gegen eine
Beschädigung durch Schimmelpilze.

Eine Schimmelbeschädigung kann durch Sorglosigkeit und Unsauberkeit noch verschlimmert werden. Wird beim Leder irgendeine Flüssigkeit angewandt, so wird die Gefahr einer Beschädigung durch Schimmelpilze noch bedeutend vergrößert, wenn die Flüssigkeit selbst bereits schwer durch Schimmel verunreinigt ist. Besteht die Gefahr

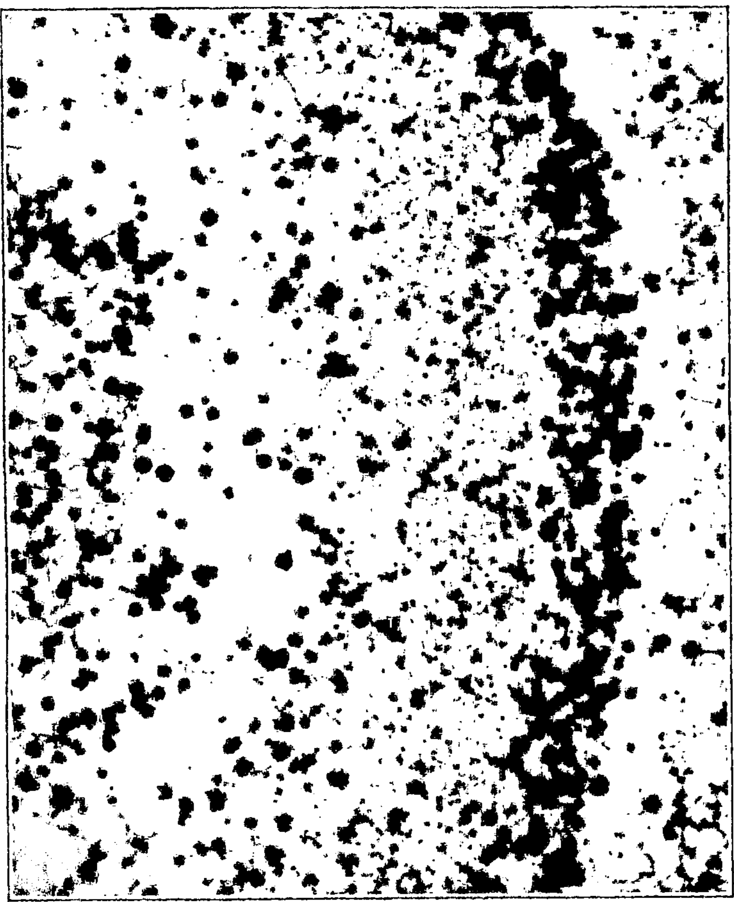

Abb. 91. Aspergillus niger aus fleckigem Leder. (Gleiche Kultur wie Abb. 90, stärkere Vergrößerung.)
Nährboden: Kartoffelstärke-Agar. Temperatur: 37° C. Wachstumszeit: 6 Tage. Färbung: Keine.
Okular: Keins. Objektiv: 32 mm. Wratten-Filter: Keins. Lineare Vergrößerung: 14fach.

einer solchen Verunreinigung, so müssen Desinfektionsmittel angewandt werden.

Von den bekannten Sterilisationsmitteln erwies sich nach den Untersuchungen von Wilson und Daub eine wässerige Chlorlösung als am wirksamsten gegenüber Aspergillus niger. In einer verunreinigten Lösung tötete ein Gewichtsteil Chlor in 50000 Teilen Wasser das Mycel und die Fruchtteile innerhalb 10 Minuten ab. Para-chlor-meta-kresol hatte bei gleichen Gewichtsverhältnissen nur etwa ein Viertel der desinfizierenden Wirkung des freien Chlors. Auch Mercurichlorid erwies sich als weniger wirksam als freies Chlor; zum Erhalt der gleichen Wirkung war etwa 10- bis 20 mal soviel davon notwendig. Formaldehyd wurde als gutes Desinfektionsmittel gegen Schimmelpilze vorgeschlagen, aber es wurde gefunden, daß für eine wirksame Desinfektion 1500 mal soviel davon nötig war als am freiem Chlor. Beim Stapeln von Leder sollte wenigstens immer die Vorsichtsmaßregel beachtet werden, die Räume rein, keimfrei und verhältnismäßig trocken zu halten.

n) Andere Schimmelpilze.

Tausende von Schimmelpilzarten sind bekannt und beschrieben worden. Die in der Gerberei aufgefundenen gehören zu den zwei Gruppen:

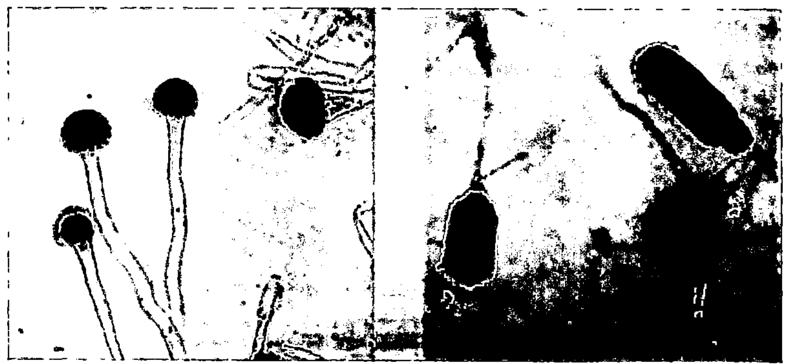

Abb. 92. Köpfchen von Aspergillus fumigatus. · Abb. 93. Köpfchen von Aspergillus terreus.
(Lineare Vergrößerung: 260-fach.)

Aspergillen und Penicillien. Wilson und Daub isolierten aus einem einzigen Lederstreifen zwölf Schimmelpilzarten. Sie konnten von Thom und Church folgendermaßen identifiziert werden: Fünf waren Aspergillusarten; fünf gehörten der Spezies Penicillium an; eine Art war ein Makrosporium und eine Art ein Brachysporium. Die Aspergillusarten waren niger, flavus, fumigatus, terreus und nidulans. Zwei der Penicillienarten gehörten zur Gruppe des Divaricatum (Thom: Paecilomyces varioti Bainier). Penicillien und Aspergillen gehören zur Familie der Mucedinaceen.

Das Makrosporium und das Brachysporium gehören der Familie der Demitiaceen an. In diese gleiche Familie gehört die Spezies Dendryphium, deren Conidien in Ketten wachsen. In einer noch nicht abgeschlossenen Arbeit konnten Wilson und Daub eine Art von Dendryphium aus geflecktem Leder isolieren. Einige vorläufige Versuche zeigten, daß diese Art hinsichtlich Fleckenbildung auf Leder noch mehr zu fürchten ist als Aspergillus niger.

Abb. 92 zeigt die Köpfchen von Aspergillus fumigatus, Abb. 93 die des Aspergillus terreus und Abb. 94 die Sporen einer Makrosporiumart. Diese werden mit freundlicher Genehmigung von Thom und Church veröffentlicht.

Penicillium ist leicht von Aspergillus zu unterscheiden, und zwar durch die Anordnung der sporentragenden Teile. Beim Penicillium verzweigen sich die Conidiophoren wirtelich und wachsen an der Spitze zu einem Bündel parallel stehender Fäden aus. Jede letzte Verzweigung ist als Sterigma zu betrachten, von dem eine Conidienkette abgeschnürt wird. Die Verzweigungen und Conidien zusammen bilden einen kleinen Besen oder Pinsel. Der Name Penicillium stammt aus dem Lateinischen

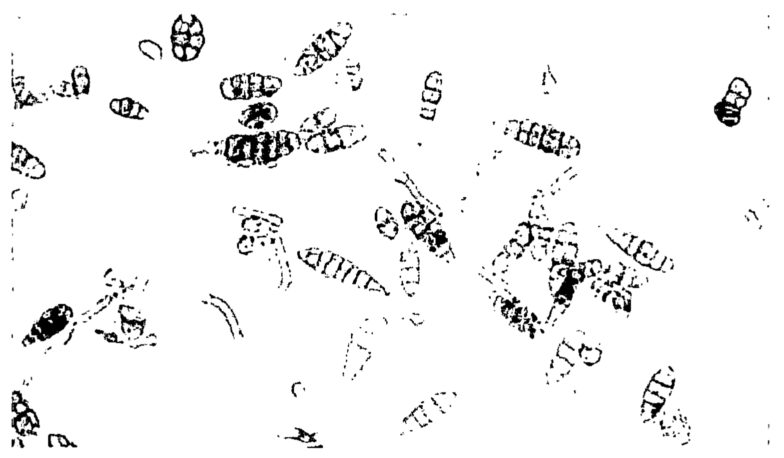

Abb. 94. Sporen von Makrosporium oder Alterneria.

und bedeutet Pinsel. Es sind einige hundert Arten sowohl Aspergillen wie auch Penicillien bekannt.

Es wäre zwecklos, zu versuchen, auf diesen wenigen Seiten mehr geben zu wollen als nur ganz allgemeine Anhaltspunkte, was Schimmelpilze eigentlich sind, wie sie wirken und Bücher für ein systematisches Studium dieses Gegenstandes zu empfehlen. Eine ausgezeichnete Arbeit über Penicillien wurde 1910 von Thom (18) veröffentlicht. Erst kürzlich erschien ein vorzügliches Werk von Thom und Church (19) über Aspergillen. Diese beiden Bücher sind für den Gerbereichemiker, der sich mit dem Studium der Schimmelpilze in der Gerberei beschäftigt, sehr nützlich, behandeln sie doch die zwei großen Gruppen von Schimmelpilzen, die überall aufgefunden werden. Wertvolle Hilfe zur Klassifizierung der Schimmelpilze findet sich auch in dem Werk der beiden Buchanan (2), in dem 141 Arten beschrieben sind.

Auch nach der Identifizierung ist es keine leichte Sache, die Schimmelpilze zu beurteilen. Ein Schimmelpilz, der in einer Hinsicht schädlich ist, kann in anderer Hinsicht nützlich sein. In einer noch unveröffentlichten Arbeit versuchten Wilson und Daub die Schimmelpilze, die auf dem Leder Flecken hervorrufen, bereits in den Gerbbrühen zu zerstören. Es machte keine Schwierigkeit, schimmelfreie Gerbbrühen zu erhalten, dagegen dunkelten die Gerbbrühen, die nicht mit einer Schimmelschicht bedeckt waren, sehr rasch durch Oxydation und das darin gegerbte Leder besaß eine unerwünscht dunkle Farbe. Der Schimmel beugt also offenbar einer zu schnellen Oxydation der Gerbbrühen vor. Die Schimmelpilze, vermögen ebenso auch die den Gärungsprozeß in den Gerbbrühen und die Erzeugung erwünschter Säuren zu beeinflussen.

o) Die Enzyme.

Unter den von Mikroorganismen abgespaltenen Stoffen finden sich auch sogenannte Enzyme. Bakterien können nicht direkt auf unlösliche Proteinstoffe wie z. B. Kollagen einwirken. Sie absorbieren durch die Zellwände die löslichen Nährstoffe, innerhalb der Zelle gehen dann verwickelte Reaktionen vor sich und unter den dabei gebildeten und ausgeschiedenen Stoffen befinden sich die Enzyme. Die Enzyme können dann auf Kollagen einwirken, spalten es in lösliche Substanzen und diese diffundieren durch die Zellwände der Bakterien und liefern die Nahrung. Enzyme werden auch in reichlicher Menge von den Organen höherer Tiere abgesondert. So ist z. B. die Pankreas des Schweins und anderer Tiere das Ausgangsmaterial für das Enzym Trypsin, das der Gerber beim Beizen verwendet.

Ein Enzym ist eine chemische Substanz, die beim Lebensprozeß eines lebenden Organismus gebildet wird und die die Eigenschaft besitzt, manche chemische Reaktionen beschleunigen oder verlangsamen zu können, ohne während der Reaktion selbst merkbar verändert oder aufgebraucht zu werden. Mit andern Worten, es ist ein Katalysator. Wenige Milligramme eines Enzyms können Reaktionen ermöglichen, die viele Kilogramm Material erzeugen. Obwohl aus lebender Substanz erzeugt, sind die Enzyme trotzdem keine lebenden Organismen; sie werden als Katalysatoren unwirksam, wenn man sie bei Gegenwart von Feuchtigkeit auf über 60° erhitzt. Ihre chemische Zusammensetzung und Struktur ist unbekannt, denn es ist bisher noch nicht gelungen, die reinen Substanzen zu isolieren. Was wir von den Enzymen wissen, verdanken wir Untersuchungen mit Stoffen, die Enzyme angereichert enthalten. Die Enzymchemie hat in den letzten Jahren dank der ausgedehnten Arbeiten von H. v. Euler, R. Willstätter und ihrer Schule einen ungeahnten Aufschwung genommen. Willstätter (22) vertritt die Auffassung, daß die Enzyme sich zusammensetzen aus einem kolloiden Träger und einer spezifischen, aktiven Gruppe, welche ihre Bindung an die Substanz, auf die sie wirken, das sogenannte Substrat, vermittelt und deren elektrische Ladung zugleich die Kolloidnatur des ganzen Komplexes bedingt.

Zu den wichtigsten Reaktionen, die von Enzymen katalytisch beeinflußt werden, gehören die, die bei der Zersetzung der Nahrung im Tierkörper eintreten. Der Speichel, die Galle und die Eingeweideflüssigkeiten enthalten Enzyme, die die verschiedenen Nährstoffe in einfachere Substanzen zerlegen, die dann von dem Körper assimiliert werden können. Die Substanz, auf die ein Enzym einwirkt, nennt man Substrat und nach einem allgemein angenommenen Nomenklatursystem bezeichnet man die Enzyme nach den Substraten, auf die sie wirken. So nennt man fettspaltende Enzyme „Lipasen", proteinspaltende Enzyme „Proteasen" und Stärke abbauende Enzyme „Amylasen". Waldschmidt-Leitz (20) gibt in seiner Monographie die in Tabelle 19 wiedergegebene Aufstellung über Einteilung und Vorkommen der wichtigsten Enzyme. Manche Enzyme besitzen eine ausgesprochen selektive Wirksamkeit für nur ein einziges Substrat, die soweit geht, daß nicht einmal das optisch Isomere angegriffen wird. Andere dagegen machen weniger Unterschiede und wirken auf alle

Tabelle 19. Einteilung und Vorkommen der wichtigsten Enzyme.

Gruppe	Vertreter	Vorkommen (z. B.)	Substrat (z. B.)
Esterasen	Phytolipase Tier. Esterase Tier. Lipase Chlorophyllase Tannase Phosphatase Sulfatase	Ölhaltige Samen, z. B. Ricinussamen Leber Pankreas, Magen Grüne Blätter Aspergillus niger Hefe Aspergillus oryzae	Fette Einfachere Ester Fette Chlorophyll Gerbstoffe Phosphorsäureester Schwefelsäureester
Proteasen	Pepsin (Lab) Trypsin Erepsin Papain	Magen Pankreas Pankreas. Darm, Hefe, tier. Gewebe Melonenbaum	Gen.Proteine(Casein) Genuine Proteine Peptide Genuine Proteine
Amino- acylasen	Urease Histozym Arginase	Sojabohne Niere Leber	Harnstoff Acyl-Aminosäuren Arginin
Carbo- hydrasen	Amylase Saccharase Maltase -Glucosidase Lactase Nuclease	Speichel, Pankreas Hefe, Aspergillus oryzae, Darm Hefe Bittere Mandeln Hefe Darm	Stärke Rohrzucker Maltose, a-Glucoside -Glucoside Lactose Nucleinsäuren
Oxydations- enzyme	Pnoxydase Tyrosinase Urikase	Wurzeln, Keimlinge Kartoffel Niere	Phenole $+$ H_2O_2 Tyrosin Harnsäure
Katalasen	Katalase	Hefe, Leber	Wasserstoffsuper- oxyd
Gärungs- enzyme	Zymasekomplex Carboxylase Carboligase	Hefe Hefe Hefe	Traubenzucker Carbonsäuren Aldehyde

Verbindungen einer ganzen Klasse, wenn auch in verschiedener Stärke ein.

Die für den Gerber wichtigsten Enzyme sind die Proteasen. Unter diesen spielen vor allem zwei Enzyme, das Pepsin und das Trypsin eine hervorragende Rolle. Diese beiden Enzyme sind mehr durch den p_H-Bereich, in dem sie wirksam sind als durch die Art der Substrate, auf die sie einwirken, unterschieden. Pepsin, das sich im Magen vorfindet, wirkt nur in saurem Medium, bei p_H-Werten 1 bis 4, während Trypsin, das vorzüglich in der Pankreas vorkommt, in neutraler oder schwach alkalischer Lösung, bei p_H-Werten 5 bis 10 wirksam ist. Es gibt für die Wirkung eines jeden Enzyms auf jedes Substrat einen optimalen p_H-Wert. Der optimale p_H-Wert für Trypsin wird gewöhnlich bei etwa p_H 8 gefunden. Diese Tatsache ist für den Gerber von größter Wichtigkeit, denn die Weichwässer, Beizlösungen und die in der Haut während der Konservierung vorhandenen Flüssigkeiten besitzen annähernd diesen p_H-Wert.

Die getrocknete, gemahlene und entfettete tierische Bauchspeicheldrüse, die Pankreas ist als Pankreatin bekannt. Sie enthält neben Trypsin auch Amylasen und Lipasen. Die Enzyme einer bestimmten Klasse können durch fraktionierte Fällung mit organischen Flüssigkeiten durch fraktionierte Absorption oder auf andere Weise roh von den übrigen getrennt werden. Wegen Einzelheiten dieser Trennung und der speziellen Chemie der Enzyme überhaupt, wird der Leser auf die Werke von Euler (4) und von Oppenheimer (15) oder auf die Monographie von Waldschmidt-Leitz (20) verwiesen. Sind die Proteasen der Pankreas auf diese Weise angereichert, so bezeichnet man das Handelsprodukt zum Unterschied von dem weniger weit gereinigten Pankreatin als Trypsin. Aber auch die stärkst aktiven Trypsine des Handels sind noch lange keine reinen Substanzen und die Unterscheidung zwischen Trypsin und Pankreatin hat nur den Zweck, den relativen Reinheitsgrad zum Ausdruck zu bringen.

Die besondere Wirkungsweise des Trypsins und die Natur der für einen Angriff maßgebenden chemischen Strukturen ist noch nicht vollständig geklärt; seine Wirkung äußert sich in der Spaltung von Säureamidbindungen des Substrats und in der Bildung beträchtlicher Mengen freier Aminosäuren. Wie weit die enzymatische Wirksamkeit verschiedener Proben von Pankreatin oder Handelstrypsin auf verschiedene Proteine schwankt, geht sehr schön aus den Werten der im 10. Kapitel angeführten Tabelle 30 hervor.

Die technische Analyse eines Enzymgemisches besteht in der Hauptsache in der Messung seiner enzymatischen Wirksamkeit auf verschiedene Substrate. Im 10. Kapitel werden die Methode zur Ausführung solcher Messungen und zur Bewertung der Enzyme beschrieben.

Hinsichtlich des Mechanismus der Enzymwirkung scheint die vorherrschende Meinung die zu sein, daß sich das Enzym zunächst chemisch mit einem Stoffe des Reaktionsgemisches verbindet, diesen Stoff dadurch reaktionsfähiger macht und auf diese Weise die ganze Reaktion katalysiert. Die Gesetze, nach denen sich die Kinetik solcher

Reaktionen richtet, scheinen die gleichen wie bei den üblichen, einfachen chemischen Reaktionen zu sein.

Die Aktivität eines Enzyms kann beeinflußt werden oder auch vollständig abhängig sein von der Gegenwart anderer Stoffe. So vergrößert z. B. die Anwesenheit geringer Mengen von Ammoniumchlorid die Wirkung des Trypsins auf Elastin, während größere Mengen von Ammoniumchlorid sie verringern. Enzyme verlieren in Lösung allmählich ihre Wirksamkeit, und zwar um so rascher, je höher die Temperatur ist. Die Geschwindigkeit einer durch ein Enzym katalysierten Reaktion steigt mit der Temperatur genau wie bei andern chemischen Reaktionen an, dieser Anstieg wird aber durch die mit steigender Temperatur zunehmende Inaktivierung des Enzyms ausgeglichen. Praktisch ist also bei einer ganz bestimmten Temperatur die größte Reaktionsgeschwindigkeit vorhanden. Für die meisten Enzyme wurde die größte Aktivität bei etwa 40⁰ beobachtet. Die Reaktionsgeschwindigkeit einer durch ein Enzym katalysierten Reaktion nimmt weiter mit zunehmender Konzentration des Enzyms zu. Diese Zunahme ist allerdings nur innerhalb gewisser Grenzen der Enzymkonzentration direkt proportional.

Die Eiegenschaften der Enzyme werden weiter im Kapitel 9 und 10 im Zusammenhang mit dem Enthaaren und Beizen besprochen.

Literaturzusammenstellung.

1. **Bergmann, M. u. F. Stather:** Rote und blaue Stockflecken auf feuchtem Chromleder. Collegium 1929, 326.
2. **Buchanan, E. D. u. R. E.:** Bacteriology. Second edition. New York: Macmillan Co. 1924.
3. **Buchanan, R. E.:** Agricultural and industrial bacteriology. New York: D. Appleton & Co. 1921.
4. **Euler, H. v.:** Chemie der Enzyme. 3. Aufl. München: J. F. Bergmann 1925.
5. **Guilliermond, A. u. F. W. Tanner:** The yeasts. New York: John Wiley & Sons 1920.
6. **Heim, L.:** Lehrbuch der Bakteriologie. Stuttgart: F. Enke 1922.
7. **Knudson, L.:** Tannic acid fermentation. J. biol. Chem. 14, 159 (1913).
8. **Küntzel, A.:** Das Hervortreten der Blutgefäße auf der Narbe. Collegium 1929, 153.
9. **Lafar, F.:** Handbuch der technischen Mykologie. 2. Aufl. 1904—14. 5 Bde. Jena: Gustav Fischer.
10. **Lindau, G.:** Die mikroskopischen Pilze. Zweiter Band der zweiten Abteilung: Kryptogamenflora für Anfänger. Berlin: Julius Springer 1922.
11. **Loeb, Jacqes:** Influence of the chemical nature of solid particles on their cataphoretic p. d. in aqueous solutions. J. gen. Physiol. 6, 215 (1923).
12. **Mallory, F. B. u. J. H. Wright:** Pathological technique. Eight edition. .Philadelphia: W. B. Sounders Co. 1924.
13. **Marshall, C. E.:** Microbiology. Third edition. Philadelphia: P. Blakistons Sons & Co. 1921.
14. **Northrop, J. H. u. P. H. De Kruif:** Stability of bacterial suspensions. J. gen. Physiol. 4, 639 (1922).
15. **Oppenheimer, C. u. R. Kuhn:** Lehrbuch der Enzyme. 5. Aufl. Leipzig: Georg Thieme 1927.
16. **Stather, F. u. E. Liebscher:** Über das Rotwerden gesalzener Rohhäute. Collegium 1929, 427.

17. Stather, F. u. E. Liebscher: Zur Bakteriologie des Rotwerdens gesalzener Rohhäute. Collegium 1929, 437.
18. Thom, C.: Cultural studies of species of penicillum U.S. Dept. Agriculture, Bureau of Animal Industry. Bulletin 118 (1910).
19. Thom, C. u. B. M. Church: The aspergilli. Baltimore: Williams & Wilkins Co. 1926.
20. Waldschmidt-Leitz, E.: Die Enzyme. Braunschweig: Vieweg & Sohn 1926.
21. Waksmann, S. A. u. W. C. Davison: Enzymes. Baltimore: Williams Wilkins & Co. 1926.
22. Willstätter, R., J. Graser u. R. Kuhn: Z. physiol. Chem. 123, 45, 59 (1922).
23. Wilson, J. A. u. G. Daub: Imperfections in leather caused by microorganisms. Ind. Eng. Chem. 17, 700 (1925).
24. Wilson, J. A. u. G. Daub: Aspergillus niger. J. amer. Leath. Chem. Assoc. 20, 400 (1925).
25. Wilson, J. A. u. C. J. Vollmar: Bacteria in tannery soak waters. Ind. Eng. Chem. 16, 367 (1924).
26. Winslow, C. E. A., I. S. Falk u. M. F. Caulfield: Electrophoresis of bacteria as influenced by hydrogen-ion concentration and the presence of sodium and calcium salts. J. gen. Physiol. 6, 177 (1923).

7. Konservierung und Desinfektion der Häute.

Praktisch genommen liefert jedes Land der Erde Häute und Felle für die Lederfabrikation. Die Häute großer, ausgewachsener Tiere nennt man gewöhnlich „Häute", solche von halbausgewachsenen Tieren größerer Arten kommen als „Fresserfelle" oder „Mastfelle" auf den Markt, während die Häute kleiner oder sehr junger Tiere oder solche, die als Pelze Verwendung finden sollen, „Felle" genannt werden. In England und Amerika wird entsprechend nach „hide", „kip" und „skin" unterschieden. So bezeichnet man z. B. die Haut eines Kalbes bis zu einem Gewicht von etwa 7 kg als „Fell", im Gewicht von 7 bis 15 kg als „Fresserfell", und bei mehr als 15 kg Gewicht als „Haut". Diese Zahlen sollen natürlich nur ein ungefähres Schema der Einteilung der Rohware geben, ohne die Begriffe „Haut", „Kip" und „Fell" eng zu umgrenzen. Die Haut eines Bullen kann mehr als 50 kg wiegen. Die Haut eines Schafs dagegen bleibt immer ein „Fell", da sie eine gewisse Größe nicht überschreiten kann, ebenso die Haut eines ausgewachsenen ostindischen Büffels ein „Kip", weil sie die Größe einer normalen Kuhhaut nicht erreicht. In diesem Werke wird der Begriff „Haut", einige spezielle Fälle ausgenommen, immer im weiteren auch „Fresserfell" und „Felle" umfassenden Sinne benützt.

Die Häute werden je nach dem Ort der Schlachtung als Schlachthofware (im englischen Sprachgebrauch „Packerhäute"), als Fleischerfelle oder als Bauernfelle verkauft. Die Schlachthäuser beschäftigen meist in Fragen des Schlachtens, Sortierens und Konservierens wohlerfahrene Leute und diesem Umstand ist wohl die durchschnittlich bessere Qualität der Schlachthausware zuzuschreiben. Eine interessante Zusammenstellung der Methoden der Auswahl und des Sortierens der Häute im Handel findet sich in einer Veröffentlichung von Stubbe und Levi (49).

Die Tiere werden weit mehr zur Ernährung des Menschen als speziell zur Erzeugung von Leder aufgezogen. So ist das wichtigste Rohmaterial des Gerbers ein Abfallprodukt der Schlächtereien und der Schlachthausindustrie. Aus diesem Grunde hat auch ein Sinken des Verbrauchs an Leder nur geringen Einfluß auf den Anfall an Häuten, obgleich natürlich dadurch der Marktwert der letzteren gedrückt wird. Andererseits regt eine verstärkte Nachfrage nach Leder Aufzucht und Abschlachten von Vieh nicht an, sie vergrößert höchstens die Vorsicht für das vorhandene Hautmaterial vor Verlusten durch Insektenschäden, unsachgemäße Behandlung oder Fäulnis. Rohe Haut neigt sehr leicht zur Fäulnis. Da gewöhnlich eine beträchtliche Zeit zwischen dem Schlachten und dem Einarbeiten in der Gerberei verstreicht, muß die Haut möglichst bald nach dem Enthäuten auf irgendeine Weise konserviert werden.

Wie lange die verschiedenen Teile der Haut nach dem Schlachten des Tiers noch leben und in Funktion bleiben, ist noch nicht erforscht. Wir wissen aber auf alle Fälle, daß die Haut praktisch vom Moment des Schlachtens an gewisse Veränderungen erleidet. McLaughlin (17) stellte fest, daß der Schwellungsgrad der Haut eines frisch getöteten Tieres in gesättigtem Kalkwasser während der ersten zwei oder drei Stunden nach dem Schlachten abnimmt. Ein Hautstück. das 30 Minuten nach dem Schlachten in gesättigtes Kalkwasser bei Gegenwart eines Kalküberschusses eingelegt wird, schwillt in 120 Stunden um mehr als 30% stärker an als ein entsprechendes Hautstück, das erst 3½ Stunden nach der Schlachtung in das Kalkwasser eingelegt wird.

Das ist keineswegs überraschend, wenn man bedenkt, daß bekanntlich innerhalb der Haut selbst nach dem Tode des Tieres vielerlei Veränderungen eintreten, die alle eine Schwellung der Haut in Kalkwasser zu hindern suchen. Die Koagulation des Blutes, während der Fibrinogen in Fibrin verwandelt wird, wird das Eindringen des Kalkwassers in die Haut zu hindern suchen und in ähnlicher Weise wird wohl auch das partielle Austrocknen einiger Fasern wirken. Durch Zersetzung einiger Hautbestantdeile werden vermutlich einfachere Stoffe gebildet, die Kalksalze zu bilden vermögen, welche die Schwellung der Proteine durch das Calciumhydroxyd zurückdrängen. Es besteht also die Möglichkeit, daß einzelne schwellungsfähige Proteine allmählich zu einfacheren Stoffen abgebaut werden, die kein Schwellungsvermögen mehr besitzen.

Wird die Konservierung der Haut sorgfältig und mit Überlegung durchgeführtt, so scheinen diese „post mortem"-Veränderungen der Haut ohne nachteiligen Einfluß auf das fertige Leder zu sein. Der Verfasser konnte dies durch vergleichsweise Ausgerbung von Häuten, die sorgfältig konserviert vor der Gerbung mehrere Monate gelegen hatten, und Häuten, die eine Stunde nach dem Tode des Tieres in Arbeit genommen wurden, feststellen. Das fertige Leder aus dem ganz frisch eingearbeiteten Hautmaterial, wies bei chemischer, physikalischer und mikroskopischer Untersuchung keinerlei Vorzüge gegenüber dem Leder aus dem längere Zeit konservierten Hautmaterial auf. Werden die Häute aber nicht ganz sorgfältig behandelt, so erleiden sie schon vor Beendigung des Weichens nicht wieder gut zu machenden Schaden.

Bei einer gewissen Art von Bakterientätigkeit macht sich als erste Wirkung eine Lockerung des Haares bemerkbar, die als „Haarlässigkeit" bezeichnet wird. Die Bakterien oder die von ihnen abgeschiedenen Enzyme wirken auf die weichen Epithelzellen der Malphighischen Schicht der Epidermis, lösen sie auf und bewirken dadurch ein Loslösen der ganzen Epidermis und des Haars von der übrigen Haut. Diese Wirkung ist an und für sich nicht gefährlich, aber die Bakterien vermehren sich rasch und beginnen bald die Fasern der Narbenschicht anzugreifen. Tritt letzteres ein, so ist die Haut dauernd beschädigt. Der Schaden macht sich am fertigen Leder in Form „matter" Flecken bemerkbar oder tritt als „stippiger" Narben in Erscheinung. Manchmal greifen auch die Bakterien die festeren Kollagenfasern an, ohne die Fasern des Narbens zu beschädigen. Beschädigen die Bakterien die Fasern der Thermostatschicht, so wird die Verbindung zwischen den Fasern der Narbenschicht und der Retikularschicht geschwächt; im fertigen Leder neigt die Narbenschicht dann leicht zum Abspringen und die Auflösung der festen Verbindung des Narbens mit der übrigen Haut erzeugt einen typischen „losen" Narben. Im folgenden Kapitel wird eine Reihe bakterieller Schäden am Leder beschrieben.

a) Das Salzen.

Die verbreitetste Methode, Häute zu konservieren, wenn sie nicht weit transportiert werden müssen und falls Salz wohlfeil und reichlich zur Verfügung steht, ist die des Salzens. (Im englischen Sprachgebrauch „curing".) Das Salz verhindert die Bakterientätigkeit, durch die sonst nicht wieder gut zu machender Schaden entstehen würde. In der im 6. Kapitel besprochenen Arbeit von Wilson und Vollmar wurde festgestellt, daß Bakterien aus Weichwasser sich in 6%iger Salzlösung nicht entwickeln, selbst nicht unter den für ein Bakterienwachstum günstigsten Bedingungen. Werden die Häute sorgfältig gesalzen, so bleiben sie im allgemeinen frei von bakterieller Schädigung. Trotzdem darf nicht angenommen werden, daß konzentrierte Salzlösungen die Tätigkeit aller Bakterienarten zu unterbinden vermögen. Harrison und Kennedy (13) untersuchten die rote Verfärbung auf gesalzenem Kabeljau und konnten als ihre Ursache ein rotes Bacterium (Pseudomonas salinaria) ermitteln, das in den sogenannten Sonnen- oder Seesalzen gefunden wird und das in gesättigten Salzlösungen sich zu entwickeln vermag. Mit der roten Verfärbung gesalzener Fische hat sich auch Cloake (8) beschäftigt und als Ursache einen „roten" Coccus bezeichnet, der nur bei Salzkonzentrationen über 15% sich zu entwickeln vermag.

Stather (43) hat an einer Reihe von Bakterien, die er aus gelborangeroten Salzflecken züchtete, festgestellt, daß ein Salzgehalt des Nährbodens von 8% das Wachstum zwar zu hemmen, keineswegs aber die Bakterien zum Absterben zu bringen vermag. Bei den von Stather und Liebscher (44, 45) aus rot gewordenen Salzhäuten isolierten Bakterien liegen die Verhältnisse ganz ähnlich. Die geringe bactericide Wirkung des Salzes für manche Bakterienarten erhellt deutlich aus

einer Arbeit von Tattevin (50), der feststellte, daß bestimmte Bakterien
arten, die auch auf Haut gefunden wurden, sich in verschiedenen Salz-
sorten des Handels auffinden lassen.

Sollten die Häute so gesalzen werden, daß praktisch auch bei längerem
Lagern keine Bakterienschädigung eintritt, so müssen eine Reihe von
Vorsichtsmaßnahmen beachtet werden, von denen einige erst ungenügend
untersucht sind. Seit Erscheinen der ersten Auflage dieses Buches
haben sich McLaughlin und seine Mitarbeiter bemüht, unsere Kenntnisse über das Salzen der Häute zu vertiefen und auch theoretische
und praktische Ausblicke in dieser Frage eröffnet.

Werden die Tiere in Schlachthäusern geschlachtet, so ist es üblich,
die Häute vor dem Einsalzen bis zum Auskühlen im Häutekeller liegen

Abb. 95. Das Einsalzen der Häute im Häutelager.

zu lassen. Sie werden dann flach ausgebreitet, die Fleischseite mit einer
Schicht gewöhnlichen Salzes (Natriumchlorids) bedeckt und mit der
Fleischseite nach oben zu einem Haufen geeigneter Größe aufeinander
geschichtet. Das Salz sucht den Häuten Wasser zu entziehen; die ent-
stehende Salzlauge wird im allgemeinen weglaufen lassen. Nach einigen
Wochen können die Häute als genügend konserviert gelten und werden
für den Versand gebündelt. Die Gerbereien besitzen gewöhnlich eigene
Häutekeller, in denen die Fleischer- und Bauernfelle konserviert werden.
Abb. 95 in Kapitel 8 zeigt ein solches Häutelager.

b) Die Behandlung mit Salzlake.

Eine andere Konservierungsmethode, die Salzlakenbehandlung,
wird derart durchgeführt, daß man die Häute mit Wasser wäscht,
dann während mindestens eines Tages in konzentrierter Salzlösung
behandelt, einige Minuten abtropfen läßt und dann in Haufen mit

frischem Salz salzt. Diese Methode wird allgemein bei den südamerikanischen Frigorificohäuten angewandt, die für ihr gutes Lederrendement bekannt sind. Auch in Italien findet sie, allerdings in etwas anderer Form, öfters Anwendung.

c) Salzen bzw. Salzlakenbehandlung.

McLaughlin und Theis (22) zeigten durch eine Reihe interessanter Experimente die unverkennbaren Vorzüge einer Salzlakenbehandlung vor den übrigen Methoden des Salzes. Die Häute wurden unmittelbar nach dem Abhäuten in zwei Seiten geteilt. Eine Hälfte wurde innerhalb einer Stunde nach dem Schlachten mit frischem Salz eingesalzen; die andere wurde zunächst in fließendem Wasser gewaschen, dann 24 Stunden in eine 25%ige Salzlösung eingelegt, abtropfen lassen und mit frischem Salz eingesalzen. Rechte und linke Seite wurden abwechselnd verschieden konserviert. Nach sechs bis acht Wochen Lagern wurden die einzelnen Hautpartien an verschiedene Gerbereien versandt, die beiden Seiten einer jeden Haut immer miteinder. Sämtliche Partien wurden auf einmal zu vegetabilisch gegerbtem Sohlleder verarbeitet.

Die mit Salzlake behandelten Häute ergaben mehr, dickeres und festeres Leder als die nur gesalzenen Häute. Weiterhin zeigten die mit Salzlake behandelten Häute nur ein Zehntel soviel sogenannte Salzflecken als die gesalzenen Häute. Die Behandlung mit Salzlake gewährleistet also eine gleichmäßigere Konservierung.

d) Das System Salzwasser beim Salzen.

McLauhlin und Theis (21) machten einige interessante Studien über die Diffusion des Salzes in die Haut und des Wassers aus dieser während des Salzens. Frisch geschlachtete Haut enthält nach ihren Befunden ca. 62% Wasser. In einem Falle ging der Wassergehalt beim Salzen innerhalb 24 Stunden auf 41% zurück. 100 g der ursprünglichen Haut mit einem Wassergehalt von 62% hatten 35 g Wasser verloren, dafür aber 6 g Salz aufgenommen.

Versuche an Haut, die in einzelnen Schichten zerteilt war, zeigten, daß das Salz von der Haut ca. 25mal so schnell durch die Fleischseite als durch die Haarseite aufgenommen wird. Das ist nicht weiter überraschend, wenn man sich die Struktur der Epidermis ins Gedächtnis zurückruft. Es wurde weiter gefunden, daß die Diffusion des Salzes in die Haut durch Aufschieben der Konservierung nach dem Schlachten verzögert wird. Ein Aufschub von einer Stunde bewirkte, daß die Diffusionsgeschwindigkeit des Salzes in die Haut in der ersten Stunde nur 69% der Diffusionsgeschwindigkeit bei unmittelbarer Konservierung nach dem Schlachten betrug. Ein Aufschub der Konservierung von sechs Stunden verminderte den Diffusionsgrad auf 26%. Selbstverständlich hatten schließlich die Häute den gleichen Salzgehalt, aber durch die Verzögerung der Diffusion des Salzes wird Zeit und Möglichkeit für Veränderungen der Haut durch Fäulniserscheinungen gegeben, durch die dann das Lederrendement verringert wird. Eine Blutschicht auf den Häuten verzögert ebenfalls die Diffusion des Salzes in diese. Weiter wird die Diffusionsgeschwindigkeit durch die im Salz vorhandenen Verunreinigungen beeinflußt. Alle Faktoren, die die Diffusion des Salzes in die Haut verzögern, verzögern in entsprechender Weise auch die Entwässerung der Haut.

e) Die Wirkung von Kochsalz auf den physikalisch-chemischen Zustand der Haut.

Bergmann und Mecke (6) untersuchten den Einfluß von Kochsalz auf den physikalisch-chemischen Zustand gewachsener roher Haut. An Probestücken geschwitzter Kalbshaut wurde in einem besonders konstruierten Apparat (7) zunächst die Wasserdurchlässigkeit bestimmt, dann wurden die Probestücke mit Kochsalzlösungen bestimmter Konzentration durchströmt, um die Änderung der Probestücke nach der Änderung der Durchlässigkeit zu bemessen, und schließlich wieder mit Wasser ausgewaschen. Jede einzelne Bestimmung wurde an 12 verschiedenen Probestücken durchgeführt und solche Serienversuche mit Kochsalzkonzentrationen von n/2,5 bis n/320 vorgenommen. Nach den Befunden von Bergmann und Mecke ändert die gewachsene Haut unter dem Einfluß von Kochsalzlösungen mit großer Schnelligkeit ihre Durchlässigkeit, also ihren Quellungszustand. Die Änderung besteht in einer Verminderung der Durchlässigkeit. Sie ist unter den gewählten Bedingungen unabhängig von der Menge des Kochsalzes, dagegen abhängig von der Konzentration der Kochsalzlösungen. Die durch Kochsalz bewirkte Durchlässigkeitsänderung ist nur zum Teil reversibel, d. h. sie wird durch Auswaschen mit Wasser nur teilweise rückgängig gemacht. Der irreversible Teil ist seinem Betrag nach von der Konzentration des zuvor angewandten Kochsalzes abhängig.

f) Die antiseptische Wirkung des Salzes beim Konservieren.

McLaughlin und Rockwell (20) veröffentlichten eine Reihe von Arbeiten zur Bakteriologie des Konservierens der Häute. Tabelle 20 zeigt den Einfluß von Blutserum auf die Salzkonzentration, die not-

Tabelle 20. Der Einfluß der Konzentration von Salz und Blutserum auf das Wachstum einer Bakterienmischkultur aus frischer Rindshaut beim Auswachsen in Nährbouillon.

Prozente NaCl im Nährboden	Ohne Blutserum	Mit 3% Blutserum	Mit 5% Blutserum	Mit 10% Blutserum
2	+	+	+	+
6	+	+	+	+
10	+	+	+	+
12	−	+	+	+
14	−	−	+	+
18	−	−	±	+

Das Zeichen + bedeutet Wachstum, das Zeichen − kein Wachstum innerhalb 72 Stunden.

wendig ist, um das Wachstum einer Bakterienmischkultur in einer Nährlösung innerhalb 72 Stunden bei 20° C zu unterbinden. Ohne Serumzusatz hört das Bakterienwachstum bei einem Salzgehalt von 12% auf, bei einem 10%igen Serumzusatz dagegen tritt auch bei 18% Salz noch Wachstum ein.

Tabelle 21 zeigt den Einfluß von Salz und Blut auf die in Weichwässern von Kalbfellen vorhandenen Bakterienmengen. Blut macht die Bakterien gegen die antiseptische Wirkung des Salzes widerstandsfähiger. Die angegebenen Zahlen bedeuten die Zahl der Bakterienkolonien, die aus 1 ccm des Weichwassers erhalten wurden.

Tabelle 21. Der Einfluß der Salzkonzentration und eines Kalbsblutzusatzes auf die Keimzahl einer Salzlake (4 Teile Lake, 1 Teil frische Kalbshaut) nach 24 und 168 Stunden bei 20° C.

Prozente NaCl	Nach 24 Stunden		Nach 168 Stunden	
	kein Blut	10% Blut	kein Blut	10% Blut
0	68 000 000	149 000 000	1 000 000 000	2 500 000 000
2	14 950 000	57 000 000	160 000 000	2 200 000 000
6	7 900 000	15 000 000	310 000 000	633 000 000
10	830 000	11 900 000	179 000 000	191 000 000
14	60 500	470 000	33 900 000	48 000 000
18	37 100	650 000	8 900 000	21 000 000
25	21 300	50 500	70 000	310 000

Sogar in 30%iger Salzlösung hat die Anwesenheit von Blut eine Zunahme des Bakterienwachstums zur Folge. Ein Stückchen frischer Rindshaut wurde in 4 Teilen 30%iger Kochsalzlösung 24 Stunden bei 22° C stehen lassen. Ohne Blutzusatz betrug die Keimzahl der Lösung 630 000, bei Zusatz von 10% Blut dagegen 2 380 000. McLaughlin und Rockwell wiesen auf die große Bedeutung des Blutes in der Praxis hin. Wird frische Rindshaut normalerweise gesalzen, so enthält die in der ersten Stunde gebildete Salzlösung 40% Blut und die nach 4 Wochen von dem Haufen ablaufende Salzbrühe noch ca. 8%.

McLaughlin und Rockwell konnten weiter feststellen, daß, wie zu erwarten, die Zahl der Bakterienkeime in den Weichwässern bei 20° C bei Vergrößerung des Verhältnisses Haut zu Weichwasser zunimmt und ebenso auch mit der Häufigkeit der Benutzung ein und derselben Salzlake. Nach ihren Befunden wirkt Salz in schwach saurer Lösung (p_H-Werte unter 6) besser konservierend auf Haut als in neutraler Lösung. Diese Feststellung steht in Übereinstimmung mit den Ergebnissen von Merrill und Fleming, die im 6. Kapitel mitgeteilt wurden; Merrill und Fleming hatten festgestellt, daß vorzüglich bei p_H-Werten zwischen 6,5 und 8,0 Gefahr für eine bakterielle Beschädigung der Haut vorhanden ist. Daß schwach alkalische Reaktion des Nährmediums das Wachstum gewisser Bakterienarten begünstigen kann, zeigt auch die Arbeit von Stather und Liebscher (45) über die mit dem Rotwerden von Salzhäuten verbundenen Schäden, in der u. a. die Abhängigkeit des Wachstums gewisser auf der Haut aufgefundener Bakterienarten von dem p_H des Nährbodens untersucht wurde.

In einer anderen Arbeit diskutieren Mc Laughlin und Rockwell (19) die Bakteriologie frischer Rindshaut und beschreiben die von ihr erhaltenen Bakterienkulturen. Die Arbeit zeigt eine interessante Art und Weise, das Problem der Häutekonservierung zu behandeln.

McLaughlin, Blank und Rockwell (18) belegten die Unzweckmäßigkeit einer wiederholten Benützung von Salz zum Konservieren tierischer Haut. Während in frischem Konservierungssalz 10000 bis 100000 Bakterien pro Pfund festzustellen waren, enthielt benutztes Salz wenige Stunden nach seiner Entfernung von der Haut 9 bis 200 Millionen Bakterien pro Pfund. Die aus benutztem Salz erhaltenen Bakterienmischkulturen erwiesen sich gegenüber frischem Salz sehr viel widerstandsfähiger als solche aus frischem Salz.

g) Konservierungsschäden der Rohhaut.

Ein häufig vorkommender Übelstand bei gesalzenen Häuten ist das Auftreten eigenartiger, rostbrauner oder grünblauer Flecken, sogenannter „Salzflecken". Diese lassen sich bisweilen nur sehr schwer entfernen, werden sogar oft beim Einlegen der Häute in Schwefelnatriumlösungen oder vegetabilische Gerbbrühen noch dunkler und intensiver und setzen den Verkaufswert des Leders erheblich herab. Da sie eine Quelle beständigen Ärgers für den Gerber bilden und ihm auch Verluste verursachen, hat man von Zeit zu Zeit Untersuchungen unternommen, Natur und Ursache der Flecken aufzuklären und ihre Entstehung zu verhindern. Manche dieser Flecken verschwinden, wenn die enthaarten Häute mit Lösungen von Schwefelsäure und Kochsalz behandelt werden, andere werden durch diesen Pickel nicht verändert. Ihren Namen verdanken die Flecken der Annahme, daß sie durch das zur Konservierung benutzte Salz verursacht würden. Bemerkenswert scheint auf alle Fälle die Tatsache, daß die Häufigkeit des Auftretens der Flecken von der Zusammensetzung des Salzes und der Art seiner Anwendung beeinflußt wird.

Der Prozentsatz an salzfleckigen Häuten war besonders in jenen Teilen Europas groß, in denen das Speisesalz mit einer Steuer belegt ist und infolgedessen das Salz zum Konservieren denaturiert werden muß. Die als Denaturierungsmittel benutzten Aluminiumsalze des Handels, vor allem die eisenhaltigen wurden beargwöhnt und die Gerbereichemiker begannen nach Denaturierungsmitteln zu suchen, die eher geeignet waren, Salzflecken zu verhindern, aber nicht zu erzeugen.

Eine Reihe von Wissenschaftlern betrachtete die Tätigkeit von Bakterien als Ursache der Salzflecken und suchte nach Denaturierungsmitteln, die die Bakterien in ihrer Entwicklung zu hindern vermöchten. Päßler (26) fand, daß der Prozentsatz an salzfleckigen Häuten bedeutend herabgesetzt werden konnte, wenn das zur Konservierung benutzte Salz mit 3% seines Gewichts an calcinierter Soda vergällt wurde. Seine Entdeckung wurde allgemein in Gebracuh genommen und hatte den großen Erfolg, den Prozentsatz der mit Salzflecken behafteten Häute bedeutend zu vermindern.

Schmidt (37) wies nach, daß Bakterientätigkeit wirksam durch vorhergehendes Besprengen des zur Konservierung benutzten Salzes mit einer 12%igen Zinkchloridlösung gehemmt werden kann, und auch diese Methode fand zu einem gewissem Grade zur Verhinderung von Salzflecken Verbreitung. Päßler (27) konnte indessen durch eine Reihe Vergleichsversuche nachweisen, daß Zinkchlorid in der Verhinderung der Salzflecken nicht wirksamer ist als Soda.

Romana und Baldracco (35) vermuteten in Blut und Lymphe die Ursache der Salzflecken und wuschen darum die Häute sorgfältig vor dem Einsalzen. Sorgfältig gewaschene Häute waren nach ihren Befunden durchweg fleckenfrei. Sie stellten weiterhin fest, daß Salzflecken durch einen Zusatz von 1% Natriumfluorid zum Konservierungssalz verhindert werden können.

Eitner (9) wies darauf hin, daß viele Flecken dadurch verursacht würden, daß das Einsalzen zu lange hinausgeschoben würde und die Bakterien so Zeit zu beträchtlichem Wachstum gewännen. Er empfahl eine gründliche Verdrängung des Wassers aus der Haut durch intensives Salzen und Abfließenlassen der Salzlake, die infolge ihres Gehalts an Proteinen einen vorzüglichen Bakteriennährboden darstellt, darauf erneutes Einsalzen der Häute.

Yocum (56) beobachtete, daß die Salzflecken bedeutend häufiger im Sommer auftreten als im Winter und daß Häute, die der Luft sehr ausgesetzt waren oder sehr lange in gesalzenem Zustand gelagert hatten, besonders stark davon befallen waren. Er konnte in den Flecken durch Auflegen von mit Essigsäure befeuchtetem Filtrierpapier Eisen nachweisen. Waren die Flecken auch noch am fertigen Leder zu sehen, so konnte auch hier in den gefleckten Stellen Eisen nachgewiesen werden, nicht aber in den ungefleckten Stellen. Obwohl öfters Eisen in der Asche von frischen Häuten nachgewiesen wurde, die keinerlei Flecken aufwiesen, zeigten diese Häute, wenn sie sofort, ohne gesalzen zu werden, ausgegerbt wurden, im fertigen Leder keine Flecken. Das scheint darauf hinzuweisen, daß die Fleckenbildung darauf zurückzuführen ist, daß das ursprünglich in der Haut vorhandene Eisen sich während der Konservierung derart verändert, daß es sich mit der Haut zu verbinden vermag. Er konnte Flecken künstlich auf der Haut mit Hämoglobin erzeugen und ist der Ansicht, daß das Blut für die Fleckenbildung verantwortlich zu machen ist.

Becker (5) untersuchte gelbe, orangefarbene und rote Flecken der Haut und konnte daraus Bakterien isolieren, die in Reinkultur imstande waren, entsprechende Flecken auf Haut zu erzeugen. Er stellte fest, daß Salzzusatz bis zu 10% des Gewichts der Haut das Bakterienwachstum begünstigt, höhere Salzkonzentrationen dagegen hemmend wirken. Er warnte daher vor ungenügendem Salzen, vor der Lagerung in warmer, feuchter Atmosphäre und vor der ungenügenden Entfernung von Schmutz und Unrat. Zur Verhinderung der Salzflecken empfahl er eine Behandlung der Haut mit einer 0,25%igen Lösung von Senföl, der ein reichliches Einsalzen mit Soda denaturiertem Salz folgen sollte. Da er die blauen Flecken durch Bakterienwirkung allein nicht reproduzieren konnte, nahm er an, daß diese nicht auf Bakterien, sondern auf chemische Veränderungen der Haut zurückzuführen seien.

Hinsichtlich der Bedeutung der Bakterien bei der Salzfleckenbildung verdienen die Arbeiten von Abt (1 bis 4) besonderes Interesse. Er ist der Meinung, daß die meisten der von ihm auf französischen Häuten untersuchten Salzflecken nicht durch bakterielle Tätigkeit verursacht würden. Besonders schlimme Arten von Flecken konnten auf die Anwesenheit von Calciumsulfatkrystallen in dem zur Konservierung benutzten Salz zurückgeführt werden. Die Flecken selbst enthielten immer eine beträchtliche Menge Calciumphosphat und auch Eisen. Bei der qualitativen und quantitativen Untersuchung der gefleckten Stellen im Vergleich mit den ungefleckten Stellen ergab sich folgendes: obwohl qualitativ in den gefleckten Stellen immer eine stärkere Eisenreaktion erhalten wurde als in den ungefleckten Stellen, konnte quantitativ ein Unterschied im Eisengehalt nicht festgestellt werden. Abt stellt sich die Salzfleckenentstehung folgendermaßen vor. Das im Konservierungssalz vorhandene Calciumsulfat setzt sich mit den aus den Nucleinsäuren der Haut gebildeten Ammoniumphosphaten zu unlöslichem Calciumphosphat um. Das bei dieser Umsetzung entstehende Ammoniumsulfat reagiert mit dem unlöslichen Eisencarbonat, das sich natürlich in der Haut vorfindet und bildet lösliches Eisensulfat, das sich mit dem Hautprotein verbindet und so die Salzflecken erzeugt.

Abt versuchte auch das Fortschreiten der Salzfleckenbildung unter dem Mikroskop zu verfolgen und fand, daß in dem Grade, in dem die Fleckenbildung fortschreitet, die Zellkerne verschwinden. Das Bindegewebe löst sich allmählich auf, aber er konnte nie Bakterien zwischen den veränderten Fasern feststellen, auch entsprach die Zersetzung nicht einem typischen, durch Bakterien hervorgerufenen Abbau. Er nahm an, daß das Eisen wahrscheinlich aus dem Chromatin der Zellkerne oder aus dem Blut stamme. Eine zweite Art von Salzflecken enthielt kein Calciumphosphat, dagegen waren bei diesen die Epithelzellen stark pigmentiert. Als Ursache dieser Flecken betrachtete er die Fixierung von Pigmenten durch mineralische Substanzen, so, daß ein späterer Abbau durch Äscherbrühen verhindert wird. Abt empfiehlt ebenfalls zur Verhinderung der Salzflecken einen Zusatz von Natriumcarbonat zum Konservierungssalz, weil Soda die vorhandenen Calciumsalze ausfällt und außerdem desinfizierend und entwässernd wirkt.

Obwohl Abt angibt, daß die Mehrzahl der von ihm untersuchten Salzflecken nicht auf eine Bakterienwirkung zurückzuführen seien, gibt er doch zu, daß Bakterien bei der Ausbildung anderer Salzfleckenarten eine bedeutende Rolle spielen können. Tatsächlich konnte er (2) aus einer Art Salzflecken ein Mikroorganismus isolieren, der auf Gelatine bei Gegenwart geringer Spuren von Calciumphosphat und Eisen einen braunen Farbstoff zu erzeugen vermochte.

Vourloud (55) nimmt an, daß die wirklichen Salzflecken durch Eisen verursacht würden, das durch die Einwirkung von Bakterien aus dem Blut frei gemacht wird. Er gibt an, daß Phenol und Natriumfluorid zur Salzfleckenbekämpfung ungeeignet seien, dagegen als sicherstes Verhütungsmittel gründliches Waschen der Häute und Salzlakenbehandlung möglichst bald nach dem Schlachten zu empfehlen sei.

Eine ganz andere Ursache der Salzflecken erörterte Péricaud (28). Die Salzflecken enthalten nach seinen Angaben weder Eisen noch spielen Bakterien bei ihrer Ausbildung eine Rolle, vielmehr veranlasse die Koagulation der weißen Blutkörperchen die Absonderung proteolytischer Fermente, die ihrerseits das Hautgewebe angreifen und somit die unmittelbare Ursache der Salzflecken seien.

Neuestens hat Stather (43) eine ausführliche Untersuchung über die hellgelben und orangeroten Salzflecken veröffentlicht. Er untersuchte an histologischen Schnitten die Schädigungen und Veränderungen der salzfleckigen Rohhaut. Es gelang ihm, in den salzfleckigen Stellen reichlich Bakterien nachzuweisen und auch neun verschiedene Arten bzw. Stämme von Mikroorganismen daraus rein zu züchten, nämlich zwei Arten von Bacillus mesentericus, drei Arten von Micrococcos pyogenes, zwei Actinomycesarten, ein Corynebakterium und eine Sarcinenart. Der größte Teil dieser Bakterien besitzt beträchtliches Gelatineverflüssigungsvermögen. Die Untersuchung ihres Verhaltens gegenüber Kochsalz ergab, daß erst ein Kochsalzgehalt von 8% eine stärkere Wachstumshemmung, keineswegs ein Absterben der Bakterien bewirkt. Ein Zusatz von 5% des Salzes an calcinierter Soda erhöht die wachstumshemmende Wirkung des Salzes. Ein Teil der Bakterien vermag beim Aufimpfen auf die Fleischseite unbeschädigter tierischer Haut in Farbe und Anordnung den Salzflecken sehr ähnliche Flecken zu erzeugen. Die chemische Untersuchung der Salzflecken ergab im Vergleich zu den daneben liegenden unbeschädigten Stellen einen bedeutend erhöhten Gehalt an Eisen und Phosphorsäure, sowie einen beträchtlichen Mehrgehalt an Schwefelsäure und Calcium.

Stather glaubt, auf Grund seiner Arbeit, daß bei der Salzfleckenbildung immer mehrere Faktoren gleichzeitig zusammenwirken, und zwar neben der Beschaffenheit des Konservierungssalzes das reichliche Vorhandensein von Bakterien, die durch Abbau von Hautsubstanz sowie durch Farbstoffbildung fleckenbildend wirken. Welche von den einzelnen Faktoren, wie chemischer Veränderung der Hautsubstanz oder Bakterienwirkung, vorherrschen, soll von äußeren Bedingungen der Häutekonservierung abhängen.

Überblickt man die angeführten Arbeiten, so werden für die salzfleckenverhindernde Wirkung der Soda zum mindestens drei verschiedene Erklärungen angeben. Abt schreibt sie der Fällung der im Konservierungssalz vorhandenen Calciumsalze zu. Päßler, Stather u. a. vertreten die Ansicht, daß die durch die Soda hervorgerufene Alkalität der Haut, die als Salzfleckenursache vermuteten bzw. ermittelten Bakterien in ihrem Wachstum behindere. Moeller (25) schließlich glaubt, daß die Salzfleckenbildung eine Art Gerbung durch Melanine oder Eisen- und Schwefelbakterien darstelle, die in alkalischem Medium nicht eintreten. Es ist ja ohne weiteres einleuchtend, daß die Soda

Eisen in unlösliche Verbindungen überführt, so daß eine Verbindung dieses mit den Hautproteinen unmöglich wird.

Meist werden zu den Salzflecken auch die verschiedenartigen roten und blauen Verfärbungen der Fleischseite gesalzener Rohhaut gezählt. Schultz (39) beschäftigt sich in einer Arbeit mit den blauen Flecken, die vorzüglich erst beim Einbringen der Häute in Schwefelnatriumlösungen auftreten und im allgemeinen auf Eisen zurückgeführt werden. Da das Auftreten solcher Flecken durch Vorbehandlung der Häute in alkalischen Lösungen vor dem Einbringen in Sulfidlösungen verhindert werden kann, keineswegs aber durch saure Lösungen, kann Eisen nicht als Ursache der Fleckenbildung betrachtet werden, vielmehr wird ein organisches Sulfid, etwa Sulfoxydhämoglobin, als ihre Ursache anzusehen sein.

Mit der roten Verfärbung der Fleischseite gesalzener Haut befaßt sich eine Veröffentlichung der südamerikanischen Industriellen für das Fleischgefrierverfahren (Frigorificos [11]). Die Mißfärbung soll in halophilen farbstoffbildenden aeroben Bakterien oder Schimmelpilzen ihre Ursache haben, sich auf die Oberfläche der Fleischseite der Haut beschränken und keinen Schaden verursachen.

Stather und Liebscher (44, 45) stellten bei Untersuchung der ziegelroten Verfärbung fest, daß sie auf die Wirkung verschiedener farbstoffbildender Bakterien zurückzuführen ist. Neben einer Proteusart und Bacillus subtilis wurden in der ziegelroten Verfärbung der „rote"Micrococcus roseus, die „rotorange" Sarcina auriantica, die „gelbe" Sarcina lutea, eine „rote" Actinomysesart sowie der fettspaltende Micrococcus tetragenus aufgefunden. Der Farbstoff der Verfärbung ist als Lipochrom bzw. Caratinoid anzusprechen. Die Tätigkeit der Bakterien bleibt nicht auf die verfärbte Fleischseite beschränkt, es konnten vielmehr auch reichlich bakteriell angegriffene Stellen der Epidermis und der Haarbälge ermittelt werden. Vergleichende Betriebsversuche bestätigten den histologisch ermittelten Bakterienschaden, die Weichwässer rotgewordener Häute enthalten immer mehr gelöste Hautsubstanz als die normaler Häute. Von den auf rotgewordenen Häuten aufgefundenen Mikroorganismen sind einige nach den Untersuchungen von Stather und Liebscher als ausgesprochen „halophil" zu bezeichnen; mäßige Alkalität des Nährbodens fördert ihr Wachstum. Die Verwendung von soda-denaturiertem Soda scheint demgemäß zur Verhinderung des Rotwerdens wenig angebracht.

Betrachtet man zusammenfassend die Arbeiten der verschiedenen Forscher, so scheint es, daß es ganz verschiedene Arten von Salzflecken gibt, und daß diese auch auf verschiedene Weise entstehen können. Sie können durch die Wirkung von Bakterien hervorgerufen werden oder auch durch Verunreinigung des Konservierungssalzes, wie Calciumsulfat oder Eisensalze. Solche Eisensalze können auch aus den in der Haut vorhandenen unlöslichen Eisenverbindungen gebildet sein, sei es durch chemische Wirkung oder unter Mithilfe von Bakterien. Blut und Lymphe bilden einen ausgezeichneten Bakteriennährboden und enthalten sowohl Eisenverbindungen wie auch Phosphate.

h) Ideale Konservierung.

Der erste Schritt zu einer idealen Konservierungsmethode ist ein sorgfältiges Waschen der Häute, um den Hauptteil des Blutes und der löslichen Proteinsubstanzen wie auch Schmutz und Kot zu entfernen. Diese Substanzen vermindern die antiseptische Wirkung des Salzes und ihre Gegenwart vergrößert die Gefahr einer Schädigung der Haut durch Bakterien. Der zweite wichtige Punkt ist die Salzung selbst. Die Arbeiten von McLaughlin und Theis und von Stather zeigen, daß es empfehlenswert ist, die Häute vor der eigentlichen Salzung über Nacht in eine 25%ige Salzlösung einzulegen. Die Häute müssen dann gleichmäßig mit reichlichen Mengen reinen Salzes, das frei ist von Calciumsulfat und Eisenverbindungen, eingesalzen werden. Die Salzmenge sollte mindestens ein Viertel des Gewichts der Haut betragen. Die gebildete Salzlösung muß ablaufen gelassen werden, damit alle beim vorhergehenden Waschen nicht entfernten löslichen Proteinsubstanzen entfernt werden. Der Verfasser hält einen Zusatz von ca. 4% des Salzgewichts an Soda zum Salz für wünschenswert. Dieser Sodazusatz vermindert bekanntlich die Salzfleckenbildung und hat außerdem den Vorteil, die in der Haut zurückgehaltene Flüssigkeit auf einen p_H-Wert von etwa 10 bis 11 zu bringen, der ja nach Merrill und Fleming größtenteils einen Schutz gegen bakterielle Schädigung der Haut bietet. Während der Konservierung müssen die Häute in kühlen Räumen aufbewahrt werden. Der Verfasser hat an Häuten, die auf diese Weise sorgfältig konserviert wurden, niemals irgendwelche von den Schäden, die gewöhnlich einer Bakterientätigkeit zugeschrieben werden, feststellen können.

i) Die Wirkung verschiedener Salze auf Hautprotein.

Der Verfasser hat in zahlreichen Versuchen in der Gerberei während der letzten fünfzehn Jahre beobachtet, daß sowohl Haut wie auch voll ausgegerbtes Leder durch gewisse Neutralsalze angegriffen werden; z. B. war bei einem Äscherversuch, bei dem die Löslichkeit des Kalks durch steigende Mengen Calciumchlorid zurückgedrängt wurde, die Haut bei hohen Salzkonzentrationen sehr stark beschädigt. Wurde die Konzentration des Ammoniumchlorids in einer Beizlösung auf 50 g im Liter gesteigert, so trat ebenfalls starke Hautschädigung ein. Beim Einlegen von Streifen fertig zugerichteten Leders, sowohl Chromleders wie vegetabilischen Leders, in konzentrierte Lösungen von Calciumoder Magnesiumchlorid schrumpfen diese auf weniger als die Hälfte ihrer ursprünglichen Größe ein.

Thomas und Foster (51) untersuchten diese eigenartige zerstörende Wirkung gewisser Neutralsalze auf Hautsubstanz in der Hoffnung, etwas mehr Licht in die Wissenschaft der Häutekonservierung zu bringen. Wegen der Wichtigkeit ihrer Befunde wird ihre Arbeit ausführlicher besprochen.

Fünfzig-Gramm-Portionen amerikanischen Standard-Hautpulvers wurden in verschlossenen Flaschen mit je einem Liter chemisch reiner

Salzlösungen übergossen. Um Komplikationen durch Bakterienwirkung in den verdünnten Salzlösungen auszuschalten, wurden alle Lösungen

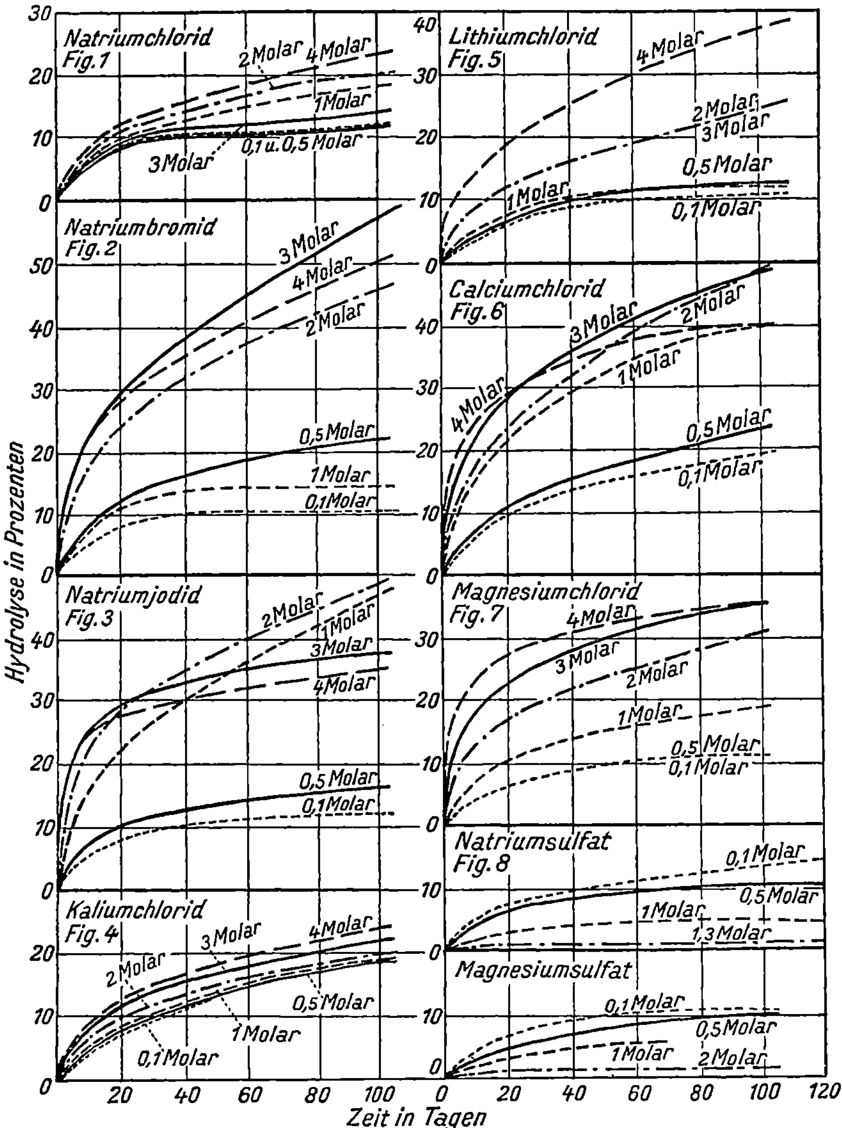

Abb. 96. Die Hydrolyse von Hautsubstanz durch Lösungen verschiedener Salze.

mit einer Schicht von Toluol bedeckt. Zum Erhalt einheitlicher Bedingungen wurde das Toluol auch den konzentrierten Lösungen zugefügt. Die Flaschen wurden bei Zimmertemperatur im Dunkeln aufbewahrt.

Sie wurden während der ersten vier Wochen täglich, später 2- oder 3 mal wöchentlich umgeschüttelt. Die Raumtemperatur betrug $19° \pm 2°$ C. In den in der Tabelle angegebenen Zeitintervallen wurden mit der Pipette Proben der Lösungen entnommen, durch trockene Filter filtriert und die Filtrate der Stickstoffbestimmung nach Kjeldahl unterworfen. Aus den so erhaltenen Werten wurde die Hydrolyse des Hautpulvers in Prozenten errechnet. Die Volumverminderung durch die Probeentnahme wurde bei allen nachfolgenden Berechnungen berücksichtigt. In keinem Falle konnte irgendeine Bakterienwirkung festgestellt werden.

Die Resultate sind in Abb. 96, 97 und 98 dargestellt. Der bemerkenswerteste Befund ist, daß alle Haloide die Hydrolyse der Hautsubstanz gegenüber reinem Wasser vergrößern, Sulfate sie dagegen verringern. Der Verlauf der Konzentrationskurven in Abb. 97 ist merkwürdig; er wurde um jedmöglichen experimentellen Irrtum auszuschalten nachgeprüft. Er

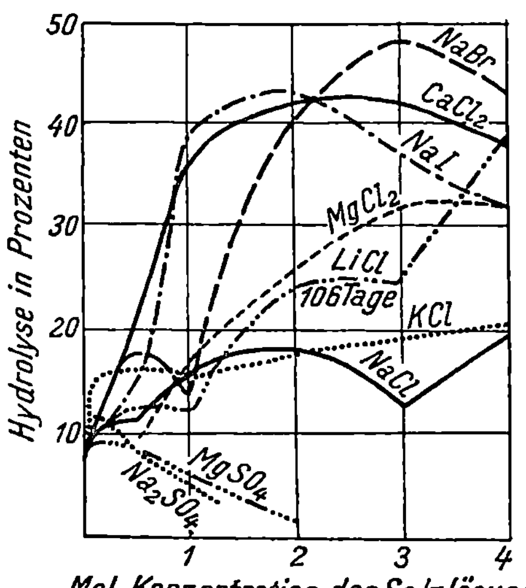

Abb. 97. Der Einfluß der Salzkonzentration auf die Hydrolyse von Hautsubstanz. Zeit: 70 Tage.

kann auch nicht Änderungen der p_H-Werte zugeschrieben werden. Die p_H-Werte wurden elektrometrisch bestimmt. Am Ende der Untersuchung hatten die stärkst konzentrierten Lösungen folgende p_H-Werte: Natriumchlorid, 4 molar, p_H 5,1; Natriumbromid, 4 molar, p_H 5,4; Natriumjodid, 4 molar, p_H 6,0; Kaliumchlorid, 4 molar, p_H 5,6; Lithiumchlorid, 4 molar, p_H 4,9; Calciumchlorid, 4 molar, p_H 4,3; Magnesiumchlorid, 4 molar, p_H 3,8; Magnesiumsulfat, 2 molar, p_H 4,7; Natriumsulfat, 1,3 molar, p_H 5,3. Der p_H-Wert destillierten Wassers mit dem üblichen Kohlensäuregehalt der Luft

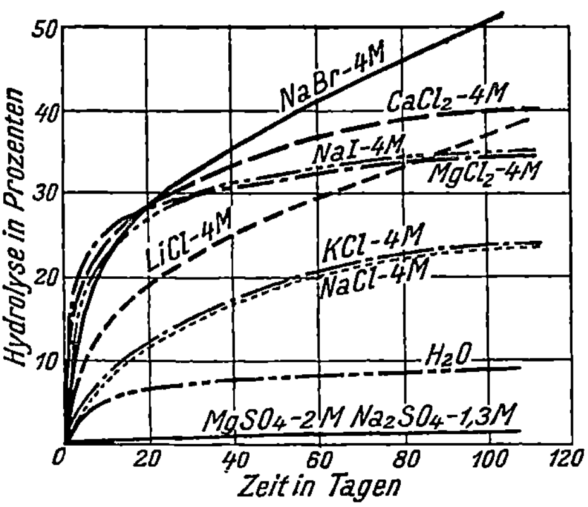

Abb. 98. Der Einfluß der Zeit auf die Hydrolyse von Hautsubstanz durch verschiedene Salze.

der Konzentrationskurven in Abb. 97 ist merkwürdig; er wurde um jedmöglichen experimentellen Irrtum auszuschalten nachgeprüft. Er beträgt bekanntlich 5,7.

Aus dieser Arbeit ist die natürliche Schlußfolgerung zu ziehen, daß Natriumsulfat dem Natriumchlorid als Konservierungsmittel überlegen ist. Nach einer unveröffentlichten Arbeit teilten Wilson und Kern

eine Anzahl frischer Kalbshäute in zwei Seiten und konservierten eine
Seite jeder Haut mit Natriumchlorid, die andere mit Natriumsulfat
und ließen sie ca. 6 Monate lagern. Das fertige Leder zeigte praktisch
die gleiche Ausbeute und Qualität; die Konservierung war also in beiden
Fällen wirksam·und die durch das Salz bedingte Hautsubstanzhydrolyse

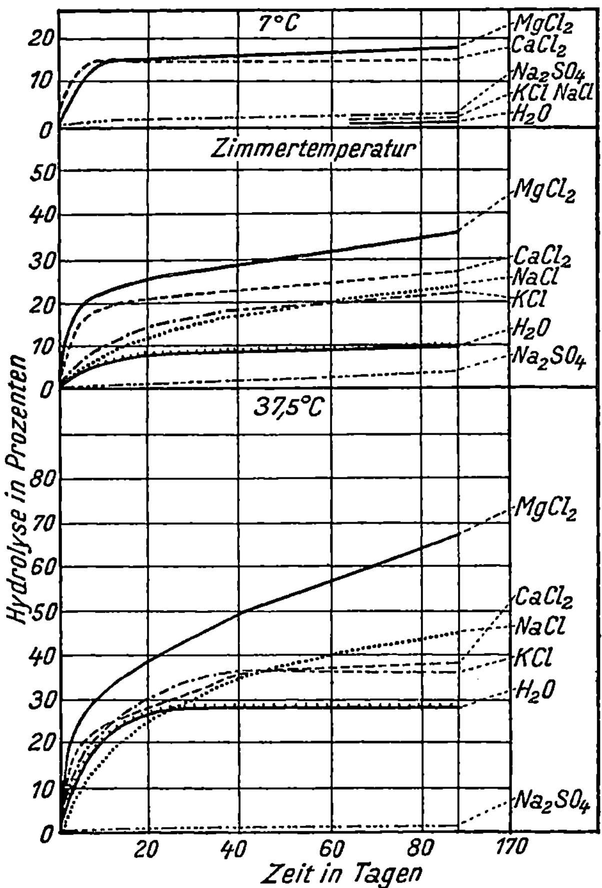

Abb. 99. Die Hydrolyse von Hautpulver durch gesättigte Salzlösungen
bei verschiedenen Temperaturen.

zu vernachlässigen. McLaughlin und Theis (23) konnten den Befund
von Thomas und Foster, das Natriumsulfat die Hautsubstanz weniger
hydrolysiert als Natriumchlorid, bestätigen und fanden, daß Natriumsulfat eine stärker entwässernde Wirkung ausübe als Natriumchlorid.
Die Empfehlung, Natriumsulfat als Konservierungsmittel zu benützen,
dagegen konnten sie nicht unterstützen, weil Natriumsulfat kein gutes
Antiseptikum ist. Sie konnten nachweisen, daß Hautbakterien noch
in gesättigten Natriumsulfatlösungen bei 20°C weiterwachsen können.

13*

Wir wissen nun, daß bestimmte Arten von Bakterien sowohl in gesättigten NaCL-Lösungen wie auch Na$_2$SO-Lösungen sich zu entwickeln vermögen.

Die Arbeit wurde von Thomas und Kelly (52) mit sehr interessanten Ergebnissen fortgesetzt. Die Versuchsmethodik war im allgemeinen die gleiche wie bei Thomas und Foster, dagegen benutzten sie Toluol nur im Wasservergleichsversuch, da sie überzeugt waren, daß praktisch in den starken Salzlösungen eine Bakterientätigkeit nicht eintritt.

Abb. 99 veranschaulicht den Einfluß gesättigter Salzlösungen auf auf die Hydrolyse von Hautpulver als Funktion der Zeit und Temperatur. Die Hydrolyse wird durch ansteigende Temperatur bei Chloridlösungen und reinem Wasser stark beschleunigt, bei Sulfatlösungen dagegen gehemmt. Mit ansteigender Temperatur, bis zu 37,5⁰ C, ist Natriumsulfat ein nicht zu übertreffendes Hautkonservierungsmittel. Die Erklärung hierfür gibt Abb. 97, aus der zu ersehen ist, daß die konservierenden Eigenschaften des Natriumsulfats mit steigender Konzentration zunehmen. 100 g Wasser lösen bei 7⁰ C ca. 7 g Natriumsulfat, bei 20⁰ ca. 19 g und bei 37,5⁰ ca. 50 g. Die Hydrolyse von Hautsubstanz war bei der Behandlung mit der warmen Natriumsulfatlösung nach 170 Stunden praktisch gleich Null, ohne daß außer dem Salz ein anderes Antiseptikum benutzt worden war. Der Verfasser fand in Laboratoriumsversuchen, daß bei Zimmertemperatur eine gesättigte Lösung von Natriumsulfat besser konservierend auf Haut wirkt als eine gesättigte Natriumchloridlösung.

Magnesiumchlorid wirkt von den untersuchten Salzen am stärksten zerstörend; bei 37,5⁰ C waren in 170 Stunden über 80% des Hautpulvers hydrolysiert. Die etwas geringere Wirkung von Calciumchlorid stimmt überein mit dem Befund von Howe (14), daß Calciumchlorid stärker fällend auf die Proteine des Blutserums wirke als Magnesiumchlorid.

Bei der Untersuchung des Einflusses des p_H-Werts auf die Hydrolyse von Hautpulver in gesättigten Natriumchloridlösungen stellten Thomas und Kelly (53) fest, daß mit zunehmender Alkalität die Hydrolyse des Hautpulvers stark zunimmt. Die Hydrolyse des Hautpulvers bei verschiedenem p_H der Lösungen verläuft also in gesättigten Salzlösungen anders als für salzfreie Lösungen von anderer Seite festgestellt worden ist. Eine Sodazugabe zum Konservierungssalz, wie sie zur Salzfleckenverhinderung üblich ist, verursacht also einen Hautsubstanzverlust.

k) Die Wirkung von Salzgemischen.

Das zum Konservieren benutzte Salz wird manchmal mit Salzen vermischt, die die Feuchtigkeit stärker zurückhalten und dadurch den durch das Gewicht ermittelten Wert der Haut scheinbar vergrößern. Man könnte nun zunächst denken, die Verwendung von Calciumchlorid zu diesem Zweck müßte sich in einer verstärkten Hydrolyse der Hautsubstanz bemerkbar machen, aber Thomas und Kelly (52) machten die bemerkenswerte Feststellung, daß Gemische von Natriumchlorid und Calciumchlorid eine geringere hydrolysierende Wirkung auf Hautsubstanz ausüben als jedes dieser Salze für sich allein. Zu bei Zimmertemperatur gesättigten Lösungen von Natriumchlorid wurden die für die gewünschte Konzentration notwendigen Mengen gesättigter Calciumchloridlösung hinzugefügt. Da Natriumchlorid in gesättigter Lösung durch Calciumchlorid gefällt wird, wurden die Lösungen so bereitet, daß sie in bezug auf das Natriumchlorid gesättigt waren. Sämtliche Lösungen wurden auf ihren Calcium- und Chlorgehalt untersucht. Das Hautpulver wurde nun der Einwirkung dieser Lösungen unterworfen. Das Ergebnis der Versuche zeigt Abb. 100. Das Verhältnis der trocken gemischten Salze variierte von 100% NaCl und 0% CaCl$_2$ bis zu 84,8% NaCl und 15,2% CaCl$_2$

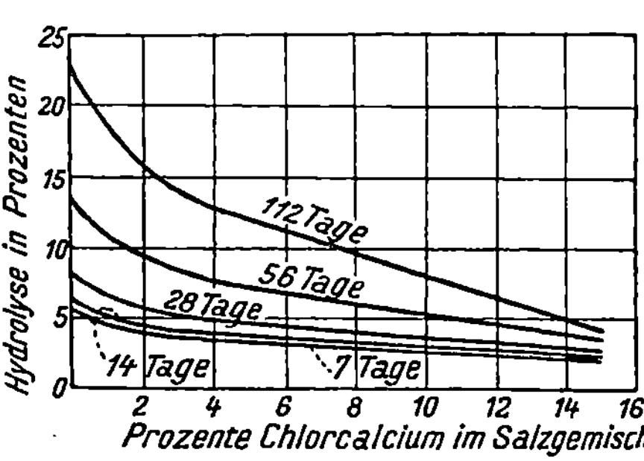

Abb. 100. Der Einfluß von Calciumchlorid auf die Hydrolyse von Hautpulver durch gesättigte Natriumchloridlösungen.

und die molare Konzentration der Lösungen von 5,41 molar NaCl und 0 molar CaCl$_2$ zu 4,01 molar NaCl und 0,38 molar CaCl$_2$. Während Calciumchlorid allein stark zerstörend auf Hautsubstanz wirkt, verringert seine Zugabe zu gesättigten Natriumchloridlösungen seinen zerstörenden Einfluß sehr stark. Wir haben hier ein Beispiel für das, was der Biologe „antagonistische Salzwirkung" nennt. Fenn (10) fand, daß die zur Ausfällung von Gelatine aus wässeriger Lösung erforderliche Menge Alkohol durch Zusatz von Natrium- oder Calciumchlorid stark vergrößert wird, aber abnimmt durch Zusatz einer Mischung von 100 Mol NaCl und 8 Mol CaCl$_2$. Die Gegenwart einer geringen Menge Chlorcalcium in dem zur Konservierung benutzten

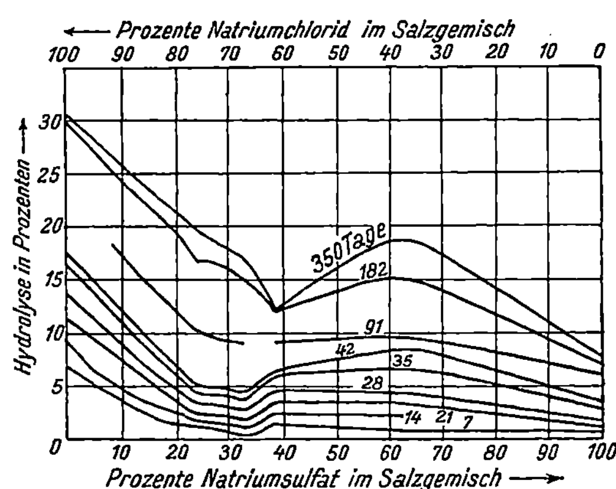

Abb. 101. Der Einfluß von Natriumsulfat auf die Hydrolyse von Hautpulver durch gesättigte Natriumchloridlösungen bei Zimmertemperatur.

Salz vermag anscheinend die durch das Salz bedingte Hydrolyse der Hautsubstanz zu verhindern.

Abb. 101 veranschaulicht die hydrolysierende Wirkung von gesättigten Lösungen von Mischungen von Natriumchlorid und Natriumsulfat auf Hautsubstanz als Funktion der im Salzgemisch vorhandenen Prozente Na$_2$SO$_4$ und der Zeit bei Zimmertemperatur. Abb. 102 zeigt den gleichen Einfluß bei 37,5° C. Bei Zimmertemperatur variierte die

Konzentration der Lösung von 5,29 molar NaCl ohne Na_2SO_4 bis zu 1,46 molar Na_2SO_4 und keinem NaCl, bei 37,5° von 5,4 molar NaCl ohne Na_2SO_4 bis zu 2,91 molar Na_2SO_4 ohne NaCl.

Alle Mischungen der beiden Salze verursachen eine geringere hydrolytische Wirkung als Natriumchlorid allein, diese Tatsache ist besonders bei höherer Temperatur festzustellen. In keinem Fall war irgendeine Bakterientätigkeit konstatierbar, auch nicht nach einjährigem Stehen.

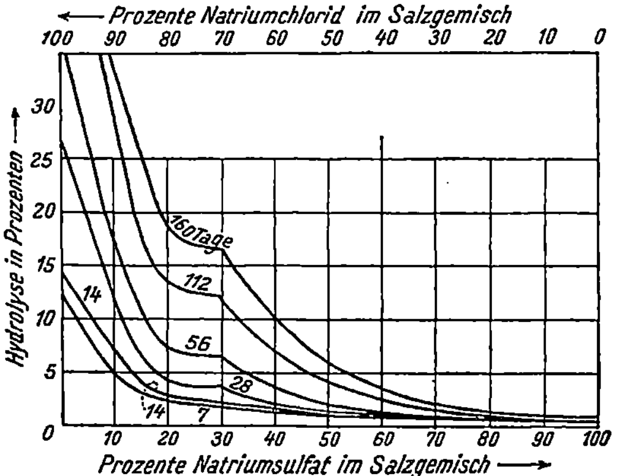

Abb. 102. Der Einfluß von Natriumsulfat auf die Hydrolyse von Hautpulver durch gesättigte Natriumchloridlösungen bei 37,5°.

Betrachtet man den Grad der Hydrolyse über eine Versuchsdauer von 7 bis zu 42 Tagen, so kann man feststellen, daß ein Optimum des Konservierungseffekts erhalten wird, bei Verwendung einer Mischung von 5 Molen Natriumchlorid und einem Mol Natriumsulfat. Fenn (10) fand, daß zum Ausfällen von Gelatine aus wässeriger Lösung die gerinste Alkoholmenge notwendig ist, bei Gegenwart eines Gemisches von Natriumchlorid und Natriumsulfat im Molverhältnis 5 : 1. Bei diesem Mischungsverhältnis üben diese Salze eine optimale Wirkung dahin aus, die Dispersion von Hautsubstanz oder Gelatine zu verhindern.

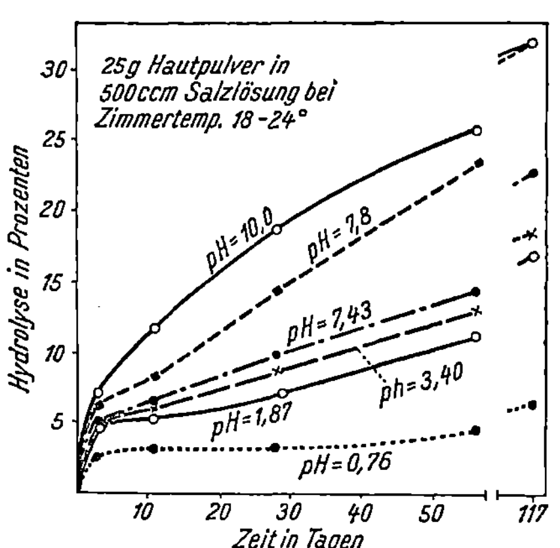

Abb. 103. Die Hydrolyse von Hautpulver durch gesättigte Natriumchloridlösungen als Funktion der Zeit und des p_H-Wertes.

Abb. 103 zeigt den Einfluß des p_H-Wertes auf die Hydrolyse von Hautsubstanz durch gesättigte Lösungen von Natriumchlorid. Mit zunehmendem p_H der Lösung von 0,76 bis zu 10,0 nimmt der Grad der Hydrolyse zu. Diese Tatsache läßt Zweifel darüber aufkommen, ob es in der Praxis der Konservierung zweckmäßig ist, weiterhin dem Salz Soda zuzusetzen, doch muß die Wirkung der Soda von verschiedenen Gesichtspunkten aus betrachtet werden. Zweifellos ist die hauptsächlichste Aufgabe des Konservierungsprozesses, die Bakterientätigkeit zu hemmen und die Häute gegen die Wirkung proteolytisch wirkender Bakterien und Enzyme zu schützen. In dieser Hinsicht spielen Blut und andere Stoffe in der Haut eine große Rolle. Thomas und Kelly machten ihre Experimente mit Hautpulver. In einigen praktischen Versuchen mit verschiedenen Salzen als Konservierungsmittel schien die Art des Salzes keinen wirklichen Einfluß auf die Lederqualität zu haben; es ist möglich, daß eine größere Bakterienaktivität im einen Falle durch eine größere hydrolytische Aktivität des Salzes im anderen Falle ausgeglichen wird. Die Arbeiten von Thomas und seinen Mitarbeitern sind wertvoll für eine große Zahl praktischer Versuche über die Konservierung von Häuten mit verschiedenen Salzgemischen.

Gustavson (12) stellte eine Theorie der Neutralsalzwirkung auf Hautsubstanz auf, die sich auf die Arbeiten von Pfeiffer (29, 30, 31), Stiasny (46, 47, 48), Thomas und Foster (51) und anderer gründet. Pfeiffer fand, daß Halogensalze und Aminosäuren sich zu wohldefinierten und ziemlich beständigen Verbindungen zusammenlagern, die sich gegenüber den Aminosäuren durch eine beträchtlich verstärkte Löslichkeit und Erhöhung der optischen Aktivität auszeichnen. Die Gefrierpunktserniedrigung der gebildeten Verbindungen ist geringer als die der Summe ihrer Komponenten. Zum Beispiel kann sich ein Molekül Chlorcalcium mit einem, zwei oder drei Molekülen Glykokoll (Aminoessigsäure) verbinden. Verbindungen dieser Art wurden in kristallisierter Form isoliert. Ähnliche Verbindungen entstehen auch zwischen Halogensalzen und den Anhydriden und Dianhydriden der Aminosäuren, einschließlich der Dioxopiperazine. Sekundäre Valenzkräfte scheinen für diese Verbindungen verantwortlich zu sein.

Nach der im 3. Kapitel beschriebenen Theorie Stiasnys bestehen die Proteine aus Polypeptiden, die durch sekundäre Valenzkräfte zusammengehalten werden. Gustavson diskutiert nun die Theorie, daß Neutralsalze, die die Tendenz zeigen, die Proteinstruktur anzugreifen, sich zuerst mit den Polypeptid- oder Dioxopiperazinkomplexen verbinden. Diese Verbindung vergrößert nicht nur durch Vergrößerung der Affinität der Polypeptidkomplexe zu Wasser ihre Tendenz zu dispergieren, sondern vermindert auch die Anziehungskräfte dieser Komplexe unter sich, indem sie einige der Nebenvalenzkräfte beansprucht, die die Komplexe untereinander zusammenhalten. Das Verhalten der Neutralsalze bezüglich ihrer Wirkung gegenüber Hautsubstanz, wie es von Thomas und Foster festgestellt wurde, geht parallel mit dem Verhalten einfacher Systeme, wie sie Pfeiffer untersucht hat. Die Bedeutung der Gustavsonschen Theorie für die Untersuchung der verschiedenen Operationen der Gerberei wird in den späteren Kapiteln behandelt werden.

Die Theorie gibt eine Erklärung für die Tatsache, daß ein Gemisch von Calciumchlorid und Natriumchlorid weniger zerstörend auf Hautsubstanz wirkt als jedes der Salze für sich allein. Diese Salze vermögen Additionsverbindungen miteinander zu bilden, die beständiger sind als die Additionsverbindungen, die sie andererseits mit dem Protein bilden können. Die Tendenz der Salze, sich mit dem Protein zu verbinden und so zerstörend zu wirken, ist also praktisch verringert. Einen ähnlichen Fall haben wir bei Natrium und Chlor, die in gewissen Fällen allein äußerst reaktionsfähig sind, dagegen sehr viel weniger in der Verbindung Natriumchlorid.

l) Das Trocknen.

In tropischen Ländern, wie Java und Indien, von wo aus die Häute oft auf weite Entfernungen versandt werden, ist die einfachste und wirtschaftlichste Häutekonservierungsmethode die des Trocknens. Dies gilt für alle jene Gegenden, in denen Salz und Antiseptika selten und teuer sind. Trocknen vermindert das Gewicht der Haut um ca. 55%. Infolge Abwesenheit von Feuchtigkeit sind die Fäulnisbakterien praktisch ohne Einwirkung auf die Hautproteine, wenngleich durch das Trocknen auch nicht alle Bakterien abgetötet werden.

Wird diese Konservierungsmethode sachgemäß überwacht, so treten nur geringfügige Beschädigungen der Haut auf. Im heißen Klima muß darauf geachtet werden, daß die feuchten Häute nicht zu rasch getrocknet werden und so Proteinsubstanz zerstört wird. Manchmal werden die Häute so rasch getrocknet, daß die äußeren Teile der Haut vollständig trocken erscheinen, während im Innern der Haut noch genügend Feuchtigkeit für Fäulniserscheinungen vorhanden ist. Häute, die in diesem Zustand verschifft werden, können ganz beträchtlichen Schaden erleiden. Fehler dieser Art kann der Gerber erst in der Weiche feststellen, wenn die Häute entweder vollständig zerfallen oder aber Narben und Fleisch sich infolge des Proteinabbaus im Innern voneinander loslösen. Wird die Haut bei hoher Temperatur zu lange getrocknet, so ist sie beim Weichen nur schwer auf ihren normalen Wassergehalt zu bringen.

Die Haut lebt nach dem Tode des Tieres noch einige Zeit weiter und unterliegt in diesem lebenden Zustand nicht leicht der Fäulnis. Es ist deshalb erwünscht, die Häute baldmöglichst nach dem Schlachten zu trocknen. Sie sollten zuerst sorgfältig von Blut und Lymphe reingewaschen und dann in einem kühlen Luftstrom frei zum Trocknen aufgehängt werden. Kann die Trocknung nicht schnell genug vor sich gehen, um einer Fäulnis zuvorzukommen, wie etwa in einem feuchten Klima, so behandelt man die Häute gewöhnlich zuvor mit Naphthalin, das die Häute vor Schädigungen durch Insekten schützt, aber kein besonders wirksames Antiseptikum ist.

Die Vorzüge des Trocknens als Konservierungsmethode sind Einfachheit und Schnelligkeit, Unabhängigkeit von Konservierungsmitteln und geringe Transportkosten für die Häute. Die Nachteile der Methode liegen in der Schwierigkeit, die Häute später beim Weichen wieder auf ihren normalen Feuchtigkeitsgehalt zu bringen und der Unmöglichkeit, Hautsubstanzschädigungen vor dem Weichen zu erkennen. Kaye (16) verweist in einer histologischen Arbeit auf die Tatsache, daß durch das Trocknen die die Kollagenbündel umfassenden Retikulinfasern mechanisch zerstört würden. Ferner enthalten getrocknete Häute pathogene Bakterien oder deren Sporen in einer Form, die Infektionen leicht ermöglicht. Getrocknete Häute schwellen nicht in allen Gerblösungen ebenso stark wie frische oder gesalzene Häute, sie sind widerstandsfähiger gegen hydrolytischen Abbau und ergeben ein beträchtlich festeres Leder.

m) Das Salzen und Trocknen.

Manchmal werden die Methoden des Salzens und Trocknens mit Vorteil kombiniert. Die Häute werden zuerst in der üblichen Weise gesalzen, die entstehende Salzlauge weglaufen lassen und dann langsam getrocknet. Das Salz verhindert eine Fäulnis während des Trocknens.

Diese Methode wird in großem Umfang in einigen Teilen Indiens angewandt, doch benutzt man an Stelle des Salzes eine natürlich vorkommende Erde, die nach Procter (33) aus einem Gemisch von Natriumsulfat und Sand, der unlösliche Eisen- und Aluminiumverbindungen enthält, besteht. Dieses Material wird zu einer feinen Paste verrieben und auf die Fleischseite der Häute aufgebürstet. Am nächsten Tage wird die Haut ausgespannt, erneut mit der Paste bestrichen und diese mit porösen Ziegeln in die Haut eingerieben. Nach drei- oder viermaliger Behandlung werden die Häute in bedeckten Räumen getrocknet und sind dann zum Versand bereit. Das in der Konservierungserde vorhandene Eisen verursacht manchmal, wenn die Häute längere Zeit in feuchter Atmosphäre aufbewahrt werden, Fleckenbildung.

n) Das Pickeln.

Die als „Pickeln" bekannte Konservierungsmethode besteht in einer Behandlung der Häute mit einer Lösung von Schwefelsäure oder Salzsäure und Kochsalz. Es genügt dazu eine etwa n/20 normale Säurelösung und etwa 2 normale Salzlösung. Die Methode wird im allgemeinen nicht für frische Häute verwendet, da sich später beim Einbringen in den alkalischen Äscher Komplikationen ergeben. Sie wird dagegen in großem Umfange für Schaffelle angewandt, besonders auch für entwollte Schaffelle, die dann ohne weitere Behandlung für die Chromgerbung geeignet sind.

Der Wert dieser Methode zur Konservierung von Schaffellen wird noch erhöht durch die Tatsache, daß die Wolle oft bedeutend wertvoller ist als die Blößen. Häufig werden die Felle durch Wollhändler aufgekauft, die sie dann nach den im Kapitel 9 beschriebenen Methoden entwollen, äschern, beizen und pickeln. In diesem Zustand werden die Blößen aufbewahrt und an die Gerber weiterverkauft. Die Konservierungsmethode ermöglicht es also, die Wolle zu verwerten, ohne daß die Haut Schaden leidet und ohne daß die Blößen sofort in der Gerberei eingearbeitet werden müssen.

Das Pickeln wird so durchgeführt, daß man die Häute mit einer starken Salzlösung mit einem bestimmten Säuregehalt bewegt. Salz- und Säuregehalt der Lösung werden durch Analyse kontrolliert. Die Häute bleiben im Pickel bis sich ein Gleichgewicht zwischen Blöße und Säure eingestellt hat; dies zeigt sich daran, daß die Säurekonzentration des Pickels mit der Zeit nur noch wenig abnimmt. Die hierzu nötige Zeit schwankt zwischen 2 und 24 Stunden und hängt ganz von der Dicke der Häute, ihrer Beschaffenheit und der Gleichgewichtskonzentration der gewählten Säure ab. Das Gleichgewicht wird rascher erreicht bei Verwendung starker saurer Salzlösungen, aber in diesem

Falle muß ein Teil der Säure den Blößen vor dem Gerben wieder durch Waschen mit konzentrierter Neutralsalzlösung entzogen werden. Nach dem Pickeln läßt man die Blößen abtropfen und stapelt sie in feuchtem Zustand auf, bis sie zur Weiterverarbeitung in der Gerberei benötigt werden.

o) Die Desinfektion.

In vielen Ländern, besonders in Asien, sind unter den Viehherden infektiöse Seuchen verbreitet. Es ist deshalb, um die Verbreitung dieser Seuchen zu verhindern, eine Desinfektion der Häute, die aus solchen Gegenden stammen, notwendig. Man hat der Verhinderung der Ausbreitung der Rinderpest, der Maul- und Klauenseuche und vor allem des gefürchteten Milzbrandes, der auch dem Menschen sehr gefährlich wird, besondere Aufmerksamkeit gewidmet. Manche Länder haben Vorschriften zur Desinfektion von Häuten, die aus als verseucht bekannten Gegenden stammen, erlassen. Besondere Vorsichtsmaßnahmen hat man gegen die Verbreitung des Milzbrands getroffen, da er eine Gefahr für Mensch und Vieh bedeutet und außerdem jede wirksame Maßnahme gegen diese Seuche auch als erfolgreich gegenüber den andern angesehen werden kann.

In den Jahren 1910—25 sind nach Mayer (24) in Deutschland insgesamt 2107 Milzbrandfälle bei Menschen vorgekommen, von denen 339 tödlich verliefen. Sehr viel häufiger sind Milzbrandfälle beim Vieh. So wurden z. B. im Jahre 1911 im Deutschen Reich 5655 Rinder von Milzbrand befallen, 1924 betrug die Zahl nur 1512.

Milzbranderkrankungen werden durch den sporenbildenden Milzbrandbacillus, Bacillus anthracis, hervorgerufen. Der Bacillus besitzt die Form eines kurzen Stäbchens und kann leicht vernichtet werden. Nach Seymour-Jones (40) genügt einfaches Trocknen, um die Stäbchenform abzutöten. Die Milzbrandspore dagegen ist sehr widerstandsfähig gegen Desinfektionsmittel und Desinfizierungsmethoden, die die Haut nicht angreifen, und macht so das Problem der Häutedesinfektion zu einem der schwierigsten der Gerberei. Man findet Milzbrandsporen auf den getrockneten Häuten und in den Blutkuchen, die an den Haaren und der Wolle haften; bei feucht gesalzenen Häuten sind sie seltener.

Praktische Desinfektionsmethoden stehen nur in beschränktem Umfang zur Verfügung, weil die meisten desinfizierenden Mittel die Haut angreifen und so ihren Wert für die Ledererzeugung vermindern. Demgemäß sind nur wenig brauchbare Desinfektionsverfahren bekannt. Eines der besten hiervon ist das von Seymour-Jones (42). Er empfiehlt, es zur Vermeidung einer Seuchenverbreitung während des Transportes besser vor der Verschiffung anzuwenden. Die getrockneten Häute werden 1 bis 3 Tage in eine Lösung von 1% Ameisensäure und 0,02% Mercurichlorid eingelegt, dann in einer gesättigten Salzlösung eine Stunde geweicht, getrocknet und zur Verschiffung in Ballen gepackt.

Procter und Seymour-Jones (34) untersuchten die Absorptionsgeschwindigkeit der Haut bezüglich Ameisensäure und Mercurichlorid

bei verschiedenen Konzentrationen bei Benutzung von einem Liter
Lösung für 100 g trockener Haut. Die Säurekonzentration der Lösung
fiel während 20 Stunden langsam, die Salzkonzentration nahm zuerst
zu, um dann allmählich bis zur Gleichgewichtskonzentration abzunehmen. Die anfängliche Steigerung der Konzentration des Mercurichlorids
erklären die Verfasser mit der anfänglich größeren Absorptions- und
Diffusionsgeschwindigkeit von
Wasser und Säure gegenüber dem
Salz. Abb. 104 zeigt die Resultate
eines ihrer Versuche.

Die durch die Säure bedingte
Wasseraufnahme bringt die Haut
in einen der frischen Haut ähnlichen Zustand, während die
nachfolgende Behandlung mit gesättigter Natriumchloridlösung
wieder den Zustand gesalzener
Haut erzeugt. Seymour-Jones
betont, daß diese Methode die
Haut nicht nur sorgfältig des-
infiziert, sondern dem Gerber
auch etwaige Fehler der Haut
aufdeckt, die an der getrockneten
Haut nicht sichtbar sind.

Den Einfluß des p_H-Wertes auf
die sterilisierende Wirkung von

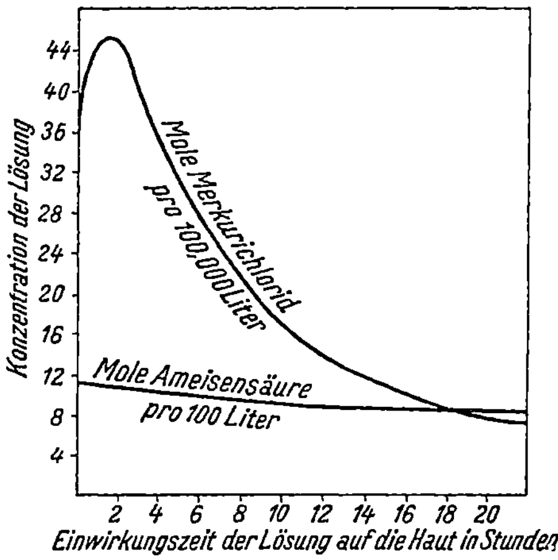

Abb. 104. Die Konzentrationsänderungen in einer
Ameisensäure-Sublimat-Sterilisationslösung
als Funktion der Zeit.

Mercurichlorid auf Colikulturen hat Joachimoglu (15) untersucht. Bei
Verwendung eines Teiles Mercurichlorid auf 600 000 Teile Pufferlösung
wurde die sterilisierende Wirkung bei p_H-Werten zwischen 5,0 und 6,6
begünstigt, dagegen verhindert bei p_H-Werten zwischen 7,8 und 10,1.

Schattenfroh (36) schlug zur Desinfizierung der Häute vor,
diese 3 Tage bei 40° C in einer Lösung von 10% Natriumchlorid und 2%
Salzsäure einzulegen. Die Brauchbarkeit der beiden Methoden von
Seymour-Jones und Schattenfroh wurde vielfach besprochen.
Tilley (54) kam auf Grund von Experimenten mit beiden Methoden
zu dem Ergebnis, daß die Methode von Seymour-Jones die wirk-
samere sei, wenn die Mercurichloridkonzentration nicht unter 0,04%
liege und die Häute nicht früher als nach einer Woche nach der Behandlung mit Schwefelnatrium oder anderen Stoffen, die die Wirkung
des Mercurichlorids aufheben, in Berührung kämen. Eine erfolgreiche
Desinfektion würde also in den Ausfuhrhäfen vor der Verschiffung möglich sein. In einer Entgegnung hierauf machte Seymour-Jones (41)
geltend, daß ein Unwirksammachen des Desinfektionsmittels durch
Schwefelnatrium nur beim Enthaaren in Frage käme, daß aber diese
Äscherbrühen selbst abtötend auf Milzbrandsporen wirken würden.
Diese Desinfektionsmethode würde also jede Infektionsgefahr durch
Häute oder Leder, die einen normalen Kalk-Schwefelnatriumäscher
durchlaufen haben, ausschließen.

Tilley fand die Schattenfroh-Methode wirksamer, wenn die Häute 48 Stunden oder länger in der Salzsäurelösung belassen werden. Schnurer und Sevcik (38) wandten die Schattenfroh-Methode auf schwere Häute an und erhielten bei 11 Häuten noch 4 positive Milzbrandteste, obwohl die Häute 72 Stunden mit einer Lösung von 2% Salzsäure und 10% Natriumchlorid behandelt worden waren. Sie erklärten die günstigen Ergebnisse Schattenfrohs mit seiner Methode damit, daß er seine Versuche nur mit leichten Häuten durchgeführt habe.

Sie fanden, daß bei Anwendung der Methode von Seymour-Jones auf schwere Häute, will man innerhalb 24 Stunden vollständige Desinfektion erhalten, die Konzentration des Mercurichlorids auf 0,2% gesteigert werden muß. Eitner fand, daß so behandelte Häute bei der Gerbung keinerlei Nachteile aufwiesen. Die Verfasser stellten ferner fest, daß man sehr fetthaltige Häute, wie Schaffelle, vor der Behandlung entfetten müsse, wolle man nicht die zehnfache Menge an Mercurichlorid anwenden.

Bei der Kritik der Methode Schattenfroh weist Seymour-Jones darauf hin, daß diese nur den Anforderungen des Laboratoriums entspräche, Zeitfaktor, Temperatur und Arbeitsbedingungen aber für die Praxis ungeeignet seien. Ponder (32), der die Desinfektionsmethoden für die Lethersellers Company in London untersuchte, und Abt (3), der für ein Syndikat französischer Gerber arbeitete, sprachen sich beide zugunsten der Methode von Seymour-Jones aus. Nach den Untersuchungen zahlreicher Forscher bedingt jedoch keine der Methoden irgendeinen Schaden am fertigen Leder.

Abt hat indessen die Ansicht ausgesprochen und ist darin auch von Seymour-Jones unterstützt worden, daß die Häute keine Milzbrandsporen enthalten würden, wenn sie unmittelbar nach dem Schlachten getrocknet würden.

In Deutschland ist vom Reichsgesundheitsamt ein Verfahren zur Desinfektion milzbrandinfizierter Häute ausgebildet worden, das darauf beruht, daß eine Lösung von 0,5% Natriumhydroxyd, der 1 bis 10% Natriumchlorid zugesetzt sind, stark abtötend auf Milzbrandkeime wirkt.

Literaturzusammenstellung.

1. Abt, G.: Sur l'origine des taches de sel. Collegium 1912, 388.
2. Abt, G.: Sur le role d'un microbe dans la production des taches de sel sur la peau en poil. Collegium 1913, 204.
3. Abt, G.: Die Desinfektion von milzbrandinfizierten Häuten und Fellen. Pasteur Institut Report 1913.
4. Abt, G.: Mikroskopische Untersuchung der Haut und des Leders angewandt auf das Studium der Salzflecken. Collegium 1914, 130.
5. Becker, H.: Die Salzflecken. Collegium 1912, 408.
6. Bergmann, M. (mit F. Mecke): Über die Einwirkung von Kochsalz auf Haut. Collegium 1928, 599.
7. Bergmann, M. (mit St. Ludewig, F. Stather u. M. Gierth): Über die Durchlässigkeit von Haut und Leder. Collegium 1927, 571.
8. Cloake, P. C.: Red discoloration (so called „Pink" or „Pink Eye") on dried salted fish. Department of Scientific and Industrial Research. Food Investigation Board. Report Nr. 18 (1923).

9. **Eitner, W.**: Theorie der Salzflecken. Gerber 1913.
10. **Fenn, W. O.**: The effects of electrolytes and their biological significance. J. of biol. Chem. **34**, 141 (1918).
11. **„Frigorificos"**: Über rotgefleckte Fleischseiten der Häute. Die Lederindustrie Nr. 139 u. 140 (1928).
12. **Gustavson, K. H.**: A possible explanation of the antagonistic action of neutral salts upon hide substance. J. amer. Leather chem. Assoc. **21**, 206 (1926).
13. **Harrison, F. C. u. M. E. Kennedy**: The red discoloration of cured codfish. Research Council of Canada, Report Nr. 11 (1922).
14. **Howe, P. E.**: The relativ precipitating capacity of certain salts when applied to blood serum or plasma and the influence of the cation in the precipitation of proteins. J. of biol. Chem. **57**, 241 (1923).
15. **Joachimoglu, G.**: Der Einfluß der Wasserstoffionenkonzentration auf die antiseptische Wirkung des Sublimats. Biochem. Z. **134**, 498 (1923).
16. **Kaye, M.**: The biological structure of skin and its relation to the quality of the finished leather. J. Soc. Leather Trades Chem. **13**, 73 (1929).
17. **McLaughlin, G. D.**: Post-mortem changes in hide. J. amer. Leather chem. Assoc. **16**, 435 (1923).
18. **McLaughlin, G. D., J. H. Blank u. G. E. Rockwell**: On the re-use of salt in the curing of animal skins. J. amer. Leather chem. Assoc. **23**, 300 (1928).
19. **McLaughlin, G. D. u. G. E. Rockwell**: The bacteriology of fresh steer hide. J. amer. Leather chem. Assoc. **17**, 325 (1922).
20. **McLaughlin, G. D. u. G. E. Rockwell**: On the bacteriology of the curing of animal skin. J. amer. Leather chem. Assoc. **18**, 233 (1923).
21. **McLaughlin, G. D. u. E. R. Theis**: Science of hide curing. J. amer. Leather chem. Assoc. **17**, 376 (1922).
22. **McLaughlin, G. D. u. E. R. Theis**: Practice of heavy hide curing. J. amer. Leather chem. Assoc. **17**, 399 (1922).
23. **McLaughlin, G. D. u. E. R. Theis**: Action of neutral salts upon hide substance. Collegium **1926**, 431.
24. **Mayer, P.**: Milzbranderkrankungen und ihre Bekämpfung. Ledertechn. Rundschau **1927**, 189.
25. **Moeller, W.**: Zur Theorie über die Ursache der Salzflecken. Collegium **1917**, 7.
26. **Paessler, J.**: Das Salzen von Häuten und Fellen. Ledertechn. Rundschau **137** (1912).
27. **Paessler, J.**: Soda als Denaturierungsmittel für Häutesalz. Ledertechn. Rundschau **169** (1921).
28. **Péricaud, H.**: Sur la biologie des taches de sel. Le Cuir technique 18, 312 (1926).
29. **Pfeiffer, P.**: Organische Molekülverbindungen. Stuttgart: F. Enke 1922.
30. **Pfeiffer, P. u. J. Würgler**: Der Einfluß von Neutralsalzen auf die Löslichkeit von Aminosäuren. Z. physiol. Chem. **97**, 128 (1916).
31. **Pfeiffer, P., J. Würgler u. F. Witka**: Das Verhalten der Aminosäuren gegenüber Neutralsalzen in wässeriger Lösung. Ber. **48**, 1938 (1915).
32. **Ponder, C. A.**: A report to the Worshipful Company of Leathersellers **1911**.
33. **Procter, H. R.**: The principles on leather manufacture Second edition. New York: D. van Nostrand Co. 1922.
34. **Procter, H. R. u. Arnold Seymour-Jones**: Seymour-Jones anthrax sterilization method. Leather Trades Rev. durch J. amer. Leather chem. Assoc. **6**, 85 (1911).
35. **Romana, C. u. G. Baldracco**: Salting of hides and avoidance of so-called salt stains. Collegium **1912**, 533.
36. **Schattenfroh, A.**: Ein unschädliches Desinfektionsverfahren für milzbrandinfizierte Häute und Felle. Collegium **1911**, 248.
37. **Schmidt, C. E.**: Depreciation of skins in process. Shoe and Leather Rep. 9. III. **1911**.
38. **Schnurer, J. u. F. Sevcik**: Anthrax desinfection of hides. Tierärztliches Zentralblatt, durch J. amer. Leather chem. Assoc. 8, 174 (1913).

39. Schultz, G. W.: Sulfid stains on white hide. J. amer. Leather chem. Assoc. 23, 356 (1928).
40. Seymour-Jones, Alfred: Formic-mercury anthrax sterilization method. London 1910.
41. Seymour-Jones, Alfred: The formic-mercury process for sterilizing and curing dried hides. J. amer. Leather chem. Assoc. 12, 68 (1917).
42. Seymour- Jones, Alfred: Anthrax prophylaxis in the leather industry. J. amer. Leather chem. Assoc. 17, 55 (1922).
43. Stather, F.: Untersuchungen über Salzflecken. Collegium 1928, 567.
44. Stather, F. u. E. Liebscher: Über das Rotwerden von Salzhäuten. Collegium 1929, 427.
45. Stather, F. u. E. Liebscher: Zur Bakteriologie des Rotwerdens von Salzhäuten. Collegium 1929, 437.
46. Stiasny, E.: Über einige Probleme der gerbereichemischen Forschung. Collegium 1920, 255.
47. Stiasny, E. u. W. Ackermann: Über die Wirkung von Trypsin auf Kollagen und die Beeinflussung dieser Wirkung durch Neutralsalze. Kolloidchem. Beih. 17, 219 (1923).
48. Stiasny, E., S. R. Das Gupta u. P. Tresser: Über den Einfluß von Neutralsalzen auf Gelatine. Collegium 1925, 13, 57.
49. Stubbe, J. J. u. L. E. Levi: Selection and grading of hides and skins. J. amer. Leather chem. Assoc. 19, 130 (1924).
50. Tattevin, M.: Le sel et les microbes. Inaugural-Dissertation Nancy; durch Le Cuir technique 21, 24 (1928).
51. Thomas, A. W. u. S. B. Foster: The destructive and preservative effect of neutral salts upon hide substance. Ind. Chem. 17, 1162 (1925).
52. Thomas, A. W. u. M. W. Kelly: The destructive and preservative effect of neutral salts upon hide substance. Ind. Chem. 19, 477 (1927).
53. Thomas, A. W. u. M. W. Kelly: Hydrolysis of hide powder in saturated sodium chloride solutions at various p_H-values. J. amer. Leather chem. Assoc. 24, 280 (1929).
54. Tilley, F. W.: Bacteriological study of methods for desinfection of hides infected with anthrax spores. J. amer. Leather chem. Assoc. 11, 131 (1916).
55. Vourland, H.: Etude sur la formation des taches de sel sur la peau en poil. J. soc. Leather Trades Chem. 9, 231, 274 (1925).
56. Jocum, J. H.: Salt stains. J. amer. Leather chem. Assoc. 8, 22 (1913).

8. Weichen und Entfleischen.

Bei der Einlieferung in der Gerberei weisen die Häute sehr viel für die Lederbereitung unnützes Material auf. Dieses würde zu verschiedenartigen Komplikationen Anlaß geben, würde es nicht so zeitig als möglich entfernt. Man ist daher bemüht, alle unnützen Teile so bald als möglich zu entfernen, sobald man dies nur durchführen kann. Diese Vorbehandlung der Haut zum Gerben wird in einem besonderen Teil der Gerberei, der sogenannten „Wasserwerkstatt", durchgeführt. Die Arbeiten der Wasserwerkstatt bezwecken nicht nur die Entfernung der unerwünschten Teile der Haut, sondern haben auch die wichtige Aufgabe, die Haut in einem für die Gerbung geeigneten Schwellungszustand zu bringen.

Ohren, Kopf und Hufe werden, soweit noch an der Haut vorhanden, abgetrennt und das Fleisch oder Unterhautbindegewebe auf besonderen Entfleischmaschinen entfernt. Diese sind so gebaut, daß die Haut gegen eine Walze mit scharfen Rippen gepreßt wird und diese scharfen Rippen das Unterhautbindegewebe abschneiden. Die abgetrennten und beim Entfleischen erhaltenen Abfälle bilden das sogenannte Leimleder und werden zur Fabrikation von Leim und Gelatine verwendet. Abb. 105 zeigt das Entfleischen auf der Maschine.

Die Epidermis auf der Haarseite der Haut besteht aus einem Netzwerk von Membranen, die die Wände der Epithelzellen bilden; diese Zellwände sind für die löslichen Hautproteine und für alle anderen Stoffe, die ein großes Molekül besitzen oder sich aus Molekülaggregaten aufbauen, undurchlässig. Das Unterhautbindegewebe an der Fleischseite besteht aus Schichten von Fettzellen, die durch semipermeable Wände zusammengehalten werden. So ist es sehr wohl zu verstehen,

Abb. 105. Entfleischmaschine.

daß, um alle löslichen Stoffe aus der Haut entfernen zu können, das Unterhautbindegewebe beseitigt werden muß.

Die Kollagenfasern der Haut sind am untersten Rande des Coriums derart angeordnet, daß sie der Haut eine erhöhte Festigkeit verleihen. Beim Entfleischen ist es wichtig, alle Teile des anhaftenden Unterhautbindegewebes zu entfernen, ohne in das Ledergewebe einzuschneiden, denn dadurch würde die Haut in ihrer Struktur geschwächt und der Wert des Leders verringert. Aus Abb. 8 kann man ersehen, daß dies nicht schwierig ist, wenn sich die Haut in normalem Zustand befindet. Der untere Rand der Lederhaut ist scharf abgegrenzt und das Fettgewebe nicht überall fest mit verwachsen. Ist die Haut aber teilweise oder ganz ausgetrocknet, so wird das Entfleischen zu einer recht schwierigen Operation.

Bei den üblichen Methoden der Trocknung erleiden Proteingallerten in Aussehen und Gestalt Veränderungen, die abhängig sind von der ursprünglichen Gestalt der Gallerten, dem Widerstand, den sie einer

Schrumpfung in irgendeiner Richtung entgegenzusetzen vermag, der Stärke des Austrocknens und noch mancherlei anderen Faktoren. Sheppard und Elliott (14) veranschaulichen diese Veränderungen sehr schön an Gelatinewürfeln. Die in den Abb. 106 bis 109 gezeigten Bilder wurden in freundlicher Weise von Dr. S. E. Sheppard von der Eastmann Kodak Co. zur Verfügung gestellt. Abb. 107 zeigt vier Trocknungsstadien eines Würfels aus einer 20 %igen Gelatinegallerte, der frei in der Luft aufgehängt war. Nr. 1 stellt den ursprünglichen Gelatine-

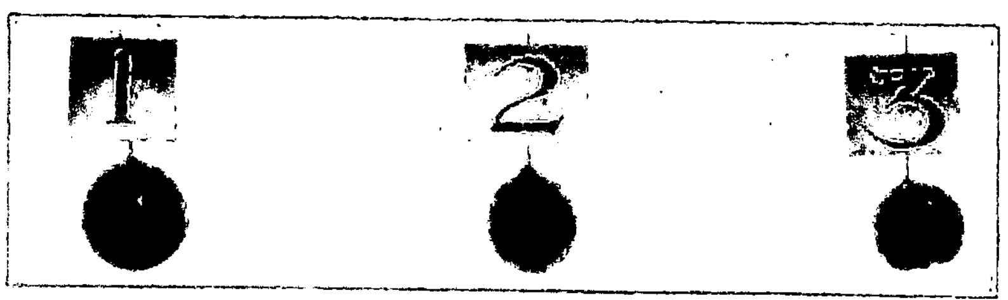

Abb. 106. Drei Stadien beim Trocknen einer Gelatinekugel.

würfel dar, Nr. 2 und 3 Zwischenstadien der Trocknung und Nr. 4 den ausgetrockneten Würfel. Am schnellsten geht natürlich die Trocknung an den Kanten und Ecken vor sich und die Seiten des Würfels werden, wie bei Nr. 2 ersichtlich, durch die entstehende Spannung, nach außen gebogen und nehmen eine konvexe Form an. Die Kanten und Ecken erhärten dann schnell und es entsteht eine feste Rahmenform, in der

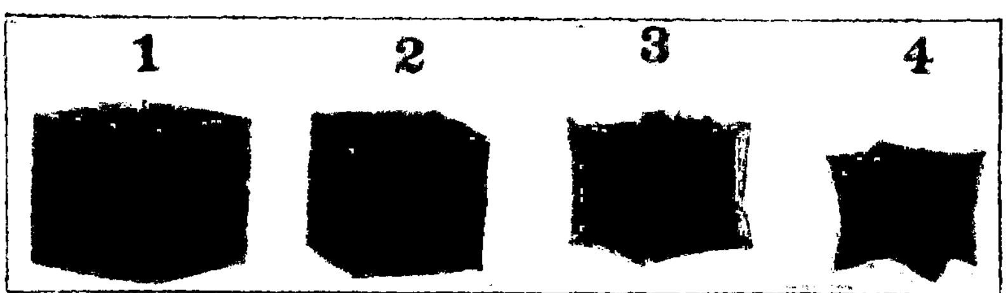

Abb. 107. Vier Stadien beim Trocknen eines Gelatinewürfels.

die ganze Gelatinemasse aufgehängt erscheint. Die Seitenflächen treten weiter langsam zurück und die Kanten werden etwas eingebogen. Es entsteht ein Kubus, der durch verbindende Flanschen verstärkt ist. Jeder Querschnitt durch den Würfel hat jetzt eine I-förmige Gestalt. Es sieht aus, als erteile der Trocknungsvorgang der Gallerte eine Gestalt, die gegen Druck den größten Widerstand besitzt. Die flanschartigen Ecken scheinen Schnitte von Hyperboloiden zu bilden, die einen gemeinsamen Mittelpunkt im Innern des Kubus haben. Abb. 106 zeigt drei Trocknungsstufen einer Gelatinekugel. Auch hier geht die Trocknung nicht einheitlich vor sich und die Oberfläche wird bucklig und geschrumpelt.

Abb. 109 zeigt die Trockenformen zweier Gelatinezylinder und Abb. 108 ihren Grundriß. Bei dem einen Zylinder haftete die eine Grundfläche während des Trocknens an einer festen Oberfläche, bei dem anderen beide; an diesen beiden Flächen wurde eine Schrumpfung verhindert, diese Schrumpfungshemmung aber durch größere Schrumpfung in anderen Richtungen wieder ausgeglichen. Läßt man eine dünne

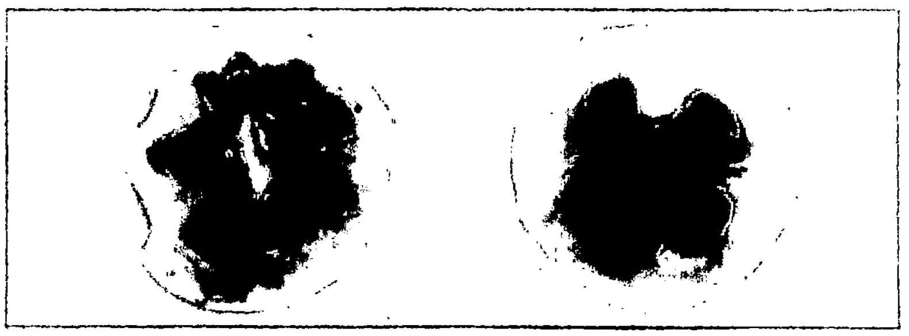

Abb. 108. Grundrisse von getrockneten Gelatinezylindern.

Gelatineschicht auf einer Glasplatte eintrocknen, so geht die Schrumpfung immer nur in der Richtung senkrecht zur Oberfläche des Glases vor sich.

Werden getrocknete Gelatineblöcke wieder in Wasser geweicht, so vollzieht sich das Wiederanquellen in der entgegengesetzten Reihen-

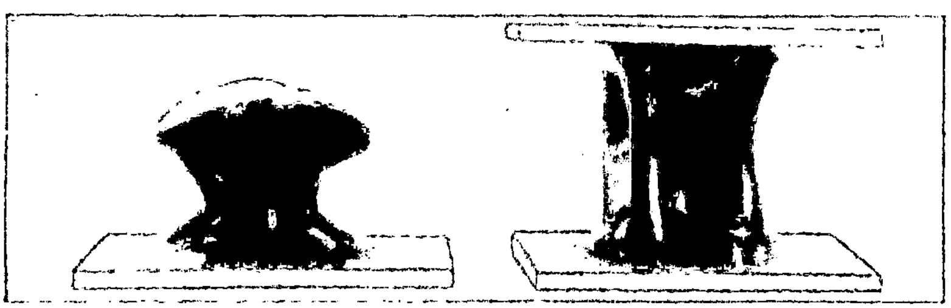

Abb. 109. Zwei Gelatinezylinder, so getrocknet, daß eine, beziehungsweise zwei Flächen an festen Oberflächen haften.

folge wie das Trocknen. Die Blöcke sind bestrebt, wieder die Gestalt anzunehmen, die sie vor dem Trocknen besaßen.

Beim Trocknen von Haut werden die Veränderungen, die die unlöslichen Proteinbestandteile in der Gestalt erleiden, noch weiter kompliziert durch die Neigung der Fasern, aneinanderzukleben. Bevor eine Haut genügend entfleischt werden kann, muß sie lange genug geweicht werden, damit alle unlöslichen Proteinbestandteile wieder ihre normale Gestalt und Größe annehmen können. Ist die Haut nicht gleichmäßig angequollen, so besteht die Gefahr, daß die Grenze zwischen Lederhaut und Unterhaut nicht in einer Ebene liegen. Die Entfleischmaschine würde zwar in diesem Fall die Haut glatt schneiden, aber es würde ent-

weder ein beträchtlicher Teil des Unterhautbindegewebes an der Haut
haften bleiben und ein gutes Reinmachen der Haut verhindern oder aber
die Haut würde durch Einschneiden in die Lederhaut beschädigt. Die
Haut würde zwar, so wie sie von der Maschine kommt, auch in diesem
Falle glatt aussehen, beim weiteren Weichen jedoch oder beim Schwellen
in später zur Anwendung kommenden Lösungen würde sie zerfetzt erscheinen und ungleichmäßige Dicke aufweisen. In Europa werden die
Häute häufig erst nach dem Äschern, zum wenigsten nach einem vor-
läufigen Äschern entfleischt; in Amerika ist dieses Entfleischen nach
dem Äschern vor allem bei Ziegenhäuten üblich.

Schwere, getrocknete Häute erfordern eine kräftigere Behandlung
als leichte, frische Häute und halten eine solche auch ohne Nachteil
für das resultierende Leder besser aus. Um gleichmäßigere und
bessere Ergebnisse zu erzielen, werden die eingelieferten Häute in der
Gerberei nach Größe und Gewicht sortiert. Eine passende Zahl möglichst
gleichartiger Häute wird zu einer „Partie" vereinigt und diese Partie
bleibt während des ganzen Gerbungsprozesses zusammen. Der Fabrikationsgang richtet sich sowohl nach der durchschnittlichen Größe und
Beschaffenheit der Häute wie auch nach der Art des Leders, das daraus
hergestellt werden soll. Große Häute werden, um sie handlicher zu machen, oft längs der Rückenlinie in zwei Hälften geteilt.

Werden die Häute in vollständig frischem Zustand in die Gerberei
eingeliefert, so sind Weichen und Entfleischen sehr einfach. Die Häute
werden zunächst beschnitten und dann durch halbstündiges Waschen
in fließendem Wasser in einem offenen Faß von anhaftendem Blut und
Schmutz befreit. Sie werden dann entfleischt und mehrere Male in
kaltem, sauberem Wasser, das Salz oder geringe Mengen Alkali enthält, gewässert. Dieses Wässern hat den Zweck, die Häute von allen
löslichen Proteinsubstanzen zu befreien; diese würden sonst die zur
Lockerung der Haare und der Epidermis benutzten Brühen verunreinigen.
Der Zweck des Salzes oder des Alkalis ist der, die in reinem Wasser unlöslichen Globuline löslich zu machen, so daß sie mit den Albuminen zusammen herausgewaschen werden.

Getrocknete oder teilweise getrocknete Häute müssen vor und nach
dem Entfleischen geweicht werden. Das erste Weichen bezweckt dabei,
die unlöslichen Proteine wieder zu ihrer ursprünglichen Gestalt und
Größe anquellen zu lassen, damit das Entfleischen vollständig durchgeführt werden kann. Das zweite Weichen dann soll die lösliche Proteinsubstanz aus der Haut entfernen. Die Dauer der ersten Weiche hängt
von dem Grad der Trocknung der Häute ab. Vollständig getrocknete
Häute adsorbieren kaltes Wasser nur sehr langsam. Andererseits kann
warmes Wasser nur mit großer Vorsicht verwandt werden, da die Häute
in dem Zustande, in dem sie in die Gerberei eingeliefert werden, mit
Fäulnisbakterien behaftet sind. Im allgemeinen ist es vorzuziehen,
das Weichen von scharf getrockneten Häuten durch einen Zusatz geringer Mengen von Alkali oder Säure zum Weichwasser zu befördern.

Mit Rücksicht auf den im vorigen Kapitel beschriebenen Desinfek-
tionsprozeß für Häute von Seymour-Jones, dem man große Auf-

merksamkeit geschenkt hat, hat sich Ameisensäure als Schwellungsmittel eingebürgert. Man kann indessen bei chemischer Überwachung
des Prozesses jede andere Säure in gleicher Weise verwenden. Alkalien
sind als Schwellungsmittel den Säuren noch vorzuziehen, da die Häute
ja anschließend an die Weiche zur Haarlockerung mit alkalischen Lösungen behandelt werden. Am meisten verwandt zur Schwellung getrockneter Häute wird Natriumsulfid, da der Schwellungsvorgang weniger genau überwacht werden muß als bei Verwendung von schärferen
Alkalien wie Natronlauge. Man verwendet beim Weichen gewöhnlich
auf 1 kg nasser Haut 1 l Wasser oder auf 1 kg völlig trockener Haut
etwa 200 ccm Wasser. Die Anfangskonzentration des Alkalis wird gewöhnlich etwa 0,02 normal genommen. Diese Konzentration genügt,
die Schwellung einzuleiten, ohne irgendwelchen Schaden der Haut
oder des Haars zu verursachen. Die Lösung ist nach dem Gebrauch
dann nur noch sehr schwach alkalisch, da der größte Teil des Alkalis
von der Proteinsubstanz der Haut gebunden wird. Eine alkalische
Weichflüssigkeit verwendet man nur für das erste Weichen, anschließend
daran werden die Häute in täglich erneuertem Wasser bewegt, bis sie
den normalen Quellungsgrad erreicht haben.

Bisweilen beschleunigt man die Wasseraufnahme der Häute und
das Erweichen durch Walken in rotierenden Fässern zwischen den einzelnen Weichwassern. Dieses Verfahren wird jedoch im allgemeinen nur
bei schweren, getrockneten Häuten oder Seiten angewandt.

In der Regel lassen sich gesalzene Häute bereits nach eintägigem
Weichen entfleischen, oft genügt auch schon kürzeres Weichen. Nach
dem Entfleischen pflegt man die Häute so lange in öfters erneuertem
Wasser zu wässern, bis praktisch alles Salz aus der Haut entfernt ist.
Das Salz diffundiert schneller aus der Haut heraus als die löslichen
Proteinstoffe. Es ist also keine unnötige Zeitverschwendung den Weichprozeß so lange auszudehnen, bis alles Salz entfernt ist, wenn die Haut
so gut als möglich von den löslichen Eiweißstoffen befreit werden soll.
Diese Gewohnheit hat die weitverbreitete, aber irrige Ansicht aufkommen lassen, daß es gefährlich wäre, Salz in die Äscherflüssigkeiten
zu übertragen. Gerade das Gegenteil ist der Fall, geringe Salzmengen
unterstützen die enthaarende Wirkung des Äschers und auch das Prallwerden der Häute. Eine Erklärung findet diese Erscheinung in der
Tatsache, daß Salze im allgemeinen die OH-Ionenkonzentration alkalischer Lösungen erhöhen (3).

a) Die Wissenschaft des Weichens.

In gut eingerichteten Gerbereien der Feinlederfabrikation erscheint
das Weichen in der Praxis äußerst einfach. Versucht man aber, die optimalen Bedingungen zur Herstellung einer bestimmten Art von Leder
quantitativ zu ermitteln, so treten Schwierigkeiten auf, die man bei
oberflächlicher Betrachtung in keiner Weise erwarten konnte.

Die vollständige Entfernung des Bluts, der koagulierbaren Eiweiß-
stoffe und der anderen unerwünschten löslichen Stoffe aus der Haut

und die Wasserabsorption durch die unlöslichen Proteine der Haut sind Funktionen einer großen Zahl sehr veränderlicher Faktoren, die in gleicher Weise auch die Schädigung der Haut durch Bakterien und Enzyme und durch andere hydrolytische Wirkungen beeinflussen. Anscheinend nur geringfügige Änderungen im Prozeß bedingen manchmal sehr viel tiefergreifende Änderungen der Qualität des fertigen Leders. Es wäre daher sehr erwünscht, einmal durch eine sorgfältige Kontrolle aller Faktoren des Weichprozesses den Einfluß der Abänderung verschiedener Einzeloperationen zu studieren.

Zu den stärkst variablen Faktoren des Weichens gehören in erster Linie die Bestandteile des verwendeten Wassers, das Verhältnis Haut zu Weichwasser, die Dauer des Weichens, die Häufigkeit des Wasserwechsels, die Stärke der Bewegung, die Temperatur, der p_H-Wert der Weichflüssigkeit, die Salzkonzentration, die Vorgeschichte der Haut und der Grad und die Art einer bakteriellen Verunreinigung.

b) Die Wasseradsorption.

Eine der Hauptaufgaben des Weichprozesses besteht darin, die Hautfasern soviel Wasser absorbieren zu lassen, wie sie während der Lebenszeit des Tieres enthielten. Enthält die Haut bedeutend mehr oder weniger als diese Menge, so erscheint sie gewöhnlich in ihrem Aussehen verändert und es fehlt ihr die für die lebende Haut charakteristische Fülle. Während der Aufstapelung verlieren die Häute je nach der Art der Stapelung wechselnde Mengen Wasser. Mc Laughlin und Theis (10) zeigten, daß durch vorhergehendes Trocknen die Menge des von den Häuten in der Weiche absorbierten Wassers sehr stark vermindert wird. Ist die Haut nicht gleichmäßig über die ganze Oberfläche getrocknet, so ist es schwierig, in der Weiche diese Unterschiede auszugleichen, denn die ursprünglich feuchteren Stellen werden überweicht, bevor die trockeneren Stellen genügend geweicht sind. Theiss und Neville (18) untersuchten den Einfluß der Konservierung auf die Hydration tierischer Haut mit Hilfe der Volumänderungsmethode und stellten fest, daß die Hydration frischer Haut beim Weichen in Lösungen von verschiedenem p_H vollständig anders verläuft als die konservierten Haut.

Die Wasseradsorption der Hautfasern wird stark beeinflußt durch den p_H-Wert der Weichflüssigkeit. In diesem Zusammenhang muß auf die Besprechung der Schwellung von Proteingallerten im 5. Kapitel verwiesen werden. Manchmal hilft ein Zusatz von Alkali oder Säure zum Weichwasser, die Wasseradsorption getrockneter Häute zu beschleunigen. Im allgemeinen nimmt mit steigendem Säuregehalt des Weichwassers der Grad der Wasseradsorption bis zu einem p_H-Wert von ca. 2,4 zu. Jede weitere Erhöhung der zugesetzten Säure- oder Salzmenge verringert den Grad der Wasseradsorption. In der Regel ist der Grad der Wasseradsorption bei irgendeinem gegebenen p_H-Wert zwischen p_H 2,4 und 5,0 für einbasische Säuren etwa doppelt so groß als für zweibasische Säuren. Beim Zusatz von Alkali zum Weichwasser steigt die von den Hautfasern aufgenommene Wassermenge bis zu einem p_H-Wert von ca. 11,6 an, bei höheren p_H-Werten fällt sie wieder. Bei p_H-Werten zwischen 8,0 und 11,6 bedingen bei irgendeinem gegebenen p_H-Wert und unter sonst völlig gleichen Bedingungen einsäurige Basen eine nahezu doppelt so große Wasseraufnahme als zweisäurige Basen.

Bei den p_H-Werten 2,4 und 11,6 absorbiert die Haut, wenigstens bei Verwendung einbasischer Säuren oder einsäuriger Basen so viel Wasser, daß sie die größtmögliche Schwellung erreicht. Werden zur Beschleunigung der Wasseraufnahme der Haut Alkalien oder Säuren verwendet, so benützt man sie gewöhnlich nur in solchen Mengen, daß die Haut in angemessener Zeit ihren normalen Wassergehalt erreicht. Die Verwendung größerer Mengen führt zu einer Beschädigung der Haut und das Endprodukt liegt immer, auch wenn die nachfolgenden Prozesse noch so gut durchgeführt werden, unter dem üblichen Durchschnitt. Als Grenze muß auf der sauren Seite p_H 4,0 und auf der alkalischen Seite p_H 9,0 betrachtet werden. Versuche in diesen Grenzgebieten müssen jedoch mit äußerster Vorsicht ausgeführt werden, zumal wenn es sich um Versuche mit größeren Hautmengen handelt. Für sorgfältig konservierte Häute, die nicht unter einen Feuchtigkeitsgehalt von 30% ausgetrocknet sind, ist eine Zugabe von Säure oder Alkali zum Weichwasser unnötig. Die p_H-Werte benutzter Weichwasser schwanken nach den Erfahrungen des Verfassers zwischen 7 und 8.

Casaburi (2) untersuchte den Weichvorgang getrockneter Haut bei 15 und 24° C unter Verwendung verschiedener Zusätze zum Weichwasser chemisch-mikroskopisch. Bei den untersuchten Weichlösungen: destilliertes Wasser, hartes Wasser, n/50 Sodalösung, n/50 NaSH-Lösung, n/50 Natriumcitratlösung, n/50 Kaliumrhodanidlösung, n/50 Natriumarsenitlösung und n/50 Kochsalzlösung erhielt er die besten Resultate mit Kaliumrhodanid und Natriumarsenit oder -citrat. In Kaliumrhodanidlösung nahm die getrocknete Haut bei äußerst geringem Hautsubstanzverlust bei 15 und 24° C in 72 Stunden 100% ihres Gewichts an W. auf, in Natriumarsenitlösung waren dazu nur 48 Stunden nötig, doch trat stärkere Schwellung ein. In Natriumcitratlösung wird der optimale Weicheffekt mit 100% Wasseraufnahme bei einem Hautsubstanzverlust von 0,88% in 4 Tagen erreicht.

Weichwasser hält man gewöhnlich zur Verhinderung einer Bakterientätigkeit kalt. Temperaturerhöhungen, wie sie manchmal in der Praxis vorkommen, begünstigen die Wasseraufnahme. Diese ist in gleicher Weise von der Zeit abhängig. Die Art und Konzentration des Salzes beeinflußt ebenfalls die Wasseradsorption, geringere Konzentrationen begünstigen sie im allgemeinen, hohe Konzentrationen dagegen verzögern sie.

Es ist wichtig zu wissen, wann nun eine Haut ihren normalen Feuchtigkeitsgehalt wieder erreicht hat. Man bestimmt dies gewöhnlich durch Befühlen der von Zeit zu Zeit aus dem Weichwasser herausgezogenen Häute. Die Genauigkeit dieser Methode wurde des öfteren durch das Aussehen und das Verhalten der Häute bei den späteren Operationen kontrolliert. Eine gut geweichte Haut enthält ca. 65% Wasser.

c) Die Extraktion stickstoffhaltigen Materials.

Eine andere Aufgabe des Weichprozesses besteht darin, die löslichen Proteine aus der Haut zu entfernen. Diese würden sonst die späteren Operationen der Lederherstellung stören. Die Albumine sind löslich in reinem Wasser, die Globuline in verdünnten Salzlösungen. Diese Proteine werden durch Hitze koaguliert, doch wird nicht alle durch Wasser oder verdünnte Salzlösung beim Weichen gelöste Stickstoffsubstanz durch Hitze koaguliert. Man zieht daraus den Schluß, daß die benutzten Weichwässer Abbauprodukte sowohl der ursprünglich löslichen wie auch unlöslichen Proteine der Haut enthalten.

McLaughlin und Theis (11) stellten fest, daß durch Salzlösungen weniger unkoagulierbare Stickstoffsubstanz aus der Haut extrahiert wird als durch reines Wasser, daß die Salzlösung aber eine größere Menge koagulierbarer Proteine extrahiere. Das Salz hindert anscheinend eine für die Hydrolyse sonst unlöslicher Proteine verantwortliche Bakterientätigkeit. Eine solche Bakterientätigkeit ist auch für die Hydrolyse der löslichen, koagulierbaren Proteine verantwortlich zu machen.

Merrill (12) untersuchte die Wirkung von Salzlösungen auf die Extraktion stickstoffhaltiger Substanz aus frischer und konservierter Kalbshaut, wobei die Versuche unter Toluol durchgeführt wurden, um eine Bakterienwirkung auszuschließen. Er fand, daß mit steigender Salzkonzentration steigende Mengen von Stickstoffsubstanz extrahiert werden, daß also der Verlauf der von McLaughlin und Theis erhaltenen Kurve auf den hemmenden Einfluß des Salzes auf die Bakterientätigkeit zurückzuführen ist. Die Resultate Merrills sollen hier etwas eingehender beschrieben werden.

Eine frisch geschlachtete und entfleischte Kalbshaut wurde nach Abtrennen des Kopfes längs der Rückenlinie in zwei Teile geteilt. Jede Hälfte wurde in Würfel von ca. 0,25 cm Kantenlänge zerschnitten. Das Material der linken Seite wurde auf einmal verwandt; das der rechten Hälfte wurde mit einem Viertel seines Gewichts an Salz sorgfältig vermischt und im Eisschrank getrocknet. Dieses konservierte Material wurde dann in der gleichen Weise wie das frische Material behandelt und ergab die gewünschte Information über den Einfluß des Konservierens auf das Verhalten der Haut gegenüber Salzlösungen. Vor Ansatz der Versuche wurde der Gesamtstickstoffgehalt der frischen und der konservierten Haut bestimmt und Proben mit dem gleichen Stickstoffgehalt angewandt.

Zehn-Gramm-Portionen der frischen Haut und entsprechende Mengen der konservierten Haut wurden mit je 200 ccm folgender Lösungen behandelt: destilliertes Wasser, $^1/_8$, $^1/_4$, $^1/_2$ und 1 normale Natriumchloridlösung. Die Temperatur wurde bei 15⁰ C konstant gehalten. Um eine Bakterientätigkeit auszuschließen, wurde jede Lösung mit Toluol überdeckt. Nach 24 Stunden wurden die Lösungen durch ein trockenes Filter filtriert und in einem aliquoten Teil des Filtrats der Stickstoffgehalt nach Kjeldahl bestimmt. Aus dem Stickstoffgehalt wurde der in Lösung gegangene Gesamtstickstoff als Kollagen errechnet. Die einzelnen Portionen wurden dann während weiteren 24 Stunden mit einer frischen Portion der Lösung behandelt, der während des zweiten Tages in Lösung gegangene Stickstoff in gleicher Weise ermittelt und diese Behandlung so lange fortgesetzt, bis die in Lösung gehende Stickstoffmenge praktisch gleich null war.

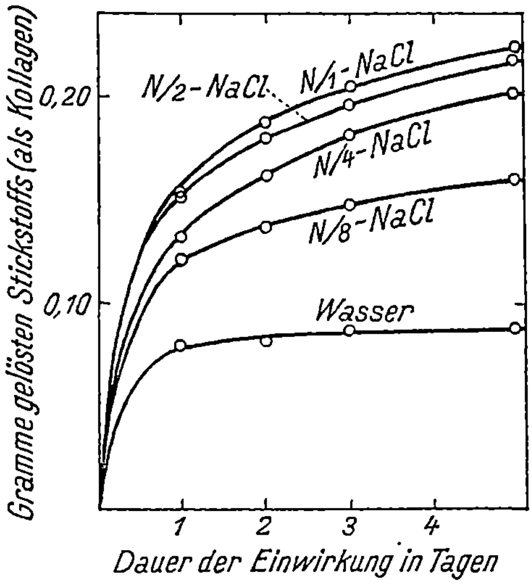

Das Volumen jedes Filtrats wurde gemessen und daraus das Volumen der von der Haut zurückgehaltenen Flüssigkeit bestimmt. Bei allen Bestimmungen nach dem ersten Tag wurde eine entsprechende Korrektion angebracht.

Die Ergebnisse dieser Versuche sind in den Abb. 110 und 111 ausgewertet. Das Gesamtgewicht des aus 10 g frischer Haut extrahierten Stickstoffs wurde als Kollagen berechnet (N × 5,6) und als Funktion der Dauer der Einwirkung der Lösungen aufgetragen. In Abb. 112 ist das

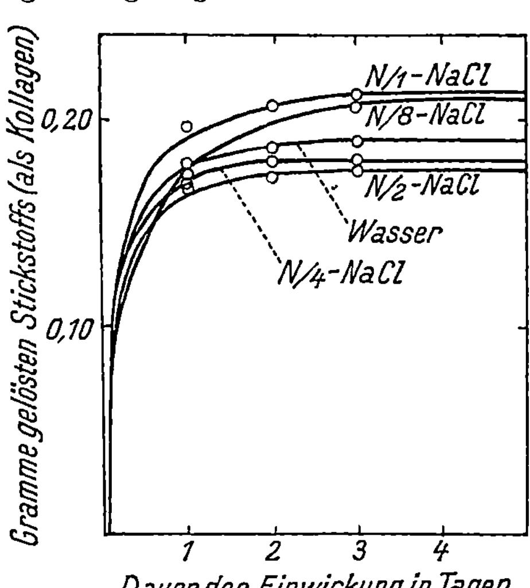

Abb. 110. Die Wirkung von Salzlösungen auf frische Kalbshaut.

Endgewicht der extrahierbaren Stickstoffsubstanz als Funktion der Salzkonzentration dargestellt.

Die Tatsache, daß die pro Tag extrahierte Menge stickstoffhaltiger Substanz nach den ersten fünf Tagen so gering wurde, daß sie mit den angewandten Methoden nicht mehr festgestellt werden konnte, läßt annehmen, daß die durch das Salz während der Extraktionszeit extrahierten Stoffe keineswegs löslich gewordenes Kollagen waren. Es handelt sich vielmehr um Albumine, Globuline und andere sogenannte lösliche Hautproteine. Selbstverständlich unterscheidet sich konservierte Haut von frischer in ihrem Verhalten gegenüber Wasser und verdünnter Salzlösung.

Abb. 111. Die Wirkung von Salzlösungen auf konservierte Kalbshaut.

Die Zahlen für frische Haut sind in Abb. 110 wiedergegeben. Die niederstliegende Kurve, die erhalten wurde, ist die des destillierten Wassers. Mit zunehmender Salzkonzentration nimmt bei jeder gegebenen Zeit die Gesamtmenge der in Lösung gegangenen Stickstoffsubstanz zu. Die höher gelegenen Kurven verlaufen allmählich flacher und zeigen an, daß die Menge der in Lösung gehenden Hautsubstanz sich mit zuzunehmender Salzkonzentration einem Grenzwert nähert. Das ist noch deutlicher an der fortlaufenden Kurve in Abb. 112 zu sehen.

Durch Salzwasser wird aus frischer Kalbshaut einiges Material entfernt, das mit destilliertem Wasser nicht in Lösung geht. Seine Löslichkeitsverhältnisse lassen annehmen, daß es sich dabei um Globuline handelt. Aus 10 g frischer Haut wurden durch destilliertes Wasser ca. 0,09 g Stickstoffsubstanz, als Kollagen berechnet, extrahiert, durch normale Natriumchloridlösung ca. 0,23 g. Die frische Haut enthielt ca. 63% Wasser, so daß, berechnet auf Trockensubstanz in destilliertem Wasser, ca. 3% der Hautsubstanz, in normaler Natriumchloridlösung 7% löslich waren. 4% waren löslich in Salzlösungen, aber unlöslich in destilliertem Wasser.

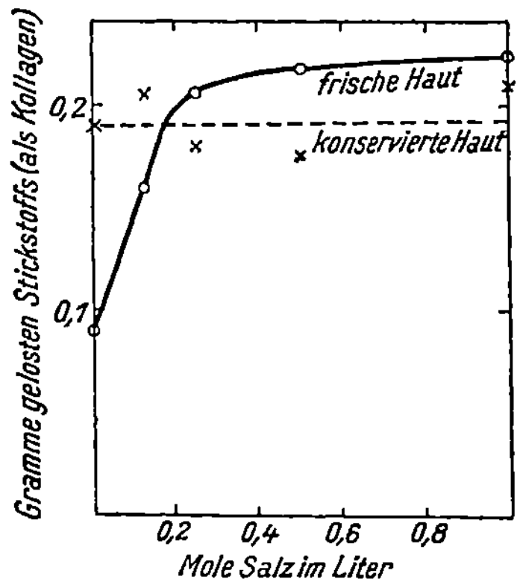

Abb. 112. Die Wirkung von Salzlösungen auf konservierte und frische Kalbshaut. Zeit: 5 Tage.

Wie aus Abb. 111 zu ersehen ist, wird aus konservierter Haut während des ersten Tages nur sehr wenig stickstoffhaltige Substanz extrahiert. Der größte Unterschied zwischen den bei frischer Haut und konservierter Haut erhaltenen Resultaten besteht darin, daß die Salzkonzentration bei konservierter Haut nur einen geringen Einfluß auf die Menge der extrahierten Stickstoffsubstanz ausübt. In Abb. 111 ist der Verlauf der Kurven nicht direkt mit der Salzkonzentration in Verbindung zu bringen und aus Abb. 112 ist zu ersehen, daß die Menge des extrahierten Materials innerhalb der Versuchsfehlergrenzen unabhängig ist von der Normalität der Salzlösungen. Es wird durch destilliertes Wasser beinahe ebensoviel Stickstoff aus der Haut entfernt wie durch normale Natriumchloridlösung. Die Menge des aus konservierter Haut durch Salzlösungen entfernten stickstoffhaltigen Materials ist andererseits etwas geringer als die von frischer Haut entfernte.

Bei Überlegung der Gründe für dieses unterschiedliche Verhalten frischer und konservierter Haut muß man sich in die Erinnerung zurückrufen, daß konservierte Haut beim Weichen eine gewisse Menge Salz mit in Lösung bringt. Die Salzkonzentrationen sind also bei der ersten Behandlung, nicht bei den nachfolgenden, immer etwas höher als angegeben. Doch kann dieser Umstand keineswegs die stärker extrahierende Wirkung der schwächeren Salzlösungen erklären. Von wesentlich größerer Bedeutung ist die Tatsache, daß die Hautproteine während der Kon-

servierung der Einwirkung gesättigter Salzlauge ausgesetzt waren. Diese
Einwirkung macht Stoffe wasserlöslich, die sonst erst bei der Behandlung
mit starken Salzlösungen in Lösung gingen.

Eine andere Erklärung liegt in dem Einfluß der Bakterienwirkung
auf die konservierte Haut. Abgesehen vom Salzen, Trocknen und dem
Auskühlen findet auf der Haut während des Konservierungsprozesses
eine beträchtliche Bakterientätigkeit statt. Diese äußert sich in der
Bildung einer großen Menge wasserlöslicher stickstoffhaltiger Substanzen. Hieraus erhellen die Unregelmäßigkeiten der Ergebnisse bei
konservierter Haut. Da die Hauptmenge der wasserlöslichen Stoffe bei
konservierter Haut von einer Bakterientätigkeit herstammt, ist es leicht
begreiflich, daß die Unregelmäßigkeiten in einem ungleichmäßigen Angriff der verschiedenen für die Versuche benutzten Hautteile ihre Ursache haben. Die Abnahme der salzlöslichen Stoffe beim Konservieren
ist auf die Koagulation eines Teils der Globuline beim Austrocknen
zurückzuführen.

Der wissenschaftliche Wert der Arbeit Merrills liegt in der Aus-
schaltung des variablen Faktors der Bakterientätigkeit während der
Behandlung und der Beschränkung auf den Einfluß des Salzes allein.
Solche sterilen Bedingungen sind aber in der Praxis nicht zu erhalten.
Beim Arbeiten unter den Bedingungen der Gerberei ist es nicht leicht,
Ursachen und Wirkungen zu unterscheiden. Eine Änderung im p_H-
Wert des Weichwassers, der Salzkonzentration oder der Temperatur
kann die Art und Menge der aus der Haut herausgelösten stickstoffhaltigen Stoffe verändern, aber die Wirkung kann direkt auf die Haut-
bestandteile ausgeübt sein oder durch eine Änderung·der Bakterientätigkeit den sichtbaren Effekt bewirken.

McLaughlin und Theis (9), (10), (11) untersuchten unter praktischen Bedingungen den Einfluß der Zeit, der Temperatur, der Salzkonzentration, des p_H-Werts und des Verhältnisses Haut zu Weichwasser. Um ein möglichst vollständiges Bild der chemischen und enzymatischen Veränderungen der Haut selbst während des Weichens zu
erhalten, dehnten Theis, McMillen und Miller (19), (20) diese Untersuchungen weiter aus und bestimmten den Einfluß der Zeit, der Temperatur, des Hautverhältnisses und der die Weichbrühe umgebenden
Gasatmosphäre auf den Weichprozeß und die in den Weichbrühen an-
fallenden Hautabbauprodukte. Über Einzelheiten müssen die Arbeiten
selbst eingesehen werden.

d) Die Bakterienwirkung.

Das größte Gefahrenmoment beim Weichen ist die Bakterienwirkung.
Obwohl die innere Seite der Haut auf dem lebenden Tier frei von Bakterien ist, nimmt sie solche sehr rasch aus der Atmosphäre vom Moment
der Schlachtung an auf und bildet einen idealen Nährboden für eine
gute Entwicklung der Bakterien. Bis die Haut in die Weichgefäße
kommt, ist sie gewöhnlich mit Millionen von Bakterien verunreinigt.
Von manchen Arten dieser Bakterien ist bekannt, daß sie Enzyme ab-

spalten, die das Kollagen hydrolysieren. Die Hauptaufgabe eines Studiums der in der Gerberei vorkommenden Bakterien in praktischer Hinsicht besteht darin, Mittel und Wege zu finden, sie zu vernichten oder doch wenigstens einer Schädigung der Haut durch sie vorzubeugen.

Andreasch (1) isolierte eine Anzahl von Bakterienarten aus Weichwässern von Gerbereien und konnte sie wie folgt identifizieren:

Bacillus fluorescens liquefaciens (Flügge),
Bacillus megaterium (de Bary),
Bacillus subtilis,
Bacillus mesentericus vulgatus,
Bacillus mesentericus fuscus,
Bacillus mycoides (Flügge),
Bacillus liquidus (Frankland),
Bacillus gasoformans (Eisenberg),
Weißer Bacillus (Maschek),
Proteus vulgaris,
Bacillus butyricus (Hueppe),
Weißer Streptococcus (Maschek),
Wurmförmiger Streptococcus (Maschek),
Grauer Coccus (Maschek).

Alle diese Bakterien müssen als Fäulnisbakterien angesprochen werden, die die verschiedenartigsten Enzyme absondern. Viele von ihnen wirken sehr energisch auf Hautsubstanz.

Auch unter den von Stather (15, 16) aus salzfleckigen und rotgewordenen Häuten isolierten Mikroorganismen befinden sich eine Reihe solcher, die Gelatine zu verflüssigen, also Hautsubstanz abzubauen vermögen.

Rideal und Orchard (13) untersuchten die Wirkung von Bacillus fluorescens liquefaciens auf Gelatine, welcher 10% Pasteursche Lösung als Nährmedium zugesetzt war. Die Gelatine wurde in dreieinhalb Tagen vollständig verflüssigt. Rideal und Orchard konnten zeigen, daß die Verflüssigung der Gelatine auf ein von dem Bakterium abgespaltenes Enzym zurückzuführen war. Die verflüssigte Gelatine reagierte alkalisch und besaß einen schwachen, an Fäulnis erinnernden Geruch, enthielt aber keinen Schwefelwasserstoff. Bemerkenswert war die Tatsache, daß nur geringe Mengen Ammoniak und andere flüchtige Basen gebildet worden waren; sie betrug auch nach 16 Tagen Bakterieneinwirkung nur 0,2 g Ammoniak pro 100 ccm Gelatine.

Ein gutes Stück Pionierarbeit in der Erforschung der in den Gerbereibrühen vorkommenden Bakterien und Enzyme hat Wood geleistet. Die einer Arbeit Woods (21) entnommene Abb. 113 zeigt eine typische Gelatineplattenkultur eines zum Weichen getrockneter Schafshäute benutzten Weichwassers, dem keinerlei Chemikalien zugesetzt waren. Die Entwicklung der Kolonien auf der Platte wurde durch Anwendung von Formaldehyd unterbrochen, bevor alle Kolonien zur Entwicklung gekommen waren, sonst wäre die Platte vollständig verflüssigt worden.

McLaughlin und Rockwell (6) stellten eine interessante Untersuchung über die auf frischer Rindshaut gefundenen Bakterien an. Sie identifizierten bewegliche und unbewegliche Gram-negative und -positive Kokken, Staphylokokken, Streptokokken, lange und kurze Bacillen, Spirillen, Spirochäten, Hefen, Oidien, Schimmelpilze und Protozoen. Von diesen wählten sie für die genauere Untersuchung die 24 vorherrschenden Arten aus. Sie sind der Meinung, daß die Isolierung und Identifizierung aller auf der Haut auffindbaren Bakterien eine endlose

Abb. 113. Gelatineplattenkultur von Weichwasser, das zum Wässern von getrockneten Schaffellen benutzt worden war.

und auch ziemlich zwecklose Arbeit wäre. Dagegen schien es ihnen der Mühe wert, die Bakterien in proteolytische und nichtproteolytische zu unterscheiden und die Wirkung jeder dieser Gruppen auf die Haut zu untersuchen.

Sie fanden, daß als Hauptfaktoren für eine Zersetzung der Haut durch Bakterien zu betrachten sind: die Gegenwart proteolytischer Bakterien, das Vorhandensein von Proteinsubstanzen wie Blut, eine leicht alkalische Reaktion, erhöhte Temperatur und die Gegenwart von Sauerstoff und geringen Mengen von Kohlensäure. Eine Zersetzung der

Haut tritt nicht ein bei Anwesenheit nichtproteolytischer Bakterien, aber Abwesenheit von proteolytischen Bakterien, saurer Reaktion des Nährbodens, bei Gegenwart vergärbarer Kohlenhydrate, Abwesenheit von Proteinsubstanzen, niedriger Temperatur, Abwesenheit von Sauerstoff und Vorhandensein von sehr viel Kohlensäure.

Unter günstigen Bedingungen ist der Grad des Wachstums der Bakterienkolonien eine logarithmische Funktion der Zeit. So wächst z. B. in einem Weichwasser die Zahl der Bakterien immer schneller und schneller an, bis eine gefährliche Bakterienzahl erreicht ist. Als Funktion der Zeit ausgewertet ergibt die Zunahme der Bakterien eine Kurve, die zuerst langsam und dann mit enormer Geschwindigkeit ansteigt. Den Teil der Kurve vom Ausgangspunkt bis zu dem Punkt, wo der starke Anstieg einsetzt, bezeichnet man als die „latente Periode" des Bakterienwachstums. Nach McLaughlin und Rockwell (8) soll die maximale

Abb. 114. Analytisches Laboratorium einer modernen Gerberei.

Weichdauer nicht länger sein als die kürzeste „latente Periode". Beim Weichen von Kalbshäuten bei einem Weichwasserverhältnis von 1:4 fanden sie bei 10° C eine latente Periode des Bakterienwachstums von 36 Stunden, bei 15° C von 18 Stunden, bei 20° C von 10 Stunden, bei 25° C von 4 Stunden und bei 30° C von nur 2 Stunden. Die latente Periode nahm von 10 auf 6 Stunden ab, wenn das Weichwasserverhältnis 1:4 auf 1:10 verringert wurde. Die latente Periode nimmt zu mit steigender Salzkonzentration des Weichwassers.

e) Sterilisationsmittel.

Die Bakterienaktivität in Weichwässern kann durch den Zusatz antiseptischer Mittel zu einem unschädlichen Grad verringert werden. Werden die Häute vor dem Einbringen in die Weichgefäße in fließendem Wasser gewaschen und dann in genügend oft gewechseltem reinem kalten Wasser geweicht, so erübrigt sich die Anwendung antiseptischer Mittel fast vollständig. Es ist jedoch nicht durchweg angängig, die Häute in kaltem Wasser zu weichen.

Der Verfasser untersuchte den Einfluß verschiedener Antiseptika auf die in Weichwässern vorhandenen Bakterienmengen. Kalbshäute wurden im Weichwasserverhältnis 1:8 im Haspel geweicht. Das verwandte Wasser war ein gutes, steriles Wasser mit einer Temperatur von 12° C, einem p_H von 7,8, einer Alkalität von 0,02%, berechnet als Calciumcarbonat und folgender Zusammensetzung: 0,0072% CaO, 0,0005% MgO, 0,0003% Fe_2O_3, 0,0066% SO_3, 0,0011% Cl und 0,0008% LiO_2. Das Wasser wurde alle 24 Stunden während dreier Tage gewechselt. Die Bakterienzahl des ersten Weichwassers betrug durchschnittlich nach Auswachsenlassen bei 20° C 1000000 per Kubikzentimeter, die des zweiten Weichwassers ca. 2000000 und die des dritten Weichwassers ca. 4000000. Es mag seltsam erscheinen, daß die gefundene Bakterienmenge zunahm, obwohl das Weichwasser durch den fortwährenden Wechsel immer reiner wurde, und doch war es der Fall.

Abb. 115. Versuchsgerberei.

Die Temperaturerhöhung während einer Weichperiode von 24 Stunden betrug durchschnittlich nur 2° C. Die Bakterienzahl wurde durch das fortwährende Haspeln vergrößert, größere Kolonien wurden dadurch zu kleineren aufgespalten. Ohne Zusatz antiseptischer Mittel betrug am Ende der Weiche der p_H der Weichflüssigkeit durchschnittlich 7,4. Bei diesem p_H-Wert erreicht nach den im 6. Kapitel angeführten Befunden von Merrill und Fleming die Bakterienaktivität ihren Höchstwert.

Von allen untersuchten desinfizierenden Mitteln erwies sich Chlor am wirtschaftlichsten. Man erzeugt es in einem der üblichen Chlorerzeugungsapparate, wie sie in der Trinkwasserversorgung Verwendung finden, und leitet es in die zu den Weichgefäßen führenden Wasserzuleitungsrinnen. 700 Häute gleicher Provenienz und Vorgeschichte wurden in zwei Partien von je 350 Häuten geteilt und die eine in reinem, guten Wasser und die andere in chlorhaltigem Wasser geweicht. Ohne Verwendung von Chlor betrugen die Keimzahlen nach dem ersten, zweiten und dritten Weichtage: 873000, 2240000 und 3496000. Wurde zum Weichen ein Wasser mit einem Gehalt an 0,01°/₀₀ Chlor benutzt, so waren nur 43000, 191000 und 372000 Bakterienkeime festzustellen. Durch den Chlorgehalt war also die Keimzahl im ersten Weichwasser um 95 %, im zweiten um 91 % und im dritten um 89 % verringert worden. Die End-p_H-Werte lagen in allen Fällen zwischen 6,9 und 7,5, die Wirkung des Chlors in dieser Hinsicht ist zu gering, als daß sie bei deren Messung zum Ausdruck käme.

Die Ausbeute und Qualität des fertig zugerichteten Leders war bei beiden Vergleichspartien gleich, ob Chlor benutzt worden war oder nicht. Die Bakterien hatten also auch den Weichwässern, in denen kein Chlor verwandt worden war, nicht schädlich gewirkt. Zweifellos ist dieser Umstand auf die niedrige Temperatur und das reine Weichwasser zurückzuführen. In einem Versuch wurde die Temperatur auf 25° C ansteigen lassen und während der drei Tage Weiche so belassen. Die Häute erlitten dabei nicht wieder gutzumachenden Schaden, waren schwammig und wiesen nach der Zurichtung Flecken auf. Eine Verwendung von Chlor ist also bestimmt dort von Vorteil, wo die Gefahr einer Bakterienschädigung besteht oder nur warmes Wasser zum Weichen verwandt werden kann.

Gibt man nur zum ersten Weichwasser Chlor, so werden die Bakterienmengen des zweiten und dritten Weichwassers nicht verringert. Um die Bakterienmengen herabzudrücken, ist es nötig, allen drei Weichwässern Chlor zuzusetzen.

Schwefeldioxyd verringert die Bakterienmengen nur dann in beträchtlichem Maße, wenn es in größerer Konzentration zur Verwendung kommt. Solche Lösungen bewirken aber eine bleibende Aufrauhung des Narbens. Natriumfluorid schien die Bakterienzahl zu erhöhen, doch erwies sich diese Erhöhung als eine typische Salzwirkung; diese ist bereits im 6. Kapitel erörtert worden. Um mit Mercurichlorid eine 95 %ige Verringerung der Bakterienmenge im ersten Weichwasser zu erreichen, war eine Konzentration von 0,05°/₀₀ nötig. Mercurichlorid ist also gewichtsmäßig nur ein Fünftel so wirksam wie Chlor. Eine Sättigung des Weichwassers mit Kalk erwies sich etwa ebenso wirksam wie die Verwendung von 0,01°/₀₀ Chlor.

Auch Para-chlor-meta-kresol wurde, anscheinend mit Erfolg, zur Sterilisation von Weichwässern verwandt. Es erwies sich in 0,05 %iger Lösung wirksam unter Bedingungen, unter denen ohne den Zusatz des Chlorkresols die Häute schwer beschädigt wurden. Stiasny (17) empfahl für warme Weichen oder für das Weichen von nicht sorgfältig konservierten Häuten die Verwendung von Zinkchlorid. Nach seinen Befunden können die Häute in einer 0,01 %igen Lösung sechs Wochen und länger ohne jegliche Schädigung verbleiben. Die Verwendung von Zinkchlorid beim Weichen stört die späteren Operationen in keiner Weise.

Literaturzusammenstellung.

1. Andreasch, F.: Gerber (1895—1896).
2. Casaburi, V.: Le reverdissage des Cuirs et peaux en poil. Le Cuir Technique 21, 178 (1928).

3. **Harned, H. S.**: The hydrogen- and hydroxyl-ion activities of solutions of hydrochloric acid, sodium and potassium hydroxides in the presence of neutral salts. J. amer. chem. Soc. **37**, 2460 (1915).
4. **McLaughlin, G. D. u. J. H. Highberger**: On the bacteriology of goat skin soaking. J. Amer. Leath. Chem. Assoc. **21**, 280 (1926).
5. **McLaughlin, G. D. u. E. K. Moore**: On the preparation of sheep skins. J. Amer. Leath. Chem. Assoc. **21**, 274 (1926).
6. **McLaughlin, G. D. u. G. E. Rockwell**: The bacteriology of fresh steer hide. J. Amer. Leath. Chem. Assoc. **17**, 325 (1922).
7. **McLaughlin, G. D. u. G. E. Rockwell**: On the bacteriology of heavy hide soaking. J. Amer. Leath. Chem. Assoc. **19**, 369 (1924).
8. **McLaughlin, G. D. u. G. E. Rockwell**: On the bacteriology of calf skin soaking. J. Amer. Leath. Chem. Assoc. **20**, 312 (1925).
9. **McLaughlin, G. D. u. E. R. Theis**: On the science of soaking. J. Amer. Leath. Chem. Assoc. **18**, 324 (1923).
10. **McLaughlin, G. D. u. R. E. Theis**: On the chemistry of goat skin soaking. J. Amer. Leath. Chem. Assoc. **19**, 286 (1924).
11. **McLaughlin, G. D. u. R. E. Theis**: On the chemistry of calf skin soaking. J. Amer. Leath. Chem. Assoc. **19**, 297 (1924).
12. **Merrill, H. B.**: Extraction of nitrogenous matter from calf skin by salt water. Ind. Chem. **19**, 249 (1927).
13. **Rideal, E. K. u. Orchard**: Analyst. Okt. 1897.
14. **Sheppard, S. E. u. F. A. Elliott**: The drying and swelling of gelatin. J. amer. chem. Soc. **44**, 373 (1922).
15. **Stather, F.**: Untersuchungen über Salzflecken. Collegium **1928**, 567.
16. **Stather, F. u. E. Liebscher**: Zur Bakteriologie des Rotwerdens von Salzhäuten. Collegium **1929**.
17. **Stiasny, E.**: Bericht über die im Institut für Gerbereichemie der Technischen Hochschule Darmstadt ausgeführten Arbeiten. Gerber Nr. 1217, 165; Nr. 1218, 178 (1922).
18. **Theis, E. R. u. A. Neville**: The hydration of animal skin by the volume change method. Ind. Chem. **21**, 377 (1929).
19. **Theis, E. R. u. E. L. Mc Millen**: A critical study of the biochemistry of soaking. I. u. II. J. Amer. Leather Chem. Assoc. **23**, 226, 372 (1928).
20. **Theis, E. R. u. J. M. Miller**: A critical study of the biochemistry of soaking. III. J. Amer. Leather Chem. Assoc. **24**, 290 (1929).
21. **Wood, J. T.**: Properties and action of enzymes in relation to leather manufacture. Ind. Chem. **13**, 1135 (1921).

9. Enthaaren und Streichen.

Sind die Häute beschnitten und gesäubert, das Unterhautbindegewebe und die lösliche Hautsubstanz entfernt und die Häute wieder auf ihren normalen Wassergehalt zurückgebracht, so sind sie für die folgenden Operationen, die der Entfernung des Epidermissystems dienen, bereit. Man rufe sich die im 2. Kapitel behandelte Tatsache ins Gedächtnis zurück, daß sich das Epidermissystem aus der eigentlichen Epidermis, den Haaren, Schweiß- und Fettdrüsen zusammensetzt und sich hinsichtlich Ursprung, Struktur, Wachstumsart und chemischer Zusammensetzung von der darunterliegenden eigentlichen Haut unterscheidet. Die verschiedenen Teile des Epidermissystems unterscheiden sich untereinander sehr deutlich in ihrer Widerstandsfähigkeit gegen chemische Reagenzien. Für den Gerber ist es ein besonders glücklicher Umstand, daß der auf der Narbenoberfläche aufliegende Teil der Malpighischen Schicht am leichtesten angegriffen wird. Werden die

Epithelzellen dieses Teils der Epidermis zerstört, so wird dadurch der übrige Teil der Epidermis und das Haar vollständig von der eigentlichen Haut losgelöst und kann leicht mechanisch entfernt werden.

a) Das Schwitzen.

Die wahrscheinlich älteste Methode zur Enthaarung von Häuten ist das sogenannte „Schwitzen". Sie erhielt diesen Namen nach der Art ihrer späteren Anwendungsweise. Der Prozeß besteht in der Hauptsache in einer Zerstörung der Zellen der Malpighischen Schicht durch Fäulnis. Da der Vorgang sehr einfach ist, die Häute brauchen nur ein bis zwei Tage in feuchten, warmen Räumen zu bleiben, so wird er bereits in den frühesten Zeiten der Menschheit entdeckt worden sein. Nicht unwahrscheinlich ist es, daß diese Zufallsentdeckung unsere Vorfahren überhaupt erst die Vorzüge enthaarter Häute für gewisse Zwecke erkennen ließ.

Da die Häute in den Schwitzkammern leicht schwere Beschädigungen erleiden können, wenn der ganze Prozeß nicht sorgfältigst überwacht wird, ist diese Enthaarungsmethode für die Herstellung besserer Leder seit besser kontrollierbare Enthaarungsmethoden bekannt sind, nicht sehr beliebt. Sie wird noch angewandt in Gerbereien, die billigeres und minderwertigeres Häutematerial verarbeiten, ferner zum Enthaaren von Schaffellen, bei denen die Wolle wertvoller ist als die Blöße.

Die Häute werden gewöhnlich an Stangen in Kammern mit warmer feuchter Luft aufgehängt. Temperatur, Feuchtigkeit und Ventilation müssen sorgfältig kontrolliert werden. Während des Prozesses bildet sich eine beträchtliche Menge an Ammoniak und Aminen, die den Haarlockerungsprozeß unterstützen. Sobald die Haare genügend gelockert sind, werden die Häute aus der Schwitzkammer genommen und in gesättigtes Kalkwasser gebracht. Das Kalkwasser hat den Zweck, eine weitere Bakterientätigkeit zu unterbinden und gleichzeitig die Häute etwas anschwellen zu lassen; denn die Häute befinden sich, wenn sie aus der Schwitzkammer kommen, in einem schlappen, verfallenen Zustand.

Wilson und Daub (38) untersuchten den Schwitzprozeß unter dem Mikroskop. Stücke frischer Schafshaut wurden bei 38° in einem Gefäß belassen, das mit Wasserdampf gesättigt war. In bestimmten Zeitabschnitten wurden Proben der Haut entnommen, Schnitte hergestellt und unter dem Mikroskop untersucht. Nach 42 Stunden konnte die Wolle leicht entfernt werden, ohne daß die Haut sichtbaren Schaden erlitten hatte. Bereits nach einem Tage war in dem Gefäß sehr deutlich Ammoniakgeruch bemerkbar.

Die ersten unter dem Mikroskop sichtbaren Anzeichen einer Veränderung der Haut bestanden in einer Trennung der Zellen der Malpighischen Schicht voneinander und von der Oberfläche der Lederhaut. Der Vorgang dehnte sich allmählich bis zu den äußersten Teilen der Schicht, zu den Schweiß- und Fettdrüsen aus. Am zweiten Tag war die Veränderung der Haut so weit fortgeschritten, daß Epidermis, Drüsen und Wolle vollständig von der Lederhaut losgelöst und sehr viele Epithelzellen vollständig zerstört waren. Abb. 116 zeigt einen Schnitt

Abb. 116. Vertikalschnitt durch Schafshaut nach 42 Stunden Schwitzen.
Stelle der Entnahme: Schild.   Dicke des Schnitts: 20 μ.   Färbung: van Heurcks Blauholz, Daubs Bismarckbraun.   Okular: keins.   Objektiv: 16 mm.   Wratten-Filter: H-Blaugrün.   Lineare Vergrößerung: 45-fach.

durch eine 42 Stunden geschwitzte Haut; der obere Teil des Schnitts ist in Abb. 117 nochmals bei stärkerer Vergrößerung dargestellt.

Abb. 117. Vertikalschnitt durch die Thermostatschicht einer 42 Stunden geschwitzten Schafshaut. Stelle der Entnahme: Schild.   Dicke des Schnitts: 20 μ.   Färbung: Van Heurcks Blauholz, Daubs Bismarckbraun.   Okular: 5×.   Objektiv: 16 mm.   Wratten-Filter: H-Blaugrün.   Lineare Vergrößerung: 135-fach.

Man kann aus den Abbildungen ersehen, daß die Hornschicht zwar noch intakt, die Malpighische Schicht aber fast vollständig zerstört ist. Die Begrenzungslinien der Haarbälge sind unterbrochen, auch die Drüsen sind gelockert und vom Corium losgelöst. Sehr interessant ist es, Abb. 116 mit Abb. 31 zu vergleichen; letztere gibt einen Schnitt durch die gleiche Schafshaut unmittelbar nach dem Tode des Tieres wieder.

In der Praxis hat sich eine öftere Reinigung der Schwitzkammern notwendig erwiesen, um dadurch dem Anwachsen aller unerwünschten Mikroorganismen vorzubeugen. Hampshire (11) untersuchte die als „run pelts“ bekannte Erscheinung, die sich in Form von Löchern und fleckenartigen Auflösungserscheinungen auf der Fleisch- und Narbenseite von Schafhäuten unangenehm bemerkbar macht. Er fand, daß diese Löcher durch wurmartige Organismen von etwa 1 mm Länge, die zur Familie der „Nemathelminthen“ gehören, verursacht werden. Diese werden anscheinend durch einfaches Trocknen abgetötet. Er fand sie sehr zahlreich in den Schwitzkammern vor, dagegen nicht auf den Häuten selbst vor dem Einbringen in die Kammern. Die Organismen erzeugten im Laboratoriumsversuch bei Gegenwart geringer Mengen von Ammoniak, wie sie in den Schwitzkammern immer vorhanden sind, auf tierischer Haut Flecken. Es zeigte sich, daß man eine gleichmäßige Wollockerung auch erhalten konnte, wenn die Häute in reinen Gefäßen unter Ausschluß aller nicht auf der Haut vorhandenen Mikroorganismen dem Schwitzprozeß unterworfen wurden, und daß so auch keine Aushöhlungen auftraten. Dieser Hauptfehler läßt sich also anscheinend durch Reinhaltung der Schwitzkammern vollständig verhindern.

Nach dem Schwitzen werden die Häute gewöhnlich in gesättigtes Kalkwasser gebracht. Dadurch wird eine weitere Bakterientätigkeit unterbunden. Nach einigen Stunden oder einem Tag werden die Häute herausgenommen und enthaart. Von hier ab sind die einzelnen Operationen, denen die geschwitzte Haut unterworfen wird, im wesentlichen die gleichen wie die für die kalkgeäscherte Haut und sollen im Zusammenhang mit dem Äscherprozeß näher besprochen werden.

b) Der Äscherprozeß.

Die verbreitetste Methode zur Trennung des Epidermissystems von der Lederhaut, das „Kälken“, ist ebenfalls sehr alt. Sie hat ihren Namen von der Verwendung gesättigten Kalkwassers erhalten. Früher bereitete man einen Kalkäscher einfach durch Fällen einer Grube mit Wasser und Zugeben eines großen Überschusses an Calciumhydroxyd. Die Häute wurden nach dem Weichen in diese Äscherbrühe eingelegt und blieben darin solange, bis das Haar und die Epidermis so gelockert waren, daß sie durch leichten Druck mit der Hand entfernt werden konnten. Oft wurden die Häute, um die haarlockernde Wirkung des Äschers zu beschleunigen, jeden Tag aufgeschlagen und frischer Kalk zugegeben. Aber mit frischen Kalkäschern war gewöhnlich eine Woche oder noch länger zum Erhalt leichter Haarlässigkeit nötig. Man fand bald heraus, daß die zur Haarlockerung nötige Zeit immer kürzer wurde, je mehr Häute bereits die Äscherbrühe passiert hatten. Je länger eine Äscherbrühe benutzt wurde, um so mehr reicherte sie sich mit Ammoniak,

Aminen und anderen Hautabbauprodukten, Bakterien und Enzymen an. Die Wirkung all dieser Stoffe wurde Gegenstand ausgedehnter Untersuchungen. Die alten Äscher bewirkten auch eine geringere Schwellung der Hautproteine als die frischen Äscher.

Sobald man gelernt hatte, die Eigenschaften und Wirkungsweise verschieden alter Kalkbrühen zu erkennen, wurde es üblich, für jede Partie Häute eine Reihe von Brühen anzuwenden. Die Häute wurden zuerst, um die Haarlockerung einzuleiten, in ältere Kalkbrühen eingelegt. Tag für Tag wurden sie dann in einen immer frischeren Äscher übertragen, schließlich in einen ganz frischen. Dieses System ist heute noch in manchen Sohlledergerbereien in Gebrauch, in der modernen Oberledergerberei bevorzugt man schnellere Methoden.

Abb. 118. Aufschlagen der Häute aus dem Kalkäscher.

Verwendet man nur Kalk zum Äschern, so ist eine Woche oder noch mehr zum Erhalt leichter Haarlässigkeit nötig. Die Dauer hängt ganz von der Temperatur ab. Während dieser Zeit wird, besonders in alten Äschern oder in solchen, die nicht immer völlig mit Kalk gesättigt sind, eine beträchtliche Menge Hautsubstanz hydrolysiert. Der Grund hierfür liegt darin, daß Bakterien gegen Änderungen des p_H-Wertes sehr empfindlich sind und viele der in alten Äscherbrühen vorhandenen proteolytischen Bakterien, die bei dem normalen p_H eines Kalkäschers von 12,5 verhältnismäßig wenig aktiv sind, sehr rasch aktiv werden, wenn der p_H-Wert der Brühe unter diesen Wert fällt. Um der Gefahr, die sich aus nicht vollkommen mit Kalk gesättigten Kalkäscherbrühen ergibt, zu begegnen, hat man die Verwendung von Rührwerken vorgeschlagen. Die einfachste Form eines solchen Rührwerks, ein Haspel, der in die Grube eingesetzt wird, ist in Abb. 118 dargestellt. Dadurch, daß der ungelöste Kalk fortwährend aufgerührt wird, bleibt die Lösung an allen Stellen der Grube immer gesättigt.

Mit dem steigenden Verlangen nach Beschleunigung des Fabrikationsverfahrens und möglichster Konservierung der Hautsubstanz kamen immer mehr sogenannte Anschärfungsmittel in Gebrauch. Als solche werden vor allem Arsensulfid, Natriumsulfid und Natriumhydroxyd verwandt. Die sachgemäße Verwendung dieser Stoffe zusammen mit Kalk trug wesentlich dazu bei, die zur Haarlockerung nötige Zeit zu verkürzen. Man schenkte auch der Temperatur mehr Aufmerksamkeit. In einigen alten Gerbereien, die nicht darauf eingerichtet waren, ihre Äscherbrühen anwärmen zu können, brauchte man im Winter länger zur Enthaarung als im Sommer. Jetzt ist es üblich, beim Äschern während des ganzen Jahres einheitlich eine Temperatur von etwa 20 bis 25° C einzuhalten.

Als eines der ersten Anschärfungsmittel wurde Arsensulfid angewandt. Es wurde mit dem Kalk vor dem Löschen im Verhältnis von etwa ein Teil Sulfid auf etwa 25 Teile Kalk gemischt und aus dem Gemisch eine Lösung solcher Stärke bereitet, daß zwar das Haar nicht angegriffen wurde, die Haarlockerung aber in zwei bis drei Tagen eintrat. Jetzt verwendet man an Stelle von Arsensulfid sehr viel das billigere Schwefelnatrium, das außerdem auch zur Haarlockerung noch wirksamer ist. Es wird in einer Konzentration von etwa 0,01 Mol in der mit Kalk gesättigten Lösung angewandt.

Die Wirkung eines mit Schwefelnatrium angeschärften Kalkäschers auf eine Kalbshaut ist in Abb. 119 dargestellt. Eine frische Kalbshaut wurde in eine gesättigte Calciumhydroxydlösung mit Kalk im Überschuß, die 0,7 g Schwefelnatrium im Liter enthielt, eingelegt. Die Lösung wurde häufig umgeschüttelt und auf einer Temperatur von 25° gehalten. Wie bei der Untersuchung des Schwitzprozesses wurden von Zeit zu Zeit Hautstreifen herausgenommen und untersucht. Die geschwitzte Haut befand sich in einem weichen, verfallenen Zustand, die aus dem Kalkäscher war geschwollen und prall, der Zustand der Epithelzellen der Malpighischen Schicht war aber in beiden Fällen der gleiche. Schnitte durch die von Zeit zu Zeit herausgenommenen Hautstreifen zeigten den allmählichen Zerfall dieser Zellen und das Loslösen der Hornschicht, der Haare und Drüsen von der Lederhaut. Abb. 119 zeigt einen Schnitt durch die Haut nach 48 stündiger Behandlung im Äscher. Der obere Teil des Schnitts ist in Abb. 120 nochmals bei stärkerer Vergrößerung wiedergegeben. Der Schnitt stammt aus der gleichen Haut wie der in Abb. 29 dargestellte, der die Haut im Lebendzustand zeigt.

Der Äscher hat die Malpighische Schicht der Epidermis vollständig zerstört und die Hornhaut erscheint als ein fast ununterbrochenes, stellenweise von der eigentlichen Haut losgelöstes Band. Die Epithelzellen der Haarbälge sind ebenfalls vollständig zerstört und das Haar hängt mit anhängenden Gewebefetzen so lose darin, daß es von der Enthaarmaschine entfernt werden kann. Die Schweißdrüsen sind unter Zurücklassen von Hohlräumen verschwunden und die Fettdrüsen liegen wie die in Säckchen, sich nach den Haarbälgen zu öffnen. Die Musculi erectores pili sind noch intakt. Man sieht sie von der Haarwurzel nach links aufwärts verlaufen. In der Thermostatschicht wie auch in den untersten Schichten der Lederhaut erscheinen die elastischen Fasern als dünne dunkle Fäden.

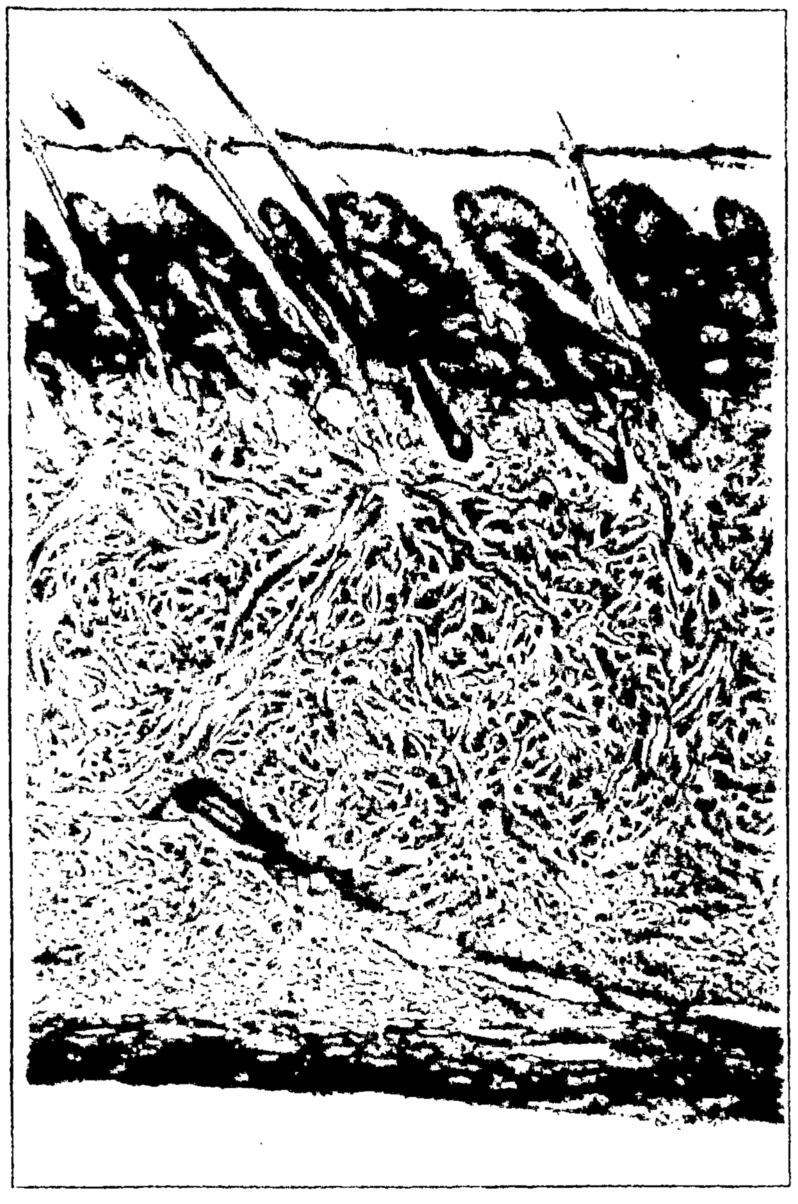

Abb. 119. Vertikalschnitt durch Kalbshaut nach 48 Stunden Kalkäscher.
Stelle der Entnahme: Schild.   Dicke des Schnitts: 20 μ.   Färbung: Weigerts Resorzin-Fuchsin
und Pikrorot.   Okular: keins.   Objektiv: 32 mm.   Wratten-Filter: B-Grün und E-Orange.
Lineare Vergrößerung: 25-fach.

Obwohl der Haarlockerungsprozeß sehr wohl in einer einzigen Brühe innerhalb eines bis drei Tagen durchgeführt werden kann, ziehen es einige Gerber noch vor, mehrere Brühen zu verwenden. Sie führen als Grund dafür an, sie erhielten so günstigere und für die Herstellung

Abb. 120. Vertikalschnitt durch die Thermostatschicht einer Kalbshaut nach 48 Stunden Kalkäscher. Stelle der Entnahme: Schild.   Dicke des Schnitts: 40 μ.   Färbung: Weigerts Resorzin-Fuchsin und Pikrorot.   Okular: 5×.   Objektiv: 16 mm.   Wratten-Filter: B-Grün und E-Orange. Lineare Vergrößerung: 135-fach.

bestimmter Ledersorten besser geeignete Ergebnisse. Sie verringern die Mehrarbeit, die diese Behandlung der Häute mit sich bringt durch Anwendung des Haspelsystems von Grube zu Grube. Die Häute werden alle, Kopf an Schwanz zusammengebunden oder -gehakt. Die ganze Partie wird so über Haspel von Grube zu Grube geleitet, und zwar kommt die zuletzt in den Äscher gelangende Haut zuerst wieder heraus. Die Häute kommen zuerst in den ältesten Äscher und werden dann jeden Tag in einen frischeren gehaspelt, bis sie genügend haarlässig sind.

Abb. 121. Enthaarmaschine.

Nachdem die Häute solange im Äscher waren, daß die Epidermis vollständig gelockert ist, werden sie aufgeschlagen und Haar und Epidermis mit Hilfe der Enthaarmaschine entfernt. Abb. 118 zeigt einen Arbeiter beim Aufschlagen der Häute aus einer mit Rührhaspel versehenen Kalkäschergrube. Abb. 121 veranschaulicht die Enthaarung der Häute auf der Maschine. Die Häute werden über Gummiplatten gezogen und gegen eine mit stumpfen Messern versehene Walze gedrückt, die Haar und Epidermis herunterschabt. Bei der in der Abbildung gezeigten Maschine laufen die Gummiplatten mit den Häuten in einem besonderen Getriebe und werden gegen die Walzen gedrückt, die man unten an der Maschine sieht. Es sind sehr vielerlei Typen von Enthaarmaschinen in Gebrauch, die meisten beruhen jedoch auf dem Prinzip, die Oberfläche der Haut mitsamt den Haaren mit stumpfen Messerklingen abzuschaben.

Die Häute werden nach dem Enthaaren einzeln über den „Baum" gelegt und „ausgestrichen". Der „Baum" (im englischen Sprachgebrauch „beam", daher der englische Ausdruck „beamhouse" für Wasserwerkstatt) ist eine konvexe Holzplatte, die in einem Winkel von etwa 30° zum Boden aufgestellt wird. Er hat eine Länge von etwa 1,8 m und steht am einen Ende etwa 90 cm hoch. Der Arbeiter lehnt nun über den Baum und schiebt ein besonders gebogenes, zweigriffiges Messer nach rechts und links über die Haut weg. Dadurch werden die zurückgebliebenen Drüsen, die Kalkseifen, der Schmutz und zurückgebliebene Haarreste aus der Haut herausgedrückt. Man nennt diese Operation „Streichen". Abb. 122 zeigt eine Gruppe Arbeiter beim Streichen von Kalbfellen.

Durch genügend weitgehende Zerstörung der Epidermis ist es möglich, die Haut in einen Zustand zu bringen, der das Ausstreichen auf

Abb. 122. Ausstreichen von Kalbsblößen auf dem Baum.

einer Maschine ähnlich der Enthaarmaschine erlaubt. Maschinelles Ausstreichen der Häute ist jedoch nicht zu empfehlen. Im allgemeinen ist das Ausstreichen von Hand gründlicher als mit der Maschine, weil die Haarbälge in verschiedenen Richtungen verlaufen. Streicht das Messer in der Haarrichtung, von der Wurzel zur Spitze über die Blöße, so wird der „Grund" aus den Haarbälgen herausgedrückt, beim Streichen in entgegengesetzter Richtung dagegen wird er sich in ihnen verfangen. Der Streicher erkennt an einem gewissen Grad von Durchsichtigkeit der geäscherten Haut, wo sich Schmutz und Pigment in den Haarbälgen befindet und streicht dann mit dem Messer erst in der einen und dann in der andern Richtung, bis die Haut rein erscheint. Er fahndet auch nach den feinen Haaren, die von der Enthaarungsmaschine nicht erfaßt wurden. Die Wurzel eines jungen Haares sitzt ebenso tief in der Haut wie die eines älteren Haares, reicht aber noch nicht weit genug

über die Hautoberfläche hinaus, um von den Messern der Enthaarmaschine erfaßt zu werden.

Nach dem Ausstreichen werden die Häute sorgfältig gewaschen,
um möglichst viel von dem anhaftenden Kalk zu entfernen. Dieses
Waschen der Häute ist von besonderer Wichtigkeit, weil jeder Kalk-
überschuß, der von der Haut weiter mitgeschleppt wird, die späteren
Prozesse beeinträchtigt. Im allgemeinen werden die Häute in einer
rotierenden Trommel in ständig fließendem Wasser gewaschen.
Wood (43) verfolgte die Entfernung des Kalks aus der Blöße beim
Auswaschen und stellte fest, daß
längeres als zweistündiges Auswaschen wenig Zweck hat. Man
wäscht im allgemeinen die Häute
nur kürzere Zeit und sucht den
Kalk auf andere Weise aus der
Blöße zu entfernen. Abb. 123 zeigt
den Grad der Kalkentfernung mit
der Zeit des Auswaschens. Die in
der Haut verbleibende Kalkmenge
scheint sich einem Grenzwert zu
nähern, der bestimmt wird durch
die Kalkmenge, die sich in Carbonat umgewandelt hat und die,
welche chemisch an die Hautsubstanz gebunden ist.

Das Studium des Äschervor-
gangs wird durch eine große Zahl
mitsprechender, veränderlicher
Faktoren kompliziert. Es sei nur
an den komplizierten Aufbau und

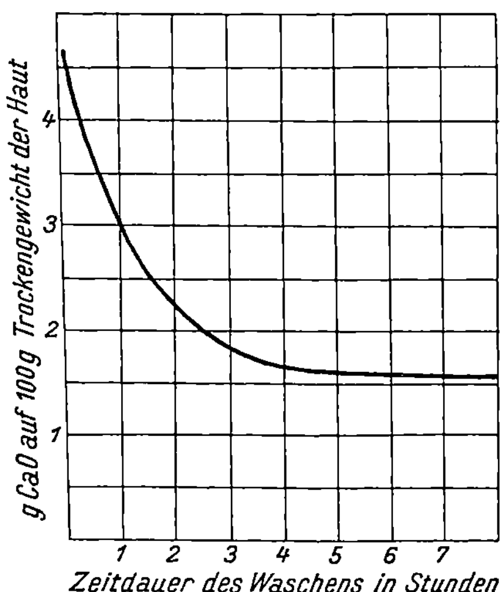

Abb. 123. Die Entfernung des Kalkes aus einer
Blöße durch Auswaschen mit Wasser.

die Zusammensetzung der Haut erinnert und an den Einfluß, den
p_H-Änderungen, Temperatur, Äscherdauer, Art und Konzentration von
Salzen, Proteinabbauprodukte, Enzyme und Bakterien auf jeden ein-
zelnen Bestandteil ausüben.

c) Schwellen und Verfallen.

Wird tierische Haut in schwache Alkali- oder Säurelösung gebracht, so tritt eine Schwellung der Proteine unter Wasseraufnahme
ein. Dem oberflächlichen Beobachter erscheint es kaum, als wenn Wasser
aufgenommen würde, er wird vielmehr eine Zunahme der elastischen
Eigenschaften der Haut beobachten. Dies ist auf die faserige Struktur
der Haut zurückzuführen. Die Kollagenfasern suchen beim Schwellen
die Zwischenräume zwischen den einzelnen Fasern auszufüllen und die
wirkliche Volumvermehrung durch Wasseraufnahme tritt an der Haut
selbst gar nicht in Erscheinung. Eine Haut, in der die Fasern nicht
geschwollen sind, kann praktisch ebensoviel Wasser enthalten als eine
solche, deren Fasern z. B. in Kalkwasser gequollen sind. Es besteht
indessen ein grundlegender Unterschied in der Wasseraufnahme bei

beiden Systemen; bei der nicht gequollenen Haut ist das Wasser nur lose zwischen den Fasern gelagert und kann durch leichtes Pressen entfernt werden, bei der geschwollenen Haut dagegen befindet sich das Wasser in den einzelnen Fasern selber und kann daraus ebensowenig wie aus einer Gelatinegallerte auch bei Anwendung von großem Druck nicht entfernt werden. Während des Schwellens der Hautsubstanz beobachtet der Gerber an der Haut eine zunehmende Widerstandskraft gegen Druck und bezeichnet diesen Vorgang als „Prallwerden" der Haut, den umgekehrten Vorgang nennt er „Verfallen" der Haut.

Abb. 124. Faß zum Waschen geäscherter Häute.

Wood, Sand und Law (45) haben einen Apparat beschrieben, der es gestattet, festzustellen, wann eine Haut beim Beizen vollständig verfallen ist. Er ist im wesentlichen ein empfindlicher Dickenmesser, bei dem die Belastung der Haut pro qcm mit Hilfe von Gewichten verwendet werden kann. Als Grad vollständigen Verfalls der Haut wurde der Punkt angenommen, bei der die Haut die Fähigkeit verloren hat, nach der Belastung den Zustand vor der Belastung wieder anzunehmen. Mit dem Apparat wird also der scheinbare Elastizitätsmodul der Haut bestimmt und dieser als Maß des Prallseins angesehen.

Diese Methode veranlaßte Wilson und Gallun (41) einen ähnlichen Apparat zu konstruieren, der für bestimmte Zwecke noch besser geeignet ist. Der neue Apparat besteht aus einem Dickenmesser nach Randall und Stickney mit einer Metallplatte zur Aufnahme des

Hautstückchens und einem Drücker mit 1 qcm Druckfläche, mit Hilfe dessen die Haut unter konstantem Druck gehalten werden kann. Die Dicke der Haut wird durch die Stellung des Drückers angezeigt und kann auf einer Skala abgelesen werden. Da es sich zeigte, daß die ermittelte Dicke mit der Zeit durch die zunehmende Kompression der Haut abnahm, wurden, um übereinstimmende Werte zu erhalten, die Ablesungen erst nach einer bestimmten Einwirkungszeit des Druckes vorgenommen. Um die Schwellwirkung einer bestimmten Flüssigkeit auf Haut unter bestimmten Bedingungen zu messen, bestimmten Wilson und Gallun zuerst den Widerstand eines Stückchens Haut gegen Druck unter festgelegten Bedingungen. Das gleiche Hautstück wurde dann der Versuchsbehandlung unterworfen und dann seine Druckwiderstandskraft unter den gleichen Bedingungen auf die gleiche Weise erneut bestimmt. Das Verhältnis der zweiten Skalenablesung zur ersten Ablesung diente als Maß der Prallheit der Haut. Ihre Messungen über die Prallheit von Kalbshaut in Abhängigkeit vom p_H-Wert der Lösung, mit der sie behandelt wird, werden im 10. Kapitel besprochen werden.

Wird eine Haut in alkalischer Lösung übermäßig geschwellt, so erleidet sie eine innere Zerrung, die nicht wieder rückgängig gemacht werden kann und die Qualität des fertigen Leders erheblich herabsetzt. Diese Zerrung ist darauf zurückzuführen, daß nicht alle Bestandteile der Haut gleichmäßig schwellen. Es ist deshalb von besonderer Wichtigkeit, etwas über die Schwellung der üblichen Äscherbrühen zu wissen.

Atkin (2) konnte an Hand von Arbeiten von Procter, Wilson und Loeb, die im 5. Kapitel bereits im Zusammenhang mit der Quellung von Proteingallerten besprochen wurden, eine Erklärung für die Tatsache finden, daß Arsensulfid dem Schwefelnatrium als Äscheranschärfungsmittel vorzuziehen sei, besonders bei gewissen Hautarten, bei denen es beim fertigen Leder auf einen besonders feinen Narben ankommt. Loeb hatte gezeigt, daß die durch zweiwertige Basen hervorgerufene maximale Schwellung bei Gelatinegallerten nur halb so groß ist wie die durch einwertige Basen verursachte. Atkin bestätigte dies auch für die Schwellung von Hautpulver; er konnte zeigen, daß bei gleichem p_H-Wert der Lösung die schwache Base Ammoniumhydroxyd ebenso stark quellend wirkt wie Natriumhydroxyd. Mischt man Arsensulfid mit Kalk, löscht ab und setzt das Gemisch einem frischen Kalkäscher zu, so enthält die Lösung nur Calciumhydroxyd, Calciumsulfhydrat und Calciumsulfarseniat. Man sollte demgemäß erwarten, daß Schwefelnatrium eine stärkere Schwellung der Haut bewirkt als Arsensulfid, da in der Lösung nur zweiwertige Ionen vorhanden sind. Tatsächlich zeigt z. B. bei der Herstellung von Glacéleder aus Zickelfellen das fertige Leder einen viel weicheren und griffigeren Narben, wenn zur Enthaarung Äscherbrühen verwandt wurden, die mit Arsensulfid angeschärft waren, als bei Verwendung von Schwefelnatrium als Anschärfmittel. Dieser Effekt darf jedoch keineswegs nur darauf zurückgeführt werden, daß in der Äscherlösung nur zweiwertige Ionen vorhanden waren. Durch die Anwesenheit von Calciumsulfhydrat und anderen Kalksalzen in der Kalkbrühe wird vielmehr die Löslichkeit des Kalks herabgesetzt und damit auch der p_H-Wert der Lösung und entsprechend ihre schwellende Wirkung.

Stiasny und Würtenberger (36) betrachten Calciumsulfhydrat als das wirksame Agenz in den Arsenäschern und empfehlen, sie so zu bereiten, daß möglichst viel davon in den Äschern enthalten ist. Die Bildung von Calciumsulfhydrat wird begünstigt durch feine Vermischung des Kalks und Arsendisulfids, durch Abwesenheit von Arsenpentasulfid oder Arsenoxyden und durch niedrige Umsetzungstemperatur. Atkin, Watson und Knowles (4) empfehlen, das Arsendisulfid durch Behandeln mit Ammoniak pulverförmig zu machen, dann einen Teil davon mit mindestens 5 Teilen gepulvertem Calciumhydroxyd in der Kälte zu mischen und mit Wasser zu einer Paste anzureiben.

Es läge nahe, zu folgern, daß überall dort Schwefelarsen als Anschärfungsmittel verwendet werden soll, wo man beim Leder auf einen glatten Narben besonderen Wert legt. Dieser Schluß ist jedoch nicht ganz richtig, da die verschiedenen Hautsorten nicht gleich empfindlich gegenüber Schwellung sind. Eine Schwellung, die eine Ziegenhaut nicht vertragen würde, braucht deshalb für eine Kalbshaut noch lange nicht schädlich zu sein, außerdem kann eine Art von Kalbshaut gegen Schwellungszerrungen sehr viel weniger empfindlich sein als eine andere. Schwefelnatrium ist in allen Fällen, in denen es ohne Schädigung der Haut verwandt werden kann, wegen der Zeitersparnis beim Äschern, wie auch wegen seiner Billigkeit den andern Äscheranschärfungsmitteln vorzuziehen.

d) Der Einfluß der Zeit auf die Wirkung eines sterilen Kalkäschers.

Wilson und Daub (40) studierten unter dem Mikroskop die Strukturänderungen einer Kalbshaut bei 7-monatlicher Behandlung mit gesättigtem Kalkwasser. Der Schild einer frischen Kalbshaut wurde in Stücke von 12 × 36 mm geschnitten, während eines Tages in Wasser von 7º C geweicht und dann in eine verschlossene Flasche gegeben, die 1 Liter Wasser und 27 g Calciumhydroxyd enthielt. Die Kalkmenge war hinreichend, die Lösung ständig gesättigt zu erhalten. Die Flasche wurde im Thermostaten bei 20º C aufbewahrt und von Zeit zu Zeit einzelne Stücke entnommen. Diese wurden für die Untersuchung unter dem Mikroskop durch Waschen, Entwässern, Einbetten, Schneiden in horizontaler und vertikaler Richtung, Färben und Einbetten in Canadabalsam hergerichtet. Die genaue Methode wird im II. Band beschrieben. In einer zweiten Versuchsserie wurde das Kalkwasser mit einer Schicht Toluol bedeckt. Beide Versuchsserien gaben genau die gleichen Resultate und beide erwiesen sich, wenigstens am Ende des sechsten Monats als steril. Nach sieben Monaten ergab die Kalklösung ohne Toluolzusatz bei der Keimzahlbestimmung einen Keim pro ccm; eine einzige Kolonie war innerhalb 4 Tagen auf dem mit einem ccm angeimpften Agarnährboden ausgewachsen. Die Verfasser schließen aus diesem Befund, daß die während der langen Be-

handlung der Haut mit Kalkwasser in dieser auftretenden Strukturänderungen nicht durch Bakterien verursacht waren.

Die zuerst bemerkbare Wirkung des Kalkwassers bestand in einem
mäßigen Angriff der Zellen der Malpighischen Schicht der Epidermis.

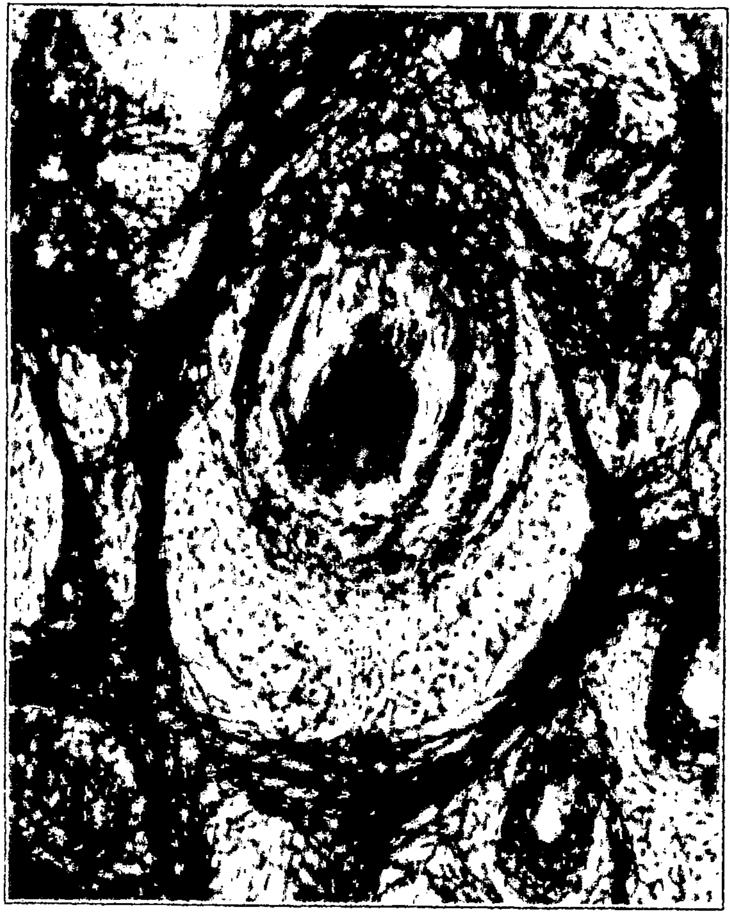

Abb. 125. Horizontalschnitt durch die Talgdrüsen einer Kalbshaut.
(Vor dem Äschern.)

Stelle der Entnahme: Schild.   Dicke des Schnitts: 30 μ.   Färbung: Van Heurcks Blauholz, Daubs
Bismarckbraun.   Okular: 5×.   Objektiv: 8 mm.   Wratten-Filter: H-Blaugrün.   Lineare
Vergrößerung: 225-fach.

Am Ende von fünf Tagen war diese Wirkung bereits so weit fortgeschritten, daß man Epidermis und Haare mit einem Messerrücken leicht ab-
schaben konnte. Erst nach drei Wochen ließ sich eine weitere auffällige
Veränderung nachweisen.

Zur Illustration der Wirkung des Kalkwassers auf die Haut erwiesen
sich Horizontalschnitte in Höhe der Talgdrüsen als am geeignetsten.

Diese wurden mit van Heurcks Blauholz und Daubs Bismarckbraun ausgefärbt. Abb. 125 zeigt einen solchen Horizontalschnitt durch Kalbshaut nach eintägigem Weichen in kaltem Wasser. In der Mitte des Schnitts sieht man ein Haar, das fast senkrecht zur Schnittebene

Abb. 126. Horizontalschnitt durch die Talgdrüsen einer Kalbshaut.
(Nach 3 Wochen Einwirkung von sterilem Kalkwasser.)
Stelle der Entnahme: Schild.   Dicke des Schnitts: 30 μ.   Färbung: Van Heurcks Blauholz, Daubs Bismarckbraun.   Okular: 5×.   Objektiv: 8 mm.   Wratten-Filter: H-Blaugrün.   Lineare Vergrößeruug: 225-fach.

getroffen ist. Rechts und links davon befinden sich zwei Drüsen, die den Haarbalg mit Fett versorgen. Rings am Haar und Drüsen verlaufen dünne elastische Fasern. Die dunkeln Punkte stellen die angefärbten Kerne der Epithelzellen dar.

Abb. 126 zeigt einen ähnlichen Schnitt durch Kalbshaut, 3 Wochen nach dem Einlegen in Kalkwasser. Die Drüsen sind angegriffen und beinahe alle Epidermiszellen rings um das Haar verschwunden, so daß die Haare nur lose in den leeren Bälgen zurückbleiben.

Die Elastinfasern treten jetzt nach der dritten Woche noch scharf hervor, beginnen aber im Laufe der vierten Woche rasch zu zerfallen.

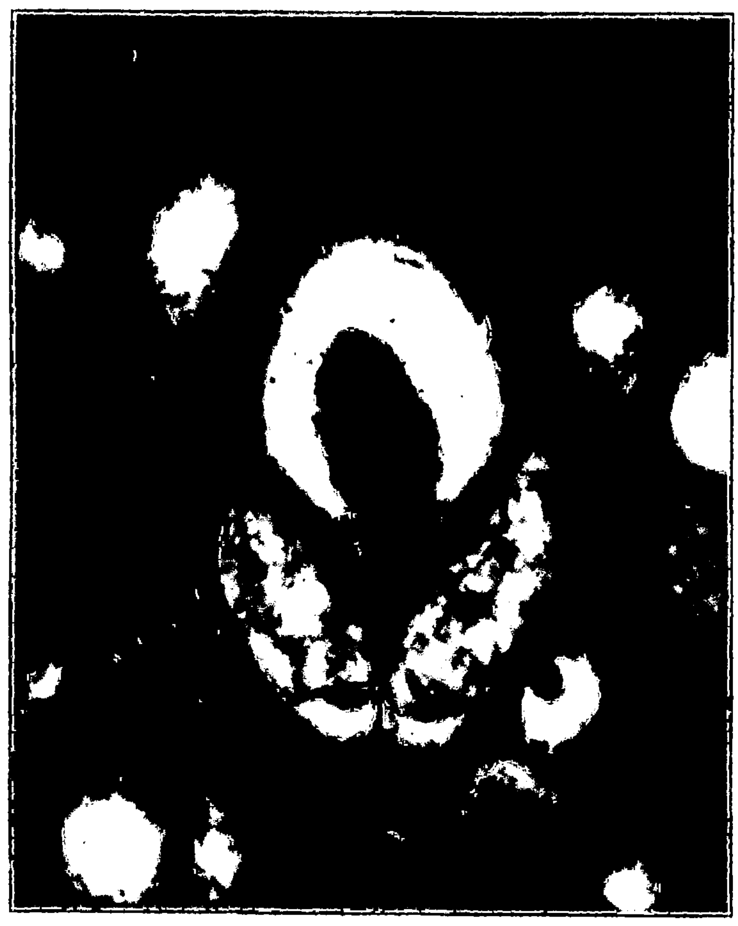

Abb. 127. Horizontalschnitt durch die Talgdrüsen einer Kalbshaut.
(Nach 4 Wochen Einwirkung von sterilem Kalkwasser.)
Stelle der Entnahme: Schild.   Dicke des Schnitts: 30 μ.   Färbung: Van Heurcks Blauholz, Daubs Bismarckbraun.   Okular: 5×.   Objektiv: 8 mm.   Wratten-Filter: H-Blaugrün.   Lineare Vergrößerung: 225-fach.

Am Ende der fünften Woche sind sie, wie aus Abb. 127 zu ersehen, vollständig verschwunden.

Nach fünf Wochen sind noch eine ganze Reihe von Zellkernen zu sehen, sie werden allmählich zerstört und nach drei Monaten sind keine mehr aufzufinden. Das Stratum corneum der Epidermis und das Haar erweist sich 15 Wochen lang resistent gegen die Einwirkung von Kalkwasser, beginnt aber nach dieser Zeit sich langsam zu zersetzen und ist nach 7 Monaten vollständig zerstört.

Die lederbildenden Kollagenfasern bleiben während 5 Monaten unangegriffen und treten scharf hervor, später zeigen sie ein verschwommenes

Abb. 128. Horizontalschnitt durch die Talgdrüsen einer Kalbshaut.
(Nach 5 Wochen Einwirkung von sterilem Kalkwasser.)
Stelle der Entnahme: Schild.   Dicke des Schnitts: 30 μ.   Färbung: Van Heurcks Blauholz, Daubs Bismarckbraun.   Okular: 5×.   Objektiv: 8 mm.   Wratten-Filter: H-Blaugrün.   Lineare Vergrößerung: 225-fach.

und glasiges Aussehen und werden langsam hydrolysiert. Nach 7 Monaten hatte die Haut ihre Fähigkeit, in neutraler Ammoniumchloridlösung zu verfallen, verloren. Beim Pickeln mit Kochsalz und Schwefelsäure entstand eine harte Masse, die an eine entwässerte Gelatineplatte erinnerte. Beim Gerben wurde ein leeres und flaches Leder erhalten. Dies weist auf einen großen Kollagenverlust während des Äscherns hin.

e) Vergleich saurer und alkalischer Hydrolyse von Haut und Haar.

Bei der Enthaarung durch Kälken sollen im allgemeinen die Keratine für eine Lockerung von Haar und Epidermis genügend hydrolysiert

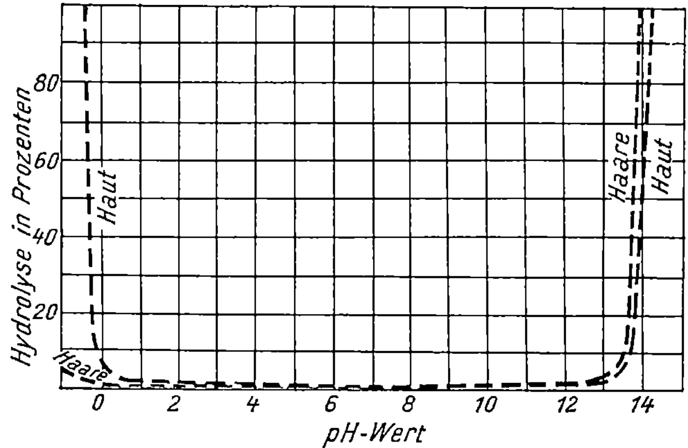

Abb. 129. Der Einfluß der p_H-Werte auf die Hydrolyse von Kalbshaut und -Haaren. Lösung: NaOH oder HCl.   Temperatur 25° C.   Einwirkungszeit: 24 Stunden. Unabhängige Variable: p_H-Wert.

werden, ohne daß gleichzeitig eine nennenswerte Hydrolyse von Kollagen eintritt. Es ist daher wichtig zu wissen, bis zu welchem Grade Keratin

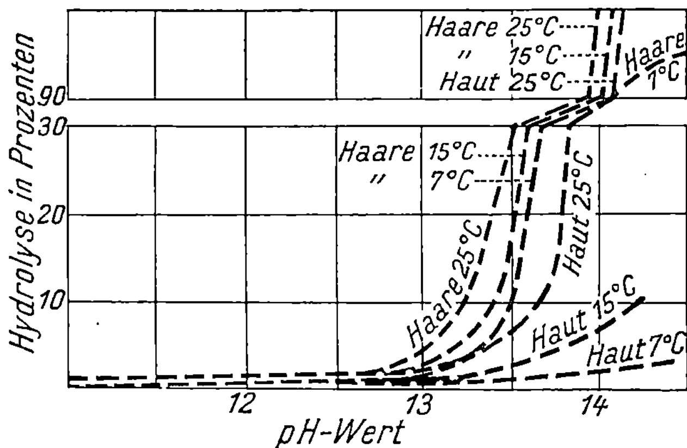

Abb. 130. Der Einfluß der Temperatur auf die Hydrolyse von Kalbshaut und -Haaren. Lösung: NaOH.   Temperatur: 7°, 15°, 25° C.   Einwirkungszeit: 24 Stunden. Unabhängige Variable: p_H-Wert.

und Kollagen vergleichsweise unter den gleichen Bedingungen abgebaut werden. Merrill (23) führte eine interessante und wichtige Untersuchung über den Grad der Hydrolyse von Haut und Haar als Funktion des p_H-Wertes unter definierten Bedingungen von Zeit und Temperatur aus.

Für den Versuch wurden zwei Kalbshäute drei Tage unter öfterem Wasserwechsel in reinem Wasser geweicht, geäschert, enthaart, ausgestrichen, gebeizt und in einer 0,01/n Salzsäurelösung, die 12% Natriumchlorid enthielt, entkälkt. Die Häute wurden dann in Stücke von 2 qmm zerschnitten, bis zum Eintritt des Gleichgewichts in eine Boraxlösung von p_H 7,7 eingelegt, mehrere Tage in kaltem fließenden Wasser und schließlich in mehrmals erneuertem destillierten Wasser gewaschen. Darauf wurden die Hautstücke mit Alkohol entwässert, der Alkohol mit Xylol verdrängt und dieses bei Zimmertemperatur verdunsten lassen. Die erhaltenen Hautstücke hatten, wenn sie wieder geweicht wurden, die gleiche Beschaffenheit wie die ursprüngliche Haut.

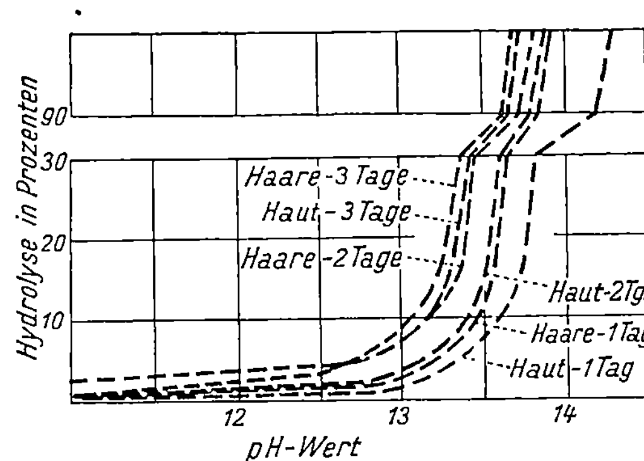

Abb. 131. Der Einfluß der Einwirkungszeit auf die Hydrolyse von Kalbshaut und -Haaren.
Lösung: NaOH. Temperatur: 25° C. Einwirkungszeit: 1, 2 und 3 Tage. Unabhäugige Variable: p_H-Wert.

Die Haare wurden gleichmäßig von mehreren braunen Kalbfellen abgeschnitten, sorgfältig in Wasser gewaschen, getrocknet und dann mit Chloroform entfettet.

Im allgemeinen wurden Portionen von je 3 g Haut oder Haar in 150 ccm einer Natriumhydroxydlösung oder Salzsäurelösung von bekanntem p_H eine bestimmte Zeitlang bei bestimmter Temperatur stehen lassen. Zur Verhinderung einer Bakterientätigkeit wurden die Lösungen mit einer Schicht Toluol bedeckt. Am Ende der Einwirkungszeit wurden die Versuchslösungen filtriert und in einem aliquoten Teil

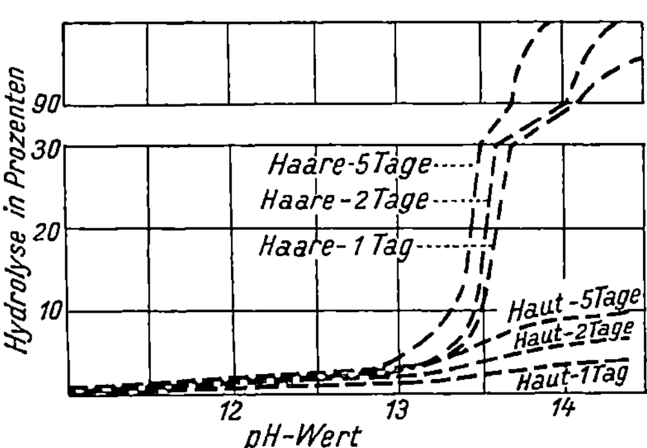

Abb. 132. Der Einfluß der Einwirkungszeit auf die Hydrolyse von Kalbshaut und -Haaren.
Lösung: NaOH. Temperatur: 7° C. Einwirkungszeit: 1, 2 und 5 Tage. Unabhängige Variable: p_H-Wert.

des Filtrats als Maß der eingetretenen Hydrolyse der Stickstoffgehalt bestimmt. Pufferlösungen wurden nicht verwandt. Der Prozentteil an hydrolysiertem Protein wurde gegenüber dem End-p_H-Wert der Lösung, der elektrometrisch bestimmt wurde, ausgewertet. Die Resultate sind in den Abb. 129, 130, 131, 132 und 133 wiedergegeben. Abb. 129 zeigt den während 24 Stunden bei 25° C in Lösung gegangenen hydrolysierten Gesamtstickstoff in Prozenten für den ganzen

p_H-Bereich von 4-molarer Salzsäure bis zu 4-molarer Natriumhydroxyd-lösung. Die Kurven zeigen zwei beachtenswerte Momente. Einmal kann man ersehen, daß in saurer Lösung bei gleichem p_H-Wert die Haut

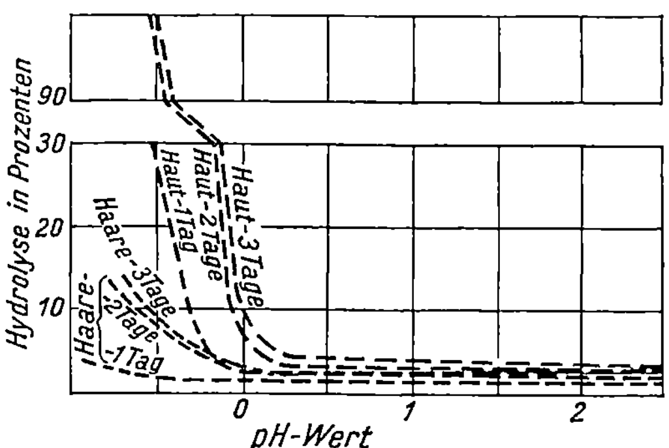

Abb. 133. Der Einfluß der Einwirkungszeit auf die Hydrolyse von Kalbshaut und -Haaren.
Lösung: HCl.   Temperatur: 25° C.   Einwirkungszeit: 1, 2 und 3 Tage.   Unabhängige Variable: p_H-Wert.

weit stärker hydrolysiert wird als das Haar, während in alkalischer Lösung gerade das Umgekehrte der Fall ist. Weiter erhellt daraus: zwischen den p_H-Werten 1 und 12 tritt verhältnismäßig nur geringe Hydrolyse ein, überschreiten aber die p_H-Werte diese Grenzen, so tritt plötzlich eine sehr starke Zunahme der Hydrolyse ein, die bald zu völliger Zersetzung der Hautsubstanz führt.

Abb. 130 zeigt den Einfluß der Temperatur, von 7^0 bis 25^0, in alkalischen Lösungen. Mit zunehmender Temperatur wird der Eintritt an vollständiger Hydrolyse nach den Gebieten geringerer Alkalität hin verschoben, und zwar ist dieser Effekt bei Haut stärker ausgeprägt als bei Haar. Der Einfluß von Temperatur und Zeit der Einwirkung auf die Hydrolyse ist für alkalische Lösungen in Abb. 131 und 132 dargestellt. Den Einfluß der Zeit bei sauren Lösungen zeigt Abb. 133. Die Wirkung bei verlängerter Einwirkungszeit ist ähnlich der bei zunehmender Temperatur.

Merrill und Fleming (27) untersuchten den Grad der Hydrolyse von Haut und Haar in gesättigtem Kalkwasser als Funktion der Zeit

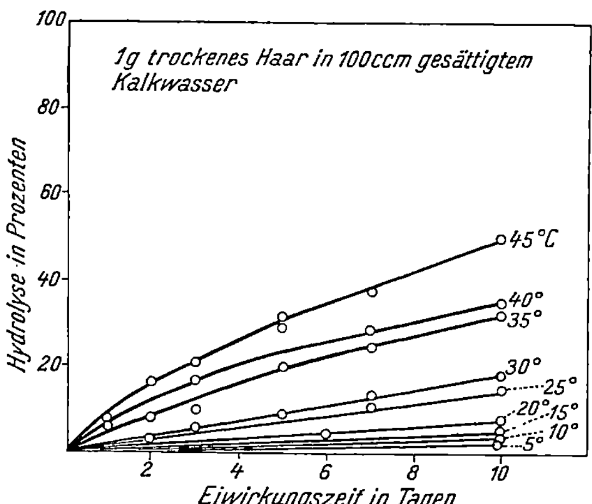

Abb. 134. Die Hydrolyse von Haar in gesättigtem Kalkwasser als Funktion der Zeit und der Temperatur.

und Temperatur, und zwar für einen Bereich von 5^0 bis 45^0 C. Ihre äußerst interessanten Resultate sind in den Abb. 134, 135 und 136 wiedergegeben. Die für diese Versuche benutzte Kalbshaut und Haare waren in der gleichen Weise gereinigt und getrocknet wie bei den eben beschriebenen Versuchen Merrills über die saure und alkalische Hydrolyse von Haut und Haar. Proben von je 1 g der Haut oder des Haars wurden mit je 100 ccm gesättigten Kalkwassers mit einem Überschuß an ungelöstem Kalk eine bestimmte Zeit und bei bestimmter Temperatur behandelt. Am Ende der Einwirkungszeit wurden die Lösungen filtriert und in einem aliquoten Teil des Filtrats der Stickstoff bestimmt. Die Prozente an gelöstem Protein wurden errechnet aus dem Verhältnis von gelöstem Stickstoff zu Gesamtstickstoff.

Mit Ansteigen der Temperatur nimmt sowohl bei Haut wie auch bei Haar die Hydrolyse zu. Oberhalb 30° C wird das Haar sehr viel rascher zersetzt als die Haut, aber bei etwa 35° nimmt auch die Hydrolyse der Haut sehr deutlich zu. Bei 40° ist von der Haut sehr viel mehr in Lösung gegangen als von dem Haar.

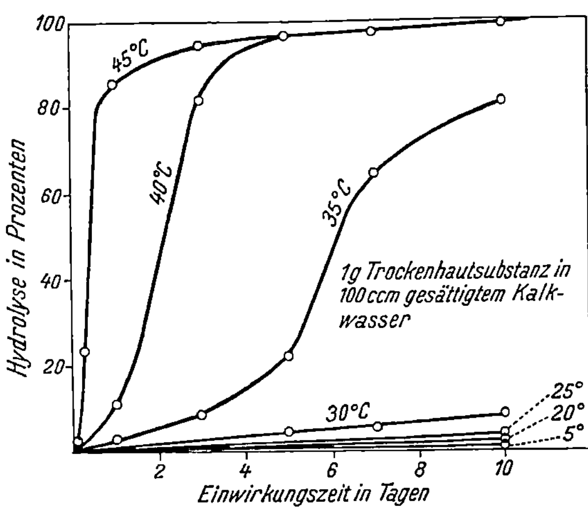

Abb. 135. Die Hydrolyse von Haut in gesättigtem Kalkwasser als Funktion der Zeit und der Temperatur.

Diese Tatsache ist in Abb. 136 sehr deutlich zu sehen.

Beim Äschern kommt es im allgemeinen darauf an, eine möglichst weitgehende Zersetzung des Keratins ohne merklichen Angriff des Kollagens zu erhalten. Dies läßt sich also offenbar am besten bei Temperaturen unter 30° erreichen.

f) Der Einfluß von Sulfiden.

Durch Zugabe von Natriumsulfid oder anderen Sulfiden zu einer Kalklösung wird die enthaarende Wirkung dieser sehr stark erhöht. Der Gerber kennt diese Tatsache schon lange und benutzt Sulfide als Äscher-

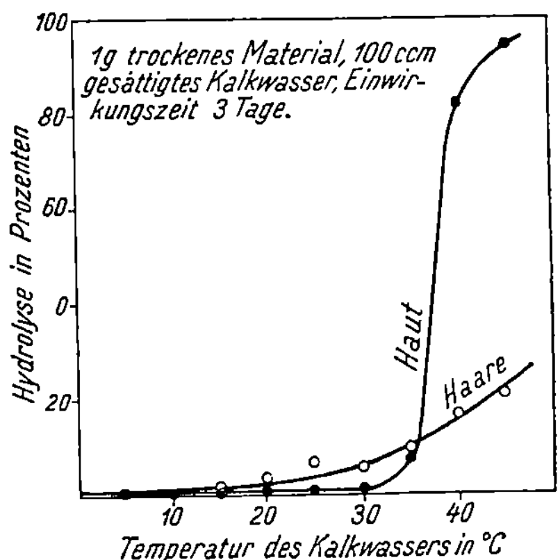

Abb. 136. Der Einfluß der Temperatur auf die Hydrolyse von Haut und Haar durch gesättigtes Kalkwasser.

anschärfungsmittel. Eine plausible Erklärung für die hierbei sich abspielenden chemischen Vorgänge zu geben, war erst in jüngerer Zeit möglich.

Die Wirkung eines mit Sulfid angeschärften Kalkäscher auf das Epidermissystem hängt vor allem von der Menge des zugegebenen

Sulfids ab. Bei Konzentrationen von etwa 0,01 molar Sulfhydrat wird in erster Linie die zur Haarlockerung nötige Zeit verkürzt. Bei höheren Konzentrationen wird das Haar vollständig zu einem Brei zerstört, der dann aus der Haut herausgewaschen werden kann. Manche Autoren wollen scharf zwischen haarlockernder und haarzerstörender Wirkung des Sulfids unterschieden haben, wahrscheinlich sind aber die Wirkungen an und für sich doch gleich und nur in ihrem Ausmaß unterschieden. Bei der haarlockernden Wirkung werden die neugebildeten Epithelzellen zerstört. Diese Zellen würden bei Weiterleben des Tiers die verhornten Gewebe der Hornschicht der Epidermis und die Haarschäfte gebildet haben. Es leisten also die älteren und trockeneren Keratine zwar dem Angriff des Sulfids einen größeren Widerstand als die jungen, trotzdem besteht aber kein Grund zu der Annahme, daß nicht die haarlockernde und haarzerstörende Wirkung des Sulfids grundsätzlich die gleiche sei.

Bei der Untersuchung der alkalischen Hydrolyse von Haut und Haar verfuhr Merrill (24) in gleicher Weise wie beim Studium der alkalischen und sauren Hydrolyse. Eine bestimmte Menge von gereinigter Haut oder Haaren wurde bei 25° C mit der Sulfidlösung behandelt und der Grad der Hydrolyse in Abhängigkeit von der Sulfidkonzentration, dem p_H-Wert der Lösung und der Zeit bestimmt. Als Maß für den Hydrolysengrad wurde die Prozentzahl des gesamten in Lösung gegangenen Stickstoffs genommen. Die vom Haar oder der Haut aufgenommene Sulfidmenge wurde durch Analyse der Lösung vor und nach der Behandlung ermittelt, und zwar nach der maßanalytischen Zinkfällungsmethode mit Nitroprussidnatrium als Indikator.

Angewandt wurden folgende Lösungen: 1. NaOH + NaSH; 2. Ca(OH)$_2$ + Ca(SH)$_2$; 3. Ca(OH)$_2$ + NaSH. Das NaSH wurde hergestellt durch Einleiten von Schwefelwasserstoff in 2-normale Natriumhydroxydlösung bis die Lösung äquivalente Mengen von Na$^+$ und SH′ enthielt. Ca(SH)$_2$ wurde in gleicher Weise durch Einleiten von Schwefelwasserstoff in eine Calciumhydroxydsuspension erhalten.

Zum Vergleich der Wirkung von Sulfiden auf Haut und Haar wurden Serienversuche mit gesättigten Calciumhydroxydlösungen mit einem Überschuß an ungelöstem Kalk, denen steigende Mengen von NaSH und Ca(SH)$_2$ zugesetzt wurden, angesetzt. Die Einwirkungsdauer betrug einen Tag bei 25° C. Die Resultate der Versuche sind in Abb. 137 wiedergegeben.

Bei der Haut war die Sulfidkonzentration der Lösung vor und nach der Behandlung die gleiche, es war also kein Sulfid von der Haut absorbiert worden. Beim Haar dagegen fiel die Sulfidkonzentration in jedem Fall. Die Sulfidkonzentration nahm bei der 0,2-normalen NaSH-Lösung von 0,200 Mol auf 0,134 Mol ab, bei der 0,2-normalen Ca(SH)$_2$-Lösung von 0,200 auf 0,156. Bei dieser Konzentration war bei Haut in keinem Versuch eine Sulfhydratabsorption festzustellen, der Prozentsatz an hydrolysierter Hautsubstanz betrug weniger als 2. Von den Haaren wurden durch die 0,2-normale NaSH-Lösung 44% hydrolysiert, durch die 0,2-normale Ca(SH)$_2$-Lösung dagegen nur 8%. In einer normalen NaSH-Lösung wurden 85% des Haars hydrolysiert. Dieser Versuch zeigt, daß die Hydrolyse des Haars mit der Sulfidabsorption aus der Lösung in einem gewissen Zusammenhang steht.

Die Untersuchung des Einflusses der Konzentration von Sulfhydrat in einer Kalklösung stellte eine besonders schwierige Aufgabe dar, denn die Veränderung der Konzentration des Sulfhydrats bedingt Änderungen in der Löslichkeit des Kalks und damit p_H-Änderungen der Lösung. Außerdem kann die Größe dieser p_H-Änderung in der Kalklösung durch den Sulfidzusatz bei Gegenwart großer Sulfidmengen nicht genau bestimmt werden, da das Sulfid die Wasserstoffelektrode vergiftet und auch mit den für diesen p_H-Bereich brauchbaren Indikatoren die Farbe dieser beeinflussenden Reaktionen einzugehen scheint. Diese Schwierigkeit wurde folgendermaßen überwunden: Es wurde eine Reihe von Lösungen hergestellt, die alle die gleiche Menge NaSH und steigende Mengen NaOH enthielten. Die Menge an Sulfid wurde klein gewählt, um den Einfluß auf den p_H-Wert so klein als möglich zu halten. Die p_H-Werte

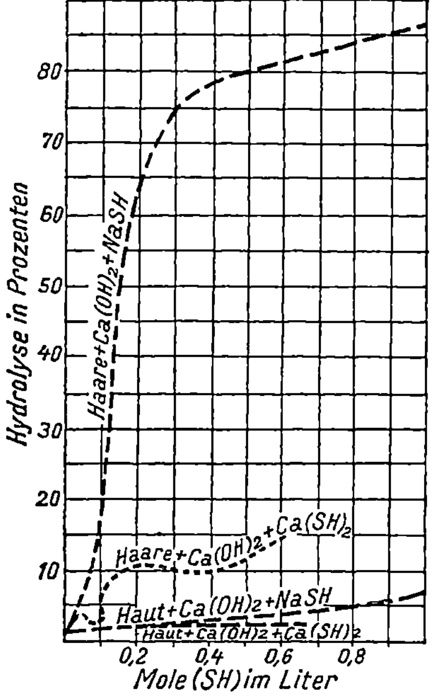

Abb. 137. Die Hydrolyse von Kalbshaut und -Haaren als Funktion der Sulfidkonzentration.

Einwirkungszeit: 1 Tag. Temperatur: 25° C.

dieser Lösungen wurden aus der Konzentration an NaOH und NaSH und der Dissoziationskonstanten von NaSH errechnet. Die mit diesen Lösungen erhaltenen Resultate ergaben den Einfluß zunehmender OH-Konzentration bei konstanter SH-Konzentration auf die Hydrolyse von Haar. Eine zweite Versuchsreihe wurde mit Lösungen verschiedener Sulfidkonzentration durchgeführt. Die Ergebnisse dieser Versuchsserien ergaben bei Auswertung der Hydrolyse in Prozenten als Funktion des p_H-Werts eine Reihe Kurven, wobei der vertikale Abstand zwischen je zwei Kurven die durch Unterschiede in der Sulfidkonzentration bei konstantem p_H-Wert verursachte Differenz der Hydrolyse in Prozenten

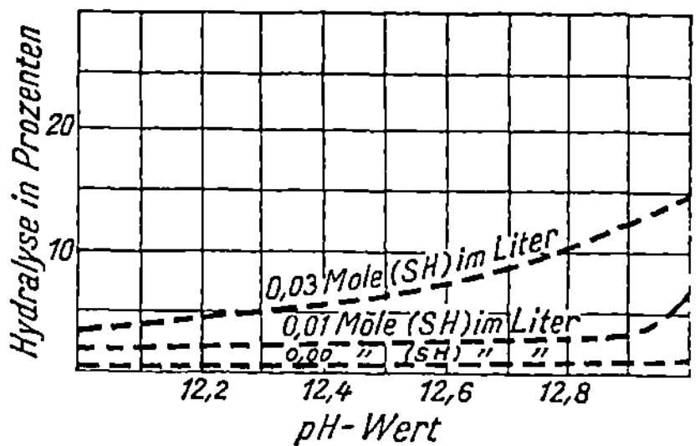

Abb. 138. Die Hydrolyse von Haaren als Funktion des p_H-Wertes bei verschiedenen Sulfidanfangskonzentrationen.

Lösung: NaOH + NaSH. Einwirkungszeit: 1 Tag. Temperatur: 25° C.

ergibt. Die Resultate dieser Versuche sind in Abb. 138 veranschaulicht.

Bei jeder gegebenen Sulfidkonzentration nimmt der Grad der Hydrolyse des Haars mit zunehmendem p_H-Wert zu und bei konstantem p_H-Wert mit zunehmender Sulfidkonzentration. Diese Tatsache macht die Kurven in Abb. 137 etwas verständlicher. Mit zunehmender Konzentration an NaSH nimmt die Sulfidkonzentration und auch der p_H-Wert zu und infolgedessen erfolgt ein rapider Anstieg der Hydrolyse. Mit zunehmender Konzentration an $Ca(SH)_2$ wird die Löslichkeit des Kalks verringert und der p_H der Lösung nimmt ab. Es werden also gleichzeitig zwei Faktoren mit gegensätzlicher Wirkung auf die Hydrolyse des Haars verändert und als Resultat die unregelmäßige in Abb. 137 gezeigte Kurve erhalten. Durch Wiederholung des Versuchs konnte festgestellt werden, daß die Maxima der Kurve keineswegs auf einem experimentellen Irrtum beruhen.

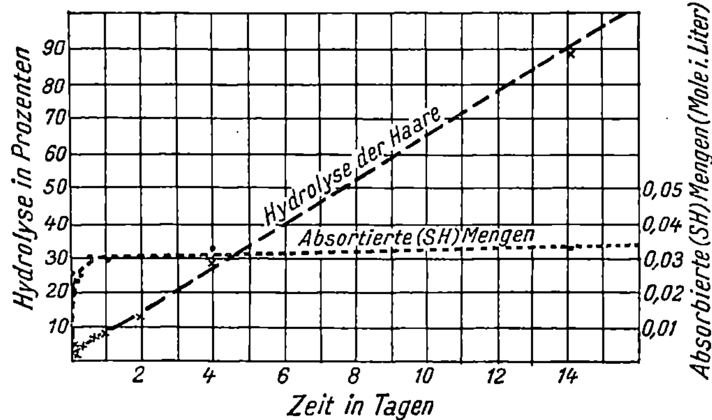

Abb. 139. Die Hydrolyse von Haaren und die Absorption von Sulfiden in Abhängigkeit von der Zeit.
Lösung: $CA(SH)_2 + Ca(OH)_2$. Temperatur: 25° C.

Abb. 139 veranschaulicht die Hydrolyse von Haar und die Absorption von Sulfid aus einer 0,136-normalen, bei 25° mit Kalk gesättigten $Ca(SH)_2$-Lösung als Funktion der Zeit. Es wurden 3 g Haare mit 150 ccm der Lösung behandelt. Die Hydrolyse des Haars ist praktisch eine gradlinige Funktion der Zeit, dagegen tritt fast die gesamte Sulfidabsorption bereits in der ersten halben Stunde ein. Die Auflösung des Haars wird also nicht allein durch die Sulfidabsorption bestimmt.

Merrills Arbeit ergab folgende wichtige Tatsachen:

1. Sulfide erhöhen bei einem gegebenen p_H-Wert die Hydrolyse des Haars, sind aber ohne merkliche hydrolytische Wirkung auf die Haut.

2. Sulfid wird vom Haar absorbiert, nicht aber von der Haut.

3. Es konnte keine Beziehung zwischen der Menge des vom Haar absorbierten Sulfids und der Menge des hydrolysierten Haars festgestellt werden.

4. Bei der Absorption von Sulfid durch Haare stellt sich innerhalb weniger Stunden ein Gleichgewicht ein; die Hydrolyse des Haars dagegen schreitet während mehrerer Tage fast gleichmäßig fort.

5. Bei Gegenwart von Sulfid ist die durch ein Wachsen des p_H-Wertes der Lösung bedingte Zunahme der Hydrolyse sehr viel größer als bei Abwesenheit von Sulfid.

Aus diesen Tatsachen muß folgendes geschlossen werden:

1. Es tritt eine Reaktion zwischen Keratin und SH-Ion ein.

2. Diese Reaktion verändert die Struktur des Protein derart, daß es durch OH-Ionen sehr viel leichter angegriffen wird.

Stiasny (35) hatte schon lange vorher gezeigt, daß die haarlockernde Wirkung einer Lösung sowohl von der Sulfid- wie auch von der Hydroxydkonzentration abhängig ist. Er fand, daß man die besten Resultate bei Gegenwart äquivalenter Mengen SH- und OH-Ionen erhält und daß ein Ansteigen der SH-Ionen über dieses Verhältnis hemmend auf die Haarlockerung wirkt. Diese Feststellung ist für einen geringen Sulfidkonzentrationsbereich richtig, wie aus einer der Kurven von Abb. 137 erhellt. Die Wirkung ist aber auf die Verringerung des p_H-Wertes zurückzuführen. Wird die Hydroxylionenkonzentration konstant gehalten, so bewirkt ein Ansteigen der Sulfidkonzentration eine stärkere hydrolytische Wirkung auf das Haar, ganz gleichgültig, wie auch das Verhältnis OH : SH sei.

Merrill stellte nun folgende Hypothese auf: Die Wirkung alkalischer Sulfidlösungen auf Haar verläuft in zwei Stufen; zunächst reagiert das Keratin ziemlich schnell mit dem Sulfid und das so veränderte Keratin wird dann durch das Hydroxyd hydrolysiert. Auf Grund dieser Hypothese konnte er eine Voraussage machen, die durch das Experiment bestätigt werden konnte. War die Hypothese richtig, so mußte nach dem Eintritt der Reaktion zwischen Keratin und Sulfid die Hydrolyse in einer sulfidfreien Lösung ebenso verlaufen wie in der Lösung, in der die Reaktion zwischen Keratin und Sulfid eingetreten war.

Diese Voraussage wurde durch folgenden Versuch bestätigt: Zwei Proben Haar wurden mit der gleichen Lösung von $Ca(OH)_2$ und $Ca(SH)_2$ behandelt, und zwar die eine Probe A 24 Stunden lang, bei der anderen Probe B dagegen wurden nach einer Stunde vier Fünftel der Sulfidlösung durch gesättigtes Kalkwasser ersetzt und die Probe dann ebenfalls weitere 23 Stunden stehen lassen. In der der Probe B entnommenen Sulfidlösung wie in den Restbrühen beider Proben wurde Stickstoff- und Sulfidgehalt bestimmt. Eine dritte Haarprobe C schließlich wurde mit einer Kalksulfidlösung behandelt, die die gleiche Sulfidkonzentration besaß wie die Restbrühe der Probe B.

Es wurde nun der zwischen dem Ende der ersten und dem Ende von 24 Stunden in Lösung gegangene Stickstoff errechnet. Die Resultate sind aus Tabelle 22 zu ersehen.

Die Resultate dieses Versuchs stimmen im allgemeinen mit der Theorie überein. Der zwischen der 1. und 24. Stunde in Lösung gehende Stickstoffanteil ist bei der Probe B, bei welcher der Hauptteil der Sulfidlösung nach einer Stunde entfernt wurde, fast ebenso groß wie bei der Probe B, bei der während der ganzen Einwirkungszeit die ganze Sulfidmenge auf das Haar einwirken konnte. Andererseits ist die bei der Probe B in Lösung gegangene Stickstoffmenge 6mal so groß wie bei

Tabelle 22. Der Einfluß der Sulfidkonzentration auf die Hydrolyse von Haaren nach einer vorangehenden Einwirkung durch Sulfide. (Lösung: $Ca(OH)_2 + Ca(SH)_2$; Temperatur: 25^0 C).

Probe	Mole (SH) im Liter			Gelöste Stickstoffmenge in g		
	vorher	nach 1 Std.	24 Std.	1 Std.	1. bis 24. Std.	24 Std.
A	0,119	0,098	0,098	0,0131	0,0971	0,1102
B	0,119	0,098	0,019	0,0131	0,0801	0,0932
		0,019 [1]				
C	0,026	0,018	0,018	0,0084	0,0013	0,0097

der Probe C, die mit einer Lösung der gleichen Sulfidkonzentration behandelt worden war wie B, aber keine Vorbehandlung mit stärkerer Sulfidlösung erhalten hatte.

Eine Reihe von Veröffentlichungen beschäftigte sich in jüngerer Zeit mit der Natur der zwischen dem Sulfid und dem Keratinmolekül sich abspielenden Reaktion. Kaye und Marriott (16) beobachteten, daß Haar, das durch die Wirkung von Alkali seinen Schwefel verloren hatte, sich nicht mehr mit Sulfid verband und schlossen daraus, daß der Sulfidangriff an der Cystingruppe des Keratinmoleküls erfolge.

Bergmann und Stather (5) fanden, daß mit Schwefelnatrium zerstörtes Haar oder Wolle bei der nachfolgenden sauren Hydrolyse sehr viel weniger Cystin ergab als ungeschädigtes Haar oder Wolle und machen ausgesprochen proteolytische Vorgänge für die Zerstörung der Keratins verantwortlich, die mit einer reduktiven Spaltung der Cystin-disulfidbindung verbunden sein könnten. In späteren Arbeiten von Bergmann und Stather (6) wird darauf hingewiesen, daß man bei der Veränderung der Keratine durch Schwefelalkalien zwei prinzipiell verschiedene Prozesse unterscheiden kann; der eine beruht in einer Auflösung oder Veränderung spezifischer Bindungen des Keratinproteinkomplexes und berührt also die Verknüpfungsart der einzelnen Aminosäurebausteine innerhalb des Proteins, während der andere Prozeß diese Bausteine selber angreift, speziell das schwefelhaltige Cystin. Cystein, Di-alanyl-cystin und Di-leucyl-cystin werden durch Alkali nur langsam angegriffen. Die Anhydride Di-alanyl-cystin-dianhydrid und Di-leucyl-cystin-dianhydrid werden durch Alkali sehr viel rascher und leichter angegriffen. Der Schwefel wird als Schwefelwasserstoff abgespalten und bildet Sulfide und Polysulfide, der Rest des Moleküls besteht aus Piperazinderivaten.

Stather (34) legte dar, daß die Verbindung Di-alanyl-cystin-dianhydrid

$$CO{-}NH{-}CH{-}CH_2{-}S{-}S{-}CH_2{-}CH{-}NH{-}CO$$
$$CH_3{-}CH{-}NH{-}CO \qquad\qquad CO{-}NH{-}CH{-}CH_3$$

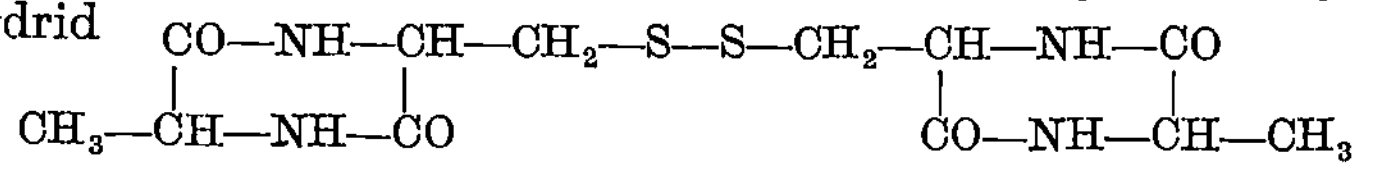

durch verdünntes Alkali sehr leicht an der $-S-S$-Brücke gespalten wird und sich dabei Sulfide, Polysulfide und 3-Methylen-6-methyl-2,5-dioxopiperazin bilden.

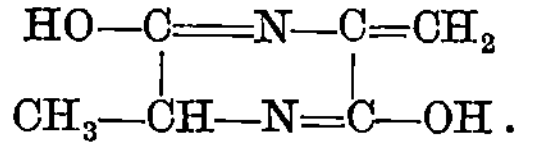

$$HO{-}C{=\!=}N{-}C{=}CH_2$$
$$CH_3{-}CH{-}N{=}C{-}OH \;.$$

---

[1] 120 ccm der Lösung wurden nach 1 Stunde durch $Ca(OH)_2$-Lösung ersetzt.

Ähnlich verläuft die Einwirkung von Alkali auf das entsprechende Di-leucyl-cystin-dianhydrid.

Atkin und Thompson (3) nehmen an, daß durch die Wirkung des Sulfids Cystin zu Cystin reduziert wird. Das Cystin wirke dann in der Weise als Sauerstoffträger, daß es abwechselnd durch den Luftsauerstoff oxydiert und durch den Rest des Moleküls reduziert werde, wobei dieser Molekülrest schließlich durch Oxydation zerstört wird. Die Annahme, daß die erste Einwirkung von Sulfiden auf Keratin in einer Reduktion des Cystins bestehe, wird durch die Arbeit Merrills (26) über Stannochlorid als Enthaarungsmittel, über die später berichtet werden soll, bestätigt.

Auch Marriott (22) nimmt an, daß Schwefelnatrium das Haar an der Disulfidbrücke des Cystins angreift. Einen Beweis für diese Annahme sieht er in der Tatsache, daß der Zusatz von reduzierenden Stoffen zu Hydroxydlösungen die haarlockernde Wirkung dieser vergrößere und daß die Vergrößerung am stärksten ist bei solchen Stoffen, die die Disulfidbrücke des Cystins im Haar zur Sulfhydrylgruppe zu reduzieren vermögen. So erhöhen Sulfide und Cyanide die Enthaarungskraft von alkalischen Lösungen, oxydierende Mittel hemmen sie entsprechend. In der Lösung vorhandener gelöster Sauerstoff hemmt die Enthaarung, sauerstoffabsorbierende Mittel befördern sie.

g) Die Wirkung von Ammoniak auf Kollagen.

Benutzte Äscherbrühen enthalten Ammoniak, das von der Zersetzung von Proteinsubstanz herrührt. Es besteht nun die weitverbreitete Annahme, daß Ammoniak Kollagen leicht hydrolysiere, so daß seine Gegenwart in den Äscherbrühen zu beträchtlichen Verlusten an Hautsubstanz führen könne, vor allem, wenn es in größeren Mengen vorhanden ist. Erst kürzlich konnte durch Merrill (25) gezeigt werden, daß diese Annahme falsch ist. Er konnte feststellen, daß gesättigtes Kalkwasser, das Ammoniak enthält, keine stärker hydrolysierende Wirkung auf Kollagen ausübt, als Kalkwasser ohne einen Gehalt an Ammoniak. Die Methode, die Merrill zur Feststellung dieser Tatsache anwandte, war im Prinzip die gleiche, wie er sie bereits zur Untersuchung der Hydrolyse von Haut und Haar benutzte. Er verwandte für seine Versuche gereinigte, in Würfel von etwa 2 qmm zerschnittene Kalbshaut und Standardhautpulver, das zuvor von Fett und wasserlöslichen Substanzen befreit worden war. Proben von je 2 g Kalbshaut oder Hautpulver wurden in verschlossenen Flaschen mit 200 ccm der ammoniakhaltigen Lösung behandelt. Um einer Bakterientätigkeit vorzubeugen, wurde etwas Toluol zugegeben. Die Flaschen wurden bestimmte Zeit bei bestimmter Temperatur aufbewahrt, dann die Haut oder das Hautpulver abfiltriert und zur Entfernung der ammoniakalischen Lösung sorgfältig gewaschen. Es wurde dann das ungelöst gebliebene Kollagen durch Kjeldahl-Stickstoffbestimmung im gesamten unlöslichen Rückstand ermittelt und das in Lösung gegangene Kollagen aus der Differenz festgestellt. In gleicher Weise wurden Kontrollversuche mit Lösungen ohne Ammoniak durchgeführt.

In Abb. 140 sind die Resultate dreier Versuchsserien wiedergegeben. Bei jeder dieser Serien wurde als einziges die Konzentration des Ammoniaks verändert.

Die erste Versuchsreihe wurde mit Wasser und Ammoniak bis zur molaren Konzentration durchgeführt. Die Prozentzahl des aus der Kalbshaut in Lösung gegangenen Kollagens wird, wie zu erwarten, mit zunehmender Ammoniakkonzentration größer. Das ist nicht weiter verwunderlich, da bei Ammoniak als schwacher Base mit der Konzentration der p_H-Wert der Lösung ansteigt. Moeller (28) stellte ähnliches für Hautpulver fest. In der zweiten und dritten Versuchsreihe, bei der entsprechend Ammoniak zu gesättigtem Kalkwasser bzw. einer 0,05-normalen Natriumhydroxydlösung zugefügt worden war, hatte die Konzentration an Ammoniak keinen Einfluß auf die Menge hydrolysierten Kollagens, vermutlich, weil sie ohne merklichen Einfluß auf den p_H-Wert der Lösungen blieb. Diese Tatsache zeigt deutlich, daß Ammoniak keine spezifische Wirkung auf Kollagen ausübt. Dasselbe Resultat wurde auch mit Hautpulver erzielt; es wird noch sehr viel leichter hydrolysiert als die Würfel von Kalbshaut.

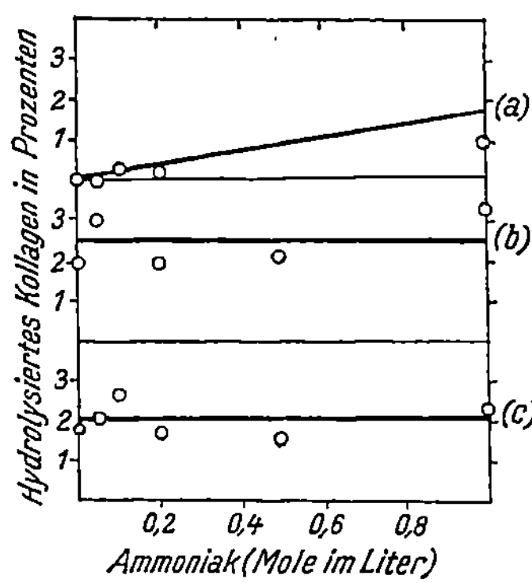

Abb. 140. Die Wirkung von Ammoniak auf Kalbshaut.
(Einwirkungsdauer: 3 Tage. Temperatur: 25° C.)
a) Ammoniak in destilliertem Wasser. b) Ammoniak in gesättigter Calciumhydroxydlösung. c) Ammoniak in 0,05 n Natriumhydroxydlösung.

Da man es immerhin für möglich halten könnte, daß geringe Ammoniakmengen in Kalkwasser bei längerer Einwirkung auf Kollagen eine hydrolysierende Wirkung ausüben könnten, wurde eine weitere Versuchsserie angesetzt, bei der alle Lösungen 0,1 Mol Ammoniak enthielten und nur die Einwirkungszeit variiert wurde. Eine entsprechende Versuchsserie wurde mit Kalkwasser ohne Ammoniakgehalt durchgeführt. Die beiden Versuchsserien ergaben, wie aus Abb. 141 zu ersehen, für alle Einwirkungszeiten die gleichen Resultate. Es geht aus der Kurve deutlich hervor, daß ein Ammoniakgehalt des Kalkwassers auch bei einer Einwirkungszeit bis zu 6 Tagen ohne Einfluß auf die Hydrolyse des Kollagens ist.

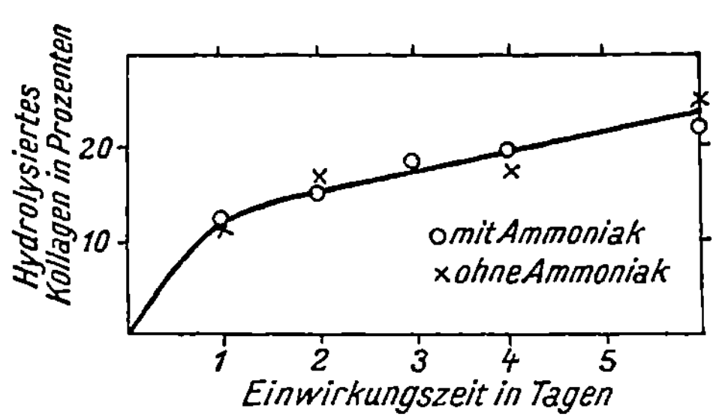

Abb. 141. Der Einfluß der Zeit auf die Wirkung von Ammoniak (in gesättigter Calciumhydroxydlösung) auf Hautpulver.
Temperatur: 25° C.

Es blieb nun noch die Möglichkeit, daß Ammoniak oder das Ammoniumion bei p_H-Werten, die geringer sind als die bisher benutzten, eine spezifische hydrolysierende Wirkung auf Kollagen ausüben. Diese

Möglichkeit ist auch wichtig für eine eventuelle Schädigung der Haut durch Ammoniak während des Beizprozesses. Es wurden darum zwei verschiedene Versuchsserien innerhalb des p_H-Bereiches 7 bis 12 durchgeführt, und zwar enthielten die Lösungen der einen Reihe in allen Fällen Ammoniak, während die der anderen als Kontrolle ohne Ammoniakzusatz blieben. Die Versuche wurden bei 25 und 35° C durchgeführt. Die letztere Temperatur liegt zwar etwas über der gewöhnlich beim Beizen benutzten. Die in Abb. 142 wiedergegebenen Resultate zeigen, daß bei keinem der untersuchten p_H-Werte Ammoniak eine merkliche Wirkung auf die Haut ausübt.

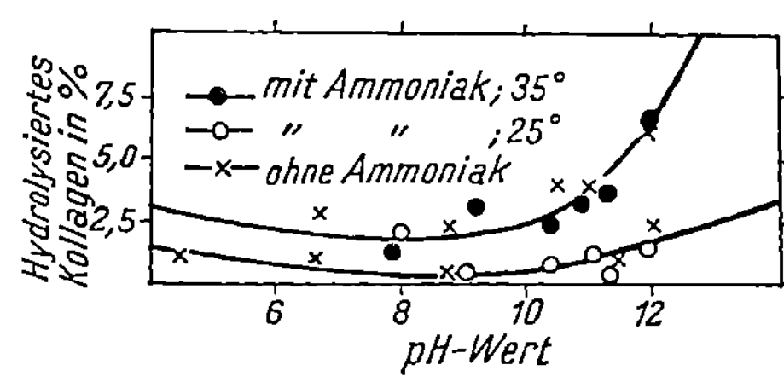

Abb. 142. Die Wirkung von Ammoniak (in Pufferlösungen) auf Kalbshaut bei verschiedenen p_H-Werten. Einwirkungszeit: 1 Tag.

Zum drastischen Beweis des vorhin gezogenen Schlusses, daß Ammoniak ohne merkliche Einwirkung auf Kalbshaut ist, wurden Streifen frischer Kalbshaut in 0,5-normale, 8-normale und konzentrierte Ammoniaklösungen eingelegt und 6 Wochen darin belassen. Nach Entfernung des Ammoniaks waren die Hautstreifen zwar stark geschwollen, aber sonst außer dem Haarverlust vollständig unverändert. Die Hautstücke wurden mit Kochsalz und Säure gepickelt und vegetabilisch ausgegerbt. Sie ergaben ein gutes Leder, das keinerlei lockeren Narben zeigte, voll war und gute Reißfestigkeit besaß. Soweit man dies an so kleinen Stücken feststellen kann, hatte die Haut selbst bei sechswöchentlicher Behandlung mit konzentrierter Ammoniaklösung keinerlei Schaden erlitten.

Man kann aus diesen Versuchen mit Sicherheit schließen, daß Ammoniak keine merkliche hydrolytische Wirkung auf die Kollagenfasern, die den Hauptteil der tierischen Haut ausmachen, ausübt und nicht für die großen Hautsubstanzverluste und das schlechte Lederrendement verantwortlich gemacht werden kann, für das man es gelegentlich verantwortlich macht. Man muß, wenn solche Hautsubstanzverluste eintreten, nach einer anderen Erklärungsursache suchen.

h) Ammoniak als Enthaarungsmittel.

Ammoniak ist in wässeriger Lösung ein wirksames Enthaarungsmittel. Seine Wirksamkeit in Kalkäschern ist von verschiedenen Bedingungen abhängig, wie kürzlich durch Merrill (25) gezeigt wurde. Wird eine Haut in eine 2-normale Ammoniaklösung eingelegt, so läßt sich das Haar schon nach wenigen Stunden entfernen, doch zeigt die enthaarte Haut eine geringe Schwellung. Die Schwierigkeit, mit stärkeren Ammoniaklösungen zu arbeiten, macht jedoch eine solche Enthaarungsmethode unpraktisch. Alte Kalkäscher enthalten beträchtliche Mengen an Ammoniak, und diese spielen unter gewissen Bedingungen bei der Haarlockerung eine gewisse Rolle.

Die einzige ältere kritische Arbeit auf diesem Gebiet stammt von Stiasny (35). Er gelangte zu folgenden Schlußfolgerungen:

1. Ammoniak besitzt eine spezifische haarlockernde Wirkung; eine solche ist bereits bei p_H-Werten von etwa 11 festzustellen, wo die enthaarende Wirkung des Hydroxylions kaum in Betracht kommt.

2. Die haarlockernde Wirkung des Ammoniaks wird durch zweiwertige Kationen gehemmt. Werden zu gesättigten Kalkwasserlösungen Ammoniumsalze zugefügt, so wird dadurch die enthaarende Wirkung des Kalks nicht erhöht. Werden Calciumsalze oder Salze des Bariums oder Zinks zu Ammoniaklösungen hinzugefügt, so geht ihre haarlockernde Wirkung verloren. Stiasny folgert daraus, daß die Gegenwart von Ammoniak in alten Äschern ohne Einfluß auf die haarlockernde Wirkung dieser Äscher sei. Als Erklärung für die Hemmung der enthaarenden Wirkung des Ammoniaks durch Calcium führt Stiasny die Bildung von Komplexionen etwa vom Typus $Ca(NH_3)_8$ an, wie sie Ammoniak ja bekanntlich mit zweiwertigen Kationen bildet.

Ist diese Erklärung richtig, so kann eine bestimmte Menge von Calciumionen nur eine begrenzte Menge Ammoniak inaktivieren, und wenn dieses Verhältnis Ammoniak : Calcium überschritten wird, muß der Überschuß an Ammoniak ungeachtet der Gegenwart des Kalks haarlockernde Wirkung zeigen. Merrills Versuche wurden so angesetzt, daß dieser kritische Punkt erreicht wurde. Es wurden eine Reihe Lösungen von je 1 g Kalk in 200 ccm Wasser angesetzt, die steigende Mengen von Ammoniak enthielten. Eine Parallelserie enthielt die gleichen Mengen Ammoniak aber keinen Kalk. Es wurden nun Streifen frischer Kalbshaut von 2,5 × 10 cm Größe in diese Lösungen eingelegt und alle Stunden die Haarlockerung nachgeprüft. Die Haarlockerung wurde als genügend betrachtet, wenn sich das Haar unter dem Druck eines stumpfen Messerrückens leicht entfernen ließ.

Die Resultate dieser Versuche sind in Abb. 143 wiedergegeben. Die für eine genügende Haarlockerung erforderliche Zeit ist als Funktion der Ammoniakkonzentration ausgewertet. Bei Abwesenheit von Kalk tritt auch in sehr verdünnten Ammoniaklösungen sehr rasch Haarlässigkeit ein. Steigt die Konzentration über einen gewissen Punkt, so ist zum Erhalt einer Haarlockerung sehr viel mehr Zeit nötig. Bei Gegenwart von Kalk zeigt Ammoniak bis zu einer Konzentration von etwa 5- bis 6-normal keinerlei haarlockernde Wirkung. Oberhalb dieser Konzentration tritt sehr rasch Haarlockerung ein, in ganz ähnlicher Weise wie mit Ammoniak allein bei niedrigen Konzentrationen.

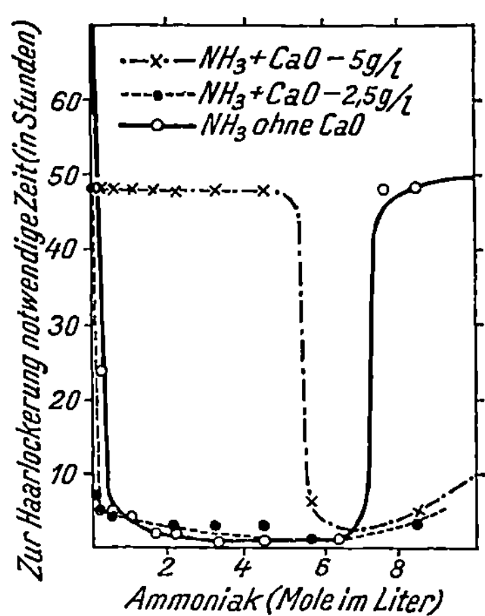

Abb. 143. Der Einfluß der Konzentration auf die haarlockernde Wirkung von Kalk und Ammoniak.

Die so auf anderem Wege erhaltenen Resultate stehen in Übereinstimmung mit der Hypothese, daß die Hemmung der enthaarenden Wirkung des Ammoniaks durch Kalk auf die Bildung von Komplexionen zurückzuführen sei. Die weitere Untersuchung dieser Theorie ergab aber die überraschende Tatsache, daß, wenn wirklich der Kalk durch eine Verbindung mit dem Ammoniak dieses daran hindert, auf die Haut einzuwirken, die Formel des gebildeten Komplexiones etwa $Ca(NH_3)_{50}$ sein muß, denn in den eben beschriebenen Versuchen vermochte 1 g, also etwa 0,02 Mol Kalk die haarlockernde Wirkung von 200 ccm 5-normalem Ammoniak, also etwa 1 Mol, zu hemmen.

Auf Grund der Komplexbildung müßten verschiedene Kalkmengen entsprechende Mengen Ammoniak in seiner haarlockernden Wirkung hemmen. Um zu sehen, ob dies tatsächlich der Fall ist, wurden die Versuche mit der Hälfte der ursprünglichen Kalkmenge (0,5 g in 200 ccm) und den gleichen Ammoniakkonzentrationen wiederholt. Die Resultate dieser Versuche sind in Abb. 143 wiedergegeben. Bei dieser niedrigeren Konzentration übt der Kalk keine enthaarungshemmende Wirkung aus. Bei einigen Ammoniakkonzentrationen scheint der Kalk tatsächlich sogar die enthaarende Wirkung zu fördern.

Diese letzteren Versuche ließen es recht zweifelhaft erscheinen, daß nur das Calciumion etwas mit der Inaktivierung des Ammoniaks zu tun habe. Um Klarheit auch über diesen Punkt zu bekommen, wurde der Einfluß eines neutralen Calciumsalzes (Calciumchlorid) auf die haarlockernde Wirkung des Ammoniaks untersucht. Es wurde eine Reihe 2-normaler Ammoniaklösungen mit steigendem Gehalt an Calciumchlorid bis zu 2-normal angesetzt. Soweit festgestellt werden konnte, ließen sich innerhalb der gleichen Zeit alle Hautstücke gleich leicht enthaaren. Daraus geht klar hervor, daß neutrale Calciumsalze die enthaarende Wirkung des Ammoniaks nicht hemmen.

War so bewiesen, daß das Calciumion nicht allein für die hemmende Wirkung des Kalks auf die Haarlockerungskraft des Ammoniaks verantwortlich gemacht werden kann, so war weiter noch die Wirkung der Hydroxylionenkonzentration zu untersuchen. Zur Bestimmung des Einflusses des Hydroxylions auf die enthaarende Wirkung von Ammoniak wurden Streifen von Kalbshaut mit Ammoniaklösungen, die steigende Mengen von Bariumhydroxyd enthielten, behandelt. Bariumhydroxyd an Stelle von Calciumhydroxyd wurde gewählt wegen der größeren Löslichkeit des ersteren. Eine ähnliche Versuchsserie wurde mit Ammoniak und Natriumhydroxyd und auch Kontrollversuche mit Baryumhydroxyd und Natriumhydroxyd ohne Ammoniak durchgeführt. Die zur Enthaarung eines jeden Hautstreifens notwendige Zeit wurde wie zuvor ermittelt und der p_H-Wert jeder Lösung elektrometrisch gemessen.

Die mit Ammoniak und Bariumhydoxyd erhaltenen Resultate sind in Abb. 144 wiedergegeben. Mit ansteigender Konzentration des Bariumhydroxyds und entsprechendem Ansteigen des p_H-Werts der Lösung nimmt die enthaarende Wirkung bis zu einer Alkalität von p_H 12 zu, stärkeres Ansteigen des p_H-Wertes bedingt eine starke Verringerung der Haarlockerung. Hierdurch findet der verschiedenartige Verlauf der Kurven in Abb. 143 bei den beiden verschiedenen Kalkkonzentrationen seine Erklärung, da mit der geringeren Kalkmenge keine Sättigung der Lösung an Kalk erreicht worden war und demgemäß der p_H-Wert der Lösung wahrscheinlich unter 12 lag.

Mit Natriumhydroxyd konnte ebenfalls ein Minimum der zur vollständigen Haarlockerung nötigen Zeit festgestellt werden, doch war die Verringerung der Wirkung bei p_H-Werten über 12 bedeutend weniger ausgeprägt.

Die Verminderung der haarlockernden Wirkung des Ammoniaks bei Ansteigen des p_H-Wertes über 12 scheint mit der Schwellung der Haut zusammenzuhängen. Man versucht, dies auf folgende Weise zu erklären. Die Wurzel des Haares im Haarbalg hat einen größeren Durchmesser als der Haarschaft. Ammoniak wirkt auf die weichen Epithelzellen, die den Haarbalg umschließen und trennt auf diese Weise das Haar von dem umgebenden Balg, so daß es leicht entfernt werden kann, wenn sich die Haut in nicht geschwollenem Zustand befindet. Ist die Haut aber geschwollen, so zieht sich die Öffnung des Haarbalgs zusammen und das Haar wird durch seine dickere Wurzel fest in der

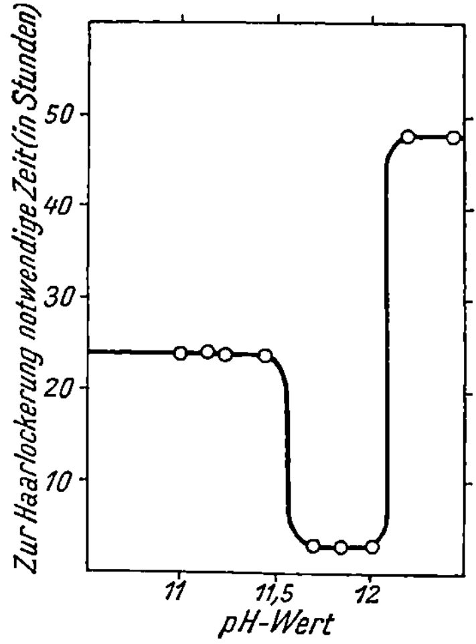

Abb. 144. Der Einfluß des p_H-Werts auf die haarlockernde Wirkung von Ammoniak in Bariumhydroxydlösung.

Haut zurückgehalten. In vielen Fällen wurde festgestellt, daß sich das Haar nach einer kurzen Ammoniakeinwirkung leicht entfernen ließ, bei längerer Einwirkung aber wieder „festwuchs". Nach Eintritt einer Schwellung kann eine Haarlässigkeit nur bei kräftiger Einwirkung auf die Haarzwiebel oder die sie unmittelbar umgebenden Zellen eintreten, die Äscherlösung muß also zum Erhalt einer genügend leichten Haarlässigkeit längere Zeit auf die Haut einwirken.

i) Methylamin als Enthaarungsmittel.

Unter den Proteinabbauprodukten alter Äscher findet sich auch Methylamin, CH_3NH_2, und andere Amine von höherem Molekulargewicht. Vor kurzer Zeit entdeckten McLaughlin, Highberger und Moore (16), daß primäre Alkylamine bei Zusatz zu Kalkäschern die zum Erhalt ausreichender Haarlockerung nötige Zeit beträchtlich verringern, während sekundäre oder tertiäre Amine wenig oder gar keine Wirkung besitzen. Da alte Äscherbrühen Amine enthalten, schlossen sie, daß die größere haarlockernde Wirkung alter Äscherbrühen im Vergleich zu frischen Äschern auf die Gegenwart primärer Amine zurückzuführen sei. Als meist versprechendes Amin konnte bei den Versuchen das Methylamin ermittelt werden, das sich als ein ausnehmend wirksames Enthaarungsmittel erwies.

Merrill und Fleming kontrollierten in den Laboratorien des Verfassers die Resultate McLaughlins, Highbergers und Moores und fanden, daß Methylamin als Enthaarungsmittel sehr viel wirksamer ist als Ammoniak. Eine reine 0,01 molare Methylaminlösung vermochte bei 27° C in 18 Stunden Kalbshaut vollständig haarlässig zu machen, eine 0,1 molare Lösung in nur einer Stunde und eine 0,5 molare Lösung in 30 Minuten. Um den gleichen Effekt mit Ammoniak in 18 Stunden zu erzielen, ist eine 0,15 molare Lösung notwendig, zum Erhalt des gleichen Ergebnisses in einer Stunde eine 0,5 molare Lösung. Methylamin scheint also als Enthaarungsmittel 15- bis 50-fach wirksamer als Ammoniak. Eine 0,15 molare Ammoniaklösung hat einen p_H-Wert von 11,2; eine 0,01 molare Methylaminlösung einen solchen von 10,6, eine 0,1 molare Lösung von 11,6, eine 0,5 molare Lösung von 12,1. Die Verschiedenheit der Wirkung von Ammoniak und Methylamin ist aber nicht auf den p_H-Wert zurückzuführen. In gesättigtem Kalkwasser ist ein deutlicher Anstieg der enthaarenden Wirkung bei Zusatz von nur 0,001 Mol per Liter Methylamin festzustellen, während zur Erzielung einer ähnlichen Wirkung von Ammoniak ca. 5 Mole zugesetzt werden müssen.

In einer neueren Arbeit untersuchten McLaughlin, Highberger und Moore (20) die Entstehung, das Vorkommen und die Wirkungsweise von Aminen in der Gerberei. Die Amine werden aus den Proteinen der Haut vor oder während der Konservierung dieser durch die Wirkung proteolytischer Bakterien gebildet. Beim Weichen geht der Amingehalt der Haut wie des Weichwassers mit der Bakterienaktivität parallel, er wird durch höhere Temperatur stark erhöht. Gebrauchte Kalkäscher enthalten ausnahmslos geringe Mengen von Amin. Auch das in ihnen enthaltene Putrescin und Cadaverin wirkt haarlockerungsbeschleunigend. Bei Zusatz von primären Aminen zu Kalkäschern nimmt mit steigender Aminkonzentration die zur Haarlockerung nötige Zeit ab. Wird Haut in eine Kalk-Aminlösung eingelegt, so stellt sich in 24 Stunden ein Gleichgewicht zwischen Amin, Haut und Kalklösung ein. Rindshaut enthält bei diesem Gleichgewicht, unabhängig von der ursprünglichen Aminkonzentration, 20% des Amins, während 80% in der Kalklösung festzustellen sind. Aus einer Kalk-Aminlösung wird der Kalk von der Haut rascher aufgenommen als aus einer reinen Kalklösung.

Wenn es gelingt den Preis für Methylamin genügend herabzusetzen, wird Methylamin sicherlich als Enthaarungsmittel auf den Markt erscheinen. Methylamin scheint kräftiger auf die Epidermis und weniger stark auf die Hautsubstanz einzuwirken als die Sulfide. Dies geht wenigstens zum Teil aus Mikrophotographien McLaughlins und O'Flahertys (17) hervor, die die Veränderungen der Haut bei der Behandlung mit Kalkwasser allein im Vergleich mit der Behandlung mit Kalkwasser, das mit Sulfid oder Methylamin angeschärft war, untersuchten.

Unabhängig von den amerikanischen Arbeiten über das Enthaaren mit Methylamin haben Bergmann, Immendörfer und Immendörfer (7, 8) festgestellt, daß sich organische stickstoffhaltige Verbindungen, wie z. B. Pyridin, Harnstoff usw. mit Vorteil evtl. in Kombination mit andern Äschermitteln zum Enthaaren verwenden lassen.

k) Die Wirkung von Bakterien und Enzymen beim Äschern.

Werden zur Enthaarung reine Kalkäscher benutzt, d. h. Kalkäscher ohne Zusatz von Sulfid oder anderen die Keratinhydrolyse befördernden Stoffen, so findet man, daß alte, bereits öfters benutzte Äscherbrühen, rascher eine Haarlockerung herbeiführen und die Haut weniger anschwellen als reines, gesättigtes Kalkwasser. Nach dem Durchgang einer jeden Häutepartie durch einen bereits benutzten Kalkäscher richtet man diesen alten Äscher für die nächste Partie lediglich durch Zugabe von Wasser zur Erhaltung des Volumens und etwas Kalk, um immer den notwendigen Überschuß in der Lösung zu haben, her. Solche Äscherbrühen reichern sich allmählich mit Hautzersetzungsprodukten, darunter auch Ammoniak und Aminen, mit Kalksalzen, mit Sulfiden, die aus der Zersetzung des Haares herrühren, und mit Bakterien und Enzymen an. Man nennt sie gewöhnlich „alte" oder auch „faule" Äscher.

Wood und Law (44) betrachten das Bakterienwachstum in Kalkäschern als einen der Hauptfaktoren der besonderen Wirksamkeit alter Äscher. Sie untersuchten einen alten Kalkäscher, der drei bis vier Wochen in Benutzung gewesen war, und erhielten eine Keimzahl von etwa 50 000 pro ccm. Die erhaltenen Bakterien entwickelten sich gut auf einer gewöhnlichen ammoniakhaltigen Nährgelatine. Die Autoren identifizierten aus den verschiedenen Bakterienarten Micrococcus flavus liquefaciens und Bacillus prodigiosus. Von beiden Arten ist bekannt, daß sie proteolytische Enzyme erzeugen. Bei der Untersuchung der beim Schwitzprozeß an den Haarschäften gefundenen Bakterien hatte man festgestellt, daß sie auch noch in einer 0,05-normalen alkalischen Lösung sich zu entwickeln vermochten. In dieser Hinsicht weisen jene Bakterien eine gewisse Ähnlichkeit mit den gewöhnlich in alten Kalkäschern vorgefundenen Bakterien auf, und Wood betrachtet es als höchst wahrscheinlich, daß die enthaarende Wirkung beim Schwitzen und in alten Kalkäschern den gleichen Bakterien zuzuschreiben ist, ohne daß es unbedingt notwendig wäre, daß sie alle einer einzigen Bakterienspezies angehören.

Auch Stiasny (35) vermutete, daß Bakterien eine wichtige Rolle in alten Kalkäschern spielen. Ein unbehandelter alter Kalkäscher bewirkte bei Kalbshaut in 24 Stunden Haarlockerung und in drei Tagen leichte Enthaarungsmöglichkeit, wurde aber der gleichen Äscherlösung etwas Chloroform zugesetzt, um eine Bakterientätigkeit auszuschließen, so war in drei Tagen keinerlei Haarlässigkeit und in sechs Tagen eine solche in nur geringem Ausmaße festzustellen. Ein Teil der unbehandelten Äscherbrühe wurde durch Erhitzen auf 60⁰ C und 4-stündiges Durchleiten von kohlensäurefreier Luft von Ammoniak befreit. Diese Lösung zeigte dann eine genau so große haarlockernde Wirkung wie zuvor, dagegen war die hydrolysierende Wirkung auf Hautsubstanz geringer. Stiasny schloß daraus, daß die bessere enthaarende Wirkung alter Äscherbrühen eher der Bakterientätigkeit als dem gewöhnlich in den Brühen vorhandenen Ammoniak zuzuschreiben sei.

Die Ansicht, daß Bakterien bei der Enthaarung eine besonders große Rolle spielen und daß für eine genügende Enthaarung in Kalkäschern Bakterien und ihre Enzyme notwendig seien, war früher schon verbreitet. Schlichte (32) dagegen fand, daß Haut, die zuvor nach dem Seymour-Jones-Verfahren mit Mercurichlorid und Ameisensäure behandelt worden war, nach zwei Wochen Behandlung mit gesättigtem Kalkwasser unter sterilen Bedingungen leicht enthaart werden konnte. Wood und Law (44) warfen die Frage auf, ob nicht Schlichtes Resultat durch die schwellende Wirkung der Sterilisationslösung beeinflußt sein könnte, doch zeigte Schlichte wiederholt, daß frische Haut in reinem bakterienfreiem Kalkwasser haarlässig gemacht werden kann. Ein Beispiel für diesen Befund findet sich auch in der früheren, in diesem Kapitel beschriebenen Arbeit von Wilson und Daub (40). Sie erhielten bei frischer Kalbshaut in gesättigtem Kalkwasser bei 20^0 C nach 5 Tagen leichte Haarlässigkeit, und die Kalkbrühe erwies sich als steril.

Collet (9) machte eine Reihe von Untersuchungen über den Bakteriengehalt von Kalkäschern und benutzte dazu Nährböden von p_H 7,4 und von 12,4, dem p_H-Wert der Kalklösung. Bei p_H 7,4 erhielt er Keimzahlen von 3000 oder weniger pro ccm, bei p_H 12,4 dagegen entwickelten sich keine Bakterienkolonien. Die Bakterien können sich also bei diesem p_H-Wert nicht entwickeln. Er zog daraus den Schluß, daß einige der Organismen wohl in einer Kalklösung lebensfähig bleiben, nicht aber sich darin vermehren können. Er fand kein Ansteigen der Keimzahlen des Kalkäschers, wenn dieser für längere Zeit benutzt wurde. Nach Einbringen einer Häutepartie hatte z. B. ein Kalkäscher eine Keimzahl von etwa 2500 pro ccm, und diese fiel allmählich bis zum Herausnehmen der Häute auf etwa ein Zehntel des ursprünglichen Wertes. Der Autor verglich auch die im Weichwasser gefundenen Keimzahlen mit denen der Äscherbrühe, in der die gleichen Häute enthaart wurden. Eine Partie von 350 Bauernkalbfellen ergab eine Keimzahl des ersten Weichwassers von 243000 pro ccm, des zweiten Weichwassrrs von 378000, des dritten von 784000, während die nachfolgende Äscherbrühe nur eine Keimzahl von 7 pro ccm besaß.

Collet (10) untersuchte auch die Wirkung von Kalkwasser auf verschiedenartige Enzyme. Die Enzyme wurden dem gesättigten Kalkwasser zugefügt, in bestimmten Intervallen Proben entnommen, diese auf einen p_H-Wert zwischen 7 und 8 gebracht und dann ihre enzymatische Wirksamkeit an geeigneten Substraten gemessen. In allen Fällen verlor das Enzym nach 15 Minuten Einwirken des Kalkwassers etwa 75% seiner Aktivität und nach 1 Stunde Einwirken die gesamte Aktivität.

Einen weiteren Beweis, daß Bakterien in Kalkäschern unter normalen Arbeitsbedingungen keine besondere Rolle spielen, lieferten McLaughlin, Rockwell und Blank (18). Sie konnten den Befund von Wilson und Daub (40), daß Häute in frischem Kalkwasser ohne Bakterienmitwirkung enthaart werden können, bestätigen. Sie zeigten außerdem, daß eine Bakterienwirkung auf die Haut vor dem Äschern einen großen Einfluß auf den Äscherprozeß besitzt. Eine Haut, die vor dem Äschern einer Bakterienwirkung ausgesetzt war, schwillt im Kalkäscher weniger, wird weniger prall und läßt sich aber sehr viel rascher enthaaren als eine Haut, die in vollständig frischem Zustand in den Äscher gelangt. Dies muß teilweise auf eine bakterielle Einwirkung auf die Hautfasern, durch die diese für eine alkalische Hydrolyse empfänglicher gemacht werden, und teilweise auf eine haarlockernde Wirkung der Produkte der Bakterientätigkeit zurückgeführt werden.

McLaughlin, Rockwell und Blank konnten weiter zeigen, daß Bakterien, die keine Sporen zu bilden vermögen, durch frisches Kalkwasser leicht abgetötet werden, daß aber sporenbildende Organismen auch bei Gegenwart eines Überschusses an ungelöstem Kalk nicht abgetötet werden, wenn auch ihre Aktivität gehemmt wird. Die antiseptische Wirkung des Kalkwassers ist nicht nur auf seine Alkalität zurückzuführen, sondern auch auf sein Vermögen, die für das Bakterienwachstum notwendige Kohlensäure zu binden. Offenbar wird diese antiseptische Wirkung durch die Temperatur beeinflußt. Hat die Bakterientätigkeit auf einer Haut vor dem Äschern einen besonders großen Umfang angenommen, so können natürlich Bakterien auch im Äscher eine gewisse Rolle spielen.

l) Vergleich frischer und alter Kalkäscher.

Die haarlockernde Wirkung eines frischen Kalkäschers beruht wahrscheinlich auf der direkten Wirkung des Alkalis, oder der kombinierten Wirkung des Sulfids und des Alkalis auf die Epithelzellen der Malpighischen Schicht der Epidermis und auf die jungen, die Haarbälge umgebenden Zellen; sie wird durch Bakterien, Enzyme oder Ammoniak wenig oder überhaupt nicht beeinflußt.

In einem alten, faulen Äscher werden die Verhältnisse durch verschiedene Faktoren komplizierter. Die Anhäufung von Calciumsalzen bedingt eine Verminderung der Lösung des Kalks. Beides, die Zunahme der Salzkonzentration und die Abnahme der Kalkkonzentration in der Lösung bedingen eine beträchtlich geringere Schwellung und Prallwerden der Haut. Der alte Äscher enthält auch beträchtliche Mengen Proteinabbauprodukte wie Ammoniak und Amine, die, wie oben beschrieben, von Einfluß auf die enthaarende Wirkung sind.

Man hat auch daran gedacht, der in alten Äschern sich anhäufende Schwefel könnte die haarlockernde Wirkung beeinflussen. McLaughlin, Highberger und Moore fanden, daß dieser Schwefel ohne großen Einfluß auf die enthaarende Wirkung des Äschers ist, dagegen ein direktes Maß für die Größe dieser enthaarenden Wirkung. Bei der Zerstörung

der Keratinsubstanzen der Epidermis durch Kalk wird Schwefel in
Freiheit gesetzt. Die Menge des in Freiheit gesetzten Schwefels ist,
wenn reines Kalkwasser zur Verwendung gelangt, ein direktes Maß
für die Menge des hydrolysierten Epidermisgewebes.

In extremen Fällen, wenn ein alter Kalkäscher sich sehr stark mit
Hautzersetzungsprodukten anreichert und der p_H-Wert infolge der
durch die Anreicherung von Calciumsalzen verringerten Löslichkeit
des Kalks beträchtlich fällt, kann sich eine Bakterientätigkeit entwickeln und zu beträchtlichen Hautschädigungen Anlaß geben.

Nach der Meinung des Verfassers ist es im allgemeinen wenig wünschenswert, sogenannte alte Äscher zu verwenden, weil die Kontrolle
ihrer Zusammensetzung schwierig ist. Es ist sicherlich vorzuziehen,
Kalkäscher, die eine sorgfältige Kontrolle der Konzentration, der
Temperatur, der Zeit, des Überschusses an ungelöstem Kalk usw.
ermöglichen, an Stelle der alten, faulen Äscher mit ihren wechselnden
Gehalten an Kalksalzen und Proteinabbauprodukten zu verwenden.
Welche Werte für die kontrollierten variablen Faktoren bei einem
frischen Kalkäscher am besten zur Anwendung gelangen, hängt ganz
ab von der Art des Hautmaterials, seiner Vorgeschichte und Konservierung, der Dauer und den Bedingungen der Weiche, der Art der
Prozesse, die dem Äschern folgen sollen, und den speziellen Eigenschaften, die für das fertige Leder gewünscht werden. Der eine Gerber
führt den Äscherprozeß von Kalbshäuten in einem oder zwei Tagen
durch, ein anderer äschert eine Woche; prüft man nach, so hat der erste
Gerber sein Hautmaterial vier Tage geweicht, der andere nur einen.
Der eine Sohlledergerber äschert seine Rindshäute zwei Tage in einer
einzigen frischen Äscherbrühe, während ein anderer seine Häute innerhalb einer Woche nacheinander durch fünf Äscherbrühen schickt;
der eine kontrolliert die Temperatur seiner Brühe aufs genaueste, der
andere überläßt sie getrost den atmosphärischen Einwirkungen.
McLaughlin und Theis (19) haben einige interessante Daten über
den Einfluß einer Veränderung der wichtigsten Faktoren beim Äschern
zusammengestellt. Diese sollten unbedingt zu Rate gezogen werden.

m) Enthaaren mit Sulfiden und anderen Alkalien.

Reine Lösungen von Natriumhydroxyd und Schwefelnatrium zerstören, wenn sie genügend konzentriert sind, rasch das Haar und die
Epidermis. Eine 2%ige Schwefelnatriumlösung zerstört innerhalb von
zwei Stunden bei 25° C die Haare und die Epidermis einer Kalbshaut,
ohne dabei die Kollagenfasern ernsthaft anzugreifen. Eine solche Behandlung wird mit Vorteil vor allem für schwere Häute angewandt,
zumal wenn diese zuvor getrocknet waren. Infolge der großen Schnelligkeit wurde das Verfahren besonders im Kriege zur Herstellung von
Armeeleder angewandt. Die Häute wurden im bewegten Haspel mit
einer Schwefelnatriumlösung behandelt und dann nach einigen Stunden,
um einen weiteren schädlichen Einfluß des Alkalis zu unterbinden,
in eine Lösung von Natriumbicarbonat oder Calciumchlorid über-

geführt. Nach dem Waschen waren sie zum Beizen und Gerben fertig. Die auf der Haut befindlichen Haare wurden in der Sulfidbrühe vollständig aufgelöst. Diese Wirkung trat so rasch ein, daß die Häute aus der Sulfidlösung herausgenommen werden mußten, ehe diese bis zu den Haarwurzeln vorgedrungen war. Die Haarwurzeln blieben infolgedessen bei diesem Verfahren unzerstört in der Haut zurück. Diese Tatsache kann man auch bei der mikroskopischen Untersuchung der Haut feststellen. Das fertige Leder erleidet jedoch hierdurch keinerlei Einbuße in seinen Eigenschaften.

Aus wirtschaftlichen Gründen kam man dazu, bei dieser Methode die Schwefelnatriumbrühen mehrere Male zu verwenden und die Konzentration durch Zubessern entsprechender Mengen Schwefelnatrium konstant zu halten. Die Brühen reicherten sich auf diese Weise sehr stark mit Proteinabbauprodukten an. Diese Abbauprodukte sind in alkalischer Lösung löslich, fallen aber in schwach saurer Lösung aus. Kadish und Kadish (13, 14) versuchten, diese Tatsache nutzbar zu verwerten und die in den Brühen vorhandenen Stickstoffmengen als Düngemittel zu verwenden. Die Abfallbrühen wurden in eine Mischgrube geleitet und dort Schwefelsäure, schweflige Säure oder andere Säuren zugefügt. Die ausgefallenen stickstoffhaltigen Substanzen wurden von der übrigen Lösung abgetrennt. Der entstehende Schwefelwasserstoff wurde wieder gewonnen und konnte von neuem Verwendung finden, so daß sich ein kontinuierlicher Betrieb ergab. Das so erhaltene Düngemittel besteht in der Hauptsache aus Keratose oder Abbauprodukten dieser. Die Keratose wird im 10. Kapitel noch näher besprochen werden. Ihr isoelektrischer Punkt liegt bei p_H 4,1, so daß eine Einstellung der Abfallbrühe auf diesen p_H-Wert die größte Ausbeute an Keratose ermöglicht.

Auch Bariumhydroxyd wurde schon zum Enthaaren verwandt. Es ist jedoch nicht nur sehr viel teurer als Kalk, sondern der Enthaarungsprozeß läßt sich auch infolge seiner größeren Löslichkeit sehr viel schwerer überwachen. Bei der Verwendung von Kalk fügt man der Lösung einfach einen Überschuß an Kalk zu. Bei Anwendung von Bariumhydroxyd erleiden aber die Häute bereits bei Konzentrationen über 0,02 molar Schaden, und die Zugabe eines Überschusses liefert Lösungen von mehr als doppelt so großer Stärke.

Bei der Verwendung von Natriumhydroxyd in Konzentrationen von 1 bis 4 normal zur Enthaarung scheinen die Häute beträchtlichen Schaden zu leiden. Eine Ausführungsform der Natriumhydroxydenthaarung besteht darin, die Häute eine Stunde oder länger mit einer 4-normalen Natriumhydroxydlösung zu behandeln. In dieser Zeit werden Haar und Epidermis vollständig aufgelöst. Die Häute werden dann in eine 10%ige Kochsalzlösung überführt, die genügend Schwefelsäure zur Neutralisation des mit den Häuten übertragenen Alkalis enthält, und weiter chromgar gemacht. Die Methode arbeitet zwar sehr rasch, doch besitzt das fertige Leder keineswegs die gleich gute Qualität wie bei der Enthaarung mit Kalk. Bei gleichen p_H-Werten scheinen die einwertigen Basen die Proteinsubstanz der Haut stärker anzugreifen als die zweiwertigen Basen, wenn dieser Effekt manchmal auch durch spezifische Ionenwirkung überdeckt wird. Wilson (38) sprach die Vermutung aus, daß diese geringere Zersetzung von Proteinsubstanz durch die zweiwertigen Basen auf die höhere Wertigkeit der Kationen zurückzuführen sei. Die Schwellung von Proteingallerten in alkalischer Lösung ist abhängig von dem Druck, den die Kationen des Proteinsalzes auf die unlöslichen, die Proteinsubstanz aufbauenden Anionen ausüben. Die Kationen bilden eine wahre Lösung und suchen aus der größeren Konzentration der Gallerte in die geringere der äußeren Lösung zu diffundieren. Sie können jedoch nicht sehr weitgehend von ihren unlöslichen Anionen getrennt werden und üben deshalb auf diese einen Druck aus, ebenfalls in Lösung zu gehen. Ist dieser Druck groß genug, so wird man ein Auseinanderfallen der die Gallertstruktur aufbauenden Einheiten erwarten müssen. Ein einwertiges Kation übt seinen ganzen Druck auf eine einzige solche Einheit aus, während sich dieser Druck bei einem zweiwertigen Kation auf zwei Einheiten verteilt. Demgemäß ist die zersetzende Wirkung bei letzterem auch nur halb so groß.

Bariumsulfid kann als Anschärfungsmittel für Kalkäscher verwandt werden und löst in stärkeren Konzentrationen das Haar auf. Es hat vor Schwefelnatrium den Vorteil, die Haut weniger anschwellen zu lassen und weniger prall zu machen. Mischungen von Natriumsulfid und Calciumchlorid entfernen von manchen Hautarten die Haare sehr leicht. Die geringe Löslichkeit des gebildeten Kalks besonders bei Gegenwart von Calciumsalzen, schützt die Häute vor übermäßigem Schwellen. Auch Mischungen von Calciumsulfhydrat und Kalk erwiesen sich zur Enthaarung genügend wirksam. Bei der Anwendung von Ammoniumsulfid werden die spezifischen Wirkungen von Sulfid und Ammoniak miteinander verknüpft, doch steht seiner praktischen Verwendung der unangenehme Geruch, vor allem in konzentrierten Lösungen hinderlich im Wege.

Schaffelle enthaart man häufig nach einem Verfahren, das man „Schwöden" nennt. Nicht selten findet es auch für Kalbfelle Verwendung. Man bestreicht die Fleischseite der Häute mit einem Brei aus Kalk und Schwefelnatrium oder Schwefelnatrium und Calciumchlorid. Auch Kalk und Arsensulfid wird als Schwödebrei verwandt. Die Häute werden dann Haarseite auf Haarseite liegen gelassen, bis das Schwefelnatrium durch die Haut bis zu den Haarwurzeln vorgedrungen ist. Sind diese zerstört, so kann die Wolle oder das Haar leicht heruntergeschabt oder abgebürstet werden. Gewöhnlich werden die Häute nach dem Schwöden auf dem Baum von Hand enthaart. Die Häute werden dann geäschert, gewaschen, gebeizt und gepickelt und verbleiben im gepickelten Zustand bis zur Gerbung.

n) Enthaaren mit Säuren.

Wood übersandte dem Verfasser im Jahre 1916 ein Stück Kalbshaut, das nach dem Seymour-Jones-Verfahren sterilisiert worden war. Wood hatte nach 8 Tagen eine Haarlockerung beobachtet und führte diese auf die Wirkung der Ameisensäure zurück. Thuau (37) und Nihoul (29) haben kürzlich gezeigt, daß man mit schwefliger Säure eine Haarlockerung erhalten kann, wenn man sie in Lösungen zur Anwendung bringt, die eine Schwellung der Haut verhindern, also zum Beispiel bei Gegenwart von Salz. Marriott (21) fand, daß gesalzene Häute nach Einlegen in eine 0,25%ige Essigsäurelösung nach 9 Tagen enthaart werden konnten.

In keinem Falle konnte mit Säuren eine so befriedigende Haarlockerung erhalten werden, wie man sie mit Alkalien erhält. Die Säure greift offenbar nur die tiefste Schicht der Zellen der Malpighischen Schicht an und läßt die ganze Epidermis intakt. Es erscheint daher sehr zweifelhaft, daß die Säuren die Alkalien beim Enthaaren je werden ersetzen können, zumal gezeigt werden konnte, daß die Säuren das Kollagen stärker angreifen als das Keratin.

o) Enthaaren mit Stannosalzen.

Die früher beschriebene Theorie über den Mechanismus der Sulfidwirkung auf Haar veranlaßte Merrill (26) anzunehmen, daß Reduktionsmittel, die in alkalischem Medium löslich sind, gute Enthaarungsmittel sein müßten. Er wählte als Beispiel das Stannochlorid und konnte, wie vorausgesagt, feststellen, daß es ein gutes Enthaarungsmittel ist. Er behandelte Proben geweichter Kalbshaut oder gereinigten Haars bei bestimmter Temperatur eine bestimmte Zeitlang mit alkalischer Stannochloridlösung und ermittelte den Grad der Haarlässigkeit und den Angriff des Haars.

Ein während 48 Stunden mit einer 1%igen Stannochloridlösung behandeltes Haar ließ keinerlei Angriff erkennen. Wurde aber das Haar zunächst 24 Stunden mit der Stannochloridlösung und dann 24 Stunden mit gesättigtem Kalkwasser behandelt, so wurde es vollständig zerstört. Ein zum Vergleich 48 Stunden nur mit Kalkwasser behandeltes Haar blieb ohne jegliche Schädigung. Dagegen wurden wiederum Haare, die 48 Stunden mit einer gesättigten Kalkwasserlösung, die 1% Stannochlorid enthielt, behandelt wurden, vollständig zerstört. Durch Behandeln von Stannochlorid mit Chlor bis zur völligen Oxydation hergestellte Stannichloridlösung war ohne jede Wirkung auf Haar.

Die haarlockernde Wirkung von Stannochlorid wurde untersucht an Streifen geweichter Kalbshaut, die 2 Tage bei 27,5° C mit Lösungen behandelt wurden, die einen Überschuß an Kalk und wechselnde Mengen von Stannochlorid enthielten. Als Minimalkonzentration für eine haarlockernde Wirkung wurde die von 0,05 g $SnCl_2$ im Liter ermittelt, vollständige Haarlockerung trat innerhalb zweier Tage ein bei einer Konzentration von 0,5 g im Liter. Bei Verwendung von 5 g im Liter wurde das Haar mit Ausnahme des Stücks des Haarschafts, der von der Haut bedeckt wird, vollständig zerstört. Stannochlorid besitzt also äquivalentmäßig eine nahezu ebenso große haarlockernde Kraft wie Schwefelnatrium.

Der Einfluß des p_H-Wertes der Lösung auf die haarlockernde Wirkung von Stannochlorid wurde durch Zufügen wechselnder Mengen Natronlauge zu einer 0,1%igen Stannochloridlösung und Prüfen der haarlockernden Wirkung dieser Lösungen an Kalbshaut ermittelt. Die reine Stannochloridlösung zeigte eine ziemlich stark saure Reaktion und griff die Haut an. Bei p_H-Werten unterhalb 11,4 wurde keinerlei Haarlockerung beobachtet. Bei p_H 11,8 war in zwei Tagen bei 27,5° C vollständige Haarlockerung eingetreten und das Haar selbst angegriffen. Die enthaarende Wirkung des Stannochlorids kommt also nur in alkalischer Lösung zur Geltung.

Diese Versuche zeigen deutlich die Richtigkeit der früher beschriebenen Theorie von Atkin und Thompson (3). Die Tatsache, daß Stannochlorid allein ohne sichtbare Einwirkung auf das Haar ist, es dagegen für einen Angriff durch Kalk empfindlicher macht, bildet eine Stütze der Theorie Merrills (24) über die Wirkungsweise der Sulfide bei der Haarlockerung. Eine praktische Verwendung von Stannochlorid als Enthaarungsmittel ist wegen des hohen Preises dieses Salzes ausgeschlossen. Außerdem besitzt es ja auch keine Vorzüge vor Schwefelnatrium oder Calciumsulfhydrat. Trotzdem bildet die Entdeckung seiner Wirkung auf Haar einen wertvollen Beitrag zur Theorie des Enthaarungsprozesses.

p) Enthaaren mit tryptischen Enzymen.

Im Jahre 1913 beschrieb Röhm (31) einen Prozeß zum Enthaaren und Beizen in einem Arbeitsgang unter Benützung alkalischer Lösungen von Pankreasenzymen. Seither werden die tryptischen Enzyme der Pankreas zu den Enthaarungsmitteln gezählt. Die Methode gelangt immer mehr zur Anwendung, seit man gelernt hat, die Wirkung der Enzyme dabei besser zu verstehen. 1920 teilte Hollander (12) mit, daß Röhms Methode eine Reihe von Vorzügen gegenüber dem alten Kalkäscher aufweise, zum wenigsten für eine gewisse Klasse von Häuten. Nach seinen Angaben werden die Häute zunächst einen Tag in einer verdünnten Natriumhydroxydlösung geweicht, dann in eine verdünnte Lösung von Natriumbicarbonat übergeführt und dieser Lösung die Enzyme zugesetzt, sobald die durch das Alkali bedingte Schwellung der Häute zurückgegangen ist. 24 Stunden später ist das Haar vollständig gelockert und kann leicht entfernt werden.

Wilson und Gallun (42) untersuchten diese Methode in ihrer Wirkung auf Kalbshaut. Sie stellten fest, daß Pankreasenzyme unter gewissen Bedingungen gute Enthaarungsmittel sind. Bei den von ihnen untersuchten Konzentrationen waren die Enzyme unter Tuluol bei 40° C wirksam. Bei 25° wurde nur bei Abwesenheit von Tuluol eine Haarlockerung erzielt; die Haarlockerung ist also hier als Folge einer Bakterientätigkeit anzusehen. Eine spätere Arbeit aus ihrem Laboratorium zeigte, daß die Enzyme auch bei 25° unter Toluol wirksam sind, wenn sie in genügender Menge angewandt werden.

Wegen der zunehmenden technischen Bedeutung dieser Methode und der Spärlichkeit der darüber vorhandenen Angaben scheint es wünschenswert, die Versuche von Wilson und Gallun etwas ausführlicher zu besprechen. Bei einem Vorversuch wurden Stücke sorgfältig gereinigter Kalbshaut zunächst einen Tag in eine 0,05-normale Natriumhydroxydlösung eingelegt, diese am folgenden Tag durch eine 0,1-normale Natriumbicarbonatlösung ersetzt und 5 Stunden später die Stücke in eine Lösung übertragen, die 18 ccm vormale Natronlauge, 2,8 g Mononatriumphosphat und 1 g U. S. P. Pankreatin im Liter enthielt. Der p_H-Wert der Lösung wurde bei 25⁰ zu 7,52 ermittelt, lag also sehr gut innerhalb des Bereichs der optimalen Aktivität dieses Enzyms. Es wurden zwei Versuchsreihen bei Zimmertemperatur von 25⁰ durchgeführt, und zwar blieben bei der einen Reihe die Lösungen wie in der Praxis mit der Luft in Berührung, während sie bei derandern zur Verhinderung einer Bakterientätigkeit mit einer Schicht Toluol bedeckt wurden. Nach 24stündiger Behandlung der Hautstü cke mit der Enzymlösung konnten die Stücke in den Lösungen mit Luftzutritt mit Leichtigkeit enthaart werden und zeigten einen sauberen, reinen Narben, während die Haare der Stücke in den Lösungen unter Toluol absolut fest blieben. Dies schien darauf hinzuweisen, daß die bei 25⁰ C erhaltene Haarlockerung nicht auf die Wirkung des Enzyms als vielmehr wahrscheinlich auf die von proteolytischen Bakterien bzw. von ihnen abgespaltener Enzyme zurückzuführen sei.

Da auf diese Weise nicht klargestellt werden konnte, welche Rolle das Pankreatin bei dieser Enthaarungsmethode spielt, setzten Wilson und Gallun ihre Versuche fort und richteten ihre Aufmerksamkeit vor allem auf die Wirkung des Pankreatins bei 40⁰ C, der Temperatur seiner maximalen Aktivität. Die Versuche wurden mit sorgfältig geweichten und gereinigten Kalbshautstücken von etwa 7×12 cm durchgeführt, und zwar bei 25⁰ und bei 40⁰ C. Die Wirkung der Enzymlösung auf die Haut wurde in jedem Falle mit einer Lösung gleicher Zusammensetzung wie jener, aber ohne Enyzmgehalt kontrolliert. Diese Lösung wurde hergestellt durch Verdünnen von 18 ccm normaler Natriumhydroxydlösung und 2,8 g Mononatriumphosphat auf ein Liter. Bei den Enzymlösungen wurde zu dieser Lösung je 1 g Enzym auf den Liter zugesetzt. Die p_H-Werte betrugen in jedem Falle etwa 7,6 und schwankten nicht mehr als plus oder minus 0,1. Enzymlösungen, Kontrollösungen und die zur Vorbehandlung der Haut benutzten Lösungen wurden zur Verhinderung einer Bakterientätigkeit mit einer Schicht Toluol bedeckt. Die Resultate wurden gelegentlich mit Hautstücken verschiedener Herkunft nachgeprüft.

Zuerst wurde die Wirkung von Pankreatin auf Haut, die zuvor nicht in einer Natriumhydroxydlösung oder einem andern Schwellungsmittel behandelt worden war, untersucht. Nach 24 Stunden Einwirkung war bei 25⁰ und 40⁰ C nur wenig Wirkung zu bemerken, nach 48 Stunden begannen bei 40⁰ C in der Enzymlösung die Kollagenfasern der Haut sich rasch zu lösen. Diese Wirkung schritt von der Fleischseite aus vorwärts, dagegen waren keine Anzeichen einer Haarlockerung zu ermitteln. Die Haut in der Kontrollösung ohne Enzym bei 40⁰ und ebenso in der Enzymlösung und der Kontrollösung bei 25⁰ war nur wenig angegriffen. Pankreatin übt also, wenn die Haut nicht zuvor mit Alkali oder Säure angeschwollen ist, auf die Kollagenfasern eine stärker lösende Wirkung aus als auf die Epidermis. Interessant ist bei der Zerstörung der Kollagenfasern der Einfluß der Zeit. Aus dem Fortschreiten der zerstörenden Wirkung des Enzyms auf die Kollagenfasern mit der Zeit scheint nämlich hervorzugehen, daß die Fasern mit einem Material umhüllt sind, das gegenüber tryptischen Enzymen eine größere Widerstandsfähigkeit besitzt als das Innere der Fasern. Möglicherweise steht diese vermutete Umhüllung in einem Zusammenhang mit dem von Seymour-Jones (33) erwähnten, sogenannten Faser-,,Sarcolemma".

Bei der nächsten Versuchsreihe wurden die Hautstücke 24 Stunden bei 25⁰ bzw. 40⁰ mit einer 0,05-normalen Natriumhydroxydlösung behandelt, diese Lösung dann durch eine 0,1-normale Natriumbicarbonatlösung entsprechender Temperatur ersetzt und nach weiteren 5 Stunden die Hautstücke in die Enzym- und Kontrollösungen übertragen, in denen sie 24 Stunden verblieben. Die haarlockernde Wirkung der Enzymlösung war bei 40⁰ C vollauf genügend. Bei dieser Temperatur wirkt also Pankreatin auf Haut, die zuvor in verdünnter Natronlauge angeschwollen ist, haarlockernd. In der Kontrollprobe war bei 40⁰ C eine leichte Haarlockerung zu konstatieren, die offenbar auf die Vorbehandlung mit Alkali zurückzuführen ist. Bei 25⁰ C dagegen konnte weder in der Enzymlösung noch der Kontrollösung irgendwelche Haarlässigkeit festgestellt werden.

Diese Versuchsreihe wurde nochmals in der gleichen Weise wiederholt, aber an Stelle des Alkalis eine 0,05-normale Salzsäurelösung zur Schwellung benutzt. Bei 25⁰ C konnte weder in der Enzymlösung noch der Kontrollösung eine sichtbare haarlockernde Wirkung festgestellt werden. In der Salzsäurelösung bei 40⁰ C begannen die Hautstücke zu gelatinieren; bei der Übertragung in die Kontrollösung zeigte sich keine andere Veränderung, dagegen wurde das in die Enzymlösung von 40⁰ C übertragene Hautstück rasch zerstört, das Kollagen ging in Lösung, während Epidermis und Haare in der Lösung herumschwammen. Diese verschiedenartige Wirkung einer Vorbehandlung der Haut mit Säure oder Alkali ist interessant. 0,05-normale Natriumhydroxydlösung hydrolysiert die Epidermis rascher als die Kollagenfasern, 0,05-normale Salzsäurelösung dagegen das Kollagen sehr viel rascher als die Epidermis.

Auch dieser Versuch wurde nochmals wiederholt, und zwar in der Weise, daß die Vorbehandlung mit Salzsäure bei 25⁰ C, die Behandlung mit der Pankreatinlösung aber bei 40⁰ C vorgenommen wurde. Nach 24 Stunden Einwirken der Pankreatinlösung war die Haut vollständig haarlässig. Die Wirksamkeit des Pankreatins als Enthaarungsmittel ist also von der vorhergehenden Schwellung der Haut abhängig, gleichgültig, ob diese mit Säure oder mit Alkali bewirkt wurde. Die Tatsache, daß im ersten Versuch die Vorbehandlung mit Alkali bei 40⁰ vorgenommen worden war, beeinflußt das Ergebnis nicht, denn auch bei Vorbehandlung mit 0,05-normaler Natriumhydroxydlösung bei 25⁰ C und anschließender Behandlung mit Enzymlösung bei 40⁰ C wurde befriedigende Haarlässigkeit erhalten.

In gleicher Weise wie mit Natriumhydroxyd vorbehandelter Haut wurden auch Versuche mit Haut durchgeführt, die mit 0,5-normaler Ammoniaklösung vorbehandelt war. Durch die Vorbehandlung mit Ammoniak wurde das Haar bereits bis zu einem gewissen Grade gelockert, und zwar bei 40° C stärker als bei 25° C. Nach 24stündigem Einlegen zeigten die Hautstücke in der Enzymlösung und auch in der Kontrollösung eine gewisse Haarlässigkeit, doch war sie in keinem Falle genügend. In Prozenten einer guten Haarlässigkeit ausgedrückt, betrug sie in der Enzymlösung bei 40° C etwa 75%, in der Kontrollösung bei 40° C etwa 50% und in der Enzym- und Kontrollösung bei 25° C etwa 25%. Offenbar unterstützt die Vorbehandlung mit Ammoniak, das doch selbst haarlockernd wirkt, die enthaarende Wirkung des Pankreatins nicht annähernd so stark als eine Vorbehandlung mit Mitteln, die vorzüglich schwellend wirken.

Es war nun noch die Frage zu entscheiden, ob das Nichteintreten einer Haarlässigkeit mit einer Pankreatinlösung unter Toluol nicht auf eine ungenügende Enzymmenge oder zu kurze Behandlungszeit zurückzuführen sei. Merrill und Fleming untersuchten im Laboratorium des Verfassers diese Frage unter Verwendung eines stärker aktiven Enzympräparates. Das von Wilson und Gallun benutzte Enzympräparat ist mit der Probe 1 auf Tabelle 30 des nächsten Kapitels identisch. Seine Wirksamkeit gegenüber Casein betrug 3 Fuld-Groß-Einheiten, gegenüber Keratose 2,4 Einheiten. Das von Merrill und Fleming benutzte Präparat hatte einen Caseintest von 17 Fuld-Groß-Einheiten und einen Keratosewert von 14,0, war also etwa 5,8mal so wirksam wie das von Wilson und Gallun benutzte Präparat.

Für die Versuche wurden aus dem Schild einer geweichten Kalbshaut acht Hautstücke herausgeschnitten und im Eisschrank in Wasser bis zur Benutzung aufbewahrt. Sie wurden als Stück 1 bis 8 bezeichnet. Die Stücke 1 bis 4 wurden 24 Stunden in 0,05-normaler Natriumhydroxydlösung und anschließend 5 Stunden in 0,1-normaler Natriumbicarbonatlösung geweicht. Zur Herstellung zweier Serien von je vier Enzymlösungen wurde eine Phosphatpufferlösung aus 2,8 g NaH_2PO_2 im Liter und soviel NaOH, daß der p_H 7,5 betrug, hergestellt und je 0,0, 0,1, 1,0 und 10,0 g Pankreatin auf den Liter zugefügt. In jede der Lösungen wurde ein Hautstück gegeben, die Lösung mit Toluol überschichtet und im Thermostaten bei 25° C aufbewahrt. Die Hautstücke wurden täglich untersucht und die zur Haarlockerung nötige Zeit ermittelt. Die Resultate waren folgende: Bei einer Vorbehandlung mit Natronlauge und Natriumbicarbonat waren zur vollständigen Haarlockerung bei 10,0 g Enzym im Liter 1 Tag, bei 1,0 g 3 Tage, und bei 0,1 g Enzym 6 Tage notwendig, während ohne Enzym auch in 12 Tagen keinerlei Haarlockerung eintrat. Ohne Vorbehandlung der Haut wurde mit 10,0 g Enzym im Liter in 5 Tagen vollständige Haarlässigkeit erhalten, während diese bei den übrigen Proben innerhalb 12 Tagen nicht vollständig wurde.

Diese Versuche zeigen, daß Pankreasenzyme bei 25° C auch unter Toluol und ohne spezielle Vorbehandlung haarlockernd wirken, wenn sie in genügend hoher Konzentration zur Anwendung gelangen. Eine Vorbehandlung mit Natronlauge und Natriumbicarbonat vermindert die zur Haarlockerung notwendige Zeit und Enzymkonzentration. Gibt man den Bakterien die Möglichkeit, sich zu entwickeln, so wird die Wirkung des Enzyms durch die Bakterientätigkeit noch unterstützt.

q) Kombiniertes Enthaaren und Beizen mit Enzymen.

Wilson und Gallun (42) dehnten ihre Untersuchungen auch auf eine Prüfung des Einflusses von Enzymen auf die elastischen Fasern der Haut aus. Bei den verschiedenen Versuchen wurden nach der Einwirkung der Enzyme Hautstückchen entnommen, eingebettet, geschnitten, gefärbt und zur Untersuchung hergerichtet.

Bei den Versuchen über die haarlockernde Wirkung der Enzyme bei 25° C wurde der Schluß gezogen, daß die erhaltene Haarlässigkeit auf eine Bakterientätigkeit und nicht auf die Wirkung des Pankreatins zurückzuführen sei, da bei Zugabe von Toluol zur Enzymlösung keine Haarlockerung eintrat. Abb. 145 gibt einen Schnitt durch eine Haut wieder, die bei 25° C gut haarlässig geworden war. Die Epidermis ist zerstört, das Haar gelockert, aber die Elastinfasern sind unangegriffen zurückgeblieben und vor allem im oberen Teil der Abbildung als dunkle, der Oberfläche nahezu parallel laufende Fäden deutlich zu sehen. Abb. 146 zeigt einen Schnitt durch eine mit Enzymen bei 40° C unter Toluol haarlässig gemachte Haut. In diesem Falle ist nicht nur die Epidermis zerstört und das Haar gelockert, sondern es sind auch die Elastinfasern vollständig aufgelöst. Es scheint also, als würden in dem Falle, wo das enthaarende Agens das Enzym ist, die elastischen Fasern mitentfernt, während diese bei einer Haarlockerung, die hauptsächlich auf eine Bakterientätigkeit zurückgeht, unverändert in der Haut verbleiben. Diese Untersuchung wurde allerdings nicht auf höhere Enzymkonzentrationen bzw. größere Enzymaktivität ausgedehnt.

Bei den Haarlockerungsversuchen mit Enzymlösungen, bei denen die Haut vor der Enzymbehandlung nicht mit Säure oder Alkali geschwollen wurde, ergab sich bei der mikroskopischen Untersuchung der Haut, daß innerhalb 24 Stunden alle elastischen Fasern auf der Fleischseite vollständig verschwunden waren, dagegen keine in der Gegend direkt unter der Epidermis. Die harte Hornschicht hatte offenbar als eine für das Enzym undurchlässige Membran gewirkt. Bei den gewöhnlichen Enthaarungsmethoden, zum Beispiel dem Kälken, wirkt das haarlockernde Agens auf die zwischen der Hornschicht und der Lederhaut liegenden Zellen der Malpighischen Schicht der Epidermis. Die Undurchdringlichkeit der Hornschicht für das Enzym erklärt, warum das Enzym die Malpighische Schicht nicht angreift und das Haar lockert. Durch eine Vorbehandlung mit Säure oder Alkali schwillt die Hornschicht stark an und wird dadurch für das Enzym durchlässiger. Außerdem wird die Hornschicht in geschwollenem Zustand auch von dem Enzym angegriffen, wie aus der Tatsache hervorgeht, daß sie in den untersuchten Schnitten nicht mehr festgestellt werden konnte.

Eine Reihe von Schimmelpilzen vermag proteolytische Enzyme abzusondern, die an Haut Haarlockerung bewirken. Abt (1) stellte fest,

Abb. 145. Vertikalschnitt durch die Thermostatschicht einer Kalbshaut.
(Nach einer eintägigen Behandlung mit einer 0,1%igen Pankreatinlösung bei 25° C.)
Stelle der Entnahme: Schild.   Dicke des Schnitts: 30 μ.   Färbung: Van Heurcks Blauholz, Daubs
Bismarckbraun.   Okular: 5×.   Objektiv: 8 mm.   Wratten-Filter: H-Blaugrün.   Lineare
Vergrößerung: 170-fach.

daß sich die Enzyme von Aspergillus oryzae und einiger ähnlicher
Aspergillen ganz besonders gut zur Haarlockerung eignen und stellte

solche Enzympräparate für die Enthaarung von Häuten her. Die Protease des Aspergillus oryzae wirkt bei niedrigeren Temperaturen als

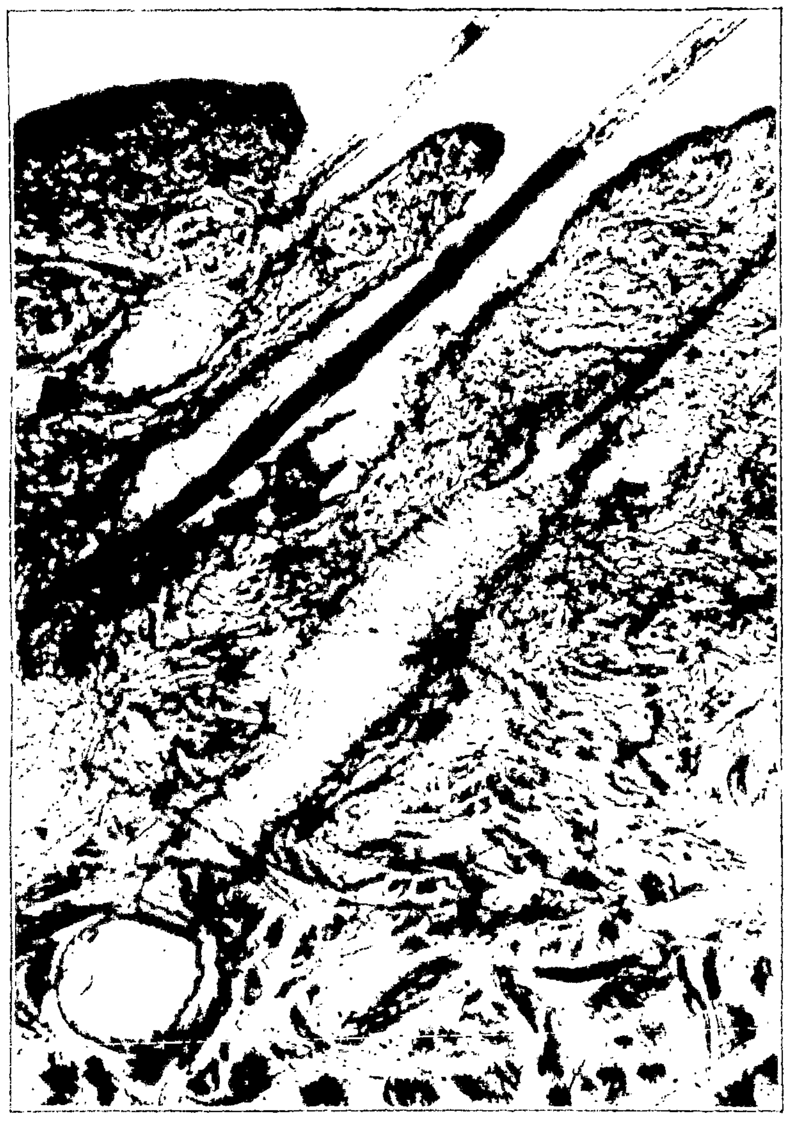

Abb. 146. Vertikalschnitt durch die Thermostatschicht einer Kalbshaut.
(Nach eintägiger Behandlung mit einer 0,1%igen Pankreatinlösung bei 40° C.)
Stelle der Entnahme: Schild.   Dicke des Schnitts: 30 μ.   Färbung: Van Heurcks Blauholz, Daubs Bismarckbraun.   Okular: 5×.   Objektiv: 8 mm.   Wratten-Filter: H-Blaugrün.   Lineare Vergrößerung: 170-fach.

Pankreatin, bereits nach einigen Stunden wird genügende Haarlockerung erreicht; sie wird noch erleichtert, wenn die Haut zuvor je nach Qualität 24 Stunden in ein Bad von 2 bis 4⁰/₀₀ Soda bei mindestens 20⁰ C eingelegt, gewaschen und einige Stunden in einer schwachen Natriumbicarbonatlösung entschwellt wird. Als Aktivitätszone für die haarlockernde Protease ermittelte Abt den Bereich zwischen $p_H = 6{,}0$ und 8,0.

An histologischen Schnitten der mit der Protease des Aspergillus oryzae enthaarten Blöße stellte Abt fest, daß, wie bei einer gut gebeizten Haut, Haare und Epidermis völlig entfernt sind, die elastischen Fasern in der Narbenschicht nur in vermindertem Umfang noch vorhanden sind und das Kollagenfasergewebe genügend aufgelockert ist. Die Kollagenfasern selbst werden durch die Protease nicht angegriffen.

Neuestens wurde von der Société Progil (30) festgestellt, daß sich auch die Enzyme gewisser Bakterienarten (Bac. subtilis, Bac. mesentericus, Bac. liquefaciens usw.) mit Vorteil zum Enthaaren und Beizen von Häuten verwenden lassen.

Häute, die mit Hilfe von Enzymen haarlässig gemacht wurden, werden auf der Maschine enthaart, von Hand auf dem Baum ausgestrichen und dann gewaschen und sind ohne weitere Behandlung zur Gerbung fertig. Häute, die im Kalkäscher haarlässig gemacht wurden, werden nach dem Enthaaren, Ausstreichen und Waschen gebeizt, entkälkt und eventuell vor dem Gerben gepickelt. Manche Gerber geben die Häute ohne eine dieser Behandlungen direkt in eine alte vegetabilische Gerbbrühe, doch hat in diesem Falle die Gerbbrühe kaum eine andere Wirkung, als den Kalk aus den Häuten zu entfernen.

Offenbar bildet jeder Stoff, der die neugebildeten Zellen der Epidermis zu hydrolisieren vermag, ohne den übrigen Teil der Haut anzugreifen, ein brauchbares Enthaarungsmittel. Der Kalk verdankt seine weitverbreitete Anwendung der Sicherheit beim Gebrauch. Seine begrenzte Löslichkeit ermöglicht durch einfache Anwendung eines Überschusses, die Hydroxylionenkonzentration bei etwa 0,022 Mol im Liter konstant zu halten. Diese Konzentration ist groß genug, Fäulniserscheinungen zu verhindern, ohne daß sie, da es sich beim Kalk um eine zweiwertige Base handelt, groß genug wäre, die Haut selbst anzugreifen. Immerhin aber wäre es doch möglich, daß auch die Verwendung des Kalks bei weiterer Entwicklung der neueren Enthaarungsverfahren verschwinden wird.

Literaturzusammenstellung.

1. Abt, G.: L'épilage par les enzymes des moisissures. J. Int. Soc. Leather Trades Chem. 11, 520 (1927).
2. Atkin, W. R.: Notes on the chemistry of lime liquors used in the tannery. Ind. Chem. 14, 412 (1922).
3. Atkin, W. R. u. F. C. Thompson: The role of oxidation in the leather manufacture. Leather Trades Year Book 56 (1926).
4. Atkin, W. R., J. C. Watson u. P. E. Knowles: Notes on the reaction between lime and red arsenic. J. Int. Soc. Leather Trades Chem. 8, 471 (1924).
5. Bergmann, M. u. F. Stather: Über die Veränderung von Keratin durch Alkalien. Collegium 1925, 109.

6. Bergmann, M. u. F. Stather: Studien zum Äscherprozeß: Über die Veränderung von Keratinen durch Alkalien. II. Collegium 1926, 249.
7. Bergmann, M., E. Immendörfer u. A. Immendörfer: D.R.P. 432686 Kl. 28a.
8. Bergmann, M., E. Immendörfer u. A. Immendörfer: D.R.P. 434570 Kl. 28a.
9. Collett, R. L.: The bacteria in lime liquors. J. Int. Soc. Leather Trades Chem. 7, 418 (1923).
10. Collett, R. L.; The action of lime on enzymes. J. Int. Soc. Leather Trades Chem. 10, 100 (1926).
11. Hampshire, P.: Causes of run pelts in the sweating process. J. Int. Soc Leather Trades Chem. 5, 20 (1921).
12. Hollander, C. S.: Unhairing hides and skins by enzyme action. J. Amer. Leather Chem. Assoc. 15, 477 (1920).
13. Kadish, V. H.: U.S.A. Patent Nr. 1269189 (1919).
14. Kadish, V. H. u. H. L. Kadish: U.S.A. Patent Nr. 1298960 (1919).
15. Kaye, M. u. R. H. Marriott: The behavior of sharpened limes in unhairing. J. Int. Soc. Leather Trades Chem. 9, 591 (1925).
16. McLaughlin, G. D., J. H. Highberger u. E. K. Moore: On the chemistry of liming. J. Amer. Leather Chem. Assoc. 22, 345 (1927).
17. McLaughlin, G. D. u. F. O'Flaherty: On the microtannology of unhairing. J. Amer. Leather Chem. Assoc. 22, 323 (1927).
18. McLaughlin, G. D., G. E. Rockwell u. I. H. Blank: On the bacteriology of liming. J. Amer. Leather Chem. Assoc. 22, 329 (1927).
19. McLaughlin, G. D. u. E. R. Theis: Some principles of depilation. J. Amer. Leather Chem. Assoc. 20, 246 (1925).
20. McLaughlin, G. D., J. H. Highberger u. E. K. Moore: Further studies on the chemistry of liming. J. Amer. Leather Chem. Assoc. 23, 318 (1928).
21. Marriott, R. H.: Acid unhairing. J. Int. Soc. Leather Trades Chem. 5, 2 (1921).
22. Marriott, R. H.: The depilation of skins by means of alkaline solutions. J. Int. Soc. Leather Trades Chem. 12, 216 (1928).
23. Merrill, H. B.: The hydrolysis of skin and hair. Ind. Chem. 16, 1144 (1924).
24. Merrill, H. B.: Effect of sulfides on the alkaline hydrolysis of skin and hair Ind. Chem. 17, 36 (1925).
25. Merrill, H. B.: Action of ammonia on calfskin. Ind. Chem. 19, 386 (1927).
26. Merrill, H. B.: The unhairing action of stannous salts. J. Amer. Leather Chem. Assoc. 22, 230 (1927).
27. Merrill, H. B. u. J. W. Fleming: Effect of temperature on the hydrolysis of skin and hair by saturated limewater. Ind. Chem. 20, 21 (1928).
28. Moeller, W.: Beiträge zur biologischen und chemischen Vorgeschichte der Haut und Blöße. II. Die Beziehungen des Ammoniaks zur Haut und Blöße. Collegium 1921, 265.
29. Nihoul, E.: Unhairing with sulfurous acid. Bourse aux Cuirs de Liège 8 (1908).
30. Progil, Société: Französisches Patent Nr. 640112.
31. Röhm, O.: Ein neuer Äscher. Collegium 1913, 374.
32. Schlichte, A. A.: A study of the changes in skins during their conversion into leather. J. Amer. Leather Chem. Assoc. 10, 526, 585 (1915).
33. Seymour-Jones, Alfred: Physiology of the skin. J. Int. Soc. Leather Trades Chem. 2, 203 (1918).
34. Stather, F.: Zur Chemie des Äschervorganges. Gerber 53, 9 (1927).
35. Stiasny, E.: Über das Wesen des Äschers. Gerber 1906.
36. Stiasny, E. u. R. Würtenberger: Über Zusammensetzung und Wirksamkeit der aus Kalk und rotem Arsenik bereiteten Enthaarungsflüssigkeit. Collegium 1923, 43.
37. Thuau, U. J.: L'épilage à l'acid sulfureux. Collegium 1908, 362.
38. Wilson, J. A.: Theories of leather chemistry. J. Amer. Leather Chem. Assoc. 12, 108 (1917).

39. **Wilson, J. A. u. G. Daub:** The mechanism of unhairing. Vorgetragen vor der Leather Division der American Chemical Society in Pittsburgh, am 8. Sept. 1922.
40. **Wilson, J. A. u. G. Daub:** Effect of long contact of calfsskin with saturated limewater. Ind. Chem. **16,** 602 (1924).
41. **Wilson, J. A. u. A. F. Gallun jr.:** Direct determination of plumping power of tan liquors. Ind. Chem. **15,** 376 (1923).
42. **Wilson, J. A. u. A. F. Gallun jr.:** Pancreatin as an unhairing agent. Ind. Chem. **15,** 267 (1923).
43. **Wood, J. T.:** The puering, bating and drenching of skins. London: E. & F. Spon 1912.
44. **Wood, J. T. u. D. J. Law:** Light leather liming control. Collegium **1912,** 121.
45. **Wood, J. T., H. J. S. Sand u. D. J. Law:** The quantitative determination of the falling of skin in the puering or bating process. J. Soc. Chem. Ind. **31,** 210; **32,** 398 (1913).

10. Der Beizprozeß.

Einer der eigenartigsten Prozesse der Ledererzeugung ist das Beizen der Häute und Felle. Es gehörte jahrhundertelang zu den geheimnisvollsten Arbeiten der Gerberei und wurde noch vor verhältnismäßig kurzer Zeit in recht ekelerregender Weise durchgeführt. Über den Ursprung des Vorganges weiß man nur sehr wenig, da er als Geheimnis sorgfältig gehütet wurde. Manche der heute noch lebenden Gerber kennen den Prozeß in seiner unangenehmen Ausführungsform, wie er sich von Generation zu Generation vererbt hatte, noch aus persönlicher Erfahrung. Die Beize bestand nämlich darin, die geäscherten und enthaarten Häute in einem warmen Aufguß von Hundekot oder Geflügelmist so lange zu behandeln, bis alle Prallheit verschwunden und die Häute so weich geworden waren, daß ein durch Zwicken mit Daumen und Zeigefinger erzeugter Abdruck erhalten blieb. Ferner mußten die Blößen so porös sein, daß sie den Durchtritt von Luft unter einem gewissen Druck gestatteten. Je nachdem man Hühnermist oder Hundekot verwandte, sprach man von „Beizen" (bating) oder „Reinmachen" (puering) der Blößen, doch verwendet man den Ausdruck Beizen heute ganz allgemein für den Prozeß, gleichgültig womit er durchgeführt wird, erst recht seit die künstlichen Beizmittel zur Anwendung kamen.

Eine allgemeine Methode zur Behandlung leichter Blößen bestand darin, diese in ein Gefäß mit einer Flüssigkeit, die auf den Liter 100 g Hundekot enthielt und durch Einleiten von Dampf auf 40° C gehalten wurde, einzulegen. Ein Haspel hielt Brühe und Blößen in Bewegung. Mit der Zeit verloren die Blößen langsam ihre im Äscher angenommene Prallheit und wurden weich und lappig. Die Beendigung des Beizprozesses erkennt man an einer gewissen Schlaffheit der Blöße, die der Gerber erst nach langer Erfahrung richtig beurteilen kann. Aufgüsse von Hühner- und Taubenmist wurden im allgemeinen bei der Beize von schweren Häuten und nur selten bei leichten Häuten verwendet, da solche Beizen schneller in die Blößen diffundieren als Hundekotbeizen. Anscheinend ist dies darauf zurückzuführen, daß im Hühner-

und Taubenmist auch die Bestandteile des Urins, besonders Harnstoff enthalten sind, die im Hundekot fehlen.

Man kann den Beizprozeß auch vollständig auslassen und die geäscherten Häute nur zur Entkälkung mit Säurelösungen behandeln und sie dann ausgerben. Das auf diese Weise bereitete Leder hat aber nicht das feine Aussehen wie solches aus gebeiztem Material. Durch die Beize wird beim fertigen Leder der Narben weicher und schöner. Da der Verkaufswert des Leders stark von der Beschaffenheit des Narbens beeinflußt wird, ist der Beizprozeß für die besseren Oberleder eine praktische Notwendigkeit.

Viele Versuche sind unternommen worden, den Mechanismus des Beizprozesses klarzulegen und festzustellen, wodurch das Leder in der Qualität verbessert wird. Bahnbrechende Arbeit wurde auf diesem Gebiete von J. T. Wood geleistet, dessen Forschungen, zusammen mit den praktischen Entdeckungen von O. Röhm und anderen zu der großen Umwälzung im Beizprozeß führten. Die verhaßten Kotstoffe wurden fast vollständig durch Pankreasenzyme ersetzt. In seinem Buche schreibt Wood (45):

„Zu der Zeit, als ich Lehrling war, wurde jeder Lederfehler auf diesen Teil des Fabrikationsganges geschoben. Dieser Umstand sowie die Unreinlichkeit und Widerwärtigkeit des Beizprozesses veranlaßten mich, ihn näher zu untersuchen. Es bildete sich in mir der feste Entschluß, die Grundlagen dieses Vorganges festzustellen. Die Kotbeize ist nicht nur ein schmutziger, sondern auch ein ekelerregender Prozeß und in hygienischer Beziehung alles andere als einwandfrei. Es ist nicht weiter verwunderlich, daß die Beize unter allen Gerbvorgängen derjenige ist, der am wenigsten geschätzt wird, und der den meisten Verdruß bereitet.“

Nach Wood bestehen die anorganischen Bestandteile des Kotes hauptsächlich aus Sulfaten, Chloriden, Carbonaten und Phosphaten des Natriums, Kaliums, Ammoniums und Calciums sowie einigen Silikaten. Die wichtigsten organischen Bestandteile schienen Bakterien, Enzyme, zelluloseartige Körper und Fette zu sein. Er fand sowohl peptische als tryptische Fermente, ein Labferment, ein Stärke spaltendes Ferment und eine Lipase. Da ja die Beizbrühen meist schwach alkalisch sind, schien es, daß das Trypsin einen hervorragenden Anteil an der Beizwirkung habe. Man konnte in der Tat später zeigen, daß dieses Enzym einige der Wirkungen des Kotes auf die Haut bewirkt. Es gelang Wood ferner, aus dem Hundekot eine Spezies von Bacterium coli zu isolieren, die ein Enzym erzeugte, welches sich in seiner Wirkung auf Haut wie Trypsin verhielt.

Die modernen, jetzt fast allgemein benutzten Beizmaterialien bestehen aus einer Mischung von Pankreas-Enzymen, Ammoniumchlorid oder anderen als Puffer dienenden Salzen, die den p_H-Wert der Beizflüssigkeit zwischen 7,5 und 8,5 halten sollen. Ein übliches Beizverfahren für Kalbsblößen ist das folgende: Man wäscht die Kalbsblößen nach dem Reinmachen in einem Faß, wie eines auf Abb. 124 zu sehen ist, eine Stunde lang in fließendem Wasser und bringt sie dann in einen mit der Beizlösung beschickten Haspel. Die Konzentration der Enzyme und der Puffersalze, die Temperatur der Beizflüssigkeit und die für

die Einwirkung erforderliche Zeit werden ganz dem vorliegenden Blößen-
material angepaßt. Sie hängen ebenso sehr von der Vorbehandlung
beim Weichen und Äschern als von der Art der Häute ab. Im allgemeinen
wird um so weniger Enzym benötigt, je höher man die Temperatur
(bis zu 40° C) und je länger man die Zeit für das Beizen wählt. Mit
anderen Worten: Für eine gegebene Enzymkonzentration braucht man
zum Beizen um so weniger Zeit, je höher man die Temperatur wählt.
Diese Beziehungen werden noch ausführlicher besprochen werden. Sind
dann die Häute die nötige Zeit in der Beizflüssigkeit bewegt worden,
so werden sie zum Gerben herausgenommen.

Man hat früher den Endpunkt des Beizprozesses durch Befühlen
der Häute festgestellt und tut dies größtenteils auch heute noch. Abb. 147

Abb. 147. Beizmeister beim Prüfen der Blößen in den Haspelgefäßen.

zeigt einen Beizmeister beim Prüfen der Häute. Er stellt fest, ob die
Einwirkung der Beize weit genug vorgeschritten ist, was er daran erkennt, daß die Blöße genügend schlaff geworden, verfallen ist. Der Verfasser hat gefunden, daß das Verfallensein der Blöße kein zuverlässiges
Zeichen für die Beendigung des Beizprozesses ist, obschon bei Abbruch
des Beizprozesses nach dieser Probe die Haut gegen bakterielle Schäden
gesichert ist. Denn solange der p_H-Wert nicht bis zu dem Punkte ge-
fallen ist, bei dem die Haut schlapp zu werden beginnt, sind bakterielle
Einwirkungen nicht zu befürchten. Der beste Anhaltspunkt für die
günstigsten Bedingungen beim Beizen ist das Aussehen der Blöße und
des Leders, obgleich das den Nachteil hat, daß sich die Beize erst dann
beurteilen läßt, wenn der Beizprozeß schon abgeschlossen ist. In einer
Gerberei, in der alle Operationen immer in der gleichen Weise ausgeführt und die Brühen in bezug auf ihre Zusammensetzung chemisch

überwacht werden, ist es nicht schwierig, die Bedingungen für die Beize
herauszufinden, die dem Leder den feinsten Narben gibt. An diesen
Bedingungen muß dann streng festgehalten werden.

In manchen Gerbereien, die kleinere Häute verarbeiten, ist es üblich, die Häute nach dem Beizen, je nachdem, ob sie sich mehr für
die eine oder die andere Gerbart eignen, zu sortieren. Abb. 148 gibt
ein typisches Bild dieses Sortierens.

a) Der Mechanismus der Beize.

Es sind viele Arbeiten ausgeführt worden, um die Natur der Reaktionen festzulegen, die am Beizprozeß beteiligt und für das spätere Aussehen des Leders und seine Güte ausschlaggebend sind. Im Laboratorium

Abb. 148. Das Sortieren der Blößen nach der Beize.

des Verfassers werden seit vielen Jahren Studien über das Beizen von
Kalbshäuten ausgeführt, deren Ergebnisse in diesem Kapitel zusammengefaßt werden. Sie werden in sieben Abschnitten abgehandelt, jeder
davon behandelt einen wichtigen Teil des Beizprozesses: das Verfallen,
die Einstellung der Wasserstoffionenkonzentration, das Entkälken, die
Bakterientätigkeit, die Entfernung der Elastinfasern, die Auflösung der
Keratose und den Kollagenabbau.

b) Das Verfallen der Blöße.

Eine allen Beizmaterialien gemeinsame Eigenschaft ist die, den
Quellungsgrad der Proteinbausteine der gekälkten Haut herabzusetzen.
In der Praxis bezeichnet man diesen Vorgang als Verfallen der Blöße.
Es würde in der Tat unmöglich sein, ein Beizprodukt in den Handel

zu bringen, das diese Eigenschaft nicht aufweisen würde, wird diese Erscheinung doch als Kriterium für eine vollständig durchgeführte Beize angesehen.

Aus der Theorie der Quellung von Proteinen im Kapitel 5 ergibt sich, daß der Quellungsgrad eine Funktion der Wasserstoffionenkonzentration sowie der Neutralsalzkonzentration der Lösung sein muß.

Wilson und Gallun (40) untersuchten den Grad der Schwellung in Abhängigkeit von den p_H-Werten nach der im vorhergehenden Abschnitt: „Enthaaren und Streichen" beschriebenen Methode. Blößenstücke von etwa 2 qcm wurden, um möglichst gleichmäßig aufgebaute Probestücke zu verwenden, aus dem Schild einer Kalbsblöße geschnitten.

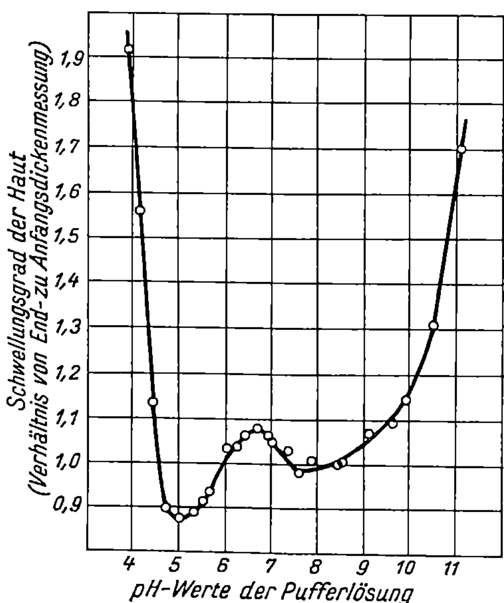

Abb. 149. Die beiden Minima bei der Quellung von Kalbshäuten.

In einer 12%igen Kochsalzlösung, die eine geringe Menge Salzsäure enthielt, wurden sie vom Kalk befreit und weiter in einer kalten gesättigten Natriumbicarbonatlösung neutralisiert. Dann wurden sie gewaschen und 24 Stunden bei 40° C in einer Lösung gebeizt, die auf einen Liter 0,1 g U. S. P.[1] Pankreatin, 2,8 g primäres Natriumphosphat und so viel Natriumhydroxyd enthielt, daß der p_H-Wert 7,7 betrug. Bei der Untersuchung unter dem Mikroskop zeigte sich, daß durch diese Behandlung alle Elastinfasern entfernt worden waren. Die Stücke wurden dann 24 Stunden in kaltem fließenden Wasser mit einem p_H-Wert von 8 gewaschen. Schließlich wurden sie für die Versuche bei 7° im Eisschrank in destilliertem Wasser aufbewahrt. Der Zustand, in dem sich die Blößen befanden, wurde, da er leicht reproduzierbar ist, als Standard für derartige Versuche genommen.

Für die Versuche wurde eine Reihe von 24 großen Behältern mit Versuchslösungen bereitet, die im Endvolumen eine $^1/_{10}$ molare Phosphorsäurelösung enthielten. Ihnen war ferner soviel Natronlauge zugesetzt, als notwendig war, um die gewünschten p_H-Werte zu erhalten. Die p_H-Werte der untersuchten Lösungen wurden mit Hilfe der Wasserstoffelektrode ermittelt und lagen im Bereiche 4 bis 11.

Bei jedem Versuch wurden die Blößenstücke zunächst im Normalzustand mit dem Dickenmesser von Randall und Stickney, der im

---

[1] U. S. P. = United States Pharmacopeia (Arzneibuch der Vereinigten Staaten von Nordamerika).

vorhergehenden Kapitel beschrieben wurde, gemessen. Die Ablesung wurde immer genau 5 Minuten nach dem Auflegen des Gewichtes vorgenommen, und ergab die Anfangsdicke. Darauf wurden die Stücke, um sie auf ihre ursprüngliche Gestalt zurückzubringen, mit Wasser geschüttelt und dann in 200 ccm Pufferlösung von bestimmtem p_H-Wert gebracht. Um proteolytische Vorgänge nach Möglichkeit auszuschalten, wurden die Versuche im Thermostaten bei 7° durchgeführt. Nach 24 Stunden wurden die Pufferlösungen durch frische ersetzt. Da nach weiteren 4 Tagen praktisch keine Veränderung der p_H-Werte mehr eintrat, wurde angenommen, daß sich das Gleichgewicht eingestellt hatte, die Stücke herausgenommen und wiederum die Dicke bestimmt. Tabelle 23 gibt eine Übersicht über die Versuchsergebnisse. Das Verhältnis der Enddicke zur Anfangsdicke gibt ein Maß für den Quellungsgrad der Haut. In Abb. 149 ist der Quellungsgrad als Funktion des p_H-Wertes wiedergegeben.

Tabelle 23. Kalbsblöße in Pufferlösungen verschiedener p_H-Werte.

Dickenmessungen (Durchschnittswerte von mehreren Messungen) in mm		Verhältnis[1]	p_H-Werte der Lösungen bei 20°	
Anfangsmessung	Endmessung		Anfangswert	Endwert
1,421	2,729	1,92	3,96	3,97
1,205	1,885	1,56	4,14	4,17
1,269	1,431	1,13	4,47	4,49
1,439	1,296	0,90	4,78	4,79
1,489	1,305	0,88	5,08	5,07
1,299	1,161	0,89	5,29	5,27
1,347	1,239	0,92	5,57	5,57
1,388	1,306	0,94	5,78	5,72
1,212	1,263	1,04	6,04	6,08
1,225	1,270	1,04	6,29	6,29
1,391	1,478	1,06	6,48	6,42
1,248	1,343	1,08	6,69	6,68
1,435	1,514	1,06	6,96	6,88
1,292	1,362	1,05	7,08	7,00
1,379	1,415	1,03	7,41	7,41
1,413	1,385	0,98	7,68	7,62
1,393	1,407	1,01	7,97	7,89
1,515	1,520	1,00	8,42	8,44
1,428	1,427	1,00	8,56	8,50
1,253	1,343	1,07	9,03	9,13
1,258	1,377	1,09	9,59	9,64
1,219	1,388	1,14	10,00	9,98
1,240	1,621	1,31	10,47	10,51
1,289	2,206	1,71	11,06	11,08

Die Bedeutung der beiden Quellungsminima wurde bereits früher im 5. Kapitel besprochen. Beim Vergleich von Abb. 149 und 52 ist zu sehen, daß die Abhängigkeit der Quellung von den p_H-Werten bei Kalbshaut und Gelatine sehr ähnlich ist. Offenbar erleidet das Kollagen, wenn es von der sauren in die alkalische Lösung gebracht wird, eine

---

[1] Dieses Verhältnis ist ein Maß für die Quellung.

innere Umlagerung; die beiden Minima entsprechen zwei verschiedenen isoelektrischen Punkten der beiden Lösungsformen.

Zwischen den p_H-Werten 4,5 und 9,0 ist die Schwellung so gering, daß die Haut, nur nach dem Schwellungsgrad beurteilt, als gebeizt angesehen werden müßte. Wood, der wahrscheinlich als erster die Wasserstoffelektrode bei den Prozessen der Gerberei in Anwendung brachte, fand, daß der p_H-Wert einer frischen Kotbeize zwischen 4,7 und 5,4 lag, während er nach dem Beizen einer Partie Blößen auf 6,4 bis 8,4 verschoben war. In einer Kalkbrühe, die einen p_H-Wert von 12,5 hat, ist die Haut geschwollen und gummiartig. Wird sie jedoch in das Gleichgewicht mit einer Lösung gebracht, deren p_H-Wert zwischen 4,5 und 9,0 liegt, so verfällt sie und wird lappig.

Merrill (17) untersuchte den Einfluß von Temperatur, Zeit, Enzymkonzentration und Ammoniumchloridkonzentration auf das Verfallen von Kalbshaut beim Beizen. Er benutzte die oben beschriebene Methode von Wilson-Gallun, bestimmte aber den Verlauf des Verfallens durch Messung der prozentualen Verminderung der Anfangsdicke der Haut während des Beizprozesses.

Bevor der Einfluß der Temperatur gemessen werden konnte, war es zur Festlegung der experimentellen Bedingungen notwendig, die Wirkung der Ammoniumchloridkonzentration, den Einfluß der Enzyme und den Zeitraum, der zur Einstellung des Gleichgewichts bei einer bestimmten Temperatur erforderlich ist, zu kennen. Merrill stellte folgendes fest. Je höher die Konzentration des Ammoniumchlorids ist, desto stärker ist auch der Grad des Verfallens, bis die Menge an Ammoniumchlorid groß genug ist, um sich mit allem vorhandenen Kalk umzusetzen. Weitere Zugabe von Ammonchlorid hatte nur geringen Einfluß auf den p_H-Wert und folglich auch keinen auf den Grad des Verfallens. Die Gegenwart von Enzymen steigert den Grad des Verfallens, aber nur, wenn sie in viel größeren Mengen zugegen sind, als sie zum Beizen angewendet werden; diese Einwirkung hängt anscheinend mit der Zerstörung eines beträchtlichen Teils der Haut zusammen.

Der Einfluß der Temperatur auf den Verlauf des Verfallens der Blößen wurde dadurch ermittelt, daß Versuchsreihen angesetzt wurden, bei denen die prozentuale Verminderung der Dicke der Blößen bei unterschiedlichen Temperaturen nach bestimmten Zeiten gemessen wurde. Die Ergebnisse dieser Versuche sind in Tabelle 24 wieder-

Tabelle 24. Der Einfluß der Temperatur auf den Verlauf des Verfallens.
(Je 1 l Lösung enthielt 0,864 g Ammoniumchlorid.)

Einwirkungszeit in Stunden	Verminderung der ursprünglichen Dicke bei			
	7⁰ %	25⁰ %	30⁰ %	35⁰ %
0,5	9,9	22,7	23,0	25,1
1,0	15,8	22,0	29,7	26,7
2,0	15,5	27,2	28,2	28,7
4,0	20,3	—	—	28,6
17,0	22,2	29,6	29,4	28,7

gegeben. Die Konzentration des Ammonoiumchlorids wurde so hoch gewählt, daß eine noch höhere Konzentration ohne weiteren Einfluß auf das Verfallen gewesen wäre. Bei diesen Versuchen wurde ohne Enzyme gearbeitet.

Die Geschwindigkeit, mit der die Blöße vollständig verfällt, wächst mit der Temperatur. So ist bei 30° und 35° C bereits in 1 bis 2 Stunden vollständiges Verfallen erreicht, während bei einer Temperatur von 25° C eine wesentlich längere Zeit erforderlich ist und bei 7° C noch nicht einmal in 17 Stunden ein vollständiges Verfallen der Blößen erreicht wird. Die Unterschiede in der Schnelligkeit des Verfallens sind nicht sehr ausgeprägt, außer beim Übergang von den mittleren zu den niedrigen Temperaturen.

Um den Einfluß der Temperatur auf das Verfallen im Gleichgewichtszustand festzustellen, wurde eine weitere Versuchsreihe bei Temperaturen von 10°, 15°, 20° usw. bis zu 40° C durchgeführt, die Einwirkungszeit betrug in allen Fällen 18 Stunden. Die Ergebnisse dieser Versuche sind in Tabelle 25 zusammengestellt und zeigen, daß das Verfallen, gemessen an der Verminderung der ursprünglichen Dicke mit steigender Temperatur etwas stärker wird. Auch hier tritt der Einfluß der Temperatur nicht sonderlich stark hervor, außer wenn ziemlich große Temperaturunterschiede in Frage kommen.

Tabelle 25. Einfluß der Temperatur auf das Verfallen.
(Die Lösung enthielt pro Liter 0,864 g Ammoniumchlorid; Einwirkungszeit 18 Std.)

Temperatur . .	10°	15°	20°	25°	30°	35°	40°
Prozentuale Dickenabnahme	22,9%	21,8%	23,8%	24,9%	22,6%	25,4%	24,4%

Im allgemeinen kann gefolgert werden, daß die Temperatur nur geringen Einfluß auf das Verfallen der Blößen hat, solange es sich um wenige Grade Temperaturunterschied handelt. Will man hingegen von einer Temperatur von 30° C auf eine um 20° niedrigere Temperatur heruntergehen, so braucht man längere Zeit zum gänzlichen Verfallen, von anderen Faktoren ganz abgesehen.

Unter der Bezeichnung Beizmittel gelangen eine Anzahl Präparate auf den Markt, die keine Enzyme enthalten und lediglich dazu dienen, den p_H-Wert der geäscherten Häute nach dem Gebiet des Schwellungsminimums zu verlegen. Die Bedeutung des Verfallens ist bei der vegetabilischen Gerbung leicht einzusehen. In eine gequollene Haut dringen die Gerbstoffe nur langsam ein, ist aber die Haut verfallen, so können die Gerbstoffe viel leichter in die Zwischenräume zwischen die einzelnen Fasern diffundieren und hierdurch wird eine weit schnellere Durchdringung der Haut erreicht. Die Herstellung von Beizmitteln dieser Art ist sehr einfach. Man braucht zu diesem Zwecke nur einen Stoff, der in der Lage ist, den p_H-Wert der Haut auf einen Endwert von 8 zu bringen, mit einem Puffer zu versetzen. Zu solchen Stoffen gehören: Borsäure, Ammoniumchlorid, schwache organische Säuren und Stoffe, aus denen durch fermentative Vorgänge Säuren gebildet werden können, sowie saures Natriumphosphat. Der Verfasser ließ nacheinander 5 Partien Häute eine solche künstliche Beizbrühe passieren, die Natriumphosphat enthielt. Es zeigte sich, daß während des ganzen Vorgangs der p_H-Wert der Brühe höchstens um 0,5 vom normalen Wert 8 abwich, obwohl die Konzentration des Natriumphosphats in keiner Weise überwacht wurde. Will man die Haut nur zum Verfallen bringen, so erreicht man das sehr wirkungsvoll durch Natriumphosphat, nur daß man noch durch Zusatz kleiner Mengen Salzsäure dafür sorgt, daß der p_H-Wert der Brühe ungefähr bei 8 gehalten wird. Für schwere Leder oder für Leder zu besonderen Zwecken mag dies genügen, für leichtere Leder jedoch erhält man durch das Arbeiten mit Pankreasenzymen einen feineren und schöneren Narben.

c) Die Regulierung der Wasserstoffionenkonzentration.

Da der Schwellungsgrad eine Funktion der Wasserstoffionenkonzentration ist, so ist sicherlich die Herabsetzung der p_H-Werte bei der Beize für die Entschwellung wichtig, jedoch erfüllt sie unabhängig davon einen weiteren Zweck. Es ist zu bedenken, daß 80% des Beizgewichtes durch Wasser oder vielmehr Beizflüssigkeit ausgemacht werden. Diese Flüssigkeit hat den p_H-Wert der Beizbrühe. Selbst wenn man die Haut nach der Beize mit Wasser wäscht, hängt der p_H-Wert des imbibierten Wassers weitgehend von den Stoffen ab, die an der Haut haften. Wird daher die gebeizte Haut in Gerbbrühen gebracht, so wird der p_H-Wert der Brühen durch die an der Haut haftenden Flüssigkeitsteilchen beeinflußt. Ist nun der p_H-Wert dieser Flüssigkeit sehr verschieden von dem der Gerbbrühe, so entstehen Schwierigkeiten, da die Diffusionsgeschwindigkeit der Gerbstoffe in die Haut, die Farbe der Gerbstoffbrühen und ihre Neigung zu oxydieren Funktionen des p_H-Wertes sind. Es ist daher von außerordentlicher Wichtigkeit, den p_H-Wert der in den Blößen enthaltenen Flüssigkeit beim Übertragen dieser in die Gerbbrühen konstant zu halten. Hieraus wird die Bedeutung der alten Kotbeizen für den Gerber verständlich, der keine andere Möglichkeit hatte, die p_H-Werte zu regulieren. Wahrscheinlich war es weniger wichtig, wenigstens innerhalb gewisser Grenzen, einen ganz bestimmten p_H-Wert zu gewährleisten, als vielmehr für die Konstanz dieses Wertes zu sorgen, wobei die Bedingungen der Gerbung diesem angepaßt waren.

d) Das Entkälken.

In der Fachliteratur findet sich oft die Angabe, daß die Hauptaufgabe des Beizprozesses die sei, die Haut kalkfrei zu machen. Aus diesem Grunde wird Milchsäure als Beizmaterial verkauft. Wood fand, daß bei Verwendung von Kotbeizen der Gehalt der Haut an Calciumoxyd von 3 bis 6% nach dem Beizen auf 0,5 bis 0,9%, auf das Trockengewicht der Haut bezogen, zurückging, wobei alles Calcium in Form von Neutralsalzen vorhanden zu sein schien.

Indessen hatte der Verfasser wiederholt Gelegenheit, den Kalkgehalt der Haut vor und nach dem Beizen mit Trypsin und Ammoniumchlorid festzustellen. Auf das Trockengewicht und als CaO berechnet, betrug der Kalkgehalt durchschnittlich nach dem Streichen gegen 3%, nach dem Waschen vor der Beize gegen 2% und nach der Beize wiederum gegen 2%. Vor dem Beizen liegt das Calcium in der Haut in Form von Hydroxyd oder an das Protein gebunden vor, während des Beizens verwandelt es sich in das Carbonat und bleibt als solches in der Haut zurück. Nach dem Pickeln, das sich an die Beize anschließt, fällt der Kalkgehalt auf 0,6% und das Calcium liegt nunmehr hauptsächlich als Calciumsulfat vor. Wo die Beizbrühe das Calcium nur in sein Carbonat überführt, ohne es zu entfernen, wäre es unrichtig, die Beize als einen Entkälkungsprozeß anzusprechen. In den Fällen, in denen der Kalk während der Beize nicht entfernt wird, geschieht dies gewöhnlich noch später durch die Säuren beim Pickelprozeß, bei der Kleienbeize oder in der ersten Gerbbrühe, in die die Häute gebracht werden.

e) Die Bakterientätigkeit.

Bei der Kotbeize und bei der Trypsinbeize, bei denen für eine ganze Reihe Häutepartien immer dieselbe Beizbrühe benutzt wird, spielt zweifellos Bakterientätigkeit eine große Rolle. Abb. 150, die einer Veröffentlichung von Wood (46) entnommen ist, zeigt eine typische Bakterienkultur einer gebrauchten Kotbeize auf einem Gelatinenährboden. Im Laboratorium des Verfassers wurden eine große Zahl von Beizbrühen auf ihre Keimzahlen untersucht. In einer Beizflüssigkeit, in der nacheinander 8 Partien Kalbshäute gebeizt wurden, wurde die Zahl der Bakterien nach jeder einzelnen Partie festgestellt und pro Kubikzentimeter gezählt: 93, 370, 590, 920, 1330, 1110, 770 und 630 Millionen. Die Zahl der Bakterien erreichte also nach dem Beizen der fünften Partie ein Maximum von 1330000000 pro ccm und fiel dann wieder. Offenbar werden die Bakterien von ihren eigenen Ausscheidungsprodukten getötet.

Becker (1) isolierte aus Hundekot nicht weniger als 54 Bakterienarten und untersuchte bei vielen die Einwirkung auf Haut. Dabei fand er eine Bakterienart, die er als „B. erodiens" bezeichnete. Sie hatte die Fähigkeit, gekälkte Haut ähnlich zum Verfallen zu bringen wie der Kot selbst. Unabhängig voneinander entdeckten Wood in England, G. Popp und H. Becker in Deutschland eine künstliche Bakterienbeize; sie vereinigten später ihre Bemühungen und brachten unter dem Namen „Erodin" die erste künstliche Beize auf den Markt, die aus einem Nährsubstrat und einer Reinkultur des B. erodiens, die vor dem Gebrauch hinzugefügt wird, bestand. Erodin hat sich in der Praxis bei der Herstellung gewisser Lederarten als ein guter Ersatz für Kot bewährt.

Da der B. erodiens keine tryptischen Enzyme abscheidet, hat Wood vorgeschlagen, Bakterien zu verwenden, wie sie an den Wurzeln der Wolle beim Schwitzprozeß auftreten. Diese scheiden ein schwaches proteolytisches Ferment aus und würden sich als Zusatz zum Erodin eignen. Die Empfänglichkeit der Erodinbrühen für fremde Bakterien ist ein ernsthaftes Hindernis für weitgehende Anwendung des Erodins. Wood hat beim Arbeiten mit Erodin festgestellt, daß frische Brühen gewöhnlich einen p_H-Wert von 6,6 haben, der während der Beize auf 7,3 ansteigt.

Cruess und Wilson (5) konnten 10 verschiedene Bakterienarten aus Taubenmist isolieren, und feststellen, daß Reinkulturen dieser Bakterien in verdünnter Magermilch die Haut zum Verfallen bringen können.

Abb. 150. Typische Plattenkultur der Bakterien einer Beizbrühe auf Gelatine.

Wurde der Beizprozeß zu lange ausgedehnt, so wurden die Proteine der Haut hydrolysiert; diese Gefahr konnte jedoch durch Zusatz von 0,5% Glucose auf ein Minimum verringert werden. Es konnte gezeigt werden, daß die Glucose zu Säuren abgebaut wird; diese hemmen die Bakterien und unterstützen die Entfernung des Kalkes aus der Haut.

f) Die Entfernung der Elastinfasern.

Es gelang Wood (47), die Enzyme des Hundekotes durch Ausfällen mit Alkohol zu isolieren und zu zeigen, daß sie zusammen mit Ammoniumverbindungen imstande sind, Blößen zu beizen. Da die Lösungen alkalisch waren, erschien es sehr wahrscheinlich, das Trypsin als hauptsächlich wirkenden Faktor anzusehen. Später konnten Wood und Law (48) zum mindesten folgende fünf verschiedenen Enzyme im Hundekot nachweisen:

1. ein peptisches Enzym ähnlich dem Pepsin,
2. ein tryptisches Enzym ähnlich dem Trypsin der Pankreas,
3. ein Labferment (koagulierendes Enzym),
4. ein amylolytisches Enzym,
5. eine Lipase.

Bei stark fetthaltigen Häuten kommt der Lipase sicherlich eine wichtige Rolle zu; sie hydrolysiert und emulgiert das Fett.

Im Jahre 1908 ließ sich Röhm (23) die Verwendung der Enzyme des Pankreassaftes bei gleichzeitiger Anwendung von Ammoniumsalzen als Beizmittel patentieren. Dieses Beizpräparat, unter dem Namen Oropon bekannt, hat einen weiten Verbraucherkreis gefunden und die früher übliche Kotbeize in weitem Maße verdrängt.

In neuerer Zeit wurde untersucht, welche Rolle dem Pankreatin beim Beizprozeß zukommt. Zuerst wurde dabei die Aufmerksamkeit auf die Einwirkung des Trypsins auf die elastische Faser gerichtet. Als Maß für den Elastingehalt der Haut nahm Rosenthal (27) den Stickstoffanteil, der durch tryptische Verdauung in Lösung gebracht wurde. Er konnte auf Grund dieser Methode nachweisen, daß durch die Oroponbeize der Elastingehalt einer Kalbshaut von 10,36 auf 0,31%, auf Trockensubstanz bezogen, verringert wurde. Spätere mikroskopische Untersuchungen des Verfassers über das Wesen der Beize ergaben, daß die Methode von Rosenthal zur Bestimmung des Elastingehaltes der Haut falsche Werte ergibt. Offenbar entsteht ein beträchtlicher Teil des Stickstoffs, der als aus dem Elastin stammend angesehen wird, aus anderen Proteinelementen der Haut oder ihren hydrolytischen Abbauprodukten.

Bei Untersuchung des Beizvorganges an dem Narbenspalt einer Schafshaut fand Wood, daß stickstoffhaltiges Material in Lösung ging, und zwar nur 1% der gesamten Proteinmenge der Haut. Soweit man durch mikroskopische Untersuchungen nachweisen kann, entspricht diese Angabe ungefähr dem Prozentsatz des in der Haut anwesenden Elastins.

Auch Seymour-Jones (29) nimmt an, daß die Hauptfunktion der Beize die Entfernung der Elastinfasern der Haut sei. Zusammen mit Wood führte Seymour-Jones interessante Versuche über das Beizen von Schafsblößen aus. Eine Schafsblöße wurde so gespalten, daß die Narbenschicht von dem Hauptteil der Haut abgetrennt wurde; der letztere wurde herkömmlich als Fleischspalt bezeichnet. Narben- und Fleischspalt wurden längs des Rückens in zwei Hälften geteilt und eine Narben- und eine Fleischspalthälfte mit Pankreatol, einem dem Oropon ähnlichen Pankreatinpräparat, gebeizt, während die beiden anderen Hälften nicht gebeizt, sondern nur mit Essigsäure entkälkt wurden. Darauf wurden alle vier Hälften mit Sumach gegerbt. Die gebeizten und die entkälkten Fleischspalte wiesen kaum Unterschiede

auf, die Narbenhälften zeigten jedoch beträchtliche Differenzen. Die
gebeizte Narbenhälfte war glatt und eben, die Haarlöcher sauber und
klar, die nur entkälkte Hälfte dagegen hatte eine rauhe, zusammen-
gezogene Oberfläche, die Haarlöcher schienen verklebt. Seymour-
Jones schloß daraus, daß das in der Narbenschicht vorhandene Elastin

Abb. 151. Vertikalschnitt durch eine Kalbsblöße.
(Nach dem Äschern und Enthaaren, aber vor der Beize.)
Stelle der Entnahme: Schild.   Dicke des Schnitts: 40 μ.   Färbung: Weigerts Resorcin-Fuchsin
und Picro-Rot.   Okular: 5×.   Objektiv: 32 mm.   Wratten-Filter: B-Grün, E-Orange.   Lineare
Vergrößerung: 35-fach.

vor der Gerbung entfernt werden muß, wenn ein befriedigender Narben
entstehen soll, daß hingegen das Beizen der Haut unter der Narbenschicht nicht nur unnötig, sondern oft sogar schädlich sei.

Wilson und Daub (38, 39) verfolgten mikroskopisch die Wirkung
von Trypsin auf die Elastinfasern der Kalbshaut. Als Enzym nahmen
sie das käufliche U. S. P.-Pankreatin, das in Tabelle 30 als Beispiel

Nr. 1 angeführt ist. Das Untersuchungsmaterial wurde von einer Kalbshaut genommen, die geäschert, enthaart, ausgestrichen und gewaschen, aber noch nicht gebeizt war. Die Haut wurde 24 Stunden lang bei 40⁰ in einer Lösung gebeizt, die im Liter 0,1 g Enzym, 0,02 Mol Phosphorsäure und genug Natriumhydroxyd enthielt, um den p_H-Wert auf 7,5

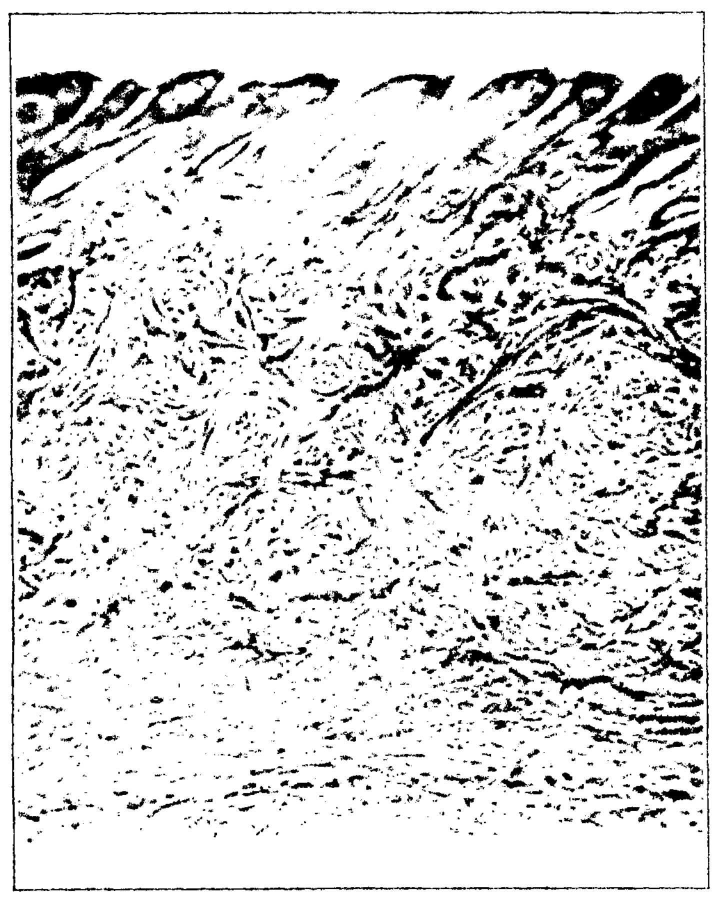

Abb. 152. Der Vertikalschnitt durch eine Kalbsblöße.
(Nach der Beize, vor dem Gerben.)

Stelle der Entnahme: Schild.   Dicke des Schnitts: 40 μ.   Färbung: Weigerts Resorcin-Fuchsin und Picro-Rot.   Okular: 5×.   Objektiv: 32 mm.   Wratten-Filter: B-Grün, E-Orange.   Lineare Vergrößerung: 35-fach.

zu bringen. Abb. 151 zeigt einen Hautschnitt vor der Beize, Abb. 152 einen nach der Beize. Die Elastinfasern sind dunkler gefärbt als die Kollagenfasern und fallen daher in Abb. 151 als sehr dunkles, unmittelbar unter dem Narben liegendes Band in die Augen. Die Vergrößerung ist nicht groß genug, jede einzelne Elastinfaser erkennen zu lassen. Eine weitere Schicht solcher elastischer Fasern ist an der Grenze der Aasseite der Haut sichtbar. Die Hautmasse der Haut enthält so gut wie keine Elastinfasern, nur an manchen Stellen umgeben sie die Blutgefäße, Nerven und Muskeln. Abb. 152 zeigt, daß die Elastinfasern durch das Beizen vollständig entfernt worden sind.

Krall (9) beansprucht die Priorität, mit Hilfe des Mikroskops die Entfernung der Elastinfasern aus der Haut beim Beizen festgestellt zu haben, für sich. Seine Untersuchungen, die in den Jahren 1914 bis 1916 an der Universität Genf ausfgeführt worden sind, bewiesen, daß die Haut durch Behandlung mit einem Aufguß von Hundekot bei 40⁰ C vollständig von den Elastinfasern befreit wird. Seine Mikrophotographien zeigen, daß die Wirkung von Hundekot auf die Elastinfasern genau der Wirkung von Pankreatin gleicht, wie sie Wilson und Daub beobachtet hatten. Kralls wichtige Abhandlung war unglücklicherweise in einem Privatdruck vergraben.

Beim Prüfen der Hautschnitte unter dem Mikroskop konnten Wilson und Daub nichts als die Entfernung des Elastins beobachten. Natürlich schlossen sie daraus, daß die hauptsächliche Wirkung der Enzyme bei der Beize die auf die Elastinfasern sei. Da diese Fasern sich in der Hauptsache in der Thermostatschicht vorfinden, war zu erwarten, daß sie das Aussehen des Narbens beeinflussen, was sie auch zweifellos tun. Aber später konnten Wilson und Merrill (41) zeigen, daß die Enzyme auch sehr energisch auf einen anderen wichtigen Bestandteil der geäscherten Haut einwirken, der sich bei Untersuchung der mikroskopischen Schnitte durch Wilson und Daub der Beobachtung entzogen hatte, da er löslich ist. Diese Substanz, die Keratose, ist ein Abbauprodukt des Keratins, dessen Entfernung aus gewissen Hautarten beim Beizprozeß sehr viel wichtiger ist als die Entfernung des Elastins. Indessen wird durch die Entfernung der Elastinfasern eine Weichheit und Dehnbarkeit des Narbens erreicht, die für gewisse Lederarten wünschenswert ist. Keratose wird durch Trypsin sehr viel leichter hydrolysiert als Elastin, so daß es praktisch möglich ist, die gesamte Keratose wegzubeizen bevor das Elastin meßbar angegriffen wird.

Zur Untersuchung der Wirkung von Trypsin auf Elastin stellten Wilson und Daub vor und nach dem Beizen mit Trypsin Schnitte von Kalbshaut her und färbten sie wie in Band 2 beschrieben. Durch Vergleichen der Schnittpaare vor und nach dem Beizen unter dem Mikroskop konnten sie den Prozentsatz des durch die Behandlung entfernten Elastins roh abschätzen.

Für jede Versuchsreihe bereiteten Wilson und Daub Stücke aus Blößen, die etwa 6 cm lang und 1,5 cm breit waren. Es wurde darauf geachtet, daß bei jeder Versuchsreihe die Streifen möglichst dem gleichen Teil der Haut entnommen worden waren, da es sich gezeigt hatte, daß die Schnelligkeit, mit der das Elastin entfernt wurde, in geringer, immerhin deutlich meßbarer Weise von der Dicke der Blöße abhängig ist. Da jeder Streifen in ein Flüssigkeitsvolumen von 500 ccm gebracht wurde, konnten die Blößenstücke die Konzentration der Lösung kaum ändern. Um den Einfluß des Lichtes auszuschalten, wurden die Versuche in braunen Flaschen ausgeführt. Um die für die tryptische Verdauung optimale Temperatur von 40°C längere Zeit einhalten zu können, wurde in einem Freas-Thermostaten gearbeitet, bei dem die Temperatur auf $\pm$ 0,01° eingehalten werden kann (3).

Jede Brühe enthielt außer dem Enzym als Puffer 0,02 Mol Phosphorsäure, ferner diejenige Menge Kaliumhydroxyd, die nötig war, um die gewünschte Wasserstoffionenkonzentration zu erhalten. Der p_H-Wert jeder Brühe wurde mit Hilfe einer Hildebrand-Elektrode und eines Potentiometers nach Leeds und Northrup gemessen, ausgenommen bei jenen, bei denen Vorversuche mit der Indikatorenmethode nach Clark und Lubs genügende Genauigkeit ergeben hatten. Außer bei den stärker sauren oder alkalischen Lösungen war die Änderung der p_H-Werte praktisch zu vernachlässigen. Die Schätzung des entfernten Elastins bezog sich auf die Entfernung dieses Materials aus der Narbenschicht allein. In manchen Fällen war aus der Narbenschicht alles Elastin entfernt, ehe aus der Schicht, die der Fleischseite zugewendet ist, nur die Hälfte verschwunden war. Da jedoch beim Falzen dieses Elastin mit dieser Schicht praktisch vom Leder entfernt wird, so ist das Entfernen aus dieser Schicht von geringer Bedeutung.

Gewöhnlich wurde zunächst eine Versuchsreihe, die einen weiten Spielraum umfaßte, angesetzt; eine zweite umfaßte dann nur das aktive Gebiet des Enzyms. Zur Kontrolle wurde immer noch eine dritte Parallelreihe durchgeführt.

Einfluß der Wasserstoffionenkonzentration. Es ist wohlbekannt, daß die Wasserstoffkonzentration die Reaktionsgeschwindigkeit der Enzyme beeinflußt. Bei Anwendung von 0,1 g Pankreatin im Liter wurde bei 24 stündiger Einwirkung eine vollständige Entfernung des Elastins aus der Haut nur bei p_H-Werten, die zwischen 7,5 und 8,5 lagen, erreicht. Ein Teil des Pankreatins wurde in ein Kollodiumsäckchen getan und gegen fließendes Wasser 16 Stunden in einem dunklen Raum dialysiert; es wurde dann in einer analogen Versuchsreihe verwendet. Dabei kamen ebenfalls 0,1 g des ursprünglichen Pankreatins im Liter zur Verwendung. Die Ergebnisse deckten sich mit denen, die mit nicht dialysiertem Pankreatin erhalten worden waren. Eine weitere Versuchsreihe wurde mit 1,0 g im Liter angesetzt. Vollständige Elastinentfernung trat

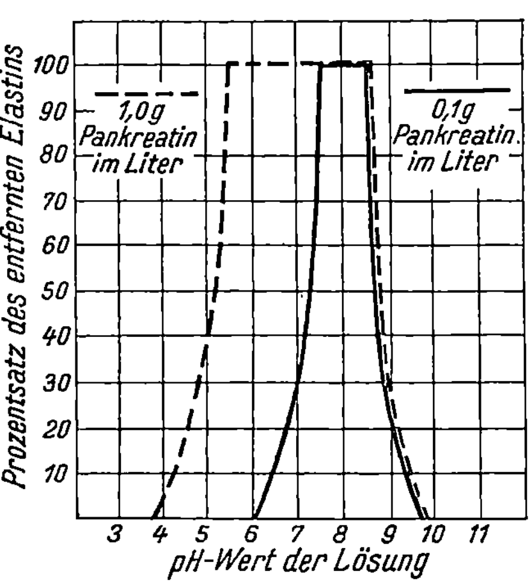

Abb. 153. Die Entfernung der Elastinfasern aus gekälkter Kalbsblöße als Funktion der Wasserstoffionenkonzentration.
Einwirkungsdauer 24 Stunden.
Temperatur 40° C.

bei p_H-Werten zwischen 5,5 und 8,5 ein. Die Ergebnisse beider Versuchsreihen, die in Abb. 153 wiedergegeben sind, wurden, um eine möglichst große Genauigkeit zu erzielen, sorgfältigst überprüft. Der Prozentgehalt an entferntem Elastin ist als Funktion des p_H-Wertes der Lösung nach der Einwirkung und nach Abkühlen auf 25° dargestellt.

Die eigenartige Beziehung der beiden Kurven zueinander ist bedeutsam. Für p_H-Werte über 7,5 stimmen die Kurven fast überein, bei p_H 6,0 jedoch entwickelt die stärkere Lösung noch ihre Aktivität, alles Elastin in 24 Stunden zu verdauen, während die schwächere Lösung die Fähigkeit, Elastin zu lösen, bereits vollständig eingebüßt hat. Wenn ein Enzym verschiedenen Substraten gegenüber unterschiedliche Wirkungsoptima bei verschiedenen p_H-Werten aufweist, so hat man das so erklärt, daß der Einfluß der p_H-Werte dem Substrat gegenüber ausschlaggebend ist. In diesem Falle haben wir nun dasselbe Substrat und das gleiche Enzym, offenbar hängt die Lage des Optimums jedoch nur von der Konzentration des Enzyms ab.

Zur Erklärung dieser Erscheinung kann man eine Arbeit von Northrop (20, 21) heranziehen. Dieser nimmt an, daß die Aktivität eines Enzyms nicht notwendigerweise eine Funktion der augenscheinlichen Gesamtkonzentration des Enzyms ist; ein Teil des Enzyms kann vielmehr durch Bindung an Peptone oder andere fremde Substanzen inaktiviert werden. Er zeigt weiter, daß die Bildung von Additionsverbindungen zwischen Proteinen und Enzymen von der Konzentration der Proteinionen abhängt; diese wiederum ist von der Wasserstoffionenkonzentration der Lösung abhängig. Wenn andere Proteine als das Elastin für die Inaktivierung des Enzyms verantwortlich zu machen sind, so könnte man erwarten, daß diese Inaktivierung im isoelektrischen Punkt dieser Proteine ein Minimum hat.

Nach dem Beizen wurden die Streifen auf Vollendung des Prozesses durch Beurteilung des „Griffes" untersucht; dieses Kriterium hängt offenbar nicht mit der Elastinentfernung, sondern mit dem Schwellungsgrad der Blöße, der ein minimaler sein muß, zusammen. Die einzigen Stücke, die dieser Probe genügten, entstammten Brühen, deren p_H-Werte zwischen 6,1 und 9,8 lagen und davon wiederum zeigten die aus Brühen vom p_H-Wert gegen 8 das stärkste Verfallensein. Dieser Wert entspricht offenbar dem zweiten von Wilson und Gallun nachgewiesenen und in Abb. 149 dargestellten Minimum der Schwellung von Kalbshäuten. Wichtig ist die Tatsache, daß Wilson und Daub bei 40° C nur ein Minimum bei p_H-8 fanden. Auf Basis der im Abschnitt „Physikalische Chemie der Proteine" diskutierten Theorie von der Existenz zweier Formen des Kollagens scheint es, als ob Wilson und Daub bei 40° C mit der Form experimentierten, die bei höherer Temperatur stabil ist und deren isoelektrischer Punkt bei 7,7 zu liegen scheint.

Es wurde daher folgende vorläufige Theorie entwickelt: Bei einem p_H-Wert von 7,7 ist das gesamte Enzym praktisch ungebunden und greift das Elastin an; mit abnehmendem p_H-Wert jedoch nimmt die Konzentration der Kollagenkationen entsprechend zu, dadurch wird mehr und mehr Enzym der freien Wirksamkeit entzogen und inaktiviert. In schwächeren Enzymlösungen ist bei einem p_H-Wert von 6 praktisch alles Enzym an das Kollagen gebunden, in stärkeren Lösungen ist hingegen der Überschuß an Enzym noch ausreichend, um das Elastin abzubauen. Der Grund, weshalb die Kurven im alkalischen Gebiet gleich verlaufen, liegt wahrscheinlich darin, daß 0,1 g Enzym mehr als genug ist, um die Oberfläche der Elastinfasern abzusättigen. Jeder Überschuß sollte ohne Wirkung sein, er dürfte nur als stille Reserve für den Moment dienen, in dem ein Teil des wirksamen Enzyms aus dem System herausgenommen wird.

Interessant ist der Vergleich der p_H-Werte, die andere Autoren als Optima der tryptischen Verdauung feststellten (6). So fanden Michaelis und Davidsohn (19) für Albumosen 7,7, Sherman und Neun (30, 31) für Casein 8,3, während Long und Hull (14) für den gleichen Stoff 5,5 bis 6,3 und für Fibrin 7,5 bis 8,3 angeben. Die Spanne von 5,5 bis 8,3 ist ungefähr die gleiche, die Wilson und Daub (5,5 bis 8,5) bei der vollständigen Entfernung des Elastins aus Haut mit konzentrierten Enzymlösungen wirksam fanden.

Bei p_H-Werten unter 3,0 fand eine erhebliche Zerstörung der Kollagenfasern statt, die offenbar auf Hydrolyse durch Säure zurückzuführen ist. Die Hautstreifen waren geschwollen und gummiartig; eine Entfernung des Elastins konnte nicht beobachtet werden.

Der Einfluß der Zeit auf den enzymatischen Abbau. Es wurden zwei Versuchsreihen angesetzt, bei der einen betrug die Enzymkonzentration 0,1 g auf den Liter, bei der anderen 1,0 g. Im übrigen stimmten die Serien überein. Der p_H-Wert jeder Lösung wurde auf 7,6 eingestellt und während des Versuchs nicht geändert. Jedes Hautstückchen befand sich in einer besonderen Flasche. Die Flaschen wurden in bestimmten Abständen innerhalb von 24 Stunden dem Thermostaten entnommen.

Bei den stärkeren Enzymlösungen wurde die vollständige Entfernung der Elastinfasern nach 6 bis 8 Stunden erreicht, die schwächeren Lösungen benötigten 24 Stunden. Abb. 154 veranschaulicht das Fortschreiten der Auflösung mit der Zeit. Bis zu Beginn des Prozesses waren

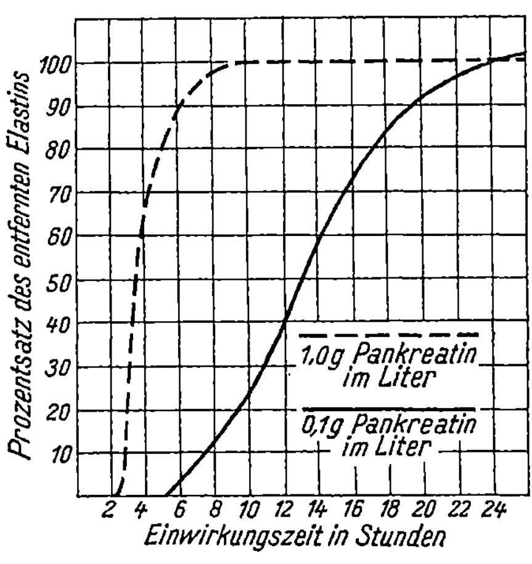

Abb. 154. Die Entfernung der Elastinfasern aus gekälkter Kalbsblöße als Funktion der Einwirkungszeit.
(Temperatur: 40° C. p_H-Wert 7,6.)

bei den stärkeren Lösungen 2, bei den schwächeren 5 Stunden nötig. Offenbar brauchen die Enzyme so lange Zeit zur Durchdringung der das Elastin enthaltenden Hautschichten. Wie aus Abb. 151 ersichtlich, beginnt das Elastingewebe etwa 0,1 mm unter dem Narben.

Der Einfluß der Enzymkonzentration. Es wurden zwei gleiche Versuchsreihen angesetzt, deren Einzelversuche sich nur durch verschiedene Pankreatinkonzentrationen unterschieden. Die eine Serie wurde 5, die andere 24 Stunden im Thermostaten belassen. Die Ergebnisse sind in der Abb. 155 wiedergegeben. Man kann daraus das Minimum der anzu-

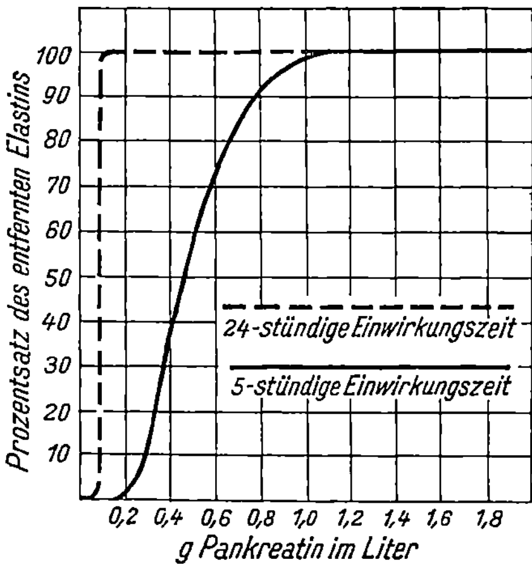

Abb. 155. Die Entfernung der Elastinfasern aus gekälkter Kalbsblöße als Funktion der Enzymkonzentration.
(Temperatur 40° C. p_H-Wert 7,6.)

wendenden Enzymmenge ersehen. Die vollständige Entfernung des Elastins ist bei 0,1 g Pankreatin in 24 Stunden, bei 1,1 g in 5 Stunden erreicht.

Der Einfluß der Ammonium-chloridkonzentration. Da die meisten der im Handel befindlichen Beizmittel in ausgiebigem Maße Ammoniumchlorid enthalten, würde eine Untersuchung des Beizvorgangs ohne Berücksichtigung dieses Faktors unvollständig sein. Man spricht diesem Salz, abgesehen, daß es als Füllmittel eine Rolle spielt, verschiedene Wirkungen zu. Einmal nimmt man an, daß die Entfernung des Kalkes aus der Haut gefördert wird, und andererseits glaubt man, daß damit eine gewisse schwache Alkalität, die der tryptischen Verdauung günstig ist, gewährleistet wird. Es wurden zwei Versuchsreihen mit 0,1 und 1,0 g Pankreatin im Liter angesetzt. Zu den einzelnen Lösungen wurden steigende Mengen Ammoniumchlorid hinzugefügt. Der p_H-Wert der Lösungen wurde gleichmäßig auf 7,6 eingestellt. Die Einwirkungszeit betrug 24 Stunden. Die Ergebnisse der Versuchsreihen sind in Abb. 156 zusammengestellt.

Bei sehr verdünnten Pankreatinlösungen bewirkte ein Zusatz von 0,5 g Ammoniumchlorid im Liter eine Aktivierung der enzymatischen Tätigkeit, größere Zusatzmengen hemmten. Bei dünnen Kalbsblößen konnte bei einer Enzymkonzentration von 0,1 g im Liter nach einer 24-stündigen Einwirkungszeit keine Aktivierung beobachtet werden, da alles Elastin schon ohne jeden Ammonium-

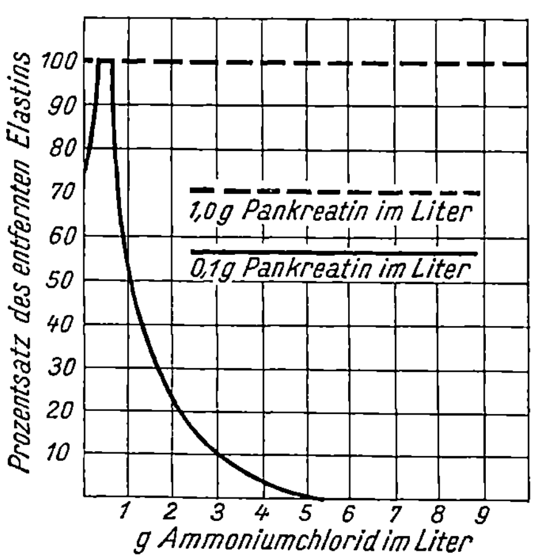

Abb. 156. Die Entfernung der Elastinfasern aus gekälkter Kalbsblöße als Funktion der Ammoniumchloridkonzentration.
(Einwirkungszeit 24 Stunden. Temperatur 40° C. p_H-Wert 7,6.)

chloridzusatz entfernt worden war. Um hier den aktivierenden Einfluß zeigen zu können, mußten dickere Blößenstücke verwendet werden. Bei diesen ist eine vollkommene Elastinentfernung unter bestimmten Bedingungen erst nach längerer Einwirkungszeit möglich. Der aktivierende Einfluß des Ammoniumchlorids bei einer Konzentration von 0,5 g im Liter und der hemmende Einfluß größerer Konzentrationen sind sehr ausgeprägt. Bemerkenswert ist, daß durch einen genügenden Enzymüberschuß die Wirkung des Ammoniumchlorids ausgeglichen werden kann.

Kubelka und Wagner (11) haben den Einfluß von Ammoniumsalzen auf die enzymatische Aktivität von Enzymbeizen an Casein als Substrat nach Fuld-Groß untersucht. Die Wirkung des Enzyms auf Casein wird durch Ammoniumsulfat bedeutend verstärkt. Die Verstärkung der Enzymwirkung ist bei niedriger Salzkonzentration der Salzmenge fast proportional. Bei der Salzkonzentration, welche einem zwischen 200 bis 400% liegenden Zusatz von Ammoniumsulfat zu dem Zwischenprodukt der Beizenfabrikation, welches durch Aufsaugen der wässerigen Auslaugung der Bauchspeicheldrüse in Holzmehl entsteht, entspricht, ist das Maximum der Aktivierung erreicht. Die zu dieser Maximalaktivierung erforderliche Ammoniumsulfatmenge ist der Menge des organischen Extraktes jedes Beizpräparats proportional.

Das Verhalten des Ammoniumchlorids ist interessant im Hinblick auf die Angaben von Thomas (35), daß die Wirkung der Amylase des Malzes durch Kaliumbromid bei Konzentrationen von 0,0 bis 0,1 Mol im Liter gehemmt wurde, höhere Konzentrationen hingegen aktivierend wirkten.

Bei Konzentrationen über 50 g Ammoniumchlorid im Liter wird die Kollagenfaser angegriffen.

Zwecks Ausarbeitung einer neuen Methode zur Bewertung von Enzymbeizen nach deren Einfluß auf Elastin untersuchten Schneider und Hàjek (28) die Wirkung von Trypsin auf ligamentum nuchae, das auf Korngröße gemahlen, mehrmals im Autoklaven mit Wasser gedämpft, getrocknet und 72 Stunden mit Petroläther extrahiert worden war. Zur Bestimmung des Einflusses der Wasserstoffionenkonzentration auf den Elastinabbau wurde eine gewogene Menge Elastin nach Benetzen mit Wasser 1 Stunde mit einer Pufferlösung von bestimmtem p_H bei 40° C unter Umschütteln erwärmt, nach Zufügen einer bestimmten Menge Enzymlösung erneut eine bestimmte Zeit bei 40°C digeriert, dann die Enzymwirkung durch Zusatz von n/2 HCl unterbrochen, klar filtriert und im Filtrat der Stickstoffgehalt ermittelt. Der Stickstoffgehalt des Filtrats steigt von 2,5 bei p_H 5 auf 18,9 bei p_H 8,5 und fällt dann wieder über 18,0 bei p_H 9 auf 6,0 bei p_H 10. Die abgebaute Elastinmenge ist noch bei 6-stündiger Einwirkung des Enzyms auf das Elastin der Zeit direkt proportional. Der Elastinabbau nimmt mit abnehmender Korngröße des Elastins stark zu. Durch Erhöhung der Temperatur von 22° C auf 46° C wird der Elastinabbau nahezu verdoppelt, durch weitere Erhöhung auf 60° C aber wieder sehr stark vermindert. Der Elastinabbau ist wie zu erwarten, weiter abhängig von der Konzentration des Enzyms und des Elastins.

g) Die Verteilung der Elastinfasern in der Haut der verschiedenen Tiere.

Es ist dem Gerber wohlbekannt, daß die Haut verschiedener Tiere und von Tieren verschiedenen Alters beim Beizen und den anderen

Arbeitsvorgängen verschieden behandelt werden muß. Beizt man beispielsweise eine Kuh- und eine Kalbsblöße unter gleichen Bedingungen,
so ist die Beizwirkung bei der Kalbsblöße viel intensiver. Diese Er-

Abb. 157. Vertikalschnitt durch die Thermostatschicht einer Kuhblöße.
(Nach dem Kälken und Enthaaren, vor dem Beizen.)
Stelle der Entnahme: Schild.   Dicke des Schnittes: 20 μ.   Färbung: Daubs Bismarckbraun.
Okular: 5×.   Objektiv: 16 mm.   Wratten-Filter: C-Blau.   Lineare Vergrößerung 140-fach.

scheinung wird bei Betrachtung der Abb. 157 und 158 verständlich.
Beide geben den oberen Teil von Häuten nach dem Kälken, Enthaaren,
Streichen, jedoch vor dem Beizen wieder. Abb. 157 zeigt einen Vertikal-

Abb. 158. Vertikalschnitt durch die Thermostatschicht einer Kalbsblöße.
(Nach dem Äschern und Enthaaren, vor der Beize.
Stelle der Entnahme: Schild.   Dicke des Schnitts: 20 μ.   Färbung: Daubs Bismarckbraun.
Okular: 5×.   Objektiv: 16 mm.   Wratten-Filter: C-Blau.   Lineare Vergrößerung: 140-fach.

schnitt durch die Blöße einer ausgewachsenen Kuh, Abb. 158 den einer Färse. Man kann feststellen, daß Haut des älteren Tiers verhältnismäßig weniger Elastinfasern aufweist, obgleich sich diese, absolut genommen,

Abb. 159. Vertikalschnitt durch die Thermostatschicht einer Schafsblöße.
(Nach dem Kälken und Enthaaren, vor dem Beizen.)
Stelle der Entnahme: Schild.   Dicke des Schnitts: 20 μ.   Färbung: Daubs Bismarckbraun.
Okular: 5×.   Objektiv: 16 mm.   Wratten-Filter: C-Blau.   Lineare Vergrößerung: 140-fach.

tiefer in die Haut erstrecken. Diese größere Tiefenausdehnung bedingt eine längere Beize; dem Enzym muß Zeit gelassen werden, auch zu den tiefer gelegenen Fasern vorzudringen. Andererseits ist es nicht nötig

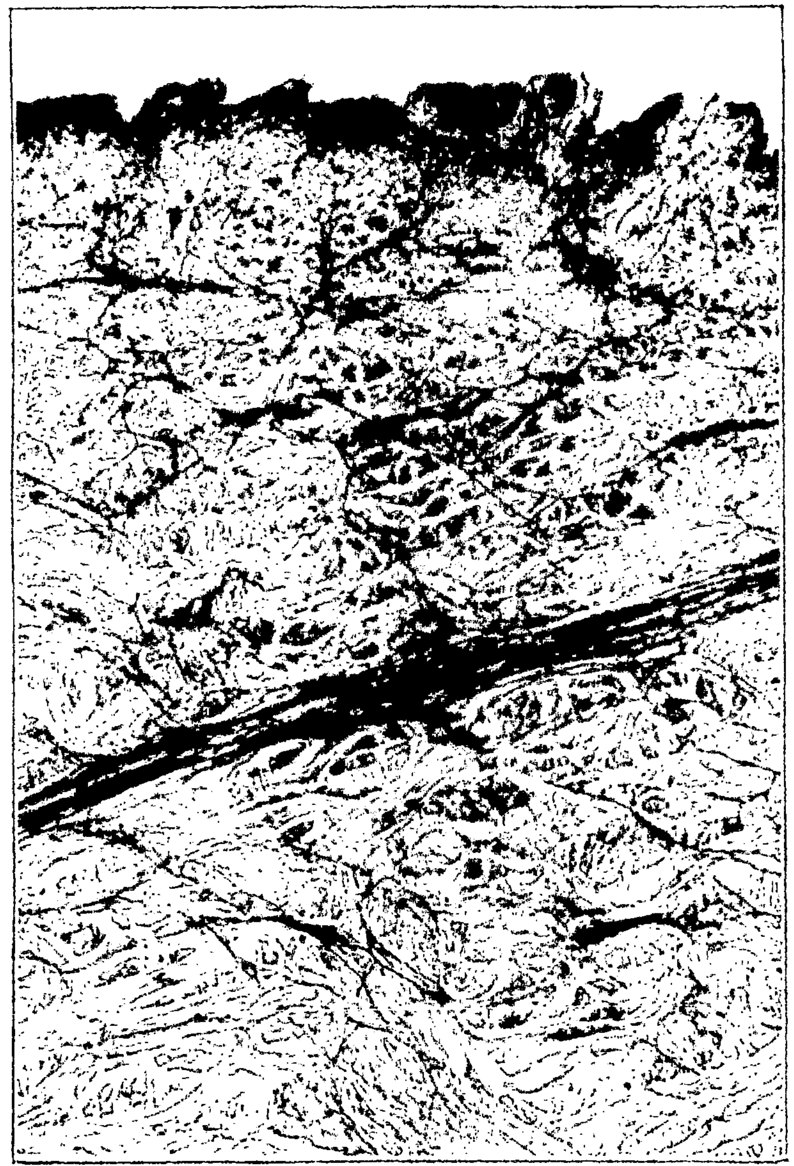

Abb. 160. Vertikalschnitt durch die Thermostatschicht einer Schweinsblöße.
(Nach dem Kälken und Enthaaren, vor dem Beizen.)
Stelle der Entnahme: Schild.   Dicke des Schnitts: 20 µ.   Färbung: Daubs Bismarckbraun.
Okular: 5×.   Objektiv: 16 mm.   Wratten-Filter: C-Blau.   Lineare Vergrößerung. 140-fach.

schwere Häute energisch zu beizen, da die Elastinfasern nur spärlich vertreten sind.

Abb. 159 zeigt die Elastinfasern einer Schafsblöße und Abb. 160 die einer Schweinsblöße vor der Beize. In der Schweinsblöße sind Elastinfasern nur spärlich vertreten; das starke Band elastischer Fasern, das schräg nach rechts oben verläuft, umgibt den Erector-pili-Muskel und hängt offenbar in irgendwelcher Form damit zusammen.

Es ist zweckmäßig, die Abb. 157, 158, 159 und 160 mit den entsprechenden Abb. 12, 29, 30 und 34 der gleichen Häute im grünen Zustand zu vergleichen.

h) Die Wirkung der Elastinentfernung.

Es ist außerordentlich schwierig, die Wirkung der Enzyme beim Beizprozeß auf die Eigenschaften des fertigen Leders quantitativ festzulegen, da die Unterschiede der einzelnen Häute in ihren individuellen Eigenschaften selbst bei gleicher Vorbehandlung größer sind als der Einfluß auf die Eigenschaften, den man der Enzymeinwirkung zuzuschreiben hat. Diese Tatsache spielt bei Untersuchungen auf diesem Gebiet eine wichtige Rolle. Da sie bei den ersten Arbeiten nicht berücksichtigt worden war, führten diese zu falschen Ansichten. Versuche mit wenigen Kalbsblößen zeigten praktisch keine Unterschiede, ob mit Enzymen gebeizt war oder nicht. Erst als man die individuellen Verschiedenheiten der einzelnen Häute ausschaltete, indem man für jeden Versuch Hunderte von Häuten benutzte, trat der Einfluß der Enzymeinwirkung in Erscheinung. In allen weiteren Versuchen, die im Laboratorium des Verfassers ausgeführt worden sind, wurden für jeden einzelnen Versuch 700 Häute verwendet, 350 wurden einer Standard-Behandlung unterworfen, die anderen 350 wurden dem speziellen Fall entsprechend behandelt. So kann bei einem bestimmten Versuch festgestellt werden, wieviel Häute von jedem der beiden verschieden behandelten Partien einen guten und wieviel einen geringeren Narben haben. Wenn z. B. 300 Häute der Standard-Partie einen guten Narben und 50 einen schlechten, von der speziell behandelten Partie 200 einen guten und 150 einen schlechten Narben zeigen, so ist ein Schluß auf die Zweckmäßigkeit bzw. Unzweckmäßigkeit der betreffenden Beizanordnung gegeben. Diese Forschungsmethode hat sich für Beizversuche heute allgemein durchgesetzt und hat den Vorteil, daß teilweise Wiederholungen zur größeren Genauigkeit des Ergebnisses beitragen.

Es ist leicht einzusehen, warum Versuche mit wenig Hautmaterial zu falschen Ergebnissen führen können. Würde für einen Versuch nur eine einzelne Haut ausgewählt, so könnte sie durch einen glücklichen Zufall bei jedem Beizprozeß einen schönen Narben geben. Würde diese Haut längs des Rückgrats in zwei Hälften geteilt, und jede Hälfte im Beizprozeß verschieden behandelt, so würde das Aussehen des Narbens zu der Annahme verleiten, daß die verschiedene Beizanordnung zum gleichen Endergebnis führe. Weiter könnte eine geringwertige Haut durch eine geschickte Beize zum gleichen Resultat führen wie eine vollwertige Haut durch eine schlecht gewählte Beize; die Befunde würden den Tatsachen vollkommen widersprechen. Nur wenn eine Haut durch die Versuchsanordnung ernstlich Schaden erleidet, kann auch mit einer einzigen Haut der Versuch als abgeschlossen betrachtet werden. Zu den Beizuntersuchungen im Laboratorium des Verfassers sind viele Zehntausende Kalbshäute verwendet worden.

Häute, die mit Enzymen gebeizt wurden, zeigten im Vergleich zu jenen, die entsprechend in den gleichen Brühen, jedoch ohne Enzym behandelt wurden, immer einen sichtlichen Unterschied im Aussehen des Narbens zugunsten der mit Enzymen gebeizten. Man kann aber auch den feinen Narben, der für gebeizte Häute chararakteristisch ist, bei Häuten erhalten, die mit so geringen Enzymmengen behandelt sind, daß die Elastinfasern überhaupt nicht sichtbar angegriffen sind. Die Wirkung der Elastinentfernung zeigt sich besonders deutlich in den ersten Stadien des Gerbprozesses. Da die Außenschichten der Haut schneller gerben als die inneren Schichten, hat der Narben vorübergehend das Bestreben, eine größere Ausdehnung als die übrige Haut anzunehmen. Sind die Elastinfasern noch vorhanden, so suchen sie dieser Ausdehnung entgegenzuwirken. Durch die entstehende innere Spannung wird der Narben leicht gerauht, obgleich er dem Aussehen nach festgefügt und glatt erscheint. Sind die Elastinfasern vollkommen aus der Haut entfernt, so dehnt sich der Narben in den Gerbbrühen merklich aus und gibt der Blöße zeitweilig ein runzliges Aussehen, obgleich sie sich sehr weich und seidig anfühlt, im Gegensatz zu der noch Elastin enthaltenden Blöße. Dieser Unterschied ist praktisch verschwunden, wenn die Häute schließlich vollständig gegerbt sind. Beim fertigen Leder ist das Aussehen des Narbens praktisch gleich, ob die Elastinfasern entfernt sind oder nicht.

Die Versuche des Verfassers haben ergeben, daß die Entfernung der elastischen Fasern bei Kalbshäuten nicht notwendig ist, trotzdem darf die Enzymbeize nicht unterbleiben. Wood (46) hat festgestellt, daß es unnötig, ja sogar unerwünscht ist, alles Elastin beim Beizprozeß zu entfernen; es genügt schon, wenn die Elastinfasern zerkleinert oder geschwächt werden, um die gewünschte Biegsamkeit zu erlangen.

Der Anteil der Elastinverdauung bei der Beizwirkung ist sicherlich überschätzt worden. Das Verschwinden der elastischen Fasern in der gebeizten Blöße wurde bei allen diesbezüglichen Arbeiten mit Hilfe histologischer Methoden verfolgt, bei denen Hautschnitte gewissen Färbungen unterworfen und die durch diese Färbung deutlich hervortretenden elastischen Fasern quantitativ geschätzt wurden. Nun hat erstmalig Küntzel (12) die Ansicht geäußert, daß das Elastin bei der Beize gar nicht entfernt, sondern nur so verändert wird, daß die einzelnen Fasern bei der Färbung nach den bestimmten Methoden nicht mehr deutlich hervortreten. Küntzel (13) hat weiter an reinem Elastin (ligamentum nuchae des Pferdes) gezeigt, daß die elastischen Fasern durch die Behandlung mit Trypsin nur soweit verändert werden, daß sie sich in den Orceinlösungen, wie sie zum Färben der elastischen Fasern im Hautschnitt verwendet werden, wie kollagene Fasern anfärben. Kollagen und Elastin besitzen, wie Herzog und Jancke (7) durch die große Übereinstimmung der Röntgendiagramme gezeigt haben, eine nahe Verwandtschaft.

Röhm und Haas (25) sehen eine sehr wichtige Aufgabe der Beize in der Entfernung der unlöslichen Überreste des abgebauten Epithelgewebes. Auch Marriott (15) glaubt, daß es beim Beizen wichtig ist, noch andere Substanzen als das Elastin zu entfernen.

Neuestens haben sich McLaughlin, Highberger, O'Flaherty und Kenneth Moore (16) ausführlicher mit der Theorie und Praxis des Beizprozesses beschäftigt. Sie kamen zu folgendem Ergebnis: Die weniger wichtige Funktion der Beize besteht in ihrer physikalischen Wirkung, die verschiedenen Hautfaserarten auf den annähernd gleichen Schwellungszustand zu bringen, die Haut teilweise zu entkälken und verfallen zu lassen. Die wichtigere Aufgabe der Enzymbeize besteht darin, gewisse Hautbestandteile zu verändern oder zu lösen. Zweifellos wird durch die Enzymbeize aus der Haut eine geringe Menge Keratose entfernt, Elastinfasern gehen in nennenswerter Menge nicht in Lösung, dagegen besteht nach Ansicht von McLaughlin und Mitarbeitern die Hautpaufgabe der Beize darin, die nach dem Weichen und Äschern noch in der Haut verbliebene koagulierbare und koagulierte Proteinsubstanz zu lösen und die nach dem Äschern noch intakt gebliebenen Retikulinfasern zu zerstören. Nach der Ansicht Stiasnys (34) bildet die gelinde peptisierende Wirkung der Beize auf das Kollagen der Bindegewebsfaser den wichtigsten Teil der gesamten Beizwirkung. Von dem Grade des peptisierenden Abbaus der Fibrillen, den man sich nur in seinem ersten Stadien vorstellen darf und der zu einer strukturellen und chemischen Auflockerung der kollagenen Faser führt, hängen in hohem Maße die Eigenschaften des fertigen Leders ab. Neben dieser peptisierenden Wirkung auf das Kollagen sind für das Beizen folgende Faktoren wichtig: die Reinigung der Haut von Oberhautresten; die Entfernung der im Corium befindlichen Bindegewebszellen; die verseifende bzw. emulgierende Wirkung der Beize auf das natürliche Hautfett; die Lockerung des dem Corium anhaftenden Unterhautzellgewebes und die Einwirkung der Beize auf die elastischen Fasern.

Für Leder mit einem besonders weichen und dehnbaren Narben ist die gänzliche Entfernung der Elastinfasern beim Beizen zweifellos vorteilhaft, für die meisten Kalbleder jedoch scheint eine wichtige Aufgabe der Enzyme im Abbau der Keratose zu bestehen.

i) Der Keratoseabbau.

Eine Arbeit über das Beizen von Kalbshäuten mit sehr umfangreichen Versuchen führte Wilson und Merrill (41) zu der Ansicht, daß die wichtigste Aufgabe der Enzyme beim Beizprozeß in der Hydrolyse der Keratose bestehe. In einigen Fällen schien das rauhe und schmutzige Aussehen des Narbens bei Häuten, die nicht mit Enzymen gebeizt waren, von der Ausfällung stickstoffhaltiger Substanzen in der Thermostatschicht der Haut herzurühren. Nun ist bekannt, daß beim

Titrieren alter Äscherbrühen mit Säuren die Zersetzungsprodukte der Haare und andere Keratinsubstanzen einen dicken Niederschlag geben. Die Fülle von Epithelgewebe in der Thermostatschicht bedingt, daß eine beträchtliche Menge abgebauter Keratine nach dem Äschern darin zurückbleibt. Werden diese Stoffe nicht vorher entfernt, so werden sie durch die sauren Gerbbrühen in der Thermostatschicht ausgefällt und der Narben in seinem Aussehen geschädigt. Wie später gezeigt werden wird, ist jetzt ziemlich sicher, daß der Hauptzweck der Enzyme bei der Beize darin besteht, dieses abgebaute Keratin, die Keratose, in Produkte zu zerlegen, die sich viel leichter aus der Haut auswaschen lassen und die auf Zusatz von Säure keine Fällung mehr geben.

Herstellung von Standard-Keratose. Das Untersuchungsmaterial besteht aus jenen Zersetzungsprodukten der Keratine, die in neutralen und in alkalischen Lösungen löslich sind, beim Ansäuren jedoch ausfallen. Der Ausdruck „Keratose" wurde auf dieses Material beschränkt und folglich kann der Keratosegehalt der hergestellten Lösungen durch Wägen der auf Säurezusatz ausgefällten Substanz beim Maximum der Ausfällung bestimmt werden.

Die für die Versuche benutzte Keratose wurde durch 18-stündiges Digerieren von gut gereinigten Kalbshaaren in 10 Gewichtsteilen einer 2 n-Ätznatronlösung bei 25° C gewonnen. Die Lösung wurde dann mit Salzsäure versetzt, bis der p_H-Wert auf 8 gesunken war. Bei diesem p_H ist die Keratose noch löslich. Die Lösung wurde filtriert und bis zum p_H-Wert 4 angesäuert, bei welchem Punkt die Keratose als eine voluminöse weiße Masse ausgefällt war, die ebenso aussieht wie die, die beim Ansäuern von gebrauchten Äscherbrühen entsteht. In großen Filterstutzen läßt man den Niederschlag sich absetzen und wäscht ihn wiederholt durch Dekantieren aus. Schließlich wird er wieder durch Zugabe von Natriumhydroxyd bis zum p_H-Wert 8 gelöst, die Lösung mit einer geringen Menge Thymol sterilisiert und bis zum Gebrauch im Eisschrank aufbewahrt.

Isoelektrischer Punkt der Keratose. Der isoelektrische Punkt der Keratose wurde durch den p_H-Wert des Maximums der Ausfällung bestimmt. Die Keratoselösung, die angenähert 2 Gewichtsprozent Keratose enthielt, wurde mit dem gleichen Volumen einer wirksamen Citrat-Phosphat-Borat-Pufferlösung, wie sie Northrop (22) beschrieben hat, und 8 Volumenteilen Wasser gemischt. Je 100 ccm Lösung wurden zu 50 ccm Essigsäurelösung von verschiedener Konzentration pipettiert, um an der erhaltenen Kurve die maximale Ausfällung zu ermitteln. Die ausgefällten Substanzmengen wurden abfiltriert, getrocknet und gewogen. Die größte Niederschlagsmenge in einer Versuchsreihe wurde als der Gesamtkeratose-Gehalt angenommen und die anderen gefundenen Werte in Prozenten dieses Maximalwerts ausgedrückt. So wurden zwei vollkommen voneinander unabhängige Versuchsreihen durchgeführt, deren Ergebnis in Abb. 161 graphisch dargestellt ist. Das Maximum der Ausfällung liegt ziemlich scharf bei dem p_H-Wert 4,1.

Beim Versuch, die Untersuchung auf ein weiteres Gebiet, als in Abb. 161 angegeben, auszudehnen, stellte sich heraus, daß der Niederschlag sowohl bei niederen als auch bei höheren p_H-Werten zu schleimig wird und sich dann nicht filtrieren läßt. Bei noch weiter abliegenden p_H-Werten bildete sich überhaupt kein Niederschlag. Wichtig ist die Feststellung, daß der isoelektrische Punkt von Keratose nahe beim p_H-Wert vieler Gerblösungen liegt.

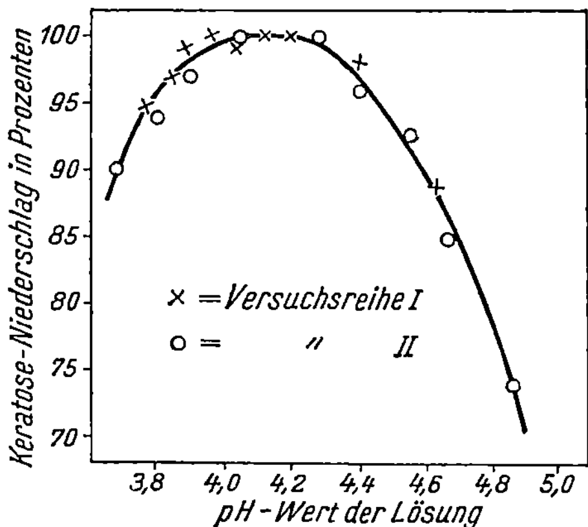

Abb. 161. Isoelektrischer Punkt von Keratose, gemessen durch die maximale Ausfällung.

Einfluß des p_H-Werts. Bei jedem Versuch wurden die Keratose und Enzymlösungen mit der von Northrop (22) beschriebenen Citrat-Phosphat-Borat-Pufferlösung gemischt, der noch genügend Salzsäure oder Natriumhydroxyd zugefügt war, um den für die Verdauung gewünschten p_H-Wert zu erzielen. Die Stammpufferlösung wurde aus 30,85 g Na_2HPO_4 $\cdot 12\ H_2O$, 30,35 g $Na_3C_6H_5O_7$ $\cdot 5,5\ H_2O$ und 10,3 g H_3BO_3 auf den Liter hergestellt. Ein Liter der fertigen Versuchslösung enthielt 100 ccm dieser Pufferlösung und genug Säure oder Alkali für den gewünschten p_H-Wert. Die Pufferlösung diente zur Konstanthaltung der Wasserstoffionenkonzentration während der enzymatischen Einwirkung. Durch elektrometrische Messungen vor und nach jeder Verdauung wurde nachgeprüft, ob diese Forderung erfüllt war. Es wurde weiter festgestellt, daß die Pufferlösung keinen Einfluß auf den Verlauf der Versuche hatte; zwar zeigten Versuchsreihen ohne Pufferzusatz etwas regellosere Ergebnisse, sonst waren sie aber denen ähnlich, die mit Puffern erhalten wurden. Die Versuche wurden bei 40° C durchgeführt.

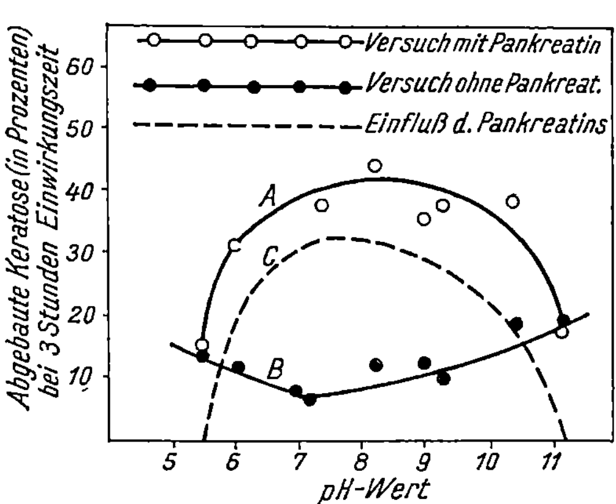

Abb. 162. Einfluß des p_H-Wertes auf die Zersetzung von Keratose mit Pankreatin.
(Gramm pro Liter: Keratose 1,670. Pankreatin 0,035. Temperatur 40° C.)

Als Pankreatin wurde das in Tabelle 29 als Beispiel 1 angeführte Präparat verwendet. — Am Ende der Versuchszeit wurde die unverdaute Keratose durch Zugabe einer Lösung von Essigsäure und Natriumacetat, die den p_H-Wert auf 4,1 erniedrigte, gefällt, abfiltriert, getrocknet und auf einem tarierten Filter gewogen.

Abb. 162 zeigt die Abhängigkeit der Hydrolyse von Keratose vom p_H-Wert bei Gegenwart und Abwesenheit von Pankreatin. Zieht man die Werte der Kurve B von denen der Kurve A ab, so erhält man die Kurve C, die die Hydrolysenwerte veranschaulicht, die speziell durch den Pankreatingehalt hervorgerufen sind. Bei p_H-Werten unter 5,5 und über 11,2 ist das Enzym wirkungslos; die größte Wirkung entwickelt es bei $p_H = 7,9$. Der Bereich einer verhältnismäßig günstigen Wirkung erstreckt sich von etwa 7,5 bis gegen 8,3; das sind die Werte, die auch für die Beizen gewöhnlich gefunden werden.

Einfluß der Verdauungszeit. Das Fortschreiten der Verdauung von Keratose durch Pankreatin mit der Zeit ist in Abb. 163 wiedergegeben. Zum Vergleich wurde noch ein Versuch mit einer typischen Beize des Handels und ein Blindversuch ohne Pankreatin durchgeführt. Die Kurven sind typisch für eine enzymatische Proteinhydrolyse, der Blindversuch zeigt, daß während der ersten 24 Stunden die ganze Zersetzung praktisch den Enzymen zuzuschreiben ist.

Einfluß der Enzymkonzentration. Variiert man im System die Enzymkonzentration, so zeigt sich, daß die Zeit, in der eine gegebene Menge Keratose hydrolysiert wird, sich umgekehrt proportional der Enzymkonzentration verhält. Dies wird treffend durch die Geraden in der Abb. 164 wiedergegeben; auf der Abszisse sind die Gramme Pankreatin pro Liter aufgetragen, auf der Ordinate die reziproken Werte für die Zeit in Stunden. Es wurden die Werte für den Abbau von je 20, 30 und 40% der angewandten Keratosemenge festgestellt.

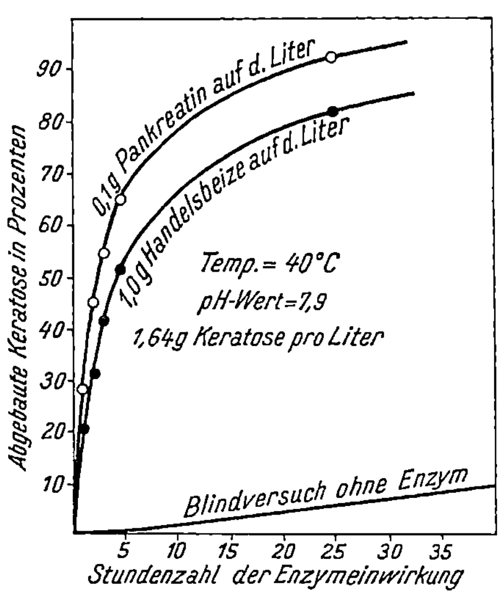

Abb. 163. Die Enzymwirkung auf Keratose als Funktion der Zeit.

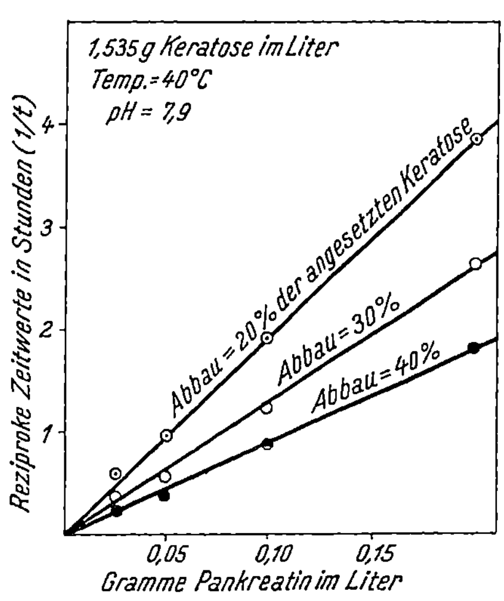

Abb. 164. Der Keratose-Abbau als Funktion der Pankreatinkonzentration.

Einfluß der Keratosekonzentration. Ist die anfängliche Enzymkonzentration gegeben, so wächst die Menge der hydrolysierten Keratose mit der Höhe der ursprünglichen Keratosekonzentration. In Abb. 165 ist wiedergegeben, wie die zum Abbau einer bestimmten Keratosemenge notwendige Zeit und die anfängliche Keratosekonzentration voneinander abhängen. Bei einer Konzentration von 2 g Keratose pro Liter werden 0,8 g in 135 Minuten gespalten, beträgt die Konzentration aber 4 g pro Liter, so werden 0,8 g schon in 93 Minuten gespalten.

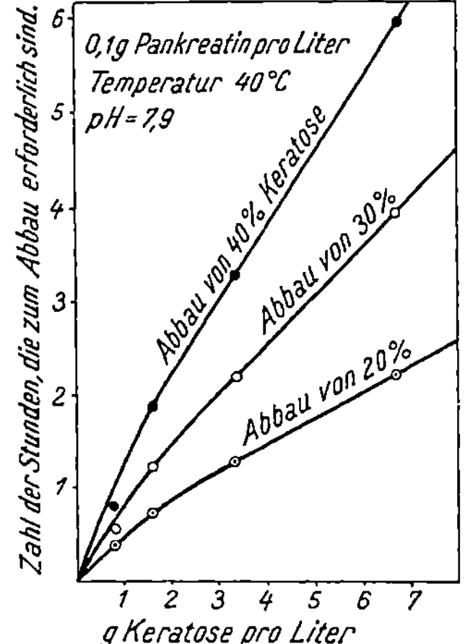

Abb. 165. Die zum Abbau einer bestimmten Keratosemenge notwendige Zeit als Funktion der angewandten Keratosekonzentration.

Einfluß der Temperatur. Über den Einfluß der Temperatur auf den Beizprozeß hat Merrill (17) eine Reihe wichtiger Beobachtungen und Messungen angestellt. Der Temperatureinfluß auf den Gang einer chemischen Reaktion wird gewöhnlich gemessen, indem man die Geschwindigkeitskonstante der Reaktion bei verschiedenen Temperaturen bestimmt. Der Quotient aus den Reaktionsgeschwindigkeitskonstanten bei Temperaturunterschieden von 10^0 C wird gewöhnlich als der Temperaturkoeffizient der Reaktion für das in Frage stehende Temperaturintervall bezeichnet. Für die meisten Reaktionen liegt der Temperaturkoeffizient gemessen bei Raumtemperatur zwischen 2 und 3.

Es ist unmöglich, bei Gegenwart von Trypsin zufriedenstellende Werte für die Geschwindigkeitskonstante der Keratosehydrolyse zu erhalten, weil, allgemein gesprochen, der Reaktionsverlauf nicht in einer der üblichen Gleichungen der chemischen Kinetik ausgedrückt werden kann. Das hat seinen Grund wahrscheinlich darin, daß das Enzym im Verlauf der Reaktion selbst abgebaut wird, so daß die Menge des zersetzten Substrats viel schneller abfällt, als nach dem Massenwirkungsgesetz zu erwarten ist. Um die Schnelligkeit der Keratosehydrolyse zu messen, muß man daher die Zeit bestimmen, die erforderlich ist, um einen bestimmten Bruchteil der gesamten vorhandenen Keratosemenge unter festgelegten Bedingungen in bezug auf Konzentration von Substrat und Enzym abzubauen.

Bei der Methode von Wilson und Merrill (41) zum Messen der Wirksamkeit eines Enzympräparats gegen Keratose wird das Ergebnis im Ausdruck 1/hg angegeben, wobei h die zum Abbau von 40% einer Keratoselösung, die 2 g im Liter enthält, bei $p_H = 8,0$ und 40^0 C notwendige Zeit in Stunden, und g die Enzymkonzentration in Grammen pro Liter bedeutet. Bei Ausführung der Bestimmung wird g willkürlich festgesetzt und h gemessen, indem man in gewissen Zeitintervallen den Bruchteil bestimmt, der von der vorhandenen Keratosemenge hydrolysiert ist und durch Interpolation die Zeit berechnet, die zur Hydrolyse von 40% der Keratose nötig wäre. Man bestimmt den Prozentsatz der abgebauten Keratose dadurch, daß man die noch nicht angegriffene Keratose bei ihrem isoelektrischen Punkt ausfällt, abfiltriert und wägt.

Das gefundene Gewicht wird dann von dem auf gleiche Weise von der ursprünglichen Keratoselösung erhaltenen Gewicht abgezogen. Die weiteren Einzelheiten der Methode mögen aus der oben zitierten Arbeit von Wilson und Merrill entnommen werden.

Um den Einfluß der Temperatur auf den Abbau der Keratose kennenzulernen, bestimmt man den Ausdruck 1/hg bei verschiedenen Temperaturen unter Benutzung des gleichen Enzympräparats. Diese Arbeitsweise bietet jedoch, wie aus den folgenden Betrachtungen hervorgeht, gewisse Schwierigkeiten.

Der Einfluß der Temperatur auf eine Enzymreaktion ist von zwei verschiedenen, voneinander unabhängigen Faktoren abhängig. Wie bei den meisten Reaktionen, wächst auch beim enzymatischen Proteinabbau die Schnelligkeit mit steigender Temperatur. Andererseits unterliegt das Enzym einer von selbst eintretenden Inaktivierung, die um so schneller eintritt, je höher die Temperatur ist. Ob nun ein Ansteigen der Temperatur einen enzymatischen Vorgang beschleunigt oder verzögert, hängt ganz davon ab, welcher dieser beiden Prozesse gerade am meisten begünstigt ist. Bei niedrigeren Temperaturen ist die Geschwindigkeit, mit der sich die Inaktivierung einstellt, von der Temperatur verhältnismäßig wenig abhängig; bei hohen Temperaturen hingegen hängt die Geschwindigkeit stark vom Temperaturgrad ab.

Die Inaktivierung eines Enzyms tritt natürlich um so mehr in Erscheinung, je länger die Einwirkungszeit gewählt wurde. Hieraus folgt, daß der relative Grad des Abbaus bei zwei verschiedenen Temperaturen in seiner Größenordnung, ja sogar zahlenmäßig festgelegt werden kann. Man bestimmt den Bruchteil an abgebautem Substrat und nimmt ihn als Endpunkt der Reaktion an. Bei 50° C zum Beispiel kann die Hydrolyse sehr viel schneller einsetzen als bei 40° C, und 20% der Keratose

können deshalb bei der höheren Temperatur in viel kürzerer Zeit abgebaut werden. Indessen wird bei der Temperatur von 50° C ein großer Teil des Enzyms nach kurzer Zeit inaktiviert, so daß jede Wirkung aufhört oder doch wenigstens so gehemmt wird, daß zum Abbau von 50% Substrat bei 50° C eine längere Zeit erforderlich ist als wenn der Versuch bei 40° C vorgenommen würde.

Die einzelnen Enzympräparate unterliegen der Inaktivierung in ganz verschiedenem Maße. Die weniger wirksamen Präparate sind im allgemeinen gegen höhere Temperaturen widerstandsfähiger als die besonders reinen Beizpräparate. Daraus folgt, daß die optimale Temperatur für ein spe-

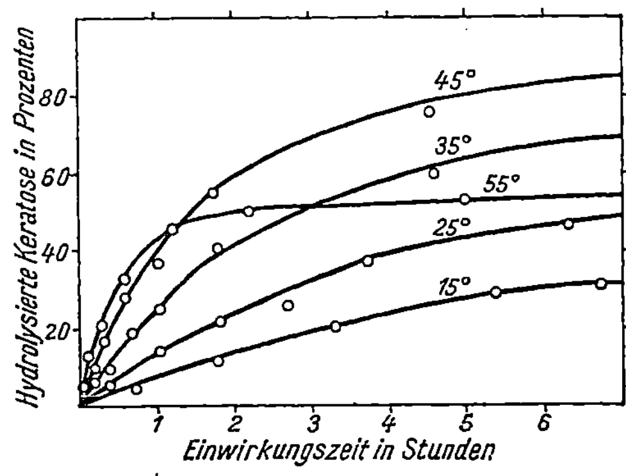

Abb. 166. Verlauf des Keratoseabbaus bei verschiedenen Temperaturen.
(Keratose: 2 g pro Liter; Trypsin: Nr. 6, 0,02 g pro Liter.)

zielles Enzympräparat nicht ohne weiteres auf ein anderes Präparat übertragen werden kann.

Diese Schlüsse werden durch folgende experimentellen Ergebnisse gestützt:

Bei Versuchstemperaturen von 15° bis 60° C in Intervallen von 5° C wurde der Verlauf der Keratosehydrolyse verfolgt. Als Enzympräparat wurde das in Tabelle 30 unter 6 angeführte Muster benutzt.

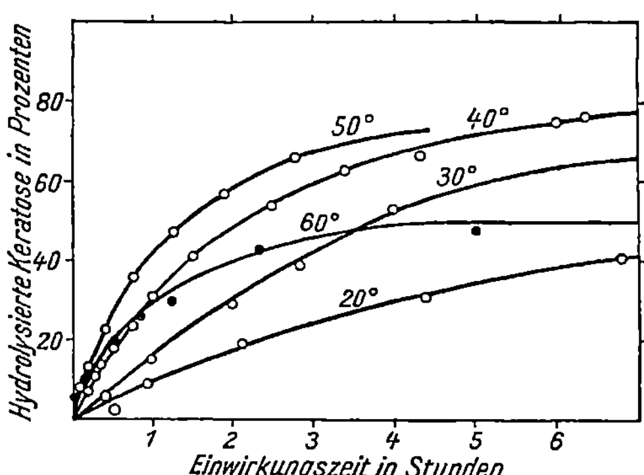

Abb. 167. Verlauf der Keratose-Hydrolyse bei verschiedenen Temperaturen.
(2 g Keratose pro Liter; Trypsin Nr. 6, 0,02 g pro Liter.)

In den Abb. 166 und 167 sind auf den Ordinaten die Prozente der hydrolysierten Keratose, auf den Abszissen die Stunden aufgetragen. Für die verschiedenen Temperaturen sind Kurven eingezeichnet; sie gestatten, für jede Versuchstemperatur sofort die Zeit abzulesen, die zur Hydrolyse eines bestimmten Prozentsatzes der vorliegenden Keratose erforderlich ist. 1/hg wurde für die verschiedenen Bruchteile (20, 30, 40, 50%) der totalen Hydrolyse für jede Temperatur berechnet. Die erhaltenen Werte sind in Tabelle 26 in den Kolonnen 2 bis 5 zusammengefaßt. Die Temperaturkoeffizienten wurden durch Division des Ausdrucks 1/hg für jede Temperatur durch 1/hg für die um 10° höhere Temperatur berechnet. Diese Koeffizienten sind in den Kolonnen 6 bis 9 der Tabelle wiedergegeben.

Tabelle 26. Einfluß des Reaktionsverlaufs auf den scheinbaren Temperaturkoeffizienten der Hydrolyse von Keratose durch Trypsin[1].

Temperatur in Celsiusgraden	1/hg Hydrolyse				$(1/hg)\, T + 10/(1/hg)\, T$ Hydrolyse			
	20%	30%	40%	50%	20%	30%	40%	50%
15	14,9	8,3	5,1	3,2	2,1	2,1	2,4	2,6
20	21,3	11,9	7,6	5,8	1,8	2,1	2,3	2,3
25	31,3	17,8	12,2	8,0	2,3	2,4	2,2	2,3
30	38,5	25,0	17,2	13,2	2,2	2,0	1,9	1,7
35	71,4	41,7	26,3	18,2	1,8	1,7	1,8	1,8
40	83,3	50,0	33,3	23,0	1,9	1,7	1,6	1,5
45	125,0	71,4	47,6	33,1	1,3	1,3	1,2	0.78
50	161,3	86,2	53,2	34,3	0,56	0,50	0,44	—
55	166,6	96,1	57,5	25,6	—	—	—	—
60	90,7	43,5	23,6	[2]	—	—	—	—

Der Temperaturkoeffizient ist abhängig von dem Reaktionsstadium, das als Endpunkt zum Messen der Aktivität der Enzyme gewählt wird.

[1] 2 g Keratose pro Liter, 0,02 g Enzym Nr. 6 pro Liter, $p_H = 8,0$.
[2] Reaktion bleibt stehen.

Bei niederen Temperaturen wird der Koeffizient um so größer gefunden, je näher die Reaktion ihrem Abschlusse ist. Bei höheren Temperaturen wird der Temperaturkoeffizient um so kleiner, je weiter die Reaktion schon vorgeschritten ist. Betrachten wir zum Beispiel den Reaktionsverlauf bei 45⁰ und 55⁰ C, so zeigt sich, daß für eine 20%ige Hydrolyse bei 45⁰ C 1,3mal solange Zeit erforderlich ist als bei 55⁰ C. Bei der 50%igen Hydrolyse hingegen benötigt man für die niedrigere Temperatur nur das 0,78-fache an Zeit als für die höhere Temperatur.

Daß die Größe des Temperaturkoeffizienten bei der Keratosehydrolyse von der Natur des angewandten Enzyms abhängig ist, wird durch die Abb. 168 und 169 veranschaulicht. Der Grad

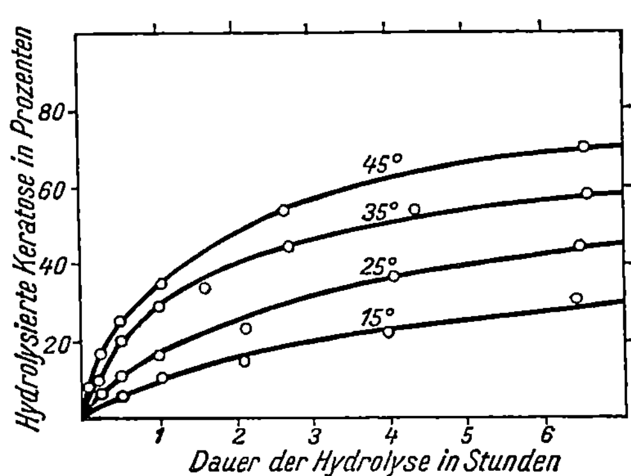

Abb. 168. Verlauf der Keratose-Hydrolyse bei verschiedenen Temperaturen.
(2 g Keratose pro Liter; Trypsin Nr. 9, 0,002 g pro Liter.)

der Keratosehydrolyse wurde außer mit dem Trypsin Nr. 6 noch mit zwei anderen Präparaten in Temperaturabständen von je 10⁰ C festgelegt. Das eine gewählte Präparat war sehr schwach, das andere aber sehr wirksam, Nr. 6 nimmt eine Mittelstellung ein. Der Temperaturkoeffizient fällt bei dem wirksamsten Enzym mit wachsender Temperatur viel schneller ab. Alle diese Werte beziehen sich auf eine 40%ige Hydrolyse des Substrats.

In dem für die praktische Beize günstigen Temperaturbereich hat indessen weder die Reinheit des Enzyms noch die Abbaustufe einen größeren Einfluß auf den Temperaturkoeffizienten. Im allgemeinen wird die Beize

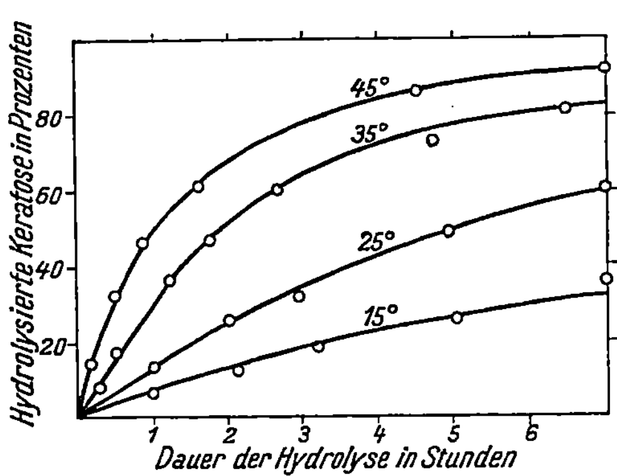

Abb. 169. Verlauf der Keratose-Hydrolyse bei verschiedenen Temperaturen.
(2 g Keratose pro Liter; Trypsin Nr. 2, 0,2 g pro Liter.)

zwischen 25⁰ und 35⁰ C vorgenommen, und es läßt sich sicher sagen, daß die maximale Temperatur, bei der der Beizprozeß ausgeführt werden kann, 40⁰ C beträgt, da schon bei wenigen Graden darüber Kollagen rasch hydrolysiert wird. Beschränken wir unsere Aufmerksamkeit auf die Temperaturkoeffizienten für den Bereich von 15⁰ bis 40⁰ C, so stellen wir fest, daß nahezu die gleichen Ergebnisse erhalten werden, gleichgültig ob von der Keratose 20 oder 50% hydro-

lysiert wurden, und gleichgültig ob das Enzym roh oder gereinigt war.
In diesem Bereich liegen die Temperaturkoeffizienten um 2 herum,
d. h. eine gegebene Enzymmenge hydrolysiert eine gegebene Keratosemenge bei einer um 10° C höheren Temperatur in der halben Zeit, oder
die halbe Enzymmenge hydrolysiert die gegebene Keratosemenge in
der gleichen Zeit. Es ist daher möglich, soweit man beim Beizprozeß
nur die Keratose hydrolysieren will, bei jeder Temperatur unter 40° C
zu beizen, man kann die Enzymmenge oder die Zeit oder auch beides
für die Beize entsprechend wählen.

Praktische Anwendung. Die Technik der eben dargelegten Angaben
über den Abbau von Keratose durch Pankreatin verlangen eine geeignete Methode, die Menge eines Beizpräparates festzustellen, die zur
Erzielung eines gewünschten Beizeffekts notwendig ist. Beim Beizen
von Kalbshäuten haben wir gefunden, daß bis zu einer gewissen Beiz-
zeit ein gutes Leder erhalten wird, während bei Überschreitung dieser
Zeit das Leder geringwertiger wird. Bei festgelegten Bedingungen zeigen
verschiedene Pankreatinpräparate verschiedene optimale Beizzeiten.

Nimmt man zum Beispiel drei verschiedene Pankreatinproben A,
B und C, die nach der Wilson-Merrill-Methode die Werte 2, 10 und
80 zeigen und benutzt diese Proben zum Beizen ganzer Kalbsblößen-
Partien und variiert nur die Konzentration des Enzyms, so zeigt sich,
daß man 40mal soviel von A als von C oder 8mal soviel von B als
von C nehmen muß, um beim Sortieren des Leders den besten Erfolg
feststellen zu können. So ermöglicht ein einfacher Laboratoriumsversuch
den Beizwert von irgendeinem Beizpräparat am fertigen Leder mit
erstaunlicher Genauigkeit zu bestimmen. Dies wurde durch Großver-
suche mit Zehntausenden von Kalbshäuten festgestellt, und damit war
bewiesen, daß die wichtige Aufgabe der Enzyme beim Beizen von
Kalbshäuten darin besteht, die Keratose abzubauen.

k) Die Hydrolyse des Kollagens.

Die früher weit verbreitete Ansicht, daß Kollagen durch Trypsin
nicht angegriffen wird, erwies sich durch eine Arbeit von Thomas und
Seymour-Jones (36) als irrig. In Abb. 170 sind die Daten für den
Hautpulverabbau durch Trypsin als Funktion der Zeit wiedergegeben.
Bemerkenswert ist der stetige Abbau von Kollagen auch beim Blindversuch (ohne Enzym) bei 40° C. Abb. 171 gibt den Abbau für feines
und für grobes Hautpulver als Funktion der Enzymkonzentration
wieder. Das feine Pulver bestand aus dem Teil des Hautpulvers, der
durch ein Sieb mit 13 Maschen auf einen cm² hindurchgegangen war,
während das grobe Pulver aus dem bestand, was auf dem Sieb zurückgeblieben war. Wie zu erwarten, wurde zur Hydrolyse des groben
Pulvers viel mehr Zeit benötigt.

Marriott (15) wandte gegen die Befunde von Thomas und Seymour-Jones ein, daß das Kollagen durch die vorhergehende Behandlung des Hautpulvers mit Kalk und anderen Agentien so verändert
sein könne, daß es dadurch für Trypsin abbaufähig geworden sei,

während unbehandeltes Kollagen gegen Trypsin widerstandsfähig sein
könne. Darauf zeigten Merrill und Fleming (18), daß auch unbehan-

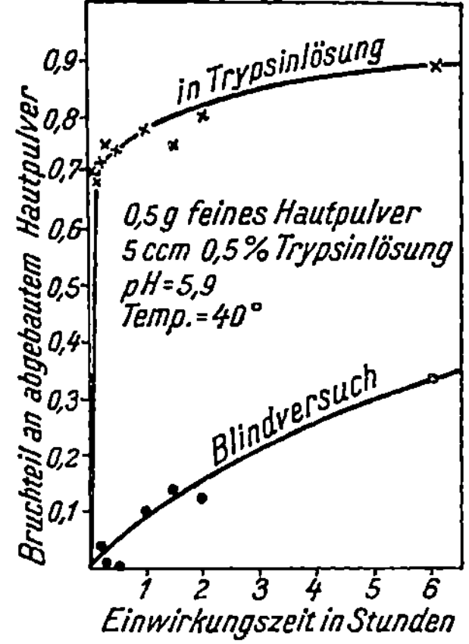

Abb. 170. Der Abbau von Hautpulver durch
Trypsin als Funktion der Zeit.

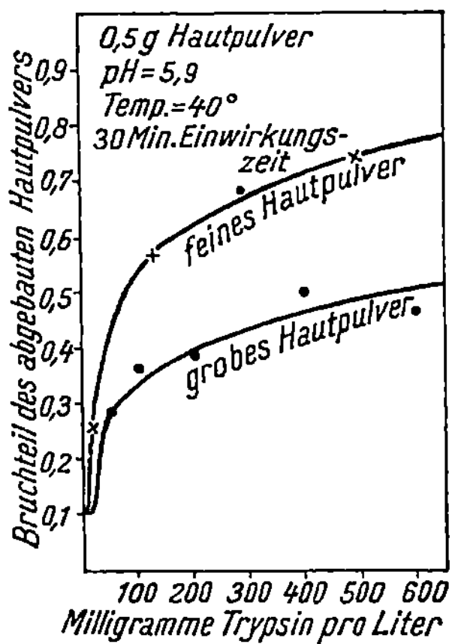

Abb. 171. Der Verlauf des Abbaus von feinem
und grobem Hautpulver als Funktion
der Trypsinkonzentration.

deltes Kollagen von Trypsin angegriffen wird. Sie schnitten von frischer
Kalbshaut das Fleisch, die Epidermis und die Haare herunter und
unterwarfen ihr Material dann der trypti-
schen Verdauung. Ein anderes Stück wurde
geäschert und dann mit Trypsin behandelt.
Merrill und Fleming konnten feststellen,
daß das Kollagen von frischen Kalbshäuten
von Trypsin in genau dem gleichen Maße
angegriffen wird wie das Kollagen von geäscherten Kalbshäuten, obgleich geäscherte
Kalbshaut eine größere Menge Stoffe enthält, die für Trypsin leicht verdaulich sind
und wahrscheinlich aus Zersetzungsprodukten gewisser Hautproteine bestehen.

Weiter stellten Merrill und Fleming
eine interessante Untersuchung über die
Natur der Einwirkung von Trypsin auf
Kalbshäute an. Sie faßten drei Möglichkeiten ins Auge, die durch die hypothe-
tischen Kurven in Abb. 172 wiedergegeben
sind. Die Kurve A gibt an, was eintreten
würde, wenn das echte Kollagen der Haut
von Trypsin nicht angegriffen würde. Die
Einwirkung würde aufhören, wenn alle
verdaubaren Proteine hydrolysiert wären
und die Kurve müßte schließlich parallel
zur Zeitachse verlaufen. Bei Kurve B ist
angenommen, daß die Kollagenfasern der

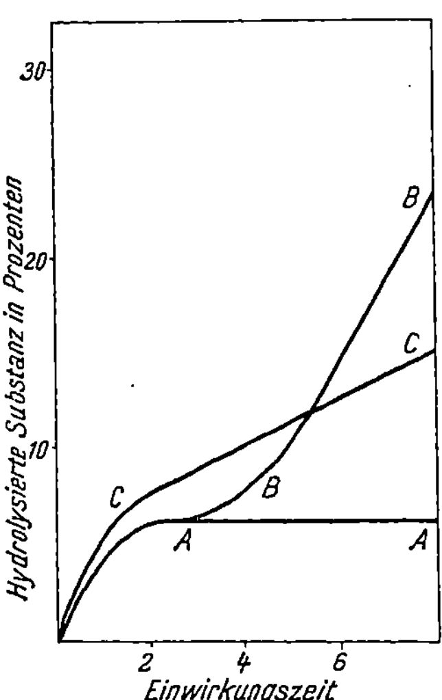

Abb. 172. Verlauf der Hydrolyse von
Kalbshaut. Die Kurven geben die drei
theoretisch denkbaren Möglichkeiten
für den Verlauf wieder. Die Kurve A
wäre zu erwarten, wenn das Kollagen
von Trypsin nicht angegriffen würde,
Kurve B, wenn das Kollagen angegriffen, aber von Schutzhäutchen umgeben wäre, die ihrerseits schwer angegriffen würden. Kurve C würde auftreten, wenn das Kollagen angegriffen
würde und von keiner widerstands-
fähigen Schutzhaut umgeben wäre.

Haut zwar verdaulich aber von einer Schicht umschlossen sind, die ihrerseits nur schwer durch Trypsin angegriffen wird. Infolge des Abbaus von Keratose, Elastin usw. müßte die Kurve anfangs stark ansteigen, dann ein Stück parallel zur Zeitachse verlaufen, bis die schützende Schicht entfernt ist und schließlich weiter stark ansteigen, weil das nunmehr ungeschützte Kollagen vom Trypsin angegriffen wird. Die Kurve C gilt für den Fall, daß alle Kollagenfasern der Haut gleicherweise der Einwirkung der Enzyme unterliegen, ohne daß eine schützende Hülle in Frage kommt. Der erste starke Anstieg der Kurve wäre auf die Entfernung der leicht verdaulichen Stoffe zurückzuführen. Sobald diese zerstört sind, müßte die Kurve dem gleichförmigen Kollagenabbau entsprechend in einer Geraden, nicht parallel zur Zeitachse, sondern stetig ansteigen. Die Experimente dieser Forscher, die weiter unten beschrieben werden, zeigen, daß dieser dritte Fall dem praktischen Verlauf der Kollagenhydrolyse bei Kalbshaut entspricht.

Bei der Untersuchung der wichtigen variablen Faktoren benutzten Merrill und Fleming Kalbshaut, die geäschert, enthaart, ausgestrichen, gewässert und bis zum Neutralpunkt mit HCl entkält war. Es schien nicht wünschenswert, ungeäscherte Häute zum Versuch zu verwenden, da ja in der Praxis fast ausschließlich geäscherte Häute gebeizt werden. Spätere Versuche schienen jedoch zu zeigen, daß mit frischem Kollagen genau die gleichen Ergebnisse erhalten werden. Die Haut wurde in Würfel von 2 mm Kantenlänge geschnitten.

Die Versuche bestanden darin, feuchte Hautstücke mit einem Gehalt von 1 g Kollagen eine gegebene Zeit bei gegebener Temperatur in 100 cmm einer Pufferlösung von bestimmten p_H-Wert und bestimmter Enzymkonzentration aufzubewahren. Ein zweites Probestück wurde mit genau der gleichen Lösung behandelt, in der die Enzyme durch 15 Minuten langes Kochen inaktiviert worden waren. Nach 24 Stunden wurden beide Lösungen filtriert und in den Filtraten der Stickstoff bestimmt und als Kollagen berechnet. Die Differenz zwischen den beiden Werten wurde als von dem Enzym in Lösung gebrachte stickstoffhaltige Substanz, als Kollagen angenommen. Dann wurden die Probestücke für weitere 24 Stunden in frische Lösungen gebracht, die genau zusammengesetzt waren wie die ersten. In den Filtraten wurde wiederum der Stickstoff bestimmt. Die ganze Operation wurde so lange wiederholt, bis die Richtung der Hydrolysenkurve eindeutig festlag. Die Mengen an stickstoffhaltiger Substanz, die während den ersten,

Tabelle 27.

| Anzahl der Operationen . | 1 | 2 | 3 | 4 | 5 | 6 |
Einwirkungszeit in Stunden	24	24	24	48	24	24
Gramme Stickstoff (als Kollagen) in Lösung gebracht						
mit aktivem Enzym . . .	0,0590	0,0329	0,0252	0,0409	0,0220	0,0283
mit inaktiviertem Enzym .	0,0157	0,0071	0,0063	0,0118	0,0055	0,0094
durch das aktive Enzym	0,0433	0,0258	0,0189	0,0291	0,0165	0,0189
Gesamtmenge	0,0433	0,0691	0,0880	0,1171	0,1336	0,1525

zweiten, dritten usw. 24 Stunden in Lösung gegangen waren, wurden addiert, um die in Lösung gegangenen Gesamtmengen für 2, 3, 4 usw. Tage zu erlangen. Die in Lösung gegangenen Gesamtmengen wurden dann als Funktion der Zeit aufgetragen.

Zum Beispiel wurden mit einem Enzympräparat die in Tabelle 27 wiedergegebenen Zahlen erhalten.

Die Methode hat den Nachteil, daß jeder Fehler bei einer Bestimmung sich über die ganze Versuchsreihe hinschleppt. Da Trypsin seine Aktivität sehr schnell verliert, muß man die Lösungen täglich erneuern, um die Verdauung über lange Zeiträume messen zu können.

Einfluß der Zeit. Der Einfluß der Zeit auf die Hydrolyse ist aus Tabelle 28 und Abb. 173 zu ersehen. Die Versuche wurden mit 4 verschiedenen Trypsinpräparaten vorgenommen und erstrecken sich über einen Zeitraum von 10 Tagen. Die Enzymnummern beziehen sich auf die Angaben in Tabelle 30. Jede der vier Kurven stimmt mit dem Typ *C* in Abb. 172 überein. In jedem Falle steigt die Kurve während des ersten Tages steil an und geht später unter Verringerung der Steigung in eine gerade Linie über. Für jedes Enzympräparat ist die Neigung der Kurve verschieden. Das schnelle Ansteigen während des ersten Tages rührt vom Abbau leicht verdaulicher Stoffe wie Keratose und Elastin her. Die lineare Beziehung zwischen der Menge des abgebauten Kollagens und der Zeit nach dem ersten Tage weist auf die Hydrolyse von Kollagen hin. In der Tat ist der Abbau von Kollagen durch die sehr hohen Mengen der abgebauten stickstoffhaltigen Stoffe erwiesen. In einem Falle waren nahezu 30% der gesamten Haut in 10 Tagen in Lösung gegangen, ohne daß ein Anzeichen dafür sprach, daß die Reaktion langsamer wurde. Die Differenz in den Neigungen der Kurven veranschaulicht die Unterschiedlichkeit in der Aktivität der einzelnen Enzympräparate gegenüber Kollagen.

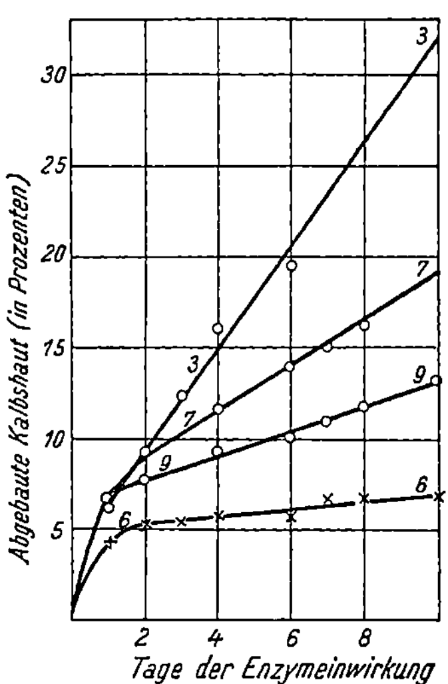

Abb. 173. Einfluß der Zeit auf den Hydrolysenverlauf von Kalbshaut mit vier verschiedenen Trypsinproben bei 40° C.

Tabelle 28. Abbauwirkung von Trypsin auf Kalbshaut.
5,0 g entkälkte Kalbshaut (= 1,0 g Trockengewicht), 100 ccm Lösung, p_H = 8,0, Temp. = 40°.

Enzym Nr.	Gramme pro Liter	Aktivität auf Haut-pulver	Gramme Stickstoff (als Kollagen) gelöst in Tagen							
			1	2	3	4	6	7	8	10
3	0,75	1,8	0,0614	0,0921	0,1244	0,1606	0,1944	—	0,2274	—
6	0,10	13,3	0,0433	0,0538	0,0546	0,0577	0,0562	0,0664	0,0672	0,0672
7	0,05	31,3	0,0669	0,0890	0,1024	0,1260	0,1394	0,1505	0,1622	0,1780
9	0,03	38,5	0,0669	0,0779	0,0834	0,0928	0,1007	0,1101	0,1187	0,1313

Einfluß des p_H-Werts. Abb. 174 zeigt die Wirkung des p_H-Wertes auf den Hydrolysenverlauf. Die benutzte Enzymlösung enthielt 0,1 g Enzym Nr. 6 auf den Liter und wurde 24 Stunden lang auf Kalbshaut bei Temperaturen von 35° und 40° C und auf Hautpulver bei 40° C einwirken lassen. In der Zeichnung ist zu beachten, daß die Skala für das abgebaute Hautpulver zehnmal so groß ist als für die Kalbshaut.

Das Maximum des Abbaus an Kalbshaut liegt sowohl für die Temperatur 35° C als auch 40° C bei etwa p_H 8. Für Hautpulver liegt das Maximum bei einem höheren p_H-Wert. Es ist möglich, daß der Wert, der für Haut erhalten wurde, durch die Gegenwart anderer Stoffe als Kollagen beeinflußt

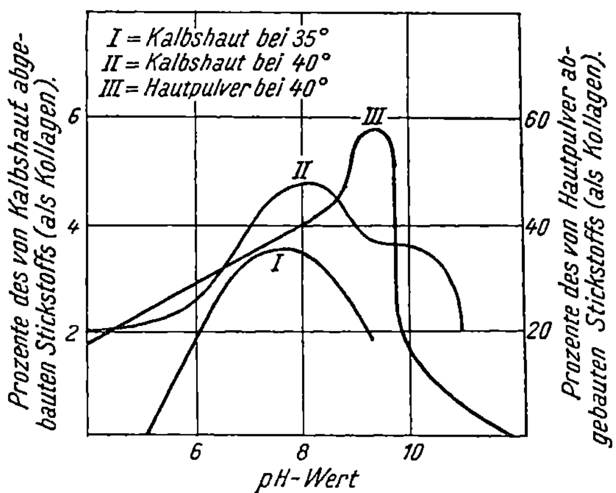

Abb. 174. Einfluß des p_H-Werts auf die tryptische Hydrolyse von Kalbshaut und Hautpulver.

(Auf 1 g Kollagen kam 0,01 g Enzym Nr. 6 in 100 ccm Lösung 24 Stunden lang bei den angegebenen Temperaturen zur Einwirkung.)

ist. Das wirkliche Maximum für Kollagen könnte also bei einem p_H-Wert höher als 8 liegen, wie Hautpulver vermuten läßt.

Einfluß der Oberfläche. Aus Abb. 174 geht hervor, daß in 24 Stunden etwa 12mal soviel Hautpulver abgebaut wird als Kalbshaut. Hautpulver in feiner Verteilung wird viel schneller hydrolysiert als gröberes Pulver, wie aus Abb. 171 zu ersehen ist. So werden zum Beispiel 10 Tage benötigt, um 40% einer Kalbshaut zu hydrolysieren, während die entsprechende Menge Hautpulver in wenigen Stunden vollständig abgebaut ist.

Der Grund für diese Verschiedenheit liegt zweifellos in der unterschiedlichen Oberfläche, die sich den einwirkenden Enzymen darbietet. Dies geht sowohl aus der Arbeit von Thomas und Seymour-Jones

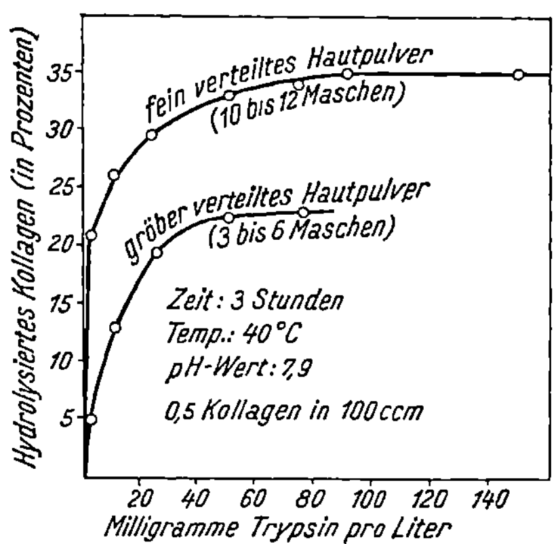

Abb. 175. Die Hautpulverhydrolyse als Funktion des Verteilungsgrades und der Enzymkonzentration.

als aus einigen unveröffentlichten Arbeiten von Merrill hervor. Da Kollagen unlöslich ist, kann der Angriff der Enzymlösung nur an der Oberfläche des Kollagens einsetzen. Um dies experimentell zu prüfen, nahm Merrill zwei Sorten gereinigtes und gesiebtes Hautpulver. Die eine Probe war durch ein Sieb mit 10 bis 12 Maschen, die andere durch ein Sieb mit 2 bis 6 Maschen pro qcm gesiebt worden. Bei jeder Probe wurde eine Hautpulvermenge, die 0,500 g Kollagen entspricht, in 100 ccm einer Enzymlösung vom p_H-Wert 7,9 drei Stunden lang bei 40° C der Verdauung ausgesetzt.

Die Ergebnisse sind in Abb. 175 niedergelegt. Daraus geht klar die schnellere Verdauung des feineren Hautpulvers hervor, aber es ist auch zu sehen, daß die Zugabe von Enzym über eine gewisse Konzentration hinaus keinen verstärkten Abbau zur Folge hat. Hat nämlich das Enzym von der gesamten Oberfläche des Kollagens Besitz ergriffen, so ist damit auch das Maximum der Enzymwirkung erreicht. Will man die Hydrolyse noch weiter treiben, so muß die Oberfläche des Kollagens vergrößern, d. h. die betreffende Kollagensubstanz in einen feineren Verteilungszustand bringen.

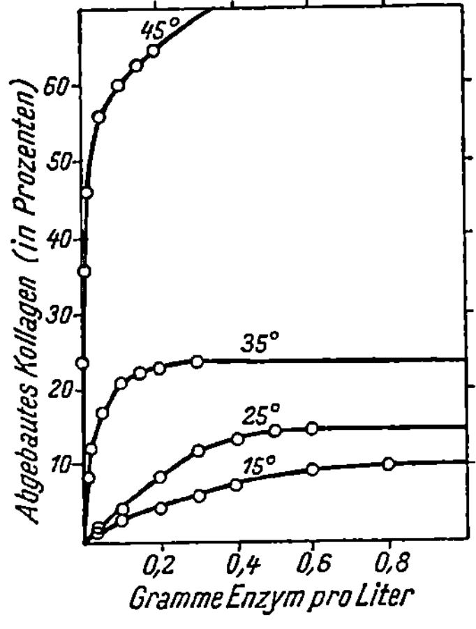

Abb. 176. Hydrolysenverlauf von Hautpulver durch Enzyme bei verschiedenen Temperaturen.

Einfluß der Temperatur. In Abb. 176 sind die Versuchsergebnisse von Merrill (17) über die Einwirkung der Temperatur auf die Hydrolyse von Hautpulver mit Trypsin wiedergegeben. In jedem Versuch digerierte er 0,5 g Kollagen 3 Stunden bei bestimmter Temperatur in 100 ccm Lösung von $p_H = 8$, die die angegebene Enzymmenge enthielt. Für jede Erhöhung der Versuchstemperatur um 10° C stellte er ein verhältnismäßig starkes Ansteigen des Kollagenabbaus fest.

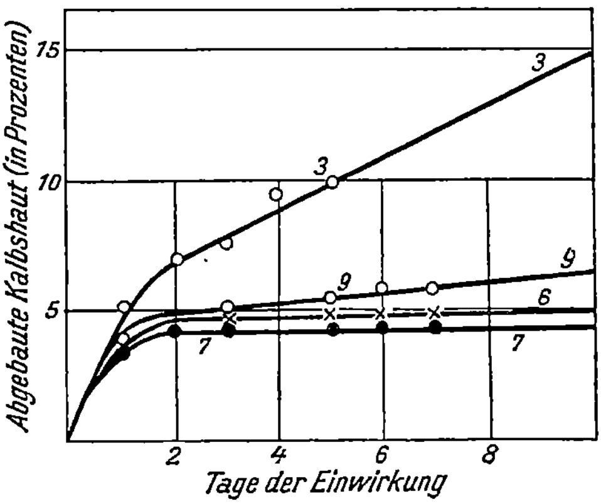

Beim Vergleichen der Kurven von Abb. 173 und 177, die im gleichen Maßstab wiedergegeben sind, tritt deutlich in Erscheinung, daß die Hydrolyse bei 40° C viel stärker ist als bei 35° C. Tatsächlich wird die Wirkung der Enzyme Nr. 6, 7 und 9 bei 35° C nach eintägiger Einwirkung fast unmeßbar. Die genauen Werte sind in Tabelle 29 zum Vergleich mit Tabelle 28 angeführt. Bemerkenswert ist, daß die am ersten Tage abgebaute Menge bei beiden Temperaturen praktisch gleich ist. Das zeigt, daß die angewandte Enzymmenge hoch genug war, um auch bei 35° C alle leicht hydrolysierbaren Substanzen abzubauen.

Abb. 177. Hydrolysenverlauf bei Kalbshaut mit verschiedenen Enzymproben bei 35° C.

Wird die Temperatur beim Beizen unter 35° C gehalten, und wird nur soviel Enzym genommen, um die Keratose oder das Elastin im Verlauf von wenigen Stunden oder höchstens eines Tages abzubauen, so wird offensichtlich nur eine ganz geringe, zu vernachlässigende Menge Kollagen vom Enzym angegriffen.

Tabelle 29. Abbauwirkung von Trypsin auf Kalbshaut.

5,0 g entkälkte Kalbshaut (= 1,0 g Trockengewicht), 100 ccm Lösung, p_H = 8,0, Temp. = 35°.

Enzym Nr.	Gramme pro Liter	Aktivität auf Haut- pulver	Gramme Stickstoff (als Kollagen) gelöst in Tagen						
			1	2	3	4	5	6	7
3	0,75	1,8	0,0512	0,0693	0,0756	0,0944	0,0999	—	—
6	0,10	13,3	0,0363	0,0473	0,0473	—	0,0473	0,0495	0,0503
7	0,05	31,3	0,0346	0,0425	0,0425	—	0,0448	0,0448	0,0448
9	0,03	38,5	0,0394	0,0479	0,0527	—	0,0550	0,0582	0,0582

Einfluß der Neutralsalze. Die besondere Wirkung gewisser Neutralsalze auf Hautsubstanz wurde in Kapitel 7 bereits beschrieben. So scheinen z. B. Chloride Additionsprodukte mit jenen Gruppen des Proteinmoleküls zu bilden, die durch Nebenvalenzkräfte zusammengehalten werden. Diese Bindungen werden hierdurch aufgespalten. Die Wirkung auf Kollagen scheint darauf zu beruhen, es in Form von Gelatine in Lösung überzuführen.

Stiasny und Ackermann (32) untersuchten die Wirkung von Trypsin auf Hautpulver, das mit verschiedenen Neutralsalzen beim p_H = 8,6 geschwellt war. Die Schwellung klang ab in der Reihe: $CNS > J > NO_3 > ClO_3 > Cl > SO_4$. Der Grad, in dem das Hautpulver durch das Trypsin in Lösung gebracht wurde (gemessen durch die Volumenverminderung in einem Zentrifugenglas), war bei Gegenwart von CNS, und zwar bei der Ionenkonzentration am stärksten, die die maximale Schwellung hervorruft. Der Grad der „Verflüssigung" von Hautpulver fiel im gleichen Maße ab wie die Schwellung; hingegen wurde die Hydrolyse, gemessen an der Verminderung der durch Tannin fällbaren Substanzen oder am Anstieg der Werte bei der Formoltitration, durch die Salze nicht berührt, außer wenn die Salzkonzentration so hoch war, daß das Trypsin dadurch inaktiviert wurde. Die Schwellung mit Salzen fördert also die anfängliche Desaggregierung des Kollagens, nicht aber die Hydrolyse durch das Enzym. Stiasny und Das Gupta (33) fanden, daß Salze die Hydrolyse gelöster Gelatine durch Enzyme nicht beschleunigen.

l) Die Bewertung von Beizmaterialien.

Obgleich schon lange bekannt ist, daß die Enzyme in ihren Wirkungen außerordentlich spezifisch sind, ist es üblich geworden, die proteolytische Aktivität eines vorliegenden Enzympräparats durch seine Wirkung auf Casein zu messen, selbst wenn man es zum Hydrolysieren irgendwelcher anderer Proteine benutzen will. Dieses Verfahren ist zur Bewertung enzymatischer Beizpräparate durchaus ungeeignet, wie aus dem folgenden Vergleich zweier Präparate der pankreatischen Enzyme A

und *B* hervorgeht. Bei der Caseinhydrolyse wurde gefunden, daß *A* 48 mal so wirksam ist wie *B*. Beim Abbau des Hautproteins Elastin erwies sich jedoch *B* 100 mal so wirksam als *A*. Wollte man nun *A* bei der Elastinhydrolyse durch *B* ersetzen, so müßte man nach der Caseinprobe 4800 mal soviel *B* nehmen, als in Wirklichkeit erforderlich ist.

Das zur Beize benutzte Enzympräparat Pankreatin enthält drei Enzymklassen: 1. Amylasen oder Diastasen, die Stärke in Zucker umwandeln, 2. Lipasen, die Fette hydrolysieren, und 3. Proteasen, die Proteine abbauen. Die Pankreasproteasen werden oft als Trypsin bezeichnet, als ob ein einheitliches Enzym vorläge, während doch in Wirklichkeit ein ganzes Gemisch vorliegt, aus dem einzelne Enzyme in reinem Zustand noch nicht isoliert werden konnten. Die verschiedenen Enzyme liegen in Handelspankreatinen in so verschiedener Menge vor, daß ein Vergleich der Aktivität verschiedener Proben auf ein spezielles Protein noch keinen Rückschluß auf ein entsprechendes Verhalten der Aktivität in bezug auf ein anderes Protein zuläßt.

Beim Beizen können einige oder alle Hautkomponenten durch die Enzyme angegriffen werden. Es ist daher ein Wagnis, irgendein neues Enzympräparat zum Beizen zu benutzen, solange man die Wirkung dieses Präparats auf jeden einzelnen wichtigen Hautbestandteil noch nicht kennt. Selbst gut gereinigte Präparate können die verschiedenen Enzyme in ganz verschiedenen Verhältnissen enthalten, je nach der Methode der Herstellung.

Da bisher Enzyme in reinem Zustand noch nicht isoliert wurden, besteht keine andere Möglichkeit für die Bewertung von Enzympräparaten als die Menge des Substrats zu messen, die eine gegebene Probemenge unter genau festgelegten Bedingungen hydrolysiert. Unter Substrat ist die Substanz zu verstehen, auf die das Enzym einwirkt. So ist z. B. Casein das Substrat, wenn dieses Protein durch ein Enzym hydrolysiert wird. Um den Vergleich verschiedener Proben zu erleichtern, sind für jede Klasse von Enzymen rein willkürliche Maßeinheiten aufgestellt worden.

Um die Stärke eines Enzympräparates zu messen, können wir von einer bestimmten Substratmenge und einer bestimmten Enzymmenge ausgehen und den Reaktionsverlauf während einer ebenfalls bestimmten Zeitperiode verfolgen. Wir können dann die Menge des unveränderten Substrats oder der neugebildeten Produkte bestimmen, und zwar entweder direkt oder indem wir irgendeine physikalische Eigenschaft messen, die sich dem Reaktionsverlauf entsprechend ändert. So können wir zur Bestimmung der Wirksamkeit eines tryptischen Ferments auf Casein die Menge des noch nicht abgebauten Caseins messen, indem wir es bei seinem isoelektrischen Punkt fällen, filtrieren und zur Wägung bringen. Wir können aber auch den Stickstoffgehalt im Filtrat bestimmen und so die gebildeten Reaktionsprodukte zahlenmäßig festlegen. Gebraucht man Gelatine als Substrat, so kann der Reaktionsverlauf durch Messen der sich ändernden Viscosität der Lösung verfolgt werden.

Wenn möglich sollten die Mengen des unveränderten Substrats bestimmt werden, weil sehr oft die primären Reaktionsprodukte weiteren Veränderungen unterliegen. Will man verschiedene Enzympräparate miteinander vergleichen, so lassen sich zur Bestimmung der Aktivität folgende drei Methoden anwenden:

1. Messung der Substratmenge, die in einer bestimmten Zeit bei bestimmter anfänglicher Substratmenge und Enzymmenge abgebaut wird.

2. Messung der Zeit, die für eine bestimmte Enzymmenge zum Abbau einer bestimmten Substratmenge erforderlich ist.

3. Messung der Enzymmenge, die zur Hydrolyse einer bestimmten Substratmenge in einer gegebenen Zeit erforderlich ist.

Gegen die erste Methode ist einzuwenden, daß der Reaktionsverlauf von der Konzentration des noch unveränderten Substrats abhängt, die sich ja während des Versuchs ändert. Bei einem sehr wirksamen Enzym wird die Reaktion anfangs stürmisch verlaufen und allmählich viel stärker abklingen als bei einem weniger aktiven Enzympräparat, wenn gleiche Gewichtsmengen zum Ansatz gebracht wurden. Die Substratmengen, auf die die beiden Enzyme eingewirkt haben, werden also mit der Dauer des Versuchs einander gleich werden. Das gleichartige Endergebnis beider Versuche wird noch dadurch gefördert, daß das Enzym im Reaktionsverlauf häufig zerstört wird und die Inaktivierung mit der Menge der gebildeten Reaktionsprodukte zunimmt.

Während die zweite und dritte Methode in der Theorie gleichwertig sind, ist die zweite weniger angebracht, wenn Präparate sehr verschiedener Aktivität miteinander verglichen werden sollen. Die dritte ist im allgemeinen die beste und wird am häufigsten benutzt. Anstatt die Enzymmenge zu messen, die zur vollständigen Hydrolyse eines Substrats in einer gegebenen Zeit nötig ist, wie oft gearbeitet wird, ist es vorteilhafter, die Enzymmenge zu messen, die zum Abbau eines bestimmten Bruchteils des Substrats, z. B. für 40%, erforderlich ist. Zu Anfang verläuft die Reaktion streng nach den klassischen Gesetzen der chemischen Kinetik, später aber wird der Verlauf der Reaktion nach diesen Gesetzen durch manche störende Faktoren verdeckt, sei es, daß sich die Enzyme mit den Reaktionsprodukten verbinden, seien es Nebenreaktionen, Umkehrwirkungen auf Grund eines Gleichgewichts und ähnliches.

Die Aktivität der Enzyme ist umgekehrt proportional der Zeit, die erforderlich ist, eine bestimmte Substratmenge abzubauen, oder der Enzymmenge, die benötigt wird, um eine bestimmte Änderung in einer bestimmten Zeit zustande zu bringen. Bei ihrer Methode zur Bestimmung der Aktivität von Enzymen auf Keratose und andere lösliche Proteinsubstanzen haben Wilson und Merrill (42) die Aktivitäten in dem Bruch 1/hg angegeben, wobei h die Stundenzahl bedeutet, die zu einer bestimmten Änderung erforderlich ist, und g die Gramme des Enzympräparats pro Liter angibt. Der Wert für g muß groß genug gewählt werden, um die bestimmte Änderung in mäßiger Zeit hervorzurufen, h ist die unabhängige Variable. Schwierigkeiten, die sich beim Arbeiten mit den unlöslichen Substraten Kollagen und Elastin einstellten, ließen es ratsam erscheinen, den Wert h willkürlich festzulegen und g zur unabhängigen Variablen zu machen. Die Aktivität wird dann durch den Bruch 1/g gemessen.

Die Aktivität auf Lipoide wird durch die Enzymmenge gemessen, die zur Hydrolyse einer gegebenen Menge Öl in einer gegebenen Zeit nötig ist.

Es ist außerordentlich wichtig, während dieser Versuche die Temperatur und den p_H-Wert konstant zu halten. Wilson und Merrill wählten für ihre Versuche die Temperatur von 40° C und den p_H-Wert 7,9, weil die Pankreasenzyme bei diesen Werten ihre größte Aktivität zeigen und die Werte außerdem der praktischen Beize entsprechen. Die p_H-Werte wurden durch Benutzung von Puffersalzen konstant gehalten. Bei unlöslichen Substraten, die gerührt werden müssen, wurde natürlich bei allen Bestimmungen in der gleichen Weise gerührt, was sehr wesentlich ist. Es ist auch notwendig, einer Bakterieneinwirkung durch Zugabe geeigneter Antiseptika zu begegnen. Manche Substrate können auch bei Abwesenheit von Enzymen bis zu einem gewissen Maße hydrolysiert werden; in solchen Fällen sind nebenher Blindversuche ohne Enzym vorzunehmen und bei den Versuchen mit Enzymen dann die entsprechenden Korrekturen anzubringen.

α) Die Aktivität gegenüber Keratose (Wilson-Merrill-Methode).

Die Aktivität eines Enzympräparats gegen Keratose wird definiert als der reziproke Wert des Produktes aus der Enzymkonzentration in Grammen pro Liter und der Anzahl Stunden, die zum Abbau von 40% der in der Lösung vorhandenen Keratose erforderlich sind. Dabei ist noch zu beachten, daß die Lösung nicht mehr als 2 g auf den Liter enthält und bei 40° C und dem p_H-Wert 7,9 gearbeitet wird.

Herstellung der Keratoselösung. Man läßt auf 100 g gereinigtes weißes Kalbshaar 1000 ccm 2-n-Natronlauge 18 Stunden lang bei 25° C einwirken. Darauf setzt man langsam Salzsäure zu der Lösung, bis der p_H-Wert auf 8 heruntergegangen ist; der Endpunkt kann durch Tüpfeln mit Phenolrot und Thymolblau als Indikator genau genug ermittelt werden. Weiter wird durch ein schwedisches Faltenfilter filtriert.

Zu dem Filtrat fügt man unter Umrühren verdünnte Salzsäure, bis sich ein reichlicher, beständiger, weißer Niederschlag bildet; man achtet sorgfältig darauf, daß man nicht mehr Säure zusetzt als zur Ausfällung erforderlich ist. Dann gibt man 200 ccm der Pufferlösung Nr. 2 (siehe weiter unten) zu, rührt tüchtig um und gießt das Ganze in einen geräumigen Filterstutzen. Man läßt den Niederschlag absitzen und prüft die überstehende Flüssigkeit durch weitere Zugabe von Pufferlösung Nr. 2, ob die Ausfällung vollständig war. Nötigenfalls gibt man noch Pufferlösung bis zur vollständigen Ausfällung zu. Man bringt den Stutzen in einen kühlen Raum, am besten in den Eisschrank, läßt den Niederschlag absitzen und wäscht durch dreimaliges Dekantieren.

Weiter suspendiert man den Niederschlag in etwa 200 ccm Wasser und fügt nach und nach und unter Rühren solange normale Natronlauge zu, bis der p_H-Wert der Lösung bei 8,0 liegt. Der Endpunkt der Zugabe wird wieder durch Tüpfeln ermittelt. Man rührt weiter und fügt nötigenfalls noch Natronlauge zu, um den p_H-Wert bei 8,0 zu erhalten, bis alle Keratose in Lösung gegangen ist. Dann bringt man die Lösung in eine Stopfenflasche, fügt einen Krystall Thymol zu und bewahrt sie bis zum Gebrauch in einem Eisschrank auf.

Pufferlösung Nr. 1. Eine wässerige Lösung, die 61,7 g sekundäres Natriumphosphat ($Na_2HPO_4 \cdot 12\,H_2O$), 60,7 g citronensaures Natrium ($Na_3C_6H_5O_7 \cdot 5,5\,H_2O$), 10,3 g Borsäure und genügend NaOH oder HCl enthält, um den schließlichen p_H-Wert auf 8,0 einzustellen, füllt man auf 2000 ccm auf. 100 ccm dieser Lösung auf einen Liter der Keratoselösung genügen praktisch, um den p_H-Wert während der Verdauung konstant zu halten.

Pufferlösung Nr. 2. Man füllt eine Lösung von 60 g Eisessig, die genügend Natronlauge enthält, um den schließlichen p_H-Wert auf 3,6 einzustellen, mit Wasser auf 2000 ccm auf. Fügt man 50 ccm dieser Lösung zu 100 ccm der Keratoselösung, die 0,2 g Keratose und 10 ccm der Pufferlösung Nr. 1 enthalten, so stellt sich der p_H-Wert 4,1 ein. Das ist der isoelektrische Punkt der Keratose und der Punkt, bei welchem sie ausgefällt wird.

Keratoselösung. Die Konzentration der Keratose in der Vorratslösung wird wie folgt bestimmt: Man pipettiert 10 ccm der Keratoselösung in 80 ccm Wasser und 10 ccm der Pufferlösung Nr. 1. Dann fügt man 50 ccm von der Pufferlösung Nr. 2 zu, läßt dem sich bildenden Niederschlag 30 Minuten Zeit zum Absetzen und bringt ihn auf ein Filter (Whatman Nr. 40), das vorher bei 100° C getrocknet, im Exsiccator abgekühlt und gewogen war. Man wäscht den Niederschlag viermal mit sehr verdünnter Salzsäure (0,00025 normal). Das Filter mit dem Kollagen trocknet man über Nacht bei 100° C, stellt es dann in einem geschlossenen Wägegläschen in den Exsiccator und bringt es schließlich zur Wägung.

Man pipettiert das Volumen der Keratoselösung, das genau 2 g Keratose enthält, in eine Literflasche, gibt 100 ccm von der Pufferlösung Nr. 1 zu, verdünnt auf etwa 950 ccm und erwärmt auf 40° C. Vom Enzympräparat wägt man so viel ab als genügt, 40% der Keratose, also 0,8 g in 1 bis 3 Stunden zu hydrolysieren. War die erste Vermutung in bezug auf die anzuwendende Menge falsch, so muß der Versuch mit der geeigneten Menge wiederholt werden. In erster Annäherung sollte man 1 g der gewöhnlichen Beizmaterialien des Handels, 0,1 g vom U. S. P.-Pankreatin, oder 0,01 g der reinsten Enzympräparate nehmen. Man löst die Enzyme in 25 ccm Wasser bei 40° C und gibt diese Lösung zu der Keratoselösung in der Flasche, die man dann genau auf 1000 ccm auffüllt. Die Flasche wird in einen Thermostaten von 40° C gebracht, und die Zeit notiert, bei der die Enzymlösung zur Keratoselösung gegeben wurde.

Nach bestimmten Zeiträumen, z. B. ¼, ½, 1, 1½, 2, 3 und 4 Stunden entnimmt man der Flasche je 100 ccm und fügt jedesmal sofort 50 ccm von der Pufferlösung Nr. 2 zu. Man bringt den Niederschlag, nachdem man ihm 30 Minuten Zeit zum Absitzen gelassen hat, auf ein Filter von bekanntem Gewicht, wäscht mit verdünnter Salzsäure, trocknet und bringt ihn zur Wägung, ganz wie oben beschrieben. Damit hat man das Gewicht der unverdauten Keratosemenge festgestellt, nur ist dabei noch ein geringer Betrag an Unlöslichen aus dem Enzympräparat.

Korrekturen. Um das Unlösliche im Enzympräparat zu bestimmen, stellt man sich auf gleiche Weise einen zweiten Liter Enzymlösung her, nur läßt man dabei die Keratose aus. Man entnimmt wieder 100 ccm und behandelt genau so wie die 100 ccm vom Verdauungsansatz. Das Gewicht des Rückstandes zieht man dann in jedem Falle von den beim eigentlichen Versuch ermittelten Gewichten für die nicht abgebaute Keratose ab. Diese Korrektur ist oft so klein, daß sie vernachlässigt werden kann. Solange die Verdauungszeit zwischen 3 und 4 Stunden liegt, braucht man für die Keratosemenge, die auch ohne Anwesenheit von Enzymen verdaut worden wäre, keine Korrektur anzubringen.

Berechnung der Aktivität. Die Keratosemenge, die am Ende eines gegebenen Zeitraums abgebaut ist, ergibt sich aus der Differenz aus der ursprünglichen Menge und dem nach der Einwirkungszeit durch Wägung gefundenen Keratoserückstand, wobei die Korrektur für das Unlösliche aus dem Enzympräparat zu berücksichtigen ist. Der Prozentsatz der abgebauten Keratose wird als Funktion der Zeit wiedergegeben. So wurden z. B. mit einem Handelspankreatin folgende Resultate erhalten:

Stunden der Einwirkung	Keratoserückstand (in Grammen, korr.)	Abgebaute Keratose (in %)
0,00	0,2020	—
0,25	0,1807	10,54
0,50	0,1625	19,55
0,90	0,1350	33,22
1,50	0,1114	45,40
2,95	0,0775	61,98

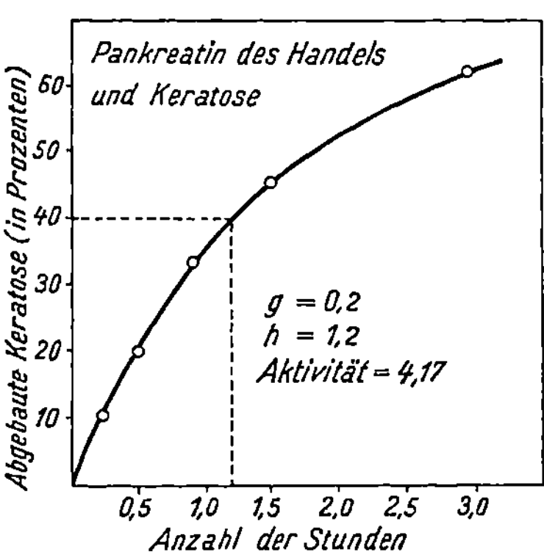

Abb. 178. Der Abbau von Keratose durch ein Pankreatinpräparat des Handels als Funktion der Zeit. Das Diagramm veranschaulicht die Methode zum Messen der Aktivität von Enzymen gegen Keratose.

Sie sind graphisch in Abb. 178 wiedergegeben. Der nächste Schritt besteht darin, die Stundenzahl zu bestimmen, die zum Abbau von 40% der angewandten Keratose erforderlich ist. Von dem Punkt, der auf der Ordinate den 40%igen Abbau angibt, zieht man parallel zur Abszisse eine Gerade bis zum Schnittpunkt mit der aufgestellten Kurve und fällt von diesem Schnittpunkt das Lot auf die Abszisse. In Abb. 178 sind diese beiden Gruppen gestrichelt eingezeichnet. Das Lot auf die Abszisse zeigt eine Verdauungszeit von 1,2 Stunden an. Zur Verdauung wurden 0,2 g Enzym pro Liter benutzt. Da in unserm Fall g gleich 0,2 und h gleich 1,2 ist, ergibt sich die Aktivität der Enzyme auf Keratose aus 1/hg und ist gleich 4,17.

Die Enzymkonzentration und die Einwirkungszeit sollten so gewählt werden, daß von dem Punkte für die 40%ige Verdauung aus die Kurve nach jeder Seite durch mindestens zwei Punkte festgelegt ist.

β) Die Aktivität gegenüber Elastin (Wilson-Daub-Methode).

Die Aktivität eines Enzympräparats gegen Elastin wird definiert als der reziproke Wert der Anzahl Gramme Enzym pro Liter, die zur Entfernung aller Elastinfasern aus geäscherter Kalbshaut in 24 Stunden bei 40° C und dem p_H-Wert 7,9 erforderlich sind.

Als Puffer wird in großem Ausmaße eine Natriumphosphatlösung bereit gehalten, die 0,02 Mol Phosphorsäure pro Liter und genug Natriumhydroxyd enthält, um den p_H-Wert auf 7,9 zu bringen. Mit dieser Lösung füllt man etwa 10 Flaschen mit ca. 500 ccm und bildet damit eine Serie mit wachsenden Mengen des Enzympräparats. Die Temperatur wird auf 40° C gebracht und in jede der Flaschen ein Streifen geäscherter, enthaarter und gereinigter Kalbsblöße von der Größe 5 cm $\times$ 1,25 cm gegeben. Die Flaschen werden 24 Stunden bei 40° C im Thermostaten aufbewahrt und gelegentlich umgeschüttelt. Darauf werden die Streifen aus den Flaschen genommen und eine Stunde lang in fließendem Leitungswasser gewaschen und in 80%igen Alkohol gelegt. Einen Tag später werden sie in 95%igen, den Tag darauf in absoluten Alkohol gebracht. Nach 12 Stunden wird der absolute Alkohol durch frischen ersetzt, der nach weiteren 12 Stunden durch ein Gemisch aus gleichen Teilen absoluten Alkohol und Xylol ersetzt wird. Die Streifen werden nach weiteren 12 Stunden in ein Gemisch von einem Volumen ausgeschmolzenes Phenol und drei Volumen Xylol und wieder nach 12 Stunden in reines Xylol gebracht. Das Xylol wird nach 12 Stunden durch frisches ersetzt und nach einem weiteren halben Tage werden die Streifen in geschmolzenes Paraffin eingehängt, und zwar fünfmal je eine Stunde. Schließlich werden sie in Paraffin eingebettet und sind damit mikrotomfertig.

Die Schnitte werden 30 μ stark geschnitten, auf den Objektträger gebracht und nacheinander mit Xylol, absolutem Alkohol und weiter mit 95%igem Alkohol gespült und dann 2 Stunden lang mit Weigerts Farblösung, die auf das Vierfache verdünnt ist, behandelt. Dann wird der Schnitt mit 95%igem Alkohol, mit Phenol-Xylol und mit reinem Xylol gespült. Man bringt einen Tropfen Canadabalsam darauf und bedeckt mit einem Deckgläschen. Damit ist der Feinschnitt fertig für das Mikroskop. Da die Elastinfasern tief blau gefärbt erscheinen, kann man unter dem Mikroskop leicht verfolgen, wie weit sie von den Enzymen abgebaut worden sind.

Die Aktivität der Enzyme wird aus dem Wert der geringsten Enzymkonzentration berechnet, die noch binnen 24 Stunden alles Elastin aus der Haut entfernt. Es kann sein, daß die Konzentrationsintervalle zu weit gewählt waren, um eine genaue Messung der Aktivität zu erlauben. Nehmen wir z. B. an, daß bei einer Enzymkonzentration von 0,4 g pro Liter alles Elastin entfernt ist, die nächst schwächere Versuchslösung aber nur 0,1 g pro Liter enthält. Die Aktivität wird durch den Ausdruck 1/g gemessen. In diesem Falle würde sich nur sagen lassen, daß die Aktivität zwischen 2,5 und 10 liegt. Wenn nun verlangt wäre, die Aktivität bis auf eine Einheit genau festzulegen, so müßte man eine zweite Versuchsreihe ansetzen, die folgende Konzentrationen in Grammen pro Liter umfaßte: 0,111, 0,125, 0,143, 0,167, 0,200, 0,250 und 0,333. Um die Aktivität eines Enzympräparats auf eine Einheit genau zu bestimmen, wird man selten mehr als zwei Versuchsreihen mit je 10 Einzelversuchen anstellen müssen.

γ) Aktivität gegenüber Kollagen (Wilson-Merrill-Methode).

Die Aktivität eines Enzyms gegen Kollagen wird definiert als der reziproke Wert der Anzahl Gramme Enzym pro Liter, die erforderlich sind, um von 5 g reinem Hautpulver, das in einem Liter Lösung suspendiert ist, 20% bei 40° C und dem p_H-Wert 7,9 in 3 Stunden abzubauen.

Reinigung des Hautpulvers. Das für diese Bestimmung gebrauchte Hautpulver wird aus Standard-Hautpulver auf folgendem Wege gewonnen: 500 g Hautpulver werden in einem Gefäß mit 7 Liter destilliertem Wasser übergossen und 12 Stunden unter gelegentlichem Umrühren stehen gelassen. Die Flüssigkeit wird dann auf ein Filtertuch gebracht und das Wasser durch Abpressen so gut als möglich entfernt. Das Hautpulver wird wieder in das Gefäß zurückgebracht und die Waschoperation noch viermal wiederholt. Dann wird das Hautpulver zweimal auf ähnliche Weise mit 1,2 Liter 95%igem Alkohol, zweimal mit 1,2 Liter einer Lösung aus gleichen Teilen 95%igem Alkohol und Xylol und schließlich einmal mit reinem Xylol behandelt. Das Hautpulver wird nun in einem Strom warmer Luft getrocknet, bis es den Xylolgeruch verloren hat. Das Produkt ist nunmehr frei von leicht löslichen stickstoffhaltigen Substanzen und von Fetten. Von 1 kg ursprünglichem Hautpulver lassen sich 940 g gereinigtes Pulver gewinnen.

Bei unlöslichen Proteinfasern wie Hautpulver ist der Verlauf der Hydrolyse von der Oberfläche abhängig, die den Enzymen zum Angriff dargeboten. Um die Oberfläche so gleichmäßig wie möglich zu halten, wird das Hautpulver gesiebt und nur jene Anteile verwendet, die durch ein Sieb mit 3 Maschen pro qcm noch hindurchgehen, von einem Sieb mit 6 Maschen pro qcm aber zurückgehalten werden.

Um zu vermeiden, daß sich der Wassergehalt in größerem Umfange ändern kann, wird das Hautpulver in einer Stöpselflasche aufbewahrt. Der Wassergehalt und der Kollagengehalt des Hautpulvers werden bestimmt, letzterer dadurch, daß der gefundene Stickstoffwert mit 5,62 multipliziert wird. Bei allen Versuchen wird soviel Hautpulver genommen, als 0,500 g Kollagen entspricht und mit 100 ccm der Beizlösung zusammengebracht.

Versuchsanordnung. In 15 Stopfenflaschen wird je soviel Hautpulver eingefüllt, als genau 0,500 g Kollagen entspricht. Zu jeder Flasche werden 10 ccm Pufferlösung Nr. 1 (siehe Keratose) und 40 ccm Wasser gegeben, und ein Krystall Thymol oder ein Tropfen Toluol zugesetzt, um Bakterientätigkeit auszuschließen. Die Flaschen werden eine Stunde lang bei 40° C in einen Thermostaten gestellt. Zur Flasche 15 werden 50 ccm Wasser gegeben, geschüttelt und filtriert. Vom Filtrat wird der Stickstoffgehalt bestimmt und daraus die Menge Kollagen berechnet, die während der ersten Stunde in Lösung gegangen ist. Entspricht z. B. die gefundene Stickstoffmenge 10 mg Kollagen, so darf angenommen werden, daß jede Flasche nach einer Stunde Enzymeinwirkung 500 — 10 = 490 mg Kollagen enthält.

Vom Enzympräparat werden zweimal 0,1 g in wenig Wasser gelöst. Die eine Lösung soll zum Blindversuch dienen und wird durch 15 Minuten langes Kochen inaktiviert. Beide Lösungen werden dann genau auf 100 ccm aufgefüllt. In die Flaschen 1 bis 7 werden nun sofort nach dem einstündigen Weichen wachsende Mengen der aktiven Enzymlösung gegeben und das Gesamtvolumen mit Wasser auf 100 ccm gebracht. Ganz entsprechend werden in die Flaschen 8 bis 14 die gleichen Mengen inaktivierte Enzymlösung und Wasser gegeben. Die zugesetzten Enzymmengen werden so gewählt, daß damit ein beträchtliches Konzentrationsgebiet erfaßt ist. Im angeführten Beispiel wurden den Flaschen 1 bis 7 folgende Enzymmengen zugefügt: 0,5, 1, 3, 5, 7, 10 und 20 mg. Ergeben nun die Resultate der ersten Versuchsreihe, daß die gewählten Enzymkonzentrationen den kritischen Konzentrationsbereich nicht genügend getroffen haben, so muß eine zweite Versuchsreihe angesetzt werden.

In dem Moment, in dem die Enzymlösung und das Wasser mit der Hautpulveraufschwemmung gemischt werden, müssen alle drei Komponenten 40° C zeigen und auch während der Verdauung müssen die Flaschen im Thermostaten bei 40° C gehalten werden. Als Beginn der Einwirkung wird der Augenblick genommen, in dem die Enzymlösung zugegeben wird. Genau nach drei Stunden werden alle Flaschen herausgenommen und sofort durch ein trockenes Filter filtriert. Das Filtrat wird solange wieder zurück auf das Filter gebracht, bis es praktisch klar durchläuft. Dann wird der Stickstoff im Filtrat bestimmt und als Kollagen berechnet, indem wieder mit 5,62 multipliziert wird.

In Abb. 179 ist ein Beispiel einer solchen Bestimmung wiedergegeben; die Ergebnisse sind als Funktion der Enzymkonzentration aufgetragen. Die oberste Kurve gibt an, wieviel Kollagen, berechnet aus dem Stickstoffgehalt, in den Filtraten der aktiven Enzymlösungen festgestellt

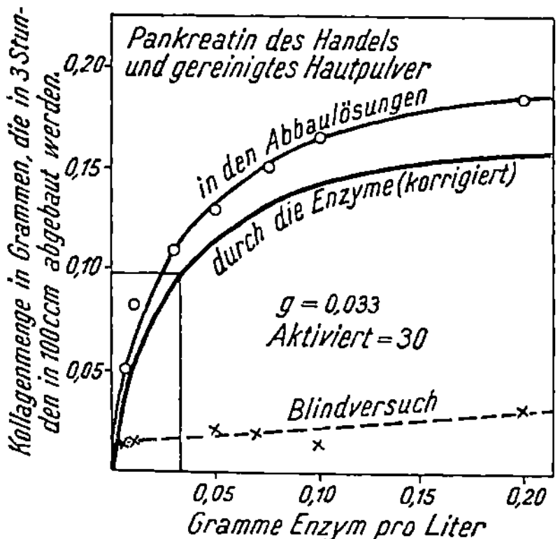

Abb. 179. Der Abbau von gereinigtem Hautpulver durch ein Pankreatin des Handels als Funktion der Enzymkonzentration. Das Diagramm veranschaulicht die Methode zum Messen der Aktivität von Enzymen gegen Kollagen.

wurde. Die untere gestrichelte Kurve zeigt die entsprechenden Werte für den Blindversuch an, bei dem die Enzyme inaktiviert waren. Die Kollagenmenge, deren Abbau speziell den Enzymen zuzuschreiben ist, ergibt sich aus der Differenz dieser beiden Kurven und ist durch die dick ausgezogene mittlere Kurve wiedergegeben. Es ist zu beachten, daß die Subtraktion der Werte des Blindversuchs von den Werten mit den aktiven Enzymlösungen die notwendige Korrektur für den Stickstoff, der durch das Enzym in das System eingeführt wird, wie auch für den Stickstoff, der in der vorhergehenden einstündigen Weiche abgebaut wird, enthält.

Die Aktivität der Enzyme auf Kollagen ist aus der korrigierten Enzymkurve zu ersehen. Die bei Zugabe der Enzyme vorhandene anfängliche Kollagenmenge war 500 mg, 20% davon sind 100 mg. Zieht man nun die aus der Abbildung ersichtlichen Linien, so zeigt sich, daß 100 mg bei einer Enzymkonzentration von 0,033 g pro Liter abgebaut werden. Die Aktivität, die wieder nach dem Ausdruck 1/g berechnet wird, ist also 1/0,033 oder gleich 30.

Es besteht eine gewisse Gefahr, die nach dieser Methode erhaltenen Werte direkt auf das Beizen von Häuten zu übertragen. Um die Kollagenfasern im Inneren der Häute angreifen zu können, müssen die Enzyme erst hineindiffundieren. Der Verlauf der Diffusion eines Enzyms kann aber von der Beschaffenheit der Begleitsubstanzen abhängig sein. So könnte ein Enzym gegen Kollagen sehr aktiv sein, aber nur eine geringe Diffusionskraft besitzen. Ein solches Enzympräparat würde auf die Haut eine schwächere Wirkung ausüben als ein weniger aktives Präparat mit stärkerer Diffusionskraft. Damit ist eine Erklärung für die Ergebnisse in Tabelle 28 gefunden, nämlich die, daß die Aktivität gegenüber Hautpulver der Aktivität gegenüber Kalbshaut nicht parallel geht.

δ) Aktivität gegenüber Casein.

Der alleinige Grund, Methoden zur Wertbestimmung von Enzymen mit Casein als Substrat mit aufzunehmen, besteht darin, daß pankreatische Enzyme oft auf der Grundlage ihrer proteolytischen Aktivität gegenüber Casein gehandelt werden. Tatsächlich läßt die Kraft, mit der ein Pankreatinpräparat des Handels Casein abbaut, keinen Schluß auf seine Wirkung auf Keratose, Elastin oder Kollagen zu.

Eine der bekanntesten Methoden zur Messung des Caseinabbaus ist die viel benutzte Methode von Fuld-Groß, die in vielen Lehrbüchern der physiologischen Chemie beschrieben ist. Bei dieser Methode wird die Enzymmenge gemessen, die erforderlich ist, eine bestimmte Menge Casein in einer Stunde vollständig abzubauen. Das Ergebnis der Wertbestimmungen wird in Fuld-Groß-Einheiten angegeben. Der Wert 100 würde anzeigen, daß 1 mg Enzympräparat in einer Stunde 100 mg Casein abzubauen vermag.

Fuld-Groß-Methode. Man löst 100 mg Casein, das nach Hammarsten gewonnen ist, in 2 ccm einer 0,05 normalen Natriumhydroxydlösung unter schwachem Erhitzen und füllt mit Wasser auf 50 ccm auf.

Weiter werden 100 mg des Enzympräparats in Wasser gelöst und auf 500 ccm verdünnt. In 10 Gefäße pipettiert man je 5 ccm Caseinlösung und fügt folgende Mengen Enzymlösung zu: 0, 0,2, 0,4, 0,7, 1,5, 2,0, 2,5, 3,0 und 5,0 ccm. Die Flüssigkeit wird in allen Gefäßen aus einer Bürette auf ein Endvolumen von 10 ccm aufgefüllt, umgeschüttelt und die Gefäße eine Stunde lang bei 40⁰ C im Thermostaten aufbewahrt.

Weiter bereitet man eine Lösung aus 50 ccm Alkohol, 5 ccm Eisessig und 45 ccm Wasser. Nach genau einer Stunde wird die Verdauung unterbrochen und zu jedem Gefäß drei Tropfen dieser Säurelösung zugesetzt. Bildet sich noch eine Ausfällung, so ist noch unverdautes Casein in der Versuchslösung. Geben alle 10 Lösungen einen Niederschlag, so muß die Versuchsreihe mit höheren Enzymkonzentrationen wiederholt werden; sollte andererseits in keinem Glase eine Ausfällung eintreten, so muß der Versuch mit kleineren Enzymkonzentrationen wiederholt werden.

Die Aktivität eines Enzyms wird dadurch gemessen, daß die niedrigste Konzentration bestimmt wird, bei der alles Casein in einer Stunde gerade noch abgebaut wird. Angenommen, in einer Versuchsreihe treten auf Zugabe der Säurelösung in den Gläsern 1, 2 und 3 Fällungen auf, in den anderen bleibt die Flüssigkeit klar. Glas 4 enthält dann die niedrigste Enzymkonzentration, die alles Casein in einer Stunde abbaute. Es enthielt 0,7 ccm Enzymlösung oder 0,14 mg Enzym. Die Aktivität in Fuld-Groß-Einheiten entspricht dem Verhältnis von Casein zu Enzym oder $10/0,14 = 71$. Eine weitere Annäherung an den wahren Wert erhält man durch eine zweite Versuchsreihe, bei der die Konzentrationen so gewählt werden, daß der Konzentrationsbereich der Gläser 3 bis 4 bei der ersten Versuchsreihe nunmehr auf alle 10 Gläser gleichmäßig verteilt wird.

Die Methode von Fuld-Groß hat zwei schwache Punkte. Eine schwerwiegende Schwäche besteht darin, daß die Methode keine Überwachung des p_H-Wertes während der Verdauung vorsieht. Der andere schwache Punkt liegt darin, daß als Endpunkt der der totalen Verdauung des Caseins gewählt ist; vorzuziehen wäre es, als Endpunkt irgendeinen Bruchteil der totalen Verdauung, etwa 40%, zu wählen.

Kubelka und Wagner (10) haben die Fuld-Groß-Methode speziell zur Bestimmung der tryptischen Wirksamkeit von Beizpräparaten ausgearbeitet. Nach der Arbeitsweise von Fuld und Groß ist es unmöglich alle Operationen mit allen Teilen der Enzymlösung absolut gleichzeitig vorzunehmen. Das führt zu ungenauen Ergebnissen mit Versuchsfehlern von ca. $\pm 15\%$ des gefundenen Werts. Um die Genauigkeit der Methode zu erhöhen und die Durchführung handlicher und sicherer zu machen, konstruierten Kubelka und Wagner eine Apparatur, in der Enzymlösung und später die Säurelösung gleichzeitig den einzelnen Caseinlösungen zugefügt wurden. Der p_H-Wert der Lösungen wird während der Versuchsdauer durch die puffernde Wirkung der in den Beizpräparaten enthaltenen Ammoniumsalze konstant gehalten. Der Beizwert eines Präparats wird nach Kubelka-Wagner definiert als Caseinzahl, welche angibt, wieviel Gramm Casein von 1000 g des Prä-

parats in seiner handelsmäßigen Zusammensetzung bei 40° C nach
einer ½ Stunde soweit verdaut sind, daß keine Essigsäurefällung mehr
eintritt. Diese Definition gibt absolute Werte, die untereinander vergleichbar und voneinander unabhängig sind.

Methode von Northrop. Diese Methode ist zufriedenstellender und
beruht auf einem Vorgang, den Northrop (22) beschrieb. Sie entspricht fast genau der oben beschriebenen Keratosemethode; nur zeigt
sie folgende Änderungen. Die Stammlösung wird durch Auflösen einiger
Gramme reinen Caseins in 100 ccm der Pufferlösung 1 und 900 ccm
Wasser hergestellt. Das unverdaute Casein wird gefällt, indem eine
Pufferlösung aus Natriumacetat-Essigsäure vom p_H-Wert 4,1 zugegeben
wird, bis der p_H-Wert der Versuchslösung schließlich bei 4,7, dem isoelektrischen Punkt des Caseins, liegt. Gewaschen wird mit 0,00015 normaler Salzsäure. Die Aktivität wird durch den Wert 1/hg angegeben,
genau wie bei der Keratosemethode.

Methode von Boidin. Die Methode, die neuestens Boidin (4) vorgeschlagen hat, benutzt bei der Bestimmung des Beizwerts die koagulierende Wirkung der Beizenzyme auf das Casein von Milch. Der Wert
eines Beizpräparats wird definiert durch die Menge Milch, die 1000 g
Beizpräparat innerhalb einer Stunde bei 35° C oder 60° C zu koagulieren vermag. Die Bestimmung wird ähnlich der von Kubelka und
Wagner durchgeführt, die Wasserstoffionenkonzentration durch puffernde Salze konstant gehalten.

ε) Aktivität gegenüber Fetten.

Offenbar ist bisher keine kritische Arbeit über die Wirkung
von Pankreasenzymen auf die Fettbestandteile der Haut beim Beizprozeß ausgeführt worden. Pankreatin enthält indessen auch Lipasen,
fettspaltende Enzyme. Jede Bestimmung der enzymatischen Aktivität
eines Beizpräparats würde unvollständig sein, solange seine fettspaltende oder lipolytische Aktivität nicht berücksichtigt wäre. Man benutzt
für die gebräuchlichen Methoden Olivenöl als Substrat, da eine Methode,
die natürliche Fette der tierischen Haut verwendet, nicht existiert.
Zwei geläufige Methoden werden weiter unten beschrieben. Nicht zu
vergessen ist, daß die relativen Aktivitäten zweier Enzyme gegen
Olivenöl sehr verschieden von den relativen Aktivitäten gegen die Fette
der Haut sein können.

Methode von Willstätter-Waldschmidt-Leitz-Memmen (37). Die lipolytische Aktivität eines Enzympräparats wird definiert als der reziproke
Wert der Anzahl Gramme Enzympräparat, die erforderlich sind, um
24% von 2,5 g reinem Olivenöl in einer Stunde unter den üblichen,
weiter unten angegebenen Bedingungen zu zersetzen.

In jede von 7 schmalen Stopfenflaschen werden genau 2,50 g reines
Olivenöl (Verseifungszahl = 185,5) eingewogen und 12 ccm der folgenden
Pufferlösung zugefügt: 670 ccm n/10 NH_4Cl, 330 ccm n/10 NH_4OH
und 200 ccm Wasser. Der Reihe nach werden folgende Mengen an
Enzym zugegeben: 0, 0,01, 0,02, 0,05, 0,10, 0,15 und 0,20 g. Die Flasche

ohne Enzymzusatz dient als Blindversuch. Die Flaschen werden unmittelbar nach Zugabe des Enzyms 3 Minuten geschüttelt und dann 57 Minuten bei 40° C im Thermostaten gehalten, so daß das Enzym genau eine Stunde auf das Öl einwirken kann.

Nach dieser Stunde wird jede Flasche zur Titration in einen Erlenmeyerkolben entleert und mit 50 ccm eines neutral reagierenden Gemisches von 5 Teilen Alkohol und 1 Teil Äther nachgespült. Nach Zugabe von zehn Tropfen einer 1%igen alkoholischen Phenolphthaleinlösung wird mit n/10 NaOH bis zur ersten bleibenden Rotfärbung titriert.

Bei dieser Titration wird Alkali verbraucht von folgenden Faktoren:

1. Den freien Fettsäuren, die durch das Enzym freigemacht worden sind,

2. den freien Fettsäuren, die ursprünglich im Öl vorhanden waren,

3. der Pufferlösung,

4. dem Enzym selbst.

Die unter 1. verbrauchte Alkalimenge gibt allein ein Maß der lipolytischen Aktivität. Darum muß das Alkali, das von den Faktoren 2 bis 4 verbraucht wird, von dem Gesamtalkaliverbrauch abgezogen werden. Der unter 2 und 3 genannte Alkaliverbrauch ist für alle Versuche der gleichen Reihe konstant und wird mit dem Titrationswert aus dem Blindversuch ermittelt. Der Korrekturwert für das unter 4 angeführte Enzym selbst wird erhalten, indem eine Lösung, die 500 mg Enzym enthält, mit n/10 Natronlauge titriert wird. Werden z. B. bei einer Bestimmung von 500 mg Enzym 4,7 ccm n/10 Natronlauge verbraucht, so beläuft sich die Korrektur für Punkt 4 auf 0,0094 ccm pro mg Enzym.

Nun muß festgestellt werden, wie groß der Alkaliverbrauch bei einer vollständigen Hydrolyse des Öls sein würde. Dazu muß die Koettsdorfer Verseifungszahl (= 185,5), die auf dem üblichen Weg bestimmt wird, durch den Bruch 5,61/2,5 = 2,244 dividiert werden. Hierbei ist 5,61 die Anzahl mg KOH, die 1 ccm n/10 NaOH entsprechen, und 2,5 das Gewicht Öl in Grammen, das zum Versuch verwandt wurde. Bei der Titration der freien Fettsäuren des gesamten Öls müßten demnach 185,5 : 2,244 = 82,7 ccm n/10 NaOH verbraucht werden. Der Bruchteil Öl, der beim Versuch durch das Enzym hydrolysiert wurde, läßt sich aus dem Verhältnis des für die Verdauungslösung korrigierten Alkaliverbrauchs zu 82,7 ccm errechnen.

Im folgenden ist ein Beispiel angeführt:

Titration (n/10 NaOH)				
mg Enzym	Gesamttitrationswert	nach Abzug des Blindversuchs	korrigiert (t)	% hydrolysiertes Öl (100/82,7)
0	7,6	0,0	0,0	0,0
10	9,0	1,4	1,4	1,7
50	11,7	4,1	3,6	4,4
100	18,5	10,9	10,0	12,1
200	30,8	23,2	21,3	25,7
500	44,0	36,4	31,7	38,3

Im Koordinatensystem werden dann die Prozente an hydrolysiertem Öl gegen die Milligramme Enzym aufgetragen und die bei der Titration erhaltenen Werte eingezeichnet. Die erhaltenen Punkte werden miteinander verbunden und mittels dieser Kurve festgestellt, welche Enzymmenge einer 24%igen Verdauung entsprechen würde. Im angeführten Beispiel wären es 0,19 g Enzym. Die lipolytische Aktivität ist demnach gleich 1/g = 5,2. Bei dieser wie auch bei der anderen beschriebenen Methode kann die Genauigkeit in jedem gewünschten Ausmaße gesteigert werden, indem die Versuche wiederholt und dabei die Enzymkonzentrationen entsprechend über einen kleineren Bereich gewählt werden.

Methode von Wohlgemuth (44). Die lipolytische Aktivität wird definiert als die Anzahl ccm n/10 Natriumhydroxydlösung, die nötig ist, die aus 10 g emulgiertem Olivenöl durch 0,10 g Enzym in 2 Stunden bei 40° C in Freiheit gesetzten freien Fettsäuren zu neutralisieren.

Bei Prüfung dieser Methode arbeiteten Wilson und Merrill (42) nach folgender Vorschrift: Man wägt dreimal 10 g reines Olivenöl in kleine Kolben, fügt als Indicator einen Tropfen Phenolphthalein zu und titriert mit einer 0,25 normalen Natriumhydroxydlösung unter lebhaftem Schütteln bis zu einer dauernden schwachen Rotfärbung. Die Kolben werden dann in einen Thermostaten von 40° C gebracht und in Zwischenräumen von etwa 5 Minuten zu den Kolben 1 und 2 unter kräftigen Schütteln 0,1 g des Enzympräparats zugegeben. Die Zeit wird jedesmal notiert. Die totale Verdauungszeit beträgt zwei Stunden, während der alle 15 Minuten umgeschüttelt wird. Eine weitere Enzymprobe von 0,1 g wird in 5 ccm Wasser gebracht und 15 Minuten lang wenig unter dem Siedepunkt gehalten, um die Enzyme zu inaktivieren. Dann kühlt man ab und gibt die Lösung in Kolben 3 und digeriert zwei Stunden bei 40° C.

Nach der vorgeschriebenen Zeit fügt man zu jedem Kolben 30 ccm einer Lösung, die aus 1 Teil neutralem Äther und 5 Teilen neutralem Alkohol besteht, und titriert mit n/10 NaOH bis zum Umschlag. Aus den zwei Versuchen mit aktivem Enzym wird der Durchschnitt berechnet. Davon wird der Alkaliverbrauch, den der Versuch mit dem inaktivierten Enzym ergab, subtrahiert. Die Differenz stellt den Wert für die lipolytische Aktivität dar.

Die Kürze dieser Methode ist von Vorteil, jedoch ist die Methode von Willstätter wegen ihrer größeren Genauigkeit vorzuziehen.

ζ) Aktivität gegenüber Gelatine.

Gelatine als Substrat bei der Bestimmung der proteolytischen Wirksamkeit von Enzymbeizen benutzen zwei neuerdings vorgeschlagene Schnellmethoden, die nach Angabe der Verfasser ein gutes Maß für die Aktivität der untersuchten Beize liefern, ohne jedoch absolute Werte zu ergeben. Das Verfahren von Boidin (3) besteht darin, daß man in je 10 ccm einer 1⁰/₀₀-, 2⁰/₀₀- und 4⁰/₀₀igen Lösung des zu untersuchenden Beizpräparats im Reagenzglas Streifen kinomatographischen Films von 6 cm Länge und 2 cm Breite zur Hälfte eintaucht, die Reagenz-gläser im Wasserbad auf 25⁰ C erwärmt und die Zeit bis zur völligen Auflösung des Films bestimmt. Bergmann und Dietsche (2) be-schrieben ein Schnellverfahren, bei dem die enzymatische Wirk-samkeit auf die Gelatineschicht photographischer Platten gemessen wird. Die Gelatine der benutzten Plattenstreifen ist mit einem Grau-keil versehen und die Aufhellung dieses Graukeils infolge der teilweisen Auflösung des Gelatineträgers durch die Enzymlösung wird als Maß der Enzymkonzentration benutzt. Das Verfahren erlaubt auf bequeme Weise durch Vergleich des Helligkeitsgrads eines mit der Beizlösung behandelten Plattenstreifens mit dem einer unbehandelten die üblichen Handelspräparate in Konzentrationen von 0,1% bis 0,8% auf 0,1% genau zu messen oder in Konzentrationen von 0,1% bis 0,4% auf 0,05% genau.

m) Vergleichende Enzymbestimmungen.

Die sieben zuerst beschriebenen Methoden zur Bestimmung der Aktivität von Enzympräparaten wurden von Wilson und Merrill (43) praktisch an neun als Beizmittel angebotenen Pankreasenzympräpa-raten des Handels erprobt. Die Ergebnisse dieser Untersuchung sind aus Tabelle 30 zu ersehen.

Tabelle 30.

Pankreatin Nr.	Casein (F.-G.)	Casein (N.)	Kollagen	Elastin	Keratose	Fett (Wi.)	Fett (Wo.)
			Aktivität gegen				
1	3	7	4,3	40	2,4	17,2	46,5
2	7	14	3,3	11	4,2	3,4	1,2
3	22	14	1,8	10	4,5	4,0	18,5
4	33	52	6,1	17	11,5	4,4	10,5
5	60	114	12,1	25	23,3	5,2	53,0
6	83	133	13,3	20	27,3	1,8	31,0
7	167	308	31,3	20	45	4,3	29,5
8	143	—	30,0	0,4	86	1,4	0,5
9	333	770	38,5	50	133	0,9	0,7

Die Enzympräparate sind nach steigenden Werten der Methode von Fuld-Groß für Casein angeführt, da diese Methode zur Bewertung von Handelspräparaten weit mehr herangezogen wird als die anderen. Die Werte nach Northrop steigen ebenfalls an, sind aber quantitativ von den Fuld-Groß-Werten verschieden. So ist z. B. für das Präparat Nr. 3 der Wert nach Fuld-Groß mehr als dreimal so hoch als für das Präparat Nr. 2, nach der Methode von Northrop zeigen hingegen beide Präparate genau den gleichen Wert. In Wirklichkeit ist die Methode von Northrop zuverlässiger, da dabei der p_H-Wert berück-sichtigt und als Endpunkt der Verdauung nur ein Bruchteil des an-gewandten Caseins gewählt wird.

Die Zahlen für Keratose verlaufen in der gleichen Richtung wie die für Casein, was aber teilweise dem Zufall zu verdanken ist, wie der

Mangel einer quantitativen Übereinstimmung anzeigt. Der Verlauf der Zahlen für Kollagen weicht beträchtlich von den Caseinzahlen ab. Die Zahlen für Elastin zeigen zu denen aller anderen Bestimmungsmethoden überhaupt keine Beziehungen.

In den Kolonnen für Fett sind die Zahlen nach der Willstättermethode denen, die man nach der Methode nach Wohlgemuth erhält, vorzuziehen, da die Willstättermethode eine bessere Kontrolle des p_H-Werts vorsieht und viel leichter reproduzierbare Resultate ergibt. Beide Methoden lassen klar erkennen, daß die zum Beizen benutzten Pankreatinpräparate bemerkenswerte fettspaltende Wirkungen entfalten, aber die Variationen in der proteolytischen Aktivität zeigen, daß es unklug wäre, diese für Olivenöl erhaltenen Zahlen ohne weiteres als ein quantitatives Maß für die Aktivität gegen Hautfette anzusehen.

Die Arbeit von Wilson und Merrill läßt folgende wichtige Tatsachen klar erkennen:

1. Die einzelnen spezifischen Enzyme, die in den Pankreatinpräparaten des Handels enthalten sind, können in sehr unterschiedlichen Mengen vorliegen.

2. Will man die Aktivität eines Präparats gegen ein vorliegendes Material messen, so muß man als Substrat unbedingt das Material selbst verwenden.

3. Zur Beizwertbestimmung eines Pankreatinpräparats muß man seine Aktivität gegen jeden wichtigen Bestandteil der Haut, die gebeizt werden soll, messen.

Literaturzusammenstellung.

1. Becker, H.: Bakteriologische Vorgänge in der Lederchemie. Z. öff. Chem. 10, 447 (1904).
2. Bergmann, M. u. O. Dietsche: Über ein neues Bestimmungsverfahren für proteolytische Enzymbeizen. Collegium 1929, 583.
3. Boidin, A.: Uber die Bestimmung der Wirksamkeit der in der Gerberei benutzten Beizen. Chimie et Industrie 17, 485 (1927).
4. Boidin, A.: Contribution à l'étude des methodes de l'analyse d'un confit. Le Cuir techn. 22, 440 (1929).
5. Cruess, W. u. F. H. Wilson: A bacterial study of the bating process. J. Amer. Leather Chem. Assoc. 8, 180 (1913).
6. Falk, K. G.: The chemistry of enzyme action. Second edition, 1914. A. C. S. monograph. Chemical Catalog Co., New York.
7. Herzog, O. R. u. W. Jancke: Uber Kollagen. Collegium 1926, 594.
8. Hollander, C. S.: Studies of the strength of proteolytic enzymes in the process of bating. J. Amer. Leather Chem. Assoc. 17, 638 (1922).
9. Krall, L.: Fermente in der Gerberei. Société Anonyme anc. Schweiz. Sonderdruck. Zofingen: B. Siegfried 1918.
10. Kubelka, V. u. J. Wagner: Die Analyse der künstlichen Lederbeizen. Gerber 1926, Nr. 1230; Collegium 1929, 247.
11. Kubelka, V. u. J. Wagner: Die Beeinflussung der enzymatischen Wirksamkeit der Trypsinbeizen durch neutrale Salze. Collegium 1929, 328.
12. Küntzel, A.: Die Histologie der tierischen Haut. Dresden: Steinkopf 1925.
13. Küntzel, A.: Über den Feinbau der kollagenen Faser. Collegium 1926, 176.
14. Long, J. H. u. M. Hull: On the optimum reaction in tryptic digestion. J. amer. chem. Soc. 39, 1051 (1917).
15. Marriott, R. H.: A critical examination of new and old theories of the bating process. J. Int. Soc. Leather Trades Chem. 10, 132 (1926).

16. McLaughlin, G. O., J. Highberger, O'Flaherty u. Kenneth Moore: Some studies on the science and practice of bating. J. Amer. Leather Chem. Assoc. 24, 339 (1929).
17. Merrill, H. B.: Effect of temperature on bating. Ind. Chem. 19, 382 (1927).
18. Merrill, H. B. u. J. W. Fleming: The action of trypsin on calfskin. J. Amer. Leather Chem. Assoc. 22, 139, 274 (1927).
19. Michaelis, L. u. H. Davidsohn: Die Abhängigkeit der Trypsinwirkung von der Wasserstoffionenkonzentration. Biochem. Z. 36, 280 (1911).
20. Northrop, J. H.: The effect of the concentration of enzyme on the rate of digestion of protein by pepsin. J. gen. Physiol. 2, 471 (1920).
21. Northrop, J. H.: The significance of the hydrogen-ion concentration for the digestion of proteins by pepsin. J. gen. Physiol. 8, 211 (1920).
22. Northrop, J. H.: The mechanism of the influence of acids and alkalies on the digestion of proteins by pepsin or trypsin. J. gen. Physiol. 5, 263 (1922).
23. Röhm, O.: D.R.P. 200519, 7. Jan. 1907; D.R.P. 203889; D.R.P. 281717.
24. Röhm & Haas Co.: Some observations on the histology of bated skins. J. Amer. Leather Chem. Assoc. 17, 542 (1922).
25. Röhm & Haas Co.: Further observation on the histology of bates skins. J. Amer. Leather Chem. Assoc. 18, 516 (1923).
26. Röhm & Haas Co.: Bating and its relation to other processes. J. Amer. Leather Chem. Assoc. 19, 81 (1924).
27. Rosenthal, G. J.: Biochemical studies of skin. J. Amer. Leather Chem. Assoc. 11, 463 (1916).
28. Schneider, J. u. A. Hàjek: Vorversuche über eine neue Methode zur Bewertung der Enzymbeizen nach deren Einfluß auf Elastin. Biochem. Z. 195, 403 (1928).
29. Seymour-Jones, A.: The physiology of the skin. J. Int. Soc. Leather Trades Chem. 4, 60 (1920).
30. Sherman, H. C. u. D. E. Neun: An examination of certain methods for the study of proteolytic action. J. amer. chem. Soc. 38, 2199 (1916).
31. Sherman, H. C. u. D. E. Neun: Action of pancreatic enzymes upon casein J. amer. chem. Soc. 40, 1138 (1918).
32. Stiasny, E. u. W. Ackermann: Über die Wirkung von Trypsin auf Kollagen und die Beeinflussung dieser Wirkung durch Neutralsalze. Kolloidchem. Beih. 17, 219 (1923).
33. Stiasny, E. u. S. R. Das Gupta: Über den Einfluß von Neutralsalzen auf Gelatine. III. Der Einfluß auf die Wirkung von Trypsin auf Gelatine. Collegium 1925, 57.
34. Stiasny, E.: Entkälken und Beizen. 5. u. 6. Jahresbericht der Vereinigung akademischer Gerbereichemiker. Darmstadt 1927—1929.
35. Thomas, A. W.: A noteworthy effect of bromides upon the action of malt amylase. J. amer. chem. Soc. 39, 1501 (1917).
36. Thomas, A. W. u. F. L. Seymour-Jones: The hydrolysis of collagen by trypsin. J. amer. chem. Soc. 45, 1515 (1923).
37. Willstätter, R., E. Waldschmidt-Leitz u. F. Memmen: Bestimmung der pankreatischen Fettspaltung. (I. Abhandlung über Pankreasenzyme.) Z. physiol. Chem. 125, 93 (1923).
38. Wilson, J. A.: The mechanism of bating. Ind. Chem. 12, 1087 (1920).
39. Wilson, J. A. u. G. Daub: A critical study of bating. Ind. Chem. 13, 1137 (1921).
40. Wilson, J. A. u. A. F. Gallun jr.: The points of minimum plumping of calf skin. Ind. Chem. 15, 71 (1923).
41. Wilson, J. A. u. H. B. Merrill: Another important rôle played by enzymes in bating. Ind. Chem. 18, 185 (1926).
42. Wilson, J. A. u. H. B. Merrill: Methods for measuring the enzyme activities of bating materials. J. Int. Amer. Leather Chem. Assoc. 21, 2 (1926).
43. Wilson, J. A. u. H. B. Merrill: Activities of pancreatic enzymes used in bating upon different substrates. J. Int. Amer. Leather Chem. Assoc. 21, 50 (1926).

44. Wohlgemuth, J.: Grundriß der Fermentmethoden. Berlin: Julius Springer 1913.
45. Wood, J. T.: Das Entkälken und Beizen der Felle und Häute. Braunschweig: Fr. Vieweg & Sohn 1914.
46. Wood, J. T.: The properties and action of enzymes in relation to leather manufacture. Ind. Chem. **13**, 1135 (1921).
47. Wood, J. T.: Notes on the constitution and mode of action of the dung bate. J. Soc. Chem. Ind. **17**, 1011 (1898).
48. Wood, J. T. u. D. J. Law: Enzymes concerned in the puering or bating process. J. Soc. Chem. Ind. **31**, 1105 (1912).

11. Die Kleienbeize und das Pickeln.

Bei der Vorbereitung der Blößen zum Gerben ist darauf zu achten, daß der p_H-Wert der von ihnen absorbierten Flüssigkeit, also der Lösung, mit der sie zuletzt in Berührung waren, so eingestellt ist, daß er sich der jeweiligen Gerbmethode einfügt. Der p_H-Wert beträgt während des Äscherns 12,5, während der Beize 7,5. Bevor die Blößen nun nach irgendeiner der gebräuchlichen Gerbmethoden gegerbt werden können, muß der p_H-Wert dieser Lösung beträchtlich unter 7,5 erniedrigt werden. Während der vegetabilischen Gerbung beträgt der p_H-Wert der Brühe gewöhnlich weniger als 5, beim Chromverfahren weniger als 4. Verwendet man Gerbbrühen, die einen geeigneten Überschuß an Säure enthalten, so kann der Ausgleich in der Brühe selbst vor sich gehen. Dies ist oft sehr schwer durchzuführen, sofern der Prozeß nicht peinlich vom Chemiker überwacht wird.

a) Kleienbeize und Säurebehandlung.

Bei der Herstellung gewisser Ledersorten ist es üblich, die Blößen vor der eigentlichen Gerbung mit Säure zu behandeln. Bisweilen ist sogar eine Beize unnötig, und die Blößen werden gleich nach dem Waschen, das dem Kälken folgt, einer Behandlung mit Säure unterzogen. Die dazu dienende Brühe kann folgendermaßen bereitet werden: Man läßt je 5 bis 10 g Kleie auf einen Liter Wasser bei 30° bis 35° C fermentieren; dabei bilden sich eine Reihe von organischen Säuren. Die Behandlung der Blößen nimmt man am besten in einem Haspel vor. In manchen Gerbereien wird die Kleie in besonderen Behältern fermentiert; zur Verwendung gelangt nur die klare, dekantierte, saure Brühe. Die Säuren haben eine doppelte Wirkung, einmal lösen sie die in der Blöße befindlichen Kalksalze und weiter bringen sie die Blöße in den für die eigentliche Gerbung geeigneten Zustand. Außerdem üben die Kleieteilchen durch Absorption von Schmutz und Fett noch eine gewisse reinigende Wirkung aus. Die Behandlung dauert für gewöhnlich einige Stunden, der Endpunkt ist schwer zu erkennen; ein geschickter Arbeiter, der gelernt hat, das Aussehen und den Griff in bezug auf Eignung für die darauf folgende Operation zu beurteilen, ist jedoch leicht in der Lage, den Endpunkt der Operation anzugeben.

Während des Vorganges entwickeln sich beträchtliche Gasmengen, die die Blößen zum Schwimmen bringen. Wood (6) untersuchte die

Zusammensetzung der Gase und der in der Brühe vorhandenen Säuren
und fand dabei:

<pre>
Kohlensäure . . . .   25,2 %
Schwefelwasserstoff. . . . . . .   in Spuren
Sauerstoff . . . .   2,5 %
Wasserstoff . . . .   46,7 %
Stickstoff . . . .   26,0 %
</pre>

Der Säuregehalt im Liter beträgt:

<pre>
Ameisensäure . . . .   0,03 g
Essigsäure. . . . .   0,20 g
Buttersäure . . . .   0,01 g
Milchsäure. . . . .   0,79 g
</pre>

Andere Stoffe bilden sich nur in äußerst geringen Mengen, am deutlichsten nachweisbar ist Trimethylamin.

Mege Mouries (3) fand, daß die Stärke der Kleie durch ein
amylolytisches Enzym, Cerealin, in Glucose und Dextrin übergeführt
wird. Dieser Vorgang ähnelt dem Abbau durch Diastase, den Brown
und Morris (1) in ihrer Arbeit über das Wachstum der Grassamen
beschrieben haben. Diese Diastase verwandelt Stärke in Dextrin und
Glucose, während die Diastase des Malzes die Stärke in Dextrin und
Maltose abbaut. Die Wirkung des Cerealins ist geringer als die der
Diastase. Die so gebildeten Zucker werden weiter durch Bakterien
(Bacillus furfuris) zerlegt, wobei sich die oben erwähnten Säuren, also
in der Hauptsache Milchsäure, bilden; Essigsäure entsteht ohne vorhergehende alkoholische Gärung unmittelbar aus der Glucose.

Wird der Säuerungsvorgang von erfahrenen Praktikern überwacht,
so bietet er kaum Schwierigkeiten, natürlich hat auch er seine Klippen.
Nimmt die Acidität der Brühen zu schnell zu und werden die Blößen
nicht rechtzeitig entfernt, so schwellen sie übermäßig an, wobei besonders in warmer Lösung eine Beschädigung der Fasern durch Hydrolyse eintreten kann. Die Rolle der Enzyme bei dieser Hydrolyse ist
noch nicht geklärt. Offenbar kann man dieser Gefahr leicht durch Zusatz von Kochsalz, das schwellungshindernd wirkt, begegnen.

J. S. Rogers (4) untersuchte die Wirkung von Milchsäure und
Essigsäure auf das Schwellen der Hautsubstanz und fand das Schwellungsmaximum bei dem p_H-Wert 2,3, ganz gleich, welche Säure er
benutzte. Die Säureschwellung wurde durch Zugabe von Gerbstoff
herabgesetzt.

Bei der Besprechung von Lederschäden, die durch mangelhafte
Überwachung bei der Behandlung mit Säure entstehen, weist Wood (5)
darauf hin, daß der Ursprung des modernen Pickelverfahrens in der
Erkenntnis zu suchen ist, daß man die Hydrolyse des Kollagens in
sauren Lösungen durch Zusatz von Salz verhindern kann.

Bisweilen verläuft der Fermentationsprozeß nicht in der gewünschten
Weise; die Brühen werden dann schwach alkalisch anstatt sauer und
färben sich dann infolge Anwesenheit chromogener Bakterien bläulich
schwarz. In solchen Fällen wird die Blöße schnell von proteolytischen

Bakterien angegriffen. Schäden lassen sich vermeiden, wenn man die Blößen rechtzeitig in eine Lösung von Salz und Säure bringt.

Bisweilen wird die Fermentation von einer heftigen Gasentwicklung begleitet. Durch Gasbildung im Innern der Faser entstehen Beschädigungen der Häute; die Gase bohren sich einen Weg durch die Narbenschicht und verursachen kleine Löcher. Eine ähnlich aussehende Beschädigung kann durch die Wirkung proteolytischer Bakterien hervorgerufen werden; in diesem Falle entsprechen die einzelnen Löcher Bakterienkolonien. Solche Lederfehler sind besonders bei hohen Temperaturen zu beobachten. Wenn die normale Säuremenge überschritten ist, liegt besonders bei hohen Temperaturen eine weitere Gefahr darin, daß durch Hydrolyse des Kollagens das Hautgefüge aufgelockert wird. Dies äußert sich in einer Schwammigkeit des angefertigten Leders.

Wird bei der Behandlung mit Säure die Narbenschicht von Bakterien angegriffen, so weist das fertige Leder matte Stellen auf, die den Eindruck erwecken, als ob es geätzt worden wäre. Eitner (2) konnte in einem Falle nachweisen, daß diese Erscheinung auf den „Bacillus megaterium" zurückzuführen ist, der eine schleimige Schicht auf dem Narben bildet, welche nun ihrerseits von dem proteolytischen Enzym, das der Bacillus abscheidet, angegriffen wird.

Wood und Wilcox (7) konnten zeigen, daß die bei der Kleienbeize sich entwickelnden Säuren allein für die Wirkung auf die Haut in Betracht kommen; bei Verwendung von Säuren allein verlief der Vorgang bis auf eine schnellere Wirkung ebenso. Nachdem sich diese Erkenntnis bei den Gerbern durchgesetzt hatte, verwendeten sie Lösungen organischer Säuren wie Milchsäure und Essigsäure. Die Lösungen können ohne Gefahr für die Blöße benutzt werden, wenn sie Methylorange gegenüber gerade neutral reagieren. Auch die billigere Salzsäure läßt sich verwenden, nur muß man dabei sorgfältig auf die Überwachung des Prozesses achten. Mittels dieser Methoden ist man in der Lage allen Kalk aus den Blößen zu entfernen; man kann ferner den p_H-Wert der Lösung so einstellen, daß die damit beladene Blöße den p_H-Wert der vegetabilischen Gerbbrühe, in die sie hinterher gebracht wird, nicht verändert.

Selbst bei Verwendung reiner Säurelösungen lassen sich keine allgemeinen Regeln aufstellen. Enthalten die vegetabilischen Gerbbrühen große Mengen Salze und Nichtgerbstoffe, so ist eine vorherige Behandlung der Blößen mit Säurelösungen mit niedrigeren p_H-Werten ungefährlich; bei frischen vegetabilischen Gerbbrühen, die eine verhältnismäßig geringe Menge Nichtgerbstoffe enthalten, ist jedoch, wenn der p_H-Wert der Gerbbrühe unter einen bestimmten Wert, der von der Zusammensetzung der Brühe abhängt, sinkt, die Gefahr rhythmischer Schwellungserscheinungen, wie sie im 5. Kapitel besprochen wurden, vorhanden. Diese Gefahr durch Zugabe von Salz zu umgehen, hat keinen Zweck, da viele Gerbstoffe dadurch ausgefällt würden. Man kann nur sagen, daß die Behandlung mit Säuren um so sorgfältiger durchgeführt und überwacht werden muß, je reiner die erste Gerbbrühe ist, mit der die Blöße in Berührung kommt.

Bisweilen enthalten die Gerbbrühen leicht fermentierbare Zucker, so daß immer von neuem organische Säuren gebildet werden. In solchen Fällen ist eine vorhergehende Behandlung mit Säure unerwünscht. Die Gerbbrühen selbst übernehmen dann die Funktionen der Säurebehandlung und die sich bildenden Calciumsalze verhindern rhythmische Schwellungserscheinungen. Es wäre unzweckmäßig, Blößen, die in solche Gerbbrühen kommen, vorher mit Säure zu behandeln, da sonst das Übermaß an Säure zu Beschädigungen des Leders führt.

In der Praxis findet man die verschiedensten Variationen dieses Vorganges; manche Gerber verwenden nach einer vorhergehenden Behandlung mit Säure nichtsäurehaltige Gerbbrühen, andere wiederum gerben ohne eine vorhergehende Säurebehandlung mit sauren Brühen. Würde jedoch einer wagen, einen Teil der Methoden des anderen in seinen Fabrikationsgang überzuführen, so würden die Folgen katastrophal sein; man kann nur entweder den ganzen Fabrikationsgang oder gar nichts übernehmen. Man ersieht hieraus, daß es unmöglich ist, ein quantitativ genau ausgearbeitetes System für Beizen und Entkälken oder für irgendwelche anderen Prozesse der Gerberei anzugeben. Alle wichtigen Vorgänge in der Gerberei sind voneinander abhängig und eine Änderung an einer Stelle, selbst wenn damit eine Verbesserung erreicht würde, kann eine entsprechende Änderung aller anderen Vorgänge notwendig machen.

b) Das Pickeln.

Das Pickeln unterscheidet sich von der Säurebehandlung hauptsächlich durch die gleichzeitige Verwendung von Salz in Verbindung mit Säure. Früher war es in der Praxis üblich, die geäscherten oder gebeizten Blößen mit Schwefelsäure zu behandeln, bis eine geringe Schwellung eintrat, und sie dann in eine gesättigte Kochsalzlösung überzuführen, wodurch ein Zurückgehen der Schwellung bewirkt wird. Heutzutage verwendet man Säure und Salz gemeinsam, da die vorhergehende Schwellung sich als unnötig und bisweilen auch als unerwünscht erwiesen hat. Ein zweckmäßiger Pickel, der in den meisten Fällen ausreicht, besteht aus einer normalen Kochsalzlösung, der Schwefelsäure im nötigen Mengenverhältnis zugesetzt wird.

Die Pickelbrühen erfüllen verschiedene Zwecke, hauptsächlich dienen sie dazu, die Blößen für die Chromgerbung vorzubereiten oder sie zu konservieren, damit sie beliebig lange Zeit bis zum Gerben aufbewahrt werden können.

Bei der Vorbehandlung der Blößen zur Chromgerbung hängt die richtige Säurekonzentration vom Basizitätsgrade der benutzten Chrombrühe ab. Je konzentrierter die Säure in der Pickelbrühe ist, desto schneller wird das System eine angenäherte Gleichgewichtslage erreichen. Fernerhin je konzentrierter die von der Blöße absorbierte Säurelösung ist, um so schneller dringen die Chromsalze während der Gerbung in das Innere der Haut ein. Ist andererseits die Säurekonzentration zu groß, so wird die Menge des von der Blöße aufgenommenen Chroms auf einen unerwünschten Grad herabgedrückt, falls nicht der Säureüberschuß während der Gerbung durch Zugabe von Bicarbonat, Borax oder ähnlichen Reagenzien neutralisiert wird.

Pickeln hat im Vergleich zu der Behandlung mit Säure den Vorteil, daß es sich chemisch sehr bequem überwachen läßt. Solange man die Salzkonzentration nicht unter n/2 fallen läßt, wird die Pickelbrühe einfach durch Titration mit Methylorange als Indicator kontrolliert. Ungeachtet der unterschiedlichen Größe des Kalkgehaltes vor dem Pickeln können alle Blößen in den gleichen Zustand gebracht werden, indem man einfach die Säurekonzentration so reguliert, daß alle Blößen schließlich einen Gleichgewichtszustand mit Lösungen gleicher Konzentration erreichen. So angewendet stellt der Pickelprozeß für die Chromgerbung einen Stabilisator von unschätzbarem Wert dar.

Liegt die Säurekonzentration für den Gleichgewichtszustand bei 0,05 normal oder höher, so dauert der Pickel einige Stunden, bei verdünnteren Lösungen und bei schweren Blößen muß man die Partien über Nacht in den Brühen liegen lassen. Liegt die Säurekonzentration über 0,01 normal, so besteht praktisch keine Gefahr, daß die Häute von Bakterien angegriffen werden. Da ferner die anwesende Salzmenge bei jedem p_H-Wert eine übermäßige Schwellung verhindert, verläuft das Pickeln bei sachgemäßer Ausführung außerordentlich sicher.

Will man die Haut nach dem Beizen konservieren, so bringt man sie zweckmäßig in eine Lösung, die im Liter 1 Mol Kochsalz und 0,01 Mol Schwefelsäure enthält. Die Lösungen lassen sich für mehrere Partien verwenden, da das sich bildende Calciumsulfat infolge Anwesenheit von Säure löslich ist. Da das Pickeln im Haspel vorgenommen wird, stellt sich infolge der dauernden Bewegung von Blößen und Brühe das Gleichgewicht verhältnismäßig schnell ein. Nach dem Pickeln werden die Blößen aus der Brühe genommen, über Böcke geschlagen und nach dem Abtropfen im feuchten Zustand zusammengepackt. So lassen sie sich monatelang aufbewahren.

Es kommt bisweilen vor, daß man so behandelte Blößen in vegetabilischen Brühen gerben will, die so zusammengesetzt sind, daß durch die in den Blößen vorhandenen Mengen Säure und Salz Fällungen entstehen würden. In solchen Fällen entpickelt man die Blößen im Haspel mit einer ½ molaren Kochsalzlösung, die durch entsprechenden Zusatz von Borax neutral gegen Methylorange gehalten wird. Hat sich das Gleichgewicht eingestellt, so werden die Blößen in ein Walkfaß gebracht und in fließendem Wasser gewaschen. Nach dieser Operation sind sie gerbfertig. Bei der Chromgerbung ist eine Entpickelung nicht nötig.

Bei Nachprüfung der Pickelbrühen ist zu beachten, daß die Abnahme der Säurekonzentration nicht allein auf die Neutralisation durch Calciumsalze zurückzuführen ist. Zwei weitere Faktoren tragen zur Verringerung der Säurekonzentration bei. Einmal wird durch die in der Blöße vorhandene Wassermenge, die 80% ausmacht, das Wasservolumen vergrößert und andererseits verbinden sich, wie der Verfasser feststellen konnte, mit 1 g Kollagen 0,00133 Grammäquivalente Säure. Berücksichtigt man auch diese beiden Faktoren, so läßt sich der von den Calciumsalzen verbrauchte Säureanteil ungefähr berechnen.

Literaturzusammenstellung.

1. Brown u. Morris: J. chem. Soc. Lond. 57, 458 (1890).
2. Eitner, W.: Gerber 204 (1898).
3. Mouries, M.: C. r. Soc. Biol. 37, 351 (1853); 38, 505 (1854); 43 1122 (1856); 48, 431 (1859); 50, 467 (1860).
4. Rogers, J. S.: The plumping of hide powder by lactic and acetic acids. J. Amer Leather Chem. Assoc. 17, 611 (1922).
5. Wood, J. T.: Das Entkälken und Beizen der Felle und Häute. Braunschweig: F. Vieweg & Sohn 1914.
6. Wood, J. T.: The properties and action of enzymes in relation of leather manufacture. Ind. Chem. 13, 1135 (1921).
7. Wood, J. T. u. W. H. Wilcox: Further contribution on the nature of bran fermentation. J. chem. Soc. Lond. 12, 422 (1893).

12. Vegetabilische Gerbstoffe.

Seit prähistorischen Zeiten weiß man, daß rohe Haut durch die Behandlung mit wässerigen Lösungen vieler Stoffe des Pflanzenreiches gefärbt und gegen Fäulnis geschützt wird. Den wirksamen Bestandteil dieser Stoffe, der im Pflanzenreiche weit verbreitet ist, bildet eine Klasse kompliziert gebauter, organischer Verbindungen, die unter der Bezeichnung Gerbstoffe zusammengefaßt werden. Unter vegetabilischer Gerbung versteht man die Vereinigung dieser Gerbstoffe mit den Hautproteinen zu Leder.

Zu den gerbstoffliefernden Materialien, die als Handelsprodukte eine Rolle spielen, gehören die verschiedensten Pflanzenteile, wie Rinden, Hölzer, Blätter, Zweige, Früchte, Schoten und Wurzeln. Die Verschiedenheit der aus den verschiedenen Ausgangsmaterialien gewonnenen Gerbextrakte beruht weniger auf der Unterschiedlichkeit der extrahierten Gerbstoffe als auf denen der mitextrahierten Begleitstoffe. Gewisse Pflanzen sind sehr reich an Gerbstoff. In der lebenden Zelle sind die Gerbstoffe zusammen mit anderen Stoffen, wie Kohlenhydraten und Salzen im Zellsaft gelöst. Lloyd (8) konnte zeigen, daß die Kohlenhydrate sich unter Umständen mit den Gerbstoffen verbinden können und so eine Einwirkung der Gerbstoffe auf das lebende Protoplasma ausgeschlossen wird. Die Gerbstoffe scheinen in gewisser Hinsicht für den Stoffwechsel der Pflanze von Bedeutung zu sein.

a) Gerbstoffrohmaterialien.

Wilson und Thomas (15) haben eine Liste der im Pflanzenreiche vorkommenden Gerbstoffrohmaterialien zusammengestellt, die nach den botanischen Bezeichnungen alphabetisch geordnet ist. In Tabelle 31 ist diese Liste wiedergegeben. Namen und Gerbstoffgehalt wurden ohne Nachprüfung der Literatur entnommen, so daß die Angaben in gewissen Fällen beträchtlich von der Wirklichkeit abweichen dürften. Unter „Vorkommen" ist entweder der Ort angegeben, an dem das gerade untersuchte Pflanzenmaterial gewachsen war oder auch der Ort, wo die betreffende Pflanze in großen Mengen wächst. Der Gerb-

stoffgehalt bezieht sich vermutlich in den meisten Fällen auf lufttrockenes Material.

Will man die Zahlen für den Gerbstoffgehalt verwerten, so muß
man sich darüber im klaren sein, daß es sich nicht um absolut zuverlässige Gerbstoffwerte handelt, da die Werte mit Methoden bestimmt
wurden, die der Kritik offen stehen. Es wurden eine ganze Reihe Methoden benutzt, die unter sich leicht verschieden sind, im großen ganzen
aber mit folgendem Schema übereinstimmen: Eine Lösung des gerb-
stoffhaltigen Pflanzenmaterials, deren Konzentration sich in gewissen
Grenzen hielt, wurde mit schwach chromiertem Hautpulver behandelt,
und zwar länger als notwendig war, um allen vorhandenen Gerbstoff
aus der Lösung zu entfernen. Vollständige Entgerbung wurde dabei
durch Prüfen einer geringen Filtratmenge mit Gelatinelösung ermittelt.
Die Konzentrationsabnahme aller Bestandteile der Lösung wurde als
Maß des Gerbstoffgehaltes angesehen. Offenbar werden aber alle Substanzen von schwach saurem Charakter vom Hautpulver aufgenommen.
Daher müssen die Angaben überall dort zu hoch sein, wo solche vorhanden waren. Die wahrscheinliche Höhe dieses Fehlers für einige der
gewöhnlicheren Gerbmaterialien wird im nächsten Kapitel in Verbindung mit den Methoden zur Gerbstoffbestimmung besprochen werden.

Tabelle 31. Gerbstoffhaltige Pflanzen.

Botanische Bezeichnung	Handelsbezeichnung	Vorkommen	Prozente Gerbstoff
Abies alba	Weißtanne	Nordamerika	Rinde 7—13
Abies canadensis . . .	Hemlock- oder Schierlingstanne	Nordamerika	Rinde 8—15
Abies dumosa	—	Nordamerika	Rinde 10
Abies excelsa.	Fichte	Europa	Rinde 7—13
Abies grandis.	Große kalifornische Tanne	Kalifornien	Rinde 9
Abies pectinata. . . .	Weiß- oder Edeltanne	Europa	Rinde 6—15
Acacia acuminata. . .	Raspberry jam wood	Australien	Rinde 4—15
Acacia angica	Angico	Brasilien	Rinde 20—25
Acacia anema	Mulga, Myall	Neusüdwales	Rinde 5—9
Acacia arabica	Babool, Bablah	Indien	Rinde 12—20 Schoten 20—42
Acacia binervata . . .	Black wattle	Australien	Rinde 27—30
Acacia brachybotyra .	Blue bush	Neusüdwales	Rinde 21
Acacia catechu	Cutch (Katechu)	Indien	Holzextrakt 60
Acacia cavenia	Espinillo	Südamerika	Schoten 18—21 Rinde 6
Acacia cebil	Cebil	Argentinien	Rinde 10—15 Blätter 6—7
Acacia cunninghamii .	Pea wattle	Queensland	Rinde 9—18
Acacia curupi	Curupy	Südamerika	Rinde 18
Acacia dealbata. . . .	Silver wattle	Australien, Afrika und Asien	Rinde 14—32
Acacia decora	Blue bush	Neusüdwales	Rinde 14—23
Acacia decurrens . . .	Gerberakazie	Australien	Rinde 18—51
Acacia elata	Berghickory	Neusüdwales	Rinde 20—31

Tabelle 31 (Fortsetzung).

Botanische Bezeichnung	Handelsbezeichnung	Vorkommen	Prozente Gerbstoff
Acacia falcata	Stunted wattle	Queensland	Rinde 13—37
Acacia flavescens . . .	Red wattle	Queensland	Rinde 19—22
Acacia granulosa . . .	—	Neu-Kaledonien	Rinde 12
Acacia homalophyla. .	Yarran	Neusüdwales	Rinde 9
Acacia horrida	Doornbosch	Kap der guten Hoffnung	Rinde 8—18
Acacia koa.	Koa	Hawaii	Rinde 18
Acacia leptocarpa . . .	—	Queensland	Rinde 10
Acacia longifolia . . .	—	Cypern, Australien	Rinde 7—19
Acacia melanoxylon . .	Blackwood	Neusüdwales	Rinde 11—13 Blätter 3
Acacia microbotyra . .	Manna wattle	Australien	Rinde 18—27 Blätter u. Zweige 20
Acacia mollissima. . .	Grün wattle	Australien	Rinde 12—47
Acacia neriifolia . . .	Schwarz wattle	Australien	Rinde 14
Acacia oswaldi	Miljie	Australien	Rinde 10
Acacia penninervis . .	Gold wattle, Hickorywattle	Australien und Europa	Rinde 14—38
Acacia podalyriaefolia .	Silberblättrigewattle	Queensland	Rinde 8—21
Acacia polystachya . .	—	Queensland	Rinde 18
Acacia pycnantha. . .	Goldwattle	Australien	Rinde 26—50
Acacia salicina	Weidenwattle	Australien	Rinde 6—20
Acacia saligna	Trauerweide	Neusüdwales	Rinde 28
Acacia sentis	Thorny wattle	Neusüdwales	Rinde 6—18
Acacia seyal	Talk	Sudan	Rinde 18
Acacia sp.	Gallol	Somaliland	Rinde 24
Acacia spiralis	Guajac	Neu-Kaledonien	Rinde 17
Acer campbellii. . . .	Kabaski-Ahorn	Himalaja	Rinde 3
Acer campestre. . . .	Feldahorn	Europa	Rinde 4
Alchornea triplinervia .	Tapia gwazu-ih	Paraguay	Rinde 12
Allophylus edulis . . .	Koku	Paraguay Brasilien	Rinde 10
Alnus firma	Minibari	Japan	Früchte 25
Alnus glutinosa. . . .	Schwarzerle	Europa	Rinde 16—20
Alnus incana	Weißerle	Europa	Rinde 10
Alnus maritima. . . .	Hannoki	Japan	Früchte 25
Alnus oregona	Roterle	Westliche U. S. A.	Rinde 9
Anacardium occidentale	Acajubabaum	Indien	Rinde 9
Angophora intermedia .	—	Neusüdwales	Rinde 4—5 Kino 65
Angophora lanceolata .	—	Australien	Rinde 6—11 Kino 61—68
Anogeissus acuminata .	Yon	Indien	Rinde 10
Anogeissus latifolia . .	Dhawa	Indien	Rinde 16 Blätter 10—18 Schößlinge 20—30 Rote Spitzen 54
Anogeissus pendula . .	—	Indien	Rinde 9
Apuleia praecox . . .	Yhvihra-pere	Paraguay	Rinde 11
Arctostaphylos uva-ursi	Bärentraube, schwedischer Sumach	Rußland, Schweden	Blätter u. Zweige 14
Areca catechu	Betelnußpalme	Indien	Früchte 10—15
Aspidiosperma polyneuron	Palo rosa	Paraguay	Rinde 3

Tabelle 31 (Fortsetzung).

Botanische Bezeichnung	Handelsbezeichnung	Vorkommen	Prozente Gerbstoff
Aspidiosperma quebracho-blanco. . . .	Weißer Quebracho	Argentinen	Blätter 27—28 Rinde 4 Holz 3
Avicennia officinalis . .	Weiße Mangrove	Queensland	Rinde 4—24
Banksia integrifolia . .	Coast honeysuckle	Queensland	Rinde 6—11
Banksia serrata. . . .	Heath honeysuckle	Australien	Rinde 11—23
Bauhinia vahlii. . . .	Muhurain-Rinde	Indien	Rinde 9
Betula alba	Birke (Weißbirke)	Nördliches Europa	Rinde 2—18
Betula lenta	Schwarzbirke	Nordamerika	Rinde 3—18
Boswellia serrata . . .	Salai-Rinde	Indien	Rinde 13
Bruguiera gymnorrhiza	Schwarze Mangrove	Ostafrika und Australien	Rinde 22—52
Bruguiera parviflora. .	Hagalay	Philippinen	Rinde 7—13
Bruguiera rheedii . . .	Rote Mangrove	Queensland	Rinde 15—22
Bruguiera rhumphii . .	Mangrove	Neu-Kaledonien	Rinde 27—42 Wurzelrinde 6 Wurzelholz 9
Bumelia obtusifolia . .	Pihkasurembiu	Paraguay	Rinde 8
Byrsonima cydoniaefolia.	Mureci	Bolivien	Rinde 20
Byrsonima spicata . .	Tam-Holz	Südamerika	Rinde 44
Cabrala sp..	Cancharana	Paraguay	Rinde 5
Caesalpinia brevifolia .	Algarobilla	Chile	Schoten 43—67
Caesalpinia cacolaco. .	Cascalote	Mexiko	Schoten 40—55
Caesalpinia coriaria . .	Divi-divi	Zentralamerika	Schoten 30—50
Caesalpinia digyna . .	Tari, Teri	Indien und Burma	Schotenschalen 40—60
Caesalpinia melanocarpa	Guyacan	Argentinien	Schoten 15—23 Holz 8
Caesalpinia tinctoria. .	Celavinia	Zentralamerika	Schoten 30—32
Callitris calcarata . . .	Black cypress pine	Australien	Rinde 12—34
Callitris glauca	Cypress pine	Australien	Rinde 11—24
Camellia thea.	Teestrauch	Asien und Afrika	Blätter 5—10
Carapa moluccensis . .	Orange Mangrove	Queensland	Rinde 23—34
Carrisa spinarum . . .	—	Indien	Blätter 8—12
Cassia auriculata . . .	Tarwar	Indien	Rinde 16—22
Cassia fistula.	Amaltas	Südindien	Rinde 11—15 Schotenschalen 17
Castanea vesca	Spanische Kastanie, Edelkastanie	Südeuropa, Südstaaten der U. S. A.	Rinde 6—8 Holz 7—11
Castanea dentata . . .	Amerikanische Kastanie	Im Südosten der U. S. A.	Wurzelstock- und Baumstammrinde 13 Wurzelstockkernholz: Innenschicht 9 Mittelschicht 13 Außenschicht 16 Wurzelholz 17 Wurzelrinde 31 Stammkernholz: Innenschicht 9 Außenschicht 15
Castanea pubinervis . .	Japanische Kastanie	Japan	Rinde 6 Holz 7

22*

Tabelle 31 (Fortsetzung).

Botanische Bezeichnung	Handelsbezeichnung	Vorkommen	Prozente Gerbstoff
Castanopsis chrysophylla	Westlicher Chinquapin	Westliche U. S. A.	Rinde 8
Castanopsis sinensis . .	Gie-gay	Indochina	Rinde 12
Casuarina	Eisenholz	Neu-Kaledonien	Rinde 10
Casuarina equisetifolia .	Casaghaföhre	Südasien	Rinde 11—18
Casuarina glauca . . .	Bull-Eiche	Neusüdwales	Rinde 12—15
Ceanothus velutina . .	Schneebusch	Westliche U. S. A.	Blätter 17
Ceriops candolleana . .	Bahau, Mangrove, Tangal, mkandala	Australien, Indien und Afrika	Rinde 24—42
Ceriops roxburghiana .	Goran	Indien	Rinde 13
Ceriops tagal	Tagal	Philippinen	Rinde 24—37
Cleistanthus collinus. .	Kodarsi	—	Rinde 33
Cocos romanzoffiana .	Pindo	Paraguay	Rinde 7
Copaifera Lansdorfii .	Kupaih	Paraguay	Rinde 17
Coriaria myrtifolia . .	Französischer Sumach	Frankreich	Blätter 15
Coriaria nepalensis . .	—	Indien	Blätter 20
Coriaria ruscifolia. . .	Tutu	Neuseeland	Rinde 16—17
Corylus avellana . . .	Haselstrauch	Europa, nördliches Asien	Rinde 5
Coulteria tinctoria . .	Tara	Algerien und Peru	Schoten 43—51
Crossostylis multiflora .	Busch-Mangrove	Neu-Kaledonien	Holz 21 / Rinde 3
Cryptomeria japonica .	Japanische Ceder	Japan	Rinde 6
Cupania sp.	Cedrillo	Paraguay	Rinde 16
Cupania uraguensis . .	Kambuata	Paraguay	Rinde 18
Cupania vernalis . . .	Yaguarataih	Paraguay	Rinde 15
Dalbergia sp..	Yhsapih-ih	Paraguay	Rinde 6
Dioscorea atropurpurea	Cu-nao	Indochina	Knollen 20
Elaeocarpus grandis. .	Blue fig-Rinde	Neusüdwales	Rinde 10
Elephantorrhiza burchellii	Elephantenwurzel	Afrika	Wurzeln 6—22
Enterolobium timbouva	Timbo	Paraguay	Rinde 22
Eremophila longifolia .	Emu-Busch	Neusüdwales	Rinde 5 / Blätter 10
Eucalyptus accedens .	Spotted gum	Australien	Rinde 18
Eucalyptus alba . . .	Mountain gum	Australien	Rinde 30—32
Eucalyptus amygdalina	Weißer oder Sumpfgummibaum	Neusüdwales	Kino 58—65
Eucalyptus campaspe .	Silberwipflicher Gimlet	Australien	Rinde 27
Eucalyptus corymbosa.	Blutholz	Neusüdwales	Kino 63—69 / Blätter 18 / Rinde 6
Eucalyptus corynocalyx	Zuckergummibaum	Australien	Rinde 21—28
Eucalyptus diversicolor	Karri	Australien	Rinde 16—20
Eucalyptus erythronema	Weißer Mallet	Australien	Rinde 30
Eucalyptus falcata . .	Silber-Mallet	Australien	Rinde 5—32
Eucalyptus gardneri. .	Blaublättriger Mallett	Australien	Rinde 23—31
Eucalyptus globulus. .	Eucalyptus, Blaugummibaum	Australien	Saft 28
Eucalyptus gunnii . .	Roter Gummibaum	Neusüdwales	Blätter 17 / Rinde 11

Tabelle 31 (Fortsetzung).

Botanische Bezeichnung	Handelsbezeichnung	Vorkommen	Prozente Gerbstoff
Eucalyptus longifolia .	Woolly butt	Australien	Rinde 2—16
Eucalyptus loxophleba.	York-Gummibaum	Australien	Rinde 5—10
Eucalyptus maculata .	Spotted gum	Neusüdwales	Kino 37—45 Rinde 3—10 Blätter 5
Eucalyptus obliqua . .	Faserrindenbaum (stringy bark)	Neusüdwales	Rinde 2—17
Eucalyptus occidentalis	Schwarzer Mallett	Australien	Rinde 20—26
Eucalyptus occidentalis astringens	Roter Mallett	Australien	Rinde 34—57
Eucalyptus odorata . .	White box	Neusüdwales	Blätter 7
Eucalyptus pallidifolia.	Micum	Australien	Rinde 28
Eucalyptus paniculata.	White iron bark tree	Australien	Rinde 8—30 Kino 72—83
Eucalyptus piperita . .	Messmate	Neudüswales	Kino 32—62 Blätter 13
Eucalyptus platypus .	Round leaf moort	Australien	Rinde 25—29
Eucalyptus redunca. .	Wandoo	Australien	Rinde 16—20
Eucalyptus resinifera .	Roter oder Waldmahagonibaum	Australien	Rinde 1—6 Kino 74
Eucalyptus redunca oxymitra.	Blaublättriger Mallett	Australien	Rinde 22—30
Eucalyptus robusta . .	Mahagoni	Florida	Blätter 12—17
Eucalyptus rostrata. .	Roter Gummibaum	Australien	Rinde 16 Kino 30—83 Holz 2—14
Eucalyptus salmoniphloia	Salmon-Gummibaum	Australien	Rinde 8—20
Eucalyptus salubris . .	Gimlet	Australien	Rinde 16—19
Eucalyptus siderophloica.	Red iron bark, Tandleroo	Neusüdwales	Kino 35—73 Rinde 7—13 Blätter 6
Eucalyptus sideroxylon (= E. leucoxylon). .	Eisenrindenbaum	Neusüdwales	Rinde 16—33 Kino 44
Eucalyptus sieberiana .	Gebirgsesche	Neusüdwales	Rinde 5—37
Eucalyptus Smithii . .	Gully-Esche	Neusüdwales	Rinde 21—28
Eucalyptus spathulata.	Swamp gimlet	Australien	Rinde 26
Eucalyptus stellulata .	Schwarzer Gummibaum	Neusüdwales	Rinde 13 Blätter 17
Eucalyptus stuartiana .	Apple	Neusüdwales	Rinde 3—5 Blätter 10
Eucalyptus torquata .	Blühender Gummibaum	Australien	Rinde 17
Eucalyptus viminalis .	Mannagummibaum	Neusüdwales	Rinde 4—7 Kino 69 Blätter 4
Eugenia braziliensis . .	Yhva-poroitih	Paraguay	Rinde 43 Blätter 17 Holz 12
Eugenia jambolana . .	Java plum	Ostindien	Rinde 19
Eugenia jambos . . .	—	Brasilien	Rinde 12
Eugenia maire	—	Neuseeland	Rinde 16—17

Tabelle 31 (Fortsetzung).

Botanische Bezeichnung	Handelsbezeichnung	Vorkommen	Prozente Gerbstoff
Eugenia michellii . . .	Nangapirih gwazu	Paraguay	Rinde 29
Eugenia pungens . . .	Yhva viyu	Paraguay	Rinde 11
Eugenia smithii. . . .	—	Australien	Rinde 17
Eugenia sp.	Yhvajhay puihta gwazu	Paraguay	Rinde 16—29
Exocarpus cupressiformis	Australische Kirsche	Australien	Rinde 15—23
Fiscus sp.	Kili-Rinde	Sudan	Rinde 19
Fusanus acuminatus. .	Quandony	Australien	Rinde 19
Garcinia mangostana .	Mangostine (Mangobaum)	Cochinchina	Fruchtschalen 14
Grevillia striata. . . .	Beefwood (fleischrotes Holz)	Australien	Rinde 18
Guarea sp..	Guara	Paraguay	Rinde 10
Hakea glabella	Prickly pear	Australien	Rinde 18—20
Hakea leucoptera . . .	Needle bark	Neusüdwales	Rinde 11
Heritiera fomes. . . .	Brettbaum, Sundri-Rinde	Indien	Rinde 7
Hopea odorata	Thingau (der Burmesen) Sao (der Anamiten)	Hinterindien	Rinde 14—15 Blätter 11 Holz 10
Hopea parviflora . . .	Ironwood	Indien	Rinde 17—22
Hydnora longicollis . .	Ganib	Afrika	Wurzeln 32
Inga affinis	Inga gwazu	Paraguay	Rinde 26
Inga feuillei	Paypay	Peru	Schoten 12—15
Juniperus recurva . .	—	Japan	Rinde 8
Krameria triandria . .	Rhatany	Peru	Wurzelrinde 20
Larix dahurica	Japanische Lärche	Japan	Rinde 9
Larix europaea	Lärche	Europa	Rinde 9—10
Larix occidentalis. . .	Westamerikanische Lärche	Nordweststaaten der U. S. A.	Rinde 11 Holz 7
Laurus lingue	—	Chile	Rinde 17—30
Leucodendron argenteum	Silverboom	Kap der guten Hoffnung	Rinde 9—16
Leucospermum conocarpum.	Kreupelboom	Kap der guten Hoffnung	Rinde 10—22
Ludwigia caparossa . .	Caparossa	Brasilien	Rinde 20—25
Lysiloma candida. . .	Palo blanco	Niederkalifornien	Rinde 26
Maclura pomifera . . .	Osage orange	Texas	Holz 11
Malpighia faginea. . .	Nance	Mexiko	Rinde 26
Malpighia punicifolia .	Mangrutta	Nicaragua	Rinde 20—30
Mimosa farinosa . . .	Mimosa	Argentinien	Rinde 4
Mimosa pudica	Mimosa	Indien	Wurzeln 10
Mimosa sp..	Yukeri gwazu	Paraguay	Rinde 11
Myrica asplenifolia . .	Sweet fern	Michigan	Blätter 4—5 Wurzeln 4—6
Myrica nagi	Box-Myrthe	Indien	Rinde 13—27
Nauclea gambir. . . .	Gambir	Ostindien	Blätter u. Zweige 5—6
Ocotea bullata	—	Südafrika	Rinde 6
Ocotea sp.	Yhva-iha	Paraguay	Rinde 11
Osyris abyssinica . . .	—	Transvaal	Blätter und Zweige 13—25

Tabelle 31 (Fortsetzung).

Botanische Bezeichnung	Handelsbezeichnung	Vorkommen	Prozente Gerbstoff
Osyris arborea	—	Nordindien	Blätter 20
Osyris compressa . . .	Kapsumach	Kap der guten Hoffnung	Blätter 17—23
Oxalis gigantea. . . .	Churco-Rinde	Chile	Rinde 25
Paullinia sorbilis . . .	Guara	Brasilien	Früchte 43—55
Peltophorbium dubium	Yhvihra puihta	Paraguay	Rinde 31
Pentacme suavis . . .	—	Indien	Blätter 12—24 Rinde 7—13 Holz 4
Phyllanthus emblica. .	Amla	Indien	Steinfrüchte 26—35 Blätter 23—28 Rinde 15—24
Phyllocladus asplenifolia.	Toa-toa	Tasmanien	Rinde 23
Phyllocladus rhomboidalis.	—	Tasmanien	Rinde 15—21
Phyllocladus trichomanoides	—	Neuseeland	Rinde 28—30
Picea glehni	Roter yezomatsu (Buntfichte)	Japan	Rinde 19
Picea sitkaensis. . . .	Sitka-Fichte	Pazifische Staaten	Rinde 12—18
Pinus cembra.	Zirbelkiefer, Arve	Alpenländer	Rinde 3—5
Pinus densiflora . . .	Matsu, Rotkiefer	Japan	Rinde 6
Pinus halepensis . . .	Aleppokiefer, Seestrandkiefer	Mittelmeerküsten	Rinde 10—20
Pinus Khasya	Khasya-Föhre	Burma, Assam	Rinde 7—10
Pinus longifolia. . . .	Chil, Chir, Long-leaved pine	Himalaja	Rinde 11—14
Pinus muricata	Swamp-Kiefer	Kalifornien	Rinde 13
Pinus radiata.	Monterey-Kiefer	Kalifornien	Rinde 14
Pinus sylvestris. . . .	Gemeine Kiefer	Mittel- und Nordeuropa	Rinde 4—5
Pinus Thunbergii . . .	Kuromatsu, Schwarzkiefer	Japan	Rinde 6
Piptadenia cebil . . .	Kurupaih	Argentinien	Rinde 15
Piptadenia rigida . . .	Kurupaih-ra puihta	Paraguay	Rinde 28
Pistacia lentiscus . . .	Pistacio, Mastixstrauch	Mittelmeerländer	Blätter 12—19
Pistacia orientalis. . .	Pistacio	Indien	Gallen 30—40
Pithecolobium dulce. .	Camanchile	Mexiko	Rinde 15—25
Polygonum amphibium	—	Missouri	Wurzeln 22 Zweige 17
Polygonum bistorta . .	Natterwurz	Europa	Wurzeln 16—21
Populus tremula . . .	Zitterpappel	Europa	Rinde 3
Prosopis oblonga . . .	Abu-surug	Sudan	Rinde 14
Protea grandiflora . .	Waagenboom	Kap der guten Hoffnung	Rinde 15—16
Protea mellifera . . .	Sugarbosh	Kap der guten Hoffnung	Rinde 18—25
Pseudotsuga taxifolia .	Douglastanne	Pazifische Staaten	Rinde 7
Punica granatum . . .	Granatapfelbaum	Indien	Rinde 18—22 Fruchtschalen 27-30 Kerne 32

Tabelle 31 (Fortsetzung).

Botanische Bezeichnung	Handelsbezeichnung	Vorkommen	Prozente Gerbstoff
Quebracho lorentzii . .	Quebracho	Südamerika	Holz 20—30 Rinde 6—8
Quercus aegilops . . .	Valonea	Mittelmeerländer	Eicheln 17—40
Quercus agrifolia . . .	Kalifornische Steineiche	Kalifornien	Rinde 19
Quercus alba	Weißeiche	Nordamerika	Rinde 7
Quercus californica . .	Kellogseiche	Kalifornien	Rinde 10
Quercus cerris	Zerreiche	Südeuropa	Gallen 35
Quercus chrysolepsis .	Maul oak, goldschuppige Eiche	Pazifische Staaten	Rinde 7—12
Quercus coccifera. . .	Kermeseiche	Mittelmeerländer	Rinde 10—18
Quercus coccinea . . .	Scharlacheiche	Vereinigte Staaten	Rinde 8
Quercus densiflora . .	Tanbark oak	Kalifornien	Rinde 10—29
Quercus dentata . . .	Japanische Weißeiche	Japan	Rinde 11 Holz 7
Quercus fenestrata . .	—	Östlicher Himalaja	Rinde 10—16
Quercus garryana. . .	Pacific post oak, Garryseiche	Pazifische Staaten	Rinde 6—7
Quercus grosseserrata .	Mizunara, Wassereiche	Japan	Rinde 9 Holz 2
Quercus ilex	Lebenseiche, Steineiche, Stecheiche	Südeuropa	Rinde 5—11
Quercus incana	Weiße indische Lebenseiche	Himalaja	Rinde 22
Quercus infectoria . .	Aleppoeiche, Galleiche	Türkei	Gallen 24—60
Quercus lamellosa. . .	Shal si, Buk	Östlicher Himalaja	Rinde 8—10
Quercus lineata. . . .	—	Nordindien	Rinde 11
Quercus lobata	Kalifornische Weißeiche	Kalifornien	Rinde 12
Quercus mirbeckii . .	Chêne Zéen	Algerien	Rinde 8
Quercus pachyphylla .	Sungre katur	Nordindien	Fruchtbecher 13-15 Rinde 12—13 Blätter 10
Quercus prinus	Kastanieneiche	Vereinigte Staaten	Rinde 9—12
Quercus pseudocornea .	Gie-quang	Indochina	Rinde 16
Quercus robur	Stieleiche, Sommereiche	Europa und Vereinigte Staaten	Rinde 9—12 Holz 2—4
Quercus rubra	Roteiche	Nordamerika	Zweiggallen 35 Rinde 4—6
Quercus sp.	Gie-bob	Indochina	Rinde 11
Quercus super	Korkeiche	Spanien, Marokko	Rinde 12—19
Quercus tozae	Chêne touzin	Südfrankreich	Rinde 14
Quercus velutina . . .	Färbereiche	Vereinigte Staaten	Rinde 6—12
Quercus wislizeni . . .	Highland oak, Wislicenuseiche	Kalifornien	Rinde 7—8
Rheedia brasiliensis . .	Pakuri	Paraguay	Rinde 22
Rhizophora conjugata .	Mangrove	Philippinen	Rinde 26—32
Rhizophora mangle . .	Mangrove	Tropische Küsten	Rinde 15—42 Blätter 22
Rhizophora mucronata.	Mangrove	Australien, Asien und Afrika	Rinde 21—48

Tabelle 31 (Fortsetzung).

Botanische Bezeichnung	Handelsbezeichnung	Vorkommen	Prozente Gerbstoff
Rhus copallina	Amerikanischer Sumach	Vereinigte Staaten	Blätter 17—38
Rhus coriaria.	Sizilianischer Sumach, Gerbersumach	Sizilien	Blätter 25—32
Rhus cotinus	Venetianischer Sumach, Perückensumach	Italien	Blätter 17
Rhus cotinoides . . .	Sumach vom Cumberlandgebirge	Nordamerika	Blätter 21
Rhus glabra	Weißer Sumach	Nordamerika	Blätter 15—25
Rhus metopium . . .	(Amerikanischer) Sumach	Nordamerika	Blätter 8
Rhus mysorensis . . .	—	Südliches Indien	Rinde 20
Rhus pentaphylla . . .	Algerischer Sumach, Tizrah, Tizera	Marokko, Nordafrika	Wurzeln 29, Holz 23
Rhus rhodanthema . .	Gelbe Zeder	Neusüdwales	Rinde 23, Blätter 9,5
Rhus semialata	Sumach	Asien, Amerika	Blätter 5, Chinesische Gallen 70
Rhus succedanea . . .	Haze, Talgbaum	Himalaja bis Japan	Blätter 20
Rhus Thunbergii . . .	—	Kap der guten Hoffnung	Rinde 28
Rhus typhina	Virginischer Sumach	Virginien	Blätter 10—18
Robinia pseudacacia. .	Gemeine Robinie	Europa	Rinde 2—7, Holz 3—4
Rollinia sp.	Aratiku gwazu	Paraguay	Rinde 4
Rumex hymenosepalus.	Canaigre	Mexiko	Wurzeln 25—30
Rumex maritimus. . .	—	Europa	Wurzeln 22
Sabal palmetto	Cabbage palmetto	Florida	Wurzeln 10—18
Sabal serrulatum . . .	Saw palmetto	Florida	Blätter 13
Salix alba	Weißweide, Silberweide	Europa	Rinde 9
Salix arenaria	Sandweide	Rußland	Rinde 13
Salix caprea	Salweide, Palmweide	Europa, Asien	Rinde 8—12
Salix fragilis	Bruchweide, Knackweide	Europa, Asien	Rinde 9—12
Salix lasiandra	Gelbe Weide	Kalifornien	Rinde 2
Salix purpurea	Purpurweide	Europa, Asien	Rinde 8
Salix viminalis	Korbweide	Europa, Asien	Rinde 7—10
Schinus molle	Molle	Argentinien	Blätter 19
Sequoia sempervirens .	Amerikanisches Rotholz	Pazifische Staaten	Kernholz 4—12, Saftholz 1—2, Rinde 1—3
Shorea obtusa	—	Indien	Rinde 9, Holz 6—7
Shorea robusta	Sal tree	Indien	Rinde 6—15
Sonneratia pagatpat. .	Pagatpat	Philippinen	Rinde 11—12
Spermolepsis gummifera	Chênegomme	Neu-Kaledonien	Rinde 17, Kino 43—80

Tabelle 31 (Fortsetzung).

Botanische Bezeichnung	Handels-bezeichnung	Vorkommen	Prozente Gerbstoff
Statice coriaria (Statice latifolia)	—	Südrußland, Kaukasus	Wurzeln 20—22
Stryphnodendron bar-batimao	Barbatimao	Brasilien	Rinde 18—27
Tamarix africana . . .	Tamarisk	Mittelmeerländer	Gallen 26—56 Zweige 9 Blätter 9
Tamarix articulata . .	Tamarisk	Marokko	Gallen 43—56
Tamarix dioica	Ihao	Indien	Rinde 10
Taxus cuspidata . . .	Yew	Japan	Rinde 10
Terminalia arjuna. . .	Kahua	Indien	Rinde 18—24
Terminalia belerica . .	Bedda	Indien	Nüsse 12
Terminalia catappa . .	Badamier	Indien	Rinde 12—25
Terminalia chebula . .	Myrobalanen	Indien	Nüsse 30—40
Terminala glabra . . .	Kumbuk	Ceylon	Rinde 27—32
Terminalia mauritiana .	Jamrosa	Indien	Rinde 30
Terminalia oliveri . .	Thann	Malayen	Rinde 31 Blätter 14
Tormentilla erecta . .	Blutwurzel	Europa	Wurzeln 20—46
Trichilia catigua . . .	Kaatigua puihta	Paraguay	Rinde 21
Trichilia hieronymi . .	Kaatigua moroti	Paraguay	Rinde 23
Tsuga canadensis . . .	Hemlock	Nordamerika	Rinde 7—12
Tsuga heterophylla . .	Westlicher Hemlock	Pazifische Staaten	Rinde 9—16
Umbellularia californica	Kalifornischer Lorbeer	Kalifornien	Rinde 16
Vateria indica	—	Indien	Früchte 25
Weimannia glabra . .	Curtidor	Venezuela	Rinde 10—13
Woodfordia floribunda.	Itcha	Indien	Rinde 27 Blätter 15
Ximenia americana . .	Alimu	Sudan	Rinde 17
Xylia dolabriformis . .	Jamba	Burma und Indien	Rinde 9—19 Holz 4
Xylocarpus granatum .	Piagao	Afrika und Asien	Rinde 21—48
Xylocarpus obovatus .	Tabique	Philippinen	Rinde 22—25
Zizyphus nummularia .	Ber	Indien	Rinde 10
Zizyphus xylopyra . .	Gothar	Indien	Fruchtfleisch 23

Es darf angenommen werden, daß fast jeder Bestandteil einer Pflanze etwas Gerbstoff enthält. Die obige Liste erhebt keinen Anspruch auf Vollständigkeit, sie umfaßt aber die meisten in der Literatur zitierten Gerbmaterialien, soweit sie so viel Gerbstoff enthalten, um gegebenenfalls als Gerbmittel des Handels in Frage zu kommen. Es wäre unpraktisch gewesen, zur Vervollständigung der Liste alle die unzähligen Angaben in Zeitschriften zu berücksichtigen.

b) Gerbstoffverbrauch in Amerika.

Das United States Department of Commerce hat unter der Leitung von W. J. Page (10) einen Bericht über die Produktion und den Verbrauch an vegetabilischen Gerbstoffen in den Vereinigten Staaten ausgearbeitet. Die Wichtigkeit dieses Berichtes für den Welthandel kann erst dann voll gewürdigt werden, wenn man sich vergegenwärtigt, daß die Produktion von Leder in den Vereinigten Staaten fast, wenn auch nicht ganz so groß ist wie in allen anderen Ländern der Welt zusammen.

Eine Liste, in welchen Mengen die wichtigeren Gerbmittel während des Jahres 1922 in den Vereinigten Staaten verbraucht wurden, ist in Tabelle 32 wiedergegeben. Von jedem Posten ist noch berechnet worden, wieviel Tonnen er bei 12% Gerbstoffgehalt (nach der offiziellen Methode der American Leather Chemists' Association) ergeben würde. Damit können die einzelnen Mengen Gerbmaterialien miteinander verglichen werden, unabhängig davon, ob der Gerbstoff zuvor extrahiert und als konzentrierter Extrakt verkauft worden war.

Tabelle 32. In den Vereinigten Staaten im Jahre 1922 verbrauchte vegetabilische Gerbstoffe.

Gerbstoffe	Bezugsquelle	Tonnen von 2000 Lbs.	Umgerechnet auf 12% Gerbstoffgehalt
Quebrachoholzextrakt, fest	Ausland	43 610	236 221
„ flüssig	„	37 508	109 398
Kastanienholzextrakt, flüssig	Inland	118 960	247 833
„ pulverförmig	„	18 665	93 325
Hemlockrinde, roh	„	185 019	185 019
Hemlockrindenextrakt, flüssig	„	3 404	7 092
„ pulverförmig	„	393	1 801
Eichenrinde, roh	„	148 474	148 474
Eichenrindenextrakt	„	9 134	19 029
Mimosenrinde, roh	Ausland	11 604	33 485
Mimosenrindenextrakt, fest	„	725	3 625
Myrobalanen, roh	„	10 297	25 743
Myrobalanenextrakt	„	79	329
Dividivischoten, roh	„	3 774	12 580
Mangroverinde, roh	„	4 039	13 463
Mangroverindenextrakt, roh	„	16	73
Fichtenrindenextrakt, flüssig	Inland	5 368	11 183
„ pulverförmig	„	102	468
Sumachblätter, roh	Ausland	4 601	10 736
Sumachblätterextrakt, flüssig	„	268	581
Valonea, Fruchtgehäuse und Früchte	„	7 553	10 297
Valoneaextrakt, fest	„	58	290
Gambirextrakt	„	55	229
Weißtannenextrakt (fir)	Inland	101	93
Gemischter Extrakt, pulverförmig	„	308	1 412
„ flüssig	„	86	179
Zusammen		614 201	1 172 958

c) Gerbstoffumsatz in Deutschland.

Ein Bild der Einfuhr und Ausfuhr von Gerbrinden, Gerbhölzern und Gerbextrakten und damit ein ungefähres Bild des Gerbstoffbedarfs in Deutschland gibt die vom Centralverein der Deutschen Lederindustrie (1) herausgegebene Außenhandelsstatistik der deutschen Lederindustrie. Sie ist in Tabelle 33 wiedergegeben.

Tabelle 33. Deutsche Außenhandelsstatistik in Gerbrinden, Gerbhölzern und Gerbextrakten.

Gerbrinden, Gerbholz u. a. in Doppelzentnern	1927		1926		1925		1913	
	Einfuhr	Ausfuhr	Einfuhr	Ausfuhr	Einfuhr	Ausfuhr	Einfuhr	Ausfuhr
Eichenrinde	276632	775	167783	2128	221309	469	320483	6608
Nadelholzrinde	300872	1565	122082	1798	213653	98	273895	7384
Mimosa-, Mangrove u. a. Rinde	332228	1841	198240	3073	383125	3286	433355	35953
Quebrachoholz	314121	2826	90854	4306	352197	1601	1170807	61928
Algarobilla, Bablah, Dividivi u. a.	71842		29156		29774		63541	
Eckerndoppern, Knoppern, Valonea	80191		65107		106087		171739	
Galläpfel	14975		7079		14921		23158	
Myrobalanen	86099	3341	41030	1795	59585	644	117227	11624
Sumach	17015		14896		12375		23831	
Catechu, Gambir	6671		4412		5772		36289	
Zusammen	1500646	10348	740639	13100	1398798	5558	2634328	123497

Gerbextrakte in Doppelzentnern	1927		1926		1925		1913	
	Einfuhr	Ausfuhr	Einfuhr	Ausfuhr	Einfuhr	Ausfuhr	Einfuhr	Ausfuhr
Eichen-, Fichten- u. Kastanienauszug	156225	9488	73080	6465	82926	240	357173	1448
Quebrachoholzauszug	381128	41579	284974	44316	293078	55282	172775	201549
Sumachauszug	7711	20006	6240	39591	3252	26422	8011	—
Andere	48848	39341	26480		33146		12788	
Zusammen	593912	92414	390774	90372	412402	91944	550747	202997

Umgerechnet in gerbende Substanz ergeben die vorstehend mengenmäßig aufgeführten Gerbmaterialien folgende Einfuhrüberschüsse:

$$1927 = 651556 \text{ dz,}$$
$$1926 = 355064 \text{ dz,}$$
$$1925 = 541633 \text{ dz,}$$
$$1913 = 652756 \text{ dz.}$$

d) Die Weltproduktion pflanzlicher Gerbmaterialien.

C. Steyer (12) hat den interessanten Versuch unternommen, die Größe der Weltproduktion pflanzlicher Gerbmaterialien festzustellen. Er gibt darüber die in Tabelle 34 wiedergegebene Aufstellung.

Tabelle 34. Die Weltproduktion pflanzlicher Gerbmaterialien.

Gerbmaterial	Produktion in t	% [1]	Produktion in t reinen Gerbstoffes	Wert in RM.
Eichenrinde	330000	10	33000	40000000
Fichtenrinde	170000	11,5	20000	10000000
Weidenrinde	65000 .	10	6500	3640000
Malletrinde	5000	42	2100	1400000
Mangroverinde	20000	36	7200	3600000
Mangroveextrakt	2000	65	1300	736000
Mimosarinde	112000	36	40300	23520000
Mimosaextrakt	18150	64,5	11700	8700000
Hemlockrinde	150000	10	15000	11155000
Hemlockextrakt	4290	28	1200	1486000
Eichenholzextrakt	33600	26,5	9000	10668000
Kastanienextrakt	282500	30	84750	68360000
Quebrachoextrakt	250000	65	162500	117500000
Urundayextrakt	2800	64,5	1800	1110000
Tizeraholz	10400	20	2080	400000
Sumach	30000	26 u. 18	6600	8640000
Gambir	25000	30—40	10550	15730000
Catechu	15000	50	7500	9500000
Algarobilla	3000	43	1300	540000
Dividivi	8000	41,5	3320	2400000
Myrobalanen	63800	34	21350	12810000
Myrobalanenextrakt . . .	2160	60	1300	821000
Valonea	75000	29	22000	19730000
Knoppern	8000	30	2400	2104000
Synth. Gerbst. Deutschlands	4000	30	1200	2700000
Gesamtproduktion .	1688700		475950	377250000

e) Quebracho.

Der Quebrachobaum, Quebrachia lorentzii, liefert für die Lederindustrie mehr Gerbstoff als irgendeine andere gerbstoffhaltige Pflanze. Das Quebrachoholz ist sehr reich an Gerbstoff von hohem Reinheitsgrad. Der Name Quebracho stammt aus dem Portugiesischen und bedeutet „die Axt brechend", d. h. das Holz ist so hart, daß es die Schneide einer Axt nicht eindringen, sondern abgleiten läßt. Nach Durland (4) haben die Quebrachowälder von Nordargentinien eine Monopolstellung, da anderswo gleichartige Wälder nicht existieren. Die Weltproduktion an diesem wertvollen Holz kommt praktisch ausschließlich aus diesem Gebiet. Da es von allen Hölzern das härteste, schwerste und dauerhafteste ist, wird es außer als Gerbstoffquelle auch für viele andere Zwecke benutzt. Nach Durlands Schätzung beträgt der jährliche

---

[1] Gerbstoffgehalt der einzelnen Gerbmaterialien in Prozenten (nach Paeßler).

Verbrauch an Quebrachoholz für die verschiedenen Zwecke etwa eine Million Tonnen. Der Holzvorrat dürfte für etwa 150 Jahre ausreichen. Die Aussichten für einen Quebrachoforstbetrieb sind günstig; 40 Jahre alte Bäume liefern gegen 200 kg Kernholz. Im Quebrachogebiet, besonders in Argentinien sind Extraktfabriken errichtet worden, in denen der Gerbstoff aus dem Holz extrahiert wird, und dann in Form konzentrierter Extrakte in den Handel kommt. Der flüssige Extrakt enthält gewöhnlich über 50% Wasser, fester Extrakt weniger als 25%. Beide Extrakte unterschieden sich nur dadurch, daß verschieden weit eingedampft wurde.

f) Amerikanische Kastanie.

Eine der wichtigsten Gerbstoffquellen der Vereinigten Staaten für schwere Leder wie Sohlleder, Riemenleder und Geschirrleder ist der amerikanische Kastanienbaum, Castanea dentata. Dieser Baum ist in Virginien, Nordcarolina, Tennessee und Nordgeorgien weit verbreitet. Zur Kastanienextraktherstellung werden nur die Holzteile aufgearbeitet, die als Bauholz nicht zu gebrauchen sind. Der Verbrauch des Holzes für Zwecke der Gerberei ist so stark, daß er durch Nachwachsen nicht ausgeglichen wird. Nach dem Schlagen der Kastanie treibt der Wurzelstock wieder aus und nach 20 Jahren ist der Baum von neuem reif zum Fällen. Frey und Leinbach (5) haben den Gerbstoffgehalt der amerikanischen Kastanie an vielen verschiedenen Stellen bestimmt; einige ihrer Resultate sind in Tabelle 31 wiedergegeben. Unglücklicherweise ist dieser wertvolle Baum durch einen aus dem Orient eingeschleppten Schmarotzerpilz, den Kastanienmeltau, bedroht. Seit 1904 soll der Meltau 80% der verfügbaren Kastanien von Nordvirginien zum Absterben gebracht haben, nachdem er bis in das lebenswichtige Innere der Baumstämme eingedrungen war. Nelson und Gravatt (9) haben neuestens nachgewiesen, daß das Holz abgestorbener Kastanienbäume gegenüber dem Holz lebender Bäume nur einen geringen Gerbstoffverlust aufweist und zur Extraktbereitung noch verwandt werden kann. Es ist zu hoffen, daß dieser Meltau gründlich ausgerottet wird, so daß die Unterlederfabrikanten das Kastanienholz wieder als eine unerschöpfliche Gerbstoffquelle betrachten können.

g) Hemlock.

Die Rinde der Hemlocktanne, Tsuga canadiensis, diente früher vielen amerikanischen Gerbereien als ausschließliche Gerbstoffquelle. Für ihren Gebrauch pflegten die Gerber die Rinde im eignen Betrieb zu mahlen und auszulaugen. Hemlockgerbbrühen sind sehr adstringent und geben ein festes und zähes Leder. Bevor konzentrierte Gerbextrakte im Handel zu haben waren, wurden die Gerbereien in der Nähe großer Wälder, die reich an Gerbrinde waren, angelegt. Man kann heute viele Gerbereien in den Nord- und Oststaaten der U. S. A. als Denkmäler der einstigen riesigen Hemlockwälder ansehen.

h) Eichenrinde.

Gleich der Hemlockrinde war auch die Eichenrinde für viele Gerber früher die einzige Gerbstoffquelle. Die üblichen zum Gerben benutzten Arten sind die gewöhnliche Eiche, Quercus robur, die Gerbstoffeiche, Quercus densiflora, und die Kastanieneiche, Quercus prinus. Während der Hemlockgerbstoff dem Leder eine charakteristische rote Farbe erteilt, erzeugt Eichenrinde mehr eine helle Färbung, der oft der Vorzug gegeben wird. Da sowohl Hemlock- wie auch Eichenrinde nicht mehr in so großen Mengen zur Verfügung stehen, werden diese Rinden bzw. ihre Extrakte meist nur in Kombination mit den konzentrierten Extrakten anderer Gerbstoffe angewandt.

Das Eichenholz enthält weniger Gerbstoff als die Rinde. Darum verwenden die Gerber das Holz nur selten. Extraktfabrikanten hingegen stellen konzentrierte Eichenholzextrakte her, die in den Handel gelangen und als Gerbmaterial für schwere Leder eine Rolle spielen.

i) Fichtenrinde.

Die Rinde der Fichte oder Rottanne, Picea vulgaris, hat vor allem während der Gerbstoffknappheit des Krieges in Deutschland wachsende Bedeutung als Gerbstoffrohmaterial gewonnen. Neben einem Gerbstoffgehalt von etwa 10% (Filterverfahren) besitzt die Fichtenrinde einen hohen Gehalt an zuckerartigen Stoffen. Die Fichtenrinde gehört mit der Eichenrinde zu den vielseitigst anwendbaren Gerbstoffen und wird heute meist im Gemisch mit Eichenrinde und andern hochwertigen Gerbmitteln angewandt. In neuerer Zeit bringt die Extraktindustrie auch feste Fichtenrindenextrakte in den Handel, die gegenüber den flüssigen Extrakten eine günstigere Zusammensetzung aufweisen.

k) Mimosarinde.

Verschiedene Arten von Acacia, die unter der Bezeichnung Mimosen bekannt sind, besitzen Rinden, die sehr reich an Gerbstoff von hohem Reinheitsgrad sind. Dieser Gerbstoff wurde zuerst in Australien gewonnen, später nach Südafrika eingeführt, von wo heute große Mengen Rinde auf den Markt gebracht werden.

l) Myrobalanen.

Die getrockneten Früchte der indischen Pflanze Terminalia chebula, Myrobalanen genannt, sind reich an Gerbstoff und leicht fermentierbarem Zucker. Die Verwendung von Myrobalanen ist in jenen Gerbereien sehr beliebt, die schwere Leder produzieren. Durch den Fermentationsprozeß wird nach und nach Essigsäure gebildet wie es für solche Leder erwünscht ist. Für farbige Oberleder ist dieser Gerbstoff weniger geeignet, weil er auf der Oberfläche des Leders Ellagsäure niederschlägt. Die Ellagsäureabscheidung der Brühen heißt man „Blume".

m) Dividivi.

Die Dividivi genannten Schoten, eines in Mittelamerika und Brasilien vorkommenden wildwachsenden Strauches, Caesalpina coriaria, dienen ähnlichen Zwecken wie die Myrobalanen. Sie sind sehr reich an Gerbstoff und bilden bei der Fermentation leicht Säuren. Auch sie geben dem Leder einen Belag von Ellagsäure.

n) Valonea.

Ein weiteres Material, das reich an Gerbstoff ist, eine Menge Säure und eine Ellagsäure-Blume bildet, sind die Valoneen. Valonea besteht aus den Fruchtbechern und Früchten der Eicheln der türkischen Eiche, Quercus aegilops.

o) Gambir.

Einer der mildesten Gerbstoffe, den wir kennen, ist der Gambirextrakt aus den Blättern und Zweigen der ostindischen Pflanze Nauclea gambir. Diese Pflanze wird etwa 3 m hoch. Die Zweige und Blätter werden mit Wasser ausgekocht, filtriert und mit Reismehl eingedickt. Für manche Zwecke wird die Paste in Ballen verpackt, für andere Zwecke in Würfel zerschnitten und getrocknet. In letzterem Fall wird das Produkt als Würfelgambir bezeichnet. Man hielt Gambir für die Herstellung von sehr feinen Oberledern für notwendig, bis die Chemiker erkannt hatten, daß die charakteristische Weichheit solcher Leder nicht vom Gambir, sondern von gewissen Nichtgerbstoffen herrührt, die man leicht in billigeren und weniger seltenen Stoffen zusetzen kann.

p) Sumach.

Ein anderes sehr mildes Gerbmaterial, das für die feineren Qualitäten Oberleder sehr viel verwendet wird, und zwar für den letzten Versatz vor dem Färben, ist der sizilianische Sumach, Rhus coriaria. Die getrockneten Blätter werden kurz vor dem Gebrauch ausgelaugt, gerade als ob ein Tee bereitet werden sollte. Sumach wird viel zum Gerben der Narbenspalten von Schafsfellen benutzt, die als Huteinlagen dienen. Weiter werden mit Chrom gegerbte Leder, die gefärbt werden sollen, damit gebeizt.

q) Die Extraktgewinnung.

Es ist noch üblich, daß die Gerbereien mit eigenen Extraktanlagen ausgerüstet sind, in denen sie das Rohmaterial, das in ihrer Umgebung wächst, selbst aufarbeiten. Indessen hat sich die Gewinnung von Gerbstoffen zu einer selbständigen Industrie ausgewachsen, die dahin gearbeitet hat, der Lederindustrie für jeden besonderen Zweck geeignete Gerbstoffe zu liefern.

Eine der ältesten Methoden zur Gewinnung von Gerbstoffextrakten, die meist in den Gerbereien angewandt wird, ist die offene Extraktion. Die Rinde bzw. das gerbstoffhaltige Material wird zunächst in größere Stücke zerbrochen und dann in der Lohmühle zermahlen. Die Extraktionsbatterien sind gewöhnlich in Gruppen zu acht Behältern angeordnet. Jeder dieser Behälter ist innen mit einem zweiten durchlöcherten Boden versehen, auf den das Gerbmaterial gelagert wird. Am äußeren Boden befindet sich ein Rohr zum Auffüllen und Ablassen der Brühe. Ist der Behälter mit frischem Material gefüllt, so gelangt diejenige Brühe in diesen Behälter, die bereits den größten Gerbstoffgehalt aufweist, also schon alle anderen sieben Behälter passiert hat. Hat die Brühe den achten Behälter durchlaufen, so wird sie abgezogen und kann dem Vorratsbehälter zugeführt werden. Das Material, das sich in dem Behälter befindet, wird jetzt mit der nicht ganz so gerbstoffreichen Brühe beschickt, die erst sechs Behälter passiert hat, und so fort, bis das Material schließlich mit reinem Wasser extrahiert wird. Das Material ist dann fast ganz erschöpft; nach der Extraktion mit reinem Wasser wird es als unbrauchbar aus dem Behälter herausgenommen.

Wie ausgeführt wurde, wird frisches Wasser nur zur Extraktion von ganz erschöpftem Material verwendet. Im Verlauf der Extraktion kommt die Brühe mit steigendem Gerbstoffgehalt mit immer frischerem Material in Berührung, um zum Schluß auf unausgelaugtes zu gelangen. Wird ein Behälter entleert, so füllt man ihn sofort mit frischem Material, und er wird dann im Zyklus der erste. Auf diese Weise ist man in der Lage, konzentrierte Brühen herzustellen. In den Gerbereien werden diese Brühen in Vorratskammern aufbewahrt; die Extraktfabriken jedoch sind gezwungen, das überflüssige Wasser durch Eindampfen zu entfernen, um ein konzentriertes Produkt zu erhalten, dessen Transportkosten geringer sind.

Oft sucht man die Extraktion durch mechanische Hilfsmittel zu unterstützen. Man stattet die Behälter mit mechanischen Rührern oder mit Röhren zum Hindurchblasen von Luft aus. Bisweilen werden die feststehenden Behälter durch rotierende ersetzt, wobei der Extraktionsgang unverändert bleibt. Bei anderen Konstruktionen wird das zu extrahierende Material mit Hilfe von Schraubengewinden in der einen Richtung bewegt, während die Brühe in der entgegengesetzten Richtung an der Rinde vorbeistreicht. Wenn das Material nach der Extraktion mit reinem Wasser praktisch erschöpft ist, wird es aus den Behältern herausgenommen und als Feuerungsmaterial oder in anderer Weise verwendet. Die auf das frische Material gelangende Brühe ist am gerbstoffreichsten und kann in Vorratsbehälter abgeleitet werden.

α) Einfluß der Temperatur.

Die Geschwindigkeit, mit der die Gerbstoffe aus dem Rohmaterial extrahiert werden, steigt mit der Temperatur. Andererseits steigt auch die Zersetzungsgeschwindigkeit der gelösten Gerbstoffe mit der Temperatur. Die Temperatur für die günstigste Ausbeute liegt offenbar bei einem ganz bestimmten Verhältnis beider Geschwindigkeiten, das je nach der Natur der Gerbstoffe verschieden ist. Es ist üblich, das frische Material bei niedrigen Temperaturen zu extrahieren und die Temperatur mit fortschreitender Extraktionsdauer zu steigern. Verarbeitet

man gewöhnliche Rinden in offener Extraktion, so laugt man zweckmäßig zunächst mit kochendem Wasser aus und läßt die Temperatur
allmählich auf 60⁰ fallen, ehe frischeres Material mit der Brühe extrahiert wird. Mit geeigneten Heizschlangen, die unter dem Einsatz-
boden des Behälters angebracht sind, ist die Temperatur der Brühen
leicht zu regeln.

β) Der Einfluß der Härte und des p_H-Wertes des Wassers.

Verwendet man zur Extraktion sehr hartes, alkalisches Wasser, so
wird die Gerbstoffausbeute herabgesetzt. Die Brühen nehmen eine
dunkle Farbe an und sind von geringerer Qualität. Zahlreiche Untersuchungen haben ergeben, daß weiches Wasser für die Extraktion von
Gerbstoffen günstiger ist. Aus neueren Arbeiten von Wilson und
Kern ist zu schließen, daß die Härte für die Extraktion von geringerem
Einfluß ist als der p_H-Wert des Wassers und der Brühen.

γ) Der Einfluß des p_H-Wertes auf die Farbe von Gerbstoffbrühen.

Wilson und Kern (13) untersuchten den Einfluß des p_H-Wertes
auf die Farbe von Gambir- und Quebrachobrühen. Es wurden zwei
Gerbstoffbrühen, die eine aus Gambir und die andere aus Quebracho,
hergestellt. Der p_H-Wert wurde in beiden Fällen mit Phosphorsäure
auf 2,5 gebracht. Der p_H-Wert wurde elektrometrisch bestimmt. Infolge
der Pufferwirkung der Säure änderte sich dieser Wert beim Stehen
nicht. Durch Hinzufügen von Natriumhydroxyd zu gleichen Teilen der
Lösungen wurden Reihen von Gerbstofflösungen gewonnen, deren p_H-
Werte zwischen 3,0 und 12,0 lagen. Der Gerbstoffgehalt war so gewählt
worden, daß er nach der Wilson-Kern-Methode, die im nächsten Kapitel
beschrieben wird, immer 1% betrug. Die Farbe der Gambirreihe wech-
selte von Strohgelb bei dem p_H-Wert von 3,0 nach Dunkelrot bei einem
p_H-Wert von 12,0. Die Quebrachoserie wies eine ähnliche Farbänderung
auf, nur zeigte sie bei niederen p_H-Werten noch einen Stich in das
Violette. Die bei beiden Serien auftretenden Farbskalen erinnern ganz
und gar an die Farbskalen, die zur Bestimmung der Wasserstoff-Ionenkonzentration nach der Indicatorenmethode benutzt werden, nur tritt
beim p_H-Wert 4 und darunter ein leichter Niederschlag ein. Daß es sich
um einen reinen Indicatoreneffekt handelt, geht daraus hervor, daß
die Farbe eines jeden Gliedes der Skala durch Gleichmachen der p_H-
Werte in Übereinstimmung mit jedem anderen Glied gebracht werden
konnte. Wurden die Glieder beider Serien auf den p_H-Wert von 3,0
zurückgebracht, so waren sie praktisch identisch. Eine Störung der
Reversibilität war indessen zu beobachten, wenn die Brühen längere
Zeit der Luft ausgesetzt wurden.

δ) Der Einfluß des p_H-Wertes auf die Oxydation
von Gerbstoffbrühen.

Zwei Versuchsreihen von jedem Extrakt wurden in Reagensgläser
gefüllt, wobei die eine Serie fest verschlossen, die andere aber der Luft
ausgesetzt wurde. Einen Tag später zeigten die verschlossenen Röhr-

chen keine Veränderung, während die anderen um so dunkler geworden waren, je höher der p_H-Wert lag. Brachte man die verschlossenen Brühen auf einen p_H-Wert von 3,0, so hatten sie praktisch die gleiche Farbe. Bei der Serie jedoch, die der Luft ausgesetzt worden war, war die Farbe nach dem Zurückbringen auf den p_H-Wert 3,0 um so dunkler, je höher die p_H-Werte lagen, während die Lösungen der Luft ausgesetzt waren. Außerdem bildete sich bei den Lösungen, deren p_H-Werte bei 9 gelegen hatten, ein Niederschlag.

Die Niederschlagsbildung ist sehr eigenartig. Eine vollständige Serie von jedem Extrakt wurde in flachen Schalen drei Tage lang der Luft ausgesetzt. Die Brühen wurden dann auf ihr ursprüngliches Volumen zurückgebracht und in Meßzylinder von 100 ccm Inhalt gefüllt. In jedem dieser Versuche wurde der p_H-Wert durch einen entsprechenden Zusatz von Salzsäure auf 3,0 gebracht. Nach Stehenlassen über Nacht wurde das Niederschlagsvolumen von 100 ccm der ursprünglichen Brühe abgelesen. Die Ergebnisse sind in Abb. 180 zusammengestellt.

Ließ man beide Extrakte bei einem p_H-Wert von 9 unter Luftzutritt stehen, so bildete sich ein reichlicher Niederschlag, wenn der p_H-Wert hinterher auf 3 herabgesetzt wurde. Lag jedoch der p_H-Wert, während der Extrakt der Luft ausgesetzt war, über 10, so trat bei einer Herabsetzung des p_H-Wertes auf 3 keinerlei Fällung ein. Alle so behandelten Brühen blieben gänzlich klar. Fügte man

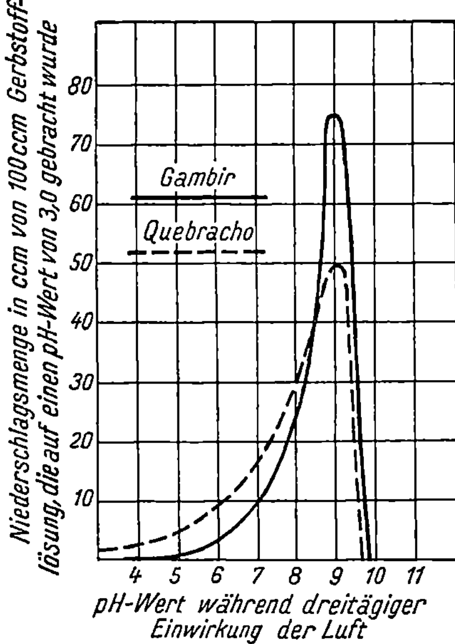

Abb. 180. Abhängigkeit der Niederschlagsbildung bei Gerbbrühen vom p_H-Wert 3 von den p_H-Werten, bei denen die Brühen der Luft ausgesetzt waren.

einen Säureüberschuß hinzu, so bildete sich jedoch in allen Fällen ein in Alkali löslicher Niederschlag.

Brühen, die bei p_H-Werten zwischen 8 und 9 der Luft ausgesetzt worden waren, ergaben eigenartigerweise bei der Messung der p_H-Werte mit der Wasserstoffelektrode Schwierigkeiten. Ließ man einige Zeit Wasserstoff hindurchblasen, so fiel die elektrische Spannung schnell auf Null. Selbst wenn diese Brühen auf p_H-Werte von 3 zurückgebracht worden waren, verschwanden diese Schwierigkeiten nicht. Die Wasserstoff-Ionenkonzentration wurde daher mit Hilfe von Indicatoren festgestellt. Solche Störungen traten nicht ein, wenn die Brühen bei p_H-Werten unterhalb von 7 und oberhalb von 10 der Luft ausgesetzt worden waren. Offenbar ist für die Oxydation von Gerbstoffbrühen der p_H-Wert 9 ein kritischer.

23*

Die Kurven von Abb. 180 zeigen, daß besonders zwischen den p_H-Werten 6 und 10 eine Oxydation von Gerbstoffbrühen eintritt. Der p_H-Wert von hartem Wasser liegt meist innerhalb dieser Spanne und viele solcher Wässer besitzen einen p_H-Wert höher als 8.

ε) Der Einfluß des p_H-Wertes auf die Niederschlagsbildung in Gerbbrühen.

Des weiteren untersuchten Wilson und Kern (14) den Einfluß des p_H-Werts auf die Niederschlagsbildung in Quebrachobrühen. Gemäß den offiziellen Vorschriften der American Leather Chemists Association wurden Lösungen aus festem Quebrachoextrakt für vier Versuchsreihen bereitet. Der einzige Unterschied gegenüber dieser Methode bestand darin, daß der p_H-West der Lösungen durch Zugabe von Schwefelsäure, Salzsäure, Natrium- oder Kaliumhydroxyd annähernd auf die gewünschten Werte gebracht wurde. Dann wurde jede Lösung auf das erforderliche Volumen aufgefüllt. Schließlich wurden die p_H-Werte bei 20° mit der Wasserstoffelektrode gemessen und die Gerbstofflösungen nach der offiziellen Methode analysiert. Aus Abb. 181 ist der Einfluß von Säure- und Alkalizusatz auf das Unlösliche zu ersehen.

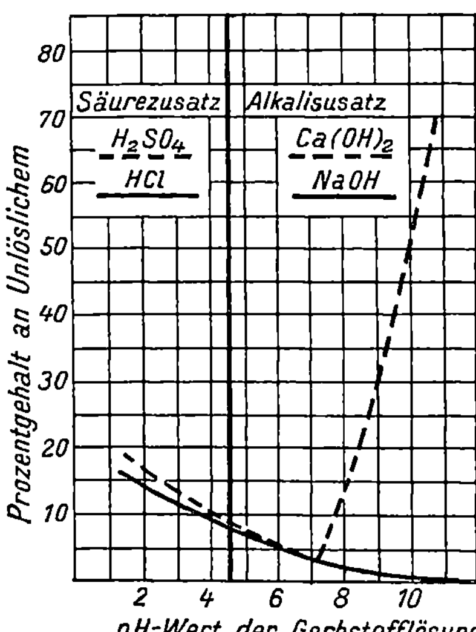

Abb. 181. Der Einfluß der p_H-Werte auf das Unlösliche bei einem Quebrachoextrakt.

Der p_H-Wert der Lösungen, denen weder Säure noch Alkali zugesetzt worden war, betrug 4,60. Mit der Herabsetzung der p_H-Werte durch Zusatz von Schwefel- oder Salzsäure nahm der Prozentsatz an Unlöslichem zu, wobei die sich Schwefelsäure als wirksamer erwies. Mit steigendem p_H-Wert war zunächst eine Abnahme des Unlöslichen zu beobachten, wobei die unfiltrierten Lösungen langsam durchsichtiger wurden. Enthielten die Lösungen Natriumhydroxyd, so vollzog sich dieser Vorgang kontinuierlich. Die Brühe vom p_H-Wert 11,35 war fast vollkommen klar. Bei Zusatz von Calciumhydroxyd zeigte sich jedoch im Neutralpunkt ein plötzlicher Wechsel, mit ansteigendem p_H-Wert trat in steigendem Maße Ausfällung ein.

Wendet man diese Untersuchungsergebnisse auf die Extraktion von rohen Gerbmitteln ganz allgemein an, so ergibt sich die Regel, daß der p_H-Wert während der Extraktion unterhalb von 7 zu halten ist, um ein Ausfällen der Gerbstoffe durch die im Wasser vorhandenen Kalksalze zu verhindern. Um andererseits Oxydationsvorgänge nach Möglichkeit zu vermeiden, sollten die Extraktionen bei p_H-Werten, die über 5 liegen, nicht durchgeführt werden. Offenbar ist dieser p_H-Wert für die Extraktion der günstigste, da bei noch niedrigeren Werten wachsende Mengen Gerbstoff ausfallen. Steht zur Extraktion nur hartes Wasser zur Verfügung, so sollte dementsprechend der p_H-Wert des Wassers durch Säurezusatz auf 5 gebracht werden.

ζ) Die Herstellung der Extrakte.

Als die natürlichen Gerbmittel in unmittelbarer Nähe der Gerbereien immer seltener wurden, mußte man sie von entlegeneren Orten herbeischaffen. Infolge der hohen Transportkosten ist es für den Gerber zweckmäßiger, konzentrierte Extrakte zu kaufen, die am Fundort des betreffenden Gerbmittels hergestellt werden. Außer der Ersparnis hoher Transportkosten hat der Gerber noch den Vorteil, die Extraktion nicht selbst vornehmen zu müssen. Die konzentrierten Extrakte sind ihm ihrer gleichmäßigen Zusammensetzung wegen angenehmer als die im eigenen Betrieb hergestellten verdünnten Brühen. So ist eine Extraktindustrie entstanden, die allmählich in der Weltwirtschaft eine beachtenswerte Stellung erlangt hat.

Die erste Operation der Extraktherstellung besteht darin, die Rinde bzw. das sonstige Gerbmaterial bis zu dem Feinheitsgrade zu zermahlen, der eine erschöpfende Extraktion zuläßt. Dann wird das Material in besonders konstruierte Behälter gebracht und nach der oben beschriebenen Extraktionsmethode ausgelaugt, nur benutzt man an Stelle von offenen Bottichen Autoklaven. Für gewisse Rohstoffe ist es notwendig, Druck und Temperatur genau einzuhalten, wenn eine optimale Ausbeute und Reinheit erzielt werden soll. Manche Gerbmittel werden im Vakuum extrahiert, wodurch der Extrakt eine bessere Qualität erlangen soll. Sowohl in Systemen, die mit Überdruck arbeiten, als auch in solchen, die mit Unterdruck extrahieren, werden die Brühen von Kessel zu Kessel gepumpt, wie bei der offenen Extraktion. Das frische Wasser wirkt also auf das nahezu erschöpfte Rohmaterial und die am meisten konzentrierten Brühen auf das frische Rohmaterial ein.

η) Klären, Entfärben und Eindampfen.

Manche Extrakte haben ein schmutziges und trübes Aussehen, weil darin unlösliche Stoffe suspendiert sind. Solche Extrakte werden vor dem Eindampfen auf mannigfaltige Weise geklärt, z. B. mittels Filterpressen, durch Zentrifugieren, durch Absitzen und Dekantieren. Zuweilen wird die Brühe mit Blutalbumin behandelt und dann auf 70⁰ C erhitzt. Bei dieser Temperatur koaguliert das Albumin und reißt die suspendierten Stoffe, einen Teil der dunkelgefärbten Substanzen und auch etwas Gerbstoff mit nieder. Die klare Brühe wird abdekantiert und der Schlamm zwecks Rückgewinnung der darin enthaltenen Gerbbrühe in Filterpressen ausgepreßt. Geht auch eine kleine Menge Gerbstoff auf diese Weise verloren, so wird dieser Verlust durch die verbesserte Farbe und Klarheit mehr als aufgewogen.

Andere Aufhellungsmethoden beruhen auf der Behandlung der Gerbbrühen mit anorganischen Chemikalien. Sehr oft benutzt man schweflige Säure oder Natriumbisulfit. Ein Teil der aufhellenden Wirkung beruht sicherlich auf der Verringerung der p_H-Werte durch die schweflige Säure, der Vorgang scheint jedoch verwickelter zu sein, da ein Teil der suspendierten und schwerlöslichen Teile gelöst wird. Offenbar spielt die reduzierende Wirkung der schwefligen Säure dabei eine Rolle.

Für das Einengen der Brühen gibt es eine ganze Reihe von Methoden. Da bei diesem Vorgang hohe Temperaturen und Berührung mit Luft von Nachteil sind, arbeitet man vielfach im Vakuum, in zu diesem Zweck besonders konstruierten Apparaturen. Diese sind im Laufe der Zeit immer mehr verbessert worden, so daß man heute einen Extrakt weitgehend eindampfen kann, ohne ihn zu schädigen. Während es früher üblich war, den Wassergehalt der Extrakte nur bis auf 50 bis 60% herabzudrücken, findet man heutzutage nicht selten Extrakte auf dem Markt, die nur 10% Wasser enthalten.

Literaturzusammenstellung.

1. **Centralverein der Deutschen Lederindustrie, Berlin:** Außenhandelsstatistik der deutschen Lederindustrie 1927.
2. **Coghill, D.:** A survey of the tanning materials of Australia. Melbourne: H. J. Green 1927.
3. **Dekker, J.:** Die Gerbstoffe. Berlin: Gebr. Borntraeger 1913.
4. **Durland, W. D.:** The quebracho region of Argentina. J. Amer. Leather Chem. Assoc. **19**, 587 (1924).
5. **Frey, R. W. u. L. R. Leinbach:** The distribution of tannin in the American chestnut tree with particular reference to stumps and roots. J. Amer. Leather Chem. Assoc. **20**, 457 (1925).
6. **Gnamm, H.:** Die Gerbstoffe und Gerbmittel. Stuttgart: Wissenschaftliche Verlagsgesellschaft 1925.
7. **Harvey, A.:** Tanning materials. London: Crosby Lockwood & Son, 1921.
8. **Lloyd, F. E.:** The mode of occurence of tanning in the living cell. J. Amer. Leather Chem. Assoc. **17**, 430 (1922).
9. **Nelson, R. M. u. G. F. Gravatt:** Der Gerbstoffgehalt abgestorbener Kastanienbäume. J. Amer. Leather Chem. Assoc. **24** 479 (1929).
10. **Page, W. J.:** Tanning materials survey. U. S. Department of Commerce, Trade Information Bulletin Nr. 167. J. Amer. Leather Chem. Assoc. **19**, 146 (1924).
11. **Procter, H. R.:** Principles of leather manufacture. Second edition, D. New York: Van Nostrand Co. 1922.
12. **Steyer, C.:** Produktion, Handel und Verbrauch pflanzlicher Gerbmaterialien in der Weltwirtschaft. Inaug.-Diss. Erlangen 1928.
13. **Wilson, J. A. u. E. J. Kern:** The color value o a tan liquor as a function of the hydrogen-ion concentration. Ind. Chem. **13**, 1025 (1921).
14. **Wilson, J. A. u. E. J. Kern:** Effect of hydrogen-ion concentration upon the analysis of vegetable tanning materials. Ind. Chem. **14**, 1128 (1922).
15. **Wilson, J. A. u. A. W. Thomas:** Tannins and vegetable tanning materials. Intern. Critical Tables 2, 239 (1927). National Research Council, McGraw—Hill Book Company, New York.

13. Die Analyse gerbstoffhaltiger Materialien.

Seit mehr als einem Jahrhundert bemühen sich die Chemiker um eine Methode, den gerbenden Wert eines Gerbmaterials zu bestimmen. Gerbmaterialien enthalten eine Menge Stoffe unbekannter Zusammensetzung, die die Isolierung der wirklichen Gerbstoffe erschweren, und auch von den meisten der Gerbstoffe selbst ist die Zusammensetzung noch nicht sicher bekannt. Der Gerber hilft sich hier mit einer rohen Methode, den Gerbwert verschiedener Materialien zu bestimmen. Er stellt fest, welche Menge Leder mit einer bestimmten Menge des Materials erhalten werden kann. Da es praktisch unmöglich ist, die einzelnen chemischen Substanzen, die dem Begriff Gerbstoff zuzuzählen sind, zu bestimmen, wandten die Chemiker ihre Aufmerksamkeit solchen Methoden zu, die diejenigen Bestandteile eines Gerbmaterials, die sich mit der Hautsubstanz verbinden und Leder bilden, als Ganzes bestimmen.

Man hat festgestellt, daß die löslichen Bestandteile vegetabilischer Gerbmaterialien, die mit Hautsubstanz beständige Verbindungen bilden, gleichzeitig auch die Fähigkeit besitzen, mit Gelatinelösungen Fällungen zu geben. Praktisch kann also als Gerbstoff definiert werden derjenige Teil der wasserlöslichen Substanz gewisser vegetabilischer Gerbmaterialien, der Gelatine zu fällen vermag und durch Hautpulver einer Lösung so vollständig entzogen wird, daß die restliche Lösung keine Gelatine mehr fällt.

Auf Grund dieser Definition des Begriffs Gerbstoff hat sich allmählich eine Methode entwickelt, bei der eine Lösung des Gerbmaterials solange mit Hautpulver geschüttelt oder sonstwie in Berührung gebracht wird, bis sie mit Gelatinelösung keine Fällung mehr ergibt. Die durch das Schütteln mit Hautpulver bedingte Konzentrationsänderung an gelöster Substanz wird als Maß des Gerbstoffgehalts der Lösung angesehen unter der Voraussetzung, daß nur Gerbstoff von dem Hautpulver aus der Lösung entfernt wird. Diese Annahme ist indessen irrig. Selbst wenn nach der Gelatineprobe aller Gerbstoff aus der Lösung durch das Hautpulver entfernt wird, schwankt der erhaltene Gerbstoffwert mit der angewandten Hautpulvermenge, mit der Zeit der Behandlung und mit anderen Faktoren, die beliebig verändert werden können. Um eine Methode zu erhalten, die in der Hand verschiedener Analytiker einigermaßen übereinstimmende Resultate für das gleiche Gerbmaterial ergibt, war es nötig, für alle variierbaren Faktoren bestimmte Grenzen zu setzen. Die Schwäche der Methode liegt aber eben in diesen willkürlich festgesetzten Grenzen.

Seit langem besteht das Bestreben, eine einheitliche Gerbstoffbestimmungsmethode für die ganze Welt für offiziell zu erklären. Im Mai 1927 arbeiteten die Vertreter der drei großen Gerbereichemikerverbände, des Internationalen Vereins der Leder-Industrie-Chemiker (I.V.L.I.C.), der International Society of Leather Trades Chemists (I.S.L.T.C.) und der American Leather Chemists Association (A.L. C.A.) die Provisorische international-offizielle Methode aus, die inzwischen auch von den drei Verbänden als offiziell angenommen wurde.

Im folgenden soll ihr genauer Wortlaut wiedergegeben werden. Da die Zweckmäßigkeit der Methode bzw. einzelner Punkte des Verfahrens (2, 7, 9, 11) aber immer noch umstritten ist, sollen auch die Vorschriften der ehemals offiziellen Methode des I. V. L. I. C., der ehemals offiziellen Methode der A. L. C. A. und die Grundzüge der weitverbreiteten „Filtermethode" angeführt werden.

a) Provisorische international-offizielle Methode der quantitativen Gerbstoffanalyse.

A. Allgemeine Vorschriften.

I. Laboratoriumsgeräte. § 1. Glasgeräte. Die verwendeten Glasgeräte sollen gegen die Einwirkung von dest. Wasser beständig sein. Meßkolben und Pipetten sollen sorgfältig geprüft und, wenn nötig, korrigiert sein. An den Liter- und Zweiliter-Kolben soll die Marke nahe dem unteren Halsende liegen.

§ 2. Exsiccatoren. Die Exsiccatoren sollen mit gutschließendem Deckel versehen und mit Schwefelsäure beschickt sein, deren Konzentration nicht unter 85% (Gewichtsprozente) sinken darf. Nicht mehr als eine Schale soll sich in einem Exsiccator befinden.

§ 3. Abdampfschalen. Die Abdampfschalen müssen niedrig sein, flachen Boden besitzen und einen Durchmesser haben, der nicht kleiner als 7 cm und nicht größer als 8,5 cm ist. Erlaubt sind Schalen aus Silber, Porzellan und Glas. Bei der Verwendung von Silberschalen am Wasserbad oder Dampfbad sind Porzellanringe zu benützen. Porzellanschalen müssen innen und außen glasiert sein. Glasschalen dürfen mit Dampf nicht in unmittelbare Berührung kommen.

§ 4. Vorrichtungen zum Abdampfen und Trocknen. Das Abdampfen muß bei 98,5 bis 100° C erfolgen und kann a) auf einem Wasserbad, b) auf einem kombinierten Wasserbad-Dampftrockenschrank oder c) auf einem kombinierten Abdampf- und Trockenapparat vorgenommen werden. Die nach a) oder b) erhaltenen Rückstände müssen in einem Trockenschrank bei konstant gehaltener Temperatur von 98,5 bis 100° C getrocknet werden. Es dürfen Heißwasser-, Dampfund elektrisch geheizte Trockenschränke bei gewöhnlichem Druck oder mit Vakuum Verwendung finden. Bei elektrischen Trockenschränken ist die genaue Einhaltung konstanter Temperatur wesentlich. Nicht erlaubt sind mit Gas geheizte Lufttrockenschränke.

§ 5. Waagen. Zum Wägen der Abdampfrückstände sind analytische Waagen zu verwenden, deren Empfindlichkeit mindestens 0,2 mg bei 100 g Belastung beträgt.

§ 6. Leinwand. Zum Waschen des chromierten Hautpulvers und zur ersten (groben) Filtration der entgerbten Lösungen ist Leinwand zu verwenden, die durch mehrmaliges Auskochen mit dest. Wasser von Beschwerungsstoffen befreit wurde.

§ 7. Filtrierpapier. Es sind Faltenfilter von 15 cm Durchmesser zu verwenden. Nur Einzelfilter sind gestattet. Die folgenden Marken werden empfohlen: Schleicher und Schüll Nr. 590, Munktell Nr. 1 F, Durieux „Super" und Watman Nr. 4.

§ 8. Der Koch-Auslauger. Dieser Apparat (siehe Abb. 182 und 183) besteht aus einer weithalsigen Glasflasche, die je nach der Ansatzmenge in drei verschiedenen Größen vorliegen muß. Bei einer Ansatzmenge bis zu 30 g auf 2 l soll sie einen Fassungsraum von etwa 250 ccm (Größe I), bei einer Ansatzmenge von über 30 g bis zu 42 g auf 2 l einen Fassungsraum von etwa 500 ccm (Größe II) und bei größeren Ansatzmengen (Eichen- und Kastanienholz, Eichen-, Fichten- und Hemlockrinde und gebrauchte Gerbmittel) einen Fassungsraum von etwa 750 ccm (Größe III) haben. Diese Glasflaschen dürfen nicht zu dickwandig und müssen gut gekühlt sein, damit sie das längere Kochen im Wasserbad vertragen. Die Flasche wird mit einem Gummistopfen, durch welchen zwei Glasröhren gehen, verschlossen; die eine, durch welche das dest. Wasser zugeführt wird, reicht etwa 1 cm unter den Stopfen, um die direkte Berührung des zufließenden kalten Wassers mit den heißen Gefäßwandungen zu vermeiden; die andere, welche als Ausfluß dient, geht fast bis auf den Boden der Flasche. Beide Enden sind trichterförmig erweitert und mit reiner grobmaschiger Leinwand oder Seidengaze (nicht Baumwolle, da

diese leicht verfilzt) umbunden. Oberhalb des Stopfens sind beide Röhren rechtwinklig gebogen und mit anderen (s. w. u.) durch Gummischlauch verbunden. Auf
den Boden der Flasche kommt zunächst eine etwa 1 cm hohe Schicht trockener,
vollständig eisenfreier Seesand (mit heißer
Salzsäure behandelt und durch Waschen
mit heißem Wasser gereinigt) und dann
das abgewogene gemahlene Gerbmaterial.
Zum Füllen wird das bis auf den Boden
reichende Rohr mit Hilfe eines mit einem

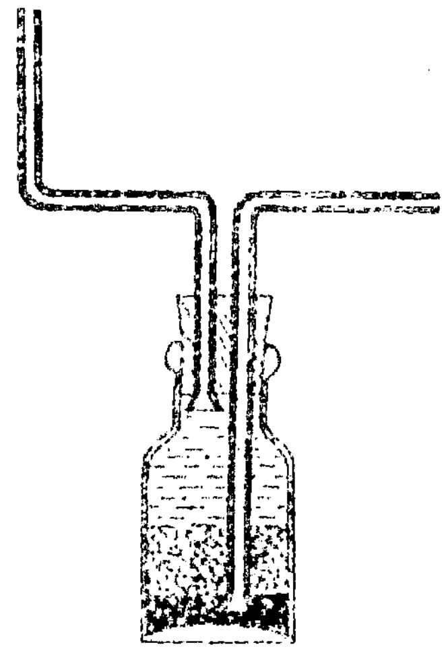

Abb. 182.   Abb. 183.

Der Koch-Auslauger.

Quetschhahne versehenen Gummischlauchstückes mit einem rechtwinklig gebogenen
Glasrohr verbunden, das in ein mit dest. Wasser gefülltes Becherglas eintaucht;
dann wird an der anderen Röhre vorsichtig gesaugt. Um hierbei sämtliche Luft
aus der Glasflasche zu verdrängen, läßt man nach Vollsaugen des Gerbmaterials
einige Minuten verstreichen, wobei sich die verdrängte Luft oben ansammelt.
Man füllt dann durch nochmaliges Ansaugen die Flasche vollständig an und stellt
den Apparat, mit einer Stöpselklammer gut verschlossen, bis an den Hals in ein
Wasserbad. Das kürzere Rohr wird mit Hilfe eines mit Quetschhahn versehenen
Gummischlauches mit einem Glasrohre verbunden, das nach einem etwa 150 cm
höher stehenden Wasservorratsgefäße führt. Man setzt den Inhalt der Glasflasche
durch Öffnen des Quetschhahns an dem Zuflußrohre des Auslaugewassers unter
den Druck dieser Wassersäule und beläßt es unter diesem zum vollständigen Durch-
weichen die vorgeschriebene Zeit (s. § 18). Das Abflußrohr mündet in einen vor-
gelegten Zweilitermeßkolben, wie es aus der Abbildung ersichtlich ist; der Quetschhahn des Abflußrohres bleibt während des Durchweichens verschlossen.
Die Ausmaße der Größen I, II und III der Auslaugeflaschen sind folgende:

	Durchmesser des zylindrischen Teiles	Höhe des unteren zylindrischen Teiles bis zum Beginn des Halses	Höhe des Halses	Durchmesser des Halses
	cm	cm	cm	cm
Größe I	6	9	2,5	4,5
„ II	7,5	12	3,0	5,5
„ III	9,0	12	3,0	5,5

II. Hilfsstoffe und Reagentien. § 9. Destilliertes Wasser. Das dest. Wasser muß folgenden Anforderungen entsprechen:

a) der p_H-Wert muß zwischen 5,0 und 6,0 liegen, d. h. das Wasser darf mit Methylrot keine Rotfärbung und mit Bromkresolpurpur (Bromkresolsulfophthalein) keine Dunkelrotfärbung geben;

b) der Abdampfrückstand von 100 ccm darf 1 mg nicht übersteigen.

§ 10. Kaolin. Nach dem Schütteln von 1 g Kaolin mit 100 ccm Wasser muß der p_H-Wert der Suspension zwischen 4,0 und 6,0 liegen, d. h. es darf weder mit Methylorange eine Rotfärbung, noch mit Bromkresolpurpur eine Dunkelrotfärbung auftreten. Wird 1 g Kaolin mit 100 ccm n/100 Essigsäure geschüttelt, so darf der Abdampfrückstand des Filtrates 1 mg nicht erreichen. Kaolinsorten, welche diesen Anforderungen nicht entsprechen, können mitunter brauchbar gemacht werden, indem man sie mit Salzsäure behandelt und dann mit dest. Wasser wäscht, bis keine löslichen Anteile mehr abgegeben werden. Folgende Kaolinsorten haben sich bewährt: Le Moor, China Clay und „Catalpo". Stets muß jede neue Sendung geprüft werden.

§ 11. Chromalaunlösung. Der Chromalaun muß in Krystallen vorliegen und der Formel $Cr_2(SO_4)_3, K_2SO_4 \cdot 24 H_2O$ entsprechen. Die zur Chromierung des Hautpulvers bestimmte Lösung muß bei Zimmertemperatur hergestellt werden, wobei 30 g Chromalaun auf 1 l gebracht werden. Diese Lösung darf nur verwendet werden, solange sie weniger als 30 Tage als ist.

§ 12. Hautpulver. Das zu verwendende Hautpulver soll von dem internationalen Ausschuß, bestehend aus Vertretern der A. L. C. A., der I. S. L. T. C. und des I. V. L. I. C. gutgeheißen sein. Es muß folgende Bedingungen erfüllen:

a) Der Aschengehalt muß unterhalb 0,3% liegen,

b) Wenn 7 g des lufttrockenen Hautpulvers unter zeitweisem Durchschütteln 24 Stunden mit 100 ccm n/10 KCl behandelt und dann durch ein Papierfilter filtriert werden, so muß der p_H-Wert des Filtrates zwischen 5,0 und 5,4 liegen.

§ 13. Gelatine-Kochsalz-Lösung. 1 g Gelatine (für photographische Zwecke) und 10 g reines Kochsalz werden in 100 ccm dest. Wasser gelöst und der p_H-Wert der Lösung durch Zusatz von Säure bzw. Alkali auf annähernd 4,7 gebracht; die Lösung soll demnach mit Methylrot Rotfärbung und mit Methylorange Gelbfärbung geben. Bei der Herstellung dieser Lösung, die am besten jedesmal frisch bereitet wird, aber durch Zusatz von 2 ccm Toluol für kürzere Zeit haltbar gemacht werden kann, darf die Temperatur von 60° C nicht überschritten werden.

III. Bereitung der zur Analyse gelangenden Proben. § 14. Feste Gerbmittel (Hölzer, Rinden, Früchte usw.). Hölzer, Rinden und Früchte müssen in einer geeigneten Mühle zerkleinert werden, bis sie durch ein Sieb von fünf Drähten pro Zentimeter hindurchgehen. Sollte dies bei einem faserigen Gerbmittel nicht völlig erreichbar sein, so müssen die feineren und die gröberen Anteile gesonders gewogen und das Verhältnis dieser Anteile in der gemahlenen Gesamtmenge bestimmt werden. Zur Auslaugung müssen die beiden Anteile im gleichen Verhältnisse gelangen, in welchem sie sich ursprünglich befanden.

Alle Gerbmittel, die beim Mahlen feinteilige (staubförmige) Anteile liefern, müssen in gleicher Weise behandelt werden, d. h. es müssen die zur Auslaugung gelangenden Mengen ein gleiches Verhältnis von Staub und groben Anteilen aufweisen, wie das gesamte Mahlgut.

Faserige Gerbmittel, wie Blätter (Sumach usw.) und Rinden (Eiche, Mimosa, Mangrove usw.) können in einem Mörser (womöglich aus Kupfer oder Bronze mit schwerem Kupfer-Stößel) zerstampft werden, um das faserige Gefüge zu lockern und das Eindringen des Auslaugewassers zu erleichtern.

Da manche Gerbmittel während des Mahlens Feuchtigkeit abgeben, so empfiehlt es sich, vor und nach dem Mahlen den Wassergehalt zu ermitteln und entsprechende Korrekturen vorzunehmen.

Gerbmittel, deren wässerige Auszüge Ellagsäure, Chebulinsäure u. dgl. abzuscheiden pflegen, wie Valonea, Myrobalanen usw. sollen vor der Auslaugung 1 Stunde auf 100 bis 105° C erhitzt werden.

§ 15. Feste Gerbstoffauszüge (feste Gerbextrakte). Feste Gerbstoffauszüge sollen vor der Einwaage in einer Reibschale aus Porzellan oder Achat zerrieben werden. Bei jenen Auszügen, die ungleichmäßige Feuchtigkeitsverteilung aufweisen oder sich nicht fein zerreiben lassen, sollen die Blöcke aufgebrochen, eine größere Probe in flachbodigen Schalen gewogen, im Trockenschrank bei 70⁰ C einige Stunden getrocknet und dann der Laboratoriumsfeuchtigkeit einige Stunden (womöglich über Nacht) ausgesetzt werden. Nach Feststellung der Gewichtsabnahme wird in einer Reibschale fein zerrieben und in einer Probe der weitere Gewichtsverlust beim Trocknen im Trockenschrank bei 98,5 bis 100⁰ C ermittelt. Die beiden Wasserbestimmungen ergeben zusammen den ursprünglichen Feuchtigkeitsgehalt.

Teigförmige Auszüge, wie Block-Gambir, sollen in kleine Stücke zerschnitten und dann in gleicher Weise behandelt werden.

§ 16. **Flüssige Gerbstoffauszüge** (flüssige Gerbextrakte). Flüssige Gerbstoffauszüge sollen gründlich durchmischt werden, um gleichmäßige Musterziehung zu ermöglichen; hierbei ist anzustreben, auch die abgesetzten Anteile in die Analysenprobe zu bekommen. Dickflüssige Auszüge sollen auf dem Wasserbade auf 45⁰ C erwärmt, gut durchgemischt, dann auf 18⁰ C abgekühlt (siehe § 21) und sofort ausgewogen werden. Im Analysenbericht ist das Erwärmen zu erwähnen.

IV. Herstellung der Auszüge für die Analyse. § 17. Die Menge des zur Analyse abzuwägenden Gerbmittels ist so zu bemessen, daß eine Lösung erzielt wird, die möglichst nahe einen Gehalt von 4 g/l durch Hautpulver aufnehmbare Stoffe aufweist. Keinesfalls darf dieser Wert unter 3,75 oder über 4,25 g/l betragen. Andernfalls ist die Analyse mit entsprechend geänderter Einwaage zu wiederholen.

Alle zu analysierenden Stoffe sollen auf einer analytischen Waage bis zu einer Genauigkeit von 2 mg abgewogen werden.

§ 18. **Die Auslaugung fester Gerbmittel.** Die nach obigen Angaben zerkleinerten festen Gerbmittel sind in einem Koch-Auslauger auszulaugen; hierzu sind solche Mengen zu verwenden, daß 2000 ccm einer Lösung von erforderlicher Analysenstärke (siehe § 17) erhalten werden.

Das Gerbmittel muß vorerst im Koch-Auslauger (siehe § 8) mit kaltem dest. Wasser nicht weniger als 12 Stunden, aber nicht mehr als 18 Stunden (z. B. über Nacht) durchfeuchtet werden; dann wird abgehebert und die Auslaugung mit gleichförmiger Geschwindigkeit fortgesetzt, so daß die erforderlichen 2 l in 4 Stunden gewonnen werden. Nach Ablauf der ersten 150 ccm ist die Temperatur des Wasserbades auf 50⁰ C zu steigern und diese Temperatur beizubehalten, bis weitere 750 ccm gesammelt sind. Dann wird die Temperatur des Wasserbades bis zum Siedepunkt gesteigert und die restliche Auslaugung bei dieser Temperatur bewirkt.

Bemerkung: Hölzer und solche schwer auslaugbare Rinden, wie Eiche und Hemlock, müssen in der Weise ausgelaugt werden, daß die erforderlichen 2 l bei gleichförmiger Auslaugung innerhalb 7 Stunden (und nicht 4 Stunden) gewonnen werden.

§ 19. **Flüssige Gerbstoffauszüge** (flüssige Gerbextrakte). Flüssige Gerbstoffauszüge sollen zur Vermeidung von Änderungen im Wassergehalt möglichst rasch und in geschlossenen Wägegläschen gewogen werden. Man löst durch Bespülen mit ungefähr 400 ccm dest. Wasser von 85⁰ C, läßt dabei in einen Liter-Meßkolben fließen und setzt noch weiteres dest. Wasser von 85⁰ C zu, bis das Volumen etwa 900 ccm beträgt. Dann wird so vorgegangen, wie unter „Kühlen der Gerbstofflösungen" (siehe § 21) beschrieben ist.

Stoffe, die gegen Wasser von 85⁰ C empfindlich sind, sollen bei einer niedrigeren Temperatur gelöst werden; in diesem Falle ist die eingehaltene Temperatur im Analysenbericht anzugeben.

§ 20. **Feste (pulverförmige) oder teigförmige Gerbstoffauszüge.** Zur Vermeidung von Änderungen im Wassergehalt sollen solche Gerbstoffauszüge in einem Becherglas möglichst rasch gewogen, mit der 10-fachen Menge dest. Wassers von 85⁰ C versetzt und auf einem Dampfbad auf 85 bis 90⁰ C unter häufigem Umrühren so lange erhitzt werden, bis Lösung oder gleichförmige Suspendierung eingetreten ist. Dann wird mit ungefähr 400 ccm dest. Wasser von 85⁰ C in einen Liter-Meßkolben gespült und weiteres dest. Wasser von 85⁰ C zugesetzt, bis das Volumen etwa 900 ccm beträgt, worauf man so wie unter „Kühlen der Gerbstofflösungen" (siehe § 21) angegeben, verfährt.

Von Gerbstoffauszügen, die mehr als 45% Gerbstoff enthalten, sind die abzuwägenden Mengen so zu bemessen, daß 2 l einer Lösung der erforderlichen Analysenstärke erhalten werden.

§ 21. **Kühlen der Gerbstofflösungen.** Die aus den Gerbmitteln oder Gerbstoffauszügen bereiteten Lösungen sind in folgender Weise auf 18⁰ C abzukühlen: Man bringt den Kolben in einen großen, mit Wasser von 18⁰ C gefüllten Behälter und hält das Kühlwasser während der Dauer des Kühlens auf 18⁰ C. Der Kolbeninhalt wird während des ganzen Kühlvorganges in Bewegung erhalten. Diese Arbeitsweise ist zur Erzielung übereinstimmender Ergebnisse unbedingt zu befolgen. Nach erfolgter Kühlung wird mit dest. Wasser zur Marke aufgefüllt, gründlich durchgemischt und dann filtriert.

Bemerkung. In heißen Klimaten, wo die Einhaltung der Temperatur von 18⁰ C Schwierigkeiten bereitet, empfiehlt es sich, die Kolben nach beendigter Kühlung in Papiersäcke zu hüllen.

B. Analyse.

§ 22. **Allgemeines.** Die Lösungen des Gesamt-Trockenrückstandes, des Gesamtlöslichen und der Nichtgerbstoffe müssen sich zur Zeit des Abpipettierens bei gleicher Temperatur befinden.

§ 23. **Bestimmung der Feuchtigkeit und des Gesamt-Trockenrückstandes.** Die Summe von Feuchtigkeit und Gesamttrockenrückstand beträgt 100%, so daß eine der beiden Bestimmungen ausreicht. Bei festen Gerbmitteln und bei solchen festen oder teigförmigen Gerbstoffauszügen, die keine gleichmäßig trübe Lösung liefern, muß eine direkte Wasserbestimmung ausgeführt werden.

§ 24. **Feuchtigkeit.** Etwa 1 g des feingemahlenen Stoffes wird in einem niedrigen, breiten Wägegläschen genau ausgewogen, in einem Heißwasser- oder Dampf-Trockenschrank bei 98,5 bis 100⁰ C 3 bis 4 Stunden getrocknet, dann in einem Exsiccator 20 Minuten abkühlen gelassen und auf einer analytischen Waage so rasch wie möglich gewogen. Das Trocknen wird dann bis zur Gewichtskonstanz wiederholt. Wenn beim wiederholten Trocknen Gewichtszunahmen auftreten, so ist die niedrigste Gewichtsbestimmung zu wählen.

§ 25. **Gesamt-Trockenrückstand.** 50 ccm der gut durchmischten, gleichmäßig trüben Gerbstofflösung werden in den angegebenen Abdampfschalen auf dem Wasserbad oder auf dem kombinierten Wasserbad-Dampftrockenschrank zur Trockene eingedampft. Die Rückstände werden dann sogleich bei 98,5 bis 100⁰ C (siehe § 4) getrocknet, in Exsiccatoren erkalten gelassen und so rasch wie möglich auf 0,2 mg Genauigkeit gewogen. Dies wird bis zur Erreichung von Gewichtskonstanz wiederholt. Die Schalen dürfen nach der Entnahme aus dem Exsiccator nicht mehr abgewischt werden.

Es ist gestattet, den kombinierten Abdampf- und Trockenapparat zu verwenden und damit das Abdampfen und das Trocknen in einer Vorrichtung zu vereinigen.

§ 26. **Gesamtlösliches.** Man bringt soviel der Analysenlösung, als zum Anfüllen des Filters nötig ist (etwa 75 ccm), in ein Becherglas, setzt 1 g Kaolin zu, mischt gründlich und bringt sofort auf das Filter (siehe § 7). Man sammelt die ersten 25 ccm des Filtrates in dem gleichen Becherglase, gießt sie wieder aufs Filter und wiederholt diesen Vorgang während 1 Stunde, wobei man trachtet, die ganze Kaolinmenge auf das Filter zu bringen. Dann entfernt man die Flüssigkeit vom Filter, wobei man möglichst vermeidet, das Kaolin aufzurühren, was durch Abhebern leicht gelingt. Man füllt nun das Filter mit der auf 18⁰ C gebrachten Gerbstofflösung und wartet, bis das Filtrat optisch klar ist; die bis dahin durchfiltrierten Anteile gießt man fort. Dann beginnt man das Filtrat zu sammeln, bis die zum Eindampfen abzupipettierende Menge vorhanden ist. Das Filter soll stets vollgehalten werden, die Temperatur der filtrierenden Lösung 18⁰ C betragen und der Trichter, sowie das Filtrat-Sammelgefäß bedeckt werden. 50 ccm des klaren Filtrates werden in die gewogene Abdampfschale pipettiert, eingedampft, getrocknet, abgekühlt und bis zur Gewichtskonstanz gebracht, wie oben angegeben.

Als optisch-klar gegen auffallendes und durchfallendes Licht gilt die Lösung, wenn ein heller Körper von der Art einer Glühlampe durch eine wenigstens 5 cm dicke Schicht deutlich sichtbar ist und wenn eine 1 cm hohe Schicht in einem auf schwarzem Glas oder schwarzem Glanzpapier ruhenden Becherglas bei guter Beleuchtung schwarz und nicht opalisierend erscheint, sobald sie von oben betrachtet wird.

§ 27. **Chromierung des Hautpulvers.** Für jede Nichtgerbstoffbestimmung wird soviel Hautpulver, wie 6,25 g Trockensubstanz entspricht, benötigt. Sind n Nichtgerbstoffbestimmungen auszuführen, so wird die n-fache Menge und dazu noch 6 g für die Wasserbestimmung abgewogen und mit der 10-fachen Menge dest. Wassers 1 Stunde durchfeuchtet. Hierzu wird pro 1 g lufttrockenes Hautpulver 1 ccm der Chromalaun-Stammlösung (siehe § 11) zugesetzt und das Ganze gut durchgerührt.

Das Durchrühren wird während mehrerer Stunden häufig wiederholt; dann wird über Nacht stehen gelassen. Am nächsten Morgen wird das chromierte Hautpulver auf reines Leinen- oder Baumwoll-Filtertuch gebracht, abtropfen gelassen und ausgepreßt. Dann wird das Tuch mit dem Hautpulver in ein geeignetes Gefäß (bei größeren Hautpulvermengen ist ein emaillierter Topf zu empfehlen) gebracht, das Tuch geöffnet und das Hautpulver mit der 15-fachen Menge dest. Wassers (bezogen auf lufttrockenes Hautpulver) übergossen. Es wird gut durchgerührt, 15 Minuten stehen gelassen, dann das Tuch mit dem Hautpulver herausgehoben, sofort abtropfen gelassen und auf annähernd 75% Feuchtigkeit — wenn nötig, unter Anwendung einer Presse — abgepreßt. Dieses Waschen, Abtropfen und Abpressen wird noch dreimal wiederholt und das letzte Abpressen so ausgeführt, daß ein Wassergehalt von annähernd 73% (nicht weniger als 72% und nicht mehr als 74%) zurückbleibt. [Es ist zweckmäßig, etwas unter die angenommenen Werte zu pressen, dann so quantitativ wie möglich in ein tariertes Gefäß zu überführen und durch sorgfältigen Wasserzusatz den richtigen Feuchtigkeitsgehalt zu bewirken.] Der Kuchen des nassen, chromierten Hautpulvers wird dann gründlich zerteilt und das Ganze gleichförmig und klumpenfrei durchmischt. In 20 g dieses nassen chromierten Hautpulvers wird sofort eine Feuchtigkeitsbestimmung (siehe § 24) ausgeführt. Ebenso werden sofort die für die Nichtgerbstoffbestimmungen dienenden Einzelmengen abgewogen, in die Schüttelflaschen gebracht und diese dicht verschlossen.

§ 28. **Nichtgerbstoffbestimmung.** Zu einer Menge nasses chromiertes Hautpulver, die möglichst genau 6,25 g Hautpulver-Trockensubstanz entsprechen soll und jedenfalls nicht außerhalb der Grenzen von 6,1 bis 6,4 g fallen darf, werden 100 ccm der Analysen-Gerbstofflösung gegeben und sofort genau 10 Minuten lang in einem Schüttelapparat mit einer Umdrehungszahl von 50 bis 65 pro Minute bewegt. Dann werden Hautpulver und Lösung auf ein reines, trockenes Leinwandstück gegossen, das auf einem Trichter ruht. Nach dem Abtropfen wird mit der Hand abgepreßt und zu diesem Filtrate 1 g Kaolin zugesetzt und gut durchgemischt. (Das Filtrat muß den in 10 angegebenen Bedingungen entsprechen.) Dann wird durch ein Einzelfaltenfilter von 15 cm Durchmesser gegossen und das Filtrat so oft zurückgegossen, bis es klar geworden ist. Trichter und Auffanggefäß sind hierbei bedeckt zu halten. (Das Filtrat muß mit der Gelatine-Kochsalz-Lösung geprüft werden, und es muß, wenn 10 ccm des Filtrates mit 1 bis 2 Tropfen des Reagenses eine Trübung geben sollten, dies im Analysenbericht mitgeteilt werden.) 50 ccm des Filtrates werden sodann in eine gewogene Abdampfschale pipettiert, abgedampft, getrocknet, abgekühlt und gewogen. Das erhaltene Gewicht muß entsprechend der durch den Wassergehalt des Hautpulvers verursachten Verdünnung korrigiert und dieses korrigierte Gewicht zur Berechnung der Nichtgerbstoffprozente verwendet werden.

§ 29. **Durch Hautpulver aufgenommene Gerbstoffe.** Der Gerbstoffgehalt ergibt sich aus der Differenz der Prozentzahlen für Gesamtlösliches und Nichtgerbstoff.

§ 30. **Unlösliches.** Unter Unlöslichem versteht man die Differenz zwischen den Prozentzahlen für Gesamt-Trockenrückstand und Gesamtlösliches, oder zwischen 100 und der Summe aus Feuchtigkeit und Gesamtlöslichem, letzteres bei jenen festen Gerbmitteln und festen oder teigförmigen Gerbstoffauszügen, bei denen die Feuchtigkeit direkt bestimmt wird.

§ 31. Spezifisches Gewicht. Das spezifische Gewicht soll mit dem Pyknometer unter möglichster Einhaltung der Temperatur von 15° C bestimmt werden.

§ 32. Genauigkeit der Methode. Alle Analysen sind doppelt auszuführen und die Mittelwerte anzugeben. Die Gewichte der Abdampfrückstände sollen stets innerhalb 2 mg übereinstimmen, so daß der absolute Fehler im Gerbstoffgehalt nicht mehr als 2% beträgt. So z. B. sollen bei flüssigen Gerbstoffauszügen mit 30% Gerbstoff die Doppelbestimmungen von Gerbstoff innerhalb 0,6% übereinstimmen; bei festen Gerbstoffauszügen mit 60% Gerbstoff soll die Übereinstimmung innerhalb 1,2% liegen. Wenn nötig, sind die Analysen zu wiederholen, bis diese Übereinstimmung erreicht ist. Im Analysenbericht ist deutlich anzugeben, daß die mitgeteilten Zahlen Mittelwerte solcher übereinstimmender Bestimmungen sind.

Wenn die Analysen von verschiedenen Chemikern am gleichen Muster des Gerbmittels oder Gerbstoffauszuges ausgeführt werden, so sollen die Ergebnisse voneinander nicht um mehr als 3% vom Gesamtgerbstoffgehalt abweichen.

In den Analysenberichten sind die Ergebnisse nur auf eine Dezimale auszudrücken.

§ 33. Schlußbemerkung. Alle Analysen sind in genauer Befolgung der obigen Vorschriften auszuführen.

Der Analysenbericht muß die Erklärung enthalten: „Diese Analyse ist nach der international-offiziellen Methode der Gerbstoffbestimmung ausgeführt worden."

Ferner ist die Partienummer des verwendeten Hautpulvers im Analysenberichte anzugeben.

<h1 style="text-align:center">Anhang.</h1>

§ 34. Ungefähre Mengen der zur Analyse verwendeten Gerbmittel in g/l.

Feste Gerbmittel
(Hölzer, Rinden, Früchte, Blätter usw.)[1].

Canaigre	15—18	Myrobalanen (entkernt)	8—10
Kastanienholz (frisch)	50—55	Myrobalanen (ganze Früchte)	12—14
Kastanienholz (trocken)	38—42	Valonea	14—15
Quebrachoholz und Tizera	19—21	Trillo	9—10
Hemlockrinde	32—36	Dividivi, Algarobilla, Teri und	10—12
Mimosarinde	10—14	Gonakie	10—12
Eichenrinde	35—45	Sumach	15—16
Mangroverinde	10—12	Ausgelaugte Gerbmittel	50—80
Fichtenrinde	30—35		

Feste Gerbstoffauszüge[1].

Kastanien 60%	6—7	Sumach	6—7
Mangrove	6	Cutch	10
Quebracho	6	Würfelgambir	12—14
Quebracho (löslich gemacht)	6	Blockgambir	14—16
Mimosa	6—7		

Flüssige Gerbstoffauszüge.

Kastanien 30%	13	Myrobalanen	16
Quebracho	12	Hemlock	11—13
Mimosa	11—13	Fichtenrinde	13
Eichenholz	16	Zellstoffablauge	16—18
Sumach	16	Synthetische Gerbstoffe	13

---

[1] Für jene Fälle (feste Gerbmittel und feste Gerbstoffauszüge), bei denen auf zwei Liter ausgelaugt werden soll, sind die Einwaagen natürlich doppelt so groß, wie in der Tabelle angegeben.

b) Die ehemals offizielle Methode des Internationalen Vereins der Leder-Industrie-Chemiker (I. V. L. I. C.)

§ 1. Die Lösung für die Analyse soll zwischen 3,5 und 4,5 g gerbende Substanz im Liter gelöst enthalten. Feste Materialien müssen so extrahiert werden, daß die Hauptmenge des Gerbstoffs bei einer 50° C nicht übersteigenden Temperatur ausgezogen wird. Wird der Teas extraktor benutzt, so muß der erste Anteil des Auszugs so schnell wie möglich dem Einfluß der Hitze entzogen werden.

§ 2. Das Gesamtlösliche soll durch Abdampfen einer gemessenen Menge der Lösung bestimmt werden, die vorher so lange filtriert worden ist, daß sie sowohl im auffallenden wie auch im durchfallenden Licht optisch klar erscheint. Dies ist erreicht, wenn ein leuchtender Gegenstand, wie der Faden einer elektrischen Glühlampe, durch eine wenigstens 5 cm dicke Schicht deutlich sichtbar ist, und eine in einem Becherglase befindliche 1 cm hohe Schicht der Lösung bei gutem Licht gegen schwarzes Glas oder schwarzes Glanzpapier von obenher betrachtet dunkel und nicht opalisierend erscheint.

Jedes Filtrationsverfahren ist zulässig; wenn jedoch dieses Verfahren einen merklichen Verlust an Gerbstoff verursacht, so muß eine Korrektur ermittelt und, wie in § 6 beschrieben, angewendet werden.

Die Filtration soll bei einer Temperatur zwischen 15 und 20° C stattfinden. Das Eindampfen zur Trockne soll zwischen 98,5 und 100° C in niedrigen Schalen mit flachem Boden stattfinden, die nachher bis zu konstantem Gewicht bei derselben Temperatur getrocknet und vor dem Wiegen nicht weniger als 20 Minuten in luftdicht schließenden Exsiccatoren über trockenem Chlorcalcium abgekühlt werden müssen.

§ 3. Der Gesamt-Trockenrückstand soll durch Trocknen einer gewogenen Menge des Materials bestimmt werden oder eines gemessenen Anteils der gleichmäßig trüben Lösung bei einer Temperatur zwischen 98,5 und 100° C in niedrigen Schalen mit flachem Boden, die nachher bis zu konstantem Gewicht bei derselben Temperatur getrocknet und vor dem Wiegen nicht weniger als 20 Minuten lang in luftdicht schließenden Exsiccatoren über trockenem Chlorcalcium abgekühlt werden müssen.

„Feuchtigkeit" ist die Differenz von 100 und dem in Prozenten ausgedrückten Anteil des Gesamt-Trockenrückstandes; „Unlösliches" ist die Differenz von Gesamt-Trockenrückstand und Löslichem.

§ 4. Nichtgerbstoffe. Die Lösung soll durch Schütteln mit chromiertem Hautpulver entgerbt werden, bis in der klaren Lösung durch Kochsalz-Gelatinelösung keine Trübung oder Opalescenz mehr erzeugt werden kann. Das chromierte Hautpulver soll in einer Menge von 6,0 bis 6,5 g trockener Haut auf 100 ccm der Gerbstofflösung auf einmal zugesetzt werden. Es soll in 100 Teilen nicht weniger als 0,2 und nicht mehr als 1 Teil Chrom, auf das Trockengewicht bezogen, enthalten und soll so ausgewaschen sein, daß bei einem blinden Versuche mit destilliertem Wasser nicht mehr als 5 mg Trockenrückstand beim Verdampfen von 100 ccm verbleiben. Das in dem Pulver enthaltene gesamte Wasser muß bestimmt und als Verdünnungswasser in Anschlag gebracht werden.

§ 5. Bereitung des Auszuges. Es soll soviel Material angewendet werden, daß die Lösung möglichst 4 g Gerbstoff im Liter enthält; jedenfalls nicht weniger als 3,5 und nicht mehr als 4,5 g. Flüssige Extrakte sind in einer Schale oder in einem Becherglase abzuwiegen und in einen Literkolben mit siedendem, destilliertem Wasser zur Marke aufzufüllen, gut zu mischen und schnell auf 17,5° C abzukühlen, worauf genau auf die Marke eingestellt, wieder gut gemischt und sofort filtriert wird. Sumach- und Myrobalanenextrakte sollen bei einer niedrigeren Temperatur aufgelöst werden.

Feste Extrakte sollen in einem Becherglase durch Umrühren mit nach und nach zuzusetzenden kleineren Mengen Wasser gelöst werden, wobei man das Ungelöste sich absetzen läßt, die gelösten Anteile in einem Literkolben dekantiert und die ungelösten mit weiteren Mengen siedenden Wassers behandelt. Nachdem alles Lösbare ausgezogen ist, ist die Lösung wie die eines flüssigen Extrakts zu behandeln.

Feste Gerbmaterialien sind vorher so fein zu mahlen, daß sie durch ein Sieb mit 16 Maschen pro Quadratzentimeter gehen, und dann in einem Kochschen oder Procterschen Extraktionsapparat bei einer unter 50° C liegenden Temperatur auszuziehen. Dann wird die Extraktion mit siedendem Wasser fortgesetzt bis das Filtrat ein Liter beträgt. Es empfiehlt sich, das Material erst einige Stunden aufweichen zu lassen, ehe man die Perkolation beginnt, die nicht unter drei Stunden dauern darf, so daß der Gerbstoff möglichst vollständig in Lösung gebracht wird. Etwa in dem Material zurückbleibende lösliche Stoffe sind zu vernachlässigen oder besonders als „schwerlösliche" Stoffe anzuführen.

Das Volumen der in dem Kolben befindlichen Flüssigkeit muß nach dem Abkühlen genau auf einen Liter gebracht werden.

§ 6. Filtration. Der Auszug ist solange zu filtrieren, bis er optisch klar ist (siehe § 2). Bei der Berkefeldfilterkerze oder bei Filtrierpapier Schleicher und Schüll Nr. 590 ist für die Absorption keine Korrektur nötig, wenn eine genügende Menge (250 bis 300 ccm) verworfen wird, ehe man die zum Abdampfen nötige Menge abmißt; die Lösung kann wiederholt durchgegossen werden, um ein klares Filtrat zu erhalten. Wenn andere Filtrationsmethoden angewandt werden, so muß die notwendige Durchschnittskorrektur auf folgende Weise bestimmt werden: Ungefähr 500 ccm von derselben oder einer ähnlichen Gerbstofflösung werden vollkommen klar filtriert und nach gründlichem Mischen 50 ccm davon abgedampft, um das „Gesamtlösliche Nr. 1" zu erhalten. Ein anderer Teil der filtrierten Lösung wird nun nach genau der gleichen Methode, für welche die Korrektur ermittelt werden soll, filtriert (wobei die Kontaktzeit und die verworfene Menge möglichst gleichmäßig zu halten sind). 50 ccm des Filtrats werden eingeimpft, um das „Gesamtlösliche Nr. 2" zu bestimmen. Die Differenz zwischen Nr. 1 und Nr. 2 ist die gesuchte Korrektur, die zu dem Gewichte des nach der Analyse gefundenen Gesamtlöslichen addiert werden muß. Ein anderes Verfahren, die Korrektur zu bestimmen, das ebenso genau und oft bequemer ist, besteht darin, daß ein Teil der Gerbstofflösung durch die Berkefeldkerze filtriert wird, bis sie optisch klar ist, was gewöhnlich durch Verwerfen von 300 bis 400 ccm und wiederholtes Filtrieren erreicht wird und gleichzeitig 50 ccm des nach der Filtrationsmethode, für welche man die Korrektur bestimmen will, erhaltenen klaren Filtrates abgedampft werden; die Differenz zwischen den Gewichten der Rückstände ist die gesuchte Korrektur.

§ 7. Das zur Verwendung kommende Hautpulver soll von wolliger Beschaffenheit und gründlich, am besten mit Salzsäure, entkälkt sein. Es soll bei Verwendung von 6,5 g des trockenen, im Wasser suspendierten Pulvers nicht mehr als 5 ccm $n/10$ NaOH oder KOH zur dauernden Rotfärbung mit Phenolphthalein erfordern. Wenn der Säuregehalt nicht innerhalb dieser Grenzen liegt, so muß er korrigiert werden durch Einweichen des Pulvers vor dem Chromieren während 20 Minuten in dem 10 bis 12-fachen Gewicht an Wasser, dem die erforderliche berechnete Menge an normaler Lauge oder Säure hinzugefügt worden ist. Das Hautpulver soll beim Chromieren nicht derart schwellen, daß das nötige Ausdrücken auf einen Wassergehalt von 70 bis 75% schwierig gemacht wird und soll genügend frei von löslichen organischen Stoffen sein, um es zu ermöglichen, daß beim gewöhnlichen Auswaschen das Gesamtlösliche bei einem blinden Versuche mit destilliertem Wasser auf einen Gehalt unter 5 mg für 100 ccm beschränkt wird. Das Hautpulver von den Fabrikanten soll nicht mehr als 14% Feuchtigkeit enthalten und in luftschließenden Blechbüchsen zum Versand gelangen.

Die Entgerbung ist in folgender Weise auszuführen: Die Feuchtigkeit des lufttrockenen Pulvers wird bestimmt und die 6,5 g vollständig trockenen Hautpulvers entsprechende Menge berechnet, die so gut wie konstant sein wird, wenn das Pulver in einem luftdichten Gefäß aufbewahrt wird. Je nach der Anzahl der auszuführenden Analysen wird ein Mehrfaches dieser Menge genommen und mit annähernd dem Zehnfachen seines Gewichtes Wasser angefeuchtet. Nun werden auf 100 g trockenes Pulver 2 g krystallisiertes Chromchlorid, $CrCl_3 \cdot 6\,H_2O$ in Wasser gelöst und mit 0,6 g Na_2CO_3 durch allmählichen Zusatz von 11,25 ccm $n/1$-Lösung basisch gemacht, so daß das Salz der Formel $Cr_2Cl_3(OH)_3$ entspricht. Diese Lösung wird zum Hautpulver gegeben und das Ganze eine Stunde lang schwach geschwenkt. In Laboratorien, wo fortwährend Analysen gemacht werden, ist es zweckmäßiger, eine zehnprozentige Lösung auf Vorrat zu halten, indem man 100 g

$CrCl_3 \cdot 6 H_2O$ in wenig destilliertem Wasser in einem Literkolben auflöst und ganz langsam eine Lösung von 30 g wasserfreiem Na_2CO_3 unter beständigem Schwenken zusetzt, schließlich mit destilliertem Wasser bis zur Marke auffüllt und gut mischt. Von dieser Lösung sind 20 ccm auf 100 g oder 1,3 ccm auf 6,5 g trockenes Pulver zu verwenden.

Nach Verlauf einer Stunde wird das Pulver, um es möglichst von der zurückgehaltenen Flüssigkeit zu befreien, ausgedrückt, mit destilliertem Wasser so lange gewaschen und wieder ausgedrückt, bis durch Zusatz von einem Tropfen zehnprozentiger K_2CrO_4-Lösung und 4 Tropfen n/10-$AgNO_3$-Lösung zu 50 ccm des Filtrats eine ziegelrote Färbung erscheint. Vier- bis fünfmaliges Ausdrücken genügt gewöhnlich. Ein derartiges Filtrat kann in 50 ccm nicht mehr als 0,001 g NaCl enthalten.

Dann wird der Wassergehalt des Pulvers durch Auspressen auf 50—75% gebracht und das Ganze gewogen. Die so erhaltene, 6,5 g trockene Haut enthaltene Menge Q wird abgewogen und sofort zu 100 ccm des unfiltrierten Gerbstoffauszuges gebracht, ebenso $(26,5 - Q)$ ccm destilliertes Wasser. Das Ganze wird verkorkt und 15 Minuten lang in einer rotierenden Flasche mit nicht weniger als 60 Umdrehungen in der Minute geschüttelt. (Es kann auch mit der Hand oder irgendeiner beliebigen, dieser Bedingung entsprechenden Einrichtung geschüttelt werden.) Dann drückt man das Hautpulver sofort in einem leinenen Tuche aus, fügt 1 g Kaolin zu dem Filtrat, rührt um und filtriert so lange durch ein Faltenfilter, welches das ganze Filtrat zu fassen vermag, bis dieses klar ist. 60 ccm des Filtrats werden abgedampft und als 50 ccm gerechnet oder der Rückstand von 50 ccm mit 1,2 multipliziert. Das die Nichtgerbstoffe enthaltende Filtrat darf mit einem Tropfen einer Lösung von 1% Gelatine und 10% Kochsalz keine Trübung geben.

Man muß das Gramm Kaolin, von löslichen Stoffen völlig frei, entweder mit dem Hautpulver in der Schüttelflasche oder mit der Flüssigkeit vor dem Filtrieren vermischen.

§ 8. Die Analyse gebrauchter Brühen und Gerbstoffe ist nach denselben Methoden auszuführen, die für frisches Gerbmaterial verwendet werden; die Brühen oder Auszüge werden verdünnt oder durch Eindampfen im Vakuum oder in einem Gefäß, das so geschlossen ist, daß der Luftzutritt beschränkt ist, so lange eingedickt bis der Gerbstoff, wenn möglich, zwischen 3,5 bis 4,5 g im Liter beträgt. In keinem Falle aber darf die Konzentration 10 g Gesamtlösliches im Liter übersteigen und die verwendete Menge Hautpulver soll immer 6,5 g betragen und nicht abgeändert werden.

Die Resultate sind anzuführen, wie sie sich durch die direkte Bestimmung ergeben; es ist aber wünschenswert, daß außerdem durch Bestimmung der Säuren in der Originallösung und in den Nichtgerbstoffrückständen versucht wird, den von dem Hautpulver absorbierten und daher als „gerbende Stoffe" wiedergegebenen Betrag an Milchsäure und anderen nichtflüchtigen Säuren festzustellen. Bei Gerbmaterialien muß deutlich im Berichte angegeben werden, ob die Berechnung sich auf das feuchte Muster wie empfangen, oder etwa auf einen vertragsmäßig ausbedungenen Wassergehalt bezieht, und bei Brühen, ob der angegebene Prozentgehalt in Gewichts- oder Volumprozenten (Gramm in 100 ccm) ausgedrückt ist. In beiden Fällen ist das spezifische Gewicht anzugeben.

§ 9. Alle Eindampfungen sollen rasch ausgeführt werden bei Siedetemperatur in niedrigen Schalen mit flachem Boden, die nicht weniger als 6,5 cm Durchmesser haben und sollen bis zur ersichtlichen Trockenheit fortgesetzt werden. Die Eindampfrückstände werden darauf zwischen 98 und 100° C in einem von siedendem Wasser oder von Wasserdampf umgebenen Trockenschrank bis zum konstanten Gewicht getrocknet und werden nachher in kleinen, luftdicht schließenden Exsiccatoren über trockenem Chlorcalcium wenigstens 20 Minuten lang abgekühlt und dann rasch gewogen. Nicht mehr als zwei Schalen sollen in einen Exsiccator gestellt werden, und die Schalen sollen nach der Herausnahme aus dem Exsiccator nicht mehr abgewischt werden.

Die in den Analysenberichten angeführten Zahlen müssen die Durchschnittszahlen aus zwei getrennten Einzelbestimmungen sein, die unter sich bei flüssigen Extrakten innerhalb 0,6% und bei festen Extrakten innerhalb 1,5% übereinstimmen müssen (bzw. wenn dies nicht der Fall ist, muß die Analyse wiederholt werden, bis eine solche Übereinstimmung erreicht wird). In dem Analysenbericht muß deutlich angegeben werden, daß die angeführten Resultate die Mittelwerte aus solchen übereinstimmenden Analysen sind.

Die Probenahme.

I. Bei flüssigen Extrakten. Mindestens 5% der Fässer müssen in der Weise ausgewählt werden, daß deren laufende Nummern möglichst weit auseinander liegen. Von denselben sollen dann die oberen zwei Reifen und der Deckel abgenommen werden. Nun ist mit einem geeigneten Rührer der Inhalt gründlich zu mischen und besonders Rücksicht darauf zu nehmen, daß auch aller den Böden und Seiten anhängender Ansatz gleichmäßig durchgerührt wird. Aus jedem Faß sind gleichmäßig ein oder mehrere Löffel voll zu entnehmen, rasch und gut miteinander zu mischen, und hiervon nicht zu wenig in ein reines, trockenes, luftdicht schließendes Glas zu füllen, das gesiegelt und genau bezeichnet wird. Alle Muster müssen in Gegenwart einer verantwortlichen Person gezogen werden.

II. Gambir und teigförmige Extrakte. Die Probe soll von nicht weniger als 5% der Blöcke gezogen werden, und zwar in der Weise, daß aus jedem Block, aus sieben Stellen desselben, mit einem röhrenförmigen Instrument, das den Block in seiner ganzen Dicke durchdringen kann, Muster entnommen werden.

Feste Extrakte sollen klein geschlagen werden und ebenfalls 5% des Warenpostens von dessen inneren und äußeren Teilen entnommen werden.

In beiden Fällen sind die Muster rasch zu mischen und sofort in einer luftdichten Büchse zu verschließen, zu siegeln und mit Aufschrift zu versehen.

III. Valonea, Algarobilla, Divi-Divi und Gerbmaterialien im allgemeinen. Von Valonea, Algarobilla und allen übrigen Gerbmaterialien, welche Staub oder Fasern enthalten, sollen die Muster gezogen werden, indem man den Inhalt von mindestens 5% der Säcke auf einem glatten, sauberen Boden in Lagen (Schichten) übereinander ausbreitet. Aus diesem Haufen werden nun senkrecht zu dessen Oberfläche und bis zum Boden greifend an mehreren Stellen Muster entnommen und diese gut gemischt. Wo dies nicht geschehen kann, muß das Muster aus der Mitte einer genügenden Anzahl von Säcken entnommen werden. Während es sich empfiehlt, Valonea und die meisten übrigen Materialien gemahlen dem Chemiker zu übersenden, ist es jedoch vorzuziehen, Divi-Divi und Algarobilla ungemahlen zu lassen.

Bei ungeschnittener Rinde und bei anderen Gerbmaterialien in Bündeln werden von 3% derselben aus deren Mitte mit einer Säge oder einem scharfen Beil kurze Abschnitte entnommen. (Gute Mischung und Verpackung sind auch hier selbstverständlich.)

IV. Muster für mehr als einen Chemiker. Muster, welche mehr als einem Chemiker vorgelegt werden sollen, müssen als einziges Muster gezogen, gut gemischt und in die erforderliche Anzahl von Anteilen (nicht weniger als drei) zerlegt werden, welche sofort passend zu verpacken, zu siegeln und mit Aufschrift zu versehen sind.

c) Nichtgerbstoffbestimmung nach dem Filterverfahren[1].

Bei der Nichtgerbstoffbestimmung nach dem Filterverfahren wird die Filtration der Gerbstofflösung im allgemeinen mit der Berkefeldkerze vorgenommen.

Die zu filtrierende Lösung wird in einen Glaszylinder gebracht, in den eine gereinigte und getrocknete Berkefeldfilterkerze eintaucht. Die Kerze wird mit einem Gummistöpsel verschlossen, durch dessen Bohrung ein zweimal umgebogenes, als Heber wirkendes Glasrohr ragt. Der Innendurchmesser des Rohres soll 4 mm betragen und die Länge soll so bemessen sein, daß eine Saugwirkung von 75 cm Wassersäule entsteht. Man läßt die Kerze erst ca. 10 Minuten in der Flüssigkeit, saugt dann an dem freien Ende an, bis Heberwirkung entsteht, läßt die ersten 250 ccm des abhebernden Filtrats weglaufen und sammelt ohne Rücksicht auf op-

---

[1] Die Vorschriften über das Filterverfahren sind dem „Gerbereichemischen Taschenbuch" (Vagda-Kalender) entnommen.

tische Klarheit die nächsten 50 ccm, die zur Bestimmung des Gesamtlöslichen dienen.

Die Fitration der Analysenlösung kann ebenso wie bei der Schüttelmethode durch Anschließen der Berkefeld-Kerze an das Vakuum einer Wasserstrahlpumpe erfolgen.

Neue Kerzen werden zweckmäßig mit heißer 10%iger Salzsäure mehrere Tage gereinigt, dann mit verdünntem Ammoniak und hiernach mit Wasser bis zur Neutralisation gewaschen und getrocknet. Gebrauchte Kerzen werden mit Wasser gespült (aber nicht abgebürstet); dann wird heißes Wasser durchgesaugt und das Wasser aus den Poren durch Durchleiten von Luft entfernt. Hierauf werden die Kerzen in eine heiße Bichromat-Schwefelsäurelösung 24 Stunden eingelegt. Es wird dann mit Wasser, Ammoniak und schließlich wieder mit Wasser bis zur Neutralität gewaschen und getrocknet.

Zur Nichtgerbstoffbestimmung verwendet man beim Filterverfahren das in fertigem Zustand vorliegende schwachchromierte Hautpulver. Es soll möglichst hell und wollig sein, den Gerbstoff schnell und vollständig aufnehmen und wenig lösliche Stoffe enthalten. Der Cr_2O_3-Gehalt soll etwa 0,3 bis 0,5% betragen. Die Entgerbung wird in der Procterschen Filterglocke vorgenommen. Diese besteht aus einer zylindrischen Glasglocke, deren Verjüngung einen durchbohrten Kautschukstopfen trägt, durch dessen Öffnung eine zweimal rechtwinklig gebogene Glasröhre gesteckt ist. Das Ende des kürzeren Schenkels der Röhre schneidet mit dem unteren Ende des Stopfens ab. Die Größenverhältnisse der Filterglocke betragen 85 × 26 mm. Man bringt zunächst in den oberen Teil der Glocke etwas trockene, gut ausgewaschene Watte, um ein Eindringen von Hautpulver in die Capillare zu vermeiden. Dann füllt man die Glocke mit 7 g lufttrockenem Hautpulver, wobei man es namentlich an der Wandung festdrückt, damit sich keine Kanäle bilden, durch die Gerbstofflösung unentgerbt durchgeht. Die so präparierte Glocke stellt man in ein 150 bis 200 ccm fassendes Becherglas und füllt dieses mit der nichtfiltrierten Gerbstofflösung. Hat sich das Hautpulver in der Glocke mit Gerbstofflösung vollgesogen, so saugt man an dem längeren Schenkel des Capillarrohres schwach an, bis die Flüssigkeit langsam abtropft. Das Abtropfen soll so erfolgen, daß etwa 5 bis 8 Tropfen pro Minute kommen und daß das Durchlaufen der erforderlichen Menge der Lösung im ganzen 2 bis 3 Stunden dauert. Die ersten 30 ccm der entgerbten Lösung werden verworfen; von den nächsten 60 ccm werden 50 ccm zur Trockne verdampft. Eine Probe der Lösung darf mit einigen Tropfen Gelatinelösung (1% Gelatine und 10% Kochsalz) keine Trübung geben. Nachdem die ersten 30 ccm durch die Glocke gelaufen sind, prüft man die Lösung mit einigen Tropfen Tanninlösung auf gelöste Hautsubstanz; es darf keine Trübung entstehen.

Die Bestimmung des Gesamtlöslichen und das Trocknen der Rückstände erfolgt wie bei der Schüttelmethode.

Zur Prüfung eines Hautpulvers auf seine Verwendbarkeit läßt man an Stelle der Gerbstofflösung destilliertes Wasser durch die Glocke laufen. Nach Verwerfen der ersten 30 ccm werden von den nächsten 60 ccm 50 ccm eingedampft und der Rückstand getrocknet. Der Trockenrückstand darf 5 mg nicht übersteigen (blinder Versuch).

d) Die ehemals offizielle Methode der American Leather Chemists Association (A. L. C. A.)

I. Rohmaterialien.

§ 1. Es muß sorgfältig darauf geachtet werden, daß die Rohmaterialien während des Musterziehens oder den vorbereitenden Operationen ihren Wassergehalt verändern (siehe „Allgemeines" unter Musterziehen).

§ 2. Herrichtung des Musters: Das Muster muß so fein gemahlen werden, daß die gesamte Menge durch ein Sieb mit 16 Maschen auf den Quadratzentimeter hindurchgeht.

a) Die Temperatur, die zum Trocknen von Rohmaterialien vor dem Mahlen angewandt wird, darf 60° C nicht übersteigen.

b) Rohmaterialien, die zum Mahlen zu feucht sind, sollen vor dem Mahlen wie unter a) angegeben, getrocknet werden. In diesem Falle muß vor dem Trocknen, wie unter IV angegeben, eine Wasserbestimmung ausgeführt werden. Sind die zur Wasserbestimmung verwendeten Stücke des Rohmaterials zu groß, um gut getrocknet werden zu können, so sollen sie möglichst rasch und unter möglichster Vermeidung eines Wasserverlustes zerkleinert werden.

§ 3. **Feuchtigkeitsbestimmung:** 10 g des gemahlenen Materials werden in der gleichen Weise und die gleiche Zeit, wie für das Eindampfen und Trocknen von Extrakten angegeben, getrocknet (siehe IV).

§ 4. **Menge des zu extrahierenden Materials:** Man nimmt zur Extraktion solche Mengen von Rohmaterial, daß eine Lösung mit ungefähr 0,4 g Gerbstoff in 100 ccm (nicht weniger als 0,375 oder mehr als 0,425 g) erhalten wird.

§ 5. **Extraktion.** Die Extraktion soll in einem Apparat ausgeführt werden, der aus einer Wasserkochflasche und einem Behälter für das zu extrahierende Material besteht. Der Behälter soll so mit einem Kühler verbunden werden, daß das Kondenswasser auf das zu extrahierende Material auftropft und eine Vorrichtung besitzen, die es ermöglicht, die extrahierte Lösung entweder in die Kochflasche zurück oder nach außen ablaufen zu lassen. Die Kochflasche muß so mit dem Extraktionsgefäß und dem Kühler verbunden sein, daß der Dampf in den Kühler eintritt und die Extraktionsflüssigkeit von dem Extraktionsgefäß in das Kochgefäß zurückläuft. Das Kondenswasser soll beim Auftropfen auf das zu extrahierende Material nahezu Siedetemperatur besitzen.

Das Glasmaterial der Kochflasche muß gegen die Extraktionsflüssigkeit unempfindlich sein. Es muß Vorsorge getroffen werden, daß nicht feste Teilchen des Extraktionsmaterials in die Extraktionsflüssigkeit gelangen.

A. Hölzer, Rinden und Gallen: Es werden 500 ccm der Extraktionsflüssigkeit in annähernd 2 Stunden außerhalb des Extraktionsapparats aufgefangen. Die Extraktion wird dann mit 500 ccm Wasser weitere 14 Stunden kontinuierlich fortgesetzt. Dabei soll das Erhitzen so vorgenommen werden, daß in 1½ Stunden etwa 500 ccm Kondensat erhalten werden.

B. Andere Materialien: Man behandelt zunächst das Material 1 Stunde bei Zimmertemperatur mit Wasser und extrahiert dann auf 2 l innerhalb 7 Stunden.

§ 6. **Analyse.** Die Extraktlösung soll auf 80° C erhitzt, abgekühlt, zur Marke aufgefüllt und dann nach der offiziellen Methode für Extrakte analysiert werden.

II. Die Analyse von Extrakten.

§ 7. **Menge und Verdünnung für die Analyse.** A. Flüssige Extrakte: Flüssige Extrakte werden bei Zimmertemperatur sorgfältig durchgemischt und dann soviel für die Analyse abgewogen, daß eine Lösung mit annähernd 0,4 g Gerbstoff in 100 ccm erhalten wird. (Nicht weniger als 0,375 und nicht mehr als 0,425 g.) Es muß darauf geachtet werden, daß während des Abwiegens kein Feuchtigkeitsverlust eintritt. Man löst den abgewogenen Extrakt durch Überspülen in einen Literkolben mit 900 ccm destilliertem Wasser von 85° C.

Abkühlen: a) Die so hergestellten Lösungen sollen rasch mit Wasser von nicht weniger als 19° C auf 20° C abgekühlt, mit Wasser von 20° C zur Marke aufgefüllt und dann analysiert werden.

b) Die Lösung wird über Nacht stehen lassen, ohne daß die Temperatur unter 20° C fallen kann, dann auf 20° C gebracht mit Wasser, dessen Temperatur nicht unter 19° C liegt, mit Wasser von 20° C zur Marke aufgefüllt und dann analysiert.

B. Feste und pulverförmige Extrakte: Man wiegt eine solche Menge festen oder pulverförmigen Extrakts in einem Becherglas ab, das eine Lösung von der für flüssige Extrakte angegebenen Stärke erhalten wird. Dabei muß ein Feuchtigkeitsverlust vermieden werden. Man fügt dann weiter 100 ccm destilliertes Wasser von 85° C zu dem Extrakt und behandelt auf dem Wasserbad, bis eine homogene Lösung erhalten ist. Nach dem Auflösen soll die Lösung rasch mit 800 ccm destilliertem Wasser von 85° C in einen Literkolben gespült, gekühlt usw. werden, wie unter a) angegeben.

Anmerkung: Es ist erlaubt, an Stelle von 1-Liter-Lösungen auch 2-Liter-Lösungen anzusetzen. In diesem Falle wird der abgewogene Extrakt, wenn es sich um flüssigen Extrakt handelt, mit 1800 ccm Wasser von 85° C, im Falle fester oder pulverförmiger Extrakte mit 1700 ccm Wasser in den Meßkolben übergespült.

§ 8. Gesamttrockenrückstand: Die Lösungen werden sorgfältig gemischt, 100 ccm in eine gewogene Schale abpipettiert und, wie unter „Eindampfen und Trocknen" (siehe IV) angegeben, eingedampft und getrocknet.

§ 9. Wasser: Der Wassergehalt ergibt sich aus der Differenz des Gesamttrockenrückstandes mit 100.

§ 10. Gesamtlösliches: Für die Filtration sollen einzelne Faltenfilter von 15 cm Durchmesser, Schleicher und Schüll Nr. 590, oder Munktell Nr. 1 F, Verwendung finden.

Der benutzte Kaolin soll folgenden Anforderungen entsprechen: 2 g Kaolin, die 1 Stunde mit 200 ccm Wasser von 20° C behandelt werden, dürfen nicht mehr als 1 mg lösliche Stoffe pro 100 ccm enthalten, die Lösung soll gegen Phenolphthalein neutral reagieren.

Man fügt nun zu einem Gramm Kaolin in einem Becherglase so viel Gerbstofflösung, als nötig ist das Filter zu füllen, rührt um und gießt auf das Filter. Das im gleichen Becherglas aufgefangene Filtrat gießt man auf das Filter zurück und wiederholt dies eine Stunde lang, wobei man trachtet, möglichst allen Kaolin auf das Filter zu bekommen. Dann entfernt man die Lösung von dem Filter, wobei ein Aufrühren des Kaolins möglichst zu vermeiden ist. Man bringt nun die notwendige Menge Originallösung wie unter 7 beschrieben, auf genau 20° C, füllt das Filter mit dieser Lösung und beginnt das Filtrat, sobald es klar ist, zum Eindampfen und Trocknen zu sammeln. Während der Filtration muß das Filter immer vollständig mit Lösung angefüllt sein und die Temperatur der Lösung darf nicht mehr als 25° und nicht weniger als 20° C betragen. Die Temperatur der zum Nachfüllen des Filters benutzten Lösung muß genau bei 20° C gehalten werden. Trichter und Auffanggefäß sollen während der Filtration bedeckt sein.

100 ccm des klaren Filtrats werden in eine gewogene Schale abpipettiert und wie unter IV eingedampft und gewogen.

§ 11. Unslösliches: Als „Unlösliches" wird die Differenz zwischen Gesamttrockenrückstand und Gesamtlöslichem bezeichnet; es bezeichnet die in einer Lösung der vorgeschriebenen Konzentration bei der vorgeschriebenen Temperatur unlöslichen Stoffe.

§ 12. Nichtgerbstoffe. Das für die Nichtgerbstoffbestimmung benutzte Hautpulver soll von wolliger Beschaffenheit und gut entkälkt sein. Zur Neutralisation von 10 g absolut trockenen Pulvers sollen zwischen 12 und 13 ccm n/10 NaOH benötigt werden.

a) Das Hautpulver wird mit der zehnfachen Menge seines Gewichts an destilliertem Wasser digeriert, bis es gut durchweicht ist. Man fügt dazu 3% Chromalaun, $Cr_2(SO_4)_3 \cdot K_2SO_4 \cdot 24\,H_2O$ in einer, auf das Trockengewicht des Hautpulvers berechnet, 3%igen Lösung. Das Gemisch wird häufig umgerührt und dann über Nacht stehen lassen. Dann preßt man ab und wäscht viermal hintereinander mit jedesmal der 15-fachen Menge des Gewichts des trockenen Hautpulvers an destilliertem Wasser. Jedes Auswaschen soll wenigstens 15 Minuten dauern und jedesmal, mit Ausnahme des letzten Mals auf annähernd 73% Feuchtigkeit abgepreßt werden. Unter Umständen ist eine Presse zu verwenden. Das feuchte zur Analyse verwendete Hautpulver soll möglichst 73% Feuchtigkeit enthalten, nicht weniger als 71% und nicht mehr als 74%. Der Feuchtigkeitsgehalt des Hautpulvers muß durch Trocknen von etwa 20 g bestimmt werden (siehe IV). Man fügt nun zu einer solchen Menge feuchten Hautpulvers, die möglichst genau 12,5 g Trockensubstanz entspricht (nicht weniger als 12,2 und nicht mehr als 12,8 g) 200 ccm der ursprünglichen Analysenlösung und schüttelt unmittelbar darauf 10 Minuten lang auf einem Schüttelapparat. Darauf wird sofort durch Leinen abgepreßt, 2 g Kaolin (der den unter 9 angeführten Forderungen entspricht) zu der entgerbten Lösung gefügt und durch ein einfaches Faltenfilter (empfohlen wird Nr. 1 F Swedish), das die ganze Flüssigkeitsmenge aufzunehmen vermag, unter ständigem Zurückgießen des Filtrats, filtriert, bis die Lösung klar abläuft. 100 ccm des klaren Filtrats werden in eine gewogene Schale abpipettiert und wie unter IV angegeben eingedampft und gewogen.

Das Gewicht des Rückstands an Nichtgerbstoffen muß unter Berücksichtigung des im Hautpulver vorhanden gewesenen Verdünnungswassers korrigiert werden.

Trichter und Auffanggefäß müssen während der Filtration bedeckt gehalten werden. Zum Abmessen der zu entgerbenden Analysenlösung werden auf 200 ccm graduierte Flaschen empfohlen.

Anmerkung: Man verwendet zur Nichtgerbstoffbestimmung eine 12,5 g Trockensubstanz entsprechende Hautpulvermenge. Je nach der Zahl der auszuführenden Analysen wird ein Vielfaches dieser Menge wie angegeben chromiert und ausgewaschen und auf einen Feuchtigkeitsgehalt von möglichst 73% abgepreßt. Man wägt dann die Gesamtmenge, dividiert durch die Zahl der auszuführenden Analysen und erhält so das Gewicht der zur Entgerbung von 200 ccm notwendigen Menge an feuchtem Hautpulver.

§ 13. Gerbstoff. Der Gerbstoffgehalt wird erhalten aus der Differenz des Gesamtlöslichen und der Nichtgerbstoffe. Er stellt den Gehalt der von Hautpulver unter den Bedingungen der vorgeschriebenen Methode absorbierten Substanzen dar.

III. Die Analyse von Gerbbrühen.

§ 14. Verdünnung: Gerbbrühen sollen zur Analyse mit Wasser von Zimmertemperatur so weit verdünnt werden, daß 100 ccm möglichst 0,7 g Gesamttrockenrückstand enthalten. Wird bei einer Gerbbrühe mit Wasser von Zimmertemperatur keine klare Lösung erhalten, so darf mit Wasser von 80° C verdünnt und rasch, wie unter 7 A a) beschrieben, abgekühlt werden.

§ 15. Gesamttrockenrückstand: vgl. Extraktanalyse.

§ 16. Gesamtlösliches: vgl. Extraktanalyse.

§ 17. Unlösliches: vgl. Extraktanalyse.

§ 18. Nichtgerbstoffe: Zur Bestimmung der Nichtgerbstoffe werden 200 ccm der Lösung mit einer bestimmten Menge feuchten, chromierten Hautpulvers, das möglichst 73% Feuchtigkeit enthält, geschüttelt. Die angewandte Menge feuchten Hautpulvers soll trockener Hautsubstanz entsprechen:

bei einem Gerbstoffgehalt in 100 ccm von:

0,35—0,45 g	9,0—11,0 g
0,25—0,35 g	6,5—9,0 g
0,15—0,25 g	4,0—6,5 g
0,00—0,15 g	0,0—4,0 g

Die Entgerbung und das Eindampfen wird wie bei der Extraktanalyse durchgeführt.

IV. Temperatur, Eindampfen, Trocknen, Schalen.

§ 19. Temperatur: Die Lösungen müssen beim Abpipettieren der einzelnen Portionen zur Bestimmung des Gesamttrockenrückstandes, des Gesamtlöslichen und der Nichtgerbstoffe die gleiche Temperatur besitzen.

§ 20. Eindampfen: Das Eindampfen und Trocknen soll in einem kombinierten Dampf- und Trockenschrank bei nicht weniger als 98° C vorgenommen werden; die Zeit zum Eindampfen und Trocknen soll 16 Stunden betragen.

§ 21. Zum Eindampfen und Trocknen sollen dünnwandige Glasschalen mit einem Durchmesser von nicht weniger als 6,5 und nicht mehr als 7,5 cm benutzt werden.

V. Bestimmung der Gesamtacidität von Brühen.

§ 22. Reagenzien: a) Eine 1%ige Gelatinelösung, die gegen Hämatin neutral reagiert. Zur Vermeidung von Fäulnis wird die Zugabe von 25 ccm 95%igem Alkohol zum Liter empfohlen. Reagiert die Gelatinelösung alkalisch, so neutralisiert man sie mit n/10 Essigsäure, reagiert sie sauer, mit n/10 Natronlauge.

b) Hämatin. Man löst 0,5 g Hämatin in 100 ccm kaltem 95%igem Alkohol.

c) Säuregewaschener Kaolin, der frei ist von löslichen Substanzen.

d) n/10 Natriumhydroxydlösung.

Ausführung: Man fügt zu 25 ccm der Brühe in einem verschließbaren Standzylinder 50 ccm der Gelatinelösung, verdünnt mit Wasser auf 250 ccm, fügt 15 g Kaolin hinzu und schüttelt kräftig. Dann läßt man mindestens 15 Minuten absitzen, entfernt 30 ccm der überstehenden Lösung, verdünnt mit 50 ccm Wasser und titriert mit n/10 Natronlauge mit Hämatin als Indikator. Jeder verbrauchte Kubikzentimeter n/10 Natronlauge entspricht 0,2 g Säure, berechnet als Essigsäure.

VI. Allgemeines.

§ 23. Werden sulfitcellulosehaltige Materialien analysiert, so muß die Tatsache, daß diese Sulfitcellulose enthalten, im Analysenbericht angegeben werden.

§ 24. Die Probe auf Anwesenheit von Sulfitcellulose soll folgendermaßen ausgeführt werden: Man gibt 5 ccm der zu untersuchenden Analysenlösung in ein Reagenzglas, fügt 0,5 ccm Anilin zu und schüttelt gut; dann werden 2 ccm konzentrierte Salzsäure zugegeben und erneut geschüttelt. Erhält man zuletzt genau soviel Niederschlag wie bei einem Vergleichsversuch mit der im folgenden beschriebenen Vergleichslösung, so enthält die Lösung Sulfitcellulose.

Die Vergleichslösung soll in 2000 ccm einen Teil Trockenrückstand an Sulfitcellulose enthalten und ebensoviel Gerbstoff wie die zu untersuchende Lösung. Es muß darauf hingewiesen werden, daß einige synthetische Gerbstoffe unter den Bedingungen der Probe ebenfalls einen Niederschlag ergeben.

§ 25. Bei der Veröffentlichung analytischer Arbeiten durch Mitglieder der A.L.C.A. muß angegeben werden, daß die Analysen nach der vorstehenden Methode ausgeführt worden sind.

e) Das Musterziehen bei Gerbmaterialien.

Nach dem Bericht des Komitees zur Revision der offiziellen Methode der A.L.C.A. für das Musterziehen; J.A.L.C.A. 1927, 452.

Allgemeines. Bei der Probeentnahme ist durch rasches und sorgfältiges Arbeiten dafür Sorge zu tragen, daß sich der Feuchtigkeitsgehalt der Proben nicht ändert. Alle Muster von Extrakten und rohen Gerbmaterialien sollen möglichst gleichzeitig mit dem Wägen des Materials diesem entnommen werden. Im allgemeinen sollen je 4 Proben hergerichtet werden, je eine für den Käufer, den Verkäufer, den unparteiischen Analytiker und eine zur Reserve.

1. Anzahl der Packungen, denen Muster zu entnehmen sind.

Anzahl der Packungen in der Partie	Anzahl der Muster	Anzahl der Packungen in der Partie	Anzahl der Muster
200— 250 incl.	4	1101—1150 incl.	21
251— 300	5	1151—1200	22
301— 350	6	1201—1300	23
351— 400	7	1301—1350	24
401— 450	8	1351—1400	25
451— 500	9	1401—1450	26
501— 550	10	1451—1500	27
551— 600	11	1501—1600	28
601— 650	12	1601—1650	29
651— 700	13	1651—1700	30
701— 800	14	1701—1750	31
801— 850	15	1751—1800	32
851— 900	16	1801—1900	33
901— 950	17	1901—1950	34
951—1000	18	1951—2000	35
1001—1050	19	2001—2050	36
1051—1100	20	2051—2100	37

Anzahl der Packungen in der Partie	Anzahl der Muster	Anzahl der Packungen in der Partie	Anzahl der Muster
2101—2200 incl.	38	4501— 4600 incl.	70
2201—2250	39	4601— 4700	71
2251—2300	40	4701— 4800	72
2301—2400	41	4801— 4900	73
2401—2450	42	4901— 5000	74
2451—2500	43	5001— 5100	75
2501—2600	44	5101— 5200	76
2601—2650	45	5201— 5300	77
2651—2700	46	5301— 5400	78
2701—2800	47	5401— 5500	79
2801—2850	48	5501— 5600	80
2851—2900	49	5601— 5750	81
2901—3000	50	5751— 5900	82
3001—3100	51	5901— 6000	83
3101—3150	52	6001— 6100	84
3151—3200	53	6101— 6250	85
3201—3300	54	6251— 6400	86
3301—3400	55	6401— 6550	87
3401—3450	56	6551— 6700	88
3451—3500	57	6701— 6800	89
3501—3600	58	6801— 7000	90
3601—3700	59	7001— 7200	91
3701—3750	60	7201— 7350	92
3751—3800	61	7351— 7500	93
3801—3900	62	7501— 7750	94
3901—4000	63	7751— 8000	95
4001—4100	64	8001— 8250	96
4101—4200	65	8251— 8500	97
4201—4250	66	8501— 9000	98
4251—4300	67	9001— 9500	99
4301—4400	68	9501—10000	100
4401—4500	69		

für jedes weitere Tausend Packung wird ein weiteres Muster gezogen.

2. Art der Probeentnahme bei festen Extrakten (Quebracho, Mangrove usw). Die berechnete zu musternde Anzahl Packungen wird möglichst gleichmäßig unter der Partie verteilt ausgewählt und auf der flachen Seite der Packung ein Kegel von 10 cm Grundflächendurchmesser der bis zur Mitte reichen soll, herausgenommen. Der trockene äußere Teil darf nicht durch Abbröckeln verloren gehen. Das Muster, das ca. 300 g wiegen soll, wird sofort in Leinwand eingeschlagen. Die Gesamtzahl der entnommenen Muster wird baldmöglichst nach der Probeentnahme zerkleinert, durch ein Sieb von 2,5 cm Maschenweite gesiebt, gemischt und das Quantum durch Vierteilung so lange verringert, bis die erhaltenen Viertel noch ca. 170 g betragen. Es werden nach dem Schema immer gegenüberliegende Viertel verworfen (auch aller Staub), neu gemischt und erneut geteilt. Die Muster werden in Paraffinpapier eingeschlagen und in verschlossenen Flaschen bis zur Analyse aufbewahrt.

3. Teigförmige Extrakte (Gambir usw.). Die Muster werden wie bei 1 und 2 entnommen und müssen möglichst von innen und außen gleiche Teile wie die Packung enthalten.

4. Gepulverte Extrakte (Kastanie, Valonea usw.). Von jeder der zu musternden Packungen sollen 3 Proben entnommen werden, eine aus der Mitte, eine zwischen Mitte und Kopf und eine zwischen Mitte und Grundfläche der Packung. Die Muster müssen sich bis zur Mitte der Packung erstrecken. Die Muster werden gemischt und durch Vierteilung auf je 170 g pro Probe reduziert.

5. **Rinde und Holz in Stücken.** Bei Rinden und anderem gebündeltem Material werden etwa 4 cm aus der Mitte der betreffenden Bündel herausgesägt, gemischt und durch Vierteilung auf nicht weniger als 2 Pfund reduziert.

6. **Rinde oder Holz in Stücken oder Blöcken (Schiffsladungen).** Die zum Musterziehen bestimmte Anzahl Blöcke wird zersägt, gemischt und durch Vierteilung auf nicht weniger als 1 Pfund pro Probe reduziert.

7. **Holz in Schnitzeln.** Die Schnitzel sollen in regelmäßigen Intervallen an der Schnitzelmaschine entnommen und durch Vierteilung auf das benötigte Maß reduziert werden. Wird Wasser zur Staubverminderung benützt, so können die Muster nicht als maßgebend gelten.

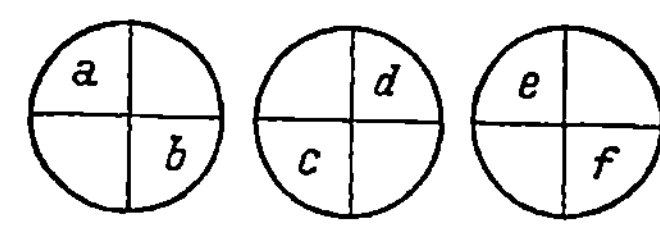
Abb. 184. Schema für die Verkleinerung der gezogenen Muster.

8. **Früchte, Wurzeln, Gallen, Blätter in Säcken oder Ballen.** Die Muster werden wie bei 4 entnommen.

9. **Erschöpfte Gerbmaterialien.** Es sollen Muster oben in der Mitte und am Boden sowie außen in den Auslaugebottichen entnommen werden und durch Vierteilung auf nicht weniger als 2 Pfund pro Probe reduziert werden.

10. **Gerbbrühen.** Die Brühen müssen gut durchgemischt und mit 0,03% eines geeigneten Desinfektionsmittels, z. B. Thymol, versetzt werden. Werden laufend Muster gezogen, so muß täglich die gleiche Menge entnommen werden. Die einzelne Analysenprobe muß mindestens 500 ccm betragen.

11. **Flüssige Extrakte.** a) Allgemein: Die Muster dürfen nicht in gefrorenem Zustand entnommen werden. Muster, die zum Schimmeln neigen, müssen mit einem Desinfiziens versetzt werden. Es sollen keine Muster von solchen Extrakten genommen werden, die mit direktem Dampf in Berührung gekommen waren.

b) Flüssige Extrakte in Fässern: Es werden Muster aus 5% der Fässer möglichst gleichmäßig aus der ganzen Partie entnommen. Vor der Entnahme werden zwei Kessel aus dem Faß herausgenommen und dieses zum guten Durchmischen des Extraktes gerollt. Mittels eines Hohlgefäßes von ca. 2,5 cm Durchmesser, das durch das Spundloch eingeführt wird, soll jedem Faß mindestens 1 Pfund entnommen werden. Die gezogenen Muster werden zusammengegossen, durchmischt und zur Analyse 4 Portionen à 100 g davon weggenommen.

c) Flüssige Extrakte in Kesselwagen: Zur Probeentnahme dient ein Kupferrohr von ca. 3 cm Durchmesser mit einem Ventil am unteren Ende, das sich beim Eintauchen öffnet, beim Zurückziehen dagegen schließt. Das Probegefäß muß den Boden des Wagens erreichen. Es sollen 2 Proben diagonal nach den beiden Enden des Wagens zu entnommen werden. Die vereinigten Muster werden gemischt und je 100 g zur Analyse genommen. Die Musterentnahme soll unmittelbar nach dem Füllen des Wagens oder der Aufgabe erfolgen. Eine Berührung der Muster mit Eisen muß vermieden werden.

f) Fehler der offiziellen Gerbstoffbestimmungsmethode.

Aus der Besprechung des Gleichgewichts von Proteinsystemen in Kapitel 5 „Physikalische Chemie der Proteine" kann man ersehen, daß die eben im Wortlaut angeführten Methoden der quantitativen Gerbstoffanalyse von zwei falschen Voraussetzungen ausgehen. Einmal wird angenommen, daß sich Hautpulver nur mit Gerbstoffen verbindet und zweitens wird vorausgesetzt, daß die absorbierte Lösung in dem Kollagen-Gel (Hautpulver) die gleiche Konzentration besitzt wie die umgebende Lösung. Es mag erwähnt werden, daß die erste Annahme bedeutend größere Fehler bedingt als die zweite. Schon vor 1903 zeigten Procter und Blockey (14), daß Hautpulver aus Lösungen beträchtliche Mengen von Nichtgerbstoffen, wie Gallussäure, Chinon und Catechin aufnimmt. Wilson und Kern (21) konnten dies noch deutlicher durch die Analyse von reinen Gallussäurelösungen nach der

Methode der A.L.C.A. vor Augen führen. Durch Änderung der Menge des Hautpulvers konnte fast jedes beliebige Ergebnis erhalten werden. Aus den Tabellen 35 und 36 geht hervor, daß der Gerbstoffwert mit zunehmender Konzentration der Lösung abnimmt, und daß er mit zunehmenden Hautpulvermengen zunimmt. Bei Untersuchung von Lösungen mit 1 g Gallussäure im Liter ergibt die Methode einen Gerbstoffgehalt von ca. 60 %, obwohl überhaupt kein Gerbstoff in der Lösung vorhanden ist.

Tabelle 35. Das Ergebnis der Analyse reiner Gallussäurelösungen nach der A. L. C. A.-Methode.
(Es kamen 47 g nasses Hautpulver [73% Wasser] auf 200 ccm der Lösung.)

g Gallussäure im Liter	Nichtgerbstoffe in %	Gerbstoffe in %
8,88	54,0	46,0
4,44	47,1	52,9
2,22	43,8	56,2
1,11	40,4	59,6

Tabelle 36. Der Einfluß der Änderung des Verhältnisses von Hautpulver und Gallussäure (Gallussäurekonz. konstant 0,888%) auf die aufgenommene Menge Gallussäure.
(Gemäß den Bestimmungen der A. L. C. A.-Methode.)

Nasses Hautpulver (73% Wasser) g in 200 ccm	Nichtgerbstoffe in %	Gerbstoffe in %
5	91,8	8,2
10	86,0	14,0
25	69,6	30,4
50	52,1	47,9
75	43,7	56,3

g) Die ursprüngliche Wilson-Kern-Gerbstoffbestimmungsmethode.

Um die Fehler der A.L.C.A.-Methode und der ähnlichen anderen Methoden zu vermeiden, unternahmen es Wilson und Kern (22), ein Gerbstoffbestimmungsverfahren auszuarbeiten, das nach der Definition jene Stoffe als Gerbstoffe ermittelt, welche von Gelatine gefällt werden und die mit Hautpulver Verbindungen eingehen, die gegen Wasser beständig sind. Das Prinzip der Wilson-Kern-Methode ist, eine bestimmte Menge Gerbstofflösung mit einer bestimmten Menge gereinigten Hautpulvers zu schütteln, bis aller Gerbstoff aus der Lösung entfernt ist, wobei die vollständige Entfernung des Gerbstoffs mit der Gelatine-Kochsalz-Reaktion festgestellt wird. Das gegerbte Hautpulver wird sodann durch Waschen von allen löslichen Substanzen, einschließlich der mitaufgenommenen Nichtgerbstoffe, die bei der offiziellen Methode und den übrigen Methoden zu den großen Fehlern Anlaß geben, befreit. Danach wird das Hautpulver sorgfältig getrocknet und in der üblichen Weise wie ein vegetabilisch gegerbtes Leder auf seinen Gerbstoffgehalt untersucht. Der Gerbstoffgehalt des ursprünglichen Gerbmaterials läßt sich aus diesen Daten dann leicht errechnen.

Um die Brauchbarkeit ihrer Methode zu beweisen, wandten sie Wilson und Kern auf acht der gebräuchlichsten Gerbmaterialien an, und zwar auf solche Materialien, deren Eigenschaften, insbesondere die sogenannte Adstringenz, weitgehend differieren. Der untersuchte feste Quebrachoextrakt und die vier flüssigen Extrakte, Eichenholzextrakt, Lärchenrindenextrakt, Kastanienholzextrakt und Gelbholzextrakt, waren typische Muster der besten auf dem amerikanischen Markt gehandelten Materialien. Der untersuchte Gambirextrakt war wie üblich in Pastenform und stammte aus Ostindien, der Sumach ·bestand aus gemahlenen Blättern und Zweigen und stammte aus Palermo, die Helmlockrinde aus den Wäldern von Wisconsin. Die Extrakte wurden heiß gelöst, langsam abkühlen lassen und dann auf ein bestimmtes Volumen aufgefüllt. Die Rinden und der Sumach wurden fein gemahlen, und dann durch Hindurchsickernlassen von Wasser extrahiert; die Extraktionsbrühen wurden erst benutzt, wenn sich ein bestimmtes Volumen angesammelt hatte. Je 12 g Hautpulver mit bekannter Menge Hautsubstanz wurden mit 200 ccm der zu untersuchenden Lösungen in eine weithalsige, 250 ccm fassende Flasche getan, diese mit Gummistopfen verschlossen und 6 Stunden geschüttelt.

Die Menge des Gerbmaterials, das angewandt werden konnte, war begrenzt durch die Menge des Gerbstoffs, den die angewandte Hautpulvermenge in 6 Stunden aufnehmen konnte. Es war andererseits wünschenswert, nicht zu wenig Gerbextrakt zu verwenden, um den Fehler bei der Bestimmung möglichst zu verkleinern. Da der Gerbstoffgehalt als Differenz ermittelt wird, ist der Fehler um so kleiner, je mehr Gerbstoff von der Einheit des Hautpulvers aufgenommen wird. Ergab die zu untersuchende Lösung nach 6-stündigem Schütteln mit Hautpulver noch eine positive Gerbstoffreaktion mit Gelatine-Kochsalzlösung, so wurde die Bestimmung noch einmal mit weniger Extrakt wiederholt.

Das gegerbte Hautpulver wurde 30 Minuten mit 200 ccm Wasser geschüttelt, durch Leinen vom Waschwasser abfiltriert und die Waschungen so lange wiederholt, bis die Waschwässer mit Eisenchlorid keine Färbungen mehr gaben. Nichtgerbstoffe wie Gallussäure geben mit Eisenchloridlösung dunkle Färbungen. Außer bei Gelbholz- und Kastanienholzextrakten, die in mehrfacher Beziehung ein abweichendes Verhalten zeigten, waren nicht mehr als 12 Waschungen nötig, um das Hautpulver von den mitaufgenommenen Nichtgerbstoffen zu befreien. Dies zeigt, daß die Grenze zwischen Gerbstoffen und Nichtgerbstoffen bei den gewöhnlichen Gerbmaterialien ziemlich scharf ist. Das Waschwasser des mit Gelbholzextrakt gegerbten Hautpulvers ergab bis zur 50. Waschung eine Farbreaktion, während bei dem mit Kastanienholzextrakt gegerbten Hautpulver 25 Waschungen nötig waren, um alle Substanzen, die mit Eisenchlorid Farbreaktionen ergaben, zu entfernen. Alle Waschwässer wurden mit dem Gelatine-Kochsalzreagenz geprüft; die Prüfung fiel in allen Fällen negativ aus.

Tabelle 37.

Gerbmaterial	Gerb-material im Liter in g	Analysenergebnisse des gegerbten Hautpulvers in %					Auf 100 Teile Haut-substanz kommen		Gerbstoff im Gerb-material in %
		Wasser	Asche	Fett	Hautsub-stanz (N × 5,62)	Gerbstoff (als Differenz)	ermittelter Gerbstoff in g	angewand-tes Gerbma-terial in g	
Quebracho	18,8	11,56	0,14	0,35	74,92	13,03	17,39	36,8	47,26
Quebracho	18,8	11,42	0,08	0,35	75,07	13,10	17,46	36,8	47,45
Quebracho	11,5	13,81	0,03	0,30	77,53	8,33	10,74	22,6	47,52
Hemlockrinde.	150,0	9,94	0,12	0,24	76,54	13,16	17,19	287,9	5,97
Hemlockrinde.	100,0	10,73	0,13	0,28	79,39	9,47	11,93	191,9	6,22
Hemlockrinde.	75,0	12,76	0,05	0,28	79,53	7,38	9,28	147,1	6,31
Eichenrinde.	67,5	12,54	0,07	0,12	74,76	12,51	16,73	131,6	12,71
Eichenrinde.	45,0	11,19	0,09	0,24	79,36	9,12	11,49	87,6	13,12
Eichenrinde.	25,0	13,53	0,05	0,34	81,00	5,08	6,27	48,9	12,82
Lärchenrinde	67,5	12,59	0,09	0,13	75,61	11,58	15,32	131,6	11,64
Lärchenrinde	45,0	13,65	0,09	0,30	77,90	8,06	10,35	87,7	11,80
Lärchenrinde	25,0	16,52	0,08	0,25	78,65	4,50	5,72	48,9	11,70
Kastanienholz.	67,5	12,43	0,11	0,05	75,76	11,65	15,38	131,6	11,69
Kastanienholz.	45,0	12,82	0,13	0,19	78,54	8,32	10,59	87,7	12,08
Kastanienholz.	37,5	12,05	0,10	0,21	80,74	6,90	8,55	71,7	11,92
Sumach	93,8	11,39	0,16	0,36	74,92	13,17	17,58	179,3	9,80
Sumach	62,5	12,26	0,23	0,31	78,38	8,82	11,25	119,5	9,41
Sumach	37,5	11,75	0,12	0,37	81,97	5,79	7,06	73,5	9,61
Gelbholz	48,8	12,82	0,13	0,17	77,35	9,53	12,32	95,0	12,97
Gelbholz	32,5	12,83	0,09	0,25	80,09	6,74	8,42	63,3	13,30
Gelbholz	26,3	12,43	0,12	0,25	81,43	5,77	7,09	51,2	13,85
Gambir.	50,0	12,08	0,18	0,19	81,44	6,11	7,50	97,4	7,70
Gambir.	49,5	11,77	0,26	0,28	81,70	5,99	7,33	94,7	7,74
Gambir.	29,0	13,06	0,14	0,35	82,74	3,71	4,48	56,5	7,93

Die so ausgewaschenen Hautpulver wurden bei Zimmertemperatur 24 Stunden oder länger getrocknet und dann auf Wasser, Asche, Fett und Hautsubstanz untersucht. Die Hautsubstanz wurde aus dem Stickstoffgehalt durch Multiplikation mit dem Kollagenfaktor 5,62 errechnet. Die Differenz des Prozentgehaltes an Wasser, Asche, Fett und Hautsubstanz mit 100 ergab den Prozentgehalt an Gerbstoff. Der Gerbstoffgehalt der ursprünglichen Lösung wurde durch Multiplikation der Gerbstoffprozente des Hautpulvers mit dem Verhältnis von Hautpulver zu Gerbmittel erhalten. Die Ergebnisse mit den 8 untersuchten Extrakten sind in Tabelle 37 in je drei Analysen wiedergegeben.

h) Vergleich der A. L. C. A.-Methode und der Wilson-Kern-Methode.

Die A.L.C.A.- und die Wilson-Kern-Methode ergeben sehr verschiedene Resultate. Es ist daher nützlich, sie sorgfältig miteinander zu vergleichen, insbesondere auch, weil ein solcher Vergleich dazu beitragen wird, den Gerbvorgang verständlicher zu machen und den Begriff Gerbstoff schärfer zu fassen. Dabei muß darauf hingewiesen werden, daß die meisten der in der Literatur angegebenen Gerbstoffwerte für Gerbmaterialien nach der A.L.C.A.-Methode oder einer auf dem gleichen Prinzip aufgebauten anderen Methode ermittelt worden sind. Die Wilson-Kern-Methode ist noch zu neu, um allgemeine Annahme gefunden zu haben.

Zum Vergleich der besten Methoden analysierten Wilson und Kern 8 Gerbmaterialien nach beiden Methoden. Die Ergebnisse sind in Tabelle 38 wiedergegeben. Der prozentuale Fehler der A.L.C.A.-Methode wurde errechnet unter der Annahme, daß die Wilson-Kern-Methode richtig ist. Obgleich die großen Fehler der A.L.C.A.-Methode geradezu erstaunlich sind, sind sie doch keinesfalls übertrieben. Die Größe der Fehler wird weniger überraschen, wenn man sich die in den Tabellen 35 und 36 erhaltenen Werte bei der Bestimmung der Gallussäure vergegenwärtigt.

Tabelle 38. Prozente des analysierten Materials.

| Material | A. L. C. A.-Methode | | | | Wilson-Kern-Methode: Gerbstoffe | Prozente-Fehler der A. L. C. A.-Methode |
	Wasser	Un-lösliches	Lösliche Nicht-gerbstoffe	Gerbstoffe		
Quebracho . . .	17,87	7,16	6,96	68,01	47,41	43
Hemlockrinde .	8,90	74,33	6,71	10,06	6,17	63
Eichenrinde . .	52,66	3,68	19,46	24,20	12,88	88
Lärchenrinde . .	51,08	5,88	20,90	22,14	11,71	89
Kastanienholz .	58,90	1,50	13,80	25,80	11,90	117
Sumach	9,25	47,20	17,99	25,56	9,61	166
Gelbholz. . . .	46,05	3,45	10,63	39,87	13,37	198
Gambir	51,12	5,36	18,57	24,95	7,79	220

Bei Berücksichtigung der Gallussäureversuche erkennt man ohne weiteres die Notwendigkeit, bei der A.L.C.A.-Methode die Mengenverhältnisse genau festzusetzen. Noch deutlicher tritt diese Notwendigkeit zutage, wenn man ähnliche Versuche mit wirklichen Gerbstoff-

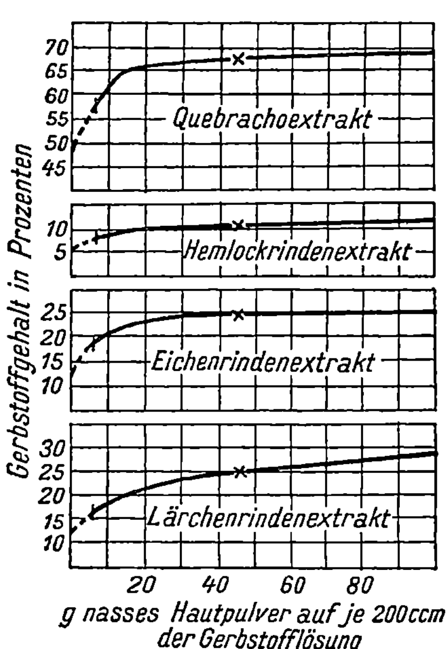

Abb. 185. Der Einfluß der Änderung der Hautpulvermenge auf die Gerbstoffbestimmung nach der A. L. C. A.-Methode.

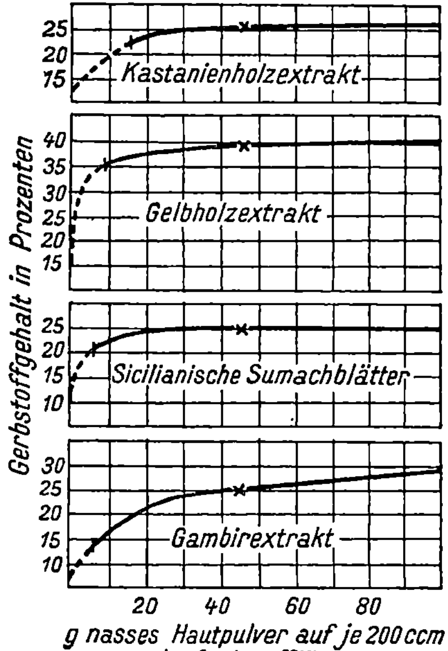

Abb. 186. Der Einfluß der Änderung der Hautpulvermenge auf die Gerbstoffbestimmung der A. L. C. A.-Methode.

lösungen anstellt. In der Tabelle 39 und den Abb. 185, 186 und 187 sind die Untersuchungsergebnisse von 8 Gerbextrakten angegeben bei Änderung des Verhältnisses Hautpulver zu Extraktlösung. In den Abb. 185 und 186 geben die kleinen senkrechten Striche in den Kurven jene Hautpulvermenge an, die gerade imstande ist, nach der A. L. C. A.-Methode die Lösung gerbstofffrei zu machen, während die Kreuzchen die Hautpulvermengen bezeichnen, die nach der A. L. C. A.-Methode für die Analyse vorgeschrieben sind. Die Nullpunkte der Kurven geben den Prozentgehalt an Gerbstoffen an, der nach der Wilson-Kern-Methode gefunden wurde, der punktierte Teil der Kurven wurde extrapoliert.

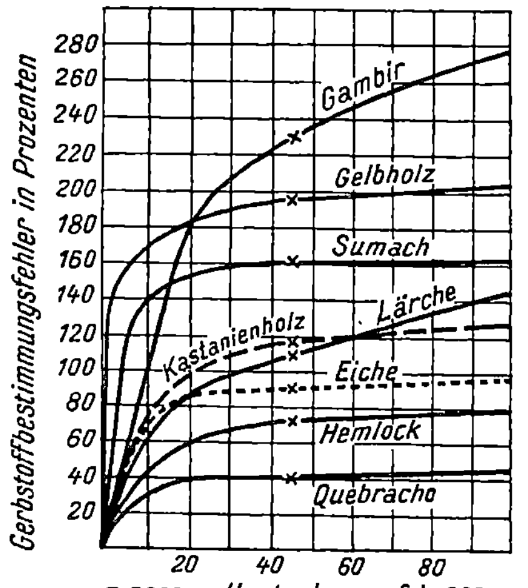

Abb. 187. Der Einfluß der Änderung der Hautpulvermenge auf die Größe des Fehlers bei Anwendung der A. L. C. A.-Methode.

Tabelle 39. Der Einfluß der Änderung des Verhältnisses von
Hautpulver zu Gerbstoff auf die Gerbstoffbestimmungen nach der
A. L. C. A.-Methode.

Gerbmaterial	g im Liter	Nasses Hautpulver (73% Wasser) zum Entgerben von 200 ccm Gerbstofflösung in g	Ermittelter Prozentsatz an Gerbstoff nach der A. L. C. A.-Methode	Fehler in % durch die A. L. C. A.-Methode
Quebracho . . .	3	93,3	68,18	44
		46,7	67,56	43
		26,7	66,61	40
		13,3	64,36	36
		6,7	57,56	21
Hemlockrinde .	20	93,3	10,98	78
		46,7	10,60	72
		26,7	9,76	58
		13,3	9,35	52
		6,7	7,98	29
Eichenrinde . .	4,11	93,3	25,02	94
		46,7	24,59	91
		23,3	24,01	86
		11,7	22,09	72
		5,9	18,77	46
Lärchenrinde . .	4,37	93,3	28,10	140
		46,7	24,52	109
		23,3	21,97	88
		11,7	19,10	63
		5,9	16,24	39
Kastanienholz .	15	93,3	26,87	126
		46,7	25,80	117
		26,7	24,59	107
		23,3	23,52	98
		16,0	22,49	89
Sumach	4	93,3	24,98	160
		46,7	25,05	161
		23,3	24,47	155
		11,7	23,45	144
		5,9	21,45	123
Gelbholz	8	93,3	40,48	203
		46,7	39,47	195
		26,7	38,21	186
		13,3	36,27	171
		9,3	36,67	167
Gambir	4,58	93,3	29,04	273
		46,7	25,60	229
		23,3	22,56	190
		11,7	17,22	121
		5,9	13,38	72

Für die Berechtigung der bei der A. L. C. A.-Methode angewandten
Hautpulvermenge kann eine wissenschaftliche Begründung nicht angeführt werden. Nach den Grundsätzen der Methode kann man, da
die Lösungen in allen Fällen gerbstofffrei gemacht wurden, jeden Gerb-

stoffwert der Tabelle 39 als richtig ansehen. Man muß dies bei allen in der Literatur angegebenen Gerbstoffwerten berücksichtigen, da alle nach dieser oder einer ähnlichen Methode bestimmt worden sind.

Wie zu erwarten, treten die größten Fehler mit der A. L. C. A.-Methode bei jenen Gerbstoffmaterialien auf, bei denen das Verhältnis von Gerbstoff zu Nichtgerbstoff am größten ist. Quebracho, der den geringsten Nichtgerbstoffgehalt aufweist, gibt den kleinsten Fehler. Wird dagegen Quebracho mit Gallussäure gemischt und das Verhältnis Gerbstoff zu Nichtgerbstoff ähnlich dem bei Gambir gemacht, so treten, wie aus Tabelle 40 zu ersehen, auch bei Quebracho annähernd die gleich großen Fehler auf wie bei Gambir.

Tabelle 40. Mischung von Quebracho-Extrakt und Gallussäure.

Zur Erstgerbung von 200 ccm Gerbstofflösung benutztes feuchtes Hautpulver (73% Wasser) in g	Analysenwerte einer Mischung von 5 Teilen Quebracho-Extrakt und 9 Teilen trockener Gallussäure in %				Wilson-Kern-Methode	Fehler der A. L. C. A.-Methode in %		
	A.L.C.A.-Methode					Allein (nach Abb. 187)	Bei Gegenwart von Gallussäure	Gambir allein
	Wasser	Unlösl.	Nichtgerbst.	Gerbstoff	Gerbstoff			
93,3	5,80	3,96	33,87	56,37	16,93	44	233	273
46,7	5,80	3,96	37,14	53,10	16,93	43	214	229
23,3	5,80	3,96	44,07	46,17	16.93	39	173	190
11,7	5,80	3,96	53,39	36,85	16,93	33	118	121
5,9	5,80	3,96	63,34	26,90	16,93	18	59	72

Der Vergleich der beiden Methoden legte zum mindesten eine Tatsache von praktischer Bedeutung klar: Diejenigen Gerbstoffe, die bei der Bestimmung nach der A.L.C.A.-Methode die kleinsten Fehler ergeben, weisen die größte Adstringenz auf, wohingegen die mit dem größten Fehler die geringste Adstringenz besitzen. Die Reihenfolge der Gerbmaterialien in der Tabelle 38 kann als Tabelle abnehmender Adstringenz dieser Gerbmaterialien angesehen werden, wenn natürlich auch von einem absoluten Parallelismus nicht gesprochen werden kann. Im allgemeinen nimmt man an, daß Quebracho und Helmlockrinde die größte Adstringenz besitzen und Sumach und Gambir die geringste. Dies läßt eine Beziehung zwischen Adstringenz und dem Verhältnis von Gerbstoff zu Nichtgerbstoff vermuten. Die Adstringenz scheint eine Funktion der Geschwindigkeit der Gerbstoffbindung durch das Protein zu sein. Bei den in der Tabelle 37 wiedergegebenen Versuchen nahm Hautpulver aus Quebracholösungen in drei Stunden mehr als doppelt soviel Gerbstoff auf als aus Gambirlösungen innerhalb sechs Stunden. Wurde jedoch zu dem stärker adstringenten Quebrachoextrakt soviel Gallussäure zugefügt, daß das Verhältnis Gerbstoff zu Nichtgerbstoff ähnlich dem in den Gambirlösungen wurde, so entfernte das Hautpulver in 6 Stunden auch nicht annähernd allen Gerbstoff aus der Lösung. Bei Zusatz von Gelatine-Kochsalzreagens erhielt man nach 6 Stunden Schütteln mit Hautpulver noch sehr starke Niederschlagsbildung, die Adstringenz war also durch den Gallussäurezusatz ganz erheblich herabgesetzt worden. Daß es sich dabei nur um eine Verlangsamung der gerbenden Wirkung handelte, ließ sich deutlich dadurch zeigen, daß mit der gleichen Hautpulvermenge die Lösung in 24 Stunden entgerbt werden konnte. Aus dieser Tatsache erklärt sich auch die milde Wirkung solcher Gerbbrühen, die bereits öfters benutzt worden sind; es hat sich in ihnen eine beträchtliche Menge an Nichtgerbstoff angesammelt.

Die Polemik, die der Veröffentlichung der Wilson-Kern-Methode folgte, regte neue Untersuchungen über die Eigenschaften der Gerbmaterialien an. Anläßlich der 17. Jahrestagung der American Leather Chemists Association wurde die Wilson-Kern-Methode zur Debatte gestellt. Das Hauptargument der Gegner der Methode bestand in der Annahme, daß die niedrigen mit der Methode erhaltenen Gerbstoffwerte auf einen Verlust an Gerbstoff bei der Durchführung der Bestimmung zurückzuführen seien. Ein bestimmter Teil des Gerbstoffes einer Lösung bilde erst nach längerer Einwirkungszeit stabile Verbindungen mit der Hautsubstanz und selbst Gerbstoffe, die sich schon mit der Haut verbunden hätten, würden bei dem bei der Wilson-Kern-Methode notwendigen Auswaschen wieder aus der Haut entfernt. Indessen wurden für diese Annahmen keine bündigen Beweise erbracht.

i) Der Einfluß des Auswaschens.

Gewisse Unterschiede im Verhalten verschiedener Gerbmaterialien haben zu der weitverbreiteten Ansicht geführt, daß einige Gerbstoffe

Tabelle 41. Einfluß des Waschens des gegerbten Hautpulvers auf den bei der Wilson-Kern-Methode gefundenen Gerbstoffwert.

Extrakt	g Extrakt in 200 ccm Lösung	g Hautsubstanz in dem zur Entgerbung von 200 ccm Lösg. benutzten Hautpulver	Gefundener Gerbstoffgehalt des Extrakts in %, wenn das gegerbte Hautpulver ausgewaschen wurde:		
			15 mal	25 mal	50 mal
Quebracho	3,80	10,44	46,84	47,25	46,90
Gambir	10,00	10,44	7,87	7,89	7,67
Mischung von Gambir und Quebracho[1]	6,90	10,44	20,67	20,34	20,43
Kastanienholz	13,60	10,32	. . . . .[2]	13,99	13,93
Helmlockrinde	13,00	10,32	23,47	23,38	23,50
Mischung von Kastanienholz und Helmlockrinde[3] . .	13,30	10,32	. . . . .[2]	18,73	19,05
Eichenrinde	13,60	10,40	15,52	15,36	15,35
Lärchenrinde	13,60	10,32	. . . . .[2]	11,29	11,28
Sumach	13,00	10,39	16,36	16,29	16,39
Mimosenrinde	8,00	10,32	24,66	24,16	24,73

[1] Mischung von 19 Teilen festem Quebracho-Extrakt und 50 Teilen Gambir-Extrakt.

[2] Wurde nicht berechnet, weil das 15. Waschwasser mit Eisenchlorid noch Nichtgerbstoffreaktion zeigte.

[3] Mischung von 68 Teilen Kastanienholz-Extrakt und 65 Teilen Helmlockrinden-Extrakt.

stabilere Verbindungen mit der Haut bilden als andere. So nimmt man zum Beispiel an, Gambir bilde mit Hautsubstanz eine weniger stabile Verbindung als Helmlockrinde. Ebenso wurde vermutet, daß Mischungen von Gerbmaterialien sich in dieser Hinsicht anders verhalten als die einzelnen Komponenten.

Wilson und Kern (23) stellten sorgfältige Versuche über die beim Auswaschen nach ihrer Methode möglichen Verluste an Gerbstoff an und kamen dabei zu dem Ergebnis, daß die Verluste nur so gering sind, daß sie ohne jeglichen Einfluß auf die Gerbstoffbestimmung bleiben. Tabelle 41 zeigt, daß bei den verschiedensten Gerbmaterialien genau die gleichen Ergebnisse erhalten werden, gleichgültig, ob das gegerbte Hautpulver 15, 25 oder 50 mal ausgewaschen wurde. Mag auch nach der Theorie der Gerbvorgang reversibel sein, die eintretende Hydrolyse ist so gering, daß sie ohne Einfluß auf die Ergebnisse der Wilson-Kern-Methode bleibt. Dies gilt gleichmäßig für schwächer und stärker adstringente Gerbmaterialien.

k) Die Verwandlung von Nichtgerbstoffen in Gerbstoffe.

In einer Kritik der Wilson-Kern-Methode führte Schultz (19) an:

„Wir nahmen die Nichtgerbstofflösungen und Waschwässer, engten sie bei hohem Vakuum auf ihr ursprüngliches Volumen von 200 ccm ein, gerbten Hautpulver damit und fanden nach der angegebenen Berechnungsart einen bestimmten Gehalt an Gerbstoffen.

Er erwähnte auch, daß sich in der eingeengten Lösung mit Gelatine-Kochsalz Gerbstoff nachweisen ließ. Im ersten Augenblick sieht es so aus, als hätte die entgerbte Lösung und die Waschwässer vor dem Einengen tatsächlich noch Gerbstoff enthalten und Schultz nimmt das offenbar auch an. Wilson und Kern konnten den Befund von Schultz bei der Untersuchung eines Gambirextrakts mit Hilfe ihrer Methode bestätigen. Die entgerbte Brühe und die 15 Waschwässer, die alle mit Gelatine-Kochsalz keine Fällung mehr ergaben, wurden auf 200 ccm eingedampft und ergaben jetzt wieder eine sehr starke Gelatinefällung. Auch nach neuerlichem Verdünnen auf 3200 ccm blieb diese Gelatinefällung erhalten. Es muß also während des Eindampfens eine wichtige chemische Veränderung mit den in der entgerbten Brühe und den Waschwässern vorhandenen Stoffen vor sich gegangen sein.

Bei der Untersuchung einer zweiten Probe Gambir nach der neuen Methode wurde ein Gerbstoffgehalt von 7,94 % ermittelt. Die entgerbte Lösung und die 17 Waschwässer, 3600 ccm insgesamt, wurden auf 250 ccm eingedampft, erneut nach der neuen Methode analysiert und bezogen auf den Originalextrakt weitere 5,56 % Gerbstoff ermittelt, so daß demgemäß der Extrakt insgesamt 13,50 % Gerbstoff enthalten hätte. Die Resultate sind im einzelnen in Tabelle 42 wiedergegeben.

Um zu zeigen, daß diese größere Gerbstoffmenge sich mit dem Hautpulver verbunden hätte, wenn sie in der ursprünglichen Lösung vorhanden gewesen wäre, stellten Wilson und Kern eine neue Lösung des gleichen Extrakts her, verdünnten sie auf das Vielfache, engten sie ein und analysierten sie dann nach der neuen Methode. Sie fanden

Tabelle 42. Gambir-Extrakt.

200 ccm einer Lösung, enthaltend 9,00 g Extrakt, wurden mit 12 g lufttrockenem Hautpulver, enthaltend 10,40 g Hautsubstanz, entgerbt und das gegerbte Hautpulver 17mal mit insgesamt 3400 ccm Wasser ausgewaschen. Die entgerbte Lösung und die Waschwässer wurden zusammen auf 250 ccm eingedampft und damit 12 g frisches Hautpulver gegerbt, das weiter dann auf übliche Weise ausgewaschen wurde.

Analyse des lufttrockenen, gegerbten Hautpulvers	Hautpulver gegerbt mit	
	der ursprünglichen Lösung	den eingedampften Waschwässern
Wasser.	17,31	16,24
Asche	0,16	0,14
Fett (Chloroform-Extrakt)	0,39	0,42
Hautsubstanz (N × 5,62)	76,86	79,38
Gerbstoff (aus der Differenz)	5,28	3,82
Auf 100 Gramme Hautsubstanz:		
Gramme gefundener Gerbstoff	6,87	4,81
Gramme benutzten Materials	86,54	86,54
Prozente Gerbstoff im Extrakt . . .	7,94	5,56

Gesamtgerbstoffgehalt, entweder ursprünglich vorhanden oder während des Eindampfens der Waschwässer gebildet, 13,50%.

12,69% Gerbstoff. Wäre das Einengen noch etwas länger betrieben worden, so hätte man den Wert 13,50% wahrscheinlich erreicht oder überschritten. Die Resultate sind aus Tabelle 43 ersichtlich.

Tabelle 43. Gambir-Extrakt.
(Gleiches Muster wie in Tabelle 42.)

60 g Extrakt auf 1 Liter Wasser gelöst. Auf 250 ccm eingedampft und dann wieder auf 1 Liter verdünnt. Operation 3mal wiederholt, das 4. Mal auf 2 Liter verdünnt. 200 ccm der verdünnten Lösung, enthaltend 6 g des ursprünglichen Extraktes, mit 12 g lufttrockenen Hautpulvers, enthaltend 10,37 g Hautsubstanz, entgerbt. Gegerbtes Hautpulver wie üblich ausgewaschen.

Analyse des lufttrockenen, gegerbten Hautpulvers.

Wasser 18,32
Asche 0,18
Fett (Chloroform-Extrakt) . . . 0,42
Hautsubstanz (N × 5,62) 75,62
Gerbstoff (aus der Differenz) . . . 5,55

Auf 100 Gramme Hautsubstanz:

Gramme gefundener Gerbstoff . . 7,34
Gramme benutzten Materials . . . 57,86
Prozente Gerbstoff im Extrakt . . 12,69

Die großen Veränderungen, die durch das Eindampfen in den Gerbbrühen hervorgerufen werden, treten bei den Analysen nach der A.L.C.A.-Methode in Tabelle 44 nur wenig in Erscheinung. Eindampfen der Gerblösung und Wiederverdünnen bewirkte bei der neuen Methode eine Zunahme des Gerbstoffwerts von 7,94% auf 12,69%, dagegen nahm der Gerbstoffgehalt nach der A.L.C.A.-Methode nur von 26,14% auf 26,40% zu. Diese Differenz liegt innerhalb der Fehlergrenze der Methode. Die Erklärung hierfür ist wahrscheinlich darin zu suchen, daß die Nichtgerbstoffe, die sich beim Eindampfen in Gerbstoffe umwandeln, bei der A. L. C. A.-Methode sich bereits bei der ersten Entgerbung mit dem Hautpulver verbinden, während sie bei der Wilson-Kern-Methode als leicht auswaschbar bei der ersten Bestimmung nicht miterfaßt werden

Tabelle 44. Gambir-Extrakt.
(Gleiches Muster wie in Tabelle 42.)

Die Originallösung von Tabelle 42 und die behandelte Lösung von Tabelle 43 wurden in der vorgeschriebenen Weise verdünnt und nach der A. L. C. A.-Methode analysiert.

	Prozentgehalt des ursprünglichen Extraktes	
	Ursprüngliche Lösung	Behandelte Lösung
Unlösliches	7,66	8,62
Nichtgerbstoffe.	18,33	17,57
Gerbstoff	26,14	26,40

Welcher Art chemisch die Umwandlung von Nichtgerbstoffen in Gerbstoffe ist, darüber lassen sich, solange nicht ausführlicheres Material vorliegt, nur Vermutungen äußern. Man könnte an Oxydation, Kondensation und Polymerisation denken. Man kann sich sehr wohl vorstellen, daß Gallussäure unter geeigneten Bedingungen in Digallussäure übergehen kann und es erscheint äußerst wahrscheinlich, daß eine polymerisierte Form von Digallussäure gerbende Eigenschaften besitzt. Eine reine Gallussäurelösung gibt keine Gerbstoffreaktion. Wird sie jedoch mehrmals hintereinander aufgekocht, so wird, wie Wilson und Kern zeigen konnten, mit dem Gelatine-Kochsalzreagens ein wolkiger Niederschlag erhalten. Eine solche Lösung wird zweifellos auch Haut gerben. Eine entgerbte Lösung, die keine Gerbstoffreaktion mehr gibt, liefert diese wieder sehr stark, wenn Sauerstoff in die Lösung eingeleitet worden ist. Auch längeres Stehenlassen an der Luft hat die gleiche Wirkung. Die Wilson-Kern-Methode gibt uns ein gutes Mittel in die Hand, die Umwandlung von Nichtgerbstoffen in Gerbstoffe zu verfolgen. Sie kann mit Vorteil auch zum Studium der Gerbstoffbildung in der Natur und des Alterns der Rinden angewandt werden.

l) Der Einfluß des Alterns.

Die Umwandlung von Nichtgerbstoffen in Gerbstoffe ist für zwei Faktoren verantwortlich zu machen, die besonders für das Gerben von schweren Häuten von Wichtigkeit sind, einmal für den Zeitfaktor bei der Gerbung und dann für das Altern des Leders. In der bereits erwähnten Debatte der A. L. C. A. über das Wilson-Kern-Gerbstoffbestimmungsverfahren, verwies Alsop (19) auf die Tatsache, daß langsam gegerbtes Leder nicht nur mehr Gerbstoff enthält als solches aus einer Schnellgerbung, sondern daß bei langsamer Gerbung auch effektiv weniger Gerbstoff verbraucht wird. H. R. Procter lenkte in einer privaten Mitteilung an den Verfasser die Aufmerksamkeit auf die Tatsache, daß Leder nach längerem Lagern mehr Gerbstoff enthält als unmittelbar nach der Gerbung. Einige Kritiker der Wilson-Kern-Methode führten ins Feld, daß mit Hilfe dieser Methode nicht alle jene Stoffe als Gerbstoff ermittelt werden, die sich beim Altern des Leders mit der Haut verbinden. Dieses Argument scheint jedoch nur mäßige Beweiskraft zu besitzen. Die Wilson-Kern-Methode selbst gibt uns die beste Möglichkeit, den Alterungsvorgang des Leders zu studieren. Die Ergebnisse einer solchen, mit 10 handelsüblichen Extrakten oder Mischungen von solchen durchgeführten Untersuchung sind in Tabelle 45 wiedergegeben.

Tabelle 45. Einfluß des Alterns des Leders auf den Prozentgehalt an gebundenem Gerbstoff.

Dreimal je 200 ccm der Lösungen der in Tabelle 41 angeführten Gerbmaterialien wurden mit je 12 g Hautpulver entgerbt. Je eine Hautpulverprobe wurde unmittelbar nach dem Gerben 25mal ausgewaschen, die zweite nach 30 Tagen Liegen im unausgewaschenen, getrockneten Zustand, die dritte nach 1 Jahr Liegen.

Extrakt	Gerbstoffgehalt des ursprünglichen Extraktes in % nach der Wilson-Kern-Methode			Nach der A.L.C.A.-Methode
	Hautpulver ausgewasch. unmittelbar nach dem Gerben	Hautpulver ausgewasch. nach 30 Tag. Liegen	Hautpulver ausgewasch. nach 1 Jahr Liegen	
Quebracho	47,25	53,00	54,59	60,87
Gambir	7,89	10,49	13,13	25,61
Mischung von Gambir und Quebracho	20,34	23,92	25,34	33,22
Kastanienholz	13,99	18,02	18,36	25,70
Helmlockrinde	23,38	24,87	25,46	26,68
Mischung von Kastanienholz und Helmlockrinde	18,73	20,45	21,25	25,64
Eichenrinde	15,36	17,23	20,08	26,19
Lärchenrinde	11,29	13,22	18,73	22,96
Sumach	16,29	17,94	17,96	25,51
Mimosenrinde	24,16	25,89	26,61	33,55

Beachtenswert ist die Feststellung, daß in keinem Falle, auch nicht während eines Jahres, durch Altern der Gerbstoffgehalt in den Ledern auf die mit der A.L.C.A.-Methode ermittelten Werte ansteigt. Läßt man gambirgegerbtes Hautpulver ein Jahr lang altern, so erreicht der Gerbstoffgehalt ungefähr den gleichen Wert, wie er durch Eindampfen der Lösung vor dem Gerben erhalten worden war (vgl. Tabelle 42 und 43). Die Änderung, die während des Alterns eintritt, ist vermutlich gleicher Natur wie die Umwandlung von Nichtgerbstoff in Gerbstoff.

Bei der Herstellung von vegetabilisch gegerbten Oberledern tritt der Einfluß des Alterns weniger deutlich zutage. Wilson und Kern fanden in der Praxis, daß Oberleder nach einer Lagerzeit von drei Jahren nach Analysen der A.L.C.A.-Methode kaum 50% des ursprünglich hineingebrachten Gerbstoffs enthielten. Etwa die Hälfte des Gerbstoffs schien auf mysteriöse Weise verschwunden, bis das Material nach der neuen Methode untersucht wurde. Die ursprünglich angewandten und im Leder nach dem Lagern festgestellten Gerbstoffmengen stimmten nun innerhalb der Fehlergrenze miteinander überein.

Man sollte erwarten, daß bei der Herstellung von Sohlleder der Alterungseinfluß noch sehr viel ausgeprägter sein müßte. Die Wilson-Kern-Methode kann auch auf die Sohllederherstellung angewandt werden, wenn das gegerbte Hautpulver in trockenem Zustand vor dem Waschen den Bedingungen der Lederherstellung entsprechend lagern gelassen wird. Daß die A.L.C.A.-Methode für schwere Leder ebensowenig zulässige Resultate liefert wie für Oberleder, zeigt dem Verfasser folgender Befund: Von 100 Pfund (engl.) Gerbstoff, nach der A.L.C.A.-Methode ermittelt, die zur Gerbung zur Verwendung kamen, erschienen nur 39 Pfund als gebundener Gerbstoff in dem fertigen Leder wieder. Selbst, wenn sämtliche Verluste an Gerbmaterial, an Abfallbrühen und wasserlöslicher Substanz, sämtliche nach der A.L.C.A.-Methode ermittelt, in Rechnung gesetzt werden, bleibt noch eine so große Differenz, daß sie nur mit der Annahme erklärt werden kann, daß die A.L.C.A.-Methode zu hohe Gerbstoffwerte liefert.

m) Der Einfluß des p_H-Wertes.

Thompson, Seshachalam und Hassan (18) stellten in einigen Vorversuchen über den Einfluß einer Zugabe von Essigsäure und Salzsäure zu Quebracho-, Mimosa-, Mangrove-, Gambir-, Myrobalanen-, Kastanien- und Eichenholzextrakt fest, daß die Zugabe geringer Säuremengen praktisch alle Gerbstoffbestimmungen beeinflußt. Die einer Arbeit von Wilson und Kern (25) entnommene Abb. 188 zeigt die Beeinflussung der Gerbstoffbestimmung sowohl nach der A.L.C.A.-Methode wie nach der Methode von Wilson und Kern durch Änderung des p_H-Werts. Die letztere Methode gibt einen konstanten Gerbstoffwert innerhalb des weiten p_H-Bereichs von 3,6 bis 7,3. Die über p_H 7 abfallenden Gerbstoffwerte, durch die gestrichelte Linie gekennzeichnet, müssen als unzuverlässig betrachtet werden, denn die entgerbte Lösung gab in allen Fällen mit Gelatine-Kochsalzlösung noch Gerbstoffreaktion. Die Wilson-Kern-Methode verlangt jedoch gerade, daß die Entgerbung

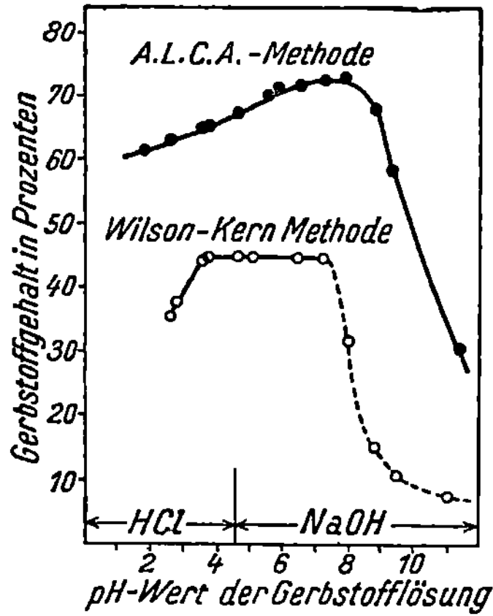

Abb. 188. Einfluß des p_H-Werts auf die Gerbstoffbestimmung in einem Muster Quebrachoextrakt.

so durchgeführt wird, daß mit Gelatine-Kochsalz keine Fällung mehr erhalten wird. Die Werte wurden in die Kurve aufgenommen, um den Einfluß des p_H-Werts auf den Gerbungsgrad deutlich zu machen.

Nach den neueren Arbeiten von Rogers (15), Knowles (8), Atkin (1) und anderer wird die Bedeutung des p_H-Werts bei der Gerbstoffbestimmung neuerdings allgemein anerkannt.

n) Die neue Wilson-Kern-Methode der Gerbstoffbestimmung.

Um der Forderung nach einer einfacheren und rascheren Gerbstoffbestimmungsmethode gerecht zu werden, modifizierten Wilson und Kern (24) ihre ursprüngliche Methode, ohne ihre Genauigkeit dadurch zu beeinflussen. Beide Ausführungsarten geben genau übereinstimmende Resultate. Die Methode wird zur Zeit folgendermaßen ausgeführt:

Herstellung des Hautpulvers. Eine beliebige Menge Hautpulver wird mit destilliertem Wasser zur Entfernung aller löslichen Substanzen ausgewaschen. Zur Entfernung des Wassers wird das Hautpulver dann mehrmals hintereinander in Alkohol und schließlich zur Entfernung des Alkohols in Xylol eingelegt. Es wird an der Luft getrocknet und in Flaschen abgefüllt. Der Bedarf eines Jahres kann so auf einmal hergerichtet werden.

Gerbstofflösung. Die zu untersuchende Gerbstofflösung wird genau so hergestellt wie die Lösung des Gesamtlöslichen bei der A.L.C.A.-Methode oder der Provisorisch International Offiziellen Methode. Für jede Bestimmung werden zum mindesten 100 ccm des Filtrats gesammelt.

Bestimmung des Gerbstoffs. 2 g des speziell hergerichteten Hautpulvers von bekanntem Feuchtigkeitsgehalt werden mit 100 ccm der filtrierten Gerbstofflösung in einer weithalsigen Flasche 6 Stunden auf einem Rotationsschüttelapparat geschüttelt. Dabei ist es zur Vermeidung einer Zersetzung des ungegerbten Teils des Hautpulvers empfehlenswert, Gerblösung und Waschwasser kühl zu halten, doch kommt diese Vorsichtsmaßregel nur bei heißem Wetter in Frage.

Die Mischung von Hautpulver und Gerblösung wird in einem Wilson-Kern-Extraktionsapparat, wie er in Abb. 189 abgebildet ist, ausgewaschen. Dieser Extraktionsapparat besteht aus drei Galsteilen, die genau ineinander passen. Das untere Ende des Teils B wird mit einem weißen Baumwollfilter sorgfältig verschlossen, mit dem Teil C verbunden und der Hahn des Teils C geöffnet. Hautpulver und Gerblösung werden nun in den Teil B gespült und die Gerblösung durch den geöffneten Hahn in ein Gefäß laufen lassen und solange zurückgegossen, bis die Lösung vollständig klar ist. Das klare Filtrat wird durch tropfenweises Zugeben einer frisch bereiteten Lösung von 10 g Gelatine und 100 g Kochsalz im Liter auf Gerbstoff geprüft. Ein Niederschlag zeigt Gerbstoff an. Ist solcher noch in der Lösung vorhanden, so muß die Bestimmung mit einer verdünnteren Lösung des Gerbmaterials wiederholt werden. Ist kein Gerbstoff

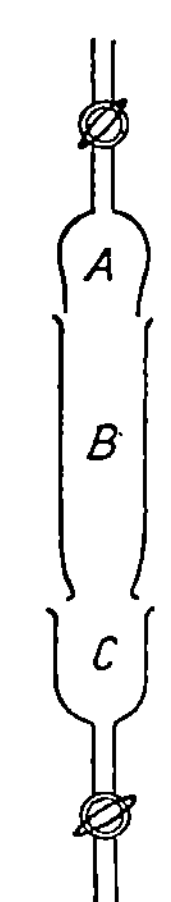

Abb. 189. Wilson-Kern-Extraktionsapparat zur Gerbstoffanalyse oder zur Bestimmung des Auswaschverlustes in Leder.

mehr in der Lösung vorhanden, so wird der Hahn des Teils C geschlossen, B zur Hälfte mit Wasser gefüllt und der Teil A mit geschlossenem Hahn aufgesetzt.

Der restliche Teil des Waschapparats besteht aus einem Behälter für destilliertes Wasser, der oberhalb des Extraktionsapparats, am besten im darüberliegenden Raum aufgestellt und mit Hilfe eines Gummischlauchs mit A verbunden wird. Der Hahn bei A wird nun vollständig geöffnet und die Extraktionsgeschwindigkeit mit Hilfe des Hahns bei C so geregelt, daß 500 ccm in der Stunde durchfließen. Da der Waschprozeß im allgemeinen in etwa 12 Stunden beendet ist, ist es praktisch, das Auswaschen am Abend beim Verlassen des Laboratoriums zu beginnen, so daß es am nächsten Morgen beendet ist. Das Auswaschen darf nicht eher unterbrochen werden, als bis das Waschwasser vollständig farblos abläuft und auf Zusatz eines Tropfens Ferrichloridlösung keine Dunkelfärbung mehr zeigt.

Das Hautpulver wird nach dem Auswaschen auf einen Büchnertrichter gespült und durch Absaugen möglichst weitgehend vom anhaftenden Wasser befreit. Es wird dann über Nacht an der Luft trocknen lassen, 2 Stunden in einem Vakuum-Trockenofen getrocknet, im Exsiccator erkalten lassen und gewogen. Sicherheitshalber wird dieses Trocknen und Wägen nochmals wiederholt. Die Gewichtszunahme des trockenen Hautpulvers stellt dann die in 100 ccm der ursprünglichen Gerblösung vorhandene Gerbstoffmenge dar.

o) Empfindlichkeit der Gelatine-Kochsalz-Reaktion auf Gerbstoff.

Die Gerbstoffreaktion mit Gelatine wird im allgemeinen folgendermaßen ausgeführt: Man löst 10 g Gelatine und 100 g Kochsalz in einem Liter Wasser und fügt einen Tropfen dieser Lösung zu der zu untersuchenden Gerbstofflösung. Ein Niederschlag oder eine Trübung zeigt die Anwesenheit von Gerbstoff an. Diese Reaktion ist seit länger als einem Jahrhundert Gegenstand zahlreicher Untersuchungen gewesen. Die Empfindlichkeit der Reaktion ist kürzlich von Thomas und Frieden (16) studiert worden. Sie stellten fest, daß die zugefügte Gelatine vollständig gefällt wird, wenn das Verhältnis von Gelatine zu Gerbstoff 0,5 nicht überschreitet. Ein größerer Gelatineüberschuß verhindert die Ausfällung.

Thomas und Frieden untersuchten die Fällung des Gerbstoffs durch Gelatine bei verschiedenen p_H-Werten und verschiedenen Salzkonzentrationen. Bei Verwendung reiner Gelatinelösung ohne Salz erhielten sie bei einer reinen Tanninlösung ein Maximum der Fällung bei einem p_H-Wert von 4,4; bei p_H-Werten unter 4 oder über 5 wurde nur eine Opalescenz, aber keine Fällung erhalten. Durch Zugabe von Kochsalz wurde die Spanne der p_H-Werte, innerhalb der eine Fällung erhalten wurde, vergrößert. Eine Kochsalzzugabe ist offenbar ohne Einfluß innerhalb des p_H-Bereiches 4 bis 5. Bei Verwendung verschiedener Handelsextrakte ergab sich, daß das Fällungsoptimum zwischen p_H 3,5 und 4,5 lag. Quebracho, Mimosenrinde und Helmlock fielen sehr viel leichter aus bei p_H-Werten, die wenig über 4,0 lagen, Gambir, Eiche und Lärche bei Werten wenig unter 4,0.

Die Empfindlichkeit der Gelatine-Kochsalzreaktion auf Gerbstoff ist nach den Befunden von Thomas und Frieden abhängig von den p_H-Werten der Lösungen, je näher diese Werte dem Wert der optimalen Fällbarkeit liegen, desto empfindlicher ist die Reaktion. Dieser p_H-Wert der optimalen Fällbarkeit ist für jeden Extrakt verschieden, liegt aber im allgemeinen zwischen p_H 3,5 und 4,5. Bei dem optimalen p_H-Wert konnte Gambir, der für die Reaktion am wenigsten empfindlich ist, noch in einer Konzentration von 1 Teil Gerbstoff in 110000 Teilen Wasser nachgewiesen werden. Die im Gegensatz zu Gambir sehr empfindliche Mimosenrinde war noch in einer Verdünnung 1 : 200000 nachweisbar. Werden die Handelsextrakte ohne Rücksicht auf den endlichen p_H-Wert einfach mit destilliertem Wasser verdünnt, so nimmt die Empfindlichkeit der Reaktion erheblich ab. In diesem Falle war Helmlock mit 1 : 6500 am wenigsten empfindlich, Gambir dagegen mit 1 : 30000 am empfindlichsten. Das Alter des Gelatine-Kochsalz-Reagenzes ist ohne Einfluß auf die Empfindlichkeit der Reaktion, vorausgesetzt, daß keine bakterielle Zersetzung eingetreten ist.

p) Die Messung der Adstringenz von Gerbextrakten.

Wird eine Haut in eine Gerblösung eingelegt, so sucht die gleich zu Anfang stattfindende Verbindung des Gerbstoffs mit den äußeren Schichten der Haut diesen eine andere Oberfläche zu verleihen als sie die ganze übrige Haut besitzt und es entsteht eine gewisse Spannung innerhalb der Haut. Benetzt man mit einer solchen Gerblösung die Zunge, so empfindet man einen zusammenziehenden Geschmack. Stoffe, die diesen Effekt zu erzeugen vermögen nennt man adstringent. Adstringente Gerbmaterialien gerben rasch an und man hat manchmal die Gerbgeschwindigkeit eines bestimmten Gerbstoffs als Maß seiner Adstringenz betrachtet. Gewisse saure Nichtgerbstoffe verringern die Adstringenz von Gerblösungen beträchtlich. Da nach der A.L.C.A.-Methode ein großer Teil solcher Nichtgerbstoffe mitbestimmt wird, ist der Unterschied im Gerbstoffgehalt nach der A.L.C.A.- und der Wilson-Kern-Methode gewöhnlich am größten bei den am wenigsten adstringenten Gerbmaterialien.

Dieser Umstand veranlaßte Crede (6), die Adstringenz eines vegetabilischen Gerbmaterials zu definieren als das Verhältnis des nach der A.L.C.A.-Methode ermittelten Gerbstoffwerts zu dem nach der Wilson-Kern-Methode ermittelten. Diese Definition scheint sich in der Gerbereipraxis bewährt zu haben.

q) Die Messung der Schwellwirkung von Gerbextrakten.

Die Ausbeute an vegetabilisch gegerbtem Leder ist bis zu einem gewissen Grade von dem Schwellungszustand der Haut während der Gerbung abhängig. Es ist daher von Interesse zu wissen, in welchem Maße die Haut durch eine bestimmte Gerbbrühe anschwillt. Die Schwellwirkung einer Gerbbrühe ist eine Funktion verschiedener variabler Faktoren, wie Wasserstoffionenkonzentration, Salzgehalt, Art des Gerbstoffs und der Nichtgerbstoffe. Man gelangt daher am besten zu befriedigenden Ergebnissen, wenn man die Schwellwirkung einer Gerbbrühe direkt an Haut mißt. Es sind hierfür verschiedene Methoden vorgeschlagen worden, doch es wird genügen, hier die beiden brauchbarsten anzuführen.

Die Wilson-Gallun-Methode. Die von Wilson und Gallun (20) zur Messung der Schwellung und des Verfallenseins von Haut in Lösungen verschiedener Zusammensetzung vorgeschlagenen Methode wurde bereits in Kapitel 9 und 10 beschrieben. Diese Methode erwies sich auch in der Praxis als äußerst brauchbar zur Messung der Schwellwirkung von Gerbbrühen. Die Methode hat den Vorzug, eine genaue Nachahmung des Prozesses der Praxis zu ermöglichen. Man bezeichnet nach der Methode als Grad der Prallheit der Haut das Verhältnis der Widerstandsfähigkeit der Haut gegenüber einer Druckeinwirkung unter den Bedingungen der Probe zu ihrer Widerstandsfähigkeit gegenüber der Einwirkung eines Druckes unter Standardbedingungen. Der große praktische Wert der Methode besteht nun darin, daß als Standardbeschaffenheit der Zustand der Häute genommen werden kann, in dem sie normalerweise in die Gerbbrühe gelangen. Die Messung kann so ausgeführt werden, daß das Verhältnis von Haut zu Brühe das gleiche ist wie im praktischen Betriebe. So gibt die Methode bei vergleichenden Messungen mit verschiedenen Gerblösungen oder mit ein und derselben Lösung, die auf verschiedene Weise behandelt ist, ein gutes Bild der in der Praxis zu erwartenden Schwellung. Im Kapitel des zweiten Bandes, das die vegetabilische Gerbung behandelt, wird eine Anzahl auf diese Weise durchgeführter Messungen beschrieben werden.

Die Porter-Methode. Porter (12), der in Gemeinschaft mit einem Komitee der American Leather Chemists Association arbeitete, fand, daß man bei den Schwellungsmessungen größere Genauigkeit erhalten konnte, wenn man die bei der Wilson-Gallun-Methode angewandte gewachsene Haut durch Hautpulver ersetzte. Für jede Messung wurde ein Standzylinder von 26 mm Durchmesser und 230 mm Höhe benutzt. In diese Standzylinder wurden je 1,5 g Standardhautpulver, das von einem Sieb mit 16 Maschen pro cm zurückgehalten wurde, eingewogen, mit 50 ccm Wasser übergossen und von Zeit zu Zeit während mehrerer Stunden aufgeschüttelt. Man fertigt sich nun einen Tauchapparat zur Messung, indem man das untere Rohr einer 15-cm Pipette am unteren Ende der Ausbuchtung abschmelzt und an seiner Stelle eine durchlöcherte Scheibe befestigt, die möglichst genau in den Standzylinder paßt. Das Gewicht des Tauchapparats wird mit Quecksilber auf 175 g eingestellt. Der Taucher wird nun in den Standzylinder so eingesetzt, daß die durchlöcherte Scheibe auf dem Hautpulver aufliegt. Nach genau 5 Minuten wird die Höhe der Hautpulverschicht auf $^1/_{10}$ mm genau abgelesen. Darauf nimmt man den Taucher wieder heraus, saugt 25 ccm Wasser ab und fügt 75 ccm der zu untersuchenden Gerblösung zu. Die Mischung bleibt dann 24 Stunden unter öfterem Umschütteln stehen. Nach Ablauf dieser Zeit wird der Taucher erneut eingeführt und wiederum nach genau 5 Minuten die Höhe der Hautpulverschicht abgelesen. Die zweite Ablesung dividiert durch die erste ergibt dann den Schwellungsgrad des Hautpulvers bzw. ein Maß für die Schwellwirkung der Gerblösung.

Die Porter-Methode stellt eine Modifikation der Wilson-Gallun-Methode dar, bei welcher die gewachsene tierische Haut durch Hautpulver ersetzt ist. Sie hat den Vorteil, ein Standardhautpulver an Stelle der stärker unterschiedlichen Haut zu verwenden, dagegen den praktischen Nachteil, den Zustand, in dem die Haut in die Gerbbrühe gelangt, unberücksichtigt zu lassen. Hierdurch werden die Ergebnisse beträchtlich beeinflußt.

r) Die Ultrafiltration von Gerblösungen.

R. J. Browne (4) nahm an, daß die Gerbstoffpartikelchen und Nichtgerbstoffpartikelchen in einer Gerblösung sich beträchtlich in der Größe unterscheiden und versuchte daraufhin Gerbstoff und Nichtgerbstoff durch Ultrafiltration voneinander zu trennen. Er bereitete sich Membranen durch Einlegen von Filterscheiben in eine 6%ige Kollodiumlösung, bis keine Luftblasen mehr entwichen, Trocknen der herausgenommenen Scheiben unter horizontaler Bewegung während einiger Minuten, um eine ebene Kollodiumschicht zu erhalten, und Einlegen in Wasser. Die Durchlässigkeit der Membranen ist nach seinen Befunden abhängig von der Zeit, die man sie vor dem Einlegen in Wasser trocknen läßt. Er stellte nun die Membranen auf eine möglichst große Durchlässigkeit, jedoch ohne daß sie Gerbstoff durchließen, ein und kontrollierte diese Forderung durch Prüfung des Filtrats mit Gelatine-Kochsalz-Reagens.

Browne fand, daß solche Membranen Gallussäure durchlassen, aber undurchlässig sind für Gerbstoff. Er benutzte daher das Verfahren dazu, Gerbstofflösungen unter Druck zu filtrieren, wog den beim Eindampfen eines aliquoten Teils des Filtrats erhaltenen Trockenrückstand und berechnete ihn als Nichtgerbstoff. Bei Anwendung der Methode auf eine Anzahl gewöhnlicher Gerbextrakte erhielt er Nichtgerbstoffwerte, die mit den mit der offiziellen Methode der Society of Leather Trades Chemists erhaltenen weitgehendst übereinstimmten. Browne betrachtet diese Übereinstimmung als einen Beweis für die Brauchbarkeit der offiziellen Methode.

Thomas und Kelly (17) zeigten, daß die Ultrafiltration eines vegetabilischen Gerbextrakts mit dem p_H-Wert der Lösung variiert und ebenso schon mit geringen Änderungen in der Ausführung.

Die Membranen wurden mit der gleichen Kollodiummarke und in möglichster Anlehnung an die Technik Brownes hergestellt und zur Ultrafiltration von Helmlockrindenextrakt verwandt. Die Kollodiumlösung wurde in einem Exsiccator aufbewahrt, um einen Verlust an Lösungsmittel durch Verdunsten zu vermeiden.

Zunächst wurde eine Standardlösung von Helmlockrinde mit 1,6 g Gerbstoff im Liter (nach der offiziellen Methode) hergestellt. Diese Standardlösung wurde durch elektrometrische Titration mit Natronlauge und Salzsäure auf verschiedene p_H-Werte eingestellt, auf einen Gehalt von 0,4 g Gerbstoff in 100 ccm verdünnt und dann ultrafiltriert.

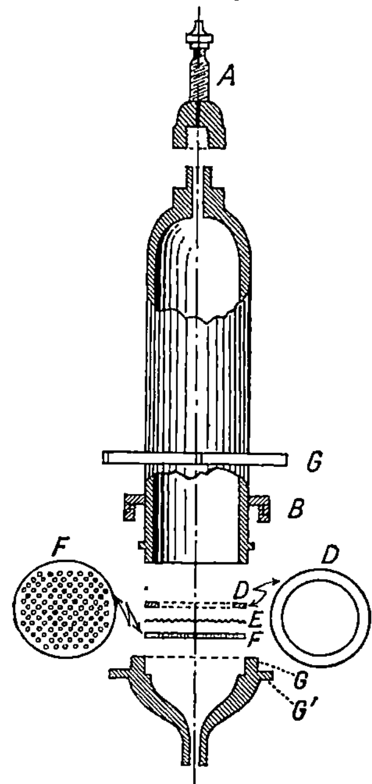

Abb. 190. Ultrafilter.

Die beiden benutzten Ultrafilter waren vom Columbia-Typ, und zwar war das eine in ihrem eigenen Laboratorium konstruiert worden, das andere war eine bewährte Type von Hayes und Whitmore in Urbana, Ill. (Abb. 190). Der notwendige Druck wurde aus einer Flasche mit komprimiertem Stickstoff erhalten, die mittels eines Hoke-Reduzierventils mit dem Ultrafilter verbunden war. Stickstoff an Stelle komprimierter Luft wurde benutzt, um eine Oxydation der Gerblösungen auszuschalten. Vor der Ultrafiltration wurde in einem bestimmtem Teil der Probe der Gesamtrückstand auf üblichem Wege durch Eindampfen ermittelt, die Menge des durch das Ultrafilter gegangenen Löslichen wurde in ähnlicher Weise durch Eindampfen eines gemessenen Teils des Ultrafiltrats bestimmt. Alle in der Tabelle angegebenen Werte gelten für 25 ccm Lösung.

In Tabelle 46, 3. Serie, sind bei p_H 4,1 und 4,5 Doppelbestimmungen angegeben. Man sieht, daß Abweichungen von 8 bis 10% vorkommen. Diese Abweichungen sind auf die Unterschiedlichkeit der Durchlässigkeit der zwei benutzten Membranen zurückzuführen und zeigen, wie unzuverlässig die angewandte Technik, die Membranen auf eine bestimmte Durchlässigkeit zu trocknen, ist.

Tabelle 46. Ultrafiltration von Helmlockrindenlösungen verschiedener p_H-Werte.

p_H (1)	Trockenrückstand in 25 ccm der Originallös. in g (2)	Trockenrückstand des Ultrafiltrats in g[3] (3)	Gerbstoffreaktion[2] (4)	Durch das Ultrafilter zurückgehaltene Substanz in g (5)	% des zurückgehaltenen Trockenrückstandes der Originallös. (6)
Serie I: Druck = 234 kg/qcm.					
2,0	0,125	0,073	—	0,052	42
3,0	0,132	0,044	—	0,089	67
3,7[1]	0,130	1,065	+	0,065	50
4,0	0,131	0,050	++	0,081	62
4,5	0,131	0,050	++	0,081	62
7,1	0,135	0,135	++	0,000	0
9,0	0,140	0,141	++	0,000	0

[1] „Natürlicher" p_H der Gerbstofflösung.

[2] Ergebnis der Gelatine-Kochsalz-Probe im Ultrafiltrat.

[3] Die Werte in Kolonne 5 und 6 würden nach Browne als „Gerbstoffe und Unlösliches", die in Kolonne 3 als „Nichtgerbstoffe" zu bezeichnen sein.

Tabelle 46 (Fortsetzung).

p_H (1)	Trockenrückstand in 25 ccm der Originallös. in g (2)	Trockenrückstand des Ultrafiltrats in g (3)	Gerbstoffreaktion (4)	Durch das Ultrafilter zurückgehaltene Substanz in g (5)	% des zurückgehaltenen Trockenrückstandes der Originallös. (6)
Serie II: Druck = 586 kg/qcm.					
2,0	0,122	0,055	—	0,067	55
3,0	0,131	0,037	—	0,095	72
3,7[1]	0,132	0,086	+	0,046	35
4,5	0,133	0,043	—	0,090	68
7,1	0,131	0,025	—	0,106	81
9,0	0,138	0,040	—	0,094	68
Serie III: Druck = 352 kg/qcm.					
2,5	0,130	0,055	+	0,075	58
3,3	0,134	0,055	+	0,079	59
3,8[1]	0,132	0,052	+	0,080	61
4,1	0,132	0,049	+	0,083	64
4,1	0,132	0,045	—	0,087	64
4,5	0,132	0,044	—	0,088	65
4,5	0,132	0,048	—	0,084	65
6,0	0,137	0,064	—	0,074	54
7,0	0,138	0,082	+	0,056	41
8,0	0,140	0,097	++	0,044	31
9,0	0,148	0,118	++	0,030	20

Die Serien 1 und 2 wurden mit den gleichen Helmlockrindenlösungen durchgeführt, doch waren die Membranen bei Serie 2 erst hergestellt worden, nachdem schon eine Anzahl Membranen mit der gleichen Kollodiumlösung hergestellt worden waren. Die Lösung war also trotz aller Vorsicht durch die geringe, unvermeidbare Verdunstung von Alkohol und Äther während der Herstellung der Membranen konzentrierter geworden, die damit hergestellten Membranen waren weniger durchlässig.

Bei Serie 3 wurde eine andere Helmlockrindenlösung benutzt, die jedoch auf genau die gleiche Weise wie bei Serie 1 und 2 hergestellt worden war. Ebenso wurde bei Serie 3 eine frische

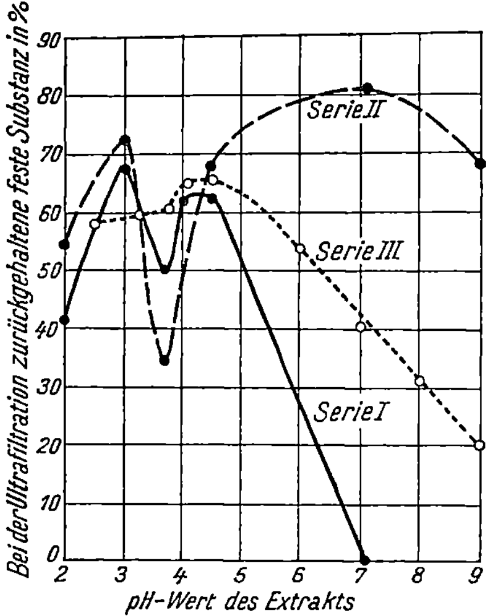

Abb. 191. Ultrafiltration von Helmlockrinde.

6%ige Kollodiumlösung zur Herstellung der Membranen benutzt. Die Membranen waren demgemäß mit denen der Serie 1 identisch.

---

[1] „Natürlicher" p_H der Gerbstofflösung.

Eine Überprüfung der Zahlen und der Kurven in Abb. 191 zeigt deutlich einen starken Unterschied bei der Ultrafiltration von Helmlockrindenextraktlösungen je nach dem p_H-Wert der Lösungen. Vergleicht man die drei Einzelserien, so ergeben sich ebenfalls beträchtliche Differenzen in der Menge des Ultrafiltrierten, die auf die Unterschiedlichkeit der Kollodiumlösungen, in denen die Membranen hergestellt wurden, und auf individuelle Unterschiede der einzelnen Membranen zurückzuführen sind. Außerdem zeigt auch noch weiterhin die Unterschiedlichkeit des Gelatine-Kochsalz-Tests auf Gerbstoff (Kolonne 4) die Unbrauchbarkeit dieser Methode zur Trennung von Gerbstoff und Nichtgerbstoff. Das Abfallen der Kurven der Serie 1 und 2 beim natürlichen p_H-Wert der Extraktlösungen ist wohl darauf zurückzuführen, daß in beiden Fällen weniger durchlässige Membranen benutzt worden waren.

Der Gesamtrückstand bzw. die Gramme des Trockenrückstands in Kolonne 4 sind gering bei p_H 2 und groß bei alkalischen p_H-Werten bis zu 7. Das ist darauf zurückzuführen, daß einmal bei p_H 2 infolge der höheren Acidität eine gewisse Menge flüchtiger organischer Substanzen durch Hydrolyse gebildet wird und weiter, daß in den alkalischen Lösungen bis zu p_H 7 das Gewicht des Trockenrückstands durch Oxydation von organischer Substanz vergrößert wird.

Thomas und Kelly schlossen aus den Ergebnissen ihrer Versuche, daß die Ultrafiltration von vegetabilischen Gerbstofflösungen als Methode zur Trennung von Gerbstoffen und Nichtgerbstoffen nur sehr zweifelhaften analytischen Wert besitzt.

s) Die Messung des Farbwertes von Gerbextrakten.

Der Gerber hat ein Interesse daran zu wissen, was für eine Farbe ein bestimmter Gerbextrakt dem damit gegerbten Leder erteilt. Die Chemiker versuchten daher den sogenannten Farbwert der Extrakte zu messen. Früher war es üblich, eine Schafs- oder Kalbsblöße unter bestimmten Bedingungen in einer Lösung des Extraktes auszugerben und so die Farbe zu bestimmen. Später wurde eine Methode zur Bestimmung des Farbwerts ermittelt, bei der die Farbe eines Extrakts mit gefärbten Standardgläsern verglichen wurde. Procter (13) und Blackadder (3) schlugen unabhängig voneinander Methoden vor, die auf der Verwendung des Rots, Gelbs, Blaus und Grüns des Spektrums aufgebaut sind. Das Prinzip der von Blackadder vorgeschlagenen Methode besteht darin, daß die unter Standardbedingungen von einer Lösung des zu untersuchenden Materials durchgelassene Lichtmenge gemessen wird. Man führt vier getrennte Messungen durch und teilt dazu das Spektrum in folgende Bereiche: Rot, Wellenlänge 600 bis 700, Gelb, Wellenlänge 550 bis 600, Grün, Wellenlänge 510 bis 550, und Blau, Wellenlänge 400 bis 510. Neuestens wurde von de la Bruère (5) eine photoelektrische Methode zur Messung der Farbe von Gerbextrakten beschrieben, bei welcher der ganze Lichtwellenlängenbereich in sechs Bereiche (sechs Farbfiltern entsprechend) eingeteilt wird. Das Licht, welches das Filter passiert, wird durch die zu messende Lösung geschickt; der von dieser nicht absorbierte Lichtanteil trifft dann eine photoelektrische Zelle. Gemessen wird der erregte Strom. Das Arbeiten mit einer solchen Apparatur vermeidet subjektive Beobachtungsfehler.

Man muß indessen dabei berücksichtigen, daß ein und derselbe Extrakt sehr verschiedene Farbnüancierungen auf der Haut erzeugen kann je nach dem Zustand der Haut, der Temperatur, Säurekonzentration, Salzgehalt, Gerbstoff- und Nichtgerbstoffgehalt der Gerblösung. So haben Page und Page (10) nachgewiesen, daß der Schwellungszustand der Haut beim Gerben auf die Farbe des erhaltenen Leders von besonderem Einfluß ist.

Der Einfluß des p_H-Werts ist im 12. Kapitel bereits beschrieben worden.

Literaturzusammenstellung.

1. Atkin, W. R.: Notes on the effect of varying hydrogen-ion concentration on tannin analysis. J. Amer. Leather Chem. Assoc. 19, 442 (1924).
2. Bergmann, M.: I. Bericht über die Vergleichsversuche der I.V.L.I.C.-Kommission zum international-offiziellen Verfahren der quantitativen Gerbstoffanalyse. Collegium 1929.
3. Blackadder, T.: A practical method of color measurement for tanning materials. J. Amer. Leather Chem. Assoc. 18, 194 (1923).
4. Browne, R. J.: The ultrafiltration of tannin and other solutions. J. Int. Soc. Leather Trades Chem. 7, 365 (1923); 10, 235 (1926).
5. de la Bruère, M. A.: Note sur la mesure de la couleur des extraits tannants. J. Int. Soc. Leather Trades Chem. 12, 485 (1928).
6. Crede, E.: The adstringency of vegetabel tanning materials. J. Amer. Leather Chem. Assoc. 20, 573 (1925).
7. Jamet, A. u. A. J. Girard: A propos de la détermination des „insolubles" par filtration en présence de Kaolin. J. Int. Soc. Leather Trades Chem. 12, 279 (1928).
8. Knowles, G. E.: Effect of adjusting the p_H value in tanning analysis. J. Int. Soc. Leather Trades Chem. 7, 437 (1923).
9. Paessler, J.: Beiträge zu dem neuen Verfahren der Gerbstoffuntersuchung. Collegium 1928, 352.
10. Page, R. O. u. A. W. Page: Influence of hydrogen-ion concentration on the color of vegetable tanned leather. Ind. Chem. 21, 584 (1929).
11. Parker, G. J.: Extraction of solid tanning materials by the Koch and Procter apparatus under identical conditions. J. Int. Soc. Leather Trades Chem. 12, 564 (1928).
12. Porter, R. E.: Direct measurement of plumping power of tan liquors. J. Amer. Leather Chem. Assoc. 21, 425 (1926).
13. Procter, H. R.: The measurement of the color of brown solutions with special reference to tannin extracts. J. chem. Soc. Lond. 42, 73 (1923).
14. Procter, H. R. u. F. A. Blockey: Absorption of nontannin substances by hide powder and its influence on the estimation of tannin. J. chem. Soc. Lond. 22, 482 (1903).
15. Rogers, J. S.: Effect of definite hydrogen-ion concentration upon analysis of tannin extracts by the official method. J. Amer. Leather Chem. Assoc. 19, 314, 664 (1924); 20, 370 (1925).
16. Thomas, A. W. u. A. Frieden: The gelatin-tannin reaction. Ind. Chem. 15, 839 (1923).
17. Thomas, A. W. u. M. W. Kelly: Ultrafiltration of vegetable tanning solutions. Ind. Chem. 18, 136 (1926).
18. Thompson, F. C., K. Seshachalam u. K. Hassan: Influence of degree of acidity on the tannin content os solutions. J. Int. Soc. Leather Trades Chem. 5, 389 (1921).
19. Wilson, J. A., W. K. Alsop u. G. W. Schultz und andere: Discussion of

the true tanning value of vegetable tanning materials. J. Amer. Leather Trades Chem. Assoc. 15, 451 (1920).

20. Wilson, J. A. u. A. F. Gallun: Direct determination of the plumping power of tan liquors. Ind. Chem. 15, 376 (1923).

21. Wilson, J. A. u. E. J. Kern: The nontannin enigma. J. Americ. Leather Chem. Assoc. 13, 429 (1918).

22. Wilson, J. A. u. E. J. Kern: The true tanning value of vegetable tanning materials. Ind. Chem. 12, 465 (1920).

23. Wilson, J. A. u. E. J. Kern: Nature of the hide-tannin compound and its bearing upon tannin analysis. Ind. Chem. 12, 1149 (1920).

24. Wilson, J. A. u. E. J. Kern: The determination of tannin. Ind. Chem. 13, 772 (1921).

25. Wilson, J. A. u. E. J. Kern: Effect of hydrogen-ion concentracion upon the analysis of vegetable tanning materials. Ind. Chem. 14, 1128 (1922).

14. Die Chemie der Gerbstoffe.

Gerbstoffe werden die Substanzen genannt, die sich in Rinden, im Holz oder in anderen Teilen von gewissen Pflanzen finden und die Fähigkeit haben, sich mit den Proteinen der tierischen Haut zu verbinden und Leder zu bilden. In wässerigen Lösungen haben sie einen adstringierenden Geschmack, geben mit Eisensalzen eine dunkelblaue oder grüne Farbreaktion und fällen Gelatine und andere lösliche Proteine und ebenso Alkaloide aus ihren Lösungen. Versuche, die Gerbstoffe rein zu isolieren, und ihre strukturelle Zusammensetzung zu ermitteln, haben sich als überaus schwierig erwiesen. Es ist bemerkenswert, daß die Hauptarbeit über die organische Chemie der Gerbstoffe von dem gleichen großen Chemiker in Angriff genommen wurde, der auch die verwickelte Struktur der Eiweißkörper aufgeklärt hat, von Emil Fischer.

a) Die organische Chemie der Gerbstoffe.

Bereits im Jahre 1852 wurde von Strecker (45) die Behauptung aufgestellt, daß Tannin eine Verbindung von Glucose mit Gallussäure sei. Diese Auffassung wurde durch die Arbeiten von van Tieghem (49), der Glucose unter den Spaltungsprodukten des Tannins fand, und von Pottevin (43), der einen hydrolytischen Abbau des Tannins mit Hilfe der Enzyme von Aspergillus niger durchführte, gestützt. Wieder erschüttert wurde diese Annahme durch die wechselnden Werte der aufgefundenen Glucosemengen, so daß die Ansicht von Schiff (44), der das Tannin einfach als Digallussäure auffaßte, lange Zeit allgemein als richtig angesehen wurde. Obwohl Schiffs Gerbstofformel in weiten Kreisen angenommen war, konnte schließlich einwandfrei nachgewiesen werden, daß Digallussäure und Tannin nicht identisch sind. Die Formel für Digallussäure enthält kein asymetrisches Kohlenstoffatom, auf das man die optische Aktivität des natürlichen Tannins hätte zurückführen können. Weiter erklärte sie auch die experimentell festgestellten hohen Molekulargewichte nicht. Durch Messung der Leitfähigkeit, der Lichtabsorption und durch die Untersuchung des Verhaltens gegen Arsensäure konnte Walden (51) zeigen, daß Schiffs Digallussäure sich von den natürlichen Tanninen erheblich unterscheidet.

Fischer (3) und seine Mitarbeiter untersuchten erstmals genauer, ob die von Strecker aufgefundene Glucose wirklich ein Bestandteil oder nur eine Verunreinigung des Tannins ist. Die Untersuchungen wurden am reinsten verfügbaren technischen Tannin durchgeführt. Bei ihren Untersuchungen gingen Fischer und Mitarbeiter von der Annahme aus, daß das Tannin keine freien Carboxylgruppen enthält und reinigten es daher durch Extraktion der schwach alkalischen, wässerigen Lösung mit Essigester. Diese Methode war unabhängig von diesen Forschern vorher von Paniker und Stiasny (39) aufgefunden und beschrieben worden. Wie angenommen, löste sich das Tannin im Essigester und das Natriumsalz der Gallussäure blieb in der wässerigen Lösung zurück. Diese Tatsache war gleichzeitig ein Beweis dafür, daß Tannin keine freien Carboxylgruppen enthält. Wurde diese Reinigungsmethode auf die verschiedenen Tannine des Handels angewandt, so erhielt man praktisch identische Produkte.

Wurden die so gereinigten Produkte mit Schwefelsäure hydrolysiert, so konnten 7 bis 8% Glucose erhalten werden. Bei den reinsten Tanninpräparaten stellten Fischer und Mitarbeiter fest, daß auf ein Mol Glucose zehn Moleküle Gallussäure entfielen. Außer Gallussäure konnten keine anderen Phenolcarbonsäuren aufgefunden werden, auch dann nicht, wenn die Hydrolyse mit Alkali durchgeführt wurde. Wurde mit einem Überschuß von Alkali unter Luftabschluß gearbeitet, so konnte das Natriumsalz der Gallussäure in guter Ausbeute und in einem verhältnismäßig reinen Zustand erhalten werden.

Den sichersten Weg, den Aufbau des Tanninmoleküls zu klären, sah Fischer (6) in der Synthese. Er ging dabei wieder von der Annahme aus, daß das Tannin keine freien Carboxylgruppen aufweise, daß diese vielmehr durch eine esterartige Bindung der Gallussäure verdeckt sein müßten. Diese Forderung wird erfüllt, wenn man sich das Tannin als eine esterartige Verbindung von einem Glucosemolekül mit fünf Molekülen Digallussäure denkt, etwa nach der Art der Pentaacetylglucose. Es gelang Fischer, eine Penta-m-digalloyl-β-glucose aufzubauen, die sich als isomer mit dem Tannin der chinesischen Gallen erwies. Die Formel für die sogenannte Gallusgerbsäure muß also geschrieben werden:

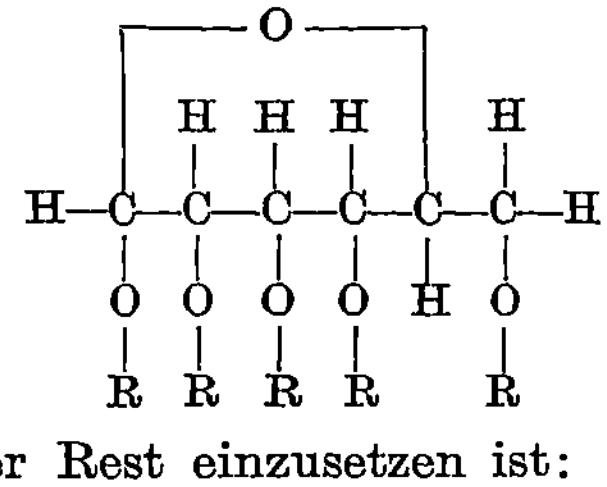

$$
\begin{array}{c}
\mathrm{H-C-C-C-C-C-C-H}
\end{array}
$$

in der für R folgender Rest einzusetzen ist:

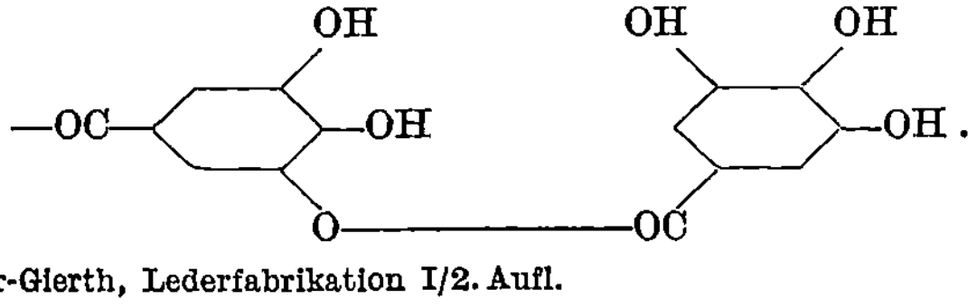

Der Erfolg Emil Fischers führte zu weiteren Untersuchungen über Tannine und Gerbstoffe allgemein. Es konnte festgestellt werden, daß die vielen Gerbstoffe, die im Pflanzenreiche vorkommen, in der Zusammensetzung und den Eigenschaften beträchtliche Unterschiede aufweisen. Obgleich die Chemie dieser außerordentlich verwickelten Körperklasse noch in ihren Anfängen steckt, ist die Literatur schon so umfangreich, daß sie bei einer angemessenen Behandlung ein Buch größeren Umfanges ergeben würde. Darum soll hier bloß eine Zusammenfassung in Form von Tabellen gegeben werden, nach Art der Tabellen von Wilson und Thomas (52) in den International Critical Tables.

Der Zusammenfassung der physikalischen und chemischen Konstanten der Gerbmittel vegetabilischer Herkunft in einer Tabelle stehen vielerlei Schwierigkeiten entgegen. Die Literatur bringt infolge der Verwirrung in den Bezeichnungen nicht immer klare Angaben; so kann z. B. unter der Bezeichnung Kastaniengerbstoff entweder ein roher Extrakt aus Holz, Rinde und den Blättern oder andererseits ein gereinigter Extrakt gemeint sein, bei dem die Reinigung und Abtrennung von den Nichtgerbstoffen verschieden weit vorgenommen sein kann. Unter der Bezeichnung Catechin kann d-Catechin, l-Catechin oder d,l-Catechin gemeint sein. In vielen Fällen herrscht auch in bezug auf Echtheit der untersuchten Pflanzenspezies Unsicherheit. Perkin und Everest (41) klagen darüber hinsichtlich der Gerbstoffe aus Eichenholz und aus Eichenrinde. Als Nierenstein (38) die Ableitungen der Formel für das Acacia-Catechin untersuchte, konnte er darauf hinweisen, daß Catechu, eine der Hauptquellen des Catechins in Acacia catechuoides, in Acacia sundra und in Acacia catechu vorkommt. Bisher war allgemein angenommen worden, daß es nur in letzterer vorkomme. Soweit in den nachfolgenden Tabellen genaue Formeln angegeben sind, sind sie nur in bezug auf den Kohlenstoff-, Wasserstoff- und Sauerstoffgehalt als endgültig anzusehen, falls nicht noch die Zahlen für das Molekulargewicht angegeben sind.

Die natürlichen Gerbstoffe wurden früher in zwei Klassen eingeteilt: in die Pyrogallolgerbstoffe, die mit Ferrisalzen eine Blaufärbung geben, und in die Catechingerbstoffe, die mit Ferrisalzen eine Grünfärbung geben. Diese Einteilung ist überholt und durch die umfassenderen Systeme von Perkin (41) und von Freudenberg (13) ersetzt worden.

b) Die Einteilung der Gerbstoffe nach Perkin.

Perkin teilt die Gerbstoffe in drei Gruppen ein: Die α-Gruppe umfaßt die Depside oder Gallotannine, die β-Gruppe, die sich von Diphenylmethanderivaten ableitenden Gerbstoffe oder Ellagsäuregerbstoffe, die γ-Gruppe endlich die Phlobaphengerbstoffe oder Catechingerbstoffe. Diese drei Gruppen unterscheiden sich durch folgende Reaktionen: Ferrichlorid: α blau, γ grün. Kochende verdünnte Schwefelsäure: α bildet Gallussäure, β Niederschlag von Ellagsäure, γ Ausflockung von Phlobaphenen oder Gerbstoffroten. Brom: γ gibt einen Niederschlag. Fichtenholzspan und Salzsäure: γ gibt die Phloroglucinreaktion, α und β nicht. Benzoldiazoniumchlorid ($C_6H_5N_2Cl$): γ gibt einen Niederschlag und zeigt damit das Vorhandensein von Phloroglucin- oder Resorcingruppen an, α und β nicht. Alkalischmelze: α gibt Gallussäure und etwas Pyrogallol, γ Protocatechusäure. Erhitzen in Glycerin: α bildet Pyrogallol, γ Brenzcatechin. Formaldehyd und Salzsäure: γ gibt vollständige Ausfällung, α und β nicht. Bleiacetat in essigsaurer Lösung: α wird ausgefällt, β nicht.

c) Die Einteilung der Gerbstoffe nach Freudenberg.

Freudenberg teilt die Gerbstoffe in zwei Klassen ein, von denen jede wieder in drei Gruppen zerfällt.

Die Klasse A umfaßt die „hydrolysierbaren Gerbstoffe", bei denen die Benzolkerne durch Sauerstoffatome zu größeren Komplexen verknüpft sind. Davon enthält die Gruppe A 1 die Depside, Ester von Phenolcarbonsäuren untereinander oder mit anderen Oxysäuren. Die Gruppe A 2 wird von Estern der Phenolcarbonsäuren mit mehrwertigen Alkoholen oder Zuckern gebildet. Die Gruppe A 3 umfaßt die Glucoside. In dieser Gruppe ist die Gallussäure als Phenolkomponente vorherrschend. Bemerkenswert ist noch, daß in dieser Gruppe oft die Kaffeesäure (3,4-Dioxyzimtsäure) vorkommt und außerdem in der Chebulinsäure eine neue Phenolcarbonsäure. Auch die Glucoside der Ellagsäure gehören hierher. Das wichtigste Kriterium dieser Klasse liegt darin, daß diese Gerbstoffe durch hydrolysierende Enzyme, besonders Tannase und Emulsin gespalten werden.

Die Klasse B umfaßt die „kondensierten Gerbstoffe", bei denen die Benzolkerne durch Kohlenstoffbindungen miteinander verknüpft sind. Sie werden durch Enzyme nicht in einfachere Bestandteile gespalten. Von Brom werden sie gewöhnlich, jedoch nicht immer, gefällt. Unter dem Einfluß oxydierender Mittel oder starker Säuren kondensieren sie sich zu hochmolekularen Gerbstoffroten. Durch energische Einwirkung, am besten mit Alkali, wird das Kohlenstoffskelett zersprengt, etwa vorhandenes Phloroglucin geht in Lösung, während der Rest des ursprünglichen Moleküls in der Hauptsache in Phenolcarbonsäuren übergeführt wird. Die Gruppe B 1 enthält einfache Ketone wie Oxybenzophenone und Oxyphenylstyrylketone. Die Gruppe B 2 ist komplizierter zusammengesetzt. Phloroglucin- und Benzolkerne sind in äquimolekularen Mengen vorhanden. Diese Gruppe umfaßt die Catechine mit ihren entsprechenden Gerbstoffen und Gerbstoffroten. In diese Gruppe gehören die wichtigsten der technisch verwendeten Gerbstoffe. Über die Gerbstoffe der Gruppe B 3 läßt sich praktisch nichts aussagen. Es ist sogar unmöglich anzugeben, ob bei ihnen wirklich kondensierte Systeme vorliegen. Mit der Gruppe B 1 haben sie gemeinsam, daß sie durch Brom gefällt und in Gerbstoffrote übergeführt werden können. Andererseits enthalten sie keinen Phloroglucinkern. Es ist möglich, daß Oxyzimtsäuren charakteristische Komponenten dieser Gruppe sind; die Kaffeesäure selbst ist leicht in Kondensationsprodukte von der Natur der Gerbstoffrote überführbar.

26*

In den folgenden Tabellen sind die Angaben nach folgenden Punkten geordnet: Name; Klassifizierung (nach Perkin in griechischen Buchstaben, nach Freudenberg in Buchstaben und Zahlen); (*1*) Vorkommen; (*2*) Farbe und Form der Isolierung; (*3*) Formel; (*4*) Lösungsmittel; (*5*) spezifisches Drehungsvermögen; (*6*) Farbreaktion mit Ferrisalzen; (*7*) Bemerkungen über die Konstitution usw.

Tabelle 47. Übersicht über die natürlichen Gerbstoffe.

Bergenin. (*1*) Wurzelstock des Badan (Saxifraga crassifolia). (*2*) ungefärbte prismatische Krystalle. (*3*) $C_{14}H_{18}O_{10}$. (*4*) Wasser, Alkohol. (*5*) $[\alpha]_D = -47,37$ (0,976% wässerige Lösung; $[\alpha]_D = -37,25$ (0,99% alkoholische Lösung). (*6*) Violett. (*7*) 2-(Tetraoxy-1, 2, 3, 4-butyl)-4,6 dioxy-5-methoxy-isocumarin(48).

Buchengerbstoff. (*1*) Rinde der Rotbuche. (*3*) $C_{20}H_{22}O_9$ (41).

Callutansäure. γ. (*1*) Heidekraut, Calluna vulgaris. (*2*) Bernsteinfarbenes Pulver. (*6*) Dunkelgrün (41).

Canaigregerbstoff. γ. B 3. (*1*) Knollige Wurzeln des Sauerampfers, Rumex hymenosepalus. (*2*) Hellgelbes Pulver. (*3*) C = 58,10%, H = 5,33% (41). (*4*) Wasser, Alkohol. (*6*) Grün (13, 41).

Catechin. γ. B 2. (*6*) Grün. Siehe Tab. 49.

Chebulinsäure, Eutannin. α. A 2. (*1*) Myrobalanen, Früchte von Terminalia chebula. (*2*) Rhombische Prismen, auch farblose Nadeln(41). (*3*) C = 50,60%, H = 3,65%; wahrscheinlich $C_{34}H_{30}O_{23}$(16). Die lufttrockene Substanz enthält 16,5% Wasser, das bei 100° abgegeben wird (5). Molekulargewicht durch Titration und durch die ebullioskopische Methode in Acetonlösung: 806(16). (*4*) Heißes Wasser, Alkohol, Aceton, Essigester(13). (*5*) $[\alpha]_D = +61,7°$ bis 66,9° in Wasser(8); $[\alpha]_D^{18} = +85° \pm 4°$ in absolutem Alkohol (11); $[\alpha]_D^{22} = -60°$ (in Aceton, 1%) (5); $[\alpha]_D = +59°$ bis 67° (in Alkohol, 1 — 2%) (13). (*6*) Blauschwarz. (*7*) Wahrscheinlich eine Verbindung zwischen Digalloyl-glucose und der zweibasischen Säure $C_{14}H_{14}O_{11}$ unter Ausschluß von 2 Molekülen Wasser(11, 16). Hat keinen eigentlichen Schmelzpunkt, wohl aber einen Zersetzungspunkt bei 234°(41).

Chinagerbstoff, Chinagerbsäure. γ. B 3. (*1*) Chinarinde, Cinchona-Arten. (*2*) Hellgelbes Pulver. (*3*) $C_{14}H_{16}O_9$ (?) (41). (*4*) Wasser, Alkohol (13). (*6*) Grün. (*7*) Sehr hygroskopisch.

Chinesisches Tannin. Siehe Tannin! ·

Chlorogensäure. A 1. (*1*) In den Kaffeebohnen mit einem Molekül Coffein verbunden als Monokaliumsalz. (*2*) Krystallisiert. (*3*) $C_{16}H_{18}O_9$. ½ H_2O. (*4*) Heißes Wasser, Alkohol, Aceton, Essigester. (*5*) $[\alpha]_D = -33,1°$ (Wasser, 1 bis 3%). (*6*) Grün. (*7*) 3,4-Dioxy-cinnamoyl-chinasäure (13).

$$\text{HO}\diagdown$$
$$\text{HO}-\underset{}{\bigcirc}-\overset{H}{\underset{|}{C}}=\overset{H}{\underset{|}{C}}-\overset{O}{\overset{\|}{C}}-O-C_6H_7(OH)_3-COOH.$$

Cocagerbstoff. γ. (*1*) Blätter von Erythroxylon coca. (*2*) Gelbe Mikrokrystalle. (*3*) $C_{17}H_{22}O_{10}$, 2 H_2O (?). (*6*) Grün (41).

Colatein. γ. B 2. (*1*) Colanüsse, Cola acuminata. (*2*) Heißes Wasser, Alkohol, Aceton. (*6*) Grün. (*7*) Schmelzpunkt = 257° bis 258° (13).

Colatin, Colagerbstoff. γ. B 2. (*1*) Colanüsse, Cola acuminata. (*2*) Krystalle (13). Hellrotes amorphes Pulver(41). (*3*) $C_{16}H_{20}O_8$(41). (*4*) Alkohol, Aceton, Essigester. (*5*) Inaktiv. (*6*) Grün. (*7*) Schmelzpunkt = 148° (13).

Cortepinitansäure, Tannenrindengerbstoff. γ. (*1*) Rinde der gemeinen Kiefer, Pinus sylvestris. (*2*) Hellrotes Pulver. (*3*) $C_{32}H_{34}O_{17}$. (*6*) Intensive Grünfärbung (41).

Cyanomaclurin. B 2. (*1*) Holz von Artocarpus integrifolia. (*2*) Krystallisiert.
(*3*) $C_{15}H_{12}O_6$. (*6*) Violett. (*7*) Schmelzpunkt über 290^0 (13). Formel (40).

$$\text{HO}\diagdown\text{O}\diagup\text{HO} \quad\cdots\quad \text{OH}.$$

m-Digallussäure. α. A 1. (*1*) Im chinesischen Tannin mit Glucose verestert;
auch synthetisch. Siehe Tab. 48.

Eichenholzgerbstoff, Quercin. γ. B 2. (*1*) Holz von verschiedenen Quercusspezies. (*2*) Hell bräunlich-gelb (41). (*3*) $C_{15}H_{12}O_9$, $2\,H_2O$ (35, 41). C = 48,3%;
H = 4,5% (13). (*6*) Blau.

Eichenlaubgerbstoff. B 3 (50). (*1*) Blätter und Knospen der deutschen Eiche,
Quercus pedunculata. (*2*) Amorphes rötlich-gelbes Pulver (24). (*3*) $C_{24}H_{20}O_{16}$;
C = 51,1%; H = 3,4% (33). (*4*) Wasser, Alkohol, Aceton (24, 50). (*5*) $[\alpha]_D$
= — 30^0 ($\pm\,10^0$) (in Wasser) (33) — $30^0 \pm 4^0$ (in Methylalkohol) (25). (*6*) Blau.
(*7*) Identisch mit dem Gerbstoff aus den Blättern von Quercus sessiflora (25).
Das Molekül enthält 16 bis 17% gebundene Ellagsäure (33), 3 bis 7% gebundene
Glucose; der Rest besteht aus einer amorphen Säure, der „Eichensäure",
C = 50,2%; H = 3,6%. Durch Titration wurde ein Äquivalentgewicht von
etwa 400 ermittelt (24, 25).

Eichenrindengerbstoff, Eichenlohe. γ. B 2. (*1*) Rinde von verschiedenen
Quercusspezies (41); Rinde von Quercus robur (13). (*2*) Rötlich-weißes Pulver (41).
Hellbraunes Pulver (13). (*3*) $C_{20}H_{20}O_4$ (?); C = 59,79%; H = 5,0% (41).
C = 56,8%, H = 4,4%, C = 55,4%; H = 4,1% (13). (*6*) Grün (41). Schwarz-
blau (13).

Ellagsäure. β. (*1*) Durch Kochen mit verdünnter Schwefelsäure aus vielen
Gerbmitteln, die Ellagengerbstoffe enthalten. Die besten Quellen sind: Divi-
divi, Myrobalanen und Valonea. Auch synthetisch hergestellt. Siehe Tab. 48.

Ellagengerbstoff aus Punica granatum, Granatrindengerbstoff. β.
A 3. (*1*) Wurzelrinde von Punica granatum. (*2*) Amorphes grünlich-gelbes
Pulver. (*3*) $C_{20}H_{16}O_{13}$ (41). Zwei Fraktionen A (löslich in Wasser), C = 50,9%;
H = 3,4%; B (unlöslich in Wasser); C = 52,4; H = 3,4 (13). (*4*) Fraktion A:
Wasser, Alkohol, Essigester (13). (*6*) Blauschwarz. (*7*) Glucosid aus Ellagsäure
und Hexose (13).

Eschenblättergerbstoff. γ. (*1*) Blätter der Esche, Fraxinus excelsior. (*2*) Bräun-
lich-gelbes Pulver. (*3*) $C_{26}H_{32}O_{14}$ (?) (35, 41). (*4*) Wasser, Alkohol (35, 41).
(*6*) Dunkelgrün. (*7*) Auf 100^0 erhitzt verliert es Wasser und wird praktisch unlöslich. Gibt bei der Oxydation mit Permanganat Chinon (35, 41).

Fichtenrindengerbstoff. (*1*) Rinde der Fichte und anderer Coniferen.
(*3*) $C_{21}H_{20}O_{10}$ (?) (41).

Filixgerbstoff. γ. B 2. (*1*) Farnkrautrhizome, Aspidium filix-mas. (*2*) Rotbraunes
Pulver (41). (*3*) $C_{41}H_{36}NO_{18}$ (?) (35, 41). (*4*) Alkohol, Wasser (35). (*5*) Inaktiv (13). (*6*) Olivgrün. (*7*) Beim Erhitzen auf 125^0 verliert es Wasser und wird
unlöslich (13).

Galitansäure. γ. (*1*) Rinde von Galium verum. (*3*) $C_{14}H_{16}O_{10}$, H_2O. (*6*) Grün (41).
Gerbsäure siehe Tannin.

Hamameligerbstoff. α. A 2. (*1*) Rinde von Hamamelis virginica. (*2*) Feine
weiße Nadeln (13). (*3*) C = 49,9%; H = 4,0%; Krystallwassergehalt: 17,9%;
Formel annähernd $C_{20}H_{20}O_{14}$, $6\,H_2O$ (10, 19). (*4*) Heißes Wasser, Alkohol,
Aceton, Essigester (13). (*5*) $[\alpha]_D^{23} = + 29^0$ (Wasser 2,35%); $[\alpha]_D^{23} = + 33^0$
(Wasser, 1,24%); eine andere Substanz zeigte: $[\alpha]_D^{22} = + 35,6^0$ (Wasser,
1,2%) (10). (*7*) Enthält keine freien Carboxylgruppen. Die Acidität beruht
auf den phenolischen Hydroxylgruppen und entspricht der des Pyrogallols (10,
19). Die Hydrolyse mit verdünnter Schwefelsäure ergibt: 70% Gallussäure und

30% Zucker. Die Hydrolyse mit Tannase ergibt: 66% Gallussäure und 34%
Zucker(13). Schmelzpunkt: lufttrocken bei 115 bis 117⁰, nach Trocknen bei
100⁰ bei 203⁰ (41).

Hemlockgerbstoff. γ. *(1)* Hemlockrinde, Tsuga (Abies) canadiensis.
(3) $C_{20}H_{18}O_{10}$ (?). *(7)* Wahrscheinlich besteht eine Verwandtschaft zum Eichenrindengerbstoff (35, 41).

Ipecacuanhasäure. γ. *(1)* Wurzeln von Psychotria ipecacuanha. *(2)* Rötlich-
braune hygroskopische Substanz. *(3)* $C_{14}H_{18}O_7$. *(6)* Grün (41).

Kaffeegerbsäure. γ. *(1)* In den Kaffeebohnen als Calcium- und Magnesium-
salz, in der Cainiawurzel, Chiococca brachiata; Nux vomica; St. Ignatius-
Bohnen; Paraguay-Tee, Ilex paraguensis. *(2)* Amorphes Pulver. *(4)* Wasser,
Alkohol. *(6)* Dunkelgrün (41).

Kastaniengerbstoff. α. A 3. *(1)* Blätter, Rinde und Holz der spanischen Kastanie (Edelkastanie), Castanea vesca. *(3)* Gereinigter Gerbstoff: $C_{24}H_{20}O_{16}$;
C = 50,1%; H = 3,8% (33). *(4)* Wasser. *(5)* $[\alpha]_D$ in Wasser = — 16⁰ ($\pm$ 8⁰) (33).
(6) Dunkelgrün bis blau. *(7)* Der Gerbstoff aus Blättern, Holz und Rinde ist
identisch. Der rohe Gerbstoff enthält ein Gemisch von Quercetin, Zucker
Ellag- und Gallussäure. Enthält kein Phloroglucin. Anscheinend dem Gerb
stoff der einheimische Eiche ähnlich (26).

Lärchenrindengerbstoff. γ. *(1)* Rinde der Lärche, Larix europea. *(6)* Grün(41).

Maclurin. B 1. *(1)* Gelbholz, Holz des Färbermaulbeerbaums, Chloroforma tinc-
toria; auch synthetisch. *(2)* Gelbe Krystalle (13). Im reinen Zustande farblose
Nadeln(41). *(3)* $C_{13}H_{10}O_6$. *(4)* Bei 14⁰ in 190 Teilen Wasser löslich(13). *(6)* Grün.
(7) 2, 4, 6, 3′, 4′-Pentaoxybenzophenon. Der Schmelzpunkt der wasserfreien
Form liegt bei 200⁰ (41).

HO OH OH —CO— —OH . OH OH

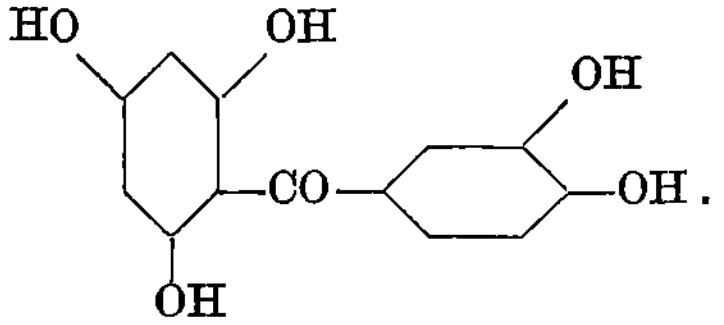

Malletogerbstoff. γ. B 2. Rinde von Eucalyptus occidentalis und anderer
Eucalyptusspezies. *(2)* Braunes Pulver. *(3)* $(C_{19}H_{20}O_9)_n$ (35, 41). *(4)* Wasser,
absoluter Alkohol. Aus letzterem wird es durch Äther gefällt (13). *(7)* Ist dem
Quebrachogerbstoff ähnlich (13, 41).

Mangrovegerbstoff. γ. B 2. *(1)* Rhizophora mangle, R. mucronata, Ceriops
candolleana, C. roxburghiana. *(2)* Amorphes rotes Pulver. *(3)* $C_{24}H_{26}O_{12}$ (35).
(6) Grün. *(7)* Gleicht nahezu der Catechugerbsäure (41).

Mimosagerbstoff. γ. *(1)* Verschiedene Spezies der Mimosen, weiter Acacia
arabica und australische Wattlearten. *(6)* Bläulich-violett. *(7)* Mit Ausnahme
der Ferrisalzreaktion gibt er alle üblichen Reaktionen der rotliefernden Gerbstoffe (41).

Paullinia-catechin, Guarana-Gerbstoff. γ. B 2. *(1)* Guaranapaste aus den
Samen von Paullinia cupana. *(2)* Kleine farblose Krystalle (41). Graue Nadeln (36).
(3) $C_{37}H_{35}O_{18}\cdot COOH\cdot 2\,H_2O$ (36). *(4)* Wasser, Alkohol, Essigester, Eisessig (36).
(5) $[\alpha]_D^{20}$ = — 74,4⁰ (Wasser, 10%); $[\alpha]_D^{18}$ = — 39,1⁰ (Alkohol, 8%); $[\alpha]_D^{18}$
= — 48,1⁰ (Aceton, 6%); $[\alpha]_D^{20}$ = — 56,8⁰ (Anfängliche Drehung in Pyridin,
8%. Infolge Mutarotation fällt das Drehungsvermögen auf den konstanten
Wert — 8,6⁰) (36). *(7)* Schmelzpunkt 199⁰ bis 201⁰ unter Abspaltung von CO_2.
Verliert bei 130⁰ 2 Moleküle Krystallwasser. Der Schmelzpunkt der wasserfreien Form liegt bei 259⁰ bis 261⁰; auch hier wird CO_2 abgespalten (36). Das
aus dem Paulliniagerbstoff isolierte Paulliniacatechin ist in der Krystallform
und den chemischen Eigenschaften mit dem Aca-catechin identisch. Chemisch
ist es identisch mit dem Gambircatechin (13).

Pflaumenbaumrindengerbstoff. γ. *(1)* Rinde von Prunus cerasus.
(3) $C_{21}H_{20}O_{10}\cdot\frac{1}{2}\,H_2O$. *(6)* Grün (41).

Pinicortansäure. γ. (*1*) Rinde der gemeinen Kiefer. Pinus sylvestris. (*2*) Rötlich-braunes Pulver. (*3*) $(C_{16}H_{18}O_{11})_2 \cdot H_2O$. (*6*) Grün (41).

Pistaziagerbstoff. γ. B 2. (*1*) Blätter des Mastixstrauchs, Pistacia lentiscus. (*2*) Bleiche braune spröde Masse (41). (*4*) Wasser, Alkohol, Essigester (13). (*6*) Blauschwarz. (*7*) Oft als Sumach verkauft (41).

Quebrachogerbstoff. γ. B 2. (*1*) Holz von Quebracho colorado, Schinopsis lorentzii und Schinopsis balansae. (*2*) Rotes Pulver. (*3*) C = 62,5%; H = 5,4%. (*4*) Heißes Wasser, Alkohol, Essigester, Aceton(13). (*6*) Grün. (*7*) Der Gerbstoff ist ein Gemisch von in Wasser unlöslichen und in kaltem Wasser wenig löslichen Produkten. Ein Benzoylderivat (C = 73,0%, H = 4,2%) zeigt in Benzol ein Molekulargewicht von etwa 2300.

Ratanhiagerbstoff. γ. (*1*) Rinde der Ratanhiawurzel, Krameria triandra. (*2*) Hellgelbes Pulver. (*4*) Wasser. (*6*) Grün (41).

Rhabarbergerbstoff. γ. B 2. (*1*) Rhabarber. (*2*) Gelblich-braunes Pulver. (*3*) $C_{26}H_{26}O_{14}$ (41). (*4*) Wasser. (*6*) Schwarzgrün. (*7*) Enthält zwei Glykoside: Glucogallin, $C_{13}H_{16}O_{10}$ und Tetrarin, $C_{32}H_{32}O_{10}$ (41). Enthält auch Catechin, das wahrscheinlich mit Gambircatechin identisch ist (13).

Roßkastaniengerbstoff. (*1*) Nahezu in allen Teilen von Aesculus hippocastanum und in der Wurzelrinde des Apfelbaums. (*2*) Nahezu farbloses Pulver. (*3*) $C_{26}H_{24}O_{12}$. (*6*) Grün (41).

Rubitansäure. γ. (*1*) Blätter von Rubia tinctorum. (*3*) $C_{14}H_{22}O_{12}$, $\frac{1}{2}H_2O$. (*6*) Grün (41).

Sequoiagerbstoff. γ. (*1*) In den Zapfen des Mammutbaums, Sequoia gigantea. (*2*) Rötlich-braunes Pulver. (*3*) $C_{21}H_{20}O_{10}$ (35, 41). (*4*) Wasser, Alkohol. (*6*) Braunschwarz.

Sumachgerbstoff. α. A 2. (*1*) Aus den Blättern vieler Arten von Rhus. Weiter in Coriaria myrtifolia (Frankreich), Colpoon compressum (Südafrika) und Arctostaphylos (Rußland). (*2*) Gelbes Pulver. (*3*) C = 51,9%, H = 3,7% (Rhus coriaria) (13). (*4*) Wasser, Alkohol, Essigester. (*5*) $[\alpha]_D^{20}$ in 5,1%iger Lösung + 53,3°, in 0,3%iger Lösung + 69,8°. (*7*) Ähnlich dem türkischen Tannin; dem Gerbstoff liegt zum größten Teil Pentagalloylglucose zugrunde (34).

Tannecortepinisäure. γ. (*1*) Rinde der jungen gemeinen Kiefer zur Frühjahrszeit. (*3*) $C_{28}H_{26}O_{12}$. (*6*) Grün (41).

Tannin:

Gallustannin, Galläpfeltannin, Gallusgerbstoff. α. A 2. (*1*) Aus den Gallen auf Blättern und Knospen verschiedener Eichenarten, im besonderen Quercus infectoria und Quercus lusitania („türkisches Tannin"). Die Gallen entstehen durch Stiche von Insekten der Cynipsklasse. Von Gallen auf Blättern und Knospen einer Sumachart, Rhus semialata, wird das „chinesische Tannin" gewonnen, das durch Insektenstiche von Aphis chinensis hervorgerufen wird. (*2*) Hellgelb-braunes Pulver. (*3*) Durchschnittswerte verschiedener Präparate: C = 52,59 bis 53,70%, H = 3,24 bis 3,40% (7): $C_{76}H_{52}O_{46}$ (E. Fischer). Molekulargewicht nach der Siedepunktsmethode in Aceton: 1247 bis 1636. (*4*) Wasser, Alkohol, Essigester. (*5*) $[\alpha]_D^{20}$ = + 58 — 70° (verschiedene Präparate in Wasser); $[\alpha]_D^{20}$ = + 18° (ein Präparat in Äthylalkohol) (4, 7); $[\alpha]_D^{22}$ = + 12,9° (in Aceton); $[\alpha]_D^{22}$ = + 17,6° (gereinigtes Präparat in Äthylalkohol)(4). (*6*) Bläulich-schwarz. (*7*) Die Hydrolyse eines gereinigten Präparats mit verdünnter Schwefelsäure ergibt 93,6% Gallussäure und 6,8% Glucose (4, 6). Ist unzweifelhaft ein Gemisch von wenigstens zwei Substanzen (41). Nach E. Fischer ist Tannin Penta-m-digalloylglucose. Dagegen sieht Nierenstein Tannin als ein Glucosid von Polydigalloyl-leucodigallussäure-anhydrid oder der freien Säure an (37).

$$(OH)_3C_6H_5 \cdot CO \cdot [O \cdot C_6H_2(OH)_3 \cdot CO] \cdot O$$
$$\cdot C_6H_2(OH) \cdot CO \cdot O \cdot C_6H_2(OH)_2 \cdot CH(OH)O \cdot C_6H_2(OH)_2 \, .$$
$$\overset{|}{O}\!\!\rule{7cm}{0.4pt}\!\!\overset{|}{CO}$$

Chinesisches Tannin, Gallustannin. α. A 2. (*1*) Siehe Gallustannin oben. (*2*) Amorphes gelbes bis hellbraunes Pulver. (*3*) Penta-m-digalloylglucose. Molekulargewicht: 1700 (13). (*4*) Siehe oben Gallustannin. (*5*) $[\alpha]_D^{26} = + 73^0$ (gereinigtes Präparat in Wasser, 1%) (4, 7); $[\alpha]_D = + 45^0$ bis 53^0 (Wasser, 20%). Mit der Verdünnung steigt $[\alpha]_D$ rasch bis auf $+ 135^0$ bis 140^0 (Wasser, 1,2%)(13). $[\alpha]_D = + 13^0$ (Formamid), $+ 14^0$ (Aceton), $+ 18^0$ (Äthylalkohol), $+ 25^0$ (Eisessig) und $+ 40^0$ (Pyridin). In Wasser erhält man also hohe und niedrige $[\alpha]_D$-Werte; die gleiche Erscheinung zeigt sich auch, wenn auch nicht so ausgeprägt, in den organischen Lösungsmitteln. Kolloidale Vorgänge wie auch Unreinheiten haben in wässeriger Lösung auf den $[\alpha]_D$-Wert einen starken Einfluß (22). Zwei Fraktionen gaben folgende Werte: (a) $[\alpha]_D = + 30^0$ bis $+ 40^0$ in Wasser und $+ 40^0$ bis $+ 41^0$ in Pyridin; (b) $+ 150^0$ bis $+ 158^0$ in Wasser und $+ 50^0$ bis $+ 51^0$ in Pyridin (31). Gereinigtes Tannin, bei dem die in Wasser schwer löslichen Anteile entfernt sind, zeigt $[\alpha]_D = + 13,9^0$ (Äthylalkohol, 3%), $+ 14,9^0$ (Äthylalkohol, 10%) und $+ 13,1^0$ (Aceton, 10%) (4, 6). Gibt ein Kaliumsalz mit 10,2% Kaliumgehalt: $[\alpha]_D^{18} = + 46,3^0$ (Wasser, 1%) (4, 6). (*6*) Bläulich-Schwarz. (*7*) Bei der Hydrolyse mit verdünnter Schwefelsäure entstehen 88,6% Gallussäure und 11,4% Glucose (13). Chinesisches Tannin ist ein Gemisch von Deca-, Nona- und Octa-galloylglucosen, das im Durchschnitt 8 bis 9 Gallussäurereste auf ein Molekül Glucose enthält. Die Fraktionen mit niedrigerem $[\alpha]_D$ enthalten mehr depsidartige Gallussäure (31). Siehe auch oben unter Gallustannin.

Türkisches Tannin, Gallustannin. α. A 2. (*1*) Siehe oben unter Gallustannin. Aleppogallen (= Zweiggallen von Quercus infectoria). (*2*) Amorphes gelbes bis hellbraunes Pulver. (*3*) C = 52,5%, H = 3,5%(13). (*4*) Siehe oben unter Gallustannin. (*5*) $[\alpha]_D^{17} = 2,5^0$ (Wasser, 7%); $[\alpha]_D = 5^0$ (Wasser, 7% und weniger); $[\alpha]_D^{14} = + 23,2^0$ bis $+ 24,2^0$ (Aceton, 10%) (4, 7). (*6*) Bläulich-schwarz. (*7*) Ein gereinigtes Präparat gab bei der Hydrolyse mit verdünnter Schwefelsäure: 81,8 bis 84,8% Gallussäure, 2,7 bis 3,8% Ellagsäure, 11,5 bis 13,8% Glucose und 2,0 bis 4,1% Rückstand (4, 7). Die Hydrolyse und Fraktionierung gibt eine Reihe Fraktionen mit $[\alpha]_D$-Werten von 15,7 bis 43,7 (in Alkohol). Dabei wird der Gehalt an Ellagsäure entsprechend geringer und der an Gallussäure höher. Die Ellagsäure bildet einen Teil des Tanninmoleküls. Schließlich sind 25% der Gallussäure in Depsidform vorhanden, teilweise direkt als Ester an die Hydroxylgruppen an den Zucker gebunden (32).

Knopperngerbstoff, Galläpfeltannin. α. A 2. (*1*) Gallen auf den Fruchtbechern von Quercus robur und Quercus pendunculata. (*3*) C = 52,0%, H = 3,3%(13). (*7*) Unzweifelhaft mit Gallustannin identisch.

Teegerbstoff. γ. A 2. (*1*) Blätter des schwarzen Tees. (*4*) Wasser, Essigester. (*5*) $[\alpha]_D = - 177,3^0$ (35). Wahrscheinlich mit dem Eichenrindengerbstoff identisch (35, 41). Ein Gallusgerbstoff (13).

Tormentillgerbstoff. γ. (*1*) Wurzel von Potentilla tormentilla. (*2*) Amorphes rötliches Pulver. (*3*) $C_{26}H_{22}O_{11}$. (*6*) Blaugrün (41).

Türkisches Tannin siehe Tannin.

Weidenrindengerbstoff. γ. (*1*) Rinde von Salix triandra. (*6*) Grün. (*7*) Glucosidgerbstoff (41).

Tabelle 48. Übersicht über die synthetisch hergestellten Gerbstoffe.

m-Digallussäure. α. A 1. (*2*) Feine Nadeln. (*3*) Siehe unten (13). (*4*) Methylalkohol, Äthylalkohol und Amylalkohol. Bei 23⁰ ist ein Teil in 950 Teilen Wasser, in 350 Teilen Essigester oder in 2000 Teilen Äther löslich (4, 8). Bei 25⁰ ist ein Teil in 1900 Teilen Wasser, bei 100⁰ in 50 bis 60 Teilen Wasser löslich(13). (*5*) Inaktiv. (*6*) Blauschwarz. (*7*) Findet sich im chinesischen Tannin mit Glucose verestert. Beim Abkühlen gelatinieren heiße wässerige Lösungen (13).

Schmelzpunkt: 275^0 (282^0 korr.) unter Schäumen und Zersetzung (4, 8).
Formel:

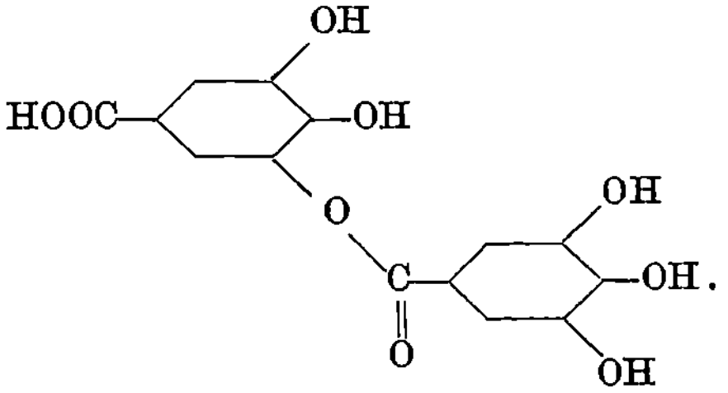

Digalloyl-lävoglucosan. A 2. (2) Kleine Nädelchen. (3) $C_{20}H_{18}O_{13}$. (4) Wasser,
Alkohol, Aceton. (5) $[\alpha]_D^{18} = -27,9^0$ (Alkohol, 1,8%). (6) Ferrichlorid gibt
in alkoholischer Lösung Blauschwarzfärbung. (7) Zersetzt sich bei 220^0 und
verkohlt bei 270^0 (30).

Digentisinsäure. α. (2) Feine Nadeln. (3) Siehe unten. (4) Bei 0^0 ist ein Teil
in 900 Teilen Wasser löslich. (5) Inaktiv. (6) Flüchtige Blaufärbung (4, 8).
(7) Die trockene Substanz schmilzt unter Sintern bei 204^0 bis 205^0 (208^0 bis
209^0 korr.). Formel:

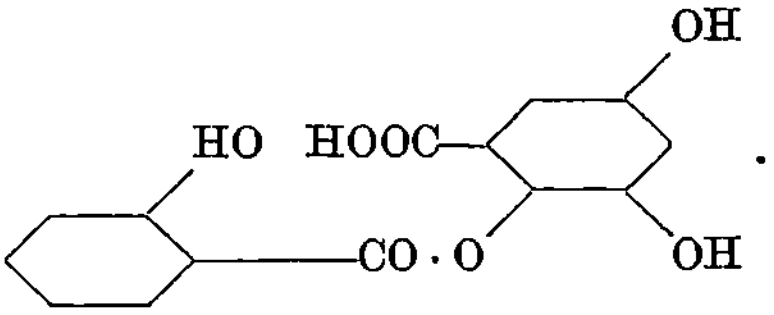

Diprotocatechusäure. α. (2) Feine Nadeln. (3) $(OH)_2C_6H_3CO \cdot O \cdot C_6H_3(OH)$
$\cdot COOH$. (4) Aceton, Methylalkohol; ein Teil ist in 2500 Teilen Wasser löslich.
(5) Inaktiv. (6) Blaugrün. (7) Schmelzpunkt: 237^0 bis 239^0 (korr.) (4, 8).

Di-β-resorcylsäure. α. (2) Kleine Nädelchen. (3) Siehe unten. Isomer mit Digentisinsäure. (4) Alkohol, Aceton, Essigester, heißes Wasser, Äther. (5) Inaktiv. (6) Violettrot. (7) Schäumt und zersetzt sich bei etwa 210^0 (215^0 korr.) (4,
8). Formel:

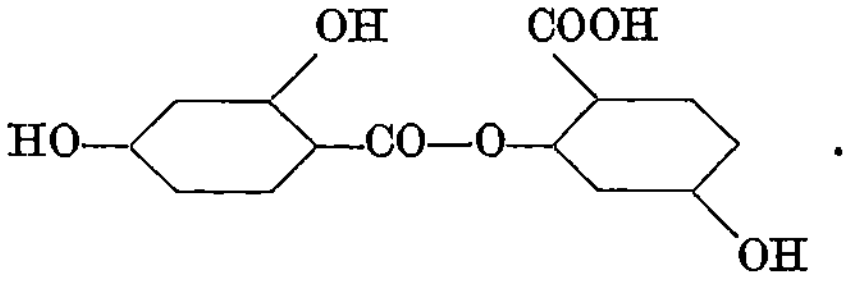

Ellagsäure. β. (2) Krystallisiert aus Pyridin in prismatischen Nadeln, die durch
Alkohol in ein hellgelbes Krystallpulver übergeführt werden. (3) $C_{14}H_6O_8 \cdot 2H_2O$.
(5) Inaktiv. (7) Über 360^0 sublimiert es unter Verkohlung (41). Ist kein wirk-
licher Gerbstoff. Siehe Tab. 47. Formel:

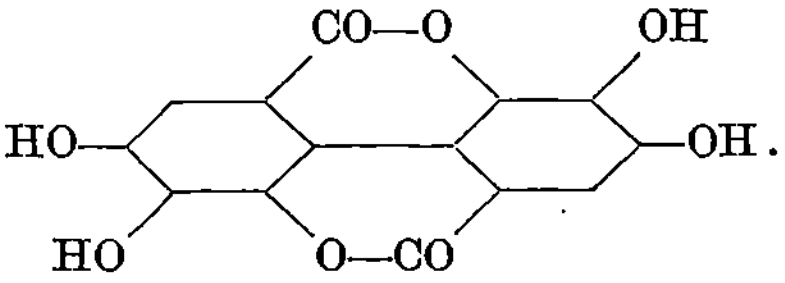

Hexagalloyl-mannit. A 2. (2) Amorphes braunes Pulver. (3) $C_6H_8O_6[CO$
$\cdot C_6H_2(OH)_3]_6$. (4) Wasser, Alkohol, Aceton, Essigester. (5) $[\alpha] = +27,0^0$
(Alkohol, 2%). (6) Dunkelblau (4, 6).

Maclurin. B 1. Siehe Tab. 47.

Penta-m-digalloyl-α-glucose. A 2. (2) Hellbraune amorphe Masse.
(3) $C_{76}H_{52}O_{43}$. (4) Bei 18^0 ist ein Teil in 200 Teilen Wasser löslich. (5) Gewonnen

durch alkalische Hydrolyse der Acetate: $[\alpha]_D^{18} = +36^0$ (Alkohol, 10%); $[\alpha]_D^{18} = +40^0$ bis 41^0 (Aceton, 10%); $[\alpha]_D^{18} = 43,8^0$ (Wasser, 1%) (4, 6). Gewonnen aus den Acetaten mit Methylalkohol und Salzsäure: $[\alpha]_D^{18} = +41,3^0$ (Alkohol, 5%), $+44,6^0$ (Aceton, 5%), $+51^0$ (Wasser, 0,5%) (4, 6). (6) Blauschwarz. (7) Das Kaliumsalz enthält 10,3% Kalium, $[\alpha]_D^{18} = +56,6^0$ (Wasser, 5%) (4, 6).

Penta-m-digalloyl-β-glucose. A 2. (2) Hellbraune amorphe Masse. (3) $C_{76}G_{52}O_{46}$. (4) Bei 20^0 ist ein Teil in 1000 Teilen Wasser löslich. (5) Gewonnen durch alkalische Hydrolyse der Acetate: $[\alpha]_D^{18} = +14,9^0$ (Alkohol, 10%), $+13,1^0$ (Aceton, 10%) $+42,3^0$ (Wasser, 1%) (4, 6. Gewonnen aus den Acetaten mit Methylalkohol und Salzsäure: $[\alpha]_D^{18} = +10,8^0$ (Alkohol, 5%), $+10,8^0$ (Aceton, 5%), $+21^0$ (Wasser, 0,1%) (4, 6). (6) Blauschwarz. (7) Anscheinend mit dem chinesischen Tannin identisch. Das Kaliumsalz enthält 10,3% Kalium, $[\alpha]_D^{18} = +33,7^0$ (Wasser, 0,5%) (4, 6).

Pentagalloyl-α-glucose. A 2. (2) Gelbe Masse. (3) $[(OH)_3C_6H_2CO]_5C_6H_7O_6$. (4) Wasser, Alkohol, Äther (4, 6). (5) $[\alpha]_D^{18} = +66,5^0$ (Wasser, 1%). $[\alpha]_D^{23} = 65,4^0$ (Wasser, 1%). $[\alpha]_D^{20} = +77,0^0$ (Alkohol, 3%). $[\alpha]_D^{18} = 76,4^0$ (Alkohol, 2%) (4, 6). $[\alpha]_D^{16} = +60^0$ (Wasser, 1%). $+81,5^0$ (Alkohol, 2%) (4, 6). (6) Blauschwarz.

Pentagalloyl-β-glucose. A 2. (2) Gelbe Masse. (3) $[(OH)_3C_6H_2CO]_5C_6H_7O_6$. (4) Wasser, Alkohol (4, 6). (5) $[\alpha]_D^{18} = +13,1^0$ (Wasser, 1%), $+13,6^0$ (Wasser, 10%), $+23,3^0$ (Alkohol, 2%) (4, 6). $[\alpha]_D^{18} = +15^0$ (Wasser, 1%), $+24^0$ (Alkohol, 2%). (6) Blauschwarz. (7) Das Kaliumsalz enthält 10,1% Kalium.

Pentapyrogalloyl-glucose. A 2. (2) Amorphes Pulver.

$$(3)\ [(OH)_3C_6H_2CO]_5C_6H_7O_6.$$

(4) Heißes Wasser, Alkohol, Aceton. (5) $[\alpha]_D^{18} = +69^0$ (Wasser, 2,5%). (6) Dunkelblau (4, 9). (7) Sintert bei 160^0 und schmilzt gegen 200^0 unter Zersetzung.

Tetragalloyl-erythrit. A 2. (2) Krystallisiert. (3) $[(OH)_3C_6H_2CO]_4C_4H_6O_4$. (4) Heißes Wasser, Alkohol, Aceton und Gemische von Wasser und Alkohol. (7) Zersetzt sich gegen 308^0 (4, 6).

Tetragalloyl-α-methylglucosid. A 2. (3) $C_{35}H_{30}O_{22}$. (4) Identisch mit Pentagalloylglucosen. (5) $[\alpha]_D^{20} = +26,4^0$ (Wasser, 4%). (6) In den Reaktionen mit Pentagalloylglucosen identisch. (7) Schmelzpunkt: 130^0 bis 140^0 unter Zersetzung (4, 7).

Trigalloyl-acetonglucose. A 2. (2) Amorphe hellbraune Masse.

$$(3)\ [C_6H_2(OH)_3CO]_3C_6H_7O_6(C_3H_6).$$

(4) Warmes Wasser, Methylalkohol, Alkohol, Aceton, Essigester. (5) $[\alpha]_D^{20} = -93^0$ (Trockenes Aceton, 4%). (6) Blauviolett (4, 5).

Trigalloyl-glucose. A 2. (2) Amorphe gelblich-braune Masse.

$$(3)\ [C_6H_2(OH)_3CO]_3C_6H_9O_6.$$

(4) Kaltes Wasser, Methylalkohol, Alkohol, Aceton, Essigester, Pyridin. (5) $[\alpha]_D^{20} = -118^0$ (Trockenes Aceton, 2,5%). (6) Dunkelviolett (4, 5).

Trigalloyl-glycerin. A 2. (2) Amorphe gelblich-braune Masse.

$$(3)\ [(OH)_3C_6H_2CO]_3C_3H_5O_3.$$

(4) Wasser, Aceton, Essigester, warmer Äther. (6) Tiefblau (4, 5).

α-Trigalloyl-lävoglucosan. A 2. (2) Mikroskopische hexagonale Krystalle. (3) $C_{27}H_{22}O_{17}$. (4) Heißes Aceton. (5) $[\alpha]_D^{18} = -18,0^0$ (Alkohol, 19%). (6) Ferrichlorid gibt blauschwarzen Niederschlag in alkoholischer Lösung. (7) Zersetzt sich bei 250^0 bis 300^0 und verkohlt bei 320^0 (30).

β-Trigalloyl-lävoglucosan. A 2. (2) Mikronadeln. (3) $C_{27}H_{22}O_{17}$. (5) $[\alpha]_D^{18} = -21,0^0$ (Alkohol, 1%). (6) Ferrichlorid gibt in alkoholischer Lösung einen blauvioletten Niederschlag. (7) Zersetzt sich bei 270^0 und verkohlt bei 320^0 (30).

Tabelle 49. Übersicht über die Catechine.

d-Catechin. *(1)* Acacia- und Gambir-Catechu. *(2)* Dünne Nadeln. *(3)* $C_{15}H_{14}O_6$
4 H_2O (21). *(4)* Alkohol, Essigester, reiner Äther. Die wasserfreie Form ist
in den beiden letzteren fast unlöslich. *(5)* $[\alpha]_{578} = + 17^0$ (50% Aceton, 9%) (14,
15, 20, 21). $[\alpha]_{578} = \pm 0^0$ (Alkohol) (21). $[\alpha]_D = - 2^0$ (Alkohol) (21). $[\alpha]_D^{18}$
$= - 0,47^0$, $\pm 0,03^0$ (Alkohol, 9%), $+ 3,7^0 \pm 0,5^0$ (50% Alkohol, 9%).
$[\alpha]_D^{20} = + 18,4^0 \pm 0,9^0$ (Wasser, 0,9%. Mit fallender Temperatur steigt der
Wert merklich.) (14). *(7)*

<pre>
              O   OH   ·
       HO /\ /\ CH —/   \— OH
          | | | \   /
          \/ \/ CHOH
        OH CH₂
</pre>

Catechin und Epicatechin.

Wegen der Strukturformel siehe (21, 35, 40). Schmelzpunkt: 93^0 bis 95^0,
für die wasserfreie Form 174^0 bis 175^0.

l-Catechin. *(1)* Isoliert aus Acacia- und Gambir-Catechu. *(2)* Dünne Nadeln.
(3) $C_{15}H_{14}O_6 \cdot 4\ H_2O$. *(5)* $[\alpha]_{578} = \pm 0^0$ (Alkohol), $[\alpha]_{578} = - 16,8^0$ (50% Aceton,
3%) (21). *(7)* Schmelzpunkt: 93^0 bis 95^0, für die wasserfreie Form 174^0 bis
175^0 (20, 21).

d,l-Catechin. *(1)* Hauptbestandteil des aus Acacia-Catechu gewonnenen Catechins. *(2)* Dünne Nadeln. *(3)* $C_{15}H_{14}O_6 \cdot 3\ H_2O$. *(7)* Ist „Acacatechin" (20).
Sintert bei 100^0 und schmilzt unter Zersetzung bei 214^0 bis 216^0 (20, 21).

Catechin a. *(1)* Acacia-Catechu (40, 42). *(3)* $C_{15}H_{14}O_6 \cdot 3\ H_2O$ (42). *(7)* Ist d,l-
Catechin (42). Methyliertes „Acacatechin" hat den gleichen Schmelzpunkt
und die gleiche Krystallform wie die synthetische Methylverbindung (14).
Schmelzpunkt: 204^0 bis 205^0 (42).

Catechin b, Gambir-Catechin. *(1)* Gambir-Catechin (40, 42). *(7)* Mit d-
Catechin in Krystallform, Schmelzpunkt, Löslichkeit und Konstitution identisch.

Catechin c. *(1)* Gambir-Catechu. *(2)* Kleine blaßgelbe Prismen(42). *(3)* $C_{15}H_{14}O_6$.
(7) Identifiziert als d-Epicatechin (21). Schmelzpunkt: 235^0 bis 237^0 (42).

Chinesisches Rhabarbercatechin. *(5)* $[\alpha]_{578} = + 18^0$ (50% Aceton) (15).

Mahagoni-Catechin. *(5)* $[\alpha]_D = + 23^0$ (50% Aceton). $[\alpha]_{578} = + 16^0$ (50%
Aceton), $+ 15^0$ (Alkohol) (15).

Paullinia-Catechin. *(5)* In Alkohol inaktiv. $[\alpha]_D = + 3,7^0$ (50% Aceton) (15).

d-Epicatechin. *(2)* Dicke Prismen. *(3)* $C_{15}H_{14}O_6 \cdot 4\ H_2O$. *(5)* $[\alpha]_{578} = + 68,9^0$
(Alkohol, 7%), $+ 59,9^0$ (50% Aceton, 4%). *(7)* Schmelzpunkt: 245^0 (21).

l-Epicatechin. *(1)* Gambir- und Acacia-Catechu (20). *(2)* Dicke Prismen.
(3) $C_{15}H_{14}O_6 \cdot 4\ H_2O$ (20, 21). *(5)* $[\alpha]_{578} = - 68,2^0$ (Alkohol, 6%), $- 59,0^0$
(50% Aceton, 4%) (20, 21). *(7)* Schmelzpunkt: 245^0.

d,l-Epicatechin. *(1)* Gambir- und Acacia-Catechu (20). *(2)* Existiert sowohl in
Prismen als in Nadeln. *(3)* $C_{15}H_{14}O_6 \cdot 4\ H_2O$. *(7)* Schmelzpunkt der Prismen:
224^0 bis 226^0 (21).

d-β-Gambircatechin-carboxylsäure. *(2)* Kleine Nädelchen. *(3)* $C_{16}H_{14}O_8$.
(5) $[\alpha]_D^{20} = + 12,6^0$ (Wasser, 5%), $+ 17,6^0$ (Alkohol, 7%). *(7)* Schmelzpunkt:
249^0 bis 251^0 unter Kohlensäureentwicklung (36).

l-β-Gambircatechin-carboxylsäure. *(2)* Große Nadeln. *(3)* $C_{16}H_{14}O_8$.
(5) $[\alpha]_D^{18} = - 22,4^0$ (Wasser, 5%). $[\alpha]_D^{17} = - 31,6^0$ (Alkohol, 6%). *(7)*.
Schmelzpunkt: 258^0 bis 261^0 unter Kohlensäureentwicklung (36).

d,l-β-Gambircatechin-carboxylsäure. *(3)* $C_{16}H_{14}O_8$. *(7)* Schmelzpunkt: 252^0
bis 253^0 unter Kohlensäureentwicklung (36).

Aus folgender Anordnung werden die Beziehungen zwischen den Catechinen und den Epicatechinen ersichtlich (21):

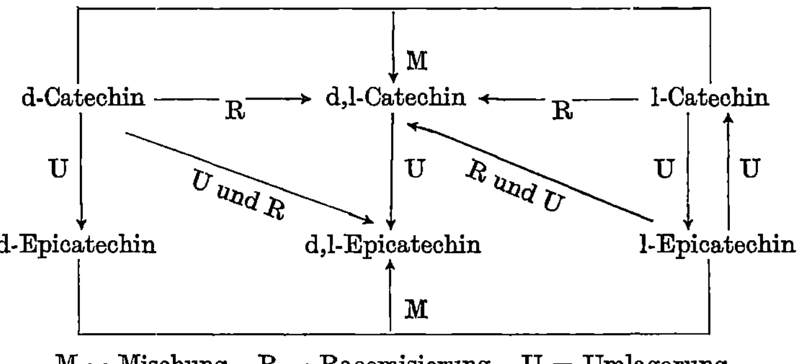

M = Mischung,   R = Racemisierung,   U = Umlagerung.

d) Die physikalische Chemie der Gerbstoffe.

Obgleich viel mehr über die organische Chemie der Gerbstoffe als über die physikalische Chemie gearbeitet worden ist, hat doch die letztere viel mehr zur Entwicklung der Theorien über den Mechanismus der Gerbung beigetragen. Dies mag seinen Grund darin haben, daß die Chemie der Proteine, Gerbstoffe und Nichtgerbstoffe noch viel zu wenig erforscht ist, um zufriedenstellende Schlüsse ihrer einzelnen Reaktionen miteinander zuzulassen. Andererseits scheinen sich eine Reihe relativ einfacher Grundsätze der physikalischen Chemie auf die Gerbwirkung anwenden zu lassen. Dies wird im Zusammenhang mit der Gerbtheorie von Procter-Wilson im Kapitel über vegetabilische Gerbung im 2. Band besprochen werden.

e) Die Potentialdifferenz von Gerbstofflösungen.

Im 5. Kapitel wurde ausgeführt, daß die Stabilität von kolloidalen Lösungen weniger durch den absoluten Betrag der elektrischen Ladung der Teilchen, als durch die Potentialdifferenz an der Grenzfläche zwischen der die Teilchen umgebenden dünnen Schicht und der eigentlichen Lösung bedingt wird. Die Theorie von Procter-Wilson nimmt an, daß die Adstringenz einer Gerbbrühe eine Funktion der Potentialdifferenz der die Gerbstoffpartikelchen unmittelbar umgebenden Flüssigkeitsschicht und der Gerbstofflösung einerseits und der Potentialdifferenz zwischen der Gerbstofflösung und dem Kollagengel andererseits ist. Grasser (28) untersuchte die Elektrochemie von Gerbstofflösungen; er erhielt jedoch widersprechende Ergebnisse von geringem Wert, die wahrscheinlich darauf zurückzuführen sind, daß er versäumt hatte, die Wasserstoffkonzentration der Brühen zu bestimmen und zu kontrollieren.

Mehr Erfolg hatten Thomas und Foster (46). Es gelang ihnen nach der Kataphoresemethode in der U-Röhre, wie sie von Burton (1) beschrieben wurde, die Potentialdifferenz von Gerbstofflösungen unter

Tabelle 50. Die Potentialdifferenz von Gerbstoffen verschiedener Herkunft.

Extrakte	Gesamtlösliches im Liter in g	Potentialdifferenz in Volt
Gambir (Würfelgambir) . . .	18,7	— 0,005
Eichenrinde.	17,0	— 0,009
Kastanienholz.	17,8	— 0,009
Hemlockrinde	16,7	— 0,010
Sumach	19,6	— 0,014
Lärchenrinde	19,5	— 0,018
Gelbholz	13,7	— 0,018 (?)
Quebracho	11,0	— 0,028

verschiedenen Bedingungen zu ermitteln. In Tabelle 50 sind eine Reihe von Werten wiedergegeben, die bei 8 typischen Gerbmaterialien erhalten wurden. Es ist sehr interessant festzustellen, daß Gambir, der die mildeste Wirkung hat, die niedrigste Potentialdifferenz zeigt, während Quebracho mit der größten Adstringenz die höchste Potentialdifferenz aufweist. Die Reihenfolge abnehmender Leitfähigkeit war: Sumach, Gambir, Eichenrinde, Lärchenrinde, Hemlockrinde, Kastanienholz, Gelbholz und Quebracho. Selbstverständlich ist die Potentialdifferenz keine einfache Funktion der Leitfähigkeit, sondern von der Art und der Menge der anwesenden Elektrolyte abhängig.

Tabelle 51. Die Potentialdifferenz von Quebrachoextraktlösungen.

Trockensubstanz in g pro Liter	Potentialdifferenz in Volt
32	— 0,024
16	— 0,028
8	— 0,029
4	— 0,030

Wenn der absolute Betrag der elektrischen Ladung der Teilchen konstant bleibt, so sollte gemäß der im 5. Kapitel entwickelten Theorie mit zunehmender Elektrolytkonzentration die Potentialdifferenz abnehmen, während sie mit abnehmender Konzentration zunehmen sollte. Thomas und Foster konnten, wie aus Tabelle 51 zu entnehmen ist, in der Tat zeigen, daß bei einem Quebrachoextrakt bei abnehmender Konzentration

Tabelle 52. Der Einfluß von Säurezusatz.

(16 g fester Quebrachoextrakt im Liter)	
Zusatz von 0,1 n HCl pro Liter Extrakt in ccm	Potentialdifferenz in Volt
0	— 0,024
10	— 0,014
15	— 0,010
20	— 0 (annähernd)

die Potentialdifferenz zunimmt. Der Zusatz von Säure setzt die Potentialdifferenz herunter, da die absolute Ladung herabgesetzt wird, eine Erscheinung, die allgemein für negativ geladene Teilchen gilt. Tabelle 52 zeigt die Resultate dieser Versuche.

Bei der Dialyse von Gerbstofflösungen wird die Konzentration der Elektrolyte herabgesetzt; hieraus würde sich eine Erhöhung der Potentialdifferenz voraussehen lassen. Daß diese in der Tat eintritt, zeigt

Tabelle 53. Allerdings dürfte ein Teil der Potentialerhöhung mit der Herabsetzung der Gerbstoffkonzentration zu erklären sein.

Tabelle 53. Der Einfluß der Dialyse.

Extrakt	Extrakt in 250 ccm in g	Dialysedauer in Stunden	Endvolumen	Potentialdifferenz in Volt
Quebracho . . .	4	60	415	— 0,033
Gelbholz. . . .	4	24	370	— 0,024
Sumach	4	24	460	— 0,026
Gambir	8,2	24	390	— 0,029
Hemlockrinde .	—	24	—	— 0,024

f) Der isoelektrische Punkt der Gerbstoffe.

Thomas und Foster (47) erweiterten später ihre Versuche und untersuchten Gerbstoffe verschiedener Herkunft auf ihren isoelektrischen Punkt. Verschiedene Gerbstoffextrakte wurden in Citratpuffergemischen vom p_H-Wert 2,0 gelöst. Die endgültigen p_H-Werte wurden mit Hilfe der Wasserstoffelektrode gemessen. Vorversuche hatten die Notwendigkeit von Puffergemischen erwiesen, um sekundäre Vorgänge wie Diffusionserscheinungen an den Begrenzungsflächen oder Veränderungen der Reaktion der Gerbstoffe durch Elektrolyte zu vermeiden.

Die Wanderungsrichtung der Gerbstoffteilchen änderte sich zwischen den p_H-Werten 2,5 und 2; sie wurde bei den Extrakten aus Eichen-, Hemlock-, Mimosenrinde, Sumach und Gambir kathodisch. Bei Quebracho schien zwischen den p_H-Werten 3,0 und 2,5 ein Stillstand der Wanderung einzutreten; bei einem p_H-Wert von 2 war eine anodische Wanderung zu beobachten. Bei Quebracho konnten indessen keine klaren Ergebnisse erhalten werden, da ein Teil der Gerbstoffe durch das Puffergemisch ausgefällt wurde und die Versuche nur mit dem in Lösung gebliebenen Teil angestellt werden konnten.

Die Versuche zeigen, daß der isoelektrische Punkt von Gerbstoffen, zum mindesten von Hemlock-, Eichen-, Mimosenrinden-, Sumach- und Gambirgerbstoff zwischen den p_H-Werten 2,0 und 2,5 liegen dürfte.

Der isoelektrische Punkt der verschiedenen Proteine liegt im allgemeinen bei p_H-Werten weit über 2,5, der isoelektrische Punkt der Gelatine z. B. bei 4,7. Die Proteine sind amphotere Substanzen, die sowohl als Säuren als auch als Basen dissoziieren. Dort, wo die Säuredissoziation gleich der basischen Dissoziation ist, liegt der isoelektrische Punkt der Proteine. Bei den Gerbstoffen jedoch besteht kein Grund, ein amphoteres Verhalten anzunehmen. Mit wachsender Wasserstoffionenkonzentration findet offenbar auf der Oberfläche der Teilchen eine Anhäufung von Wasserstoffionen statt, deren positive Ladung die negative Ladung, die von der sauren Dissoziation der Gerbstoffe rührt, zu neutralisieren sucht. Bei p_H-Werten unter 2 ist die Anhäufung von Wasserstoff so stark, daß die Teilchen ihren negativen Charakter eingebüßt haben und positive Ladungen zeigen.

g) Die Ausflockung von Gerbstofflösungen.

Um einigen Aufschluß über den kolloidalen Zustand der Gerbstoffe zu erhalten, untersuchten Thomas und Foster die Wirkung zahlreicher Elektrolyte auf eine größere Anzahl von Gerbstofflösungen. Es wurden wässerige Lösungen verschiedener Gerbstoffextrakte hergestellt; je 100 ccm enthielten 4 g feste Substanz. Die Lösungen wurden bei 85° C hergestellt, auf 25° abgekühlt, und das endgültige Volumen dann eingestellt. Die Stammlösung wurde hierauf bei 1000 Touren in der Minute zentrifugiert, um die Lösung von den suspendierten Teilchen zu trennen. 25 ccm dieser Lösungen brachte man in graduierte Zentrifugengläser von 100 ccm Inhalt und fügte 25 ccm einer Elektrolytlösung hinzu. Nachdem die Gemische 15 bis 30 Minuten gestanden hatten, um Ausflockung eintreten zu lassen, wurden sie wieder bei gleicher Tourenzahl 5 Minuten zentrifugiert. Das Volumen des Niederschlags wurde als Funktion der verwendeten Elektrolytkonzentration aufgezeichnet.

Am bequemsten lassen sich die Ergebnisse überblicken, wenn man sie nach den verwendeten Elektrolyten in Gruppen zusammenfaßt. Die Untersuchungen konnten nicht an allen Extrakten mit allen Elektrolyten durchgeführt werden, da in manchen Fällen Vorversuche bereits die Aussichtslosigkeit erwiesen hatten.

α) Einwertige Kationen.

Kaliumchlorid. Kaliumchloridkonzentrationen · von 0,02 bis 4 normal ergaben mit Gambir und Quebracho zu vernachlässigende Niederschläge. Bei Eichenrinde stellte sich ein zunehmender Aussalzungseffekt ein. Da Quebracho und Gambir zwei extreme Gerbstofftypen darstellen, wurden weitere Versuche mit KCl nicht angestellt. Es muß dabei bemerkt werden, daß die Lösungen, zu denen die Neutralsalze hinzugefügt wurden, durch einfaches Auflösen der Extrakte in destilliertem Wasser hergestellt waren und einen p_H-Wert von etwa 4,5 aufwiesen.

Salzsäure. Es wurden 0,01 bis 6 molare Lösungen verwendet. Gambir und Quebracho gaben nur bei sehr hohen Säurekonzentrationen starke Niederschläge. Da es sich dabei nicht um eine einfache Ausflockung von Kolloiden handelte, wurden die Versuche nicht fortgesetzt. Ein Aussalzungseffekt trat nur bei Eichenrinde ein. Siehe Abb. 192.

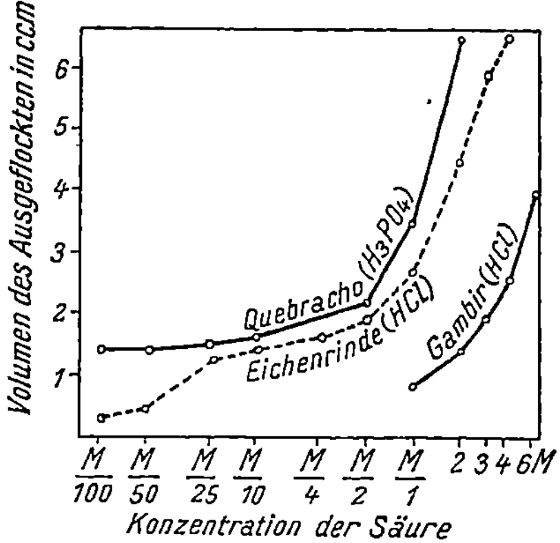

Abb. 192. Ausflockung von Gerbstofflösungen durch Salz- und Phosphorsäure.

Schwefelsäure. Wie aus Abb. 193 ersichtlich, ergaben Quebracho, Hemlock-, Eichen- und Lärchenrinde zunehmende Niederschlagsmengen mit zunehmender Säurekonzentration. Ein Niederschlag trat bei Sumach erst ein, als molare Konzentration erreicht war. Es wurden dann schleimige Massen, ähnlich wie bei der Fällung mit Aluminiumsulfat ausgeflockt. Bei 4-fach molarer Konzentration trat ein flockiger Niederschlag auf.

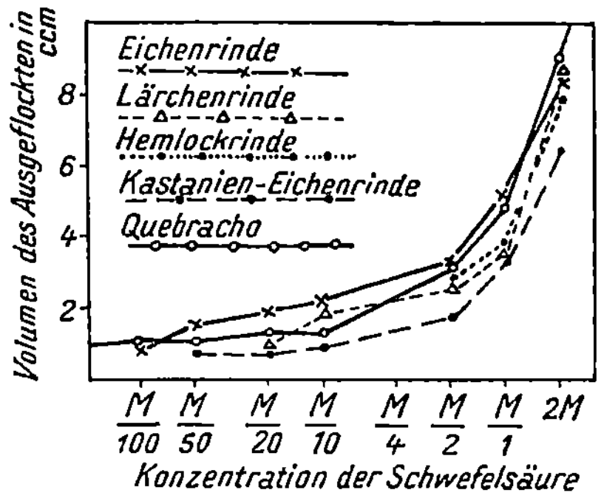

Abb. 193. Ausflockung von Gerbstofflösungen durch Schwefelsäure.

Phosphorsäure. Gambir bildete bei 4- bis 7-fach molarer Lösung einen beträchtlichen Niederschlag. Mit Sumach entstand ein zäher Niederschlag bei doppeltnormaler Konzentration, wie man ihn auch bei der Ausflockung mit Schwefelsäure und Aluminiumsulfat beobachtet hatte; mit 4- bis 7-fach molaren Lösungen entstanden flockige Niederschläge, die sich gut absetzten und die darüberstehende Lösung entfärbten. Quebracho wurde fortschreitend ausgesalzen (siehe Abb. 192).

Essigsäure. Es wurden Versuche mit 0,005- bis 4-fach molaren Lösungen durchgeführt. In keinem Falle trat eine nennenswerte Ausflockung ein. Bei höheren Konzentrationen wurden die suspendierten Stoffe aufgelöst.

Ameisensäure. Es kamen Konzentrationen zwischen 0,005 und 12,5 molar zur Anwendung. Sumach, Kastanienrinde, Eichenrinde sowie Gambir und Hemlockrinde ergaben keine Niederschläge bis zu 4-fach molaren Lösungen; bei dieser Konzentration begannen sich die suspendierten Teilchen aufzulösen. Quebracho und Quercitronrinde wurden ausgefällt, jedoch zwischen 2- und 4-fach molar wieder gelöst (siehe Abb. 194).

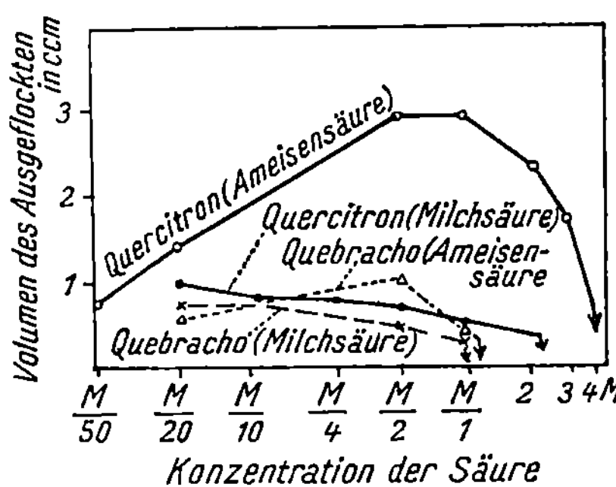

Abb. 194. Ausflockung von Gerbstofflösungen durch Ameisen- und Milchsäure.

Milchsäure. Es wurden Konzentrationen zwischen 0,005- und 2-fach molar verwendet. Die Erscheinungen waren ähnlich wie bei Ameisensäure (siehe Abb. 194). Die Niederschläge bei Quebracho und Quercitron lösten sich in Milchsäure bei niedrigeren Konzentrationen als in Ameisensäure wieder auf. Da die Milchsäure eine schwächere Säure als die Ameisensäure ist und Wiederauflösung bei Salz- und Schwefelsäure gar nicht eintrat, muß man schließen, daß es sich hierbei nicht um die Wirkung der Wasserstoffionen, sondern um echte chemische Vorgänge handelt. Dieser Umstand ist für die chemische Beurteilung von Gerbbrühen von Wichtigkeit.

β) Zweiwertige Kationen.

Bariumchlorid. Wegen der geringen Löslichkeit dieses Salzes konnten nur Lösungen bis 0,5 molar verwendet werden. Der Aussalzungseffekt ist aus Abb. 195 ersichtlich.

Calciumchlorid. Es wurden Lösungen bis 2-fach molar verwendet. Wie bei Bariumchlorid wurden bei den verschiedenen angewandten Gerbstoffen, wie aus Abb. 196 ersichtlich, zunehmende Mengen Nieder-

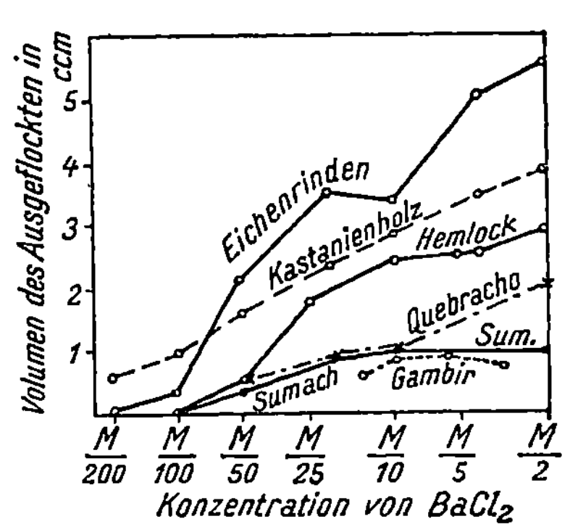

Abb. 195. Ausflockung von Gerbstoffen durch Bariumchlorid.

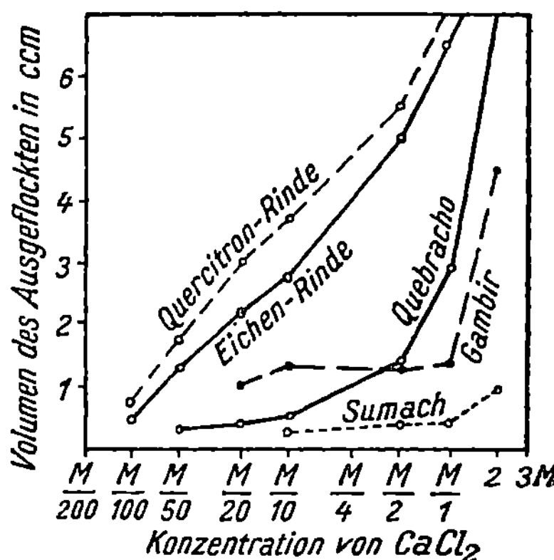

Abb. 196. Ausflockung von Gerbstofflösungen durch Calciumchlorid.

schlag erhalten. Bei gleichen Konzentrationen der beiden Salze traten verschiedene Mengen Niederschläge bei den verschiedenen Extrakten auf; dies deutet darauf hin, daß Substanzen zugegen sind, die mit den Barium- und Calciumionen Verbindungen verschiedener Löslichkeit eingehen.

γ) Dreiwertige Kationen.

Aluminiumsulfat. Bei der Ausflockung von negativ geladenen kolloidalen Dispersionen ist Aluminiumsulfat nicht nur sehr wirksam, sondern ergibt auch „unregelmäßige Reihen" oder „Nichtflockungszonen", ein Verhalten, das für die Wirkung von Salzen mit einer schwachen Base als Kation und einer starken Säure als Anion, wie Buxton und Teague (2), sowie Freundlich und Schucht (27) zeigen konnten, charakteristisch ist. Das untersuchte Konzentrationsgebiet lag zwischen 0,00125 und 0,5 molar.

Der Effekt der „unregelmäßigen Reihe" zeigte sich bei Gambir, Sumach, Eichen- und Quercitronrinde. Die Ausflockung setzte gewöhnlich bei 0,00125 molarer Konzentration ein, stieg dann bis zu einem Maximum an, fiel in der „Nichtflockungszone" ab und stieg dann, wie aus Abb. 197 ersichtlich, wieder an.

Gelbholz, Quebracho, Kastanienholz, Kastanieneichen-, Hemlock- und Lärchenrinde ergaben, wie aus Abb. 198 ersichtlich, bis zu 0,5 molarer Konzentration keine „unregelmäßigen Reihen". Die Ausflockung begann bei 0,00125 molarer Konzentration und nahm bis zu 0,1 molar erst allmählich zu, um darauf ähnlich wie beim Aussalzungsvorgang sehr schnell zuzunehmen. Diese Extrakte sind gegen Ausflockung durch verdünnte Lösungen von Aluminiumsulfat nicht so

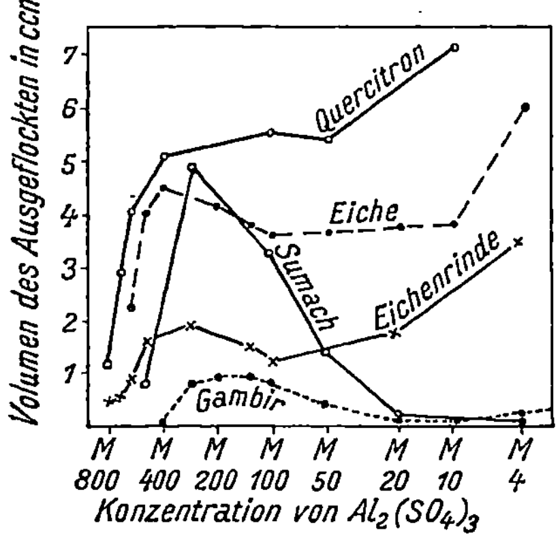

Abb. 197. Ausflockung von Gerbstofflösungen durch Aluminiumsulfat.

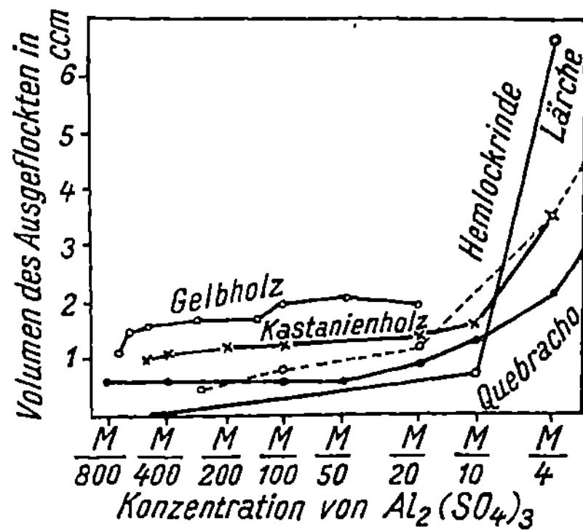

Abb. 198. Ausflockung von Gerbstoffen durch Aluminiumsulfat.

empfindlich wie die in Abb. 197 bezeichneten Extrakte. Bengalischer Catechu nahm insofern eine Ausnahmestellung ein, als das Hinzufügen von Aluminiumsulfat überhaupt ohne Einfluß blieb.

h) Die Wasserstoffionenkonzentration.

Den Einfluß der Wasserstoffionenkonzentration auf die Ausflockung der Lösungen von Quebracho, Gambir, Lärchen- und Eichenrinde bei

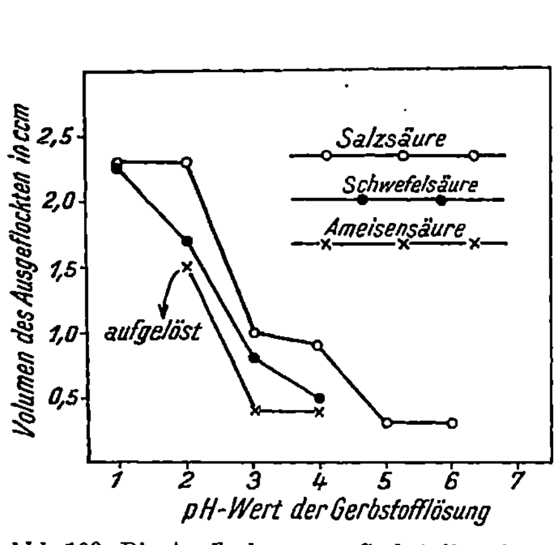

Abb. 199. Die Ausflockung von Gerbstoffen eines Quebrachoextraktes als Funktion der p_H-Werte.

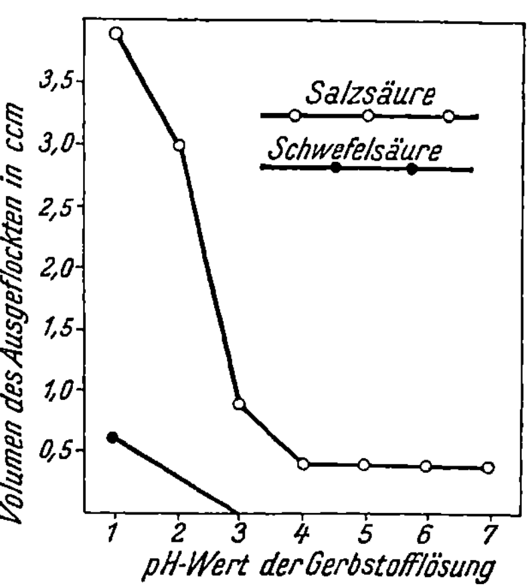

Abb. 200. Die Ausflockung der Gerbstoffe eines Gambirextraktes als Funktion der p_H-Werte.

Zusatz von Schwefel-, Salz- und Ameisensäure ist aus den Abb. 199 bis 202 ersichtlich. Lösungen von Sumach, Hemlock- und Mimosenrinde wurden von diesen Säuren bei zunehmender Acidität bis zu einem p_H-Wert von 1 nicht ausgeflockt. Man erkennt ohne weiteres, daß die Menge des gebildeten Niederschlags nicht allein eine Funktion der Wasserstoffionenkonzentration ist, da die drei Säuren verschiedenartige Kurven ergeben.

Die ausgeflockten Mengen nahmen bei zunehmender Wasserstoffionenkonzentration von Schwefel- und Salzsäure zu, dagegen bei Ameisensäure infolge von Wiederauflösung ab; trat keine Ausflockung ein, so wurden die suspendierten Teilchen aufgelöst.

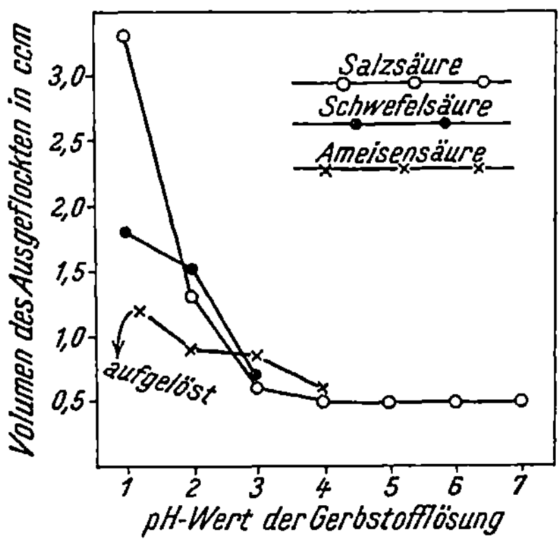

Abb. 201. Die Ausflockung der Gerbstoffe von Lärchenrindenextrakt als Funktion der p_H-Werte.

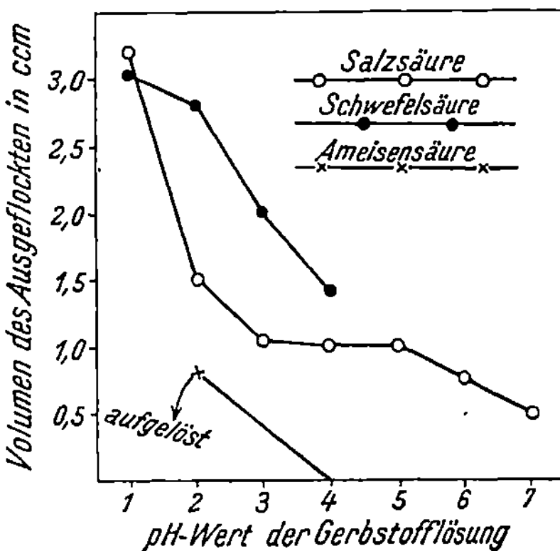

Abb. 202. Die Ausflockung der Gerbstoffe der Eichenrinde als Funktion der p_H-Werte.

Es zeigte sich, daß die Ausflockungen durch Salzsäure in hochprozentigem Alkohol und in 9-fach molarer Milchsäure löslich waren. Beim Umschütteln mit Wasser verteilte sich der Niederschlag, flockte jedoch nach 24 Stunden wieder mehr oder minder vollständig aus. Bei Eichenrinde- und Quebrachoextrakten wurden bei einem p_H-Wert von 1 zwei Drittel der ursprünglich gelösten Substanz ausgefällt.

Wurden die p_H-Werte durch Zusatz von Natriumhydroxyd vergrößert, so trat zunehmende Lösung ein; bei p_H-Werten von 8 wurden klare Lösungen erhalten. Der Einfluß eines Zusatzes von Calciumhydroxyd ist jedoch anders, wie in Abb. 181 im 12. Kapitel bereits gezeigt wurde. Bei p_H-Werten oberhalb von 7,2 werden mit zunehmendem p_H-Wert durch Calciumhydroxyd steigende Mengen ausgeflockt.

Lösungen von Gerbextrakten verhalten sich in vieler Beziehung wie kolloidale Dispersionen und zeigen Eigenschaften, die zwischen denen ausgesprochen hydrophiler und hydrophober Systeme liegen, andererseits verhalten sie sich aber auch wie wahre krystalloide Lösungen organischer Säuren.

Literaturzusammenstellung.

1. Burton, E. F.: Physical properties of colloidal solutions. London: Longmans, Green & Co. 1916.
2. Buxton, B. H. u. O. Teague: Die Agglutination in physikalischer Hinsicht. II. Ein Vergleich verschiedener Suspensionen. Z. physik. Chem. 57, 75 (1907).

3. **Fischer, E.:** Synthese von Depsiden, Flechtenstoffen und Gerbstoffen. Ber. **46,** 3253 (1913).
4. **Fischer, E.:** Untersuchungen über Depside und Gerbstoffe (1908—1919). Berlin: Julius Springer 1919.
5. **Fischer, E. u. M. Bergmann:** Über neue Galloylderivate des Traubenzuckers und ihren Vergleich mit der Chebulinsäure. Ber. **51,** 298 (1918).
6. **Fischer, E. u. M. Bergmann:** Über das Tannin und die Synthese ähnlicher Stoffe. Ber. **51,** 1760 (1918); **52,** 829 (1919).
7. **Fischer, E. u. K. Freudenberg:** Über das Tannin und die Synthese ähnlicher Stoffe. Ber. **45,** 915, 2709 (1912); **47,** 2485 (1914).
8. **Fischer, E. u. K. Freudenberg:** Über die Carbomethoxyderivate der Phenolcarbonsäuren und ihre Verwendung für Synthesen. Ann. **384,** 225 (1911).
9. **Fischer, E. u. M. Rapaport:** Über die Carbomethoxyderivate der Phenolcarbonsäuren und ihre Verwendung für Synthesen. Ber. **46,** 2389 (1913).
10. **Freudenberg, K.:** Uber Gerbstoffe I. Hamameli-Tannin. Ber. **52,** 177 (1919).
11. **Freudenberg, K.:** Über Gerbstoffe II. Chebulinsäure. Ber. **52,** 1238 (1919).
12. **Freudenberg, K.:** Über Gerbstoffe. V.: Phloroglucin-Gerbstoffe und Catechine. Konstitution des Gambir-Catechins. Ber. **53,** 1416 (1920).
13. **Freudenberg, K.:** Die Chemie der natürlichen Gerbstoffe. Berlin: Julius Springer 1920.
14. **Freudenberg, K., O. Böhme u. A. Beckendorf:** Raumisomere Catechine. (7. Mitteilung über Gerbstoffe und ähnliche Verbindungen.) Ber. **54,** 1204 (1921).
15. **Freudenberg, K., O. Böhme u. L. Purrmann:** Raumisomere Catechine II. (9. Mitteilung über Gerbstoffe und ähnliche Verbindungen.) Ber. **55,** 1734 (1922).
16. **Freudenberg, K. u. B. Fick:** Über Gerbstoffe 6: Chebulinsäure.
17. **Freudenberg, K., H. Fikentscher u. W. Wenner:** Die Konstitution des Catechins. (19. Mitteilung über Gerbstoffe und ähnliche Verbindungen.) Ann. **442,** 309 (1925).
18. **Freudenberg, K., L. Orthner u. H. Fikentscher:** Ein neuer Abbau des Catechins. (15. Mitteilung über Gerbstoffe und ähnliche Verbindungen.) Ann. **436,** 286 (1924).
19. **Freudenberg, K. u. D. Peters:** Über Gerbstoffe. Hamameli-Tannin. II. Ber. **53,** 953 (1920).
20. **Freudenberg, K. u. L. Purrmann:** Raumisomere Catechine. III. (13. Mitteilung über Gerbstoffe und ähnliche Verbindungen.) Ber. **56,** 1185 (1923).
21. **Freudenberg, K. u. L. Purrmann:** Raumisomere Catechine. IV. (16. Mitteilung über Gerbstoffe und ähnliche Verbindungen.) Ann. **437,** 274 (1924).
22. **Freudenberg, K. u. W. Szilasi:** Zur Kenntnis des Chinesischen Tannins. (11. Mitteilung über Gerbstoffe und ähnliche Verbindungen.) Ber. **55,** 2813 (1922).
23. **Freudenberg, K. u. E. Vollbrecht:** Zur Kenntnis der Tannase: Die quantitative Bewertung der Tannase. Z. pysiol. Chem. **116,** 277 (1921).
24. **Freudenberg, K. u. E. Vollbrecht:** Der Gerbstoff der einheimischen Eichen. (10. Mitteilung über Gerbstoffe und ähnliche Verbindungen.) Ber. **55,** 2420 (1922).
25. **Freudenberg, K. u. E. Vollbrecht:** Der Gerbstoff der einheimischen Eichen. (12. Mitteilung über Gerbstoffe und ähnliche Verbindungen.) Ann. **429,** 284 (1922).
26. **Freudenberg, K. u. H. Walpuski:** Der Gerbstoff der Edelkastanie. (8. Mitteilung über Gerbstoffe und ähnliche Verbindungen.) Ber. **54,** 1695 (1921).
27. **Freundlich, H. u. H. Schucht:** Die Bedeutung der Adsorption bei der Fällung der Suspensionskolloide. II. Z. physik. Chem. **85,** 641 (1913).
28. **Grasser, G.:** Elektrochemie der Gerbstoffe. Collegium **1920,** 17, 49, 277, 332.
29. **Lljin, L. F.:** Über die Molekulargröße des Tannins. J. prakt. Chem. **82,** 422 (1910).
30. **Karrer, P. u. H. R. Salomon:** Krystallisierte synthetische Gerbstoffe. Helvet. chim. Acta **5,** 108 (1922).

31. Karrer, P., H. R. Salomon u. J. Peyer: Das chinesische Tannin. Helvet. chim. Acta 6, 3 (1923).
32. Karrer, P., R. Widmer u. M. Staub: Über türkisches Tannin. Ann. 433, 288 (1923).
33. Kurmeier, A.: Der Gerbstoff der einheimischen Eichen und der Edelkastanie. Collegium 1927, 273.
34. Münz, W.: Über den Gerbstoff der Edelkastanie und des sizilianischen Sumachs. Collegium 1929, 499.
35. Nierenstein, M.: Biochemisches Handlexikon von E. Abderhalden. Bd. 7. Berlin: Julius Springer 1912.
36. Nierenstein, M.: Paulinia tannin. J. chem. Soc. Lond. 121, 23 (1922).
37. Nierenstein, M.: Gallotannin. J. chem. Soc. Lond. 41, 29 (1922).
38. Nierenstein, M.: 4, 5, 7, 3', 4'-pentahydroxy-flavan. J. amer. chem. Soc. 46, 2793 (1924).
39. Paniker, R. u. E. Stiasny: Acid. character of gallotannic acid. J. amer. chem. Soc. 99, 1819 (1911).
40. Perkin, A. G.: The constituents of gambier and acacia catechus. J. amer. chem. Soc. 87, 398, 715 (1905).
41. Perkin, A. G. u. A. E. Everest: The natural organic coloring matters. London: Longmans, Green & Co. 1918.
42. Perkin, A. G. u. E. Yoshitake: The constituents of acacia and gambier catechus. J. amer. chem. Soc. 81, 1160 (1902).
43. Pottevin, H.: C. r. Soc. Biol. 132, 704 (1901).
44. Schiff, H.: Ber. 4, 232, 967 (1871); 12, 33 (1879).
45. Strecker, A.: Ann. 81, 248 (1852); 90, 328 (1854).
46. Thomas, A. W. u. S. B. Foster: The colloid content of vegetable tanning extracts. Ind. Chem. 14, 191 (1922).
47. Thomas, A. W. u. S. B. Foster: The electrical charge of vegetable tannin particles. Ind. Chem. 15, 707 (1923).
48. Tschitschibabin, A. E., A. W. Kirssanow, A. J. Korolew u. U. N. Woroschzow: Über nichtgerbende Substanzen des Extrakts aus dem Wurzelstock des Badans (Saxifraga crassifolia). I. Bergenin. Ann. 469, 93 (1929).
49. Van Tieghem, P.: Ann. Sciences naturelles. V. Serie Botanique 210 (1867).
50. Vollbrecht, E.: Über den Gerbstoff der einheimischen Eichen. Collegium 1921, 394, 418.
51. Walden, P.: Über das optische Verhalten des Tannins. Ber. 30, 3151 (1897). Über die vermeintliche Identität des Tannins mit der d-Digallussäure. Ber. 31, 3167 (1898).
52. Wilson, J. A. u. A. W. Thomas: Tannins and vegetable tanning materials. International Critical Tables 2, 239 (1927). National Research Council, McGraw-Hill Book Company, New-York.

Sachverzeichnis.

Fichtenrindengerbstoff 405.
Fichtenspan-Reaktion auf Gerbstoffe 402.
Filixgerbstoff 405.
Filterverfahren (Gerbstoffanalyse) 370, 371.
Fingerabdruck 23.
Fischleder 49.
Fischhäute 49—53.
Flämen 36.
Fleisch (Unterhautbindegewebe) 11, 19.
Fleischerfelle 180.
Fleischspalt vom Schaf 43.
Formaldehyd, Wirkung auf Schimmelpilze 174.
Fuld-Groß-Einheit 268, 324.
— — -Methode 323, 324.
Fungi 145.
Fußsohle 23.

Gänsehaut 18.
Gärung 161.
Gärungsenzyme 177.
Galitansäure 405.
Gallen 407, 408.
Galläpfeltannin 407, 408.
Gallol 338.
Gallotannine 402.
Galloylglucosen 401, 409, 410.
Gallusgerbsäure, Formel 401.
Gallusgerbstoff 407.
Gallussäure:
    Aufnahme durch Hautpulver 377, 378.
    Dissoziationskonstante 87.
    Einfluß auf die Gerbstoffanalyse 384.
    p_H-Werte der Lösungen 91, 92.
Gallustannin 407, 408.
Gambir 342, 347—349, 352, 381—383, 385—389, 411, 413.
Gambircatechin 411.
Ganglien 11.
Gel siehe Gelatinegel.
Gelatine:
    Äquivalentgewicht 110—112.
    Aminosäuren 61.
    Beziehung zum Kollagen 68.
    desaminierte Gelatine:
    isoelektrischer Punkt 117.
    Säurebindungsvermögen 112.
    Gel- und Solform 118—123.
    Hydrolyse 68.
    Isoelektrischer Punkt 117.
    Lichtabsorption 120, 121.
    Lösungen und Gele, Struktur 126 bis 129.
    Mutarotation 121.
    Solform 118—123.
    zwei Formen 118—123.

Gelatine-Kochsalz-Lösung, Reagens für die Gerbstoffanalyse 362, 392.
— — -Reaktion, Empfindlichkeit 392, 393.
Gelatinegel:
    Dampfdruck 129.
    Doppelbrechung 129.
    Elastizitätsmodul 127.
    Leitfähigkeit 129.
    netzartige Verwerfung 125.
    osmotischer Druck 129—133.
    Plastizität 134.
    Potentialdifferenz 123—125, 131 bis 133.
    Quellung 106—131, 135.
    rhythmische Quellung 125—126.
    Trocknung 207—209.
    Viskosität 121, 122, 129—131, 133 bis 135.
Geflügelmist 274.
Geißeln (der Bakterien) 147.
Gelbholz 406, 413, 414, 418, 379—383.
Gentianase 169.
Gerbbrühen:
    Ausflockung in — 415—419.
    Bestimmung des Farbwertes 398.
    Dialyse 413—414.
    Einfluß des p_H-Werts auf die Farbe 354.
    Potentialdifferenz 412—414.
    Ultrafiltration 395—397.
    Wasserstoffionenkonzentration 418 bis 419.
Gerbersumach 345.
Gerbextrakte:
    Farbaufhellungs-Methoden 357, 358.
    Farbwertmessung 398, 399.
    Herstellung 357.
    Messung der Adstringenz 393.
    Schwellwirkung 393—395.
Gerbsäuren siehe Tannin.
Gerbstoffanalyse 359—400.
    Bereitung der Proben 362.
    Einfluß des Alterns von Leder auf die — 388—390.
    Einfluß des p_H-Werts 390.
    Gelatine-Kochsalz-Lösung, Zubereitung 362.
    Gelatine-Kochsalz-Reaktion, Empfindlichkeit 392—393.
    Kaolin 362.
    Koch-Auslauger 361.
    Messung der Adstringenz von Gerbextrakten 393.
    — des Farbwerts von Gerbextrakten 398, 399.
    — der Schwellwirkung von Gerbextrakten 393, 394.
    — — nach Porter 394.
    — — nach Wilson-Gallun 394.

Die physikalisch-chemischen Grundlagen der Lederfabrikation in elementarer Darstellung. Von Dipl.-Ing. N. P. Kostin. Vom Verfasser bis zur Neuzeit ergänzte deutsche Ausgabe. Mit 18 Tabellen und 29 Abbildungen. 128 Seiten. 1928. RM 10.—

Lederfärberei und Lederzurichtung. Von M. C. Lamb. Zweite deutsche Auflage (autorisierte Übersetzung der dritten englischen Auflage). Von Dr. Ludwig Jablonski, Berlin. Mit 218 Textabbildungen und 10 Tafeln mit Lederproben. .VIII, 368 Seiten. 1927. Gebunden RM 33.—

Die Chromlederfabrikation. Von M. C. Lamb. Übersetzt und den deutschen Verhältnissen angepaßt von Dipl.-Ing. Ernst Mezey, Gerbereichemiker. Mit 105 Abbildungen. X, 268 Seiten. 1925. Gebunden RM 20.—

Die Rolle der Chromgerbung in der deutschen Lederindustrie. Von Dr. Mathias Sommer. Mit 10 Abbildungen. 69 Seiten. 1927. RM 3.—

Handbuch der Chromgerbung samt den Herstellungsverfahren der verschiedenen Ledersorten. Von Ing. Chem. Josef Jettmar. Dritte, verbesserte Auflage, durchgesehen von Professor Dr. phil. Ing. Georg Grasser. Mit zahlreichen Abbildungen und 40 Ledermustern. VII, 581 Seiten. 1924. Gebunden RM 40.—

Die praktische Chromgerberei und Färberei. Ratgeber für die Lederindustrie insbesondere für Fabrikanten, Leiter, Gerber, Färber und Zurichter. Von C. R. Reubig, Fabrikdirektor und Gerber. IV, 76 Seiten. 1926. RM 3.60

Die Eisengerbung, ihre Entwicklung und jetziger Zustand. Von Ingenieur Josef Jettmar, Gerbereichemiker. VIII, 184 Seiten. 1920. RM 6.—

Einführung in die Gerbereiwissenschaft. Leitfaden für Studierende und Praktiker. Von Professor Dr. phil. Ing. Georg Grasser, derzeit Vorstand des Institutes für Gerbereiwissenschaft an der Kaiserlichen Hokkaido-Universität Sapporo (Japan). Mit 22 Abbildungen und 52 Tabellen. VIII, 173 Seiten. 1928. RM 12.—